高等学校食品营养与健康专业教材　中国轻工业“十四五”规划教材

食品分子营养学

吕　欣　主编

中国轻工业出版社

图书在版编目（CIP）数据

食品分子营养学 / 吕欣主编. —北京：中国轻工业出版社，2025. 1.

ISBN 978-7-5184-4099-3

Ⅰ. ①食…　Ⅱ. ①吕…　Ⅲ. ①食品营养—营养学　Ⅳ. ①TS201.4

中国版本图书馆CIP数据核字（2022）第146346号

责任编辑：钟　雨

文字编辑：负紫光　　责任终审：白　洁　　整体设计：锋尚设计

策划编辑：钟　雨　　责任校对：晋　洁　　责任监印：张　可

出版发行：中国轻工业出版社（北京鲁谷东街5号，邮编：100040）

印　　刷：三河市万龙印装有限公司

经　　销：各地新华书店

版　　次：2025年1月第1版第1次印刷

开　　本：787×1092　1/16　印张：29

字　　数：600千字

书　　号：ISBN 978-7-5184-4099-3　定价：78.00元

邮购电话：010-85119873

发行电话：010-85119832　010-85119912

网　　址：http://www.chlip.com.cn

Email：club@chlip.com.cn

版权所有　侵权必究

如发现图书残缺请与我社邮购联系调换

210195J1X101ZBW

高等学校食品营养与健康专业教材编委会

主　　任　孙宝国　　北京工商大学

陈　卫　　江南大学

副 主 任　金征宇　　江南大学

王　敏　　西北农林科技大学

委　　员（按姓氏笔画顺序排列）

王子荣　　新疆农业大学

王　静　　北京工商大学

艾连中　　上海理工大学

刘元法　　江南大学

刘书成　　广东海洋大学

刘东红　　浙江大学

刘学波　　西北农林科技大学

孙庆杰　　青岛农业大学

杜欣军　　天津科技大学

杨月欣　　中国营养学会

杨兴斌　　陕西师范大学

李永才　　甘肃农业大学

李国梁　　陕西科技大学

李学鹏　　渤海大学

李春保　　南京农业大学

李　斌　　沈阳农业大学

邹小波　　江苏大学

张宇昊　　西南大学

张军翔　　宁夏大学

张　建　　石河子大学

张铁华　　吉林大学

岳田利　　西北大学

周大勇　　大连工业大学

庞　杰　　福建农林大学

施洪飞　　南京中医药大学

姜毓君　　东北农业大学

聂少平　　南昌大学

顾　青　　浙江工商大学

徐宝才　　合肥工业大学

徐晓云　　华中农业大学

桑亚新　　河北农业大学

黄现青　　河南农业大学

曹崇江　　中国药科大学

董同力嘎　　内蒙古农业大学

曾新安　　华南理工大学

雷红涛　　华南农业大学

廖小军　　中国农业大学

薛长湖　　中国海洋大学

秘　书　吕　欣　　西北农林科技大学

王云阳　　西北农林科技大学

本书编写人员

主　　编　吕　欣　　西北农林科技大学

副 主 编　单媛媛　　西北农林科技大学

刘　芳　　西北农林科技大学

编写人员　（按拼音首字母顺序排序）

程玉鑫　　贵州大学

韩　林　　西北农林科技大学

刘　俊　　江西师范大学

刘亚平　　西北农林科技大学

刘远远　　贵州大学

单婷婷　　山东第二医科大学附属医院

史　玮　　西北农林科技大学

王　欣　　西北农林科技大学

王永亮　　河南大学 / 中州实验室

温　馨　　中国农业大学

闫　爽　　河南农业大学

余秋颖　　河南农业大学

袁　莉　　陕西师范大学

前 言

食品分子营养学主要是研究食品营养素的来源与合成转化、营养素与基因之间的相互作用及其与人体健康的关系，并据此提出促进人类健康、预防和控制营养缺乏症及营养相关疾病措施的一门学科。它是应用分子生物学技术和方法从分子水平上研究食品营养学的新领域，是食品营养学与现代分子生物学原理和技术有机结合而产生的一门新兴边缘学科，是营养学领域发展最迅速的一门学科，也是分子生物学与食品营养学的交叉结合点。

近几十年来，分子生物学技术迅猛发展，基因工程技术、转基因技术、组学技术等现代分子生物学技术已广泛应用于食品营养学研究，众多与人体生长、健康以及营养代谢相关的关键功能基因相继被挖掘、克隆和鉴定，食品营养素对人体代谢与健康调控的影响机制研究也已经逐步深入到分子水平，营养素与基因表达间的交互作用调控成为近年来的研究热点。但食品分子营养学正处于快速发展和不断完善阶段，目前在国内外尚缺乏相关的系统专著，编者在查阅国内外大量文献的基础上，结合编者的相关研究工作编写了此书。

本书力图从分子水平上系统阐述主要食品营养素的合成、代谢以及与基因相互作用等分子事件对人类健康的影响机制，全书共分为十三章。涵盖从食物营养素的生物合成调控到营养素对人体健康的干预调控机制，完整阐述食品分子营养的理论和应用。第一章简要介绍食品分子营养学的内容与应用等。第二～五章详细介绍蛋白质、碳水化合物、脂质、维生素与矿物质等基本营养素的合成转化调控与食品品质的关系。第六～九章从细胞信号转导与营养感应、营养素调控基因表达的基本理论、基因多态性与营养素的代谢的关系、表观遗传修饰与营养素代谢调控等方面阐述食品营养感应的分子基础。第十～十三章从营养素与基因交互作用、营养大数据与肠道微生物在精准营养干预方面的作用和研究案例分子营养学的研究技术等分子角度阐述食品分子营养学。本书涉及许多食品分子营养学领域的知识及相关研究进展，附有相关参考文献，供读者进一步参考阅读。

本书可作为高等学校食品营养与健康、食品科学与工程等专业的本科生、研究生教材，也可供食品、营养、生物等领域的科研和技术人员参考。

参加本书编写的人员均来自国内高校承担食品营养相关课程的一线教师。编写分工如下：第一章由吕欣和单媛媛编写；第二章由刘亚平编写；第三章由史玮编写；第四章由王永亮编写；第五章由闫爽编写；第六章由韩林编写；第七章由温馨和王欣编写；第八章由刘俊编写；第九章由余秋颖和刘芳编写；第十章由袁莉编写；第十一章由单婷婷和单媛媛编写；第十二章由程玉鑫编写；第十三章由刘远远编写。全书由单媛媛和刘芳进行修改、补充和完善，吕欣进行全书的审校。在本书编写过程中参考了大量文献资料和许多学者的研究成果，在此表示真诚的感谢。

由于编者的视野和水平有限，书中难免有疏漏和不足之处，敬请读者批评指正。

编者

2024 年 9 月

目录

第一章
绪　论

学习目标

1. 理解食品分子营养学的内涵和主要任务。
2. 了解食品分子营养学的发展历程。
3. 掌握食品分子营养学的应用。

1-1　思维导图

生命的诞生需要指定的物质来构成，生命的健康也需要指定的物质来维持。这些物质，对于身体来讲就是供给营养。营养学就是研究人体构造、运作，维持健康需要的原材料的学科。食物，包括肉类、蔬菜、水果、五谷杂粮等，是身体最原始、粗糙的营养物质，是初级层次的营养物质，是食物层面的营养。当身体健康、消化功能健全时，从食物层面获得营养足以满足正常的生命活动。但是，当一个人在各种疾病状态、在劳累状态、在衰老阶段、在胃肠消化功能弱时、在牙齿不能很好将食物咀嚼碎变为食糜状态时，这时的食物营养层无法满足身体对营养的需求，单从食物营养的层面来获得营养支持是不全面的。

如果我们能够从食物层面的营养认知，延伸到胃部食糜状态层面的营养认知，再更进一步深入到肠道小分子状态层面以及在人体吸收代谢层面的营养认知，就能够站在小分子和基因状态的层面来认知营养，才能真正理解营养如何发挥应有的功能功效。例如，肉类中的蛋白质分解成多肽、氨基酸等小分子才能被小肠吸收；五谷杂粮中的碳水化合物被分解为葡萄糖等小分子才能被小肠中吸收；脂肪需要在小肠中分解为脂肪酸和甘油等小分子才能被小肠中的淋巴吸收进入人体。随着生物科技的进步，人们利用先进的技术，通过分离、提纯，甚至生物合成等方式，将食物中对身体有用的营养物质分别提取制备出来，变成小分子状态，在分子水平上理解这些营养素在人体疾病的治疗康复、身体的再生与修复等过程中的作用机制，就是食品分子营养学的主要研究内容。

第一节 食品分子营养学的研究内容

一、食品分子营养学的研究对象

关于食品分子营养学（food molecular nutrition）至今还没有一个公认的权威定义。但可以将其理解为食品营养学与现代分子生物学原理和技术结合而产生的一门学科。分子营养学的核心主要是研究营养素与基因之间的相互作用（包括营养素与营养素之间、营养素与基因之间以及基因与基因之间的相互作用）及其对机体健康影响的规律和机制，并据此提出促进人体健康、预防和控制营养相关疾病的措施。

广义上来讲，食品分子营养学是指一切进入分子领域的食品营养学研究，即应用分子生物学技术和方法从分子水平上研究食品营养学的新领域，是食品营养学的一个重要组成和分支。同时，食物中的营养素是维持机体健康的基础和原料，食品营养素的来源与转化的分子过程也属于食品分子营养学的范畴。因此，食品分子营养学的研究对象不仅包括与营养相关的基因结构及基因表达的过程及其产物，还应该包括膳食因素和膳食构成，即膳食营养素的来源与转化的分子过程，以及它们对机体健康及生命早期营养状态等的影响。

人体的生长发育、新陈代谢、遗传变异、病理变化等，本质上都是基因的表达、调控发生改变的结果。遗传、环境和营养等因素对人体生理、发育、代谢等的影响及调控，离不开机体中相关基因及信号网络的参与。许多生理生命现象及其调控机制，最终需要在分子水平上阐释。例如，饮食和环境是影响人体脂肪沉积的因素，这些因素对脂肪沉积的影响规律及调控最终通过影响基因及其调控网络实现。食品分子营养学一方面需要研究营养素对基因表达的调控作用以及对基因组结构和稳定性的影响，进而对人体健康产生影响；另一方面也需要关注遗传因素对营养素消化、吸收、分布、代谢和排泄以及生理功能的决定作用。在此基础上，探讨二者相互作用对人体健康影响的规律，从而针对不同基因型和营养素对基因表达的特异调节作用，制订出营养素需要量和供给量标准，并从源头进行食品营养素的合成与调控。

二、食品分子营养学的研究内容

作为营养学科的一个组成部分或分支，食品分子营养学的目标是研究并揭示营养代谢与调控机制，用分子的手段调控营养代谢的转化过程及效率，其研究内容遍及营养学科的各个领域。总体来说，其主要研究内容包括以下几方面：①营养素对人体基因表达的影响及调控机制，深入解析营养素的生理功能；②营养素对基因结构、表观遗传修饰及稳定性的影响；③受营养素调控的功能基因、信号通路对机体营养素吸收、代谢的调控，从而通过营养素调控对健康有益基因的表达，抑制有害基因的表达，进而促进机体生长、发育和健康；④基因多态性或遗传变异对营养素消化、吸收、分布、代谢的影响，进而从根本上阐明营养对机体的影响及机制；⑤营养代谢性疾病的分子遗传学基础，营养代谢性疾病发生、发展的机制，营养素对营养缺乏病、先天代谢性缺陷及其他营养相关疾病的干预及调控机制；⑥现代分子生物学技术在营养素制备中的应用，如可以利用分子生物学技术从基因水平上改造或生产动物源和植物源的营养物质，提高动植物的生产性能和产品品质等。

营养素与遗传因素的相互作用是分子营养学的基础。几乎所有的营养素对基因的表达都有调节作用，它们直接或者作为辅助因子催化体内的反应，构成大分子的底物，还有作为信号分子、改变大分子结构的作用，这些作用都可以导致转录和翻译的变化。例如，蛋白质可以分解成氨基酸对基因表达进行调控，蛋白质的摄入量可通过调控尿素循环中酶转录所需要的 mRNA 数量影响机体尿素的合成等。多不饱和脂肪酸（polyunsaturated fatty acid，PUFA）除了构成膜成分外，还参与能量代谢和细胞信号转导，并与一些酶和蛋白质的基因表达相关。迄今为止，人们已经发现多种肝脏基因与脂肪组织基因的表达受饮食中 PUFA 调节。另外，研究表明长链脂肪酸可以从转录和 mRNA 稳定性两个水平影响肉碱棕榈酰转移酶和 β- 羟基 -β- 甲基戊二酸单酰 CoA（HMG-CoA）合成酶基因的表达。大量摄入碳水化合物后，肝脏中糖酵解和脂肪合成的酶类含量增加，上述反应与碳水化合物对相关基因的转录、mRNA 加工修饰和稳定性的直接调控作用有关。除蛋白质、脂肪和碳水化合物这三大营养物质对基因表达有调控作用以外，维生素、矿物质对基因表达的调控也有不同程度的作用。同时，遗传因素也会对营养素吸收、代谢和利用产生影响。人类大约 30% 基因存在多态性，导致不同个体对营养素吸收、代谢与利用的差异，并最终引起个体对营养素需要量的不同。例如脂类摄入量对血清胆固醇和甘油三酯水平的影响与载脂蛋白 E（apoE）基因型有关，*apoE* 基因的多态性影响机体对脂类的代谢能力。

三、食品分子营养学与食品营养学的关系

食品营养是指机体摄取、消化、吸收、利用食物中营养物质的全过程，是一系列化学、物理及生理变化过程的总称，它是一切生命活动的基础。传统的食品营养学是研究机体摄

入和利用营养物质的全过程以及与生命活动关系的科学，主要从宏观的角度解释食物营养物质在体内的作用，其研究的主要内容包括：①各类营养素在体内的代谢速度、代谢特点、动态平衡；②各种营养物质的生理 / 生物学功能；③营养素需要量与配比标准；④营养素供给与生长、健康、免疫等的关系；⑤机体对食品中营养物质的利用效率及营养价值评定，提高营养物质利用效率的措施和途径；⑥影响营养素吸收、利用的内外因素等。换言之，传统食品营养学绝大部分研究尚停留在机体水平，主要研究人体对营养素的摄食、消化吸收、代谢等基础生理、生化过程，而对于不同个体对各种营养素的“必需”与“非必需”及“需求量”等问题，对营养与基因表达调控及交互作用、营养代谢的分子机制、肠道微生物功能等方面的研究较少。

随着食品营养学研究的深入、分子生物学理论和技术的发展、营养学与遗传学科的交叉及相互促进，人们从分子水平上逐步认识到营养素与人体基因表达之间存在密切的交互作用。机体的生理病理变化，如生长发育、新陈代谢、遗传变异、免疫等最终要在基因水平上进行解释。因此，从分子水平上对食物中各种营养素调控机体关键代谢过程的生物学基础进行研究，将有助于揭示生命生长规律、营养代谢规律和机体的生理病理变化机制，并为通过营养手段调控人体健康、生长、代谢提供理论基础。尽管饮食成分不能改变中心法则中遗传信息传递的方向及规律，但是可以通过特殊的途径改变编码代谢关键酶的基因表达而控制体内的代谢。近年来，伴随众多与营养代谢有关的基因克隆和鉴定，食品营养对机体代谢调控机制的研究也逐步深入到分子水平，营养与基因调控关系的研究主要集中于营养素影响机体基因表达和基因表达对营养素利用效率的影响两个方面。

食品分子营养学作为营养科学的组成部分，是食品营养学与分子生物学、遗传学等的交叉学科，是传统食品营养学研究的深入，它不仅从细胞、分子水平上研究营养吸收、代谢、分配、沉积与调控，还从细胞、分子水平深入探索营养现象的内在机制，这对营养学的发展至关重要。机体的生长发育、新陈代谢、遗传变异、免疫与疾病等，就本质而言，都是基因表达调控改变的结果。许多生理现象的彻底阐明最终需要在细胞、分子水平上进行，因此，从细胞和分子水平上解释各种营养素对机体的影响及调控机制、生理发育规律及病理变化等问题，是食品营养学发展的必然趋势之一。研究营养对基因的表达调控和基因 - 营养相互作用也成为当今食品营养学的发展趋势和研究前沿，这对于更深入地阐明营养素在体内的代谢机制、寻找评价营养状况更灵敏的方法，以及调控营养素在体内的代谢路径、提高人类的健康水平等都具有重要的科学意义。例如，DNA 芯片技术的引入使分子营养学研究能够检测到营养素对整个细胞、整个组织、整个系统及作用通路上的所有已知和未知基因的影响，使研究者能够真正全面了解营养素的作用机制，彻底颠覆了传统的研究思路，极大提高了研究效率。虽然这些技术还存在一些问题，但是为我们指出了一条深入研究营养素生理功能分子机制的途径。

第二节 食品分子营养学的发展历程

人们对营养素与基因之间相互作用的最初认识，始于对先天性代谢缺陷的研究。1908年，Garrod 博士在推测尿黑酸尿症的病因时，首先使用了“先天性代谢缺陷”这个名词术语，并由此第一个提出了基因 - 酶的概念（理论），即一个基因负责一个特异酶的合成。该理论认为，先天性代谢缺陷的发生是由于基因突变或缺失，导致某种酶缺乏、代谢途径某个环节发生障碍、中间代谢产物发生堆积的结果。1917 年，Goppart 发现了半乳糖血症，这是一种罕见的半乳糖 -1- 磷酸尿苷转移酶（GALT）隐性缺乏病；1948 年，Gibson 发现隐性高铁血红蛋白血症是由于依赖烟酰胺腺嘌呤二核苷酸（NADH）的高铁血红蛋白还原酶缺乏所致；1952 年，Cori 证明葡萄糖 -6- 磷酸酶缺乏可导致 1 型糖原贮积（又称 von Gierke 病）；1953 年，Jervis 的研究表明，苯丙酮尿症的发生是由于苯丙氨酸羧化酶缺乏所致。由于在先天性代谢疾病研究与治疗方面积累了丰富的经验，并获得了突出成就，1975 年美国实验生物学科学家联合会第 59 届年会在亚特兰大举行了“营养与遗传因素相互作用”专题讨论会，这是营养学历史上具有里程碑意义的一次盛会，它预示着分子营养学时代的开始。

然而，当时分子营养学的发展非常缓慢。尽管在 20 世纪 50 年代 Waltson 和 Crick 提出了 DNA 双螺旋学说、20 世纪 60 年代 Monod 和 Jacob 提出了基因调节控制的操纵子学说、20 世纪 70 年代初期 DNA 限制性内切酶被发现、一整套 DNA 重组技术得以发展，这些推动了分子生物学在广度和深度两个方面的高度发展，但在一段时间内它们还没有被广泛应用于营养学研究。直到 1985 年，Simopoulos 博士在美国西雅图举行的“海洋食物与健康”会议上首次使用了“分子营养学”这个名词术语。

由于分子生物学、分子遗传学、生理学、内分泌学、遗传流行病学等技术的快速发展及向营养学领域的渗透，从 1988 年开始，分子营养学研究进入了高速发展的时代。1990 年开始到 2000 年完成的人类基因组全部序列测序工作，极大地推动了生命科学各个领域的快速发展。人类基因组测序完成后，研究的重点已由测序与辨识基因深入到探察基因的功能，营养科学也由营养素对单个基因表达及作用的分析，开始向基因组及表达产物在代谢调节中的作用研究，即向营养基因组学的研究方向发展。2002 年在荷兰召开的第一届国际营养基因组学会议以来，营养基因组学越来越成为营养学研究中不可忽略的重要组成部分，分子营养学研究又进入一个新的黄金时期。营养基因组学是一系列能够监测巨大数目的分子表达、基因变异等基因组技术和营养学研究中的生物信息学应用。传统方法如 Northern 点杂交、原位杂交、RNA 酶保护试验及 RT-PCR 等只能针对单个或几个有限的基因进行检测，不能反映整体基因的表达情况，营养基因组学刚好能克服这一缺点。营养基因组学研究的深入发展可进一步阐明营养代谢的分子机制，为新的营养调控理论建立提供基础，利用强有力的生物学技术，科学家能够测定单一营养素对细胞或组织基因表达的影响。

在过去的一百多年里，营养科学的研究工作得到了长足的发展，在很多国家（特别是发展中国家）人们的平均寿命显著提升，同时提高了全人类的生活质量。近年来，随着各种分子水平技术和系统性技术的迅速发展，研究水平从宏观向微观、从局部向整体、从小样本向大数据的方向发展，这为分子营养学的发展提供了强有力的支持。因此，分子营养学在维护人类健康以及治疗饮食相关疾病方面有很大的发展潜力。同时，分子营养学的发展也对分子营养学的研究工作提出了新的要求，例如发展更加先进有效的研究方法和技术、加强国际合作、分享研究数据以及制定相关标准等，明确食物营养是如何作用于机体而维护机体的健康、治疗饮食相关的疾病。最终实现通过营养干预预防如肥胖、2 型糖尿病、心血管疾病、癌症以及感染性疾病等多种疾病的发生，帮助疾病治疗后康复，实现个体化精准营养干预。

未来分子营养学研究的重点主要有以下几方面：①营养物质代谢和免疫调节效应的分子机制；②基因型对营养利用与健康的影响；③营养物质对动物繁殖、组织发育和生长发育等性状相关的基因表达其调控的分子机制；④营养物质对重要性状的关键基因表达调控的影响；⑤在不同营养水平条件下对调控饮食摄入、代谢基因表达水平的影响。大量的基因信息和新颖的研究技术，为营养基因组学的深入发展提供了有力的保障。在未来的一段时间内，营养基因组学领域结合基因组学、蛋白质组学、基因型鉴定、转录组学和代谢组学的复合领域将快速发展，并对食品营养科学研究乃至人类健康产生深远影响。

第三节 食品分子营养学的应用

食品分子营养学可以在细胞分子水平上研究营养与基因表达调控及机体健康的关系，利用分子生物学技术提高食品产品品质或生产功能性营养物质，利用基因工程技术开发新型资源等。

一、研究营养与基因表达调控

营养与基因表达调控是当今动物分子营养学研究的热点之一。营养与基因表达的关系表现为两方面：①营养的摄入对基因表达的影响；②基因表达对营养的吸收代谢和转化效率等的影响，并决定动物对营养的需要量。磷酸烯醇式丙酮酸羧化激酶（PEPCK）是动物肝脏和肾脏中糖异生作用的关键酶。当禁食或给予高蛋白质、低糖的饲料时，可以使动物肝脏中 PEPCK 水平提高；而当动物进食含糖类较高的饲料时，则肝脏中 PEPCK 水平大幅度下降。营养成分对 PEPCK 的调控主要是通过与其启动子作用而实现的。腺苷酸活化蛋白激酶（AMPK）是一种能被腺苷一磷酸（AMP）激活的蛋白激酶，在调节细胞能量代谢上起着重要作用，被称为细胞内的“能量开关”。研究发现，禁食、不饱和脂肪酸处理等均可调控动物 AMPK 的表达。而 AMPK 的表达可以影响葡萄糖、脂质等营养物质的代谢吸收。哺乳动物雷帕霉素靶蛋白（mTOR）是雷帕霉素的靶分子，能感受营养信号，控制细胞内信使 RNA 的翻译以及蛋白质的转运、降解，在细胞增殖过程中发挥重要功能。

二、提高食品品质或生产功能性营养物质

转基因技术的原理是将人工分离和修饰过的优质基因，导入到生物体基因组中，从而达到改造生物的目的。由于导入外源目的基因的表达，细胞或机体水平上基因的表达、调控及其生物学功能发生了改变，引起生物体性状发生可遗传的修饰改变。通过转基因技术可调控动物的生长、生产、动物产品品质等。例如，与非转基因猪相比，生长激素转基因猪的增重率、饲料转化效率明显提高。此外，利用转基因技术建立动物生物反应器，可生产某些具有生物活性的蛋白质。例如，在乳腺中导入乳铁蛋白基因，提高乳中乳铁蛋白含量；利用乳腺反应器生产有生物活性的多肽药物和具有特殊营养意义的蛋白质。目前，已成功在绵羊、猪等动物的乳汁中生产了组织血纤维蛋白酶原激活因子、抗凝血因子等。

三、开发新型资源

基因工程技术应用于营养学研究领域，不仅为营养学研究提供了一套全新的技术和方法，在基因水平上解析了诸多机体生理病理变化、营养素代谢调节机制等，还可以用于开发新的资源。基因工程、发酵工程和蛋白质工程等技术结合开发饲料资源等是国内外研究的热点。例如，国内已有科研团队利用基因工程等高新技术，通过对酶基因资源的高效挖掘、酶催化和构效机制的研究及进一步分子改良等，研发了植酸酶、木聚糖酶、β-甘露聚糖酶等多种酶制剂，推动了原料的高效利用。

四、确定个体营养素需要量

目前已有的营养需要量是指在最适宜环境条件下，正常、健康生长对各种营养物质种类和数量的最低要求，是一个群体平均值，未能考虑个体之间的遗传差异。传统用来估测营养素需要量的方法，如消化实验、平衡实验或因子分析并非适用于所有营养素，尤其是那些具有较强稳态作用，涉及复杂分子调控的营养素。随着分子营养学的发展，对特定营

养素影响基因表达及特定的基因或基因型决定营养素需要量的研究会越来越受到重视。

DNA 芯片技术、mRNA 差异显示技术等分子生物学技术将有助于发现大批分子水平上可特异反映营养素水平的指标，再结合基因表达与蛋白质表达的结果，可为确立不同个体对营养素准确需要量的生物标志物奠定基础。未来将有可能应用分子标记物来研究机体对营养素需求的个体差异，通过基因组成以及代谢型的鉴定，确定个体的营养需要量，使个体营养成为可能。

五、预防人类营养代谢病

营养代谢病主要是由于营养物质（例如糖、脂肪、蛋白质、维生素、微量元素等）代谢紊乱引起的一类疾病。在该类疾病的发生发展过程中，涉及营养物质代谢的相关酶、辅酶等的蛋白质表达谱必定会发生改变，从而使营养素代谢和利用发生障碍；反过来讲，可针对代谢病的特征，利用营养素来弥补或纠正这种缺陷。如典型的苯丙酮尿症，由于苯丙氨酸羧化酶缺乏，使苯丙氨酸不能代谢为酪氨酸，从而导致苯丙氨酸堆积和酪氨酸减少，因此可在食品配方中限制苯丙氨酸的含量，增加酪氨酸的含量，防止苯丙酮尿症的发生。

六、了解基因和营养素间的交互作用

对营养代谢机制从分子水平上加以剖析，将有助于阐明体内的营养素代谢规律和复杂的相互作用机制等。饮食营养作为调控机体基因表达的重要手段，相关的原理还有很多不清楚的地方。事实上，食物营养对于机体生长代谢的影响，其根本机制必须通过分子水平的研究才能得到科学的解释。特别是对于营养素在动物体内的代谢动力学研究，只有在对体内关键代谢酶基因表达的调节和控制机制充分认识的基础上，才有可能得到正确的答案。因此，食品分子营养学的发展将有助于我们进一步了解基因和营养素间的交互作用。

第四节 食品分子营养学的研究方法及技术

人体平均每天要摄入 1.5kg 食物，其中包含了成千上万种不同的化合物。这些化合物中有一部分物质的结构已经被人们所了解，但是其确切的生物功能还未知，还有很多包括结构和功能都未知的物质。与此同时，人体约有 30 亿对碱基、约 3 万个基因、大量因环境改变而不同的表观遗传变化，再加上体内不同种类的细胞、核酸、蛋白质、代谢物以及共生菌，使得食品分子营养学的研究变得异常复杂。因此，可靠有效的研究方法及技术是推动分子营养学发展的重要基础。以下是目前分子营养学在不同研究领域中常用的研究方法及技术。

一、流行病学

流行病学，可分为观察型和实验型两种，主要用于发现饮食与健康的关系以及控制饮食的效果，从而为深入研究分子机制提供假设，弥补体外细胞实验和动物实验的不足。

二、基因组学

基因组学，主要目的是发现例如等位基因和SNP等遗传变异和表型特征的关系，有助于理解不同的基因型和饮食环境的交互作用，为精准的个体化营养干预提供依据。目前常用的方法有微孔芯片和第二代测序分析。

三、转录组学

转录组学，主要研究mRNA水平和剪接变异体，它们的变化是饮食与基因相互作用的结果。转录组学的研究有助于理解饮食或营养素的功效、发现疾病的生物标志物以及发现营养素参与调控的信号通路。目前常用于转录组学研究的技术有微孔芯片和RNA测序技术。

四、蛋白质组学

蛋白质组学主要研究蛋白质的构成以及翻译后的修饰。基因的表达有时与蛋白质的丰度并不相关，并且蛋白质的功能受到翻译后修饰的影响。有研究表明饮食对蛋白质的翻译后修饰有影响。因此，蛋白质组学的研究对了解饮食的生物功能有很大帮助。目前研究蛋白质组学的常用方法有色谱法、电泳法、质谱法和蛋白质芯片法。

五、代谢组学

代谢组学主要研究饮食的代谢产物，它是机体基因表达过程中的特异性产物，对它们的研究可以有助于了解饮食与机体的相互作用，以及发现特异性的生物标志物。目前主要用于代谢组学的分析技术包括气相色谱、液相色谱、质谱以及核磁共振等。

六、微生物学

微生物学主要研究微生物种类及其基因组学、转录组学、蛋白质组学及代谢组学等。

据估计人体肠道内含有 1014 个微生物组，是人体细胞总数的 12 倍，它们对机体的免疫和营养吸收有重要作用。因此，对它们的研究可以更深刻地了解营养与健康的关系。目前的主要方法有 16 rRNA 测序及相关的组学研究技术。

七、表观遗传学

表观遗传学主要是研究 DNA 甲基化水平、组蛋白修饰以及 miRNA 的表达，它们的变化最终影响基因的表达。表观遗传学的变化与环境密切相关，而饮食是其中关键的因素之一。因此，研究饮食与表观遗传学变化的关系对理解营养素的生物功能非常有帮助。目前常用的研究技术包括焦磷酸测序和染色体免疫共沉淀技术。

八、系统生物学

随着流行病学、基因组学、转录组学、蛋白质组学和代谢组学等领域分析技术的发展，以及影像学、系统生物学和微生物学等相关领域的进步，分子营养学在这些先进方法技术的带动下，发展将更加迅速，个体化精准预防在此基础上将得到长足发展，营养科学的研究将更加系统化，饮食相关疾病的治疗会随着分子营养学的发展得到更好的控制。

本章小结

食品分子营养学是食品营养学与现代分子生物学原理和技术结合而产生的一门学科，其核心内容是研究营养素与基因之间的相互作用，包括营养素与营养素之间、营养素与基因之间以及基因与基因之间的相互作用及其对机体健康影响的规律和机制，并据此提出促进人体健康、预防和控制营养相关疾病的措施。食品分子营养学的发展依赖于生命科学技术的进步，各种分子水平和系统性技术的迅速发展，为分子营养学的发展提供了强有力的支持。因此，分子营养学在未来维护人类健康以及治疗饮食相关疾病方面有很大的发展潜力。同时，分子营养学的发展，也对分子营养学的研究工作提出了新的要求。食品分子营养学的发展需要更加先进有效的研究方法和技术，从而明确食物营养是如何作用于机体而维护机体的健康、治疗饮食相关的疾病，最终实现通过营养干预预防多种疾病的发生，实现个体化精准营养干预。

思考题

1. 食品分子营养学的研究内容和研究对象是什么？
2. 食品分子营养学的发展经历了哪些重要的阶段？
3. 食品分子营养学与食品营养学有什么区别和联系？

第二章

蛋白质的合成转化调控与食品品质

学习目标

1. 掌握蛋白质合成及转运的分子机制。
2. 熟悉肉蛋乳产品品质形成的分子机制。
3. 了解乳蛋白和蛋清蛋白品质提升的分子调控机制。

第一节 蛋白质的合成及转运

2-1 思维导图

蛋白质具有多种生物功能，影响机体健康和加工特性，这些都是由其内在结构信息决定的，而结构信息储存在一级结构中，一级结构的信息最终是由存在于染色体上的核苷酸序列决定的。每一个蛋白质都是由一个或一个以上的多肽链组成，每一条多肽链又是由许多氨基酸以酰胺键聚合起来的线性分子。多肽链中的氨基酸残基序列是由这一多肽链对应的信使 RNA（mRNA）分子中的核苷酸序列决定的。本节将讨论蛋白质合成的三方面问题：①氨基酸是怎样被选择及掺入到多肽链当中去的；②当多肽链在核糖体上合成完了之后，其翻译后化学修饰是怎样进行的；③合成加工好的蛋白质是怎样被运送到其发挥功能的地方的。

一、蛋白质合成的分子基础

蛋白质合成的过程又称为翻译，即把mRNA分子中碱基排列顺序转变为多肽链中的氨基酸排列顺序的过程。氨基酸是从核糖体加入多肽链中的。在与mRNA作用之前，氨基酸先共价地与转运RNA（tRNA）形成氨酰-tRNA。氨酰-tRNA结合到mRNA的特殊位点上。mRNA含有遗传密码的信息，用于指导特定氨基酸序列多肽链的合成。一个核糖体结合到一个合成起始序列的mRNA分子上，并由此开始读码，沿着密码序列合成一条多肽链。读码的方向是从mRNA的5′端到3′端，而合成出来的多肽则是从氨基端到羧基端。通常，一个mRNA分子上，可结合多个不同时间开始翻译的核糖体，这样的结构称为多聚核糖体。多聚核糖体是由一个mRNA分子与一定数目的单个核糖体结合而成的，形成念珠状。两个核糖体之间有一段裸露的mRNA。每个核糖体可以独立完成一条肽链的合成，所以在多聚核糖体上可以同时进行多条多肽链的合成，这样就提高了翻译的效率。在原核细胞中，mRNA的转录与多肽的翻译是同时进行的，而真核生物的转录与翻译地点不同，核糖体可以自由地存在于细胞质中或者与内质网膜结合。

1. mRNA为蛋白质合成提供模板

mRNA以核苷酸序列的方式携带遗传信息，通过这些信息来指导合成多肽链中的氨基酸序列。每一个氨基酸可通过mRNA上3个核苷酸序列组成的遗传密码来决定，这些密码以连续的方式连接，组成读码框架。读码框架之外的序列称作非编码区，这些区域通常与遗传信息的表达调控有关。在读码框架的5′端，是由起始密码AUG开始的，它编码一个甲硫氨酸。在读码框的3′端，含有一个或一个以上的终止密码：UAA、UAG和UGA，其功能是终止这一多肽链的合成。在真核生物mRNA的3′端，通常还含有转录后加上去的多聚腺嘌呤核苷酸序列作为尾巴，其可能与mRNA分子的稳定性增加有关。

mRNA分子的5′端序列对于起始密码的选择有重要作用。对于真核生物而言，其mRNA通常只为一条多肽链编码，核糖体与mRNA 5′端的核糖体进入部位结合之后，通过一种扫描机制向3′端移动来寻找起始密码，mRNA 5′端的帽子结构可能对于核糖体进入部位的识别起到一定作用。翻译的起始通常开始于从核糖体进入部位向下游扫描到的第一个AUG序列。

2. tRNA转运活化的氨基酸到mRNA模板上

tRNA含有两个关键的部位：一个是氨基酸结合部位，另一个是与mRNA的结合部位。组成蛋白质的20种氨基酸，每一种氨基酸至少有一种tRNA来负责转运。为了准确地翻译，每一种tRNA必须能被很好地识别。在书写时，将所运氨基酸写在tRNA的右上角，如$tRNA^{Phe}$表示为转运tRNA的苯丙氨酸。大多数氨基酸具有几种用来转运的tRNA，一个细胞中通常含有50个或更多不同的tRNA分子。

tRNA在识别mRNA分子上的密码子时，具有接头的作用。氨基酸一旦与tRNA形成氨

酰 -tRNA 后，进一步的去向就由 tRNA 来决定了。tRNA 凭借自身的反密码子与 mRNA 分子上的密码子相识别，而把所带的氨基酸送到肽链的一定位置上。

3. 核糖体是蛋白质合成的工厂

核糖体是合成蛋白质的部位。核糖体是一个巨大的核糖核蛋白体，由两个亚基构成，一个较大，一个较小。当镁离子浓度为 10 mmol/L 时，大、小亚基聚合，镁离子浓度下降至 0.1mmol/L 时，又解聚。真核细胞中的核糖体既可以游离存在，也可以与细胞内质网相结合，形成粗面内质网。每个真核细胞所含核糖体的数目多达 10^6~10^7 个。线粒体、叶绿体及细胞核内也有自己的核糖体。真核细胞核糖体的 40S 亚基中有 30 多种蛋白质及一分子 18S rRNA。60S 亚基中有 50 多种蛋白质及各一分子的 5S、28S rRNA。哺乳类核糖体的 60S 大亚基中还有一分子 5.8S rRNA。

核糖体内的所有 rRNA 在形成核糖体的结构和功能上都起重要作用。16S rRNA 在识别 mRNA 上的多肽合成起始位点中起重要作用。30S rRNA 前体经过 RNase Ⅲ的切割形成 16S 前体 rRNA 及 23S 前体 rRNA，因此 5S、16S、23S 三种 rRNA 的基因是相连的。这些 rRNA 前体的进一步加工是在与核糖体蛋白结合后进行的。

核糖体的大小亚基与 mRNA 有不同的结合特性。大肠杆菌的 30S 亚基能单独与 mRNA 结合形成 30S 核糖体 -mRNA 复合体，后者又可与 tRNA 专一地结合。但 50S 亚基不能单独与 mRNA 结合，却可非专一地与 tRNA 相结合，50S 亚基上有两个 tRNA 位点：氨酰基位点（A 位点）与肽酰基位点（P 位点）。这两个位点的位置可能是在 50S 亚基与 30S 亚基相结合的表面上。50S 亚基上还有一个在肽酰 -tRNA，其移位过程使 GTP 水解。在 50S 与 30S 亚基的接触面上有一个结合 mRNA 的位点。此外，核糖体上还有许多与起始因子、延伸因子、释放因子及与各种酶相结合的位点。至此，不难看出核糖体是一个多么复杂的结构，它真配得上称为“蛋白质合成的工厂”。

二、蛋白质翻译的步骤

蛋白质生物合成可分为五个阶段，氨基酸的活化、多肽链合成的起始、多肽链的延长、翻译的终止及多肽链的释放、多核糖体循环。

1. 氨基酸的活化

氨基酸在进行合成多肽链之前，必须先经过活化，然后再与其特异的 tRNA 结合，将其转移到 mRNA 相应的位置上，这个过程靠氨基酰 -tRNA 合成酶催化，此酶催化特定的氨基酸与特异的 tRNA 结合，生成各种氨基酰 -tRNA。每种氨基酸都靠其特有的合成酶催化，使之和相对应的 tRNA 结合，在氨基酰 -tRNA 合成酶催化下，利用 ATP 供能，在氨基酸羧基上进行活化，形成氨基酰 -AMP，再与氨基酰 -tRNA 合成酶结合形成三联复合物，此复合物再与特异的 tRNA 作用，将氨基酰转移到 tRNA 的氨基酸臂（即 3′ 端 CCA-OH）上。

原核细胞中起始氨基酸活化后，还要甲酰化，形成甲酰甲硫氨酸 tRNA，由 N^{10}– 甲酰四氢叶酸提供甲酰基。而真核细胞没有此过程。

运载同一种氨基酸的一组不同 tRNA 称为同功 tRNA。一组同功 tRNA 由同一种氨酰基 –tRNA 合成酶催化。氨基酰 –tRNA 合成酶对 tRNA 和氨基酸两者具有专一性，它对氨基酸的识别特异性很高，而对 tRNA 识别的特异性较低。

氨基酰 –tRNA 合成酶是如何选择正确的氨基酸和 tRNA 呢？按照一般原理，酶和底物的正确结合是由二者相嵌的几何形状所决定的，只有适合的氨基酸和适合的 tRNA 进入合成酶的相应位点，才能合成正确的氨酰基 –tRNA。现在已知合成酶与 L 形 tRNA 的内侧面结合，结合点包括接近臂、DHU 臂和反密码子臂。

反密码子似乎应该与氨基酸的正确负载有关，对于某些 tRNA 也确实如此，然而对于大多数 tRNA 来说，情况并非如此，当某些 tRNA 上的反密码子突变后，它们所携带的氨基酸却没有改变。1988 年，候稚明和 Schimmel 的实验证明丙氨酰 –tRNA 分子的氨基酸臂上 G3 ： U70。这两个碱基发生突变时则影响到丙氨酰 –tRNA 合成酶的正确识别，说明 G3 ： U70 是丙氨酸 tRNA 分子决定其本质的主要因素。tRNA 分子上决定其携带氨基酸的区域称为副密码子。一种氨基酰 –tRNA 合成酶可以识别以一组同功 tRNA，这说明它们具有共同特征。例如三种丙氨酰 –tRNA 都具有 G3 ： U70 副密码子。但没有充分的证据说明其他氨基酰 –tRNA 合成酶也识别同功 tRNA 组中相同的副密码子。另外副密码子也没有固定的位置，也可能并不止一个碱基对。

2. 多肽链合成的起始

核蛋白体大小亚基、mRNA、起始 tRNA 和起始因子共同参与肽链合成的起始。

（1）大肠杆菌细胞翻译起始复合物形成过程

①核糖体 30S 小亚基附着于 mRNA 起始信号部位：原核生物中每一个 mRNA 都具有其核糖体结合位点，它是位于 AUG 上游 8~13 个核苷酸处的一个短片段称为 SD 序列。这段序列正好与 30S 小亚基中的 16S rRNA 3′ 端一部分序列互补，因此 SD 序列也称为核糖体结合序列，这种互补就意味着核糖体能选择 mRNA 上 AUG 的正确位置来起始肽链的合成，该结合反应由起始因子 3（IF–3）介导，另外 IF–1 促进 IF–3 与小亚基的结合，故先形成 IF–3–30S 亚基 –mRNA 三元复合物。

② 30S 前起始复合物的形成：在起始因子 2（IF–2）作用下，甲酰甲硫氨酰起始 tRNA 与 mRNA 分子中的 AUG 相结合，即密码子与反密码子配对，同时 IF–3 从三元复合物中脱落，形成 30S 前起始复合物，即 IF–2–30S 亚基 –mRNA–fMet–tRNA^{fmet} 复合物，此步需要 GTP 和 Mg^{2+} 参与。

③ 70S 起始复合物的形成：50S 亚基上述的 30S 前起始复合物结合，同时 IF–2 脱落，形成 70S 起始复合物，即 30S 亚基 –mRNA–50S 亚基 –mRNA–fMet–tRNA^{fmet} 复合物。此时 fMet–tRNA^{fmet} 占据着 50S 亚基的肽酰位。而 A 位则空着有待于对应 mRNA 中第二个密码的

相应氨基酰 -tRNA 进入，从而进入延长阶段。

（2）真核细胞蛋白质合成的起始　真核细胞蛋白质合成起始复合物的形成中需要更多的起始因子参与，因此起始过程也更复杂。

①需要特异的起始 tRNA，即 -$tRNA^{fmet}$，并且不需要 N 端甲酰化。已发现的真核起始因子有近 10 种。

②起始复合物形成在 mRNA 5′ 端 AUG 上游的帽子结构（某些病毒 mRNA 除外）。

③ ATP 水解为 ADP 供给 mRNA 结合所需要的能量。

真核细胞起始复合物的形成过程是：翻译也是由 eIF-3 结合在 40S 小亚基上而促进 80S 核糖体解离出 60S 大亚基开始，同时 eIF-2 在辅 eIF-2 作用下，与 Met-$tRNA^{fmet}$ 及 GTP 结合，再通过 eIF-3 及 eIF-4C 的作用，先结合到 40S 小亚基，然后再与 mRNA 结合。mRNA 结合到 40S 小亚基时，除了 eIF-3 参加外，还需要 eIF-1、eIF-4A 及 eIF-4B 并由 ATP 水解为 ADP 及 Pi 来供能，通过帽结合因子与 mRNA 的帽结合而转移到小亚基上。但是在 mRNA 5′ 端并未发现能与小亚基 18S RNA 配对的 SD 序列。目前认为通过帽结合后，mRNA 在小亚基上向下游移动而进行扫描，可使 mRNA 上的起始密码 AUG 在 Met-tRNAfmet 的反密码位置固定下来，进行翻译起始。通过 eIF-5 的作用，可使结合 Met-$tRNA^{fmet}$ · GTP 及 mRNA 40S 小亚基与 60S 大亚基结合，形成 80S 复合物。eIF-5 具有 GTP 酶活性，催化 GTP 水解为 GDP 及 Pi，并有利于其他起始因子从 40S 小亚基表面脱落，从而有利于 40S 与 60S 两个亚基结合，最后经 eIF-4D 激活而成为具有活性的 80S Met-$tRNA^{fmet}$ · mRNA 起始复合物。

3. 多肽链的延长

在多肽链上每增加一个氨基酸都需要经过进位、转肽和移位三个步骤。

（1）进位　密码子所特定的氨基酸 tRNA 结合到核蛋白体的 A 位，称为进位。氨基酰 tRNA 在进位前需要有三种延长因子的作用，即热不稳定的延伸因子（unstable temperature EF，EF-Tu），热稳定的延伸因子（stable temperature EF, EF-Ts）以及依赖 GTP 的转位因子。EF-Tu 首先与 GTP 结合，然后再与氨基酰 -tRNA 结合成三元复合物，这样的三元复合物才能进入 A 位。此时 GTP 水解成 GDP，EF-Tu 和 GDP 与结合在 A 位上的氨基酰 -tRNA 分离。总体上来说，进位包括以下四个步骤：①核蛋白体“给位”上携甲酰甲硫氨酰基（或肽酰）的 tRNA；②核蛋白体“受体”上新进入的氨基酰 -tRNA；③失去甲酰甲硫氨酰基（或肽酰）后，即将从核蛋白体脱落的 tRNA；④接受甲酰甲硫氨酰基（或肽酰）后已增长一个氨基酸残基的肽键。

（2）转肽　在 70S 起始复合物形成过程中，核糖核蛋白体的 P 位上已结合了起始型甲酰甲硫氨酸 tRNA，当进位后，P 位和 A 位上各结合了一个氨基酰 -tRNA，两个氨基酸之间在核糖体转肽酶作用下，P 位上的氨基酸提供 α—COOH，与 A 位上的氨基酸的 α-NH_2 形成肽键，从而使 P 位上的氨基酸连接到 A 位氨基酸的氨基上，这就是转肽。转肽后，在 A 位上形成了一个二肽酰 -tRNA。

（3）移位　转肽作用发生后，氨基酸都位于A位，P位上无负荷氨基酸的tRNA就此脱落，核蛋白体沿着mRNA向3′端方向移动一组密码子，使得原来结合二肽酰tRNA的A位转变成了P位，而A位空出，可以接受下一个新的氨基酰tRNA进入，移位过程需要EF–2、GTP和Mg^{2+}的参加。以后，肽链上每增加一个氨基酸残基，即重复上述进位、转肽、移位的步骤，直至所需的长度，实验证明mRNA上的信息阅读是从5′端向3′端进行，而肽链的延伸是从氨基端到羧基端。所以多肽链合成的方向是N端到C端。

4. 翻译的终止及多肽链的释放

无论原核生物还是真核生物都有三种终止密码子UAG、UAA和UGA。没有一个tRNA能够与终止密码子作用，而是靠特殊的蛋白质因子促成终止作用。这类蛋白质因子称为释放因子，原核生物有三种释放因子：RF1、RF2和RF3。RF1识别UAA和UAG，RF2识别UAA和UGA，而RF3的作用还不明确。真核生物中只有一种释放因子eRF，它可以识别三种终止密码子。不管原核生物还是真核生物，释放因子都作用于A位，使转肽酶活性变为水解酶活性，将肽链从结合在核糖体上的tRNA的CCA末端上水解下来，然后mRNA与核糖体分离，最后一个tRNA脱落，核糖体在IF–3作用下，解离出大、小亚基。解离后的大小亚基又重新参加新的肽链的合成，循环往复，故多肽链在核糖体上的合成过程又称核糖体循环。

5. 多核糖体循环

上述只是单个核糖体的翻译过程，事实上在细胞内一条mRNA链上结合着多个核糖体，甚至可多到几百个。蛋白质开始合成时，第一个核糖体在mRNA的起始部位结合，引入第一个甲硫氨酸，然后核糖体向mRNA的3′端移动一定距离后，第二个核糖体又与mRNA的起始部位结合，再向前移动一定的距离后，在起始部位又结合第三个核糖体，依此下去，直至终止。两个核糖体之间有一定的长度间隔，每个核糖体都独立完成一条多肽链的合成，所以这种多核糖体可以在一条mRNA链上同时合成多条相同的多肽链，大大提高翻译的效率。多聚核糖体的核糖体个数与模板mRNA的长度有关，例如血红蛋白的多肽链mRNA编码区有450个核苷酸组成，长约150nm。上面串联有5~6个核糖核蛋白体形成多核糖体。而肌球蛋白的重链mRNA由5400个核苷酸组成，它由60多个核糖体构成多核糖体完成多肽链的合成。

三、蛋白质的运输及翻译后修饰

在核糖体上新合成的多肽被送往细胞的各个部分，以行使各自的生物功能，大肠杆菌新合成的多肽，一部分仍停留在胞浆之中，一部分则被送到质膜、外膜或质膜与外膜之间的空隙，有的也可分泌到细胞外。真核细胞中新合成的多肽被送往溶酶体、线粒体、叶绿体胞核等细胞器。新合成的多肽的输送是有目的、定向地进行的。对于成熟蛋白质的分析表明，蛋白质中存在上百种氨基酸，但它们也只是在20种氨基酸基础上衍生出来的。这种翻译后加工过程使得蛋白质组成更加多样化，从而导致蛋白质结构上呈现更大的复杂化。我们关于后加工过程的知识还十分有限。除了对氨基酸残基的链基团进行修饰外，还有合成出的部分肽段在蛋白质成熟过程中被切除。这些修饰和加工过程与这些蛋白质在什么部位合成、要运送到什么部位去有关。其实，加工过程在多肽链合成开始即随之进行。在多核糖体上合成的蛋白质或者留在细胞质中，或者运送到细胞器。留在细胞质中的蛋白质从核糖体上释放后即可行使其功能，而运往别处的蛋白质则往往在运送的过程中发生大量的修饰。许多由结合在膜上的多核糖体合成出来的蛋白质或者停留在ER膜上，或者被运往高尔基体、分泌小泡、质膜或溶酶体。

1. 蛋白质通过其信号肽引导到目的地

生物系统中的蛋白质运输可用一个比较简单的模式来解释。每一条需要运输的多肽都含有一段氨基酸序列，称为信号肽序列，引导多肽至不同的转运系统。在真核细胞中，当某一种多肽的N端刚开始合成不久，这种多肽合成后的去向就已被决定。一部分核糖体以游离状态停留在胞浆中，它们只合成供装配线粒体及叶绿体膜的蛋白质，另一部分核糖体，受新合成的多肽的N端上的信号肽所控制而进入内质网，使原来表面平滑的内质网变成有局部凸起的粗面内质网。与内质网相结合的核糖体可合成三类主要的蛋白质：溶酶体蛋白质、分泌到胞外的蛋白质和构成质膜骨架的蛋白质。只是在体外合成的未经加工的免疫球蛋白上找到了信号肽，但不能在体内合成的经过加工的成熟免疫球蛋白上找到它。因为在体内合成后的加工过程中，信号肽被信号肽酶切掉了。许多蛋白质激素就是以前体蛋白质形式合成的。例如，胰岛素mRNA通过翻译得到的胰岛素原蛋白，其前面的23个氨基酸残基的信号肽在转运至高尔基体的过程中被切除。在很多真核细胞的分泌蛋白质中都发现有信号肽。

2. 一些线粒体、叶绿体蛋白质是翻译完成后运输的

线粒体DNA基因组可编码全部线粒体RNA，但只编码一小部分线粒体蛋白质。叶绿体的情形也相似。大部分线粒体和叶绿体的蛋白质是由细胞核基因组DNA编码的，并在胞浆内由游离核糖体合成这些蛋白质，再送到这些细胞器中去，这种运输被称作翻译后运输。在这一过程中，为了过膜，这些蛋白质需要通过多肽链结合蛋白的帮助进行去折叠。线粒体进行的翻译后运输需要ATP和质子梯度，以帮助蛋白质去折叠和跨膜。由核基因组织编码的线粒体外膜蛋白质的N端上也有一段肽链，称线粒体定向肽，起信号肽的作用。它可以与外膜上的相应位点相识别，线粒体定向肽富含带正电荷的氨基酸和丝氨酸、苏氨酸。

从胞质往线粒体内运送蛋白质的过程较为复杂，因为线粒体本身具有多膜的结构。细胞色素c前体蛋白的N端有两个信号肽序列。第一个序列被线粒体外膜上的受体蛋白识别，引导至膜上的运输通道并得以进入线粒体内的基质中，这时，第一个信号肽被切除。随之，第二个信号肽用与第一个信号肽相似的方式，携带多肽穿过内膜，之后，第二个信号肽被切除，细胞色素 c1 则折叠成其天然结构，并结合上一个血红素分子。在胞质中合成的叶绿体蛋白质的运输与线粒体蛋白质非常类似，叶绿体新生肽的定向输送也是由 N 端上的一段肽段决定的，称叶绿体转移肽。

3. 分泌型的真核蛋白质在内质网内合成

在真核细胞中，内质网是最大的膜状结构的细胞器，其表面积可以是质膜面积的几倍，大部分的内质网与核糖体相结合形成粗面内质网。在粗面内质网上的核糖体是膜蛋白质和分泌性蛋白质合成的地方，也是蛋白质分泌途径的起点。多肽经移位后，在内质网的小腔中被修饰。这些修饰作用包括：N 端信号肽的切除、二硫键形成、使线形多肽呈现一定空间结构及糖基化作用。在内质网的膜及内腔有一些特殊的参与加工分泌蛋白质和膜蛋白质的酶，如蛋白质二硫键异构酶。通过短时间内在粗面内质网内加工后，分泌蛋白质形成被膜包裹的小泡，转运至高尔基体，然后再转运至细胞表面或溶酶体中。

糖基化作用使多肽链转变成糖蛋白质。许多膜本体蛋白质及抗原蛋白质都是糖蛋白质。糖蛋白质中的糖苷键有两类：一类是肽链上天冬酰胺侧链上的 N 原子与寡聚糖核之间构成的 *N*– 糖苷键，另一类是肽链上丝氨酸、苏氨酸侧链上的氧原子与寡聚糖核之间构成的 *O*– 糖苷键。通常在糖蛋白质上发现的寡聚糖核是五聚糖，其成分为三分子甘露糖及两分子 *N*– 乙酰氨基葡萄糖。寡聚糖核是如何被带到蛋白质上的呢？已证明携带的载体是磷酸酯。它是一条具有很长的烃链的磷酸酯，末端的磷酸基可与核糖结合。

4. 高尔基体中多肽的糖基化修饰及多肽的分类

高尔基体主要有两方面功能：一是对糖蛋白质上的寡聚糖核作进一步修饰与调整，二是将各种多肽进行分类并送往溶酶体、分泌颗粒和质膜等目的地。但是何种蛋白质应送往何处是由蛋白质本身的空间结构决定的。高尔基体是由许多层袋状的膜结构组成的。糖蛋白质的进一步糖基化修饰就是在这种膜结构中完成的。以溶酶体中的酶类的输送为例，由于这些酶类自身构象的变化可与甘露糖 –6– 磷酸相结合。后者可被高尔基体膜上的受体识别，最终使这些酶 – 糖蛋白质进入溶酶体。所以，甘露糖 –6– 磷酸是一种导向标志，指挥糖蛋白质的运输方向。但甘露糖 –6– 磷酸对分泌蛋白质与质膜蛋白质并不起导向标志的作用。

5. 大肠杆菌蛋白质在翻译的同时也在被运输

细菌中新生肽定向输送的情形相对于真核细胞来说较为简单，在细胞质中合成出来的多肽可以就在合成部位，或被整合到质膜上，或通过质膜分泌出来行使功能。大多数非细胞质细菌蛋白质在核糖体上合成的同时也在被运送至质膜或跨过膜，这一过程称为翻译中运输。这一过程有一组帮助多肽分泌的蛋白质参与，它们中有些是能识别新生肽链 N 端引导肽序列的膜蛋白质，可将正在翻译的核糖体拉至质膜，使合成的多肽得到转运。这段引导肽也可被引导肽酶切除，使多肽能够分泌出细胞。

第二节　肉蛋白品质形成的分子营养调控

畜禽的肌肉品质简称畜禽的肉质。肉产品的品质受到多种因素的影响，营养因素是影响肉品质的主要因素之一。本节结合近年来不断发展的分子生物学知识，从参与肉品质形成的调控因子和分子网络入手，阐述如何通过合理供给营养促进和调节优质肉肌纤维的产生。

一、肌纤维的概念与类型

肌肉组织根据其在机体的分布、形态结构和生理特性的不同，可分为骨骼肌、平滑肌和心肌三种。其中，骨骼肌因肌肉以各种形状附着在骨骼上而得名，约占机体的40%~60%，是动物科学和食品科学的主要研究对象。

1. 肌纤维的概念

肌肉基本组成单位是肌纤维（myofiber）又称肌细胞。肌纤维是长度1~40mm，直径10~100μm的长圆柱形、两端呈圆锥状的多核细胞。大量的肌纤维聚集形成肌束，肌束又被结缔组织鞘膜包裹。数条肌束集合在一起，经由一层较厚的结缔组织膜包裹，最终形成一块肌肉。作为骨骼肌的基本单位，肌纤维的组成及类型是决定畜禽肉品质的重要因素，可影响肌肉的外观特性、生理生化及营养特性等。

2. 肌纤维类型及其鉴定

传统的分类方法主要是用肌球蛋白腺苷三磷酸（mATPase）活性或琥珀酸脱氢酶染色等组织化学方法对肌纤维进行分类。根据结合代谢酶与mATPase活性的组织化学方法将肌纤维类型分为4种：慢收缩氧化型（Ⅰ型）、快收缩氧化型（Ⅱa型）、快收缩酵解型（Ⅱb型）和中间型（Ⅱx型）。其中，Ⅰ型肌纤维含有较多的色素细胞和肌红蛋白（myoglobin），由于氧合肌红蛋白呈红色，其外观呈红色，因而也称红肌纤维；Ⅱb型肌纤维的细胞色素和肌红蛋白含量较少，其外观呈白色，因而又称白肌纤维。四种类型的肌纤维获得能量和代谢特点不同，见表2-1。

表2-1　四种肌纤维的能量和代谢特点

类型	Ⅰ型（红肌纤维）	Ⅱa型	Ⅱx型（中间型肌纤维）	Ⅱb型（白肌纤维）
糖原	少	较高	高	高

续表

类型	Ⅰ型（红肌纤维）	Ⅱa型	Ⅱx型（中间型肌纤维）	Ⅱb型（白肌纤维）
线粒体含量	多	较多	中	较少
细胞色素酶系活性	高	较高	中	很低
琥珀酸脱氢酶活性	高	较高	中	很低
ATP 酶活性	很低	中	较高	高
代谢情况	氧化	氧化、酵解	酵解为主	酵解
收缩情况	速度慢而持久	速度适中较持久	速度较快，持久力适中	速度快但不持久

由于不同类型的肌纤维特异性地表达肌球蛋白重链（MyHC），因此目前最常用的肌纤维分类方法是通过检测各种特异肌球蛋白重链（MyHC）的基因表达情况划分肌纤维类型，这种方法比组织化学方法准确、可靠。目前，已经确定了 *MyHC Ⅰ*、*2a*、*2b* 和 *2x* 基因在猪的骨骼肌上的表达，并依据肌纤维特有的 MyHC 类型将猪的肌纤维类型分为 4 种，即 MyHCⅠ型肌纤维、MyHC2a 型肌纤维、MyHC2b 型肌纤维和 MyHC2x 型肌纤维。MyHCⅠ型肌纤维也就是慢速氧化型肌纤维，MyHC2a 型肌纤维就是快速氧化型肌纤维，MyHC2b 型肌纤维就是快速酵解型肌纤维，MyHC2x 型肌纤维就是中间型肌纤维。

二、肌纤维类型与肉品质的关系

1. 肌纤维类型与肉色

在动物体中，肌红蛋白是决定肉色是否鲜红的关键物质。不同类型肌纤维中的肌红蛋白含量差异较大。如氧化型肌纤维（Ⅰ型和 2a 型）中的肌红蛋白和血红蛋白含量高，肌肉颜色呈鲜红色，肉色评分较高；2b 型肌纤维所含肌红蛋白和血红蛋白的量低，肌肉的颜色呈苍白色，肉色评分较低。此外，肌肉中的氧含量也是决定肉色的关键因素。

2. 肌纤维类型与肌肉 pH

动物宰杀后，糖酵解反应依然在进行，糖原酵解产生的乳酸和 ATP 分解产生的磷酸是引起宰后肌肉 pH 下降的主要原因。因此，屠宰时肌肉中的糖原含量在很大程度决定肌肉宰后的 pH。不同类型的肌纤维糖酵解强度和速度不同，如 2b 型肌纤维中含有较高活性的、高含量的糖原，所以当肌肉中 2b 型肌纤维所占的比例较高时，糖原酵解产生的乳酸较多，肌肉的 pH 低。相反，肌肉中 2a 型肌纤维所占比例较高时，则肌肉的最终 pH 高。

3. 肌纤维类型与肌肉嫩度

肌肉的嫩度反映了肌肉的质地与口感，可以通过质构仪分析测定。肌纤维类型、直径、密度以及横截面积等因素都会对肌肉嫩度产生显著的影响。肌纤维横截面积越大，嫩度越差。在单位面积内Ⅰ型肌纤维所占比例小或2b型肌纤维所占比例大，肌肉的剪切力较高。随着肌纤维直径的增大，肌肉嫩度相应降低。氧化型肌纤维（Ⅰ型和2a型）直径较小，而酵解型肌纤维（2x型和2b型）直径较大。因此，肌肉酵解型，尤其是2b型肌纤维所占比例越大，会增加肌肉的剪切力，降低肉品的嫩度。

4. 肌纤维类型与系水力之间的关系

衡量肌肉系水力常用的指标主要有蒸煮损失和滴水损失。肌原纤维是肌肉中固定水分的主要物质，肌纤维越细，肌肉的系水力越强。Ⅰ型肌纤维直径较小，2b型肌纤维直径较大。研究表明，Ⅰ型肌纤维所占比例与滴水损失负相关，而Ⅱ型肌纤维的比例与滴水损失正相关。

三、肌纤维形成、分化与转化的分子机制

1. 肌纤维的形成

肌纤维起源于中胚层，其生长发育过程是一个由前体干细胞发育为成熟肌纤维的渐进过程，可分为四个阶段（图2–1）。

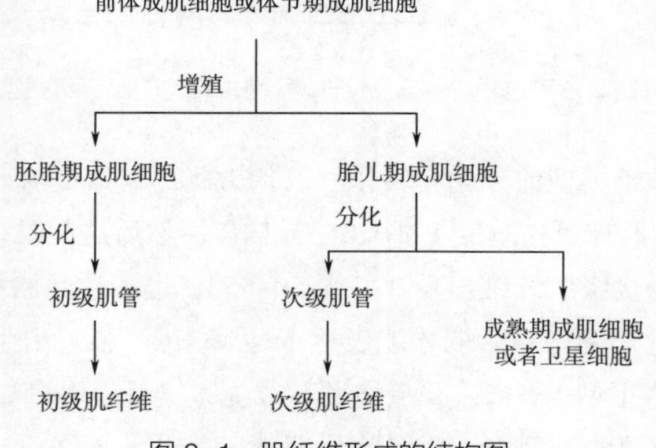

图2–1　肌纤维形成的结构图

（1）中胚层干细胞（生肌前体细胞）分化为成肌细胞。

（2）成肌细胞融合形成肌管。

（3）肌管转为肌纤维。

（4）肌纤维生长发育至成熟　大多数陆栖脊椎动物肌纤维发育的前3个过程在妊娠期就已经完成，所以肌纤维的数目在出生前就已被确定，出生后不再增加。例如猪的肌纤维增殖在妊娠的前90d完成，其中初级肌纤维在妊娠35~55d完成，次级肌纤维出现在妊娠50~55d，到妊娠85~90d完成。出生后肌纤维的生长主要是肌纤维的体积增大，而不是肌纤

维的数量增加，肌纤维的肥大主要依赖肌肉卫星细胞的增殖与分裂。伴随着动物个体的生长和发育，肌纤维开始进一步增长、增粗，逐渐发育为更加成熟的骨骼肌。

2. 肌纤维的分化与转化

在肌纤维的形成与成熟过程中，肌纤维类型并不是固定不变，而是随生理阶段的变化而发生改变，不同发育阶段的肌球蛋白重链（MyHC）异构体表达具有各自特点。猪肌纤维类型的分化和转化见图 2-2。

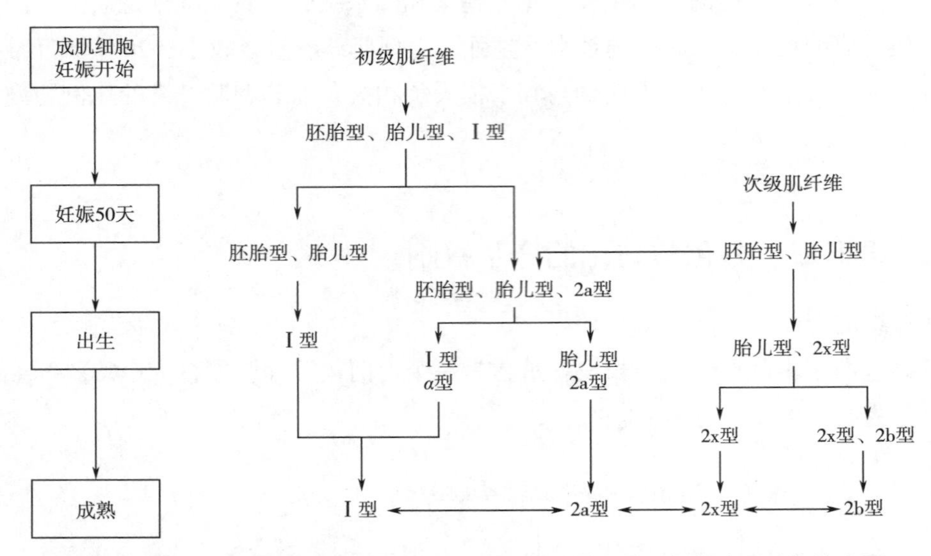

图 2-2　猪骨骼肌发育过程中基于 MyHC 异构体转化的肌纤维类型分化演变图

（1）出生前的肌纤维类型的分化与转化　以猪为例，在出生前，初级肌纤维最初表达胚胎型、胎儿型和Ⅰ型肌球蛋白重链（MyHC）异构体，然后这些肌纤维在大部分肌肉中发育成为Ⅰ型纤维。猪的次级肌纤维出现在妊娠 50~55d，也表达胚胎型和胎儿型 MyHC。但与初级肌纤维不同，它们到妊娠后期才能表达Ⅰ型 MyHC。临近出生时，紧邻初级肌管的次级肌纤维才开始表达Ⅰ型 MyHC，并最终发育成为Ⅰ型纤维，其中还有部分肌纤维短暂表达 α 型 MyHC。成熟的快 α 型 MyHC 在胎儿期就已表达，而 2x 和 2b 型 MyHC 则要到出生后才表达。

（2）出生后的肌纤维类型的转化　猪在出生时，肌纤维大多数为氧化型，而酵解型几乎没有分化。随着年龄的增长，一些氧化型肌纤维才具有转化成酵解型肌纤维的能力。早期生长阶段是肌纤维代谢和收缩类型转化的重要阶段。在出生 3~20d 阶段，猪背最长肌中 MyHC Ⅰ、2a 和 2x 型肌纤维比例显著降低，2b 型肌纤维比例显著提高。成年猪骨骼肌中仅表达Ⅰ、2a、2x 和 2b 型四种 MyHC，而刚出生仔猪的骨骼肌中检测不到 2b 型 MyHC 的存在，但胎儿型 α 型 MyHC 高度表达，随着年龄增长Ⅰ型和胎儿型 MyHC 的表达逐渐降低，而 2b 型 MyHC 的表达逐渐提高。

肌纤维的结构是会发生动态变化的，除在生长发育期发生类型转化外，成熟后，其表型仍会随生理环境的变化不断发生改变，在正常生理状态下，肌纤维由慢型向快型或由快型向慢型进行转化，该转化顺序与其收缩所需能量和 ATP 磷酸化能力有关。

（3）肌纤维分化与转化的分子机制　肌纤维特异性基因差异表达，可以诱导肌纤维类型的转化。调控肌纤维类型转化的信号通路主要包括 Ca^{2+} 信号通路、腺苷酸活化蛋白激酶通路、MAPK 信号通路、PPARδ/PGC-1α 信号通路、Wnt/β-catenin 信号通路等，目前相关研究主要集中于前三条信号通路和 MicroRNA 调控。

① Ca^{2+} 信号通路：Ca^{2+} 信号通路包括 Ca-NFAT/MEF2 和 Ca-CaMK/MEF2 两条途径。在骨骼肌中，二者可通过激活转录因子调节线粒体核编码基因，促进快肌纤维向慢肌纤维转化。钙调神经磷酸酶（calcineurin，CaN）是一种异二聚体蛋白磷酸酶，可被持续的低振幅钙波特异性激活，通过感知钙波动来感知收缩活性。CaN 的主要作用底物是 T 细胞活化核因子（NFAT），可诱导其脱磷酸化，并从细胞质移位到细胞核，再与其他转录因子协同作用，激活特定的依赖 Ca^{2+} 发挥作用的靶基因组，促进慢肌纤维的生成。活化的 CaN 也使核内肌细胞增强因子 2（MBF2）去磷酸化，MBF2 可调节慢肌纤维类型相关基因的表达。敲除 *CaN* 基因，骨骼肌中Ⅰ型肌纤维比例下降；而过表达 *CaN* 基因，Ⅰ型、3a 型肌纤维比例升高。

Ca^{2+}/ 钙调蛋白依赖性激酶（CaMK）途径也是调控肌纤维类型转化的主要信号转导途径，现已发现 CaMK 家族包括 CaMKⅠ～Ⅳ 4 个成员。只有 CaMKⅡ、CaMKⅣ参与快肌纤维向慢肌纤维的转化过程。钙激活的 CaMK 可磷酸化Ⅱ型组蛋白去乙酰化酶（HDAC）蛋白家族成员，Ⅱ型 HDAC 使得 MEF2 去磷酸化而失去活性，因此活化的 CaMK 上调 MEF2 的转录活性。

②腺苷酸活化蛋白激酶通路：腺苷酸活化蛋白激酶（AMPK）是一种重要的平衡细胞和全身能量的代谢酶，被称为“细胞能量调节器”。过表达或敲除 AMPK 的转基因小鼠模型以及耐力训练试验表明，AMPK 在骨骼肌中 2b 型肌纤维向 2a/2x 型肌纤维转变的过程中发挥着重要作用。PGC-1α 是 AMPK 下游重要的靶分子，直接被 AMPK 磷酸化，进而增强 *GLUT4* 以及有关的有氧代谢基因的表达，对相关基因转录启动起正反馈调控作用，其基因表达可诱导 2x 型肌纤维向Ⅰ型肌纤维转化。过表达 *PGC-1α* 基因可通过提高线粒体呼吸作用及脂肪酸氧化作用，促进小鼠和猪红肌纤维（氧化型肌纤维）的形成。在运动后，AMPK-PGC-1α 通路激活，促进骨骼肌慢肌纤维相关基因的转录，抑制快肌纤维相关基因的转录，促进运动耐力的提升。

③ MAPK 信号通路：丝裂原活化蛋白激酶（MAPK）在生物体内信号转导过程中发挥重要作用，其蛋白质家族由 4 个不同的信号模块组成：ERK1/2、p38MAPK、JNK 和 ERK5。抑制肌细胞中 ERK1/2 通路，MyHC2x 和 MyHC2b 表达水平降低，MyHCI 表达水平上调。p38 MAPK 在肌管中调控 MyHC2x 启动子活性。丝裂原活化蛋白激酶磷酸酶 -1 可调控依

赖 p38 MAPK 的 PGC-1α 磷酸化，上调其蛋白质稳定性和活性，诱导快肌纤维向慢肌纤维转化。

④ MicroRNA 调控：MicroRNA（miRNA）是一类由内源基因编码的长度约 22 个核苷酸的非编码单链 RNA 分子。越来越多的证据表明 miRNA 在肌肉功能的许多方面都起着至关重要的作用。最新研究发现，miR-499-5p 的过表达促进了氧化型肌纤维基因表达，并抑制了酵解型肌纤维基因表达，影响了与肌纤维类型相关的几条通路，包括 NFATc1-MEF2C 途径、PGC-1α、FoxO1 和 Wnt5a 等。

四、肌纤维类型转化的营养调控

肌纤维的生长发育与类型转化受到多种因素的影响，其中营养是关键调控方式之一。

1. 调控胚胎期猪的营养

在胚胎期，通常有两种营养方式来调控肌纤维的生长发育，一种是在正常饲喂母猪的状况下，由母猪子宫内营养分配不均而导致的仔猪先天性营养不良或营养过剩；另一种则是通过人为增加或减少母猪喂食量或营养水平来间接导致仔猪营养变化。

目前，对仔猪肌纤维生长发育的研究主要集中于肌纤维数目方面。营养对肌纤维数目的影响主要表现在改变次级肌纤维的数目。例如，在同窝仔猪的初级肌纤维数目无显著差异，但是体重大的仔猪半腱肌中所含的肌纤维数目比体重小的仔猪多 17%，这主要由次级肌纤维数目引起。但体重大的仔猪初级肌纤维直径更粗些，为形成更多数目的次级肌纤维提供支架。部分研究者通过增加母猪妊娠期间的采食量，如在母猪妊娠 25~50 d 增加其采食量 36%，结果仔猪半腱肌的总肌纤维数目和次级肌纤维数目显著提高。但也有研究发现，在母猪妊娠早期，其采食量增加 40%~150% 并不影响后代肌纤维数目。产生上述研究结果差异的原因，尚需进一步研究查明。

2. 调控出生后猪的营养

研究显示，猪出生后不管是限制其饲粮的饲喂量或是降低饲粮质量，都能降低猪肌纤维直径，从而降低骨骼肌的质量。而且肌纤维粗度的降低往往伴随肌核数目或 DNA 含量的降低。猪出生后营养不良对肌纤维增粗的抑制作用与肌纤维类型有关，并与肌肉部位密切相关。初生仔猪的营养不良降低了背最长肌中快收缩 2 型肌纤维面积，但对菱形肌中各类型肌纤维面积无显著影响。

3. 育肥后期肌纤维类型组成的营养调控研究

选取育肥后期（70kg 体重）杜浙猪 45 头，分成 3 组，每组 15 头，分别饲喂基础日粮、基础日粮 +1.2% 共轭亚油酸（CLA）和基础日粮 +0.5% 水肌酸（CMH）。试验 30d 后测定背最长肌纤维类型组成及肉质性状。结果显示，CLA 和 CMH 表现出 pH 和肉色 a* 值（红度值）有提高的趋势；CLA 还显著提高慢速氧化型纤维类型比例和蛋白质溶解度，显著降低肌肉滴水损失和压榨损失；CMH 对 pH 提高的趋势比 CLA 明显，对其他肉质性状的改善程度则低于 CLA。

五、屠宰后肉的变化与控制

动物屠宰后，虽然生命已经停止，但动物体内的各种酶还具有活性，许多生物化学反应还没有停止，所以从严格意义上讲，还没有成为可食用的肉，只有经过一系列的宰后变化，才能完成从肌肉到可食肉的转变。屠宰后肉的变化包括肉的尸僵、肉的成熟、肉的腐败三个连续变化过程。刚刚屠宰后的肉温度还没有散失，柔软，具有较小的弹性，这种处于生鲜状态的肉称为热鲜肉。经过一定时间，肉的伸展性消失，肉体变为僵硬状态，这种现象称为死后僵直，此时的肌肉持水性差，加热后质量损失很大，硬度也很大，不适于食用和加工。如果继续贮藏，其僵直程度会有所缓解，经过自身解僵，肉又变得柔软起来，同时持水性增加，风味提高，所以一般待解僵后再对肉进行加工利用，此过程称为肉的成熟。成熟肉若在不良条件下储存，在酶和微生物的作用下会发生分解变质，这个过程称为肉的腐败。在肉品工业生产中，要控制尸僵、促进成熟、防止腐败。

1. 肌肉收缩的基本原理

（1）肌肉收缩的基本单位　肌原纤维是肌肉的基本组成单位单元，是肌原纤维之间充满着液体状态的肌浆和网状结构的肌质网体。在肌浆中含有糖酵解酶类物质，它们与肌原纤维蛋白质、肌质网及肌肉死后的变化有非常密切的关系。肌原纤维由肌球蛋白构成的粗丝和肌动蛋白、原肌球蛋白和肌原蛋白构成的细丝组成，在每一条肌球蛋白粗丝的周围，有六对肌动蛋白纤丝，围绕排列而构成六方格状结构。在每个肌球蛋白粗丝的周围，有放射状的突起，这些突起呈螺旋状排列，每 6 个突起排列位置恰好旋转一周。在突起上含有 ATP 酶活性中心的重酶解肌球蛋白，并能和纤维形肌动蛋白结合。粗丝和细丝的结合不是永久性的，由于某些因素会产生离合状态，便产生肌肉的伸缩。肌肉收缩和松弛，并不是肌球蛋白粗丝在 A 带位置上的长度变化，而是纤维形肌动蛋白细丝产生滑动，即 I 带在 A 带中伸缩。在极度收缩时，A 带和 I 带基本重合，H 区缩小到几乎为零。可见收缩时肌原纤维中的肌球蛋白粗丝和肌动蛋白细丝的长度不变，只是重叠部分增加了。因此认为，肌肉收缩主要是由每个肌节间的粗丝和细丝的相对滑动造成的，即所谓“滑动学说”。用显微镜观察发现，极度收缩时肌节比一般休息状态时短 20%~50%，而被拉长时则为休息状态下的 120%~180%。肌肉收缩包括 4 种主要因子，①收缩因子：肌球蛋白、肌动蛋白、原肌球蛋白和肌原蛋白；②能源：ATP；③调节因子：初级调节因子是钙离子，次级调节因子是原肌球蛋白和肌原蛋白；④疏松因子：肌质网系统和钙离子泵。

肌原蛋白是一种依钙调节蛋白（Ca^{2+}-dependent switch），可改变原肌球蛋白的位置，使肌球蛋白头部与肌动蛋白接触。原肌球蛋白为一种中间媒介物，可将信息传达至肌动蛋白和肌球蛋白系统。

（2）肌肉收缩与松弛的生物化学机制　肌肉处于静止状态时，由于 Mg^{2+} 和 ATP 形成复合体的存在，妨碍了肌动蛋白与肌球蛋白粗丝突起端的结合。肌球蛋白头部具有 ATP 酶活性，其活性中心是半胱氨酸的巯基，Mg^{2+} 是抑制剂，Ca^{2+} 是激活剂。肌原纤维周围糖原的无氧酵解和线粒体内进行的三羧酸循环使 ATP 不断产生，以供肌肉收缩。

肌肉收缩时首先由神经系统（运动神经）传递信号，来自大脑的信息经神经纤维传到肌原纤维膜产生去极化作用，神经冲动沿着 T 小管进入肌原纤维，可促使肌质网将 Ca^{2+} 释放到肌浆中。进入肌浆中的 Ca^{2+} 浓度从 10^{-7}mol/L 增高到 10^{-5}mol/L 时，Ca^{2+} 即与细丝的肌原蛋白钙结合亚基（TnC）结合，引起肌原蛋白 3 个亚单位构型发生变化，使原肌球蛋白更深地移向肌动蛋白的螺旋沟槽内，从而暴露出肌动蛋白纤丝上能与肌球蛋白头部结合的位点。Ca^{2+} 可以使 ATP 从其惰性的 Mg–ATP 复合物中游离出来，并刺激肌球蛋白的 ATP 酶，使其活化。肌球蛋白 ATP 酶被活化后，将 ATP 分解为 ADP、无机磷和能量，同时肌球蛋白纤丝的突起端点与肌动蛋白纤丝结合，形成收缩状态的肌动球蛋白。

当神经冲动产生的动作电位消失，通过肌质网钙泵作用，肌浆中的 Ca^{2+} 被收回。肌原蛋白钙结合亚基（TnC）失去 Ca^{2+}，肌原蛋白抑制亚基（ThI）又开始起控制作用。ATP 与 Mg^{2+} 形成复合物，且与肌球蛋白头部结合。而细丝上的原肌球蛋白分子又从肌动蛋白螺旋沟槽中移出，挡住了肌动蛋白和肌球蛋白结合的位点，形成肌肉的松弛状态。如果 ATP 供应不足，则肌球蛋白头部与肌动蛋白结合位点不能脱离，使肌原纤维一直处于收缩状态，形成尸僵。在此过程中，肌质网起钙泵的作用，当肌肉松弛的时候，Ca^{2+} 被回收到肌质网中，而收缩时钙离子被放出。

2. 肌肉的僵直

放置一段时间的屠宰后的胴体，伸展性逐渐消失，由迟缓变为紧张，无光泽，关节不能活动，呈现僵硬状态，这种现象称为尸僵。尸僵肉失去可刺激性、柔软性以及可伸缩性，硬度较大不易煮熟，有粗糙感，肉汁流失多，缺乏风味，不具备可食用肉的特征。

（1）尸僵的原因　动物死亡后呼吸停止，供给肌肉的氧气中断，此时糖原经糖酵解作用产生乳酸。每分子葡萄糖酵解产生三分子 ATP，远低于有氧产生的六分子 ATP，因此动物死后，ATP 的含量迅速下降。ATP 的减少及 pH 的下降，使肌质网功能失常，发生崩解的肌质网失去钙泵的作用，内部保存的钙离子被放出，致使 Ca^{2+} 浓度增高，促使粗丝中的肌球蛋白 ATP 酶活化，更加快了 ATP 的减少，结果肌动蛋白和肌球蛋白结合形成肌动球蛋白，引起肌肉收缩表现出肉尸僵硬。这种情况下由于 ATP 不断减少，反应不可逆，所以会引起永久性的收缩。

（2）死后僵直的过程　动物死后僵直的过程大体可分为三个阶段：从屠宰后到开始出现僵直现象为止，即肌肉的弹性以非常缓慢的速度变化的阶段，称为迟滞期；随着弹性的迅速消失出现僵硬阶段称为急速期；最后形成延伸性非常小的状态停止，称为僵硬后期，到最后阶段肌肉的硬度可增加到原来的10~40倍，并保持较长时间。

肌肉死后僵直过程与肌肉中的ATP下降速度有着密切的关系。在迟滞时期，肌肉中ATP的含量几乎恒定，这是由于肌肉中还存在另一种高能磷酸化合物——磷酸肌酸（CP），在磷酸激酶的作用下，由ADP再合成ATP，而磷酸肌酸变成肌酸。在此时期，细丝还能在粗丝中滑动，肌肉比较柔软，这一时期与ATP的贮量及磷酸肌酸的贮量有关。随着磷酸肌酸的消耗殆尽，ATP的形成主要依赖糖酵解，使ATP量迅速下降而进入急速期。当ATP降低至原含量的15%~20%时，肉的延伸性消失而进入僵直后期。

（3）冷收缩与解冻僵直收缩　除了尸僵这种热收缩方式，肌肉宰后还有冷收缩与解冻僵直两种收缩方式。

①冷收缩：当牛肉、羊肉和火鸡肉的pH下降到5.9~6.2，温度降低至10℃以下时，引起肌肉的显著收缩现象，称为冷收缩。与热收缩相比，冷收缩更加强烈，可逆性更小，甚至成熟后硬度依然很高。

冷收缩过程中的Ca^{2+}是由线粒体释放出来的，这与热收缩不同。红色肌肉含有大量的线粒体，无氧条件下存放使线粒体机能下降而释放出Ca^{2+}。肌球蛋白粗丝和肌动蛋白细丝之间形成交错也会影响肌肉硬度。交错程度较小，肉质柔软；而中等程度交错时，连接交错的程度大，肉质硬。但当强烈收缩时贯穿在肌原纤维之间Z线可能发生断裂，肉质反而变软。而冷收缩正好处于中等程度的交错。

为了防止冷收缩带来的不良效果，通常采用电刺激法使肌肉中ATP迅速消失，pH下降迅速，尸僵迅速完成，可改善肉的质量和色泽。去骨的肌肉易发生冷收缩，硬度较大，带骨肉则可在一定程度上抑制冷收缩。对于猪胴体，一般不会发生冷收缩。

②解冻僵直收缩：若肌肉在僵直未完成前进行冻结，由于含有较多的ATP，解冻时ATP强烈而迅速地分解，从而引起的僵直现象称为解冻僵直。解冻时肌肉产生强烈的收缩，收缩的强度较正常的僵直剧烈，并伴有大量的肉汁流出。解冻僵直发生的收缩急剧有力，可缩短50%，这种收缩可破坏肌肉纤维的微结构，而且沿肌纤维方向收缩不够均匀。在刚屠宰后立刻冷冻，然后解冻时，这种现象最明显。因此，要在形成最大僵直之后再进行冷冻，以避免解冻僵直收缩的发生。

③尸僵和保水性的关系：尸僵阶段除了肉的硬度增加外，肉的保水性会降低，在最大尸僵期时最低。肉中的水分最初会渗出到肉的表面，呈现湿润状态，并有水滴流下。肉的保水性主要受pH的影响，屠宰后的肌肉随着糖酵解的进行pH下降至极限值5.4~5.5，此pH正处于肌原纤维多数蛋白质的等电点附近，所以，这时即使蛋白质没有完全变性，其保水性也会降低。死后僵直时保水性的降低还与ATP的消失和肌动球蛋白的形成有关，肌球蛋白纤丝和肌动蛋白纤丝之间的间隙减少，故而肉的保水性降低。刚屠宰的肉的保水性最好，随后下降，48~72h（最大尸僵期）肉的保水性最低。

3. 肉的成熟

肉在组织蛋白酶作用下进一步成熟的过程即为肉的成熟。此时肉具有良好的风味，最适于加工食用。

（1）死后僵直的解除　肌肉在宰后僵直达到最大限度，并保持一定时间后，其僵直缓慢解除，肌肉逐渐变软，这一过程称为解僵。解除僵直所需时间因动物的种类、肌肉的部位以及其他外界条件不同而异。在 2~4℃储存的肉类，鸡肉需 3~4h 达到僵直的顶点，而解除僵直需 2d，其他牲畜完成僵直需 1~2d，而猪肉、马肉解除僵直需 3~5d，牛肉约需 7~10d。

未经解僵的肉类，肉质欠佳，咀嚼时有硬橡胶感，不仅风味差而且保水性也低，加工肉馅时黏着性差。经过充分解僵的肌肉质地变软，加工产品风味也好，保水性提高，适于作为加工各种肉类制品的原料。所以从某种意义上说，僵直的肉类，只有经过解僵之后才能作为食品的原料。

（2）成熟的机制　肉在成熟过程中要发生一系列的物理、化学变化，如肉的 pH、表面弹性、黏性、冻结的温度、浸出物等。

①物理变化：肉在成熟过程中 pH 发生显著的变化。刚屠宰后肉的 pH 在 6~7，约经 1h 后开始下降，尸僵时达到 pH 5.4~5.6，而后随保藏时间的延长开始慢慢上升。肉在成熟时保水性又有回升。保水性的回升和 pH 变化有关，随着解僵，pH 逐渐增高，偏离了等电点，蛋白质静电荷增加，使结构疏松，因而肉的持水性增高。此外，随着成熟的进行，蛋白质分解成较小的单位，从而引起肌肉纤维渗透压增高。保水性恢复只能部分恢复，不可能恢复到原来状态，因肌纤维蛋白结构在成熟时发生了变化。

②化学变化：当僵直时，肌动蛋白和肌球蛋白结合形成肌动球蛋白，在此系统中有 Mg^{2+} 和 Ca^{2+} 的加入，因此僵直解除并不是肌动球蛋白分解或僵直的逆反应。成熟过程中肉嫩度的改善主要源于肌原纤维骨架蛋白的降解和由此引发的肌原纤维结构的变化。

a. 肌浆蛋白质溶解度的变化　肉成熟过程中 pH 发生变化，引起肌浆蛋白质溶解性变化。刚屠宰后的热鲜肉，转入到浸出物中的肌浆蛋白质最多，6h 以后肌浆蛋白质的溶解性就显著减少而呈不溶状态，直到第一昼夜终了，达到最低限度，只是最初热鲜肉的 19%。到第四昼夜可增加到开始数量的 36%，相当于第一昼夜的 2 倍，以后仍然持续增加。

b. 蛋白酶与肉的成熟　在蛋白酶的作用下，成熟中的肌原纤维发生分解。这些酶主要包括存在于肌浆中钙激活酶、蛋白酶体以及存在于溶酶体中的组织蛋白酶。目前研究表明起主要作用的是钙激活酶。钙激活酶系统包括 μ– 钙激活酶、m– 钙激活酶和钙激活酶抑制蛋白质。前两者为同工酶，都需要钙离子激活。在动物被屠宰后，随着 ATP 的消耗，肌质网小泡体内积蓄的钙离子被释放出来，激活了钙激活酶。钙激活酶通过肌细胞内骨架蛋白质的降解引起肌原纤维超微结构的变化来提高肉的品质。这些骨架蛋白质包括肌联蛋白质、伴肌动蛋白质、肌间蛋白质、肌原蛋白质 T 和肌膜连接蛋白质等。

肉类质地改善的根本原因是横纹肌肌原纤维小片化，肌肉纤维丧失完整性，其中起作用的蛋白酶主要是钙激活酶。钙激活酶在肉嫩化中的主要作用表现为肌原纤维 I 带和 Z 线结合变弱或断裂。这主要是因为钙激活酶对连接蛋白质和伴肌动蛋白质两种蛋白质的降解，弱化了细丝和 Z 线的相互作用，促进了肌原纤维小片化指数（MFI）的增加，从而有助于提高肉的嫩度；连接蛋白质的降解。肌原纤维间连接蛋白质起着固定、保持整个肌细胞内肌原纤维排列的有序性等作用，而被钙激化酶降解后，肌原纤维的有序结构受到破坏；肌钙蛋白的降解。肌钙蛋白由三个亚基构成，即钙结合亚基（TnC）、钙抑制亚基（Tnl）和原肌球蛋白结合亚基（Tn），其中 ThT 分子质量为 30500~37000，能结合原肌球蛋白，起连接作用。TnT 的降解弱化了细丝结构，有利于肉嫩度的提高。

c. 蛋白质水解　组织蛋白酶也可以促进肌肉的成熟，主要包括 B、D、H、L、N 等多种类型。其中，组织蛋白酶 B 可以降解肌球蛋白，对肌动蛋白的降解能力稍差；组织蛋白酶 L 对肌球蛋白、肌动蛋白、α- 肌动蛋白素、肌原蛋白 T 和肌原蛋白 I 都有较强的水解活性；组织蛋白酶 H 具有内切酶和外切酶特性，可以降解肌球蛋白质；组织蛋白酶 D 是唯一的天冬氨酸蛋白酶，可以降解肌球蛋白质、肌动蛋白质、伴肌动蛋白质。因此，成熟肉中的游离氨基酸含量有所增加，尤其是谷氨酸、精氨酸、亮氨酸、缬氨酸、甘氨酸，这些氨基酸都具有增强肉的滋味和香气的作用，所以成熟后的肉类风味提高，与这些氨基酸成分有一定的关系。

d. 次黄嘌呤核苷酸（IMP）的形成　死后肌肉中的 ATP 在肌浆中 ATP 酶作用下迅速转变为 ADP，而 ADP 又进一步水解为 AMP，再由脱氢酶的作用形成 IMP。ATP 降解成 IMP 的反应，在肌肉达到极限 pH 前一直进行，当达到极限 pH 以后，肌苷酸开始裂解，IMP 脱去一个磷酸变成次黄苷，而次黄苷再分解生成游离状态的核苷和次黄嘌呤，它们是典型的风味增强剂。

e. 构成肌浆蛋白的 N 端基的数量增加　随着肉的成熟，蛋白质结构发生变化，使肌浆蛋白质氨基酸和肽链的 N 端基（氨基）的数量增多。而相应的氨基酸如二羧酸、谷氨酸、甘氨酸、亮氨酸等都增加，显然伴随着肉成熟，构成肌浆蛋白质的肽链被打开，形成游离 N 端基增多。所以成熟后的肉类，柔软性增加，水化程度增加，热加工时保水能力增强，这些都与 N 端基的增多有一定的关系。

f. 金属离子的增减　在成熟过程中，肌肉中 Na^{+} 和 Ca^{2+} 增加，K^{+} 减少。在活体肌肉中，Na^{+} 和 K^{+} 大部分以游离形态存在于细胞内，一部分与蛋白质等结合。Mg^{2+} 几乎全部处于游离状态，ATP 变成 Mg^{2+}-ATP，成为肌球蛋白的基质。Ca^{2+} 基本不以游离的形态存在，而与肌质网、线粒体、肌动蛋白等结合。Ca^{2+} 的增加可能是肌质网破裂，Ca^{2+} 游离出来所致。

拓展阅读

第三节 乳蛋白合成的分子营养调控

牛乳中含有丰富的营养物质（乳蛋白、乳脂肪和乳糖等）、生物活性物质（活性蛋白质和活性脂肪等）和风味物质。乳蛋白是构成牛乳营养品质的主要物质基础之一，既关系到食品质量安全与消费者的健康，又决定在行业内的经济价值与核心竞争力。目前，由于缺乏适合我国饲料资源特色的理论基础体系及其自主创新技术，我国乳品的乳蛋白含量普遍偏低，因此，立足于我国典型的饲料资源和乳牛生产实际，应用现代动物营养学和营养基因组学等理论与方法，以瘤胃、肝脏和乳腺中的乳成分前体物的生成与利用为核心，从分子水平剖析乳中蛋白质品质形成过程中的关键物质代谢和信号转导通路，阐明乳蛋白合成的代谢调控机制，建立整合关键调控通路的技术途径，实现乳蛋白高质量合成的精准调控势在必行。

一、乳蛋白合成前体物质

早在1967年研究人员就提出血液中葡萄糖、氨基酸和脂肪酸是“乳成分前体物”，陆续证实游离氨基酸是主要的乳蛋白前体物，小肽是另一类重要的乳蛋白前体物质。乳成分前体物的含量和组成直接影响乳蛋白的合成。

1. 氨基酸

氨基酸是乳蛋白合成的主要前体物。必需氨基酸是指动物自身不能合成或合成量不能满足动物的需要，必须由饲粮提供的氨基酸。与人体不同，精氨酸、组氨酸、异亮氨酸、亮氨酸、赖氨酸、甲硫氨酸、苯丙氨酸、苏氨酸、缬氨酸和色氨酸等10种氨基酸是乳牛所需的必需氨基酸。限制性氨基酸是指一定饲料或者饲粮所含必需氨基酸的量与动物所需的必需氨基酸的量相比，比值偏低的氨基酸。这些氨基酸的不足限制了动物对其他必需氨基酸和非必需氨基酸的利用。不同饲粮对应的限制性氨基酸有所不同。在以玉米蛋白为主要过瘤胃蛋白质的日粮中，赖氨酸是乳牛乳蛋白合成中的第一限制性氨基酸；组氨酸、丙氨酸和异亮氨酸也有可能成为赖氨酸、甲硫氨酸后的限制性氨基酸。以乳腺从血液中吸收氨基酸的效率来看，豆粕作为日粮蛋白质来源时，甲硫氨酸为第一限制性氨基酸；以豆粕、芸薹和酒精蛋白饲料作为蛋白质来源时，赖氨酸为第一限制性氨基酸。由此表明，氨基酸在乳蛋白合成中起到不可替代的作用。

2. 小肽

除了血液游离氨基酸外，小肽也是乳蛋白合成的重要前体物。小肽是蛋白质分解成氨基酸的中间产物，通常由2~3个氨基酸残基形成。小肽作为营养物质，可以作为机体的氮源，直接被机体吸收利用以合成蛋白质，且消化利用率较高。此外，食物中添加的小肽可以避免游离氨基酸在吸收时的相互竞争，以促进氨基酸的吸收。举例来说，机体对赖氨酸和精氨酸的吸收存在着竞争结合位点，以小肽的形式供给赖氨酸时，不会受到精氨酸的影响。小肽的吸收转运速度快，可以迅速提高血液的氨基酸浓度。研究发现，蛋白质的合成率与氨基酸吸收正相关，小肽的快速吸收可以有效提高动静脉的氨基酸差，从而提高蛋白质的合成效率。另外，小肽还可以通过调节激素水平增加蛋白质的合成。

而瘤胃微生物蛋白质和日粮过瘤胃蛋白质则是游离氨基酸和小肽的主要来源。日粮蛋白质和过瘤胃蛋白质的来源和含量均可影响瘤胃微生物蛋白质的产量和乳蛋白的合成量。但瘤胃微生物蛋白质和饲料过瘤胃蛋白质对乳蛋白前体物的贡献率、乳腺上皮细胞对游离氨基酸，以及小肽的摄取与利用、小肽载体的结构与转运机制等问题仍待深入研究。

二、乳蛋白的生物合成

外源蛋白质及非蛋白氮经过瘤胃及小肠的代谢与转化后，产生的氨基酸进入肝脏，一部分变成尿素再循环，一部分成为生糖的氨基酸，大部分通过肝脏经血液循环进入肌肉等组织，最主要的是进入乳腺组织，并作为乳蛋白的合成原料，90%的乳蛋白是通过氨基酸从头合成的（图2–3）。因此，通过血液进入乳腺组织的氨基酸的数量及模式决定了乳蛋白的合成量，进而决定了牛乳的品质。

瘤胃内含氮物质的消化代谢和肝脏对由门静脉汇集进入肝脏内代谢产物的转化与分配决定了乳成分前体物生成的数量和质量，乳腺则是合成乳成分的重要器官。

1. 消化道内乳成分前体物的生成

瘤胃微生物蛋白质是反刍动物小肠可吸收蛋白质的主要来源，常占70%~80%，是重要的乳蛋白前体物，在反刍动物蛋白质营养新体系中具有重要作用。瘤胃内含氮物质的消化代谢决定了乳成分前体物生成的数量和质量。因此，了解瘤胃微生物蛋白质的合成机制及其影响与调控因素对提高牛乳中乳蛋白含量具有重要的现实意义。

（1）微生物蛋白质的合成机制　大量的微生物，包括原虫、细菌和真菌定殖于反刍动物瘤胃内。当日粮蛋白质进入瘤胃后，瘤胃微生物首先将其酵解为寡肽、氨基酸和氨，之后瘤胃微生物再利用发酵生成的挥发性脂肪酸作为碳架，并利用瘤胃发酵释放的能量，将这部分寡肽、氨基酸和氨及内源分泌的氨一起合成微生物蛋白质，这些微生物蛋白质、饲料中非降解蛋白质（包括过瘤胃蛋白质和部分小肽）和内源蛋白质随食糜进入真胃和小肠，被动物机体吸收利用。瘤胃微生物利用氨合成微生物蛋白质，主要通过氨同化和转氨基作用来完成。其中，在瘤胃微生物中存在两条主要的氨同化路径，一条为谷氨酸脱氢酶路径，可催化α–酮戊二酸与氨反应生成谷氨酸，是一条与氨亲和性较低的路径，在氨浓度高时发挥作用；另一条为谷氨酰胺合成酶－谷氨酰胺转酰胺基酶复合体路径，谷氨酰胺合成酶首先催化谷氨酸与氨反应生成谷氨酰胺，而后在谷氨酰胺转酰胺基酶催化下谷氨酰胺与 α- 酮戊二酸反应生成谷氨酸，这是一条具有高效氨亲和性的路径，在氨浓度低时发挥重要的作用。此外，还存在丙氨酸脱氢酶路径和天冬酰胺合成酶路径。在纤维分解菌中主要存在谷氨酸脱氢酶路径和丙氨酸脱氢酶路径；而在非纤维分解菌中主要存在谷氨酸脱氢酶路径和谷氨酰胺合成酶－谷氨酰胺转酰胺基酶复合体路径。

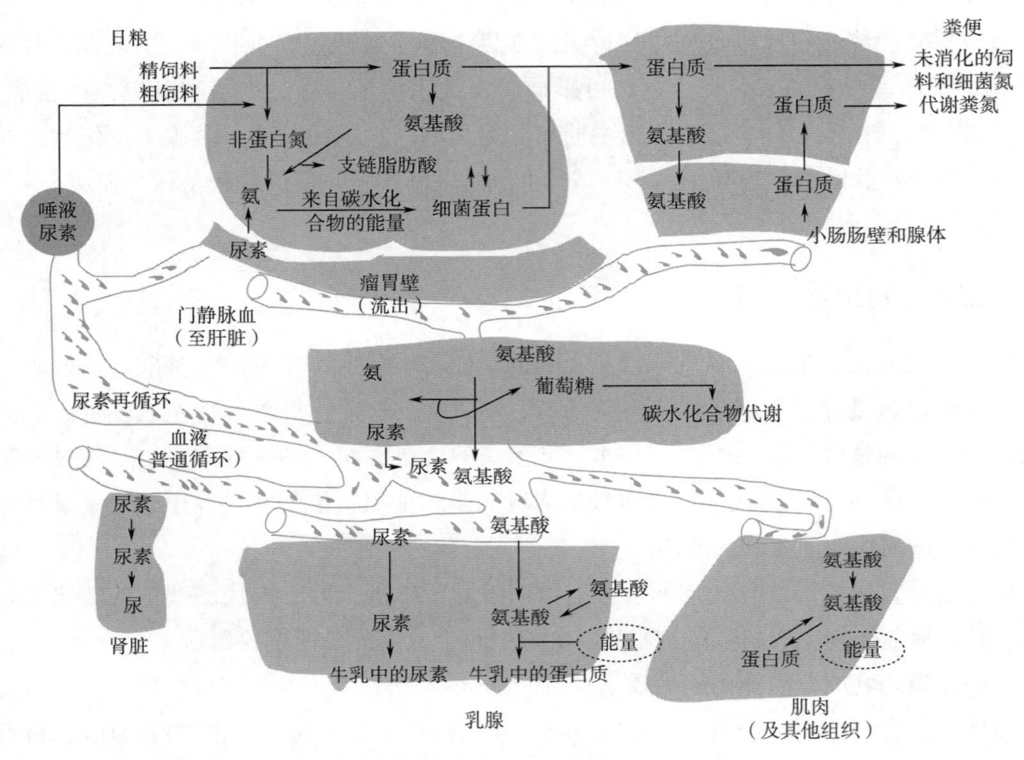

图 2-3　外源蛋白质的物质代谢通路

（2）瘤胃微生物蛋白质合成的影响因素

①氮源对瘤胃微生物蛋白质合成的影响：瘤胃中的氮源主要来自饲料，其在瘤胃中降解、利用程度是影响蛋白质供应量的主要因素，决定着微生物可利用氨、氨基酸和肽等的利用速度。日粮中氮源和碳源等底物的差异及其不同加工处理方式都会影响瘤胃微生物的代谢，甚至改变瘤胃发酵模式。康奈尔净碳水化合物－蛋白质体系（cornell net carbohydrate and protein system，CNCPS）将瘤胃微生物分为发酵物结构性碳水化合物（structural carbohydrates，SC）的微生物和发酵非结构性碳水化合物（nonstructural carbohydrates，NSC）的微生物。SC 主要指植物细胞的细胞壁，由纤维素、半纤维素、木质素、果胶等构成，常以中性洗涤纤维（NDF）和酸性洗涤纤维（ADF）等指标来度量；NSC 一般包括淀粉、果

聚糖和半乳聚糖等。微生物蛋白质合成的能量主要来自淀粉、纤维素、半纤维素等碳水化合物发酵产生的 ATP，氮源主要来自日粮粗蛋白质的瘤胃降解。溶纤维丁酸弧菌等细菌可以同时发酵碳水化合物和纤维素产生氨，但其降解纤维素的速率较其他纤维分解菌慢。在 CNCPS 系统中，溶纤维丁酸弧菌属于 NSC 微生物。SC 微生物只能以氨为氮源，NSC 微生物可以利用氨、氨基酸或肽为氮源。体外研究表明，发酵 NSC 细菌从肽和氨基酸中获得 60% 的氮，其余的来自氨，而且这个比例不受微生物生长速度的影响。

日粮蛋白质的来源和含量、过瘤胃蛋白质均可影响瘤胃微生物蛋白质合成的效率。在日粮中补充过瘤胃蛋白质，可增加进入十二指肠的微生物蛋白质数量。瘤胃微生物在仅以氨为氮源的条件下也可以生存，但在氨基酸培养基中添加小肽可使瘤胃微生物生长速度和产量有较大的提高。大豆肽、玉米肽和瘤胃液肽对培养液中瘤胃细菌蛋白产量的影响具有显著差异，培养液中氨基氮含量越高，细菌生长速度越快，菌体蛋白氮产量显著增加。对于不同来源肽来说，瘤胃液肽和大豆肽对细菌生长的促进作用要明显好于玉米肽，且不同浓度的肽对瘤胃微生物蛋白质产量的影响也不一样。

②原虫对瘤胃微生物蛋白质合成的影响：瘤胃原虫、细菌和真菌均具有蛋白质水解酶的活性，但三者中瘤胃原虫具有同时降解饲料中可溶性蛋白质和不溶性蛋白质的活性，并对瘤胃细菌蛋白具有吞噬和降解作用，因此在饲料蛋白质水解成多肽的反应中可能占据主导作用，并降低饲料蛋白质的利用效率。原虫不能利用氨，但是可以通过直接吸收肽和蛋白质水解生成的氨基酸以及直接吞噬细菌从而获得氮源，因此原虫是氨的净生产者。控制原虫可减少原虫对细菌的吞噬，增加瘤胃内细菌的数量，促进微生物蛋白质的合成。

③碳水化合物对瘤胃微生物蛋白质合成的影响：日粮蛋白质在瘤胃内经微生物胞联酶的作用，依次被降解为多肽、二肽或三肽、氨基酸，这些是蛋白质合成的原料。在原料充足的条件下，微生物蛋白质的合成效率主要由碳水化合物发酵所能提供的可利用能量决定。当碳水化合物发酵所提供的能量充足时，氨基酸可在微生物细胞内直接或经转氨基作用间接用于微生物蛋白质合成；但若能量供应不足，降解生成的氨基酸就会经脱氨基作用分解成氨和 α- 酮酸，并被进一步发酵生成挥发性脂肪酸。增加可发酵碳水化合物的量可以降低瘤胃中 NH_3-N 含量，且日粮中增加谷物的比例使流入十二指肠的微生物蛋白质的含量增加 30%。

日粮可发酵碳水化合物的供应与可降解氮源的同步平衡是制约瘤胃微生物蛋白质合成效率的主要因素之一。当淀粉和蛋白质的降解实现快速同步时，可增加十二指肠微生物氮的流量，提高 MCP 合成效率。分别在维持和高于维持水平的饲养条件下，均等提供可溶性碳水化合物（麦芽糖、葡聚糖、麦芽三糖）和可溶性氮（尿素、酪蛋白酸钠），提高了维持饲养水平组 MCP 流量和 MCP 合成效率，高于维持水平组仅有增加 MCP 合成效率的趋势。这也受到日粮组成和动物生理状况的影响。

2. 肝脏对乳蛋白前体物质的分配

肝脏是反刍动物机体中最大、功能最复杂的消化腺，它参与机体消化、吸收、排泄、解毒、物质转运及能量代谢，被形象地比喻为“机体的化工厂”，其在机体物质代谢方面的枢纽作用一直是人们研究的焦点。

反刍动物由消化道吸收的营养物除脂肪外，都必须经过肝脏后再进入循环系统。因此，肝脏在外周血液营养物的组成和代谢整合调节中起重要作用。肝脏是乳牛消化系统中极为重要的组成部分，是体内营养素代谢的主要器官、各种物质代谢的中心，具有合成、分解等多种功能，为泌乳提供乳成分前体物。外源蛋白质及非蛋白氮经过瘤胃及小肠的代谢与转化后，产生的氨基酸由门静脉汇集进入肝脏转化，一部分变成尿素再循环，一部分成为生糖的氨基酸，大部分通过肝脏经血液循环进入肌肉等组织。胃肠道吸收的营养素由门静脉汇集进入肝脏进行转化，随着进入肝脏营养物质种类和数量的变化，肝脏代谢和功能发生相应改变。

研究肝脏功能的调节是确保乳牛健康的前提。肝脏功能的调节主要有两个途径，一是对底物的调节作用，肝脏能够监控血流中的底物浓度，并对底物浓度的变化作出反应，以确保机体的“稳态”；二是对内分泌激素的调节作用，激素通过其与肝实质细胞表面或内部的受体结合而发挥作用，特别是生长轴和肾上腺皮质激素下丘脑－垂体－肾上腺轴对“稳态”的调节有重要意义。

目前在肝脏对乳蛋白合成影响的主要研究集中于山羊小肠可吸收氨基酸模式对肠系膜排流组织和门静脉排流组织游离氨基代谢的影响方面，常用技术为肝脏慢性血管瘘技术。简单来说，就是应用外科手术同时在肝脏门静脉、肝静脉安装慢性多血管瘘，深入研究消化道营养物质的总吸收以及营养物质在肝脏代谢中的动态过程。利用血管瘘结合血流量测定技术，可以测定肝脏器官对营养素，如游离氨基酸和结合氨基酸的吸收量和代谢特点。随着稳定性同位素示踪技术的应用，使用C、N稳定性同位素示踪技术，可以对营养素（如脂肪酸、氨基酸）基团进行标记，研究营养素（如脂肪酸、氨基酸）在肝脏的代谢状况。

3. 乳腺对乳蛋白前体物质的利用

外源蛋白质及非蛋白氮经过瘤胃及小肠的代谢与转化后，产生的氨基酸进入肝脏后，最主要的是进入乳腺组织，并作为乳蛋白的合成原料，90%的乳蛋白是通过氨基酸从头合成的，因此，通过血液进入乳腺组织的氨基酸的数量及模式决定了乳蛋白的合成量，进而决定了牛乳的品质。

乳腺是乳成分合成与分泌的重要器官，可以从血液中选择性地摄取乳成分前体物，并在乳腺腺泡的分泌细胞中合成乳蛋白、乳脂肪和乳糖。进入乳腺的乳蛋白前体主要包括游离氨基酸及小肽。乳成分前体物的含量和组成直接影响乳腺内乳蛋白和乳脂肪等乳成分的合成，进而影响乳品质。

（1）乳腺选择性吸收的蛋白质　乳中有一部分蛋白质是直接从血液中吸收的，约占总乳蛋白的5%~10%。这些蛋白质主要是小分子蛋白质，如γ–酪蛋白、初乳中的免疫球蛋白和血清白蛋白，它们从血液中通过被动转运或者被动扩散的方式转运至乳腺细胞，未经加工而直接穿过分泌细胞进入乳汁。初乳中含有很高血液来源的免疫球蛋白，反刍动物血液中的免疫球蛋白不能转运进入胎盘，因而胎儿不能从母体中获得主动免疫，那么，初乳就成为初生牛犊必需的免疫球蛋白来源。

（2）乳蛋白前体物的摄取

①氨基酸的摄取：乳腺氨基酸的吸收取决于三大因素，动脉血中氨基酸浓度、机体生理状况、分泌细胞基底膜上转运体或转运体系的功能和激素水平。乳山羊瘤胃补充过瘤胃保护的赖氨酸和甲硫氨酸可增加动脉血赖氨酸和甲硫氨酸的浓度，但乳腺对这些氨基酸的吸收并未改变。也有研究认为乳腺细胞能通过控制乳腺血流量调节氨基酸的吸收，与其血浆浓度无关。乳山羊体内出现低水平组氨酸时，乳腺的血流量增加33%，乳腺组织吸收组氨酸的能力显著增加，而乳腺组织吸收其他可利用氨基酸［Lys、Phe、Thr、Val以及非必需氨基酸（Pro和Ala）］的能力则下降。这些研究提示，乳腺对氨基酸的吸收是体内代谢的一种功能，并不简单地依赖于必需氨基酸在血浆中的浓度。

氨基酸进入乳腺上皮细胞可发挥营养和信号因子的功能，但需要通过氨基酸转运载体的介导，将氨基酸转运至细胞内。上皮细胞的细胞膜为脂质蛋白质双分子层，对于营养物质具有选择性。由于氨基酸不易扩散并穿透脂膜，所以跨膜转运蛋白质可以帮助氨基酸进出细胞及细胞隔室（如细胞质和溶酶体）。氨基酸转运至细胞内的效率主要由两方面决定，一方面是氨基酸与对应的氨基酸转运载体的亲和性；另一方面是相关转运载体的活性和数目。氨基酸转运载体主要包括6个溶质载体（SLC）家族——SLCI、SLC6、SLC7、SLC36、SLC38、SLC43家族，以及一个单一羧酸盐转运载体——SLC16，这些载体均可转运芳香族的氨基酸。

氨基酸转运载体具有氨基酸特异性，通常一个氨基酸转运载体可以转运结构相似的一类氨基酸（如较大的中性氨基酸、较小的中性氨基酸、阳离子氨基酸、阴离子氨基酸）。氨基酸转运载体的表达具有组织特异性，许多细胞类型表达多种氨基酸转运载体，并且互相有重叠的部分。同时，氨基酸转运载体对于mTORC1和GCN2信号通路的上下游具有重要的作用，且还可以监测细胞内外氨基酸的丰度。氨基酸转运载体主要有两方面作用，一是作为信号通路起始的感应器；二是起导管的作用，将氨基酸转运至细胞内。

②小肽的摄取：机体组织小肽的跨膜转运是由肽转运载体（PepT）实现的。主要有两种PepT载体，低亲和力、高容量的PepT1和高亲和力、低容量的PepT2。其中PepT1主要在小肠表达，而在乳牛乳腺中未发现PepT1的表达。PepT2主要在小鼠乳腺外植体和人乳腺上皮细胞中表达。

PepT2属于质子偶联寡肽转运载体家族，该家族广泛分布于原核和真核生物，以内部直接质子电化学梯度为驱动力参与二肽和三肽的细胞跨膜转运。转运过程中，由质子向胞内质子电化学梯度提供能量，底物经刷状缘膜流入细胞，质子运动的动力由Na^+/H^+交换体（Na^+/H^+exchanger3，NHE3）提供。细胞顶膜上的NHE3促使质子流出（伴随着Na^+的流入），进入细胞的Na^+又不断被底膜上的Na^+/K^+ATP酶泵出细胞，而进入细胞内的K^+经由钾离子通道流出细胞，使细胞内的Na^+和K^+恢复到原来水平。一般认为，PepT2所属转运载体超家族蛋白质的转运机制遵循交替通路机制，即通过构象的变化来改变底物结合位点与膜的相对位置，从而实现底物从膜外到膜内的转运。近两年来，科研人员通过研究类似真核生物PepT2的蛋白质晶体结构，明确了PepT2蛋白质的三级结构和转运机制。肽转运载体PepTSo的闭合式结构和嗜热链球菌肽转运载体PepTs是内外开放式结构，预示肽转运载体在转运底物的过程中可能存在向外开口和向内开口的中间状态。由此，提出了一个新的肽转运载体转运机制－门控理论，即转运蛋白门控外开，暴露结合位点。底物与中心位点结合后，通过Arg53–Glu312和Arg33–Glu300形成的盐桥作用关闭膜外侧开口，转运蛋白形成一个闭合的中间状态。同时，Lys126–Glu400的盐桥作用被削弱，使得膜内侧开口打开，底物释放进入细胞质。之后转运蛋白发生一系列的构象改变，最终恢复到向外开放的构象。

PepT2的表达和功能调节主要集中在以下几点，首先，PepT2的转运依赖于内部直接的质子电化学梯度，所以任何能改变pH和膜电位的因素都会影响其转运活动。H^+主要通过增加转运蛋白的周转速度来刺激PepT2的转运。其次，根据PepT2的底物特异性，不同底物及其浓度会对PepT2的转运活动产生影响。此外，PepT2的转运还受到激素、生长因子等的调节。除了受胰岛素、催乳素及氢化可的松的影响外，PepT2还受胞内Ca^{2+}和表皮生长因子的调节。另外，PepT2的转运活动受病理状态的调节。小鼠甲状腺功能减退和甲状腺切除引起肾脏PepT2表达水平的增加，表明在改变甲状腺功能的状态下氨基酸平衡和药物药动力学受到影响。将小鼠肾脏切除5/6，两周后，肾脏PepT2的表达上调，但是16周后，又显著下降。此外，PepT2能与一种简单接头蛋白PDZKI反应，且该反应能加强PepT2活动，而PDZKⅠ的突变会改变PepT2的转运，但具体机制尚不清楚。

目前认为，小肽以完整的形式由PepT2转运吸收进入乳腺，但其具体吸收过程、吸收数量及吸收过程中发生的变化并不清楚。进入乳腺的小肽是直接被吸收进入乳腺上皮细胞并用于乳蛋白的合成，还是先水解为游离的氨基酸，再由相应的氨基酸转运载体运进细胞？或是两种方式均存在？这些问题是解开乳腺对小肽利用的关键点。根据消化类型将肽酶分为丝氨酸型、苏氨酸型、半胱氨酸型、天冬氨酸型、谷氨酸型和金属离子型。目前，关于肽酶的研究很多，但大多都集中在药理学和生产工艺的应用（如二肽基肽酶和金属肽酶）上。对于哺乳动物，主要以模型肽为底物研究消化道各部位的肽酶活力及小肽消失率，关于乳腺的小肽水解的报道更为鲜见。对大鼠乳腺灌注^3H标记的（抗水解）二肽，发现乳腺吸收的小肽在胞外水解为游离氨基酸，再转运进入乳腺细胞，这说明至少有一些小肽是通过转运载体被小鼠乳腺完整吸收的，且被用于分泌蛋白质的合成。此外，哺乳动物的二肽水解酶有三种，二肽水解酶1、二肽水解酶2和二肽水解酶3。这些小肽水解酶的活动可能会为我们研究小肽的吸收利用形式及其效率提供新视角。

（3）乳腺内蛋白质的合成（乳蛋白前体物的代谢途径）　牛乳总固形物中乳蛋白含量占到 25% 以上。乳蛋白由 78%~85% 的酪蛋白、18%~20% 的乳清蛋白和 5% 的非蛋白氮组成。酪蛋白由 α– 酪蛋白、β– 酪蛋白、κ– 酪蛋白和 γ– 酪蛋白组成，前三种是不同的基因表达，而 γ– 酪蛋白经过乳中主要的蛋白酶（Plasmin EC3.4.21.7）作用，由 β– 酪蛋白水解而得。乳清蛋白由 β– 乳球蛋白、α– 乳白蛋白、清蛋白、免疫球蛋白和乳铁蛋白组成。另外，在乳腺中合成的乳蛋白也包括许多组织蛋白质，如结构蛋白质、酶、激素和生长因子。这些蛋白质在维持乳腺的功能中起重要作用。乳蛋白中 90%以上是在乳腺的腺泡中由氨基酸从头合成的，然后分泌进入乳池中储存。同位素标记的研究结果表明，酪蛋白、β– 乳球蛋白和 α– 乳清蛋白是乳腺上皮细胞利用从血液吸收的游离氨基酸合成的。此外，乳腺上皮细胞自身还有合成非必需氨基酸的能力，为乳蛋白的合成提供原料。研究认为，乳腺在合成乳蛋白的过程中许多必需氨基酸可来源于肽结合氨基酸，循环血液中的肽也可参与乳腺细胞中氨基酸供应和乳蛋白合成，弥补乳腺对游离氨基酸摄取的不足。牛乳中主要蛋白质的含量和来源如表 2–2 所示。

表 2–2　牛乳中主要蛋白质的含量和来源

	蛋白质种类	总含量 /%	来源
酪蛋白	α_{s1}– 酪蛋白	34	腺泡内合成
	α_{s2}– 酪蛋白	9	腺泡内合成
	β– 酪蛋白	25	腺泡内合成
	κ– 酪蛋白	9	腺泡内合成
	γ– 酪蛋白	1	腺泡内合成
酪蛋白总含量		78	
乳清蛋白	β– 乳球蛋白	8.5	腺泡内合成
	α– 乳球蛋白	2.8	腺泡内合成
	血清白蛋白	0.7	来源于血清
	免疫球蛋白	2.3	大部分来源于血液，少量由腺泡合成
	蛋白胨	2.7	来源于血清
乳清蛋白总量		17	
非蛋白氮	尿素氮、氨基氮、肽、肌酐等	5	来源于血液

合成蛋白质的氨基酸可分为三类，第一类是由血液充足供给的氨基酸（甲硫氨酸、苯丙氨酸、酪氨酸、组氨酸和色氨酸）。第二类是由血液周转供给不足的氨基酸（缬氨酸、亮

氨酸、异亮氨酸、赖氨酸、精氨酸和苏氨酸)。第一类在血液中周转基本平衡，第二类的周转量显著地超过其输出量。另外，第二类在乳腺中经过转氨作用提供氨基用于血液中第三类周转不足的氨基酸（天冬氨酸、谷氨酸、甘氨酸、丙氨酸、丝氨酸、半胱氨酸和脯氨酸），它们的碳链被氧化形成 CO_2。

①氨基酸：氨基酸进入细胞后的代谢途径主要有以下几种，乳蛋白合成；其他蛋白质的合成（如结构蛋白质和酶）；参与分解代谢反应（例如氧化反应）；直接经过乳腺进入乳、血、淋巴液。表 2-3 描述了必需氨基酸在内脏和乳腺组织的净流量情况。

表 2-3　必需氨基酸在内脏和乳腺组织的净流量情况

氨基酸种类	组织					U ∶ O
	PDV	HEP	TSP	MG	Milk	
His	10.4	-3.6	6.9	-6.8	6.8	1.01
Ile	29.2	2.1	32.2	-21.3	17.4	1.22
Leu	48.1	2.2	50.2	-34.6	28.8	1.20
Lys	36.3	0.5	36.7	-30.0	23.6	1.27
Met	13.1	-4.1	8.8	-7.1	7.3	0.97
Phe	28.1	-14.4	14.5	-11.9	11.5	1.03
Thr	25.5	-8.1	17.6	-13.9	14.1	0.99
Tyr	20.9	-9.9	11.6	-10.8	11.7	0.92
Val	36.2	2.3	38.8	-26.1	21.8	1.20

注：PDV—内脏门静脉；HEP—肝脏；TSP—全内脏组织；MG—乳腺；Milk—牛乳；U ∶ O—乳腺摄取量 / 乳蛋白输出量。

合成乳蛋白的底物氨基酸是由流经乳腺的血液供给的，然后通过基因编码合成乳蛋白。乳腺上皮合成乳蛋白的生化过程与其他组织内的蛋白质合成基本相同，即包括氨基酸的活化和核糖体循环。蛋白质合成的初始因素是基因表达。基因表达是一个较复杂的生物过程，包括激素诱导细胞核转录因子和激发区或 DNA 增强区域的关系。基因表达的途径与其他组织相近。基因表达编码的一个蛋白质初始在 RNA 聚合酶（EC2.7.7.6）作用下形成一个基因形象记忆 DNA 模板，在此模板作用下，信使 RNA（mRNA）补足 DNA 模板，但不同的是 RNA 含有的碱基中尿嘧啶细胞由胸腺嘧啶代替。mRNA 的作用是形成蛋白质图谱和构成特定蛋白质的氨基酸序列末端形成。整个转录过程在细胞核内完成。然后在转运 RNA（tRNA）的作用下，mRNA 从细胞核迁移至细胞质，并附着于粗面内质网上的核糖体内，mRNA 由核糖体移向特定的氨基酸并形成氨基酸肽链。新合成的蛋白质转移到高尔基体，并在这里形成分泌颗粒，然后再移动到靠近腺泡腔一端，最后通过顶浆分泌形式排入腺泡腔。mRNA

在核糖体内完成转录过程。

与乳蛋白合成的需要相比，乳腺倾向于摄取过量的支链氨基酸（亮氨酸、异亮氨酸和缬氨酸）。这些过量的支链氨基酸可能在乳腺中经历氧化作用，并与泌乳期乳腺中支链氨基酸氨基转移酶和支链酮酸脱氢酶等活性的显著增加相关。除了支链氨基酸之外，乳腺摄取赖氨酸的量大于乳蛋白输出量；摄取的苯丙氨酸、甲硫氨酸、苏氨酸和组氨酸的量接近于乳蛋白输出量；甲硫氨酸和苏氨酸是乳蛋白合成的限制性氨基酸。在饲喂玉米基础日粮时，单独添加甲硫氨酸或者与赖氨酸同时添加，可以显著提高乳蛋白的合成量。这些发现提示，牛饲喂过量的蛋白质会降低氮的利用率。

②小肽：血液中的二肽可以参与山羊乳蛋白的合成，牛乳腺同样可以利用血液中肽结合形式的必需氨基酸来合成乳蛋白。研究表明，Lys、Met、Phe、Leu、His、Val 和 Tyr 均能以肽结合形式被乳腺摄取并用于酪蛋白合成，且酪蛋白合成所需氨基酸中 4%~19% 的 Lys、8%~18% 的 Met、2%~20% 的 Phe、7%~28% 的 Leu 和 13%~25% 的 Tyr 均来源于血液中的小肽。小肽的添加比例及添加形式对酪蛋白的合成均存在明显影响。Arg 和支链氨基酸的 U ∶ O 均大于 1。已有研究证明，当以甲硫氨酸 – 甲硫氨酸、甲硫氨酸 – 赖氨酸或 Phe 二肽替代等量的游离氨基酸时，二肽组牛乳腺上皮细胞中 α– 酪蛋白基因表达水平和培养液中总蛋白质含量均显著高于游离氨基酸组。总之，小肽在乳蛋白质的合成中发挥重要作用，但其作为乳蛋白质合成原料的利用形式及效率还需要进一步研究。

（4）乳蛋白前体物对乳蛋白合成的影响　乳蛋白前体物对乳腺内乳蛋白合成的影响主要体现在三个方面。一是进入乳腺的氨基酸浓度。增加进入乳腺的氨基酸浓度可促进乳蛋白的生成。在牛真胃中灌注组氨酸后，血浆组氨酸的浓度从 19μmol/L 增加到 52μmol/L，乳产量和乳蛋白含量增加，乳蛋白率有增加趋势，但乳腺对组氨酸的摄取率降低。二是进入乳腺的氨基酸平衡性。牛乳腺存在一个理想的氨基酸供应模式，能使蛋白质合成和氨基酸利用效率达到最优化。若在牛阴外动脉分别根据乳蛋白和微生物蛋白质中的氨基酸含量和比例进行灌注，乳蛋白质量增加 8%，乳蛋白率也趋于增加，但对产乳量没有显著影响。三是乳腺组织对氨基酸的转运能力。乳腺具有巨大的吸收血液中氨基酸的能力，氨基酸通过乳腺细胞基膜的过程是由一些钠离子泵或独立的氨基酸转运系统完成的。不同的氨基酸需要不同的氨基酸系统进行转运。以山羊为实验动物，以乳腺摄入的血浆游离氨基酸量占血浆总氨基酸流量的百分比（K_m）表示乳腺系统的转运能力，结果表明灌注氨基酸后血浆游离氨基酸浓度显著增加 60%~82%，流量极显著增加 23%~42%，但乳腺的 K_m 值极显著降低，而血浆游离氨基酸的净摄入量保持相对稳定。因此，乳腺可能具有根据乳蛋白合成所需要的氨基酸的量来自我调控其对氨基酸摄取率的功能。乳腺对氨基酸的摄取并非简单地由动脉血中的营养供给来调控，而是受到内分泌的调控。

此外，进入乳腺的乳糖前体物质（主要指葡萄糖）和乳脂肪前体物质（包括乙酸、β–羟丁酸和长链脂肪酸等）也会影响乳蛋白的合成。由于我国苜蓿等油脂粗饲料的供应不足，常用秸秆粗饲料进行替代，但秸秆日粮中亮氨酸等氨基酸比例不足、赖氨酸与甲硫氨酸配比失衡、能量不足限制了酪蛋白合成信号通路的激活，导致乳腺合成乳蛋白的能力下降，这也是我国牛乳乳蛋白含量偏低的主要原因之一。

反刍动物初乳中的主要免疫球蛋白（immunoglobulin，Ig）是IgG，其次是IgA，它们都来源于血液，由腺泡上皮选择性地转运进入初乳和常乳中。免疫球蛋白和其他血浆蛋白质以转运泡的形式，从组织间液穿过腺泡上皮进入乳汁。转运泡由腺上皮基部的细胞内陷形成，反刍动物乳腺腺泡上皮基部的细胞膜上有特殊的IgG受体，所以，初乳中的IgG含量很高。初乳中的IgA部分来源于乳腺细胞合成，另一部分由血液转运而来。

三、乳蛋白合成与利用调控的信号转导通路与神经内分泌调节

乳蛋白的合成受基因、营养、内分泌激素等影响。大量研究表明，乳蛋白的合成主要受两个基因组的控制，乳牛基因组和瘤胃微生物群落基因组，这些基因之间形成复杂网络联系和信号转导通路（图 2-4），并对机体内外环境（包括营养、内分泌）的变化产生反应，最终影响牛乳品质，解析这些因子构成的代谢网络已经成为科学研究的热点领域。

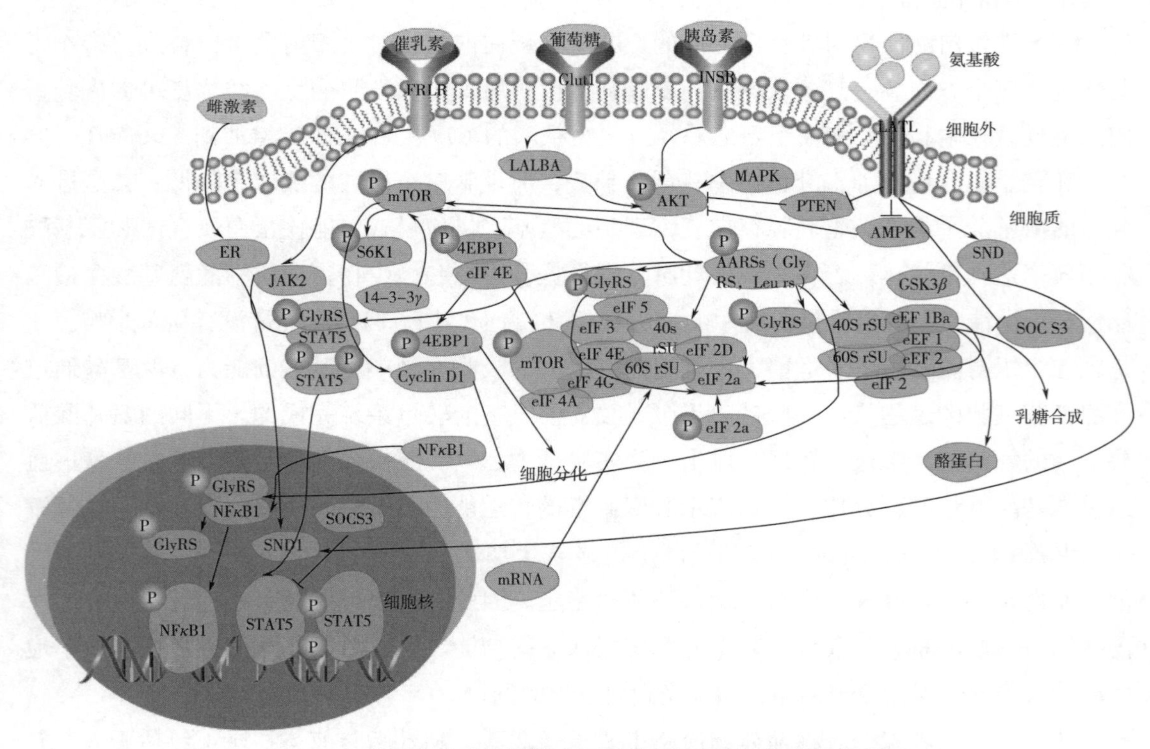

图 2-4 乳蛋白合成调控的主要功能基因及其信号转导通路

营养素对乳蛋白的合成可通过雷帕霉素靶点（mTOR）和整合应激反应（ISR）进行网络调控，信号转导与转录激活因子（STAT5）则是反应乳蛋白基因转录水平的标志性指标，其中STAT5蛋白编码基因的多样性是影响乳蛋白组成的关键点。总体上看，对乳成分前体物生成和利用的神经内分泌调节通路的研究刚刚起步，对各种激素和中间代谢产物的信号转导途径、关键调控因子及其相互作用模式、调控乳腺基因表达的通路组成及其模式仍处于研究阶段。

1. mTOR信号通路

必需氨基酸主要以哺乳动物雷帕霉素靶蛋白信号通路介导的信号通路调控乳蛋白合成。mTOR是一种在结构和功能上都较为保守的丝氨酸/苏氨酸磷脂酰肌醇激酶相关蛋白激酶，主要与基因转录过程的激活、蛋白质的翻译以及核糖体的合成等过程的启动时多种细胞外信号相互作用。mTOR信号蛋白主要以两种复合物的形式存在，mTOR复合物1（mTORcomplex1，mTORC1）和mTOR复合物2（mTORcomplex2，mTORC2）。其中，mTORC1对雷帕霉素敏感，包括mTOR、mTOR调节相关蛋白质（regulatory associated protein of mTOR，Raptor）、mLST8（mammalian ortholog of LST8，又称GβL）和富含脯氨酸的Akt底物40（proline-rich Akt substrate of 40ku，PRAS40）。作为抑制剂的雷帕霉素与mTORC1的末端结合，抑制mTOR的活性，导致真核细胞翻译启动因子4E结合蛋白1（eukaryotic translation initiation factor 4E binding protein，4EBP1）和核糖体S6蛋白激酶（ribosomal protein S6kinase，S6K1）的磷酸化作用的改变，进而影响mTOR信号通路对蛋白质翻译作用的改变。mTORC2对雷帕霉素不敏感。

2. JAK2-STAT5信号通路

JAK（januskinase）是一类酪氨酸蛋白激酶，STAT（signal transducer and activator of transcription）是信号转导和转录激活子。JAK2-STAT5信号通路主要介导激素、营养素和生长因子等信号，最终发挥调节乳蛋白合成的作用。刺激细胞的激素、营养素和生长因子等可以与相应的受体结合，使发生同源或异源寡聚化的受体亚基激活与之偶联的JAK。激活JAK可以磷酸化STAT，使其形成二聚体并进入细胞核后与相应的靶基因启动子结合，进而启动目的基因的转录。

3. GCN2信号通路

近些年来，研究发现氨基酸不足时，eIF2α激酶介导的信号通路会被激活。eIF2α激酶一共包括四种，一般性调控阻遏蛋白激酶2（general control nonderepressible2，GCN2）是其中的一种，当氨基酸饥饿时，它能特异性地被聚集的空载tRNA激活。任何一种必需氨基酸的不足都能导致GCN2被激活，并且引起基因表达而发生较大变化。甲硫氨酸缺乏时，小鼠MEF细胞中蛋白质的翻译调节主要由ATF4介导，而GCN2和eIF2α并不是必需的。在牛乳腺细胞中，必需氨基酸缺乏会引起GCN2表达量的升高。

四、乳蛋白合成的调控机制

通过饲料营养调控改善乳成分是研究的热点领域。研究证明，日粮中添加外源酶、饲用微生物、有机酸、脂肪酸、过瘤胃氨基酸等营养物质可以影响乳脂肪和乳蛋白的合成量。其中，在乳蛋白合成调控方面，研究主要集中在日粮氮向乳蛋白的转化效率、影响微生物蛋白质合成的因素分析、过瘤胃蛋白质对乳蛋白合成的影响和乳腺内蛋白质、氨基酸（包括小肽）的代谢和利用机制等方面。

在乳脂肪和乳蛋白协同调控方面，研究发现，牛日粮中补充脂肪在提高产乳量与乳脂含量的同时通常会降低乳蛋白的含量。究其原因，一方面，血液脂肪酸含量升高可抑制乳腺从头合成脂肪酸能力，促进乳糖合成，提高产乳量而对乳蛋白含量产生稀释效应；另一方面，血液中脂肪酸含量升高后促使机体减少了生长激素的释放，降低了乳腺摄取氨基酸的能力。

1. 氨基酸和小肽

氨基酸是乳成分重要前体物，不仅可以为乳成分的合成提供底物原料，而且能作为调控因子影响乳成分的合成。赖氨酸（Lys）和甲硫氨酸（Met）是乳蛋白合成的限制性氨基酸，通过改变哺乳动物雷帕霉素靶蛋白信号通路相关基因的磷酸化情况，调控牛乳腺上皮细胞中酪蛋白的合成。其组成与比例对乳蛋白的合成至关重要。在乳腺上皮细胞中，酪蛋白的生成依赖于Lys或Met的浓度，当Lys浓度为1.2mmol/L时，酪蛋白的生成量达到顶峰，为2.5μg/L；而当Met浓度为0.5mmol/L时，酪蛋白的生成量达到顶峰，为2.7μg/L。单独添加一种氨基酸，将无法突破这一酪蛋白产量。当混合添加时，二者的比例及其重要。当Lys添加浓度为1.2mmol/L，Met添加浓度为0.4mmol/L时，酪蛋白产生量达到了混合添加的峰值，为2.9μg/L。

乳腺上皮细胞的数量和活力是乳蛋白生成的另一决定因素，Lys、Met的浓度水平、组成及比例均能影响乳腺上皮细胞增殖。Lys和Met单独添加及二者混合添加能够促进乳腺上皮细胞增殖，从而有助于酪蛋白的生成。乳腺上皮细胞数量的增加依赖于氨基酸的添加量。低剂量的Lys（0.05~0.4mmol/L）或者Met（0.025~0.2mmol/L）对于细胞增殖没有显著影响，而高剂量的Lys（6.4~25.6mmol/L）或者Met（6.4~12.8mmol/L）则会降低细胞的增殖能力。当Lys与Met混合添加比例为3∶1时（混合添加酪蛋白产生量最高），细胞的增殖效果显著，且高于Lys单独添加时的细胞增殖量。因此，对于乳腺上皮细胞的增殖而言，Lys和Met单独添加及二者混合添加的量和混合添加的比例极其重要。赖氨酸、甲硫氨酸平衡配比和高糖组合能更显著促进乳牛乳腺上皮细胞增殖，并调节乳蛋白质转录和翻译关键基因的表达，最终促进乳蛋白的合成。

2. 激素

激素也是调节乳蛋白合成的主要因素。胰岛素不仅是乳蛋白基因表达必需的激素，还可以在不同水平上刺激乳蛋白的合成。研究表明，类维生素 A 和催乳素的添加促进了乳牛乳腺上皮细胞的分化，这可能与 α- 酪蛋白的增加有关。此外，在地塞米松、胰岛素和催乳素存在的情况下，乳腺上皮细胞能均匀地分化并分泌酪蛋白。有研究报道，无论是乳牛体内试验还是乳腺细胞的体外试验，生长激素都具有提高乳蛋白合成的功能。运用基于双向凝胶电泳的蛋白质组学方法研究了生长激素的添加对牛乳腺上皮细胞的影响，共发现 40 个差异蛋白质。这些蛋白质主要与代谢、细胞骨架、蛋白质折叠、RNA 和 DNA 的加工及氧化应激有关。蛋白质表达的差异与泌乳通路网络的有效性有关，泌乳晚期上调的蛋白质可能与 NF-χB 诱导的应激信号通路有关，高产乳的牛则是通过胰岛素信号通路与 Akt、PI3K 和 p38MAPK 信号通路起作用。牛乳腺体外试验多用于激素对乳蛋白合成的影响研究。利用牛在体试验研究了外源添加生长激素对牛乳蛋白合成的影响，发现生长激素处理组能够影响 mTORC1 信号蛋白的表达，但不影响其下游靶基因的表达。并且，添加生长激素后，乳腺细胞可能通过 IGFI-IGFIR-MAPK 信号通路级联调节 eIF4E 介导的细胞核和细胞质的输出及 mRNA 的翻译过程。

3. 信号通路

目前，虽然氨基酸调节蛋白质合成的研究较多，但必需氨基酸通过 mTORC1 信号通路调节牛乳蛋白合成的机制并不是很明确。利用基于双向凝胶电泳的蛋白质组学方法研究了赖氨酸和甲硫氨酸对乳蛋白合成的影响发现赖氨酸或甲硫氨酸均能提高细胞的增殖活性，促进 β- 酪蛋白的表达；MAPK1 可能通过上调 mTOR 和 STAT5 信号通路提高乳蛋白合成基因转录和翻译的影响。当 Lys ∶ Met 为 3 ∶ 1 时，牛乳中酪蛋白的浓度最高，该过程通过上调 mTOR 和 JAK-STAT 信号途径的 mRNA 表达实现。但也有研究结果与之相反，赖氨酸、组氨酸和苏氨酸对牛乳腺上皮细胞的 S6K1 磷酸化具有负调节作用。在牛乳腺细胞和组织中添加 10 种游离的氨基酸后发现，当亮氨酸、异亮氨酸和精氨酸缺乏时，磷酸化的 mTOR 和 TpS6 显著减少，而添加异亮氨酸则可以增加磷酸化的 mTOR、S6K1 和 mp56。当亮氨酸、异亮氨酸、甲硫氨酸和苏氨酸缺乏时，蛋白质合成率显著降低，提示亮氨酸和异亮氨酸调节 mTOR 信号通路和蛋白质合成过程的相互独立。进一步研究表明，必需氨基酸能够显著增加 mTOR、S6K1、4E-BP1 和胰岛素受体底物 1 的磷酸化，同时减少 eEF2 和 elF2a 的磷酸化。以上结果提示，必需氨基酸可以有效地影响蛋白质翻译的起始和延长关键节点，进而调节蛋白质的合成速率。此外，进一步研究表明，虽然 AMPK 的磷酸化受到能量状态的影响，且对牛乳腺细胞 mTOR 介导的信号通路有负面影响，但是与必需氨基酸通过 mTOR 介导的信号通路对乳蛋白的调节相比，其影响较小。

4. 其他因素

除氨基酸、小肽、激素等因素外，在牛生产中，饲粮组成、饲粮中蛋白质水平、维生素和矿物质等因素也会对乳蛋白的合成产生影响。分别以玉米秸秆、羊草和苜蓿为日粮粗料来源研究不同粗料来源对牛乳蛋白前体物生成和泌乳性能的影响。结果表明，与玉米秸秆作为粗料来源相比，苜蓿组可以显著提高乳产量、乳蛋白产量和氮的利用效率。进一步研究了用玉米秸秆和稻草替代苜蓿对牛泌乳性能的影响发现，与稻草组和玉米秸秆组相比，苜蓿组的乳产量、乳脂、乳蛋白、乳糖和固形物的产量显著高于其他两组，但是稻草组和玉米秸秆组没有显著性差异。同样地，苜蓿组乳蛋白含量高于稻草组。这可能是由于苜蓿日粮具有较高的营养可消化性，可以给牛提供较高的能量。并且，苜蓿组可以提供较高浓度、容易发酵的碳水化合物和瘤胃非降解蛋白质，进而提供较多的代谢蛋白质。

五、牛乳品质提升的营养调控技术

营养调控对牛乳品质的提升具有直接、有效的意义，根据乳成分前体物生成与利用的规律及其调控机制、代谢异常产物产生及其控制，目前常用的方法是通过稳定瘤胃和提高瘤胃乳成分前体物生成量为核心，增加小肠乳成分前体物的供给，从而提高乳蛋白合成的营养调控。

1. 瘤胃稳态调控和代谢异常产物调控技术

通过添加碳酸氢钠、阿卡波糖、丁酸钠等酸碱缓冲剂可以防止瘤胃 pH 快速下降，有助于维持瘤胃上皮细胞的正常形态和功能。紫苏、陈皮和艾叶等植物提取物也可以发挥稳定瘤胃 pH 的作用，茶皂素可以调控瘤胃的微生物菌群组成来调节乳蛋白的合成。

2. 促进瘤胃乳成分前体物生成量为核心的营养调控方法

调控日粮能氮平衡与同步释放，能促进瘤胃乳蛋白前体物的生成，进而提高乳蛋白的合成量。针对以玉米秸秆为粗饲料时日粮可代谢蛋白质不足的情况，以优化瘤胃乳成分前体物微生物蛋白质合成为目标，以微生物蛋白质合成所需的能量水平和能量释放速率为切入点。动物试验中，在同一能量水平下，通过饲喂蒸汽压片玉米和普通玉米，以改变能量载体物质在瘤胃的释放速率。结果发现，随着日粮能量水平的增加，乳产量、乳蛋白率、乳蛋白产量随之增加，但乳脂肪率并无显著影响。饲喂高能组日粮的乳牛具有较高的微生物蛋白质产量、全肠道消化率，饲喂慢速释放能量日粮的牛有较高的乳产量、乳蛋白产量和微生物蛋白质含量。因此，通过调控能量水平和降解速率可提高瘤胃微生物蛋白质的合成，进而提高乳蛋白的合成量，提高乳蛋白率。

3. 小肠氨基酸平衡模式的调控技术

针对我国典型日粮条件下甲硫氨酸和赖氨酸这两种主要的限制性氨基酸，以丙烯酰胺树脂、羟丙基甲基纤维素、乙基纤维素和氢化植物油为保护材料，用于制备过瘤胃赖氨酸和甲硫氨酸的添加剂，可以有效提高乳蛋白含量。在 Lys ∶ Met 为 3 ∶ 1 基础上，进一步优化牛氨基酸平衡供应模式，初步确定过瘤胃中苏氨酸和苯丙氨酸的平衡模式为 1.05 ∶ 1，此时，不仅可以降低日粮中的粗蛋白质含量，还可以使泌乳牛发挥最佳的泌乳性能，提高乳蛋白率和乳蛋白产量。

4. 低质粗饲料优化利用方法

针对农作物秸秆等低质粗饲料细胞壁中酚酸化合物分布特点及其与木质素之间的关系，通过蒸汽爆破秸秆中的纤维素和半纤维素，破坏玉米秸秆的纤维结构，可以有效提高瘤胃微生物的黏附效率，增加秸秆瘤胃降解率和发酵能力，为牛产乳提供更多的营养与能量。

第四节　禽蛋品质形成的分子营养调控

禽蛋是我国居民餐桌上每天必不可少的食物。通过营养调控禽蛋品质是近年来家禽研究的热点之一。为提高禽蛋品质，研究者们尝试从营养调控（蛋白质来源、维生素、微量元素、矿物质以及添加剂等）角度开展了大量研究，为精准调控禽蛋的品质奠定了基础。而了解蛋品质形成与调控机制，明确禽蛋品质形成过程中的关键调控因子与关键调控点，并结合前期的营养学研究，才能高效地改善禽蛋品质。本章主要从蛋壳的矿化和蛋清蛋白质稀化两个角度阐述蛋壳质量与蛋清品质的分子调控机制，为提高禽蛋品质提供研究方向和理论依据。

一、蛋壳矿化的分子营养调控

作为一种重要的生物矿物质，蛋壳是蛋的重要组成部分，对鸟类的繁殖至关重要。它不仅可以对禽蛋内部成分起支撑作用，允许胚胎在干燥的陆地环境中发育，还能保护禽蛋内部成分免受外力和外界微生物的侵害，保证未受精卵的质量供人类食用。禽蛋在收集、分级、包装、运输、贮藏和加工等作业环节中，因蛋壳破损造成的经济损失每年达上亿元。了解影响蛋壳的生物矿化机制，探讨改善蛋壳质量的营养调控途径，不仅对确保禽蛋质量和人类食用安全具有重要意义，而且对促进禽蛋产业发展尤为重要。

1. 蛋壳的内部构造及矿化机制

（1）蛋壳的内部构造　蛋壳主要包括三部分，外蛋壳膜、石灰质蛋壳和蛋壳下膜。外蛋壳膜也称壳上膜、壳外膜或角质层；石灰质蛋壳是指狭义上的蛋壳、蛋白膜；蛋壳下膜又称壳下膜、内蛋壳膜。蛋壳由有机基质和方解石晶体两部分组成，二者分别占95%和3.5%。这种结构可以作为保护鸡蛋内容物免受病原体和机械冲击的物理屏障，允许气体交换，为胚胎骨骼发育提供足够的钙。基质由相互交织的蛋白纤维和蛋白质颗粒组成。蛋壳蛋白质组学结果显示蛋壳层中大约由904种蛋白质组成（包括膜和角质层），其中矿化壳中共有676种蛋白质。根据其存在的位置可以将其分为三大类，一是在其他组织中也存在的蛋白质，如骨桥蛋白、凝集素等；第二类是蛋清蛋白质，这一类蛋白质不仅存在于蛋壳中还存在于蛋清中，如卵白蛋白、卵转铁蛋白和溶菌酶等；第三类蛋白质则是仅存在于蛋壳中的特性蛋白质，这类蛋白质通常由输卵管分泌，如卵钙蛋白（ovocalyxins）和卵功能蛋白质（ovocleidins）两大类。蛋壳基质蛋白质通过控制方解石晶体的大小、形状和方向影响蛋白晶体的生长过程，从而影响蛋壳的质地和生物力学性能。

（2）蛋壳的矿化机制　输卵管是鸟类产卵的器官。它由六个分泌不同鸡蛋成分的特异性组织组成，漏斗（包围蛋黄的卵黄膜）、膨大部分（蛋清的分泌）、白色峡部（蛋壳膜的形成）、红色峡部（乳头核壳矿化的开始）、子宫（蛋壳形成、角质层沉积）和阴道（成熟卵子排出）。卵黄在禽类卵巢部成熟后排至输卵管膨大部并被蛋清包裹，随后进入白峡部形成内外壳膜，之后蛋壳膜沉积在红峡部，钙质蛋壳在子宫内开始被矿化，一些有机组分会随机地沉积于外壳膜上，形成乳突体，成为碳酸钙沉积的起始位点。未矿化的蛋随后进入子宫部浸于无细胞子宫液中。子宫液中蛋壳腺（子宫）黏膜细胞分泌的钙离子、碳酸氢根离子和基质蛋白质前体相互作用形成方解石晶体，进行蛋壳的线性沉积。子宫液体可以强烈改变方解石晶体形成的动力学及产生的晶体形态。在碳酸钙线性沉积过程中，蛋不断旋转，形成乳突层和栅栏层。最后，在产蛋 1.5h 前，随着富含磷酸盐的角质层的沉积，晶体层和胶护膜沉积完成，阻止了蛋壳的生物矿化，形成鸡蛋并排出体外。

2. 蛋壳矿化过程的分子调控机制

蛋壳的结构可以形象地描述成“混凝土墙体结构”，无机物为“墙体钢筋及砖块结构”，而有机物则是将无机质胶黏在一起的“水泥”，两者量的多少直接影响“墙体”厚度和致密度。因此，调控蛋壳形成过程中钙离子和基质蛋白质对改善蛋壳质量具有重要意义。

（1）钙在子宫内的代谢调控　禽类子宫液中钙离子主要来自饲料，饲料中的钙经过肠道消化吸收进入血液，再经血液循环运输至子宫部。子宫内钙离子的转运可能存在 3 种机制，一是钙离子的跨细胞转运途径；二是血浆膜和子宫腔之间的正电位差驱动子宫腔内钙离子通过细胞旁途径转运；三是子宫腔内高浓度的碳酸氢根离子可迅速结合钙离子形成碳酸钙沉积。对禽类子宫内钙离子的转运是由其中一种途径还是多种途径配合进行的，尚未有明确报道。蛋壳钙化过程中血液中的钙离子迅速大量地转移到子宫部，但是子宫中的钙离子浓度却是血浆中的 2~4 倍，此时血浆中的钙离子必须依赖各种钙离子转运蛋白质逆浓度梯度主动转运到子宫液中。据此，有学者认为禽类子宫上皮细胞中钙离子转运方式与肠道相似，且钙离子跨细胞转运是蛋壳矿化过程中的主要转运机制。钙离子的跨膜转运需要一系列的蛋白质和酶的协助。钙离子经上皮钙离子通道 TRPV 转送至上皮细胞内，进入细胞内的钙离子与钙结合蛋白（CaBP）结合后扩微至基底膜，使胞质内保持很高的钙浓度；而胞内钙离子主要借助质膜钙泵（Ca^{2+}-ATPase）进行排出。其中，蛋壳腺内碳酸酐酶（CA）的活性可影响钙离子浓度的变化。研究认为 CA 是钙离子沉积的推动力。由此推测，钙离子的膜转运到子宫液这一过程受到 TRPV、CaBP、Ca^{2+}-ATPase、CA 等蛋白质和酶的调控。

① CaBP：CaBP 是对钙离子有高度亲和性、发挥作用时需钙离子参与的蛋白质，普遍存在于高等生物的每一个细胞内（红细胞除外），分子质量为 46ku，有 3 类同工酶。在禽类组织中只有 CaBP-d28k 亚型，主要由可吸收上皮细胞和管状腺细胞分泌，在小肠、肾脏和输卵管子宫部等与 Ca^{2+} 吸收转运密切相关的组织表达量最高，直接参与钙的吸收以及蛋壳的形成，是调控禽类钙吸收、代谢的首要因子。

雌激素能够促进维生素 D 缺乏的未成熟的小鸡子宫中 CaBP-d28kmRNA 的合成。产蛋期，子宫部 CaBP-d28kmRNA 水平在蛋壳沉积阶段明显升高，产蛋后几个小时之内开始出现下降，子宫内 CaBP-d28k 的浓度也降低，蛋壳的形成被抑制。再次形成蛋壳时，CaBP-28L 浓度和 CaBP-d28kmRNA 水平再次升高。对产蛋高峰期海兰褐蛋鸡进行孕酮和孕酮受体拮抗剂处理，发现孕酮处理后，血液中钙离子浓度和输卵管子宫部 CaBP-d28k 表达量均显著降低；孕酮受体拮抗剂处理后，血液中钙离子浓度和输卵管子宫部 CaBP-d28k 表达量均显著升高。这说明在蛋壳矿化过程中，孕酮对 CaBP-H28k 表达和钙离子转运起负调控作用。

② CA：CA 是一种含锌的金属蛋白酶家族，是催化 CO_2 水合作用的关键酶（形成蛋壳所必需的 COF 由该反应提供）。增加了蛋壳腺矿化部位可利用的碳酸氢根离子含量，促进碳酸钙的沉积和蛋壳膜上方解石晶体的生长并加速其积聚。哺乳动物上发现了 16 种 CA 家族同工酶，而在家禽组织中仅发现了 CA-Ⅱ。它们存在于肾脏、松果体、破骨细胞、小肠和输卵管子宫部上皮细胞。蛋进入子宫前 2h 内，进入子宫 5h 后，CA 的表达量逐渐升高；进入子宫 15h 后，产蛋 2h 后，CA 表达量逐渐下降。这表明在蛋形成的过程中，CA 是影响蛋壳矿化的重要因素。

③ Ca^{2+}-ATPase：Ca^{2+}-ATPase 是由 30 多种同分异构体组成的蛋白酶家族，广泛存在于哺乳动物的小肠、肾脏和胎盘中，定位于上皮细胞的基底膜，可将能量以 ATP 的形式储存起来，逆电化学梯度将钙离子泵出细胞外。免疫组化研究表明母鸡输卵管子宫部 Ca^{2+}-ATPase 含量丰富，位于子宫部管腔细胞顶部微绒毛膜上，是蛋壳形成期间子宫内参与 Ca^{2+} 转运的关键酶之一。Ca^{2+}-ATPase 的表达量随蛋在子宫中的停留时间呈逐渐升高的变化规律，在产蛋后 2h 又逐渐下降，结果提示 Ca^{2+}-ATPase 是影响蛋壳钙沉积的关键基因。

④ TRPV：TRPV 主要分布在钙离子转运组织内，包含 27 种蛋白质，分为 6 个亚族。其中，TRPV6 位于鸡的 1 号染色体上，基因长度为 3405bp，有 15 个外显子，6 个跨膜结构，在 5 和 6 跨膜间形成离子通道孔区域，是专门的上皮样钙离子通道，具有高度的钙离子选择性。由于 TRPV6 的表达与产蛋周期密切相关，当钙化开始后，其 mRNA 水平显著升高。由此推测，TRPV6 可能以其典型的跨膜结构形式存在于蛋鸡输卵管中，分布于输卵管各段的黏膜上皮细胞中。卵子进入子宫前（产蛋后 0~4.5h），输卵管子宫部 TRPV6mRNA 表达水平较低，随后表达量逐渐升高，并在产蛋后 16h 表达量达到最大值。这提示 TRPV6 在蛋壳钙化过程中发挥着重要作用，但输卵管子宫部 TRPV6 对于 Ca^{2+} 运输的特殊作用还需要进

一步研究。

（2）基质蛋白质对蛋壳矿化过程的调控

①骨桥蛋白：骨桥蛋白（OPN）是一种高度磷酸化的糖蛋白质，在蛋壳基质中大量表达，是禽类蛋壳基质中重要的磷酸化蛋白质之一。在鸡中，OPN 基因（*SPP1*）的输卵管表达完全是子宫特异性的，仅在碳酸钙线性沉积时期有表达，并且其表达具有周期性，这种周期性与产蛋循环密切相关。骨桥蛋白在蛋鸡子宫中的表达受到机械压力的调节，蛋壳中骨桥蛋白可能在特定的条件下抑制晶体的生长。此外，在骨骼中提取的 OPN 会抑制羟磷灰石的生长，从肾脏中提取的 OPN 则抑制草酸钙晶体的生长。由此推测，蛋壳中的 OPN 对蛋壳矿化过程中碳酸钙的沉积起到抑制作用。

OPN 集中在蛋壳的栅栏层，在那里它与有机基质的平行蛋白质片结合在一起，更多地弥散在蛋壳方解石的（104）晶面。在矿化过程中，特定的 OPN 结合到生长的（104）晶面可以改变壳层沿该平面断裂的阻力。体外研究支持 OPN 与（104）蛋壳方解石面之间的功能性相互作用，其中添加 OPN 抑制了（104）面上合成方解石晶体的生长。纳米压痕和原子力显微镜测量表明，OPN 影响蛋壳硬度和纳米结构，进而控制蛋壳的机械性能。

从鱼类到哺乳动物，OPN 具有一个多天冬氨酸基序，它能够结合钙并介导与矿物表面的结合。然而，在鸟类和爬行动物中，OPN 蛋白序列显示了一个独特的特征，即一个富含组氨酸的区域，被怀疑起源于早期爬行动物中的微生物基因水平转移事件。在软体动物壳中，perlinhibin 是一种富含组氨酸的蛋白质，可以抑制碳酸钙结晶，这表明蛋壳 OPN 中的这个基序可能起到类似的方解石特异性作用。除了富含组氨酸的区域外，爬行动物和非爬行动物的 C 端区域也不同。在爬行动物中，C 端是高度保守的，这支持了该蛋白质的专门化，在这个脊椎动物群体中具有重要的功能作用。

② Ovocleidin-17：Ovocleidin-17（OC-17）是第一个用色谱技术进行分离纯化定性的壳基质蛋白质，在蛋壳形成过程中由输卵管子宫部管状上皮细胞分泌，主要分布在乳突层和栅栏层，在蛋壳形成过程中起基础性作用，并影响蛋壳的结构属性和物质属性。

蛋壳中 OC-17 的含量约为 40μg/g，分子质量为 17ku。OC-17 含有一个 C 型凝集素（CTL）结构域，并具有两个磷酸化丝氨酸残基（Ser-61 和 Ser-67）。CTL 蛋白是一个庞大的蛋白质家族，包括至少七个亚类，如透明质酸、去唾液酸糖蛋白质受体、集合素、选择素、自然杀伤细胞跨膜受体、巨噬细胞甘露糖受体和简单凝集素。OC-17 及其同源物相当于一个简单的凝集素，由 142 个氨基酸残基组成，只有一个 CTL 结构域。OC-17 是蛋壳中调节碳酸钙沉积最有标志性的蛋白质，参与蛋壳矿化过程中各个阶段，且于碳酸钙线性沉积阶段在子宫液中浓度达到最大值。纯化的 OC-17 在体外可以与方解石晶体表面特异性结合，以催化剂的作用促进纳米球的形成。在硅分子动力学模拟中，OC-17 有三种蛋白质构型，它能够通过其特定精氨酸残基的正电胍基与碳酸钙表面结合。因此，CTL 蛋白可以通过结合特定的方解石晶面在蛋壳形成中发挥作用。此外，鸡 OC-17 及其鹅同源蛋白

（ansocalcin）显示出抗菌活性，并可能在禽胚的先天免疫中发挥潜在作用。

③ Ovocleidin-116：Ovocleidin-116（OC-116）是一种哺乳动物同源的基质细胞外磷酸糖蛋白，是鸡子宫液的主要成分，也是蛋壳中最稳定的基质蛋白质。它是一种蛋壳硫酸皮肤素蛋白多糖，也具有双糖基化位点和岩藻糖基化的 *N*- 糖链结构。脱钙蛋壳的免疫染色显示 OC-116 存在于整个栅栏层和哺乳动物锥体层。OC-116 存在于鸡蛋壳基质的可溶性和不溶性组分中。蛋白质组学研究已在鸡、火鸡、鹌鹑、绿头鸭和几内亚鸡的蛋壳中发现 OC-116，它是蛋壳中含量最丰富的成分之一，其在蛋壳中的含量约为 80μg/g。利用微结构免疫组化技术发现，OC-116 是由子宫上皮粒细胞分泌的，主要分布于蛋壳的栅栏层，并和其中的碳酸钙紧密结合。据此推测，OC-116 能影响蛋壳的钙化过程，但 *OC-116* 基因的表达具有时间特异性，只有在蛋壳矿化初始阶段才能检测到该蛋白质的存在。*OC-116* 基因存在单核苷酸多态性，多态性分析表明 *MEPE/OC116* 基因与壳厚、弹性模量和蛋形有关，哺乳动物 *MEPE* 同源基因参与骨和牙齿的矿化。由于成骨细胞数量和活性的增加，小鼠的 *MEPE* 基因失活会导致骨量和矿化的增加。OC-116/MEPE 在矿化中的作用由位于蛋白 C 端的 ASARM（富含酸性丝氨酸 - 天冬氨酸的 MEPE 相关基序）序列支持。当 ASARM 被磷酸化时，它通过与羟基磷灰石晶体结合来抑制矿化。该肽还参与调节磷血症。OC-116/MEPE 蛋白的多个序列比对表明，ASARM 肽在整个四足动物中高度保守。大量假定的磷酸化位点（在鸟类的同源基因中有 7 个）的存在表明，它在矿化中的作用在骨骼和蛋壳中也是保守的。OPN/SPP1 和 OC-116/MEPE 都属于小整合素结合配体 *N*- 连接糖蛋白家族，另外还有 3 个蛋白成员，整合素结合唾液蛋白（IBSP）、牙本质涎磷蛋白（DSPP）和牙本质基质蛋白 1（DMP1）。编码这几种蛋白质的编码基因通过四足动物聚集在一起，它们都在生物矿化中发挥作用；然而，它们似乎都不是碳酸钙（蛋壳）或磷酸钙矿化（骨骼、牙齿）所特有的。它们具有类似的分子特性，例如整合素结合和钙结合。

④ Ovocalyxin-32：Ovocalyxin-32（OCX-32）是一种影响蛋壳质量的抗菌蛋白，在子宫和输卵管峡部高度表达，定殖于外壳的栅栏层、晶体层和蛋壳表面胶护膜，由子宫或输卵管表面上皮细胞分泌。现已知其氨基酸全序列由 275 个氨基酸残基组成，分子质量约为 32ku。通过 Western 杂交技术发现，在蛋壳形成终止阶段能够探测到 OCX-32 在子宫液中高水平的表达，提示 OCX-32 可能在终止矿物沉积方面起到一定的作用。OCX-32 与众多蛋壳性状如蛋壳厚度、产蛋率、蛋壳质量和硬度有关。蛋白质组学分析显示，矿化初期子宫液中含有丰富的 OCX-32，在蛋壳栅栏区域相对富集。OCX-32 与哺乳动物羧肽酶抑制剂、乳胶蛋白和维甲酸受体反应因子 1（RARRES1）有 32% 的同源性。重组 OCX-32 可以抑制牛羧肽酶和枯草芽孢杆菌的生长，表明 OCX-32 在保护发育中的禽胚方面具有抗菌作用。鸡蛋壳角质层蛋白质组学发现 OCX-32 是这一非矿化区丰富的成分之一，可能在鸡蛋壳角质层的抗菌特性中发挥重要作用。OCX-32 编码基因 *RARRES1*（或称为 *OCX32*）的多态性与产蛋性状显著相关。*RARRES1/OCX32* 被鉴定为影响蛋壳质量（例如蛋重、鸡蛋尺寸和蛋

壳重）的候选基因，*RARRES1/OCX32* 的单核苷酸多态性与蛋壳质量相关。非同义 SNPs 的性状关联研究还显示 OCX-32 对白色蛋系的壳色有显著影响，对蛋白高度、早期蛋重、刺穿分数和蛋黄重有显著的品系特异性影响。此外，*RARRES1/OCX32* 基因的染色体位置从鱼类到哺乳动物都在一个同源基因位点上高度保守。因此，虽然 OCX-32 高度保守，但它似乎并不存在于所有的蛋壳蛋白质组中，也不是碳酸钙生物矿化生物所独有的。

⑤ Ovocalyxin-36：Ovocalyxin-36（OCX-36）主要位于靠近壳膜的蛋壳中，由 453 个氨基酸组成，分子质量为 36ku，其 cDNA 序列全长 1995bp。OCX-36 是一种属于杀菌 / 通透性增加（BPI）、脂多糖结合蛋白（LBP）以及腭、肺脏和鼻上皮克隆（PLUNC）蛋白家族的蛋白质，具有抗菌功能，可作为蛋壳的抗菌屏障来抵御外界病原微生物的侵害。其对金黄色葡萄球菌有抗菌活性，并能与大肠杆菌脂多糖（LPS）和金黄色磷脂酰胆酸（LTA）结合，表明 OCX-36 类似于 BPI/LBP/PLUNC 家族的其他同源成员，参与先天性免疫反应。

目前仅在输卵管的峡部和子宫部发现了 OCX-36，而且只能在蛋壳矿化初始阶段检测到 OCX-36 的存在，在其他组织中尚未发现此种蛋白质。卵子进入子宫后，OCX-36 的表达受到增量调控，在蛋壳钙化过程中起着正调节的作用。因此，OCX-36 可作为调控蛋壳矿化的候选蛋白质。

3. 调控蛋壳矿化的营养途径

参与蛋壳矿化的钙离子有 60%~70% 直接来自饲料，因此，日粮钙水平直接影响蛋壳的矿化过程。传统上，提高蛋壳品质主要从此角度入手，如通过调整日粮内钙水平、钙源、钙磷比例、植酸酶等，促进钙离子在家禽体内的吸收转运。另有一部分研究从碳酸钙沉积角度入手，旨在提高输卵管子宫部钙离子和碳酸氢根离子浓度，如通过适当补充饮水中的电解质，提高 CA 活性，促进钙离子和碳酸氢根离子的摄取。蛋鸡日粮中添加维生素 D 和 $1,25\text{-}(OH)_2\text{-}D$ 可改善蛋壳质量，已得到广泛认可。维生素 D 及其代谢活性产物 $1,25\text{-}(OH)_2\text{-}D$，参与肠道 Ca、P 的吸收，成骨和破骨等重要代谢，促进钙离子在子宫内的吸收转运，提高 $1,25\text{-}(OH)_2\text{-}D$，依赖性 CaBP 活性，促进蛋壳钙化。微量元素对蛋壳品质影响的研究同样较多，锰、锌等作为 CA 的重要组成部分，对提供蛋壳腺内碳酸氢根离子具有重要作用。由此可见，从蛋壳形成过程中钙离子吸收和碳酸钙沉积入手，营养调控蛋壳质量已取得较大进展。但多数研究仅从生理代谢角度探讨钙离子转运吸收机制，提高相关蛋白质（如 CaBP、CA）活性，增加蛋壳矿化，而综合考虑基质蛋白的研究较少。因此，营养供给充足、饲养环境适宜条件下，仍有部分蛋壳出现软壳或破壳现象。随着对蛋壳矿化过程研究的深入，人们逐渐认识到蛋壳由碳酸钙晶体和基质蛋白质互相作用而成，调控蛋壳钙和基质蛋白质沉积量才是改善蛋壳质量的关键。

目前，关于基质蛋白质的研究，主要集中在蛋白质结构、蛋壳腺内定位及功能方面，而将其运用到营养应用上的调控研究较少。进一步研究基质蛋白质与蛋壳矿化过程中有机大分子和无机物间的相互作用，筛选蛋壳形成过程中最具敏感效用的基质蛋白质，并与前期研究结合应用于传统营养，对蛋壳质量的改善有很大意义。

二、蛋清稀化的分子营养调控

蛋清是一种具有高黏度的异质胶体物质，包裹在蛋黄外，起到维持蛋的形状、保护蛋黄免受病原体入侵的作用。蛋清品质是衡量禽蛋新鲜度的重要指标，其黏稠性通常用蛋白高度和哈氏单位表示，二者的值越高表示蛋白黏稠度越好，蛋清品质越好。在生产和储藏过程中蛋清会失去黏滞性，形成一层很薄的液体，又称蛋清稀化，导致蛋清品质下降。在集约化养殖中，油脂饲粮蛋白质原料缺乏情况下和产蛋后期，蛋清品质下降尤为严重。如何改善蛋清品质，是禽蛋产业面临的重要问题。

1. 蛋清蛋白质的组成与功能特性

蛋清蛋白包括两种生理成分，浓蛋白和稀蛋白，自内而外依次可分为内浓蛋白层、内稀蛋白层、外浓蛋白层和外稀蛋白层，由输卵管膨大部黏膜上皮细胞内质网合成与分泌。利用蛋白质组学的研究方法，已从蛋清蛋白中鉴定发现200多种蛋白质，包括卵白蛋白、卵转铁蛋白、卵类黏蛋白、溶菌酶、卵黏蛋白等高丰度蛋白质，约占蛋清蛋白的86%，此外还包括抗生物素蛋白、半胱氨酸蛋白酶抑制剂、卵黄蛋白、卵糖蛋白和卵抑制剂等微量蛋白质。其中，蛋清中高丰度蛋白质已经可从鸡蛋清中分离，且具有抗氧化、螯合金属、抑菌、抗病毒和抗肿瘤等生物学功能。

（1）卵白蛋白　卵白蛋白，又称卵清蛋白，由输卵管膨大部上皮细胞合成与分泌，为禽蛋主要蛋白质组分，占54%以上。卵白蛋白基因位于鸡2号染色体上，由一对共显性等位基因 *Or* 控制，全长46kb，包括7个内含子，每天分泌合成多达2g的蛋白质。卵白蛋白基因具有基因多态性特征，可分为AA、BB和AB三个基因亚型。研究发现，卵白蛋白AA基因型对哈氏单位和蛋白高度有正选择作用，为调控蛋请品质性状的优势基因型。在卵白蛋白基因结构中含有一系列重要的转录调控元件，主要包括需要由雌激素和皮质酮诱导激活的固醇依赖调控元件，位于固醇依赖调控元件下游、抑制基因表达的反式调控元件，以及位于卵白蛋白基因上游、启动转录因子的结合位点。雌激素、孕酮、糖皮质激素及任意两种激素相互作用均可通过调控卵白蛋白基因转录促进卵白蛋白的表达。

（2）卵转铁蛋白　卵转铁蛋白属于转铁蛋白家族，结构与哺乳动物的转铁蛋白类似，又被称为伴清蛋白，约占蛋清蛋白含量的13%。卵转铁蛋白是一个单链糖蛋白，含有686个氨基酸，分子质量为78~80ku。卵转铁蛋白基因全长10.567kb，包含17个外显子，TATA盒位于–31~–25位点处，多腺苷酸化信号位于10549~10555位点处。卵转铁蛋白具有较强的抗菌、抗病毒、抗氧化等生物活性，可防止蛋中微生物的生长，为蛋黄提供生物抗菌屏障。

（3）卵类黏蛋白　卵类黏蛋白是禽蛋蛋白质中存在的一种单亚基糖蛋白，糖基占

20%~25%，包含 186 个氨基酸，分子质量为 28ku，N 端为丙氨酸残基，C 端为苯丙氨酸残基。该蛋白质包含 3 个相对独立的结构域，每个结构域内由 3 个域内二硫键连接，结构域间无二硫键。卵类黏蛋白热稳定性高，水溶性好，抗胰蛋白酶活性稳定，耐受有机溶剂的沉淀或变性作用。卵类黏蛋白基因全长 5.6kb，包含 7 个内含子，其 mRNA 含有 821 个核苷酸，TATATAT 核苷酸序列位于 mRNA 起始位点前，TTGT 核苷酸序列位于 3′ 端。卵类黏蛋白是蛋过敏反应中致敏性最强的蛋白质，能够通过肠黏膜上皮细胞与 T 细胞发生作用，激发 B 细胞分泌 IgE，引起由 IgE 介导的速发型变态反应。

（4）溶菌酶　溶菌酶又称胞壁质酶，是一种能水解细菌黏多糖的碱性酶。蛋清溶菌酶由 129 个氨基酸组成，分子内含有 4 个交联二硫键，其分子质量约为 14.3ku，能分解溶壁微球菌、巨大芽孢杆菌等许多革兰阳性菌。蛋清溶菌酶基因全长 22kb，包含 3 个内含子。溶菌酶具有抗菌、抗病毒的作用，保护蛋黄免受病原菌侵蚀，同时作为机体非特异性免疫因子之一，参与多种免疫应答，增加机体免疫力。此外，溶菌酶作为一种防腐剂被广泛应用于各种乳制品、肉制品、发酵食品及饮料中。浓厚蛋白溶菌酶含量丰富，但随存放时间延长、外界气温影响，会逐渐变少并失去活性。然而，溶菌酶也被认为是鸡蛋过敏的主要过敏原之一。对鸡蛋蛋清中溶菌酶进行了分离纯化，结果显示，鸡蛋溶菌酶对枯草芽孢杆菌及其细胞壁有很强的抑制和降解作用。

（5）卵黏蛋白　卵黏蛋白为一种高度聚合的线性分子，具有亚基结构，其含量约占禽蛋蛋白质的 3.5%。该蛋白质分子的亚基结构分别包括低糖（11%~15%）的 α- 亚基和高糖（50%~60%）的 β- 亚基，两种亚基的糖基部分均包含多种糖类，如葡萄糖、甘露糖、半乳糖、果糖等，其成分组成相似。卵黏蛋白基因位于鸡 5 号染色体上。由两个基因进行转录翻译合成黏蛋白类的糖蛋白。此外，卵黏蛋白会对蛋清品质产生影响，具体表现为它是维持蛋清凝胶性和浓蛋白高度的关键。

2. 蛋清稀化的分子调控机制

新产蛋和储存壳蛋均会出现蛋清稀化现象，目前虽然很多学者致力于探究蛋清稀化。但具体调控机制尚不清楚。关于蛋清稀化的调控机制主要有以下几个论点。

（1）卵黏蛋白 β- 亚基的降解　卵黏蛋白对蛋清凝胶性起关键作用，而卵黏蛋白 β- 亚基中的 *O*- 型糖苷碳水化合物对于卵黏蛋白的凝胶性能具有重要作用。在蛋清浓蛋白稀化过程中，*O*- 型糖苷碳水化合物逐渐从卵黏蛋白的丝氨酸和苏氨酸残基中释放出来，可能影响卵黏蛋白的构象，导致其 β- 亚基降解，进而破坏卵黏蛋白的凝胶结构。研究证实，浓蛋白稀化过程中，β- 卵黏蛋白逐渐溶解，而 α- 卵黏蛋白保持不变，致使蛋清蛋白中 β- 卵黏蛋白含量降低。

（2）卵黏蛋白与溶菌酶之间的相互作用　卵黏蛋白通常与溶菌酶以络合物的形式存在于蛋清中，它们共同参与维持浓蛋白的凝胶性。与 α- 卵黏蛋白相比，β- 卵黏蛋白与溶菌酶的相互作用更强，这主要是由于 β- 卵黏蛋白末端唾液酸残基的负电荷和溶菌酶赖氨酸

ε–氨基的正电荷之间的静电作用。当pH为7.0时，卵黏蛋白与溶菌酶之间的相互作用最大。有学者认为，鸡蛋储存过程中蛋清pH逐渐升高，降低了这种相互作用，进而破坏了凝胶结构，导致浓蛋白液化。然而，有学者运用沉降平衡试验研究了降解卵黏蛋白及天然卵黏蛋白与溶菌酶之间相互作用的不同，发现pH改变并未引起卵黏蛋白与溶蓝醇之间的相互作用。之后的大量研究则表明，蛋白质之间的相互作用，特别是卵黏蛋白和溶菌酶之间的相互作用，对浓蛋白凝胶状结构的维护和蛋清的稀化具有重要作用。

（3）*S*–卵白蛋白　有学者认为蛋清稀化不完全因卵黏蛋白的降解。研究揭示了卵白蛋白中巯基参与蛋清变薄作用的可能性。卵白蛋白经过加热或存储会形成一个更稳定的蛋白质（*S*–卵白蛋白）。经过20d的存储。*S*–卵白蛋白的丰度变化呈现上升趋势，且与哈氏单位负相关。所以卵白蛋白转化成*S*–卵白蛋白也可能是蛋清稀化的部分原因。

3. 调控蛋清稀化的营养途径

（1）饲粮粗蛋白质　蛋白质成分的改变是对由营养成分变化导致的蛋鸡体内某些蛋白质合成机制改变的应答。因此，目前通过营养调控蛋清品质的研究主要集中在饲粮粗蛋白质水平或来源对蛋清品质的影响，但研究结果并不一致。在相同氨基酸回肠标准消化率模式下，当饲粮粗蛋白质水平降低时，蛋清蛋白的浓蛋白高度显著降低。在总含硫氨基酸和赖氨酸比例恒定的情况下，饲粮粗蛋白质水平降低1.5%，不影响鸡蛋浓蛋白高度；而当饲粮氨基酸摄入量增加时，蛋清蛋白中蛋白质含量和哈氏单位有所提高。不同饲粮蛋白质原料可能通过其氨基酸模式、抗营养因子等影响蛋鸡体内的蛋白质合成代谢，进而影响蛋清品质。玉米－豆粕组和玉米－双低菜籽粕组的鸡蛋蛋白高度和哈氏单位无显著性差异。相反，研究发现，脱酚棉籽可通过降低蛋鸡血浆孕酮水平抑制输卵管分泌蛋清蛋白。蛋白质组学分析显示，脱酚棉籽组蛋鸡蛋清中相对含量降低的15种蛋白质包括卵白蛋白、卵转铁蛋白、卵黏蛋白、溶菌酶蛋白等。但对于不同饲粮蛋白质来源在调节卵黏蛋白等蛋清蛋白合成中的细胞生物学机制，尚需进一步研究。

（2）抗氧化剂　家禽在集约化养殖过程中，经较长产蛋高峰期，进入产蛋后期的家禽机体可能会出现活性氧过度产生、抗氧化系统功能减弱等问题，导致自由基过剩、DNA和蛋白质损伤，使体内的蛋白质合成和转运能力降低，在鲜蛋蛋清品质上表现为蛋白高度、哈氏单位、浓蛋白比例下降。许多研究证实，饲粮中添加抗氧化剂，可通过提高抗氧化能力改善鸡蛋蛋白质高度和哈氏单位等蛋清品质。研究发现，茶多酚可以通过介导金属结合蛋白质、细胞增殖、免疫功能相关蛋白质表达和p53信号通路调控蛋鸡输卵管膨大部细胞凋零和自噬，缓解氧化应激，最终改善蛋清品质。也有学者认为，茶多酚改善蛋清品质的机制可能是多酚可以与蛋白质、多糖等形成复合物，提高β–卵黏蛋白含量和蛋清凝胶强度，但尚无研究证实这一点。近年来，一些新的抗氧化剂，如低聚麦芽糖、L–肉碱、吡咯喹啉醌、锌、葡萄原花青素等，被证实可通过提高机体抗氧化能力改善蛋清品质。虽然以上研究对蛋清品质的改善取得了一定进展，研究仅局限在蛋白高度和哈氏单位等表观指标上，而针对蛋清稀化的营养调控机制尚不明确。

本章小结

1. mRNA 是蛋白质合成的模板，tRNA 转运活化的氨基酸到 mRNA 模板上，核糖体是蛋白质合成的工厂。

2. 肉产品的品质主要与营养物质代谢、肠道结构和微生物菌群、对环境应激响应等密切相关，目前常利用营养基因组学、代谢组学及生理学等理论和技术手段，深入揭示肉品质形成的分子基础和代谢调控网络，从而与营养调控技术相结合，达到提高肉产品品质的目的。

3. 近年来，我国乳业实现了高速增长，但是基础依然比较薄弱，90% 以上的乳蛋白来自血液中游离氨基酸的从头合成，也包括少量的小肽。因此，通过雷帕霉素靶点（mTOR）和整合应激反应（ISR）进行网络调控，信号转导与转录激活因子（STAT5）等信号通路调节蛋白质合成，这个过程受到摄入的营养物质种类的调控。

4. 调控蛋品质的近年来家禽营养研究的热点之一，可以从营养调控（蛋白质来源、维生素、微量元素、矿物质元素和添加剂等）的角度精准调控蛋壳的矿化和蛋清稀化情况。

思考题

1. 试述食品蛋白质的合成与转运过程。

2. 请从分子营养学角度分析肉制品中肌纤维的转化与分子调控机制。

3. 请分析屠宰后肉品质变化与控制。

4. 蛋壳矿化与哪些因素有关？如何进行调控？

第三章
碳水化合物的合成转化调控与食品品质

学习目标

1. 掌握碳水化合物的合成机制。
2. 了解碳水化合物与食品品质之间的关系。
3. 了解膳食纤维调节肠道菌群的作用机制。

碳水化合物是生命活动所需要能量的主要来源，也是食品的重要组成成分，对食品营养、感官品质、安全性具有重要的影响。碳水化合物根据其能否水解和水解后的生成物可分为下述三类。

3–1　思维导图

第一类单糖，是糖的基本单位，不能再行水解。自然界中的单糖以四个、五个或六个碳原子最为常见，食品中以戊糖和己糖较多，尤其以己糖分布最广。己糖中最重要的有三种，葡萄糖、果糖、半乳糖。葡萄糖除了构成食品中甜味的成分，还以结合态构成各种多糖及低聚糖。果糖是葡萄糖的异构糖，因主要存在于水果中而得名，是甜度最高的糖，约为蔗糖的 1.5 倍。果糖吸湿性强。果糖与葡萄糖结合生成蔗糖，多数果糖结合成为多糖类的菊糖。果糖也是蜂蜜的糖分组成之一。半乳糖为无游离状态存在，与葡萄糖结合构成乳糖，存在于动物乳汁中。

第二类是低聚糖，在低聚糖中以两分子单糖所结合而成的双糖为最重要，包括麦芽糖、蔗糖和乳糖。麦芽糖由两分子葡萄糖结合而成，可由淀粉水解得到，是饴糖的主要成分，甜度比蔗糖低，有还原性。蔗糖是食品中最重要的甜味料，由一个葡萄糖分子和一个果糖分子构成，无还原性，甘蔗和甜菜中含量最高。乳糖由半乳糖和葡萄糖构成，甜度约为蔗糖的 0.7 倍。乳糖是双糖中溶解度最小而又没有吸湿性的一种，在食品和医药工业中可作特殊用途。乳糖也具有还原性。

第三类是多糖，多糖是一类高分子化合物，由许多单糖分子组合而成，种类很多，如淀粉糖原、纤维素、半纤维素和果胶等。

本章内容主要阐述主要碳水化合物的生物合成转化调控机制、碳水化合物对食品品质的影响及微生物与碳水化合物。

第一节 碳水化合物的生物合成转化调控机制

本节主要介绍两种重要的碳水化合物——淀粉与蔗糖的合成转化调控机制。

一、淀粉合成与转化调控机制

绿色植物通过光合作用固定二氧化碳，生成碳水化合物，并以淀粉的形式储存下来。淀粉是人类和其他动物主要的食物来源，主要分为两类，储藏淀粉和瞬时淀粉。储藏淀粉指的是合成和降解均发生在储藏器官的淀粉存在形式；瞬时淀粉又称叶片淀粉，指存在于植物叶片当中，白天在叶肉细胞中合成、夜晚被降解的淀粉存在形式。在现代农业生产中，利用较多的是储藏淀粉，而瞬时淀粉的利用极不充分。在收获根果等储藏器官后，作物的茎叶等部分通常会被用于牲畜饲料或焚烧丢弃。

1. 淀粉的合成途径

储藏淀粉和瞬时淀粉主要是根据合成途径与合成场所来分类的，在光合组织叶绿体中进行瞬时淀粉的合成，在非光合组织造粉体中完成储藏淀粉的合成。

植物中淀粉的合成主要经过两条途径，AGPase 途径和 SSs 途径。AGPase 途径分为 ADP- 葡萄糖焦磷酸化酶（AGPase）和 ADP 葡糖焦磷酸化酶（ADPGPPase）两个酶催化的反应。SSs 途径则由多个不同的 SSs 酶催化，最后合成的淀粉形态不同。AGPase 途径是淀粉合成的主要途径，在夜间高速合成淀粉。

瞬时淀粉合成是利用卡尔文循环固定 CO_2 后形成的 3- 磷酸甘油酸（3-PGA），转化为磷酸丙糖（TP），通过丙糖 - 磷酸易位体，转运至胞液中，或在叶绿体中转变成 6- 磷酸果糖（F6P），再先后转变成 6- 磷酸葡萄糖（G6P）和 1- 磷酸葡萄糖（G1P）。G1P 在 ADP- 葡萄糖焦磷酸化酶（AGPase）作用下形成腺苷二磷酸葡萄糖（ADPG）之后，在淀粉合成酶（SS）、淀粉分支酶（SBE）和淀粉脱分支酶（DBE）的作用下合成直链淀粉和支链淀粉。在大多数植物组织中，AGPase 专一性地定位于质体，而在禾谷类胚乳组织，AGPase

主要定位于细胞质，占 AGPase 酶总活力的 85%~95%。

储藏淀粉的合成是将叶片光合作用固定的有机物以蔗糖的形式运输到淀粉合成器官，转化为 G1P 后进入造粉体内，同样先后经过 AGPase、SS、SBE 和 DBE 酶的作用形成直链淀粉和支链淀粉。

2. 淀粉合成途径的调控机制

淀粉合成的调控机制非常复杂，涉及多个环节和因素，主要受淀粉合成途径关键酶的基因转录水平、翻译水平、酶的结构变化、环境条件和体内代谢物水平等的调控。

（1）动态平衡控制理论　动态平衡控制理论是指淀粉合成的速率受到三个因素的控制，首先是合成淀粉的速率，其次是储存淀粉的速率，最后是消耗淀粉的速率。这三个因素需要保持动态平衡，才能维持合理的淀粉含量。

（2）水平调控　水平调控是指通过改变淀粉合成途径中酶的活性、转录水平和翻译后修饰等因素，从而影响淀粉的合成和积累。

①转录水平调控：淀粉合成相关酶类在不同组织中都受转录水平调控。其中，研究最多的是 AGPase 蛋白，编码该蛋白质大亚基的基因不仅受转录水平的调节，而且受内源碳和环境营养状态等变化的影响，糖能促进其基因的表达，而磷和硝酸盐会降低基因的表达。另外，淀粉合成途径的关键酶 AGPase、SS、SBE 和 DBE 的基因表达都有不同组织和发育阶段的特异性。小麦中，*SSSI* 基因只在发育的早中期胚乳中特异性表达，*SSSII* 基因在小麦的叶片、小花 、胚乳中均能表达，其中在叶片和中后期的胚乳中表达最多，而 *SSSIII* 基因在小麦的叶片、小花、发育早中期的胚乳中均能表达，后期其表达量显著降低。*GBSSII* 基因主要在叶片中表达，在瞬时淀粉的积累过程中起作用。

目前已发现一些调控淀粉合成的转录因子，如具有亮氨酸拉链结构的转录因子 OsbZIP58，对水稻胚乳淀粉合成过程中多种酶基因的表达都具有调节作用，是水稻胚乳淀粉合成途径的关键调节因子。另外，对拟南芥、马铃薯、大麦较全面的表达谱分析表明，参与淀粉和蔗糖之间互相转变的许多基因的表达都受多条途径调控。而且源和库组织中基因表达的协同调节在很大程度上受糖状态的协调。此外，乙烯信号途径也可能参与了淀粉合成的转录调控，包括乙烯受体 ETRC 和 AP2 / EREBP 家族的转录因子，而且在发育的马铃薯块茎中，应答组织缺氧的 AP2 / EREBP 家族转录因子参与了蔗糖和淀粉之间转变的调节，暗示淀粉合成的转录调节和生长相关的组织缺氧有关。

②翻译水平调控：淀粉合成过程中关键酶的活性与蛋白质的翻译后修饰关系密切，主要包括翻译后的氧化还原和可逆磷酸化修饰。如 AGPase，翻译后可被硫氧还蛋白（Trx）的 f 和 m 异构体还原为有活性的 AGPB 单体，还原型的 AGPase 增加了对底物的亲和力和对激活剂 3-PGA 的敏感性。并且研究表明 AGPase 的翻译后氧化还原修饰与 NADP 依赖的硫氧还蛋白还原酶（NTRC）有关。除此以外，大麦胚乳中参与淀粉合成的 ADP-Glc 传递体和 SBEⅡa 也可能受 Trx 的调控。另外，有研究发现，参与淀粉降解过程的多种酶也受氧化

还原调节，暗示淀粉的合成和降解之间的协调受氧化还氧信号的调控。

蛋白质的可逆磷酸化修饰是淀粉合成的另一种翻译后调控方式。在从大麦中分离的淀粉体中发现，参与淀粉合成的几种酶如SS和SBE的异构体均受磷酸化调节。在拟南芥叶片中，磷酸葡萄糖异构酶、磷酸葡萄糖变位酶（PGM）、AGPase的大亚基和小亚基以及SSⅢ可能也受可逆磷酸化修饰。而且几种定位于质体中的激酶和磷酸酶可能作用于蛋白的可逆磷酸化修饰。

③糖信号调控：昼夜循环的变化引起植物碳平衡的急剧改变。当白天糖水平增加时，糖能激活AGPase，进而促进淀粉的合成。不仅AGPase的活化依赖蔗糖调节，而且淀粉合成途径的其他酶和转运蛋白在源和库组织中的表达也受糖水平状态的协调。并且这种依赖糖调节的淀粉合成，也是与光合能力以及碳水化合物向生长组织的运输速率相联系的。在非光合组织中，由于光暗交替、库和源的改变或发育的变化，淀粉的合成也是受叶片提供的蔗糖所调节。如果有更多可以利用的碳，淀粉的合成被特别地激活，会使得更多的蔗糖变为淀粉。

（3）时空调控　时空调控是指淀粉合成的速率和分布在时间和空间上的变化。例如，植物启动期和夜间可以合成大量的淀粉，而在白天和傍晚则会消耗大量的淀粉；另外，淀粉在不同组织和器官之间的分布也非常不均匀，例如，植物的种子中可以积累大量的淀粉，而根部和叶片则含量较低。时空调控中最重要的是光信号调控。

①光信号调控：叶片在白天合成淀粉，晚间将其降解。淀粉的合成和降解是对光信号的应答反应，主要是通过对AGPase的结构调节和氧化还原调节的密切相互作用共同调控AGPase的活性。一方面，AGPase的结构调节作用与质体中3-PGA和Pi的浓度密切相关，而3-PGA作为光合作用卡尔文循环的首个固定物，在叶绿体基质中浓度的增加和降低是随着光照启动的碳固定循环而增加，随着黑暗关闭碳固定循环而降低；另一方面，叶片中AGPase的翻译后氧化还原修饰依赖光的信号，光照使得AGPase很快成为有活性的还原型，而黑暗条件使得AGPase完全失活。

另外，AGPase依赖光的还原激活机制与卡尔文循环以及与光合作用有关酶的光活化机制很相似，都是依赖光合作用的电子传递引起铁氧还蛋白（Fdx）的还原，产生还原当量，并通过铁氧还蛋白/硫氧还蛋白还原酶（FTR）将还原力传递给Trx的f和m，接着再由他们通过调节二硫键的形成来激活目标酶。

②其他环境因子的调控：环境变化除光照、昼夜变化等影响淀粉的合成外，温度和生长环境中营养物质的变化也是影响淀粉合成的重要因素。降低温度，尤其是夜间温度有利于淀粉的积累。在夜间5℃的低温结合N、P、K的饥饿条件下，紫萍中淀粉含量比25℃环境下生长的增加114%。

二、蔗糖的合成转化调控机制

蔗糖是植物体内主要的可溶性糖分之一，也是人们日常生活中普遍的糖分之一。蔗糖不仅是人们日常饮食的重要组成部分，还是植物体内的信号分子。随着人们对蔗糖生物合成机制和调控的分子基础研究的深入，对于提高蔗糖生产效率、改善作物品质以及理解植物生长调控机制等方面都有重要意义。

蔗糖的生物合成过程主要包括：底物的合成→底物的转运→底物的多聚→底物的调节和运输。而这个合成过程，受到多个环节、多个因素的调控。

植物在进行光合作用时，在叶绿体内形成磷酸丙糖，磷酸丙糖一部分从叶绿体通过专一载体磷酸丙糖 /Pi 转运器与 Pi 对等交换而转移到细胞质，在细胞质中经过一系列的酶促反应合成蔗糖。

1. 底物在叶绿体中的合成

底物的合成是蔗糖合成的第一步。葡萄糖和果糖提供了合成蔗糖的底物，而这两种单糖的合成通常由光合作用和糖原水解两个途径所进行。此外，还有许多生物活性物质，如乙烯、脱落酸、脯氨酸等，也可以直接促进蔗糖的合成，从而提高蔗糖的含量。

2. 同化产物输出叶绿体

底物的转运是蔗糖生物合成的第二步。在植物体内，蔗糖的合成不仅受到底物的合成速率的影响，还受到底物的运输速率的制约。近年来的研究表明，在蔗糖的合成过程中，转运蛋白在底物的转运过程中发挥着重要的作用，而该过程的调控也影响着底物的转运速率。

在光合反应中，磷酸丙糖代表卡尔文循环的净光合产物，仅 1/6 的磷酸丙糖可以从循环中出来或者参与叶绿体其他的反应，例如淀粉形成、脂肪合成等，或者被输送到细胞质中用于蔗糖、氨基酸等的合成。叶绿体与细胞质的物质交流对于调节光合速率以满足植物组织对光合产物的需求起重要作用，这一过程是通过叶绿体的质膜系统来完成的。

在叶绿体的内膜上，有一特异的磷酸丙糖转运载体（TPT）来负责磷酸丙糖的运输。菠菜中，29ku 的 TPT 占整个叶绿体内膜蛋白的 15%。磷酸丙糖从叶绿体的输出伴随无机磷酸（Pi）的交换，即无机磷酸从细胞质进入叶绿体。当无机磷缺乏时，就会抑制磷酸丙糖的输出，从而使磷酸丙糖转化为淀粉储存在叶绿体中。磷酸丙糖转运载体蛋白是由核基因编码的，其 cDNA 序列已从几种植物中分离出来，序列比较证明在马铃薯、花生和菠菜中具有很高的同源性。TPT 主要在绿色组织中表达并且其表达受光影响。

3. 蔗糖在细胞质中的合成

磷酸丙糖从叶绿体中运出之后，在细胞质中参与氨基酸、脂肪酸和蔗糖的合成反应。在多数植物中蔗糖是碳水同化产物运输的主要形式。蔗糖在细胞质中合成的主要限速酶是细胞质中 l,6– 二磷酸果糖酶和磷酸蔗糖合成酶，前者与 6– 磷酸果糖激酶和焦磷酸：1,6–二磷酸果糖转移酶共同调控 1,6– 二磷酸果糖向 6– 磷酸果糖的转化，后者催化蔗糖合成的最后一步。因此在细胞质中增加蔗糖合成的途径之一就是通过打破这些反应的平衡，使反应向增加蔗糖合成的方向移动来实现。

4. 蔗糖在细胞质合成途径中的关键酶

（1）焦磷酸：1,6– 二磷酸果糖转移酶（PFP） 细胞质中蔗糖合成的主要限速步骤之一是果糖 1,6– 二磷酸（FBP）向果糖 6– 磷酸（F6P）之间的转化反应。这个反应可被三个酶调控，分别是控制顺向反应的果糖 1,6– 二磷酸酶（FBPase），控制逆向反应的 6– 磷酸果糖激酶（PFK），以及既可催化顺向反应也可催化逆向反应的焦磷酸：1,6– 二磷酸果糖转移酶（PFP）。

1990 年，Carlisle 等从马铃薯中克隆出编码焦磷酸：1,6– 二磷酸果糖转移酶 α、β 亚基的 cDNA 序列。通过在马铃薯中表达 α、β 亚基的反义序列，可使 PFP 的活性在块茎中降低 70%~90%；尽管转基因植物的表现型、生长速率和块茎产量都没有改变，但是在块茎中淀粉的含量比野生型降低 20%~40%。由于 PFP 蛋白含量的降低，导致 PFP 的激活剂 2,6– 二磷酸果糖的含量提高了 2~5 倍；焦磷酸的含量没有显著变化，表明 PFP 在调节细胞质中焦磷酸库（pyrophosphate pool）的代谢中不起关键作用。

（2）细胞质型 1,6– 二磷酸果糖酶（cyFBPase） 细胞质型 1,6– 二磷酸果糖酶催化 1,6– 二磷酸果糖分解为 6– 磷酸葡萄糖和无机磷酸，与磷酸果糖激酶及焦磷酸：1,6– 二磷酸转移酶共同作用，调控蔗糖合成途径中的一个必需单糖的生成。在甜菜叶片中，1,6– 二磷酸果糖酶在昼夜循环过程中蛋白质含量变化不大，但酶活性和转录速率在日照即将结束时最高，黎明前夕最低。在发黄的叶片中酶活性、蛋白质及转录产物都没有检测到。此酶在转录水平和翻译水平上都受光的调控，1,6– 二磷酸果糖酶在菠菜中的表达和酶活性对光的反应不敏感，无论在光下，还是在暗中，其转录和酶活性都很稳定，且不受光诱导。在菠菜中，此基因既有转录水平的调控，又有翻译水平的调控。

（3）磷酸蔗糖合成酶（SPS） 磷酸蔗糖合成酶（SPS）是植物中调控蔗糖合成的关键酶之一，SPS 催化尿苷二磷酸葡萄糖和 6– 磷酸果糖生成磷酸蔗糖，这步反应是不可逆的。为了研究 SPS 过量表达和反义表达对植物的影响，把来自菠菜的两个 cDNA 序列分别反向克隆到 35S 启动子下，转入马铃薯。在转基因植株中，SPS 的 mRNA、蛋白量、酶活性都有下降。在源叶片中，SPS 的活性降低了 60%~70%，导致蔗糖合成降低 40%~50%，淀粉合成提高 34%~43%，氨基酸的合成也有增加。在转基因植物的所有叶片中，SPS 含量的降低导致可溶性糖含量的降低。

第二节 碳水化合物对食品品质的影响

碳水化合物具有一级结构和高级结构，相关信息主要包括分子质量、单糖组成、糖苷键、非糖成分组成及连接方式、空间构象等。由于碳水化合物较核酸、蛋白质等大分子的结构更加复杂，因而结构研究一直是困扰碳水化合物研究的难点问题。近年来，新技术新方法逐渐被引入到碳水化合物的结构研究中来，对碳水化合物的结构研究起到了巨大的推动作用。

碳水化合物的分子结构是其生物活性、理化特性和加工适应性的化学基础。例如，碳水化合物的分子质量与其黏度有密切关系；糖苷键类型对其营养功能、溶解性和胶体构架具有决定作用；而溶解性对碳水化合物的其他理化特性以及生物学特性又都有重要影响。可以通过分子修饰的方法，如硫酸酯化、乙酰化、烷基化、磷酸酯化等来改变碳水化合物取代基的种类、数目和位置，从而改变其化学结构，以达到改变其理化特性和提高其生物活性的目的。结果显示碳水化合物的生物活性和加工特性与其组成、糖苷键类型、分子质量、取代基团、空间结构等有密切的关系，因此，碳水化合物的结构－效应关系研究是解释其生物活性和加工特性的重要途径。

一、碳水化合物与食品风味

碳水化合物除具有营养特性外，还可作为甜味剂、凝胶剂、增稠剂、稳定剂等应用于食品工业中，它的聚合度、溶解性、黏度、成膜性和凝胶作用等理化性质极大地影响着风味物质的保留和释放。碳水化合物与风味物质的相互作用因其种类不同而作用机制不同。水溶液中单糖和双糖与水分子相互作用，从而影响一些风味物质的分散行为。多糖因其能改变食品的质构对风味物质的影响具有多样性，多糖也能与小分子的风味物质形成包合物，在低水分含量时，一些多糖能形成玻璃态，从而保留风味物质。碳水化合物与风味物质的相互作用，影响风味物质的保留和扩散。

碳水化合物各种变化过程均会影响食品的风味品质，如非酶褐变反应。在这些变化过程中除了产生深颜色类黑精色素外，还产成了多种挥发性物质，使加工食品产生特殊的风味，例如花生、咖啡豆在焙烤过程中产生的褐变风味。褐变产物除了能使食品产生风味外，它本身可能具有特殊的风味或者能增强其他的风味，具有这种双重作用的焦糖化产物是麦芽酚和乙基麦芽酚。糖的热分解产物有吡喃酮、呋喃、呋喃酮、内酯、羰基化合物、酸和酯类等。这些化合物总的风味和香味特征使某些食品产生特有的香味。

1. 美拉德反应

美拉德反应又称为“非酶褐变反应”，主要是指还原糖与氨基酸、蛋白质之间的复杂反应，产生多种有色成分和风味成分等。美拉德反应不仅与传统食品的生产有关，也与现代食品的工业化生产有关，如焙烤食品、咖啡等。

在美拉德反应过程中有氨基存在时，反应的中间产物都能与氨基发生缩合、脱氢、重排、异构化等一系列反应，最终形成含氮的棕色聚合物或共聚物，统称为类黑素。

在单糖中五碳糖（如核糖）比六碳糖（如葡萄糖）更容易发生美拉德反应，单糖比双糖（如乳糖）较容易反应；在所有的氨基酸中，赖氨酸参与美拉德反应可以获得更深的色泽，而半胱氨酸反应获得最浅的色泽。总之，富含赖氨酸蛋白质的食品如乳蛋白，易于产生褐变反应。糖类对氨基酸化合物的比例变化也会影响色素的发生量。例如葡萄糖和甘氨酸体系，含水 65%，于 65℃储存时，当葡萄糖对甘氨酸比从 10∶1 或 2∶1 减至 1∶1 或 1∶5 时，即甘氨酸比例大幅增加时，则色素形成迅速增加。如需防止食品中美拉德反应的生成，那么必须除去其中之一，即除去高碳水化合物食物中的氨基酸化合物，或者高蛋白质食品中的还原糖。

2. 焦糖化反应

糖类在没有含氨基化合物存在时，加热到熔点以上也会变为黑褐色的物质，这种作用称为焦糖化作用。焦糖化反应的温度是影响反应速率和产物品质的关键因素。一般而言，焦糖化反应温度越高，反应速率越快。反应温度太高也会导致产物中出现过多的不良化合物，从而影响品质。经过实验研究，发现焦糖化的最佳温度范围为 150~180℃。在这个温度范围内，焦糖化反应可以得到较好的产物品质，不良化合物的生成量也比较少。

糖类的结构不同，焦糖化反应的特征也会有所不同。一般来说，闭环糖分子比链状糖分子更容易参与焦糖化反应。而对于具有各种不同官能团的化合物，例如羟基、酮基等，其在焦糖化反应中所起到的作用也不尽相同。在生产过程中，通过调节糖类的类型和浓度，可以控制焦糖化反应的程度和产物品质。

在焦糖化反应中，还会形成多种化合物，包括羟甲基糖基丙氨酸、糖基酮，以及具有较高分子质量的多糖类化合物等。这些化合物能够对食品的口感和营养产生重要影响。焦糖化反应还可能导致不利的化学反应，例如糖脂化、高分子化等。这些反应会导致产物中的不良物质含量增加，从而影响食品的品质。

催化剂可加速这类反应的发生，如蔗糖是用于生产焦糖色素和食用色素香料的物质，在酸或酸性铵盐存在的溶液中加热可制备出焦糖色素，并广泛应用于糖果、饮料等食品。

二、碳水化合物非酶褐变对食品品质的影响

1. 对食品色泽的影响

非酶褐变反应中产生两大类对食品色泽有影响的成分，一种是水溶的小分子有色成分；另一种是分子质量达到水不可溶的大分子高聚物质。非酶褐变反应中呈色成分较多且复杂。

2. 对食品风味的影响

在高温条件下，糖类脱水后，碳链裂解、异构及氧化还原可产生一些化学物质，非酶褐变反应过程中产生的二羰基化合物，可促进很多成分的变化，产生大量的醛类。

例如麦芽酚（3- 羟基 -2- 甲基吡喃 -4- 酮）和异麦芽酚（3- 羟基 -2- 乙酰呋喃）使焙烤的面包产生香味，2-H-4- 羟基 -5- 甲基 - 呋喃 -3- 酮有烤肉的焦香味，可作为风味

增强剂；非酶褐变反应产生的吡嗪类及某些醛类等是食品高火味及焦糊味的主要成分。

3. 非酶褐变对食品营养的影响

首先是造成氨基酸的损失，其中含有对美拉德降解反应敏感的游离 ε- 氨基的赖氨酸、碱性 L- 精氨酸和 L- 组氨酸。其次，可溶性糖及维生素 C 有大量损失。此外，还会降低蛋白质营养性，蛋白质上的氨基如果参与了非酶褐变反应，其溶解度也会降低。矿物质元素的生物有效性也会下降。

4. 非酶褐变产生有害成分

非酶褐变反应历程较为复杂，产生了大量的中间体或终产物，其中一些成分对食品风味的形成有重要的作用，但一些成分对食品的安全构成隐患。

食物中氨基酸和蛋白质生成了能引起突变和致畸的杂环胺物质，如有害成分丙烯酰胺，典型产物 D- 糖胺可以损伤 DNA；美拉德反应对胶原蛋白的结构有负面的作用，将影响到人体的衰老和糖尿病的形成。

美拉德反应可形成一系列晚期糖基化终末产物（advanced glycation end products，AGEs）。AGEs 物理化学性质很稳定，在体内形成和积聚，引发许多疾病，影响人体健康。

三、淀粉的糊化、老化及其对食品风味的影响

1. 淀粉的糊化

淀粉分子结构中，羟基之间通过氢键缔合形成完整的淀粉粒不溶于冷水，能可逆地吸水并略微溶胀。如果给水中淀粉粒加热，则随着温度上升，淀粉分子之间的氢键断裂，导致淀粉分子有更多的位点可以和水分子发生氢键缔合。水渗入淀粉粒，使更多和更长的淀粉分子链分离，导致结构的混乱度增大，同时结晶区的数目和大小均减小。继续加热，淀粉发生不可逆溶胀。此时支链淀粉由于水合作用而出现无规则卷曲，淀粉分子的有序结构受到破坏，最后完全成为无序状态，双折射和结晶结构也完全消失，淀粉的这个过程称为糊化。

2. 淀粉的老化

热的淀粉糊冷却时，通常形成黏弹性的凝胶，凝胶中联结区的形成表明淀粉分子开始结晶，并失去溶解性。通常将淀粉糊冷却或贮藏时，淀粉分子通过氢键相互作用产生沉淀或不溶解的现象，称做淀粉的老化。淀粉的老化实质上是一个再结晶过程。淀粉的老化主要应用在粉丝、粉条和粉皮的制作过程中，因为淀粉只有通过老化才会有较强的韧性有嚼劲。因此，一般选择直链淀粉较高的豆类淀粉为原料（直链淀粉更易老化）生产粉丝、粉条和粉皮。

3. 淀粉的水解在食品生产中的应用

商业上采用玉米淀粉为原料，应用 α- 淀粉酶、葡萄糖淀粉酶和葡萄糖异构酶制成不

同类型的糖浆，如高果糖玉米糖浆。淀粉转化为D-葡萄糖的程度可用淀粉水解为葡萄糖当量（DE）来衡量，其定义是还原糖（按葡萄糖计）在玉米糖浆中所占的百分数（按干物质计）。

四、碳水化合物与烘焙食品品质

碳水化合物是小麦种子中含量最高的化学成分，约占整粒小麦种子质量的65%~70%，它主要包括淀粉、纤维素、游离糖和戊聚糖等。其中纤维素和戊聚糖主要存在于小麦种子的皮层部分，小麦在制粉过程中，纤维素和大部分戊聚糖被去除而存在于麸皮中，所以面粉中的碳水化合物主要是淀粉、少量游离糖和戊聚糖等，其中游离糖和戊聚糖含量较少。尽管面粉中蛋白质的数量和质量被认为是影响面包烘焙品质的主要因素，面粉中的碳水化合物对面包烘焙品质也产生很重要的影响。

1. 淀粉与烘焙食品品质

小麦淀粉由直链淀粉和支链淀粉组成，面粉中直链淀粉和支链淀粉的比例大致为25%和75%，该含量对产生面包的质量是非常重要的。小麦淀粉以淀粉粒的形式存在，可分为两种，一种为小圆球形，直径约为2~10μm，另一种为大圆盘形，直径约为35μm。淀粉粒包括无定形区和结晶区两部分，其中支链淀粉为淀粉粒的主要结晶组分。

虽然淀粉含量占面粉重的75%左右，但是一般情况下并没有将淀粉视为影响面粉品质的重要因素。实际上，由于淀粉所具有的独特的物理化学性质，如淀粉的糊化特性，淀粉与蛋白质、淀粉与脂类的相互作用等，使其在面包烘焙中起着非常重要的作用。普遍认为小麦淀粉与其他来源的淀粉相比，在面包烘焙中有其独特的作用。Hoseney-通过重组技术将其他来源的淀粉代替面粉中的淀粉。研究发现，只有小麦、大麦和黑麦的淀粉能形成理想的面包结构和体积，而玉米、大米、燕麦的淀粉则无法形成较为理想的面包结构和体积。这主要是由于小麦、大麦和黑麦的淀粉具有较类似的特性，如较类似的糊化温度范围、淀粉粒形状和淀粉粒大小分布等。

面粉中的碳水化合物是一个复杂的系统，可与蛋白质、水、脂类等发生作用，从而对食物产生一系列的影响。其中淀粉与蛋白质之间的交互作用最为重要。淀粉粒为淀粉与面筋之间的结合提供作用的表面。在面粉加水混合阶段，淀粉粒与面筋基质相结合，形成黏稠度适中的面团，并且研究发现淀粉粒对高分子质量的蛋白质具有较高的亲和力。淀粉粒的表面性质及面筋的特性影响淀粉与蛋白质之间的结合作用。

面筋与淀粉的结合作用影响面团的混合特性及流变特性，对面包形状的保持起着非常重要的作用。面筋的品质及含量影响面包体积的大小，然而面包形状能否保持则要靠淀粉的胶化作用来固定。面筋在面团形成网络结构时，淀粉充塞于其中，在烘焙过程中，由于热的作用淀粉发生部分糊化，开始糊化的淀粉粒从面团内部吸水膨胀，使淀粉粒体积逐渐增大，固定在面筋的网络结构中，同时由于淀粉所需要的水分是从面筋所吸收的水分转移而来，这使得面筋在逐步失水的状态下，网络结构变得更有黏性和弹性。在烘焙阶段，在淀粉的部分糊化及面筋的变性作用下，一起固定面包最终的形状。

2. 游离糖与烘焙食品品质

游离糖在烘焙食品中是一种富有能量的甜味剂，也是酵母主要的能量来源，同时又是形成面包色、香、味的基础，所以它对烘焙产品质量有着非常重要的影响。小麦胚乳中含有少量的游离糖，主要是葡萄糖、果糖和蔗糖等，它们对面团流变学特性没太大影响，这些糖的主要功能是在发酵阶段供酵母发酵。在面包配方中如果不另外加糖，面粉自身所含的糖在褐色反应中一般不会起作用，因为它们在发酵时就会被用尽，所以面包配方中应加糖类，一方面为酵母发酵提供能源，另一方面参与焦糖化反应和美拉德反应，从而产生面包外皮的颜色。许多研究报道，在面包配方中加入的蔗糖在面团加水混合阶段即水解为葡萄糖和果糖，并且葡萄糖优先于果糖发酵。若面包配方中没有加入糖类，则面粉中的果糖和葡萄糖先发酵，然后酵母再作用于麦芽糖（麦芽糖由淀粉酶水解淀粉而产生）。发酵及褐色反应一起产生了新鲜面包特有的色、香、味。

尽管研究发现烘焙时由发酵而产生的许多挥发性物质都会扩散出去，但仍有 70 多种组分一起导致了面包特有的风味。这些物质包括有机酸、乙醇、酯类等。在面包冷却时，面包外皮褐色反应中产生的风味物质向面包心扩散，从而增强整个面包的风味。随着面包的老化，外皮中羰基物含量逐渐降低。

3. 戊糖与烘焙食品品质

面粉中戊糖含量在 2%~3%，主要由阿拉伯糖和木糖组成。面粉中的戊糖有水溶性和水不溶性之分，其含量虽然很少，但对面团特性及面包烘焙品质却有着非常重要的影响。戊糖在氧化剂存在下可与蛋白质相连而形成一种网络结构，从而影响面团的流变特性。在研究氧化剂存在下戊糖对面团混合特性的影响时发现，戊糖和糖蛋白在面团的蛋白质和碳水化合物之间、蛋白质和蛋白质之间起到了连接桥梁的作用，其中氧化剂对这种连接有促进作用。面粉中戊糖在面包烘焙中主要有以下三方面的重要作用：一是影响面团的混合特性及面团的流变特性；二是可以与面筋一起包裹发酵过程中产生的气体，延缓气体的扩散速率，使面团的持气能力增加；三是可以通过抑制淀粉的回生而延缓面包的老化。

第三节 微生物与碳水化合物

人与动物胃肠道中存在着万亿微生物，其不但规模大、种类多，还与宿主营养物质的消化代谢和健康密切相关。例如，肠道微生物在营养物质的消化代谢中的作用，肠道微生物对糖类的利用，胆汁酸的早期解离和脱羟化，维生素和必需氨基酸的生物合成等。研究表明，动物体消化代谢所需的酶类 35% 以上源于肠道微生物分泌，其中 25% 的酶与碳水化合物的代谢有关系。

一、肠道菌群与碳水化合物

肠道微生物呈现多糖水解酶的多样性，因此肠道微生物对于多糖代谢具有重要作用。食物中的多糖主要依赖肠道菌群产生的酶来降解。肠道微生物可帮助生物从难消化的营养成分中获得能量。不同的肠道微生物对于降解不同类型的多糖有很大差异，有的物种可以降解多种不同类型的多糖，而有些物种只能分解一种或几种。

人类盲肠微生物多形拟杆菌是位于人体大肠末端菌群的主要成员，是肠道中一类消化复杂碳水化合物的菌群。通过分析其基因组序列发现，该菌群可编码多糖类水解相关酶类，可降解超过十几种不同类型的多糖。它的基因组序列中包含 163 个能够与淀粉的外膜蛋白（SusC 和 SusD）结合的类似物，226 种糖苷酶以及 15 种编码多糖水解酶的基因。当食物中碳水化合物含量降低时，多形拟杆菌能通过改变自身不同基因表达量来利用肠道黏液内源多糖，增强对黏液多糖的利用率，从而满足机体的能量需求。已有研究表明，多形拟杆菌对于果聚糖的代谢存在“特殊”机制。其基因组存在编码与内膜相联系的感应 / 调节系统——混合双组分系统（HTCS），该系统可根据肠道内的营养环境做出快速和特定的响应。单果聚糖可作为信号分子被 HTCS 调控蛋白 BT1754 感知并结合，以此调控邻近的果聚糖多糖利用位点基因（*PUL*）的表达。

黄色瘤胃球菌常存在于反刍动物瘤胃内，该菌群通过分泌纤维素酶并进一步组装成纤维小体的方式降解食物中的纤维素。纤维小体是一类在厌氧菌中发现的独立的胞外多酶复合体，可有效降解纤维素和半纤维素。研究表明，黄色瘤胃球菌 *Sca* 基因编码的结构蛋白 ScaA、ScaB、ScaC 和 ScaE，可通过“黏性蛋白 - 锚定元件”交互作用组装成脚手架蛋白锚定到底物表面，通过纤维小体的纤维素结合域和多种催化单元，可增加纤维素与酶的接触面积，有助于提高纤维素的降解效率。

动物双歧杆菌乳酸亚种（*B.animalis* subsp. lactis）为一类益生菌，该菌群可利用自身的 ABC 转运系统将低聚木糖转运至细胞内，进一步通过酶的作用降解低聚木糖。

肠道微生物的代谢与宿主的食性是紧密相关的，在长期进化过程中，肠道菌群会随着食物类型的变化发生响应，并通过调整某些消化酶的含量来适应特定的饮食。有关大熊猫肠道菌群的研究表明，大熊猫肠道内存在含量较高的梭菌，使其具有降解纤维素的能力。同时利用宏基因组学研究发现，与其他植食性动物（袋鼠、白蚁和牛）相比，大熊猫肠道菌群中含有的纤维素酶和半纤维素酶含量较低，这反映出大熊猫在食用竹子饮食时对纤维素和半纤维素的消化率较低。表明大熊猫肠道仍然是典型的肉食动物的结构，但肠道内的纤维素和半纤维素分解菌对于高纤维的竹子饮食已经产生了适应。

二、膳食纤维与微生物

纤维素是自然界丰富的碳水化合物之一，膳食纤维除含有纤维素外，还含有其他成分。自20世纪60年代以来，对它已做过许多界定。1972年Trowell提出“膳食纤维是食物中那些不被人体消化吸收的植物成分”，1976年又补充为“不被人体消化吸收的多糖类碳水化合物及木质素”，1985年联合国粮农组织和世界卫生组织认为“膳食纤维是指能用公认的定量方法测定的，人体消化器官不能水解的动植物组成成分”，目前认为膳食纤维是指不易被人体消化吸收的，以多糖类为主的大分子物质的总称，包括植物性木质素、纤维素、果胶、羟甲基纤维素（CMC）及动物性壳质、胶原等。

1. 膳食纤维调节肠道菌群在疾病中的作用

膳食纤维是指具有10个或10个以上单体单位的碳水化合物聚合物，且不能被内源性酶水解。研究表明，增加膳食纤维的摄入有利于降低患病风险，辅助药物提高疾病治疗效果，还能减轻抑郁症状等。膳食纤维摄入作为一种可改变的干预因素，对身心健康的有利影响主要依赖于肠道菌群的中介作用。以肠道菌群为干预靶点，在疾病的治疗方面也取得了积极效果，如改善慢性放射性肠炎患者的肠道症状，辅助抗击癌细胞以及在药物治疗疾病中增强药效、降低毒副作用和减少不良反应等。

越来越多的研究证明了膳食纤维通过调节肠道菌群代谢发挥防治疾病的作用。通过补充膳食纤维可以调节高脂饮食（HFD）小鼠肠道菌群和脂肪酸代谢，预防肥胖；膳食纤维还可以通过调节大鼠肠道菌群组成和提高肠道短链脂肪酸（SCFA）含量来减轻肠道炎症；膳食纤维通过调节肠道菌群代谢预防肺部炎症和哮喘发作、抑制肥胖、提高2型糖尿病（T2DM）治疗效果，降低血压，改善尿毒症透析患者症状和合并症等。

2. 膳食纤维调节肠道菌群的作用机制

（1）膳食纤维对肠道菌群结构、多样性的影响　肠道中约90%的菌群由硬壁菌属和拟杆菌属构成，且硬壁菌属与拟杆菌属的比值被作为肠道菌群平衡与否的标志。膳食纤维为菌群生长代谢提供底物，有利于肠道菌群多样性和（或）丰度的增加。膳食纤维干预，特别是涉及果聚糖和低聚半乳糖的干预，增加了双歧杆菌和乳酪杆菌属等肠道益生菌的丰度，同时补充不溶性纤维和可溶性纤维混合物，可显著增加肠道菌群的相对丰度和多样性。

菊粉是一种可溶性膳食纤维，研究发现，与正常对照大鼠相比，糖尿病大鼠中硬壁菌的比例升高，拟杆菌的比例降低，而对照组和菊粉处理组大鼠肠道菌群特征相似，此外，乳酪杆菌和产生SCFA的菌群在菊粉治疗的糖尿病组中显著多于未治疗的糖尿病组，说明菊粉治疗可使糖尿病大鼠肠道菌群结构趋于平衡，并增加肠道益生菌数量。因此，膳食纤维可优化肠道菌群结构，增加菌群多样性，有利于代谢平衡。

（2）膳食纤维对肠道菌群代谢产物的影响　膳食纤维经肠道菌群酵解后，主要的代谢产物是SCFA，包括乙酸盐、丙酸盐、丁酸盐等，SCFA能为宿主肠壁细胞提供能量来源，也可通过门静脉转运至外周循环，作为信号分子调节宿主体内多种信号机制。高膳食纤维饮食对健康的益处，很大程度上与肠道菌群代谢的SCFA作用机制有关。研究发现与正常对照组相比，结直肠癌患者粪便代谢产物中如乙酸盐、丁酸盐、丙酸盐等物质水平降低，而增加膳食纤维摄入提高了肠道菌群的产丁酸盐活性，提供大量丁酸盐，降低结直肠癌风险。因此通过补充富含膳食纤维的食物，调节SCFA产量及组分，是改善宿主健康状态的有效途径，特别是增加丁酸盐含量来改善大鼠的肥胖前事件，包括肝脂肪变性、血清总胆固醇水平升高等。

果胶是一种重要的水溶性膳食纤维，存在于水果和蔬菜的细胞壁中，研究发现，与单独使用长双歧杆菌BB-46干预相比，长双歧杆菌BB-46和果胶结合干预的大鼠，在增加丁酸盐产生菌方面更有效。而果胶发酵产生的丁酸盐可以抑制载脂蛋白E缺乏小鼠肠道胆固醇吸收以及动脉粥样硬化的进展。

肠道菌群的另一种主要代谢产物是三甲胺氮氧化物（TMAO），循环中TMAO水平升高被认为是多种疾病的危险因素，如癌症、糖尿病、心血管疾病等。虽然TMAO不是直接由膳食纤维经肠道菌群酵解，但通过膳食纤维调节肠道菌群和胆碱利用途径，可降低循环TMAO浓度。β-葡聚糖是一种可溶性纤维，添加β-葡聚糖的饮食可降低慢性肾脏疾病患者血清TMAO浓度，且安全有效。TMAO是由胆碱类化合物转化而来，但膳食纤维的调节作用或许比胆碱本身的转化作用更显著，TMAO水平变化与胆碱摄入量的差异不相关，但与纤维摄入量呈负相关。因此，膳食纤维通过调节肠道菌群多种代谢产物的水平，有利于维持机体动态平衡，防治疾病。

本章小结

碳水化合物是七大营养素之一，是生命活动所需能量的主要来源，是生物体主要的功能物质，也是食品的重要组成成分，对食品营养和品质具有重要影响。本章主要阐述碳水化合物的生物合成转化机制，碳水化合物对食品品质的影响及微生物与碳水化合物。主要内容包括两种重要的碳水化合物——淀粉与蔗糖的合成转化调控机制，碳水化合物与食品风味、非酶褐变对食品品质的影响、淀粉的糊化老化在食品中的应用。最后阐述了碳水化合物和肠道菌群以及膳食纤维与微生物的关系。

思考题

1. 淀粉合成途径的调控机制分为哪三大类型？
2. 蔗糖的生物合过程主要包括哪几个步骤？

第四章

脂质的合成转化调控与食品品质

学习目标

1. 重点掌握脂肪酸生物合成调控机制。
2. 熟悉脂质合成与肉品品质的关系。
3. 了解微生物调控脂质代谢的机制。

第一节　脂质的生物合成转化调控机制

一、脂质储存部位

动物摄食过量以糖为主的高能量食物时，会将多余的能量以脂质的形式（如甘油三酯）存储起来。动物体内的脂质大部分存储于皮下和内脏，即皮下脂肪组织和内脏脂肪组织。在人类中，主要的皮下脂质贮存库是臀股贮库，位于臀部和大腿周围。主要的人类内脏脂质贮存库是网膜贮库，它是连接胃和其他内脏器官的大腹膜皱襞。在啮齿动物模型中，腹股沟脂肪库（腹股沟周围）和附睾（或性腺）脂肪库分别是皮下和内脏脂肪组织的主要模型。这两类脂肪贮库在本

4–1　思维导图

质上具有不同的代谢功能，包括分泌脂肪因子和炎性因子、产热等。脂肪扩张主要有两种形式（图 4–1），成人皮下脂肪贮库主要通过肥大（增加现有脂肪细胞的尺寸）进行扩张，并且啮齿类动物研究表明皮下脂肪组织的定型与分化发生在胚胎发育的第 14~18d。相比之下，内脏贮库的发育发生在出生后，主要通过增生（前体脂肪细胞分化为成熟脂肪细胞）和肥大进行扩张。

同时，少部分脂质分布于皮肤、骨髓、肝脏和肌肉等非脂肪组织，即异位脂质。皮肤组织脂肪生成似乎对于皮肤有益，然而肝脏和肌肉中异位脂质沉积与人类糖脂代谢疾病有关。

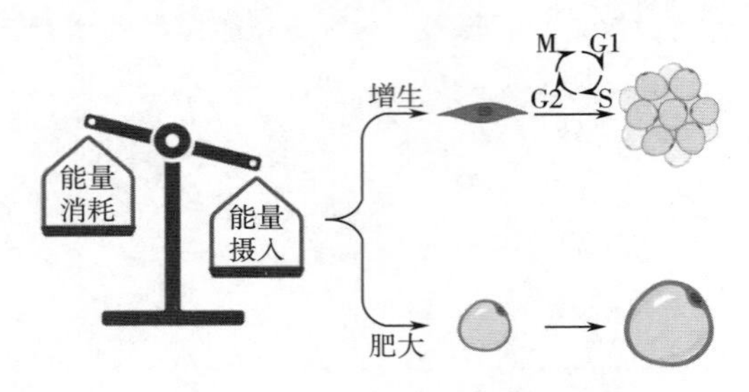

图 4–1　脂肪扩张的两种形式

二、甘油三酯生成

1. 脂肪生成过程

脂肪生成是成纤维细胞样祖细胞向脂肪生成谱系转化，并不断积累脂质，成为成熟脂肪细胞的过程，主要包括以下三个步骤，首先，成纤维细胞样祖细胞［以血小板衍生生长因子受体 –α（PDGFR–α 和 / 或 PDGFR–β）的表达为特征，例如间充质前体细胞］在不发生任何形态变化的基础上转化为脂肪细胞谱系，形成表达转录因子 ZFP423 的前体脂肪细胞，对骨形态发生蛋白（BMP）信号敏感。早期研究表明 BMP2 和 BMP4 在脂肪细胞谱系转化的过程中发挥了重要作用。BMPs 结合 BMP 受体，激活其异二聚体伙伴 SMAD1、SMAD5 和 SMAD8，随后激活转录因子 SMAD4。激活的 SMAD4 能够通过刺激过氧化物酶体增殖物激活受体 γ（PPARγ——脂肪生成的主要调节因子）的转录来促进终末分化。其次，前体脂肪细胞经历生长停滞，积累脂质并形成具有功能性、胰岛素响应性的成熟脂肪细胞。当前体脂肪细胞停止其生长时，它会激活脂肪生成过氧化物酶体增殖物激活受体 γ（PPARγ）的主要调节因子和转录共激活因子 CCAAT/ 增强子结合蛋白 α 和 β（C/EBPα 和 C/EBPβ）。脂质积累驱动脂肪细胞脂肪酸结合蛋白（AP2）和胰岛素敏感转运蛋白 GLUT4 的表达，标志着脂肪细胞处于分化的早期阶段。在分化完成时，成熟的脂肪细胞表达所有早期脂肪细胞分化的标志物、肽类激素（脂联素和瘦素）、脂肪甘油三酯脂肪酶（ATGL）、脂蛋白脂肪酶（LPL）和脂滴相关蛋白 PLIN 1。

2. 脂肪生成关键转录因子

（1）PPARγ　先前研究对 aP2 5′ 侧翼区域的分析，发现了第一个真正意义上的脂肪细胞增强子元件。对该增强子元件的详细分析确定了关键的顺式作用元件，以及与这些位点结合的反式作用因子 ARF6，该因子被鉴定为由两个核受体 PPARγ 和 RXR 组成的异源二聚体。PPARγ 基因转录两种选择性剪接体，分别编码两种蛋白质亚型 PPARγ1 和 PPARγ2。与 PPARγ1 相比，PPARγ2 在 N 端包含 30 个额外的氨基酸。虽然 PPARγ1 在许多组织表达较低，但 PPARγ2 具有高度脂肪选择性，并且在脂肪组织中呈现高表达。

现有证据表明 PPARγ 本身是脂肪细胞分化的原动力。首先使用逆转录病毒载体在成纤维细胞中表达 PPARγ，并因此促进该细胞向脂肪细胞转化。虽然这些研究起初对 PPARγ 的选择性配体尚不清楚，但 PPAR 激动剂 ETYA 的应用激活了 PPARγ 并引起了强烈的促分化反应。并且，使用高亲和力选择性 PPARγ 激动剂，如噻唑烷二酮（TZD）进一步改善了这些观察结果。PPARγ 激动剂介导的分化包括脂质积累和脂肪细胞特异内源性基因的表达。有趣的是，PPARγ 促进脂肪生成的能力不仅限于成纤维细胞，PPARγ 同样可以促使成肌细胞系转化为脂肪细胞。特别是当细胞除了 PPARγ 外还共表达 C/EBPα 时，能够极大地促进成肌细胞向脂肪细胞的转化。并且，临床研究证实，PPARγ 激动剂强烈促进了脂肪肉瘤（一种脂肪来源的恶性组织）的分化进程。

PPARγ 在脂肪生成中的作用也在小鼠胚胎发育过程中得到验证。先前研究表明，PPARγ 纯合突变导致胎盘发育缺陷，最终致使胚胎在妊娠早期（e10–10.5）致死。研究人员使用野生型四倍体细胞和 PPARγ 功能缺失细胞创建嵌合胚胎。该胚胎发育到足月，然而出生后不久死亡，并且出生个体缺乏明显的白色脂肪库和棕色脂肪库。相似地，另一研究小组利用野生型胚胎干细胞和 PPARγ 纯合缺失细胞创建的嵌合小鼠，证实了 PPARγ 是胚胎干细胞和胚胎成纤维细胞来源的脂肪细胞分化所必需的。

（2）C/EBP 家族　C/EBP 是碱性亮氨酸拉链类转录因子的成员。它们作为同二聚体或异二聚体，其组织分布不限于脂肪组织。然而，在脂肪生成过程中，几个 C/EBP 家族成员均有表达。功能性获得和丧失表明这些蛋白质对脂肪细胞发育具有深远的影响。C/EBPα 在分化过程的后期被诱导，其参与脂肪生成调控的作用在众多研究中被证实。

Freytag 和 Lin 等证实，C/EBPα 在 3T3–L1 前脂肪细胞中的过度表达导致这些细胞分化为成熟脂肪细胞。并且，C/EBPα 反义 RNA 介导的该基因的沉默阻止了 3T3–L1 前脂肪细胞向成熟脂肪细胞的转化。同时，携带 *C/EBPα* 基因纯合缺失的动物显示出白色脂肪和棕色脂肪中的脂肪积累减少。这些动物都因脂肪生成作用减少，肝脏中糖异生作用降低，因而在出生后第一周均死于低血糖。

在已诱导分化的培养的前脂肪细胞系中，C/EBPβ、C/EBPδ mRNA 和蛋白质水平在早期出现短暂性升高。C/EBPβ 的异位表达足以在不添加激素诱导剂的情况下诱导 3T3–L1 细胞的分化；类似实验表明 C/EBPδ 在促分化剂存在的情况下，促进了脂肪生成过程。研究结果显示 C/EBPβ 也可能能够促进脂肪细胞谱系的细胞的定型与分化，在激素诱导剂存在的情况下，C/EBPβ（但不是 C/EBPδ）在 NIH 3T3 成纤维细胞中的异位表达促进了该细胞向脂肪细胞分化。缺失 C/EBPβ 或 C/EBPδ 的胚胎成纤维细胞显示出脂肪生成潜力略有下降，但同时缺失二者的细胞严重阻碍其发育为脂肪细胞的能力。相似地，缺失 C/EBPβ 或 C/EBPδ 的小鼠尽管具有正常的白色脂肪组织，但是它们的棕色脂肪组织显示出脂质积累和 UCP-1 表达减少。然而，同时缺失二者的小鼠具有更显著的上述表型，大约 85% 的动物在围产期死亡，原因不明，剩下 15% 存活下来的小鼠棕色脂肪组织急剧下降，白色脂肪组织下降幅度较小。棕色脂肪组织的减少似乎是由于脂质积累减少，而白色脂肪组织的减少是由于脂肪细胞数量的减少，并且在那些已分化的白色脂肪细胞中具有正常的大小、形态和基因表达谱。

3. 脂质生成转录级联

脂质的生物合成是一个复杂的生物过程，涉及一系列的级联转录调控机制。现有研究结果显示，C/EBPβ 和 C/EBPδ 的一个主要功能是诱导 PPARγ 的表达，二者的内源性表达先于 PPARγ，前者的异位表达导致后者的转录。这种诱导表达很可能是通过直接与 PPARγ 启动子中 C/EBP 结合位点结合，进而促进其转录。随后，PPARγ 诱导 C/EBPα 的转录。这一级联反应的证据来自脂肪生成过程中 PPARγ 和 C/EBPα 表达的时间序列，以及 PPARγ 的异位表达或特定 PPARγ 配体的应用诱导 C/EBPα mRNA 的上调。研究显示，处于促分化诱导剂中的 PPARγ 纯合缺失的细胞（胚胎成纤维细胞或胚胎细胞）不能转化为脂肪细胞，尽管 C/EBPβ 和 C/EBPδ 表达水平正常，但它们无法表达 C/EBPα。来自 C/EBPα 缺失胚胎成纤维细胞的 PPARγ 表达水平降低，即使暴露于分化诱导剂的情况下也不易形成脂肪。当用逆转录病毒载体恢复这些细胞的 C/EBPα 功能时，PPARγ 的表达以及该细胞分化能力就会恢复。以上研究结果揭示了 PPARγ 和 C/EBPα 相互促进的级联正反馈调控机制。

与此同时，除了上述调控网络，同样存在其他重要的分支转录网络以保证脂质生物合成进程的正常进行。*C/EBPβ* 和 *C/EBPδ* 双基因敲除小鼠的白色脂肪组织和棕色脂肪组织表达正常水平的 PPARγ 和 C/EBPα，这意味着必须存在一种 C/EBP 非依赖性机制来诱导 PPARγ 的表达，例如在下文中提到的被称为 ADD1/SREBP1 的转录因子可诱导 PPARγ 的表达。此外，上文提到 *C/EBPβ* 和 *C/EBPδ* 双基因敲除的小鼠存在明显具有脂质积累或脂肪细胞增生缺陷，表明 C/EBPα 和 C/EBPδ 除了诱导 PPARγ 的表达外，必须在终末脂肪细胞分化的其他方面发挥作用。这一结论与表达突变型 C/EBP 融合蛋白的脂肪肉瘤细胞的数据一致，尽管在 PPARγ 功能正常的情况下，这些细胞在脂肪生成方面依然存在缺陷。

尽管科研工作者对脂质生物合成的调控机制进行了长期探索，然而该领域依旧存在一些未知的调控网络。现有研究对于 PPARγ 和 C/EBPα 协同作用的阐释仅停留在可激活分化相关基因表达的层面上，然而这种协同作用的分子基础尚不清晰。先前研究数据显示，PPARγ 可以激活 C/EBPα 缺失细胞中脂肪生成的大部分调控网络，但不是全部。缺失 C/

EBPα 的脂肪细胞会积累脂质并表达大多数脂肪生成标志物，但它们的胰岛素敏感性较差。这是胰岛素受体及其主要底物之一（IRS-1）水平降低及胰岛素信号传导受阻的结果。是否可以通过表达一种或多种 C/EBP 家族蛋白来诱导 PPARγ 缺失细胞分化为脂肪尚未可知。但值得注意的是，许多 PPARγ 下游基因都具有 C/EBP 蛋白和 PPARγ/RXR 的结合位点，包括 PEPCK 和 aP2。解释 PPARγ 与 C/EBPα 协同作用的另一种潜在机制可能是 C/EBP 蛋白参与诱导产生 PPARγ 配体酶的表达。

4. 脂质合成调控信号通路

（1）胰岛素信号与脂质合成调控　胰岛素可通过促进 *SREBP1c* 的转录或激活 SREBP1c 核转位调控 DNL。这些作用可以被 PI3K、AKT 或 mTORC1 的抑制而阻断。特别是，肝脏特异性 *Akt2* 敲除小鼠即使在缺乏瘦素的背景下也不会发生肝脂肪变性，表明胰岛素对于脂质代谢的调节主要发生在 AKT 的下游。然而，值得注意的是，胰岛素对 DNL 程序的转录激活特别缓慢，在一项对原代大鼠肝细胞的研究中，直到胰岛素处理后 8h，核提取物中才检测到 SREBP1。胰岛素促进 DNL 的另一种更快的转录机制是诱导葡萄糖激酶，这增加了脂肪生成过程中所需的合成底物。

除此之外，胰岛素还可通过调节脂肪生成酶的磷酸化激活 DNL，例如，胰岛素可以通过调控 ACC 的磷酸化与去磷酸化来调节其活性。胰岛素可促进 ACC1 Ser79 位点的磷酸化以及 ACC2 Ser21 位点的去磷酸化作用，这可能是通过抑制 AMPK 介导的磷酸化实现的。ACC1 Ser79 和 ACC2 Ser212 位点突变能够组成性激活小鼠肝脏 ACC 的活性，增加肝脏的脂质合成。

胰岛素还能调节 ATP 柠檬酸裂解酶（ACLY）的磷酸化。ACLY 将三羧酸循环中间体柠檬酸转化为脂肪酸生成前体乙酰 CoA，从而将葡萄糖代谢与 DNL 联系起来。胰岛素对 ACLY 的三个磷酸化位点进行调节，Ser455 是 AKT 的反应底物，而 Thr446 和 Ser450 是 GSK3 的反应底物。ACLY 在这些位点的磷酸化通过阻止柠檬酸盐的变构抑制来激活该酶活性。

（2）PPAR 信号与脂质合成调控　PPAR 信号通路在脂质合成过程中扮演着转录调控的重要角色，尤其在促进 DNL 相关基因的调控方面，同时该信号通路也收到多种脂质的反馈调节。PPAR 家族的三个成员 PPARα、PPARγ 和 PPARδ 作为配体激活的转录因子发挥作用，与类视黄醇 X 受体（RXR）形成异二聚体，并与位于靶基因启动子中 PPAR 反应元件（PPRE）的特定 DNA 位点结合。随后，配体结合诱导 PPAR 的构象变化，导致阻遏物解离和共激活物募集，最后激活靶基因表达。与此同时，由于它们异常大的配体结合口袋，这些受体可以与多种脂质相互作用，包括不饱和和多不饱和脂肪酸、脂肪酰基 CoA 种类、类二十烷酸（包括前列腺素、白三烯和羟基二十碳四烯酸）、氧化脂肪酸和氧化磷脂。然而，这些脂质通常对受体具有低亲和力，并且含量较低，因此它们是不是 PPAR 真正的内源性配体尚无定论。脂肪生成途径参与 PPAR 激活的概念是在十多年前引入的，然而识别激活这些受体的特定脂质一直很困难。

近期研究表明，由 FAS 介导的脂肪生成在肝脏中产生 PPARα 的内源性配体起着至关重要的作用。PPARα 是用于治疗脂质代谢紊乱的贝特类药物的靶点。它在各种组织中表达，但在肝脏中富集，促进脂肪酸氧化、生酮、脂质转运和糖异生。PPARα 或其参与的信号网络，似乎能感知营养的变化状态并通过促进脂肪酸代谢作出反应。然而，循环中的脂肪酸水平似乎不太可能作为 PPARα 激活的直接信号，因为脂肪酸不添加酰基 CoA 基团（*acyl-CoA*）之前不能进入 PPARα 所在的细胞核。脂肪酸添加 *acyl-CoA* 的生物过程发生在细胞膜上，这些 CoA 衍生物具有许多潜在的命运，包括掺入外部质膜或各种内膜、合成磷脂、储存在脂滴中、运输到线粒体进行 β– 氧化等。因此，FAS 作为一种营养响应性生物酶，可能参与生成 PPARα 的内源性配体合成。首先，早期关于肝脏中缺乏 FAS 的小鼠的研究表明 PPARα 激活可能需要由 FAS 介导的从头脂肪生成。当禁食或喂食缺乏脂肪的饮食时，这些小鼠表现出 PPARα 依赖性基因表达降低和类似于 PPARα 缺乏的表型，包括低血糖、高血清非酯化脂肪酸水平和脂肪肝。并且，以上表型均可通过用选择性 PPARα 激动剂治疗来纠正，表明 FAS 可能参与合成 PPARα 的内源性配体。为了分离这种配体，从肝脏中免疫沉淀标记的 PPARα，并通过串联质谱法鉴定 PPARα 相关的脂质。鉴定到一种独特的磷脂酰胆碱 1– 棕榈酰 –2– 油酰 –*sn*– 甘油 –3– 磷酸胆碱（16:0/18:1–GPC）。当小鼠喂食无脂肪、高碳水化合物的饮食时，与 PPARα 相关 GPC 的水平会增加，并且在这种情况下会促进 FAS 活性。体外研究表明，16:0/18:1–GPC 优先与 PPARα 的配体结合域相互作用，但不与 PPARγ 相互作用，仅与 PPARδ 相互作用较弱。胆碱 / 乙醇胺磷酸转移酶 1（CEPT1）是一种合成磷脂酰胆碱所需的酶，损伤 PPARα 依赖性基因表达并导致脂肪肝。综上，这些研究表明 FAS 是在肝脏中生成 PPARα 的内源性配体所必需的。此外，在下丘脑和巨噬细胞中，FAS 缺失导致 PPARα 依赖性基因表达降低，并且这些代谢表型在补充 PPARα 配体后得以恢复。然而，目前尚不清楚脑或巨噬细胞中 FAS 依赖性 PPARα 配体是否与肝脏中的相同，激活其他 PPARs 是否需要 FAS 也是未知的。

（3）糖皮质激素信号与脂质合成调控　糖皮质激素是类固醇激素，是体外脂肪细胞分化培养基的三个关键成分之一，因此被认为是关键的促脂肪生成信号。在前脂肪细胞中，糖皮质激素促进前体脂肪细胞生长停滞，这是细胞的终末分化所必需的。重要的是，糖皮质激素上调了分化所需的几种转录因子，包括 C/EBPs。此外，糖皮质激素信号使前脂肪细胞对胰岛素信号敏感，增强了胰岛素途径的脂肪生成作用。

（4）BMP 信号与脂质合成调控　BMP 调节多种细胞过程，例如细胞分化、增殖和凋亡。BMP 是转化生长因子 –β（TGFβ）蛋白质家族中的一类保守信号分子，最初被鉴定为具有诱导骨和软骨形成的能力，但现在已知可作为全身生长因子。激活 BMP 信号需要两种类型的受体，即Ⅰ型和Ⅱ型受体。两种受体都含有具有丝氨酸 / 苏氨酸激酶活性的结构域。与 BMP 结合后，Ⅱ型受体的激酶活性被激活并磷酸化Ⅰ型受体，导致内在丝氨酸 / 苏氨酸激酶激活，这进一步导致磷酸化 Smad1、Smad5 以及 Smad8 激活，随后磷酸化的 Smads 与 Smad4 结合形成异二聚体，异二聚体又迁移到细胞核以启动基因表达。如前所述，体外脂肪生成需 BMP 信号传导，而激活的 Smad4 会导致 PPARγ 的转录和脂肪生成的增加。

在哺乳动物中发现了大约 15 种 BMPs。BMP2 和 BMP4 调节脂肪生成和成骨作用，而 BMP7 促进棕色脂肪生成。BMP2 通过 Smad1 和 p38 促进脂肪生成，这两者的激活是 BMP2 诱导脂肪生成所必需的。Smad1、Smad5 和 Smad8 通常更倾向于富含 GC 的结合元件，而某些启动子中的 DNA 序列则优选由 Smad2 和 Smad3 结合。由于 Smad1、Smad5 和 Smad8 与其靶序列的非特异性结合，目前认为共激活剂对于 BMP 靶标的选择至关重要。Schnurri（Shn）就是这样的共激活因子。在脊椎动物中，存在三种 Shn 直系同源序列，即 Shn1、Shn2 和 Shn3。与野生型小鼠相比，*Shn2* 基因敲除小鼠的白色脂肪组织较少。Shn2 经 BMP2 激活后进入细胞核，然后与 Smad1/4 和 C/EBPα 形成复合物以诱导 PPARγ2 表达。BMPs 对脂肪生成的影响取决于其表达量。表达水平较低时，BMPs 促进脂肪生成，但在表达水平较高的情况下，成骨作用反而增强。BMP2、BMP4 和 BMP7 均诱导细胞内脂质积累和 PPARγ 表达，但只有 BMP7 促进棕色脂肪生成基因 *UCP1* 的表达。此外，BMP7 也能够促进另一棕色脂肪生成的关键调节因子 PRDM16 的表达。当然，目前对 BMPs 识别基因靶点及其与脂肪生成联系的理解仍然不够清晰，需要更深入的研究。

（5）WNT 信号与脂质合成调控　WNT 是高度保守的自分泌和旁分泌配体家族，以其在胚胎发育和致癌中的作用而闻名。尽管它们在这些过程中通常具有促生长作用，但 WNT 可能是研究最成熟的脂肪生成抑制剂。经典的 WNT 信号介导 β- 连环蛋白的稳定，导致 PPARγ 和 C/EBPα 诱导失败，并且在某些情况下，会导致前体脂肪细胞向成骨细胞或免疫细胞表型的转变。WNT 与卷曲蛋白的结合会激活 DSH 家族蛋白，然后抑制蛋白复合物，包括 Axin、糖原合成激酶 -3β（GSK-3β）和后期促进复合物（APC），导致 β- 连环蛋白积累。在没有 WNT 刺激的情况下，Axin/GSK-3β/APC 复合物通过 GSK-3β 的磷酸化促进 β- 连环蛋白的降解。稳定的 β- 连环蛋白进入细胞核并与转录因子的 T 细胞因子 / 淋巴增强因子（TCF/LEF）家族成员相互作用以激活特定的靶基因。因此，β- 连环蛋白在经典 WNT/β- 连环蛋白信号传导中起关键作用。WNT/β- 连环蛋白信号激活 COUP-TF Ⅱ 的表达，招募视黄酸受体和甲状腺激素受体（SMRT）共阻遏物复合物的沉默介质，以抑制 PPARγ1 和 PPARγ2 的表达，进而阻碍 PPARγ-C/EBPα 级联反应，抑制脂肪分化。研究显示，WNT 信号通路的激活增强了肌生成并抑制了培养的间充质干细胞中的脂肪生成。与对照母羊相比，过度营养母羊的胎儿肌肉中，WNT/β- 连环蛋白信号传导下调，与之伴随发生的是母羊胎儿肌肉中脂肪生成的上调。

（6）Hedgehog 信号与脂质合成调控　Hedgehog 信号通路在胚胎发育过程中组织模式的形成中具有重要作用。哺乳动物体内存在三种不同的 Hedgehog 蛋白，分别是 Sonic Hedgehog（SHH）、India Hedgehog 和 Desert hedgehogs。SHH 是目前研究很成熟的蛋白之一，SHH 经过蛋白水解切割和脂质修饰后被一个 12 次跨膜结构域受体 PTC 识别。PTC 有两个同源蛋白构成，PTCH1 和 PTCH2，其中 PTCH1 作为主要信号调节因子。SHH 与 PTCH 的结合会改变其结构，并释放相关平滑蛋白 SMO。随后，SMO 与胶质瘤相关癌基因（*GLI*）结合以诱导基因表达。GLI 家族共有三个基因，即 *GLI1*、*GLI2* 和 *GLI3*。*GLI1* 和 *GLI2* 主要作为转录激活因子，而 *GLI3* 作为抑制因子。

越来越多的证据表明 SHH 信号在脂肪生成中的作用。肥胖会下调 SHH 信号，包括 *Smo*、*GLI1*、*GLI2* 和 *GLI3* 的基因表达。体外研究证实，SHH 信号的激活会抑制 3T3-L1 和 C3H10T1/2 细胞的脂肪生成。然而 SHH 信号和脂肪生成联系起来的机制仍然不明确。SHH 可能通过增强 GATA 结合蛋白 2（GATA2）表达抑制脂肪生成。GATA2 可直接与 PPARγ 和 C/EBPα 相互作用，这可能会消耗参与促进脂肪生成的 PPARγ。并且，研究显示 GATA2 抑制棕色脂肪生成。另一方面，SHH 信号在脂肪生成中作用的另一种机制是通过鸡卵清蛋白上游启动子转录因子Ⅱ（COUP-TF Ⅱ，又称 NR2F2）介导的。COUP-TF Ⅱ与 PPARγ 和 C/EBPα 的启动子结合以抑制它们的表达。并且，研究显示，在 COUP-TF Ⅱ启动子区域包含 SHH 的响应元件。

（7）昼夜节律信号与脂质合成调控　除了在禁食 - 进食期间受到调节外，脂肪生成还受到昼夜节律周期的调控。反过来，食物摄入也会影响昼夜节律。据报道，肝脏中昼夜节律调节的脂肪生成通过 ERB-α（REV-ERBα，又称 NR1D1）和 REV-ERBβ（又称 NR1D2）以及视黄酸受体相关孤儿受体（RORα、RORβ 和 RORγ）。通过招募特定的阻遏物或共激活物，REV-ERB 和 ROR 受体可以分别抑制和激活基因转录。啮齿动物中，在不活动的白昼时间（light time），随着 REV-ERBα 和 REV-ERBβ 表达水平升高，它们会募集 HDAC3，从而阻止脂肪生成基因激活。相反，黑夜时间（dark time）REV-ERBα 和 REV-ERBβ 水平较低，脂肪生成基因被激活。研究显示，小鼠中编码 REV-ERBα 的基因缺失会改变葡萄糖和脂质代谢，导致血液循环甘油三酯水平升高并加剧肝脂肪变性。此外，REV-ERBs 通过 NCoRs 招募 HDAC3，ChIP-seq 数据显示 HDAC3 在白昼时间富集了超过 100 个脂质生物合成相关基因，包括 *FAS*、*SCD1* 和 *ACLY*，但在黑夜时间较少，这与组蛋白乙酰化和 Pol Ⅱ的募集呈负相关。然而，单独由 HDAC3 进行的组蛋白去乙酰化不足以抑制脂肪生成基因，需要与 NCoR 相互作用。因此，小鼠中 NCoR 的肝脏特异性缺失会导致脂质代谢和转录改变，这与 HDAC3 肝脏特异性缺失引起的脂质代谢和转录的改变相似。尽管 REV-ERB 和 ROR 均受昼夜节律机制的控制，但关于 ROR 在昼夜节律期间对 DNL 影响的报道相对较少。无论如何，“交错”小鼠（$Rora^{sg/sg}$）是一种天然突变小鼠，缺失了编码 RORα 的基因，显示出对肝脂肪变性和胰岛素抵抗的保护作用，证明了 RORα 在脂肪生成基因转录中的激活作用。

5. 其他调控因子

（1）炎症因子　利用 3T3-L1 成纤维细胞体外分化的早期研究表明，向培养基中添加促炎因子（如 TNF 和 IL-6 细胞因子）会损害脂肪细胞分化。巨噬细胞是浸润脂肪组织的主要炎性细胞类型，在高脂肪喂养期间对这些促炎因子的局部水平具有重要作用。现有研究已证实，脂肪细胞大小与白色脂肪组织中巨噬细胞浸润的程度之间存在很强的正相关。

抗脂肪生成炎症分子研究最成熟的例子是 TGFβ。TGFβ 由肥大、功能失调的脂肪细胞，以及小鼠和人类肥胖期间募集到脂肪库的免疫细胞分泌。已知升高的 TGFβ 会抑制体外脂肪细胞分化，而过度表达 TGFβ 的小鼠具有脂肪营养不良表型，脂肪细胞分化严重受损。TGFβ 信号通过 SMAD3 直接抑制 PPARγ-C/EBPα 复合物的形成，从而抑制脂肪生成。其他炎症因子，如 TNF，也已知会直接损害脂肪生成，但也会促进 TGFβ 的升高，作为其下游信号传导的一部分，产生协同效应。

（2）活性氧　活性氧（ROS）是包括游离氧和具有未配对电子的超氧化物的分子。正常的线粒体氧化代谢产生少量 ROS，通常被细胞内抗氧化酶淬灭。然而，如果产生的 ROS 的量超过细胞的缓冲能力，这些亲电子 ROS 会损伤 DNA 和 RNA，并增加脂质和氨基酸的氧化，该过程被称为氧化损伤。在肝脏、脂肪细胞和其他代谢活跃的组织中，氧化损伤会导致 ATP 生产效率低下和代谢功能障碍。在前脂肪细胞中，早期研究表明，通过干扰线粒体呼吸链增加细胞内 ROS 的产生会减少体外前脂肪细胞的分化，这在抗氧化剂治疗中是可逆的。

然而，其他研究数据表明 ROS 同样可能促进脂肪细胞分化。研究证实，将 100μmol/L 过氧化氢添加到标准分化培养基中，可显著改善 3T3-L1 前脂肪细胞系的脂肪形成分化，并且这种促分化效果在没有胰岛素的情况下更强。其他研究表明，在分化为脂肪细胞的人类间充质干细胞中，mTORC1 通过激活线粒体电子传递复合体Ⅲ促进 ROS 的产生。此外，靶向线粒体的抗氧化剂能够在体外显著减少脂肪细胞分化。自以上这些初步结果发表以来，几个独立的研究小组进一步证实，减少细胞 ROS 或提供细胞外抗氧化剂会损害脂肪细胞分化。

在分子水平上，胰岛素信号传导、ROS 和脂肪生成之间似乎存在复杂的关联。胰岛素信号通过激活 NADPH 氧化酶 NOX4 产生 ROS。PTP1B 是一种细胞内蛋白磷酸酶和胰岛素信号通路的抑制剂，其活性又受到 ROS 的抑制。ROS 的这种特性与胰岛素信号传导的增强和脂肪生成的增加有关。然而，不健康肥胖个体中 NADPH 氧化酶产生的持续高水平 ROS 反而抑制胰岛素信号传导，从而抑制脂肪生成。解释这种看似矛盾现象的一种可能性机制是前脂肪细胞分化需要一定的基础水平的 ROS，即脂肪细胞向前体发送的适当外源性 ROS 信号，可能作为重要的发育线索（developmental cue）促进脂肪生成，而组织中高水平的 ROS 会导致细胞功能障碍和损伤。了解脂肪生成过程中 ROS 的生理来源以及促脂肪生成和阻碍脂肪生成反应发生的阈值，对于解释这种看似矛盾的现象至关重要。

（3）长链非编码 RNA　研究显示，在人类基因组中只有 1%~2% 可编码蛋白质，因此 RNA 被分为编码 RNA（coding RNA）和非编码 RNA（non-coding RNA）。非编码 RNA 中又进一步被划分为两类，长度小于200bp的短链非编码RNA（small non-coding RNA）和长度超过200bp的长链非编码RNA（long non-coding RNA，lncRNA）。尽管lncRNA在物种间保守性以及稳定性较差，并且拷贝数低，然而其在基因转录调控方面发挥着重要作用，例如脂质生物合成。

固醇受体RNA激活因子（SRA）是最早被鉴定为参与脂质生物合成的一种lncRNA，其在分化的小鼠3T3-L1脂肪细胞中的表达比前脂肪细胞高两倍。但SRA似乎也在脂肪生成的早期阶段起作用，研究证实它可以在脂肪形成的有丝分裂克隆扩张阶段（MCE）期间，通过控制细胞周期基因的表达促进S期进入。此外，在小鼠ST2间充质细胞系中，SRA参与p38/JNK′磷酸化抑制的调节，这是脂肪生成早期阶段的关键步骤，并刺激胰岛素受体基因表达和下游信号传导。相似地，肥胖相关的lncRNA（lnc-ORA），在肥胖小鼠的脂肪生成过程中表达水平增加，同样可以通过诱导细胞周期关键基因的表达调控细胞周期，如PCNA、细胞周期蛋白B（cyclin B）、细胞周期蛋白D1（cyclin D1）和细胞周期蛋白E（cyclin E）。与此同时，细胞周期以及脂肪生成的早期调控也可以通过表观遗传调节实现，研究发现，lncRNA *slincRAD*在小鼠细胞周期的S期与DNA甲基转移酶1（DNMT1）相互作用，促进细胞进入MCE期。通过微阵列（microarray study）研究发现，lncRNA-Adi在大鼠脂肪细胞的MCE期中高度表达，通过与miR-449a的相互作用增强CDK6蛋白表达。CDK6是一种对高脂肪饮食（HFD）敏感的细胞周期蛋白依赖性激酶，并参与细胞米色脂肪组织形成的调节。

除了参与脂肪生成早期阶段的调控，lncRNA同样参与晚期脂肪细胞分化，现有研究已发现许多lncRNA参与PPARγ功能调控。SRA在这方面也发挥作用，它通过与PPARγ蛋白直接结合，促进其转录活性。lncRNA调节PPARγ的另一种作用方式是通过miRNA分子的海绵作用。研究发现，lncRNA IMFNCR（肌内脂肪相关lncRNA）可以吸附miR-128-3p和miR-27b-3p，调控PPARγ表达，促进肌内脂肪细胞分化。lncRNA-miRNA也可通过其他表观遗传调节因子对PPARγ的表达及功能进行间接调节。脂肪细胞分化相关lncRNA（ADNCR）可以吸附miR-204，已知其靶基因*SIRT1*与NCoR和SMART等形成复合物，以此抑制脂肪细胞PPARγ蛋白活性。PPARγ可以在启动子CpG岛区域发生表观遗传修饰，该位点发生甲基化时会降低相应下游基因的表达。实际上，在PPARγ2上游25000bp处转录的lncRNA Plnc1，可以减弱其启动子的甲基化状态，从而增加PPARγ2的转录活性。据报道，lncRNA PVT1与3T3-L1前脂肪细胞中的STAT3表达有关，并且PVT1已被发现其与PPARγ、C/EBPα、FABP4和与脂肪酸合成相关的基因表达增加相关。另外功能研究较成熟的lncRNA NEAT1，广泛涉及许多癌症发生过程，也在脂肪生成中起重要作用。研究数据显示NEAT1通过SRp40增加PPARγ2的表达。PPARγ也可以调节lncRNA的表达，例如，在lncRNA AK079912和lncRNA BATE的启动子区域均存在PPARγ结合位点。

三、脂肪酸生物合成

1. 膳食脂肪酸的吸收与储存

哺乳动物以碳水化合物形式储存能量的能力有限，但以脂肪形式储存能量的能力似乎是无限的。哺乳动物进食的膳食来源脂质以甘油三酯为主，另有少量的磷脂和胆固醇，其消化主要在小肠中进行。在辅脂肪酶（colipase）的协助下，甘油三酯水解酶和甘油三酯结合，并催化其在 C_1、C_3 位发生水解反应，生成 2- 甘油一酯和游离脂肪酸，随后被吸收进入小肠黏膜细胞。2- 甘油一酯和游离脂肪酸在小肠细胞中重新酯化为甘油三酯，并和载脂蛋白组装成乳糜微粒，经血液运输至脂肪组织储存起来或肌肉组织中氧化分解。

2. 软脂酸的生物合成

来自过量膳食碳水化合物的葡萄糖在肝脏中经历糖酵解并最终转化为脂肪酸，脂肪酸被酯化为甘油三酯（TG）并以极低密度脂蛋白（VLDL）的形式分泌。这种将葡萄糖转化为脂肪酸的过程，称为脂肪酸的从头合成（DNL），受到激素和营养状态的严格控制。在能量正平衡的情况下，碳水化合物可以通过从头合成转化为脂肪酸。

DNL 基本上发生在所有细胞中，但脂肪组织和肝脏是主要合成部位，而肝脏被认为是 DNL 最重要的场所，肝脏 DNL 合成的脂质约占总肝脏脂质合成的 25%。碳元素从葡萄糖到脂肪酸的流动需要一系列协调的酶促反应，线粒体中三羧酸循环产生的柠檬酸 ATP- 柠檬酸裂解酶（ACL）转化为乙酰 CoA，后者通过乙酰 CoA 羧化酶（ACC）转化为丙二酰 CoA。ACC 以 ACC1 和 ACC2 的形式存在，ACC1 是一种在肝脏和脂肪中对于 DNL 很重要的胞质异构体，ACC2 是一种在肌肉组织中高表达的线粒体相关异构体。

脂肪酸合成由脂肪酸合成酶（FAS）催化完成。FAS 是一种多功能胞质蛋白，主要合成棕榈酸（一种 16 碳饱和脂肪酸）。哺乳动物 FAS 被认为是一种 I 型脂肪酸合酶复合物，以两个 260ku 亚基的同源二聚体形式存在，在单个大肽中具有多个结构域。这些结构域包含启动脂肪酸合成和延长两个碳增量所需的六种不同的酶活性，乙酰 CoA- 酰基载体蛋白（ACP）转移酶、β- 酮脂酰 ACP 合酶、丙二酰单酰 CoA-ACP 转移酶、β- 酮脂酰 ACP 还原酶、β- 羟脂酰 ACP 脱水酶和烯脂酰 ACP 还原酶。以上六种酶和一个 ACP 共同构成 FAS，在 ACP 和 β- 酮脂酰 ACP 合酶上均含有一活性巯基，其中 ACP 上的巯基称为中央巯基，β- 酮脂酰 ACP 合酶上的巯基称为外围巯基，共同用于脂肪酸链合成过程中脂酰基的运载。脂肪酸的合成包括起始、多个“缩合 – 还原 – 脱水 – 还原”循环和硫酯酶参与的释放等步骤。下面以软脂酸的生物合成为例介绍脂肪酸的合成过程。

①起始：由乙酰 CoA-ACP 酰基转移酶催化乙酰 CoA 的乙酰基转移到外围巯基。之后，由丙二酸单酰 CoA-ACP 转移酶丙二酸单酰 CoA 的丙二酰基转移到中央巯基上，最终生成丙二酸单酰 ACP。

② “缩合 – 还原 – 脱水 – 还原”循环：丙二酸单酰 ACP 和乙酰基在 β- 酮脂酰 ACP 合

酶的作用下进行缩合形成乙酰乙酰 ACP，随后在β-酮脂酰还原酶的作用下生成β-羟丁酰 ACP，此过程由 NADPH 提供还原力。β-羟丁酰 ACP 在β-羟脂酰 ACP 脱水酶的催化作用下脱水生成α、β反式丁烯酰 ACP。最后，α、β反式丁烯酰 ACP 在烯脂酰 ACP 还原酶催化作用下，由 NADPH 提供还原力，发生还原反应生成丁酰 ACP。

③软脂酸释放：丁酰 ACP 为脂肪酸从头合成中第一个循环反应的产物，此后经历 7 次“缩合－还原－脱水－还原”反应，每次延伸 2 个碳原子形成软脂酰 ACP，随后在硫酯酶的水解作用下释放出软脂酸。碳链小于 14 的脂肪酸接触不到硫酯酶的催化核心结构域，导致硫酯酶的活性较低，而碳链大于 18 的脂肪酸不能被硫酯酶的结合槽所容纳。因此，硫酯酶对 16 碳酰基的特异性决定了释放脂肪酸的长度。

3. 脂肪酸延伸

DNL 在细胞质中进行，主要产物为 16 个碳的软脂酸，更长链的脂肪酸是在 16 个碳的基础上延长碳链实现的。动物体内脂肪酸碳链的延长发生在线粒体和内质网。线粒体中脂肪酸碳链的延长是脂肪酸β-氧化的逆过程，以乙酰 CoA 为二碳单位供体，每次反应延长 2 个碳原子。内质网中脂肪酸的延长类似于软脂酸的合成，以丙二酸单酰 CoA 为二碳单位供体，由 NADPH 作为还原剂，在 Elovl 的催化作用下完成。Elovl 由七个成员组成（Elovl1~7），其中 Elovl6 参与 DNL，受到饮食、激素等因素调节，主要催化 C12、C14 和 C16 脂肪酸的延长。

4. 脂肪酸去饱和

动物体内饱和脂肪酸只能在合成后才能去饱和，最常见的饱和脂肪酸是软脂酸和硬脂酸。催化去饱和反应双键形成的酶是脂酰 CoA 去饱和酶，需要 O_2 参与，NADPH 为该反应提供氢和电子。硬脂酰 CoA 去饱和酶（SCD）以四种异构体形式存在，在饱和脂肪酸（如软脂酸和硬脂酸）的 Δ^9 位置引入一个双键。在脂肪酸的特定位置引入双键对其代谢命运有深远的影响。研究表明，SCD-1 主要在脂肪组织和肝脏高表达，肝脏中 SCD-1 的失活可防止高碳水化合物喂养引起的脂肪肝和肥胖。

四、脂肪酸从头合成调控

肝脏 DNL 重要基因主要包括以下几类。

1. SREBPs

许多参与 DNL 的酶主要在转录水平上进行协同调控，餐后 DNL 转录激活可以通过涉及多种转录因子的复杂机制来实现，以此响应胰岛素和葡萄糖信号。胰岛素激活特定的激酶和磷酸酶，进而调控转录因子的表达，例如固醇调节元件结合蛋白 1c（SREBP1c）、碳水化合物反应元件结合蛋白（ChREBP）和肝 X 受体（LXR）。此外，餐后特定葡萄糖代谢物的增加会影响其中一些转录因子的功能或定位。然后这些转录因子被募集到脂肪生成基因的启动子区域，与其他转录因子或转录共激活因子形成复合物共同调控肝脏 DNL。

SREBPs 是 bHLH-LZ 转录因子，以二聚体形式与参与脂质代谢的靶基因的固醇调节元件（SRE）结合，存在三种 SREBP 同工型 SREBP-1a、SREBP-1c 和 SREBP-2。尽管不同 SREBP 之间存在一些功能重叠，肝脏 DNL 的主要转录调节因子是 SREBP-1c。新生的 SREBP-1c 是内质网（ER）脂质双层中的一种跨膜蛋白，与 SREBP 裂解激活蛋白（SCAP）和胰岛素诱导基因 1（*INSIG1*）相关。INSIG1 通过外壳蛋白Ⅱ（COP Ⅱ）包被的囊泡抑制 SCAP 介导的 SREBP-1c 向高尔基体的穿梭作用。当 SREBP-1c 和 SCAP 被磷酸化或固醇与 SCAP 结合时，它会改变与 INSIG1 分离的构象，并允许与 COP Ⅱ外壳蛋白相互作用。SREBP-1c 随后在高尔基体中被两种蛋白酶切割，即位点 1- 蛋白酶（S1P）和位点 2- 蛋白酶（S2P），导致 SREBP-1c 从 SCAP 解离并去除跨膜结构域，使成熟形式的 SREBP-1c 定位于核。一旦进入细胞核，SREBP-1c 就会促进脂肪生成基因的转录，包括 *FAS*、*SCD1*、*Elovl6* 和乙酰 CoA 羧化酶（*ACC*）。

SREBP1c 的激活受胰岛素信号通路调节。胰岛素受体的胰岛素激活导致胰岛素受体底物 1（IRS1）磷酸化，随后激活磷酸肌醇 3- 激酶（PI3K），导致磷脂酰肌醇（4,5）- 二磷酸（PIP2）磷酸化形成磷脂酰肌醇（3,4,5）- 三磷酸（PIP3）。PIP3 激活磷酸肌醇依赖性激酶 1（PDK1）和雷帕霉素复合物 2（mTORC2）的哺乳动物靶标。mTORC2 和 PDK1 各自导致蛋白激酶 B（PKB）的磷酸化，mTORC2 促进 PKB 介导的糖原合酶激酶 3β（GSK3β）抑制。PKB 还激活 mTORC1，导致核糖体蛋白 S6 激酶 1（S6K1）的激活，从而导致肝 X 受体 α（LXRα）的核定位、与类视黄醇 X 受体（RXR）的异二聚化和随后的 SREBP-1c 的转录。

据报道，SREBP 可以在不同位点被 MAPK 家族激酶 p38、ERK 和 JNK 磷酸化。由于这些磷酸化位点存在于成熟形式的 SREBP 中，并且在 SREBP-1c 中是保守的，因此 MAPK 可能通过影响 DNA 结合或反式激活在调节 SREBP-1c 功能中发挥作用。此外，SREBP-1c 的 N 端区域也可被糖原合酶激酶 3（GSK3）磷酸化，而 GSK3 被 AKT 磷酸化后失活，从而对 SREBP-1c 进行负调节。

SREBP-1c 也可能发生乙酰化和脱乙酰化。据报道，SREBP-1c 在高糖和高胰岛素条件下被 p300-CREB 结合蛋白（CBP）在 K289 和 K309 乙酰化。并且可以被 Sirtuin 1（SIRT1）去乙酰化，从而抑制其与脂肪生成基因启动子的结合。据报道，SIRT1 对 SREBP1c 的去乙酰化也促进了 SREBP-1c 的泛素化和蛋白酶体降解。此外，在营养缺乏期间，PKA 介导的 SREBP-1c 磷酸化增加了 SREBP-1c 与 STAT 蛋白 y（PIASy，又称 PIAS4）的蛋白抑制剂的相互作用，PIASy 是一种泛素相关修饰剂（SUMO）E3 连接酶，因此增强 SREBP-1c K98 位点的 SUMO 化（sumoylation）并导致 SREBP-1c 降解。

2. ChREBP

ChREBP 已被证明是主要对葡萄糖有反应的转录因子。ChREBP 具有 bHLH-LZ 结构域，并与另一种 bHLH-LZ 蛋白 Max 样蛋白 X（MLX）形成异二聚体复合物，结合碳水化合物反应元件（ChoRE）。ChREBP 调控的靶基因包括编码葡萄糖代谢酶的基因，如 *LPK*、*G6PC*、葡萄糖转运蛋白 4（*GLUT4*，也称为 *SLC2A4*）、3- 磷酸甘油脱氢酶（*GPDH*）和葡萄糖激酶调节蛋白（*GKRP*）；同时还有编码 DNL 的酶，如 ACLY、FAS、ACC 和 SCD。研究证实，腺病毒短发夹 RNA（shRNA）介导的肝脏特异性 ChREBP 缺失改善了肝脂肪变性，同时也改善了 ob/ob 小鼠的胰岛素抵抗。相反，肝脏中 ChREBP 的腺病毒过表达会增加肝脏甘油三酯（TAG）水平，减弱高脂饮食（HFD）诱导的胰岛素抵抗。总体而言，这些研究表明 ChREBP 参与脂肪生成基因转录，但可能将脂肪肝与胰岛素抵抗分离。

ChREBP 受葡萄糖代谢产物的调控。5- 磷酸木酮糖作为磷酸戊糖途径中一种中间代谢产物，在高葡萄糖条件下被激活，可特异性激活 PP2A 以进行 ChREBP 去磷酸化。研究表明，6- 磷酸葡萄糖和 2,6- 二磷酸果糖作为糖酵解途径中间产物，也可促进 ChREBP 的核转位。

ChREBP 可进行翻译后修饰。在高糖条件下，ChREBP 去磷酸化成为一种活性形式，并转移到细胞核中以增加 ChREBP 与其响应元件的结合。在禁食期间，ChREBP 可以在 S196 和 T666 处被 PKA 磷酸化，从而分别阻止其核转位，并降低其与靶 DNA 结合。而 PKA 还可在 S140 和 S196 处磷酸化 ChREBP，使 ChREBP 以更高的亲和力与 14–3–3 蛋白结合，将 ChREBP 滞留在细胞质中。此外，AMPK 可在 S586 处磷酸化 ChREBP，也会降低 ChREBP 与靶 DNA 结合活性。p300 对 K672 位点 ChREBP 的乙酰化也增加其向靶基因启动子区域的募集。

3. LXRs

LXRs 属于固醇调节转录因子的核激素受体超家族，通过生理配体（如氧甾醇）和胆固醇生物合成途径中的某些中间体（如去甾醇）的结合激活。LXR 的两种同工型 LXRα 和 LXRβ 与目标启动子区域的 LXR 响应元件（LXRE）结合，并与 9- 顺式视黄酸受体（RXR）结合 LXRE 存在于几种脂肪生成基因的启动子区域，例如 FAS、ACC、SCD1 以及 LXRα。在两种 LXR 异构体中，LXRα 在脂肪生成组织（如肝脏）高表达，可通过结合并激活 SREBP–1c 来增加脂肪生成基因的转录。ChREBP 也可能是 LXR 的靶标，因为在 ChREBP 启动子区域存在两个 LXRE，并且 LXR 激动剂处理增加了 ChREBP 表达。据报道，葡萄糖和 6- 磷酸葡萄糖可以直接与 LXRs 结合以刺激其靶基因的转录。LXRs 可被氧联葡萄糖胺（*O*–GlcNAc）转移酶修饰，以此感应葡萄糖并诱导 LXR 靶基因表达。在高血糖和低胰岛素血症条件下，LXRs 保持上调糖酵解和脂肪生成酶表达的能力，包括葡萄糖激酶、SREBP–1c、ChREBPα 和 ChREBPβ。LXRα 和 LXRβ 均敲除的小鼠表现出肝脏脂质代谢缺陷，脂肪生成减少 80%，并且具有抵抗肥胖的能力，证明了 LXRs 在肝脏脂肪生成中的作用。尽管现有研究普遍认为 LXRs 在胰岛素介导的脂肪生成中起作用，但用于脂肪生成激活的 LXRs 生理性配体尚未完全确定。据报道，诱导 ChREBP 或葡萄糖调节基因不需要 LXR，这表明葡萄糖及其代谢物不是 LXR 的生理配体，或者 LXR 的翻译后修饰并不代表葡萄糖感应机制。

在禁食期间，LXRα 可以在 S195、S196、S290 和 S291 位点被 PKA 磷酸化，这会阻止

其与 RXR 的二聚化以及与 LXRE 的结合，并招募辅助抑制因子视黄酸和甲状腺激素受体（NcoR1）调控脂质生成基因表达。虽然具体位点未知，但也有报道称 AMPK 在苏氨酸残基（或多个残基）处磷酸化 LXRα，导致甘油三酯合成的抑制和减弱。

五、甘油三酯合成

活化后的脂肪酸（脂酰 CoA）和三磷酸甘油在 3- 磷酸甘油酰基转移酶（GPAT）的作用下生成溶血磷脂酸（LPA），LPA 在酰基甘油磷酸酰基转移酶（AGPAT）的催化下被另一种酰基 CoA 进一步酰化，产生磷脂酸（PA）。随后，PA 在磷脂酸磷酸化酶（PAP）的作用下去磷酸化以生成甘油二酯（DG）。最终，DG 在二酰基甘油酰基转移酶（DGAT）的催化作用下生成甘油三酯。

第二节　脂质的合成转化对食品品质的影响

一、肌内脂肪与肉品品质

对于现代肉类消费者而言，口感和营养价值是肉类的两个重要品质属性。早年间，畜牧业生产中为促进瘦肉生长而对动物进行集约化遗传选择，导致胴体脂质含量急剧下降，尤其是显著减少了肌肉内脂肪（简称肌内脂肪，IMF）。近些年来研究证实，肌肉中的脂肪对肉品质有重要影响，例如嫩度、多汁性以及风味。并且，口腔中存在对膳食脂肪的化学感受器，因此肌内脂肪对肉类的适口性至关重要。在肉用养殖动物中，脂肪细胞主要聚集在皮下、内脏和肠系膜结缔组织内，具有较低的商业价值，被认为是肉类产品中的废物。也有一些脂肪细胞分散在肌束之间和肌束内，形成肌内脂肪。牛和猪的大多数肌内脂肪细胞沉积在肌周的初级和次级肌束之间，而一些大理石纹脂肪细胞也可以在高位肌束内发现，例如我国著名的梅山猪、日本的黑猪。

二、肌内脂肪细胞起源与分化

1. 肌肉纤维脂肪生成祖细胞的起源

尽管含有间充质干 / 基质细胞（MSC）、成纤维细胞、免疫细胞和内皮细胞等肌肉基质血管混合组分被广泛应用于肌内脂肪细胞的体外研究试验，然而肌内脂肪细胞的起源直至最近才基本确定。2010 年，由 Uezumi 等证实，非生肌间充质干细胞为小鼠肌肉再生过程中肌内脂肪细胞的主要来源。随后，在人体的研究也证实了这一结论。该细胞表现出血小板衍生生长因子受体 α（也称为 CD140α）阳性，并显示出向载脂脂肪细胞和表达胶原蛋白Ⅰ的成纤维细胞的双向分化能力，因此被定义为纤维脂肪生成祖细胞（fibro-adipogenic progenitors，FAPs）。在人类和啮齿类动物中，该细胞位于肌纤维和肌束间隙中，即肌内脂肪形成部位。研究证实，从牛骨骼肌中分离的 FAP 可以被经典的成脂诱导剂诱导分化为脂肪细胞。此外，与内洛尔牛相比，安格斯育肥牛中 CD140a 的表达与 IMF 含量相关呈现正相关。在猪中，CD140a+ 细胞位于背最长肌的肌纤维间隙，并且脂肪型猪背最长肌中检测到的 CD140a+ 细胞数目显著高于瘦型猪。

2. FAPs 具有异质性

肌内 FAPs 是间充质基质细胞的一个亚群，构成具有不同谱系动态异质细胞池。例如，小鼠肌内 FAPs 的一个亚群可以定向分化为脂肪生成祖细胞，而其他亚群即使在脂肪生成诱导培养基中也表达成纤维细胞标记物。来自小鼠肌肉的超过 90% 的 FAPs 表现出脂肪生成潜力，在受伤肌肉中频率降低到 35%~60%。据报道，在人类未受损的骨骼肌中，具有脂肪生成能力的 FAPs 的比例约为 30%。此外，一些（但不是全部）人类和啮齿类动物 FAPs 具有纤毛，初级纤毛可能介导细胞外信号。例如，初级纤毛在人类细胞系中可接到转化生长因子（TGFβ）和胰岛素样生长因子（IGF1），而在小鼠中可介导刺猬信号，以此调节 FAPs 的谱系定型和成脂分化。此外，小鼠皮下和内脏白色脂肪垫中的 CD140a+ 细胞可以根据 CD9 表达水平进行分类，CD9 低表达的祖细胞可以在高脂饮食作用下分化为脂肪细胞，而 CD9 高表达的细胞呈现较高的纤维化状态。

3. FAPs 沉积能力较弱

一般来说，肌内脂肪细胞的脂质储存能力低于皮下脂肪细胞，并且与皮下前脂肪细胞相比，肌肉内前体脂肪细胞中与脂质合成和脂肪分解相关基因的初始表达相对滞后，并且肌肉内脂肪中脂肪生成酶和脂肪分解酶的活性要比皮下脂肪细胞低得多。人肌内 FAPs 衍生的脂肪细胞中细胞和脂滴的大小比皮下脂肪细胞小，在牲畜中同样发现了相似的现象。研究发现，牛肌内脂肪细胞的直径小于皮下脂肪组织中的直径。同样地，与猪的皮下脂肪组织相比，肌肉内脂肪含有更少的脂质。转录组和蛋白质组学分析进一步证实了肌内脂肪细胞较低的脂肪生成能力。

不仅如此，与其他脂肪组织相比，肌内脂肪的成熟度较低，因此它对脂质代谢相关激素的刺激反应同样较弱。与生长猪的皮下和肾周脂肪细胞相比，胰岛素诱导的脂肪生成和儿茶酚胺诱导的脂肪分解作用在肌肉内脂肪中较低。从新生猪半腱肌中分离出的肌内 SVFs 对糖皮质激素的敏感性低于皮下脂肪，并且，该细胞脂质合成能力同样较低。

4. FAPs 分化调控

与脂肪组织的脂质沉积类似，IMF 沉积的潜在分子调控机制可能有以下两种机制，一种是脂肪细胞数量增加，另一种是脂肪细胞肥大。

肌肉 FAPs 增殖的调控机制已在小鼠模型中进行了广泛研究。在慢性肌肉损伤中，巨噬细胞中 TGFβ1 的表达被激活，从而抑制细胞凋亡，并促进小鼠肌肉中 CD140a+ 细胞的增殖。然而，在急性损伤的肌肉中，巨噬细胞中肿瘤坏死因子 α（TNFα）表达升高，直接诱导 FAPs 的凋亡。动物在注射心脏毒素后，嗜酸性粒细胞释放的白细胞介素（IL）–4 会促进肌内 FAPs 的增殖。此外，血小板衍生生长因子（PDGF）等生长因子可通过激活 PI3K（3–磷脂酰肌醇激酶）–AKT（蛋白激酶 B）和 MEK2（丝裂原激活蛋白激酶 2）信号，从而激活 FAPs 增殖。小鼠 FAPs 中血管内皮生长因子受体 2（VEGFR2）的基因敲除阻断了视黄酸对 FAPs 的促增殖作用，表明 VEGF 信号促进了 FAPs 的增殖。

肌肉中缺乏甘油激酶和 ACC 活性，因此肌肉中甘油三酯的甘油骨架主要依赖于葡萄糖代谢的中间产物 3–磷酸甘油，而脂肪酸则依赖于胞外脂肪酸的摄取。血浆脂质浓度在很大程度上决定了游离脂肪酸（FFA）进入肌肉组织的吸收率，肥胖人群和动物的循环脂肪酸（FFAs）水平通常较高，并且脂质氧化速率较低，导致肌细胞内脂质沉积过多。肌内脂肪细胞中的脂肪酸转运与肌细胞类似，位于毛细血管内皮细胞中的脂蛋白脂肪酶（LPL），促进了肌肉组织中肌内脂肪细胞和肌细胞对脂肪酸的摄取。LPL 催化脂蛋白中甘油三酯的水解，此过程释放出的脂肪酸跨肌内膜和肌膜转移，并被肌内脂肪细胞或肌细胞吸收。尽管脂肪酸可以通过简单的扩散机制进入细胞，但在生理条件下，细胞脂肪酸摄取的主要依赖于膜蛋白质转运，例如脂肪酸结合蛋白（FABP）、脂肪酸转位酶（FAT）和脂肪酸转运蛋白（FATP）。FATP 介导的脂肪酸摄取可能是由内在的酰基 CoA 合酶活性驱动的，然而，脂肪酸摄取的过程尚未完全了解。这种转运蛋白系统是调节骨骼肌肌内脂肪沉积的关键，如果脂肪酸不被氧化，被转运进细胞内的脂肪酸则重新酯化为脂类，形成肌内脂肪。FABP 被认为是细胞内脂肪酸最重要的载体，能够促进脂肪酸从质膜转运到脂肪酸氧化或酯化成 TG 或磷脂的位点。肌肉中甘油三酯的形成与脂肪组织脂肪细胞类似，脂肪酸 CoA 与 3–磷酸甘油在 GPAT 催化作用下生成 LPA，LPA 在 AGPAT 的催化下被另一种酰基辅 A 进一步酰化生成 PA。随后 PA 经 PAP 去磷酸化，生成 DG。最终，DG 在 DGAT 的催化作用下生成甘油三酯。

与此同时，在脂肪组织脂质生物合成过程中的关键转录因子同样在肌内脂肪形成中起重要作用。例如 PPARγ 和 C/EBPα 对于脂质生物合成中的作用在猪的肌内脂肪细胞中得到证实。另外，SREBP1 是迄今为止报道的另一种参与控制猪肌肉中 IMF 沉积的蛋白。据报道猪背肌中 IMF 含量与 *SREBP1* mRNA 的表达呈正相关。

5. IMF 沉积受细胞微环境调控

在骨骼肌中，肌内脂肪细胞周围分布有大量的肌纤维、肌卫星细胞、免疫细胞等，这些细胞对与肌内脂肪细胞的脂质合成能力同样产生重要影响。

肌细胞和脂肪细胞的共培养可以模拟肌内脂肪细胞微环境对其脂质合成能力的影响。一项啮齿类动物的研究表明，肌内 FAPs 的脂质生成能力受到与肌细胞共培养的强烈抑制。这种抑制作用在一定程度上是肌细胞中分泌的细胞因子造成的，例如肌生长抑制素 Myostatin。Myostatin 可以通过提高细胞糖皮质激素受体启动子区域 DNA 甲基化水平以及上调 miR-124-3p 的表达，抑制肌内脂肪细胞中糖皮质激素受体的表达，以此降低该细胞脂质合成能力。白细胞介素 15（IL-15）是另一种肌肉衍生细胞因子，可刺激肌肉内 FAPs 的增殖，并阻止肌肉内 FAPs 分化为脂肪细胞，并在小鼠中上调 Hedgehog 信号传导。此外，鸢尾素是一种运动诱导的肌细胞因子，可通过诱导棕色脂肪细胞标志基因 *UCP1*，增强细胞能量输出，减少人类前脂肪细胞的脂质沉积与分化。

近期的研究证实，肌内 FAPs 和巨噬细胞之间存在潜在的相互作用。巨噬细胞按功能可划分为促炎性（proinflammatory）M1 型巨噬细胞和抗炎性（anti-inflammatory）M2 型巨噬细胞。研究表明，当巨噬细胞由 M1 型向 M2 型转变的过程中对小鼠的肌内脂肪生成产生重要影响。利用条件性培养基进行的间接共培养试验证实，由 IL-1β 极化的巨噬细胞分泌的细胞因子通过刺激 SMAD2 信号，显著降低肌内 FAPs 成脂分化潜力。而 IL-4 极化的巨噬细胞释放的因子，可增强细胞脂质积累和脂肪生成标志物的表达，从而促进肌内 FAPs 脂质合成。特别是，由受损肌肉再生阶段中巨噬细胞分泌的 TGFβ1，体内和体外均证实可抑制 FAPs 的成脂分化。并且，TGFβ1 受体功能缺失促进了猪前脂肪细胞和鼠 3T3-L3 细胞的成脂分化。此外，一项 TGFβ1 和甘油共注射研究表明，TGFβ1 对肌内脂肪生成的抑制作用具有时间依赖性，TGFβ1 与甘油的共同注射比甘油注射后 4d 后注射表现出更大的抑制作用。

总之，肌内 FAPs 的成脂分化过程至少受到周围肌细胞、免疫细胞等细胞的调控。

三、提高肌内脂肪措施

1. 亮氨酸

尽管 IMF 生成调控机制尚未完善，然而提高 IMF 含量的探索已取得一定的进展。其中一个典型的营养调控方法是减少饮食中的蛋白质含量。据报道，不同日粮蛋白质水平（12%、13%、15%、16%、18%）影响育肥猪背最长肌的大理石花纹和 IMF 含量，日粮中蛋白质浓度越低，大理石花纹和 IMF 含量越高。给 30~110kg 体重的猪饲喂粗蛋白浓度为 10.0% 的日粮，使背最长肌的 IMF 含量提高到 9.4%，而饲喂粗蛋白浓度为 19.0% 的对照日粮的猪 IMF 含量仅为 3.8%。这可能是由于饮食中蛋白质水平降低，提高了猪肌肉总脂肪酸含量，以此激活关键脂肪生成酶 SCD，表明单不饱和脂肪酸的合成在促进 IMF 的积累时发挥了作用。尽管低蛋白质饮食提高了骨骼肌中 IMF 的含量，然而，其存在生长速度较慢、背膘厚、眼肌面积降低的负面影响。

在饲粮中补充亮氨酸，也可提高猪背最长肌中 IMF 含量。研究发现，对照猪背最长肌中的平均 IMF 含量为 2.4%，而当其体重为 75~115kg 体重时在饲粮中添加了 2% 亮氨酸后，猪的平均 IMF 含量为 3.4%。尽管高亮氨酸对提高猪骨骼肌中的 IMF 含量是有效的，但同样发现饲喂高亮氨酸饲粮的猪的平均生长速度比对照猪低。

2. 膳食共轭亚油酸

在猪日粮中添加膳食共轭亚油酸可降低皮下脂肪深度，同时提高大理石花纹评分以及IMF含量。进一步研究发现，尽管膳食共轭亚油酸不影响猪皮下脂肪组织中FABP mRNA，然而显著提高了FABP在被最长肌中的表达。此外，一项猪基质血管细胞（SVF）（皮下脂肪组织来源或肌肉组织来源）的体外研究发现，培养基中补充CLA降低了皮下组织来源细胞的脂肪分化及脂肪特异相关基因的表达，却提高了肌肉来源的细胞中这些基因的表达。因此，尽管皮下脂肪组织与肌肉内脂肪组织中控制脂肪积累的潜在机制可能不同，然而日粮添加膳食共轭亚油酸可能是提高猪肌内脂肪的有效手段。

3. PPARγ 激动剂

PPARγ 是一种配体依赖性转录因子，是脂肪生成的主要调节因子，其激动剂（罗格列酮、噻唑烷二酮、吡格列酮等）通常可有效治疗代谢功能障碍和糖尿病。令人兴奋的是，PPARγ 激动剂不仅可以改善2型糖尿病的胰岛素敏感性，同时还可促进IMF沉积，该作用同样在啮齿类动物中得到证实。同样，日粮中添加噻唑烷二酮或盐酸吡格列酮可显著促进育肥猪中IMF的积累，而不会影响背膘厚度。进一步的工作表明，PPARγ 的激活特别增强了猪肌肉SVFs的脂肪生成。因此，PPARγ 激动剂有望成为一类提高家畜IMF的有效添加剂。

四、肉食摄入与人类健康

1. 肉的脂肪酸组成

肉类脂质主要由甘油三酯和磷脂组成。甘油三酯是储存脂质，由酯化为甘油的三种脂肪酸组成，富含饱和脂肪酸，其中含有饱和脂肪酸（SFA）、单不饱和脂肪酸（MUFA）和多不饱和脂肪酸（PUFA）。而磷脂通常是细胞膜中普遍存在的功能性脂质，因此含有比甘油三酯更多的PUFA。亚油酸（LA，C18:2 *n*–6）和 *α*–亚麻酸（LAL，C18:3 *n*–3）是两种主要的PUFA，构成了膜脂的主要部分，是储存脂的一部分，但它们无法在体内合成，因此必须从动物饮食中获取。PUFA还是花生四烯酸（C20:4 *n*–6）。油酸（C18:1 *n*–9），一种MUFA，也被认为是有益的，但不是人体所必需的。除此之外，肉类中发现的脂肪酸包括长度为6~8个碳原子以及更长的脂肪酸，如EPA（C20:5）、DPA（C22:5）和DHA（C22:6）。“*n*–”用于识别具有亚甲基间断双键的天然顺式不饱和脂肪酸（UFA），并表示最靠近分子甲基末端的第一个双键的位置。例如，对于 *α*–亚麻酸（18:3 *n*–3），第一个双键位于甲基末端的第3个碳上，第二个和第三个双键分别位于碳6和碳9处。*n*–3脂肪酸按碳链长度分类，其中<19个碳原子是短链，20~24个碳原子是长链 *n*–3脂肪酸。

n–3（*ω*–3）和 *n*–6（*ω*–6）脂肪酸属于PUFA。ALA是长链 *n*–3脂肪酸的前体，LA是

长链 n–6 脂肪酸的前体。ALA 和 LA 均不能由哺乳动物合成，被认为是必需脂肪酸。因此，哺乳动物必须通过饮食方式获取这些脂肪酸。然而，ALA 向其更长链衍生物的转化，包括 EPA、DPA 和 DHA，受多种生物因素控制。研究表明，与长链衍生物的直接吸收相比，其延长和去饱和等转化过程缓慢且效率低下。由于转化效率低，很难供给足够的 ALA 来增加组织中 EPA 和 DHA 的浓度。因此，哺乳动物需要摄入足够的 ALA、EPA 和 DHA，以满足代谢活动和疾病预防的要求。

在反刍动物中，多不饱和脂肪酸优先沉积在磷脂中，膳食 ALA 可增强 ALA、EPA 和 DPA 的积累，但 DHA 的富集非常有限。SCD1 和 SCD2 更倾向于催化 n–3 而非 n–6 脂肪酸，但是高 LA 摄入量（例如通过谷物喂养或饲养场喂养动物）会干扰 ALA 向 EPA、DPA 和 DHA 的伸长和去饱和过程。早期报道称，ALA 转化为 DHA 不是立即的，也不像补充鱼油那样有效地增加 DHA。只有 0.2% 的膳食 ALA 可转化为 EPA，65% 的 EPA 转化为 DPA，37% 的 DPA 转化为 DHA，ALA 和 LA 在 SCD1 和 SCD2 的催化下分别生成 EPA 和花生四烯酸（AA）。随后，EPA 在环氧酶（cyclooxygenase，COX）1 和脂氧合酶（lipoxygenase，LOX）的作用下生成 DHA，而 AA 则由 COX2 和 LOX 催化为 DPA。

反刍动物肌肉和脂肪组织的脂肪酸组成受瘤胃微生物的影响较大。膳食脂质快速水解释放游离脂肪酸，后经双键异构化和生物氢化将 UFA 主要转化为 MUFA 和 SFA。鉴于大多数生物氢化的中间产物中至少含有一个反式双键，它们通常被称为“反刍动物反式脂肪酸”或“天然反式脂肪酸”。生物氢化仅发生在反刍动物中，猪肉在 PUFA 和 SFA 之间具有良好的平衡，为 0.58~0.61，而反刍动物的二者比例较低，为 0.05~0.11。总体来说，这意味着在单胃动物中，肉的脂肪酸组成可以更容易地通过饮食改变，当日粮营养成分发生改变时，LA、ALA 和极长链 PUFA 的比例则发生较快的改变。相比之下，反刍动物肉的脂肪酸谱的特征在于——由于存在大量异构体，尤其是顺式和反式 C18:1 和 C18:2 脂肪酸、奇链和支链脂肪酸，因此组成更加多样化。

2. 脂肪酸与人类健康

动物性肉类产品，包括牛（牛肉和小牛肉）、猪（猪肉）、绵羊（羊肉）、山羊（羊肉），均是优质蛋白质 B 族维生素和微量矿物质的极好来源，在全球粮食和营养安全方面发挥着重要作用。联合国粮食及农业组织建议应以脂肪形式摄入一定量的膳食能量，推荐摄入量因年龄、饮食模式和生理状况而异。对 6~10 岁儿童和孕妇 / 哺乳期妇女的建议分别为 200~250mg/d 和 200~300mg/d。其中，上述肉类产品可占长链 n–3 脂肪酸需求的 20%，特别是在鱼类消费量低的人群中。建议成人以脂肪形式摄入 20%~35% 的膳食能量。这应该包括 <10% 的能量来自 SFA，6%~11% 的能量来自 PUFA，其余的来自单不饱和脂肪酸 MUFA，但 <1% 的能量来自反式脂肪酸（TFA）。对于 PUFA，膳食能量应包括 2.5%~9% 的 n–6 脂肪酸和 0.5%~2% 的 n–3 脂肪酸，而 n–3 脂肪酸应提供 0.25~2g 二十碳五烯酸（EPA，20:5 n–3）和二十二碳六烯酸（22:6 n–3；DHA）组合。总体而言，这些建议平衡了膳食摄

入脂肪和脂肪酸的积极和消极影响。

一方面，上述肉类中含有高水平胆固醇和饱和脂肪酸，过量摄食与糖尿病、心血管疾病、癌症等以及过早死亡的风险增加有关。例如，猪肉中 C14:0 和 C16:0 脂肪酸含量较高，可能会增加人类血液胆固醇的水平，进而增加心血管疾病的发生。并且，研究结果还显示，膳食中增加 PUFA 的比例，易导致心血管疾病的发生概率。另一方面，多不饱和脂肪酸，特别是 *n*–3 多不饱和脂肪酸，如 *α*– 亚麻酸（ALA，C18:3 *n*–3）、EPA 和 DHA，这些成分通常被称为“生物活性”或“功能性食品”成分，在健康维护和预防慢性病方面发挥重要作用。科研数据表明，MUFA 还可具有降低胆固醇、抗血栓形成和抗高血压的特性。此外，尽管目前尚无共轭亚油酸（CLA）的摄食指南，然而 CLA 同样显示出对人类健康有益的作用。据报道，CLA 与降低心血管疾病和某些类型癌症的风险有关。除此之外，CLA 可能具有抗动脉粥样硬化、抗氧化和免疫调节特性，并且还可能在控制肥胖、降低糖尿病风险、改善身体的抗氧化系统以及骨代谢方面具有一定的调节功能。

另外，人们对于磷脂在改善血脂方面的作用越来越感兴趣。在人类和啮齿动物中进行的研究表明，混合磷脂和单一磷脂对心血管健康、代谢疾病和神经系统健康都有有益的影响。虽然目前缺乏动物肉产品来源的磷脂摄食与人类健康之间相关的研究，但是啮齿类动物上的研究表明，富含磷脂的乳制品提取物降低了高脂饮食饲喂小鼠的体重，改善了脂肪肝，并且降低了血液中总脂质和胆固醇的水平。同样，每天服用 3g 富含磷脂酰胆碱（PC）的乳制品，降低了人类心血管疾病的风险。每天摄入一次富含鞘脂的配方乳制品，降低了人体血液中富含甘油三酯脂蛋白的胆固醇浓度，但不影响血浆脂质、脂蛋白的水平以及低密度脂蛋白和高密度脂蛋白比（LDL ∶ HDL）。单一磷脂摄入也已被证明对人类健康有有益影响。例如，每天摄入 1g 膳食鞘磷脂（SM）会增加血清 HDL，但不会影响人体对胆固醇的吸收。一项啮齿类动物上的研究表明，持续 2 周摄入含有 2% 磷脂酰乙醇胺（PE）的饮食可降低血浆胆固醇水平。类似地，每天补充 2.8~5.6g 磷脂酰肌醇（PI）会增加高密度脂蛋白胆固醇。此外，每天摄入 300mg 大豆来源的磷脂酰丝氨酸（PS）能够改善老年人的认知功能。

此外，工业反式脂肪酸对人类健康具有无可争议的不利影响，增加了心血管疾病风险和死亡率。然而，肉产品中一类“天然反式脂肪酸”反式十八烯酸（VA，反式 C18:1），是由反刍动物瘤胃微生物的生物氢化作用产生的中间代谢产物，对人类健康具有多种益处，包括抗炎、抗癌、抗动脉粥样硬化和抗糖尿病作用。在动物模型中，VA 已被证明可以改善血脂状况、减少炎症、减少肿瘤生长和代谢，并改善胰岛素敏感性。同样，在细胞培养研究中，VA 可减少促炎细胞因子，减少癌细胞生长，并改善胰岛细胞的胰岛素分泌。

最后，支链挥发性脂肪酸（BCFA）对人类健康影响的报道较少，但随着发现 BCFA 与抗癌和抗炎特性、肠道微生物群的变化的关系后，逐渐受到人们的关注。

总之，受健康理念的影响，消费者越来越重视饮食、健康之间的关系，肉类中的有益脂肪酸含量因此也受到了许多关注。目前，改善肉类脂质的主流策略是降低总脂肪含量，降低少于 18 个碳的 SFA 含量，并增加 PUFA 和 MUFA 的含量。

3. 肉质改良

（1）猪肉中脂肪酸改良　猪是一种单胃动物，如果没有特定的膳食添加剂，猪肉脂质的 *n*–3 PUFA 通常很低。然而有一个例子除外，那就是目前已建立的转基因猪模型。在该模型中，克隆猪功能性表达了来自 *Caenorhabditis briggsae* 的 *Cbr-fat-1* 基因，该基因编码 *n*–3 脂肪酸去饱和酶。这些猪被证明可以从 *n*–6 类似物中产生高水平的 *n*–3 脂肪酸，并因此降低 *n*–6：*n*–3 PUFA。

由于来自转基因动物的猪肉不太可能被大多数消费者和许多国家的法律所接受，因此饮食中补充所需的脂肪酸更为合适。使用富含高水平 C18:2 *n*–6 PUFA 的饮食可以获得惊人的效果，而这种 PUFA 是谷物和油籽中常见的脂肪酸。一般来说，这种脂肪酸在组织中的比例随着膳食摄入量的增加而线性增加，并且肌肉组织中增加效果比脂肪组织要小。早期研究显示，高水平大豆日粮将猪皮下脂肪组织中 C18:2 *n*–6 PUFA 的比例从低脂饮食的 1.9% 增加到 30% 以上。2006 年，Teye 等分别在猪的浓缩料中添加了 2.8% 棕榈仁油（富含 C12:0、C14:0 和 C18:0）、棕榈油（富含 C16:0 和 C16:1）和大豆油（富含 C18:2 *n*–6）。脂肪组织和肌肉中受饮食影响最大的是 C12:0、C14:0 和 C18:2 *n*–6，C16 和 C18 饱和脂肪酸和单不饱和脂肪酸几乎不受饮食的影响。结果证实，C12:0 和 C14:0 主要来自饮食，而 C18:2 *n*–6 完全来自饮食。相反，C16 和 C18 饱和脂肪酸和单不饱和脂肪酸主要是动物合成的产物，它们之间的相互转化限制了日粮添加的影响。大豆油对脂肪组织中 C18:2 *n*–6 的影响最明显，而肌肉中的变化比例低于脂肪组织中的比例。

此外，鉴于猪肉中 *n*–6:*n*–3 脂肪酸比例较高及其对人类健康的不利影响，多项研究检测了亚麻籽 / 亚麻籽中的 C18:3 *n*–3 脂肪酸添加对猪肉品质的影响，旨在降低 *n*–6:*n*–3 脂肪酸比例。Enser 等对 80 头活重 25~95kg 的雄性和雌性猪饲喂不同 C18:2 *n*–6:C18:3 *n*–3 比例的日粮（对照组饲喂 C18:2 *n*–6：C18:3 *n*–3 约为 10.67 日粮，而亚麻籽组为 C18:2 *n*–6：C18:3 *n*–3 约为 2.22 日粮），旨在促进 C18:3 *n*–3 及其长链产物在甘油三酯和磷脂中的沉积。结果表明，亚麻籽饮食促进了 C18:3 *n*–3 向 C20:5 *n*–3、C22:5 *n*–3 以及 C22:6 *n*–3 的转化，并主要沉积于肌肉磷脂，而不是肌肉中性脂。2003 年 Nguyen 等研究了猪脂肪组织和肌肉中沉积的 *n*–6 和 *n*–3 PUFA 及其在日粮中的比值，并得出结论认为，C18:2 *n*–6 比 C18:3 *n*–3 的组织水平与膳食摄入量的比值更大，即 C18:2 *n*–6 更易受饮食影响。并且他们还发现，脂肪组织中 C18:2 *n*–6 的沉积效率高于肌肉，但对于 C18:3 *n*–3，两种组织的吸收效率相似，这一结论与 Enser 等的结果一致。

海洋鱼类作为 *n*–3 PUFA 的重要来源，同样可以作为 PUFA 的添加剂改善猪肉品质。例如，泰国清迈大学在多项研究中测试了使用非食品级金枪鱼油的可能性和效率。结果表明，金枪鱼油是一种非常有效的方法，可以提高非常长链的 *n*–3 PUFA，同时降低猪肉和猪肉产

品中的 n−6 : n−3 PUFA 以及 SFA 比例。此外，研究结果还证实，EPA 和 DHA 之间以及二者在肌肉和脂肪组织中的沉积存在差异，并且在育肥结束时的短期内或在整个育肥期间饲喂金枪鱼油被证实在增加骨骼肌中 n−3 PUFA 含量方面具有相似的效率。该研究进一步证实，金枪鱼油的饲喂同样影响到了猪肉产品中 n−3 PUFA 的含量。例如，与对照相比，熏肉、中式香肠和维也纳式香肠产品中总 n−3 PUFA 的比例平均分别增加 1.13、1.22 和 1.44 倍。并且，饲喂金枪鱼油的猪制作的培根与对照组相比，具有更高的 n−3 PUFA 含量以及更低的 n−6 : n−3 PUFA。

（2）牛肉中脂肪酸改良　在陆地和海洋生态系统中，植物是 n−3 多不饱和脂肪酸的主要来源。它们具有从头合成 ALA 的独特能力。植物油及其所含的植物或种子是富含多不饱和脂肪酸的饲料的主要来源。在许多植物油中，LA 含量丰富（例如葵花籽油和大豆油），其浓度约为肉类中的 20 倍。n−3 脂肪酸 ALA 在多叶植物组织的脂质中含量特别丰富。因此，尽管脂质含量很低，这些植物依然可以作为增加肉产品中不饱和脂肪酸的重要来源。此外，某些植物油，如亚麻籽油、红花油、菜籽油也富含 ALA。饲喂反刍动物的饲草中，如三叶草含有丰富的 ALA，可通过延长和去饱和作用合成 EPA 和 DHA。现有研究显示，与浓缩饲料相比，饲喂新鲜草可显著提高肌肉脂质中的 n−3 PUFA，也包括甘油三酯和磷脂。据报道，阿根廷放牧和精料饲喂牛的肉中分别含有 15mg/100g 和 4mg/100gEPA，以及 12mg/100g 和 6mg/100g DHA 牛肉。相似地，来自美国放牧和精料饲喂牛的肉中的含有 8mg/100g 和 4mg/100g EPA，以及 1.49mg/100g 和 1.46mg/100g DHA。并且，给来自牧场的肉牛屠宰前 2 个月饲喂浓缩料，降低肌肉中 n−3 PUFA 的比例（并增加 n−6 PUFA 的比例）。与精料相比，在育肥期饲喂草料通常与 SFA 含量降低和肌肉中 MUFA 含量增加有关。另外，从饲草种类来看，屠宰前放牧苜蓿、珍珠粟或蓝草、果园草、高羊茅和白三叶草混合牧草的牛肌肉脂肪酸组成基本相似。尽管如此，人们对从植物种类多样的牧场生产牛肉的兴趣越来越大。然而，陆生植物不含长链的 n−3 多不饱和脂肪酸，这些脂肪酸主要来自海洋（藻类）植物，因此也存在于食用这些藻类的海鱼中。例如，微藻是海洋食物链中超长链 n−3 多不饱和脂肪酸的原始来源，已有研究将干海藻添加到动物饲料中以提高动物源性食品的 DHA 水平。

通过营养干预改变牛肌肉脂肪酸组成，是提高牛肉不饱和脂肪酸含量的另一重要手段。尽管这一过程在很大程度上取决于饲料脂质的瘤胃生物氢化，但仍有一部分膳食 PUFA 可完好无损地绕过瘤胃，并被吸收后沉积在骨骼肌中。一般来说，补充亚麻籽 / 亚麻籽油或亚麻植物（富含 C18:3 n−3 PUFA）可以增加组织中 C18:3 n−3 PUFA 的浓度，并相应地降低 n−6 PUFA 与 n−3 PUFA 的比例。类似地，葵花籽或葵花籽油（富含 C18:2 n−6 PUFA）可以增加组织中 C18:2 n−6 PUFA 的含量，但会导致 n−6 PUFA 与 n−3 PUFA 比例的增大。日粮中加入 C18:3 n−3 PUFA 通常也会增加 EPA 和 DHA 的含量。此外，Durand 等证明，当绕过瘤胃向小肠中直接注射 C18:3 n−3 PUFA 时，能够显著增加牛肉中 n−3 PUFA 的含量。该方法将总脂质中 C18:3 n–3 PUFA 的浓度从 26.3mg/100g 增加到 176.5 mg/100 g 肌肉。此外，在捕鱼业较发达的许多国家把非食品级金枪鱼油（其他潜在和未充分利用的来源可能是脱脂鱼粉或虾内脏）作为超常长链 n–3 多不饱和脂肪酸的重要来源，以此提高畜牧肉产品中不饱和脂肪酸的含量。据报道，皱胃注入鱼油将肌肉磷脂中 EPA 的含量从对照组的 4.4g/100g 增加到 13.9g/100g，而 DHA 由 0.69g/100g 增加到 3.9g/100g。

此外，除了生物氢化，瘤胃微生物群对脂质的修饰还包括脂解作用。因此，可以通过抑制脂肪分解来促进绕过瘤胃，从而提高膳食 PUFA 向反刍动物骨骼肌中转移的效率。可以通过使用屏障或通过影响微生物脂肪酶来实现抑制。通过蛋白质包覆油源并用甲醛处理它们或通过喂食钙盐或脂肪酸酰胺，在保护 PUFA 方面取得了一定的成功。

与猪的平行研究相比，物理加工（如加热、研磨、破裂、擦伤、轧制、挤压或完整油籽）在牛肉中实现 PUFA 富集的成功率较低。物理处理方法不会显著改变日粮 PUFA 的比例损失，但当牛饲喂 PUFA 补充日粮时，会增加从瘤胃中逸出的 PUFA 总量。Scollan 等利用上述技术证实，n–6：n–3 PUFA 为 1：1 的受保护植物油补充剂降低了肌肉中的 n–6：n–3 PUFA（3.59~1.88），同时保证了肌肉中高 PUFA/SFA 比例，但未观察到对 DHA 含量的影响。然而，使用这种技术对鱼油进行瘤胃保护，增加了组织中 EPA 和 DHA 的含量，但对 PUFA/SFA 比例几乎没有影响，且在一定程度上提高了 n–6：n–3 PUFA。尽管如此，压榨或挤压油籽（连同像谷物一样吸收油的基质）确保油完全可消化，从而保护部分油免于瘤胃生物氢化并提高反刍肉中的多不饱和脂肪酸。

第三节 微生物与脂质的合成转化调控

一、微生物与脂质代谢

细菌被认为是 40 亿年前出现在地球上的第一种生命形式，其他生物在这些单细胞微生物的存在下不断共同进化，这其中也包括人类本身。尽管人类体表被许多不同的微生物定殖，但大多数微生物都存在于肠道中，这些微生物组成了肠道微生物群。肠道微生物群包括细菌、古细菌、病毒和真菌，然而在肠道中检测到的微生物基因 99% 以上为细菌基因。重要的是，人类肠道微生物群由大约 100 万亿个细胞组成，是构成人体的细胞数量的 10 倍。此外，微生物组（即所有常驻肠道细菌的组合基因组）编码的独特基因比人类宿主的基因组多 150 倍。目前，已经在人类肠道中鉴定了约 1000 万个非冗余微生物基因，因此肠道微生物对人类生理学的重要性显而易见。“正常”肠道微生物群已被证明可以为宿主带来多种生理益处，包括免疫系统发育、保护免受病原体侵害、调节肠道稳态和代谢功能。肠道菌群定性和定量的改变，称为肠道菌群失衡，被认为是几种慢性疾病发展和进展的诱发因素，尤其是与脂质代谢改变相关的疾病，包括非酒精性脂肪肝（NAFLD）。

许多研究表明，肠道微生物群是动态的，并且对环境因素有反应。不同的饮食可引发肠道微生物种群的变化——与拟杆菌相关的植物性含量高的饮食，尤其是普雷沃菌以及与肠杆菌相关的地中海饮食，志贺菌和埃希菌等。几天内饮食的变化即可导致微生物组的可检测差异，但不是微生物群的完全转变。个别微生物物种的快速扩张可能是对饮食变化的反应。例如，喂食富含饱和脂肪牛乳的老鼠会增加硫还原细菌的种类。我们关于细菌性疾病的概念一直由细菌理论主导。然而，就微生物群而言，重要的是不同疾病状态下各种微生物的比例差异，而不是健康个体中不存在的微生物的出现。也就是说，理解病机的重点是不同微生物的平衡，而不是单一的病原微生物。然而，目前研究尚未揭示微生物满足什么数量阈值才会引起特定疾病，例如脂质代谢异常的非酒精性脂肪肝和2型糖尿病。

对人类和小鼠肠道微生物群的直接检查揭示了与肥胖相关的门级差异，与体重正常的个体相比，厚壁菌门的数量多于拟杆菌门，而肥胖个体的总体多样性则较少。对饮食诱导的体重减轻小鼠的肠道微生物检测发现，厚壁菌门与拟杆菌门的比例发生了相应的变化（即厚壁菌门数量减少）。肠道菌群与脂质代谢之间存在关联的一个重要证据来自对啮齿动物的研究。当来自肥胖啮齿动物的肠道微生物群被转移到瘦啮齿动物体内时，受体动物获得了与供体相同的脂质代谢改变。临床研究现实，将肥胖个体肠道微生物移植到偏瘦人群肠道，或是将偏瘦人群的肠道微生物移植到具有肥胖表型个体的肠道后，微生物群的接受者具有捐赠者的一些代谢特征。其中一项人体研究证实，肠道微生物群从健康捐赠者通过十二指肠管转移到患有代谢综合征的接受者肠道后，导致后者胰岛素敏感性在6周内增加。进一步研究鉴定出一种与脂质代谢相关，并可产生内毒素的肠杆菌属物种，当肥胖个体体重减轻时，该物种的微生物群会减少。并且，它可以引发高脂饮食饲喂的无菌小鼠肥胖和代谢综合征。

二、微生物调控脂质代谢机制

目前，现有研究已经提出了许多机制来解释肠道微生物群影响脂质生物合成的能力，包括：①微生物产物，如乙酸盐等，通过肠上皮受体信号调控机体脂质生物合成；②肠道微生物群改变肠道通透性，导致器官或组织内脂质代谢改变。

肠道微生物的代谢产物同样在宿主脂质代谢中起重要的调控作用。研究证实，结肠中细菌代谢的终产物在肝脏中脂质生物合成过程中起到了非常重要的作用。人类缺乏消化纤维素、木聚糖、抗性淀粉或菊粉等纤维的酶。然而，肠道微生物可以利用自身特有的纤维素酶，发酵这些碳水化合物以产生短链脂肪酸（SCFA）。特别是，细菌可以产生至少三种可以强烈调节宿主脂质代谢的SCFA，即乙酸、丙酸和丁酸，这些SCFA可以直接作为肝脏中的脂质合成前体。

1. SCFA

乙酸为SCFA的主要成分，可以由肠道菌群丙酮酸脱氢或Wood-Ljungdahl途径代谢丙酮酸产生。Wood-Ljungdahl途径分为两个分支，C_1分支将CO_2还原为甲酸；一氧化碳分支将CO_2还原成CO，CO进一步与甲基结合以产生乙酰CoA。丙酸可通过琥珀酸途径将琥珀酸转化为甲基丙二酰CoA产生。丙烯酸与乳酸作为前体通过丙烯酸酯途径合成丙酸，也可以通过丙二醇途径合成，该途径以脱氧己糖（如海藻糖和鼠李糖）为底物。丁酸可通过两分子乙酰CoA缩合继而还原为丁酰CoA，丁酰CoA通过磷酸丁酰转移酶和丁酸激酶转化为丁酸（经典途径）。丁酰CoA也可以通过磷酸转丁酸酶和丁酸激酶途径转化为丁酸。肠道中的某些微生物也可以利用乳酸和乙酸合成丁酸，这可以防止乳酸的蓄积以稳固肠道环境。宏基因组数据分析还表明，丁酸可以通过赖氨酸途径从蛋白质中进行合成。这些通过微生物发酵产生的SCFA可作为G蛋白偶联受体（GPR）的配体，参与动物体内脂质合成调控。2003年，三个独立课题组鉴定出两个游离脂肪酸受体，GPR43和GPR41，被分别命名为FFAR2和FFAR3。乙酸和丙酸对GPR43半最大效应浓度（EC_{50}）为250~500μmol/L，被认为是GPR43最有效的激活配体。GPR43在脂肪组织中脂质生物合成中起重要作用，研究表明Gpr43敲除小鼠即使在常规低脂饮食饲喂情况下依然导致肥胖的表型；而脂肪特意超表达Gpr43则缓解了饮食诱导的肥胖，这可能与增加脂肪氧化、降低葡萄糖水平和增加饱腹感诱导肽的分泌有关，如GLP-1、诱导肽YY（PYY）和胃抑制多肽（GIP）。并且以上表型均可以被抗生素的使用而消除，可见微生物的代谢物对于脂肪组织GPR43信号通路的重要性。一项膳食耐受试验研究结果发现，血液循环乙酸和丙酸水平与脂肪组织非酯化脂肪酸（NEFA）和甘油浓度呈现负相关。综上，肠道微生物可通过GPR43信号通路抑制脂肪组织的脂肪分解作用。

与GPR43相反，GPR41仅与G_i偶联，并且被活化能力顺序为丙酸 > 丁酸 > 乙酸，丙酸EC_{50}约为12~274μmol/L。有趣的是，GPR41与微生物诱导的肥胖有关，因为常规饲料饲喂的$Gpr41^{-/-}$小鼠比野生型更瘦，这种差异在无菌（germ-free）条件下被消除。此外，肠道微生物以及相应的SCFA，以GPR41依赖性方式诱导肽YY（PYY）产生，降低肠道蠕动，从而有利于从食物中大量摄取热量以及脂质沉积。与这些发现一致，一项针对肥胖患者的研究表明，急性口服摄入10g菊粉丙酸酯会增加餐后PYY和GLP1的血浆浓度，从而导致食物摄入量减少14%（与单独摄入10g菊粉相比）。尽管越来越多的证据表明，SCFA通过GPRs信号途径对啮齿类动物的代谢具有深远影响，但是GPR41/43信号传导在人类中的作用还需要进一步研究。

SCFA还通过中枢神经系统相关机制和肠－脑轴对食欲和能量摄入具有抑制作用。啮齿动物研究表明，结肠来源的^{11}C-乙酸盐可以穿过血脑屏障并到达下丘脑，诱导了谷氨酸－

谷氨酰胺跨细胞循环，并增加了乳酸和 GABA 的产生，从而抑制了食欲和能量摄入。与这一发现一致，2017 年的一项小鼠研究表明，长期口服丁酸盐可预防饮食引起的肥胖、非酒精性脂肪肝（NAFLD）的进展和胰岛素抵抗。这些影响主要与减少食物摄入有关，丁酸盐诱导下丘脑中表达神经肽 Y 的食欲神经元活动的抑制，以及减少脑干中孤束核和迷走神经背复合体内的神经元活动。

研究显示，腹腔注射醋酸盐、丙酸盐和丁酸盐同样可通过与迷走神经传入刺激相关的机制抑制小鼠的能量摄入，进而降低体内脂质生物合成。事实上，迷走神经传入化学感受器可能通过感知 SCFA 或肠道激素（如 PYY 和 GLP1）在 SCFA 诱导的食欲调节中发挥核心作用。临床研究显示，GLP1 减少食物摄入的能力在接受躯干迷走神经切断术的人类中完全丧失，证实迷走神经在 GLP1 介导的能量摄入调节中的重要性。尽管如此，SCFA 直接诱导的迷走神经传入神经元刺激与人类能量稳态的相关性值得进一步研究。此外，在啮齿类动物上进行的一系列实验表明，丙酸盐和丁酸盐通过肠 - 脑轴激活肠道糖异生作用，进而减缓胰岛素抵抗以及机体脂质沉积。然而，这种由丁酸盐介导的肠道细胞糖异生作用的激活，是否在人类脂质合成稳态中发挥核心作用仍有待进一步确定。另外，一项针对健康个体的急性研究显示，SCFA 可能通过影响人类食欲调节中枢，进而影响食欲。当志愿者目视高热量食物时，结肠丙酸盐递送（10g 菊粉丙酸酯）会降低尾状核和伏隔核（这两个是与食欲相关的大脑区域）的活动，这些中枢效应与自由摄食活动中食物的摄入量降低直接相关。

与此同时，SCFA 也可能通过影响能量消耗来有益地降低体内脂质沉积以及体重。在肥胖小鼠中，口服丁酸盐导致体重下降，主要是由能量消耗和脂质氧化增加所致。这种效应与棕色脂肪组织中产热相关基因 *PPARγ* 共激活因子 1α（PGC1α）和解偶联蛋白 1（UCP1）的表达上调有关。与该研究结果类似，纳米颗粒向白色脂肪组织递送醋酸盐诱导脂肪组织褐变，并增加了产热能力，降低小鼠脂肪组织脂质生物合成与沉积。此外，对喂食高脂肪饮食的小鼠进行胃内和口服 SCFA 给药均可降低全身脂肪含量和肝脏脂肪积累。这一发现与肝脏和脂肪组织中产热相关蛋白乙酰 CoA 氧化酶、肉碱棕榈酰转移酶Ⅰ和 UCP2 的表达增加有关。这些动物数据为 SCFA 诱导的产热和脂质氧化相关基因的上调提供了重要证据，从而防止脂质的过渡沉积以及体重的增加。人类体内数据表明，在结肠远端急性输注醋酸盐、丙酸盐和丁酸盐 SCFA 混合物，会增加超重或肥胖志愿者的空腹脂质氧化和静息状态能量消耗。相似地，2018 年一项针对健康男性的体内研究发现，急性口服丙酸盐同样会增加静息能量消耗和空腹脂质氧化，与胰岛素和葡萄糖水平以及交感神经系统活动无关。然而，这些急性试验均未在机制上进行深入研究。在进行类似体内急性试验时，稳定同位素示踪剂以及对脂肪组织和骨骼肌的组织活检样本的分析将有助于阐明丙酸盐调控脂质氧化和能量消耗的分子机制。此外，还需要进一步的人类临床研究来调查是否可以通过 SCFA 诱导的氧化代谢的提高达到控制体重的目的。

SCFA 可影响骨骼肌中的脂质氧化能力。如上所述，SCFA 诱导的脂肪组织代谢改善可能会导致异位脂质沉积减少，如骨骼肌，并减少骨骼肌中脂质介导的胰岛素信号损伤，从而防止胰岛素抵抗。此外，SCFA 可能通过增加骨骼肌脂质氧化能力直接改善骨骼肌功能。向高脂饮食饲喂的小鼠补充丁酸钠 16 周，激活了骨骼肌中 PGC1α 信号通路。增加了 Ⅰ 型氧化肌纤维的比例和 PPARδ 的表达，导致线粒体脂质氧化增强。在肥胖大鼠中，6 个月的醋酸盐治疗改善了参与脂质氧化的基因的表达，包括增加了骨骼肌中 AMPK 活性，减少了骨骼肌中脂质沉积。迄今为止，尚无人类数据证明 SCFA 对骨骼肌脂质氧化的影响，也没有关于人类骨骼肌细胞中 SCFA 诱导的 AMPK 或 PGC1α 活性相关数据。

SCFA 影响胰岛 β 细胞功能和胰岛素分泌。2 型糖尿病的特征是维持正常血糖所需的胰岛素量急剧增加。分泌胰岛素的能力取决于胰岛 β 细胞的功能。胰岛 β 细胞表达 SCFA 小鼠和人类中的受体 GPR41 和 GPR43。在肥胖和胰岛素抵抗小鼠中进行的受体敲除实验表明，SCFA 能够通过 GPR43 增加葡萄糖刺激的胰岛素分泌。与这一发现一致，GPR43 功能缺失诱导饮食介导肥胖小鼠中胰岛 β 细胞。此外，SCFA–GPR41 信号似乎在控制进食和禁食状态下胰岛 β 细胞胰岛素分泌方面特别重要，因为 GPR41 敲除或小鼠中的过度表达导致葡萄糖稳态受损，而对胰岛素敏感性没有影响。一项人体体内研究表明，丙酸酯对胰岛 β 细胞功能和胰岛素分泌具有有益影响，与 GLP1 无关。一项类似的后续人体体外实验表明，丙酸盐可通过抑制细胞凋亡来增强葡萄糖刺激的胰岛素释放。因此，越来越多的证据表明 SCFA–GPRs 轴能够参与控制胰岛素分泌和胰岛 β 细胞功能，继而对机体脂质生物发挥重要作用。

2. SCFA 前体

乳酸和琥珀酸是有机酸，同样可以由肠道微生物发酵产生。二者通常被认为是微生物代谢的中间产物，并且在肠道含量较低，主要是因为它们可以被肠道微生物利用并转化为 SCFA。尽管如此，微生物产生的乳酸和琥珀酸对生物体脂质以及能量代谢具有重要意义。

乳酸菌在自然界中广泛存在，也存在于胃肠道中。大约 4000 年来，人们一直在摄食发酵食品，以及利用乳酸菌发酵保存食品，例如用乳酸菌发酵牛乳提供含有乳酸和其他代谢物的乳制品。多项研究表明，乳酸具有多种代谢和调节特性，例如免疫功能、细胞更新的能量来源 HDAC 抑制剂以及脂质代谢相关信号分子。L–乳酸（2–羟基丙酸酯）相对于 GPR81 的 EC_{50} 值约为 5mmol/L，但 D–乳酸的 EC50 值超过 20mmol/L。GPR81 脂肪组织在脂肪组织中高表达，最初被认为是治疗血脂异常的潜在靶点。

琥珀酸是柠檬酸循环中重要的中间代谢物，它通过琥珀酰 CoA 合成酶在琥珀酰 CoA 合成，并通过琥珀酸脱氢酶（一种依赖氧的酶）转化为延胡索酸。肠道微生物群也可以产生琥珀酸，主要由普雷沃菌产生。在人类中，大肠和粪便中的琥珀酸浓度为 1~3mmol/L，相当于有机阴离子总浓度的 2%~4%。近期研究证实，尽管血液循环中琥珀酸水平在肥胖和 2 型糖尿病病人中呈现升高趋势，然而进一步研究证实，琥珀酸可介导棕色脂肪组织内 UCP1 依赖式产热作用，进而改善机体代谢，阻止脂质在体内过渡沉积。GPR91（又称 SUCNR1）

于2004年被鉴定为琥珀酸受体，这表明微生物产生的琥珀酸可能起到信号分子的作用。

3. 炎症

肥胖、胰岛素抵抗和2型糖尿病的发展与全身和脂肪组织炎症有关。例如，脂肪组织内促炎因子IL6可激活该组织脂质分解作用，因此增加了血液循环中游离脂肪酸和甘油的浓度，以及肝脏、肌肉等组织的脂肪酸流量，最终导致这些组织内脂质异位沉积和胰岛素抵抗。肠道微生物群是脂多糖和肽聚糖等分子的丰富来源，这些分子可能会引起身体外周组织的炎症。用大肠杆菌定殖无菌小鼠足以增加脂肪组织的巨噬细胞浸润，并因此导致巨噬细胞极化以表达促炎细胞因子，最终致使脂肪组织脂质分解作用增加以及胰岛素抵抗。并且，研究证实，给小鼠喂食脂多糖4周会增加脂肪组织炎症并降低胰岛素敏感性。这些研究发现表明，肠道微生物群可能通过改变脂肪组织炎症来影响宿主脂质代谢。进一步研究显示，人类和啮齿类动物血浆脂多糖水平似乎随着脂肪含量的增加而升高。针对这种现象，两种假设可能解释这一机制，一种是脂多糖与乳糜微粒中的膳食脂肪一起被吸收；另一种是脂多糖可穿透肠道屏障进入血液循环，因为数据显示肥胖小鼠的肠道通透性更高。现代理论研究认为，脂质代谢与肠道上皮细胞的屏障功能之间存在联系。例如，小鼠肠道上皮细胞中FAS功能缺失后，上皮细胞通透性增加，促炎细胞因子和血清脂多糖的水平增加。这些表型能够通过抗生素治疗得到纠正，表明微生物群可通过改变肠道上皮通透性，进而影响宿主代谢。

进一步研究证实，脂多糖分子可与Toll样受体4（TLR4）结合，肽聚糖可与核苷酸结合寡聚化结构域受体结合，两者都会激活促炎信号级联反应。啮齿类动物上的研究表明，高脂饮食可诱导小鼠巨噬细胞中TLR4信号激活，继而引发空腹高胰岛素血症，以及肝脏和脂肪组织脂质生物合成。

肠道微生物来源的脂多糖和肽聚糖，可以被核苷酸结合域和富含亮氨酸的重复序列蛋白（NLRPs）识别，它们凋亡相关斑点样蛋白（ASC）一起形成炎性体复合物。研究数据显示，肥胖小鼠脂肪组织中NLRP3的表达增加，并且NLRP3的缺失增强了胰岛素信号传导。*NLRP3*、*NLRP6*和*ASC*均为小鼠肠道微生物稳态的重要调节因子，这些基因的缺失会增加拟杆菌（普雷沃菌科）和TM7的数量。特别是*NLRP6*功能缺失导致肠道微生物生态改变，使小鼠易患结肠炎，并促进肝脏中脂质生物合成与沉积，导致NAFLD和非酒精性脂肪性肝炎（NASH）以及肥胖的发生。当野生型小鼠与*Asc*$^{-/-}$小鼠同笼饲养时，野生型小鼠易发生NAFLD或NASH，这提供了直接证据表明肠道微生物群的改变可能导致脂质代谢异常相关疾病的发生。以上研究表明，肠道通透性的改变导致肠道微生物来源的促炎因子流向血液循环，以及随后外周组织中炎症信号通路的激活，这可能导致脂质合成增加与异位累积，从而引发肥胖、胰岛素抵抗、NAFLD等代谢疾病。

4. 大麻素系统

据《神农本草经》记载，大麻素被广泛应用于便秘、痛经、风湿等疾病的治疗。大麻素的两个内源性受体相继于1988年和1993年被鉴定出来，分别命名为CB1和CB2，均属GPRs。内源性大麻素系统对能量代谢的影响最初是通过使用CB1拮抗剂，以及对*CB1*基因敲除小鼠（*Cnr*$1^{-/-}$）的研究来证明的。CB1阻断通过中枢和/或外周作用减轻体重并减轻肥胖相关的代谢紊乱。内源性大麻素广泛存在于有助于调节能量稳态的器官中，例如大脑、肝脏、脂肪组织、肌肉和胰腺。此外，内源性大麻素系统通过调节胃排空、胃肠蠕动和炎症参与肠道生理学。内源性大麻素系统和相关生物活性脂质对肠道生理的这些影响可能与脂肪摄入、饱腹感和餐后血糖的调节有关。另外，内源性大麻素系统还通过促进脂肪组织的脂肪生成和扩张以及调节炎症，在脂肪组织功能和体内平衡中发挥重要作用。因此，内源性大麻素系统似乎在肠道和脂肪组织生理学中都具有重要作用，通过多种机制促进能量平衡的调节。

在参与能量平衡的因素中，肠道微生物群起着至关重要的作用。有证据表明，肠道微生物群通过与脂肪组织交流，主要是通过调节脂肪储存来促进宿主代谢。特定细菌与内源性大麻素系统之间存在联系的第一个证据发表于2007年。研究证实，嗜酸乳杆菌菌株的处理激活了肠细胞中大麻素受体和μ–阿片受体的表达，并减轻了大鼠的腹痛。经进一步证实，肥胖期间肠道微生物群组成的变化会导致肠道屏障功能障碍，其特征是肠道通透性增加。通透性的增加导致革兰阴性细菌成分从肠道渗漏，导致代谢性内毒素血症（即血浆脂多糖水平升高），进而引发与肥胖相关的代谢紊乱。几项研究的结果表明细菌成分与内源性大麻素系统之间存在联系，并表明用脂多糖治疗会影响免疫细胞产生内源性大麻素。

肠道微生物群和脂肪组织之间的潜在联系得到证实，即遗传性肥胖和糖尿病小鼠（db/db品系）的肠道微生物群的组成发生了剧烈的变化，这与脂肪组织代谢和内源性大麻素系统的改变有关。内源性大麻素系统在体内的作用已通过用HU–210（一种外源性大麻素受体激动剂）慢性激活内源性大麻素系统引起严重的代谢紊乱，如葡萄糖耐受不良、巨噬细胞浸润和肌肉中的脂质积累，得到证实。这些影响可能与肠道微生物群有关，因为HU–210会增加脂多糖的循环水平并通过CB1依赖性机制影响肠道屏障，从而引起肠道通透性。内源性大麻素系统也被认为是通过CB1依赖性机制控制肥胖和糖尿病患者的肠道屏障功能、肠道通透性和代谢性内毒素血症，因为CB1的拮抗剂可降低肠道通透性并充当“守门人（gate keepers）”。

与此同时，内源性大麻素系统对肠道屏障功能的影响也可能取决于炎症因子以外的其他机制。将肠道细菌嗜黏蛋白阿克漫菌给予高脂饮食喂养的小鼠导致肠道中2–花生四烯酸甘油、2–十八烯酸单甘油酯、2–棕榈酰甘油酯的水平增加，同时伴随着肠道屏障功能以及代谢性内毒素血症的改善。虽然肠道中嗜黏蛋白阿克漫菌调节内源性大麻素和相关生物活性脂质的机制尚不清楚，但通过施用单酰基甘油脂肪酶的选择性抑制剂，诱导增加了小鼠内源性2–花生四烯酸甘油水平，增强了肠道屏障作用，降低了结肠炎、代谢性内毒素血症和全身炎症的发生。

据报道2-十八烯酸单甘油酯可结合GPR119，进而发挥保护肠道屏障作用。在肠道中，该受体由肠内分泌L细胞表达，该细胞分泌胰高血糖素样肽2（GLP-2），这是一种在保护肠道屏障功能方面起主要作用的激素。此外，肠内分泌L细胞还分泌GLP-1，这是一种参与能量稳态和食欲调节的激素。一些内源性大麻素类似物，例如*N*-油酰乙醇胺和2-十八烯酸单甘油酯，可调控GLP-1的分泌和功能。通过与GPR119结合，*N*-油酰乙醇胺能够诱导肠内分泌L细胞分泌GLP-1。同时，*N*-油酰乙醇胺和2-十八烯酸单甘油酯也能够与GLP-1本身结合，从而增加GLP-1激活其受体的能力。由于这些内源性大麻素类似物受肠道微生物群调节，与GLP-1的相互作用可能参与肠道微生物群与宿主脂质代谢调节的调控。

本章小结

动物摄食过量以糖为主的高能量食物时，会将多余的能量以脂质的形式储存起来，形成皮下脂肪组织和内脏脂肪组织。脂质的生物合成是一个复杂的生物过程，涉及一系列的级联转录调控机制，涉及脂肪酸的生物合成和酯化。脂质的异位沉积对于肉品质具有重要影响，尤其影响了骨骼肌的风味、嫩度、多汁性等，最终影响肉产品商业价值。与此同时，肠道微生物可以通过代谢产物和中枢调控等途径参与生物体脂质合成代谢。

思考题

综合本章知识，如何调整膳食结构以保证机体健康?

第五章

维生素与矿物质的合成转化调控与食品品质

学习目标

1. 了解动植物中主要维生素的生物合成和转化对食品品质的影响。
2. 了解矿物质的吸收转化途径及其对食品品质的影响。
3. 熟悉维生素的合成转化途径及其调控机制。
4. 熟悉微生物合成转化维生素和矿物质的机制及其与食品品质的关系。

维生素（vitamin）和矿物质（mineral）是参与生物生长发育和代谢所必需的一类微量营养素。大多数维生素和所有的矿物质在体内不能合成，也不能在机体组织中大量储存，需要不断地从饮食中得到补充。因此，食物原料中的维生素和矿物质是影响食物营养品质的重要指标。本章将对动植物食品原料中和微生物对维生素和矿物质的合成转化调控机制及其对食品营养品质的影响规律进行介绍。

5-1　思维导图

第一节　维生素的生物合成转化调控机制

动物体内不能合成维生素或合成量甚少，不能满足机体的需要，必须由食物供给。按其溶解性不同，可分为脂溶性维生素和水溶性维生素两大类。植物性食物是膳食维生素或维生素前体物的主要来源。动物从食物中摄取维生素及其前体物之后，通过一系列转化途径可以在体内少量积累，因此动物性食物也可以提供一定量的维生素。植物天然产物种类繁多，代谢途径错综复杂，涉及多种酶参与，其中关键酶控制着物质的流向，而酶的作用又离不开基因的表达调控。

一、脂溶性维生素的合成转化和调控

脂溶性维生素包括维生素 A、维生素 D、维生素 E 和维生素 K，除了直接参与影响特定的代谢过程外，多半还与细胞内核受体结合，影响特定基因的表达。脂溶性维生素是疏水性化合物，能溶解于脂肪，常随脂类物质吸收，在血液中与脂蛋白或特异性结合蛋白结合而运输，不易被排泄，可储存于体内（主要在肝脏），故不需每日供给。

1. 维生素 A

（1）维生素 A 在动植物中的存在形式　维生素 A 是由 β- 白芷酮环和两分子异戊二烯构成的不饱和一元醇。天然维生素 A 一般指维生素 A_1（视黄醇），主要存在于哺乳动物和咸水鱼肝脏中。维生素 A_2（3- 脱氢视黄醇）则存在于淡水鱼肝脏中。视黄醇、视黄醛和视黄酸是维生素 A 的活性形式（图 5-1）。在细胞内一些依赖 NADH 的醇脱氢酶催化视黄醇和视黄醛之间的可逆反应。视黄醛在视黄醛脱氢酶的催化下又不可逆的氧化生成视黄酸。动物中的视黄醇以其与脂肪酸结合成的视黄基酯的形式存在。

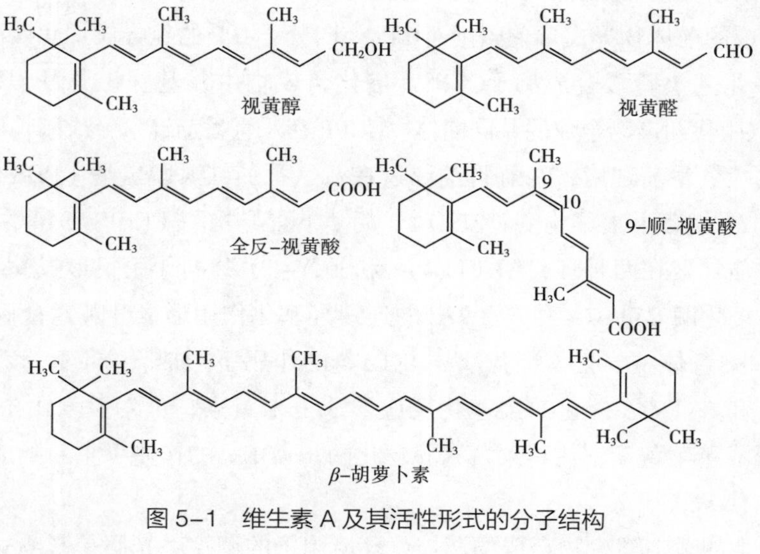

图 5-1　维生素 A 及其活性形式的分子结构

维生素 A 在动物性食品（如肝、肉类、蛋黄、乳制品、鱼肝油）中含量丰富，主要以酯的形式存在。在植物中不含已形成的维生素 A，某些有色（黄、橙和红色）植物中含有类胡萝卜素，其中一小部分可在动物小肠和肝细胞内转变成视黄醇和视黄醛的类胡萝卜素称为维生素A原，如α-胡萝卜素、β-胡萝卜素、β-隐黄素、γ-胡萝卜素等。

（2）植物中类胡萝卜素的合成转化

①类胡萝卜素的合成途径：类胡萝卜素化合物在有色植物中含量丰富，是植物的天然色素，在植物的光合作用中起到吸收和传递光能的作用。类胡萝卜素是地球上第二丰富的天然色素，含有超过750种结构不同的化合物。这些分子通常由8个异戊二烯单元组成的C-40烃骨架组成，除了中央单元具有反向连接外，其他单元之间以头对尾的方式连接。类胡萝卜素分子中含有共轭双键，使类胡萝卜素具有光吸收特性，共轭双键数目越多，类胡萝卜素的颜色越偏向于红色。在植物中，光照和黑暗中生长的组织都可合成类胡萝卜素，如叶、根和胚乳。同时，藻类和一些非光合细菌和真菌中也可合成类胡萝卜素。

根据其分子的组成，类胡萝卜素可分为含氧类胡萝卜素与不含氧类胡萝卜素两类。含氧类胡萝卜素，具有环状和非环状结构的氧化烃衍生物，其含有至少一个氧官能团，例如烃基、酮基、环氧基、甲氧基或羧酸基团。含氧类胡萝卜素又被称为叶黄素，如类胡萝卜素酯和类胡萝卜素酸等。不含氧类胡萝卜素又被称为胡萝卜素或类胡萝卜素碳氢化合物。含氧类胡萝卜素对眼底黄斑修复起到重要作用，可预防白内障等老年性眼底疾病，不含氧类胡萝卜素是很好的脂质抗氧化剂，在生物体内起到抗氧化的作用，如番茄红素和维生素A的前体。膳食中常见的类胡萝卜素有α-胡萝卜素、β-胡萝卜素、β-隐黄素、叶黄素、玉米黄质、虾青素和番茄红素等。

类胡萝卜素在植物中通过类异戊二烯途径生物合成，包括缩合、脱氢、环化、羟基化和环氧化等一系列反应（图5-2）。首先，通过甲基赤藓糖醇4-磷酸（MEP）途径合成类胡萝卜素生物合成的前体物异戊烯焦磷酸（IPP）。四分子IPP的经异戊烯焦磷酸异构酶（IPI）和牻牛儿牻牛儿基焦磷酸合成酶（GGPS）催化合成牻牛儿基牻牛儿基焦磷酸（GGPP），GGPP是许多次生代谢产物合成的共同前体。GGPP在八氢番茄红素合成酶（PSY）作用下经缩合反应形成八氢番茄红素，八氢番茄红素在八氢番茄红素脱氢酶（PDS）、胡萝卜素脱氢酶（ZDS）、ζ-胡萝卜素异构酶（ZISO）、胡萝卜素异构酶（CrtISO）等酶的作用下形成番茄红素。番茄红素在两种环化酶（LCY-e和LCY-b）共同作用下形成α-胡萝卜素，α-胡萝卜素再经羟化酶CYP97A和CYP97C的连续羟基化作用形成叶黄素；而番茄红素在环化酶LCY-b和染色体特异性β环化酶（BETA）的作用下形成β-胡萝卜素，后经羟化酶CHY1、CHY2和CYP97A催化的羟基化反应形成玉米黄素，玉米黄素由玉米黄素环氧酶（ZEP）催化形成堇菜黄素，在堇菜黄素脱环化酶（VDE）的作用下重新形成玉米黄素，从而形成循环。

②植物中类胡萝卜素生物合成的调控：环境因子的调控。光照是影响类胡萝卜素合成的最主要的环境因子。在光合组织中，光能够使一些酶发生异构化，还可以通过光能合成氧化系统改变酶的活性。据报道，在黑暗条件下，白芥幼苗的白化体内，PSY酶以无活性

状态定位于原片层体上，而在光照条件下，PSY 酶与类囊体膜结合，其活性也迅速增加。在拟南芥出土去黄化过程中，由于光照的作用，子叶中的白色体向叶绿体转化，MEP 代谢途径中的几乎所有编码基因均上调表达，促使类胡萝卜素在叶绿体中大量积累。在番茄果实发育过程中，光敏色素介导的光信号能够调控番茄果实中类胡萝卜素生物合成基因的表达。氧对类胡萝卜素生物合成也有一定的影响。在高等植物中，光氧化压力的增加可使玉米黄素的含量升高，番茄突变体中光氧化压力可诱导 *PSY* 和 *PDS* 基因的表达。此外，增加碳源的供应量也可提高类胡萝卜素的含量。

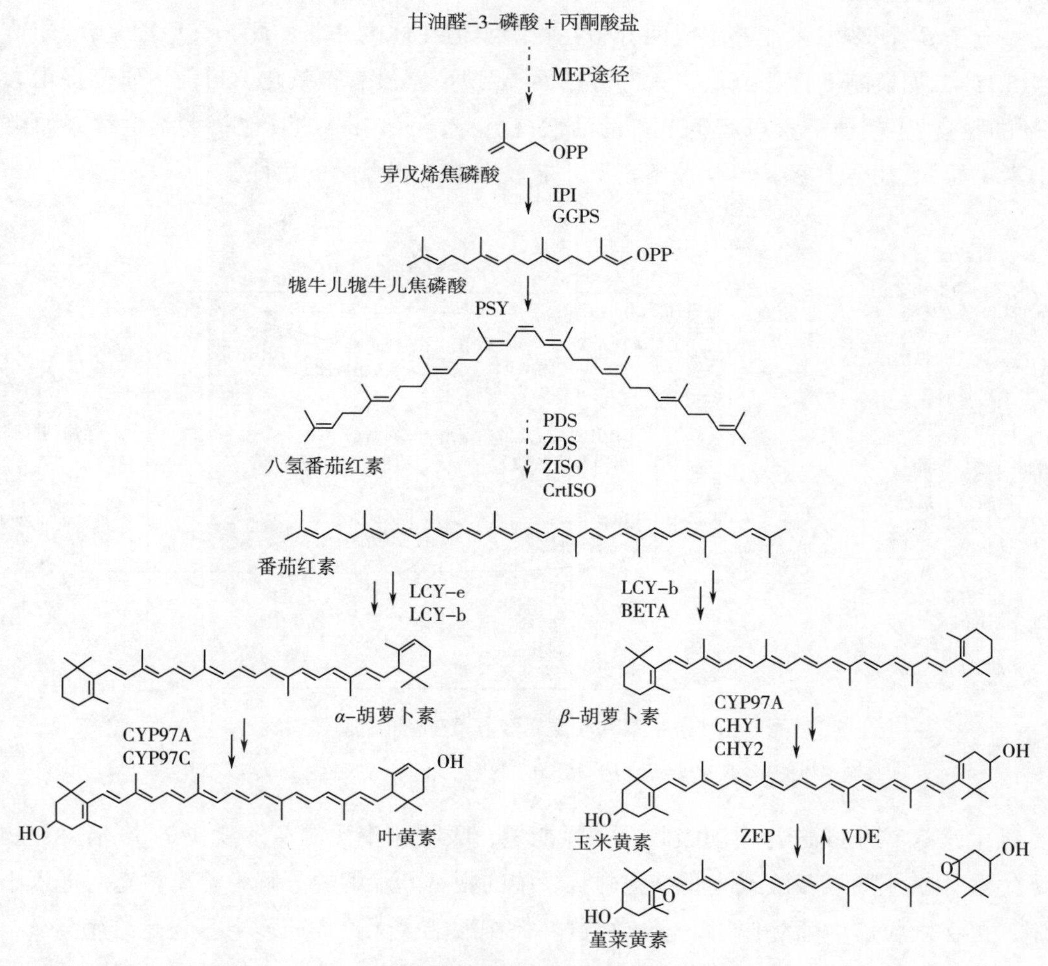

图 5-2　植物中类胡萝卜素的合成转化途径

（来源：Giuliano G，et al，2008）

③转录因子的调控：我们已经知道 PSY 是类胡萝卜素合成途径中的限速酶，一些转录因子可通过间接或直接调控 *PSY* 基因来进行类胡萝卜素生物合成的调控。例如 S1SGR1（编码 STAY-GREEN 蛋白，该蛋白在调节番茄叶和果实中的叶绿素降解中起关键作用）可以通

过与关键类胡萝卜素合成酶 S1PSY1 的直接相互作用来调节番茄中番茄红素的积累，并且可以抑制其活性，将 S1SGR1 引入生产番茄红素的细菌中显著降低了番茄红素的生物合成。在转基因番茄果实中抑制 S1SGR1，导致成熟番茄果实中番茄红素和 β- 胡萝卜素增加。其他可能参与类胡萝卜素调控的转录。

（3）动物体中维生素 A 的吸收转化调控　类胡萝卜素和维生素 A 的吸收部位都在小肠（图 5-3）。吸收后的类胡萝卜素随乳糜微粒从肠黏膜经淋巴液转运进入血液循环。在小肠黏膜细胞内 β- 胡萝卜素 -15,15′ 二加氧酶的作用下 β- 胡萝卜素转化成视黄醛，后者与细胞内视黄醇结合蛋白Ⅱ（CRBP Ⅱ）结合，在视黄醛还原酶的作用下转变成视黄醇。理论上讲，一分子 β- 胡萝卜素能够生成两分子视黄醇，但在体内并非如此，其原因是 β- 胡萝卜素 -15,15′ 二加氧酶活性相当低，大部分的 β- 胡萝卜素没有被氧化。目前，研究提示大约 12mg 的膳食 β- 胡萝卜素可产生 1mg 的活性视黄醇，而 24mg 的其他膳食维生素 A 原类胡萝卜素（如 α- 胡萝卜素、γ- 胡萝卜素）才能产生 1mg 视黄醇的活性。

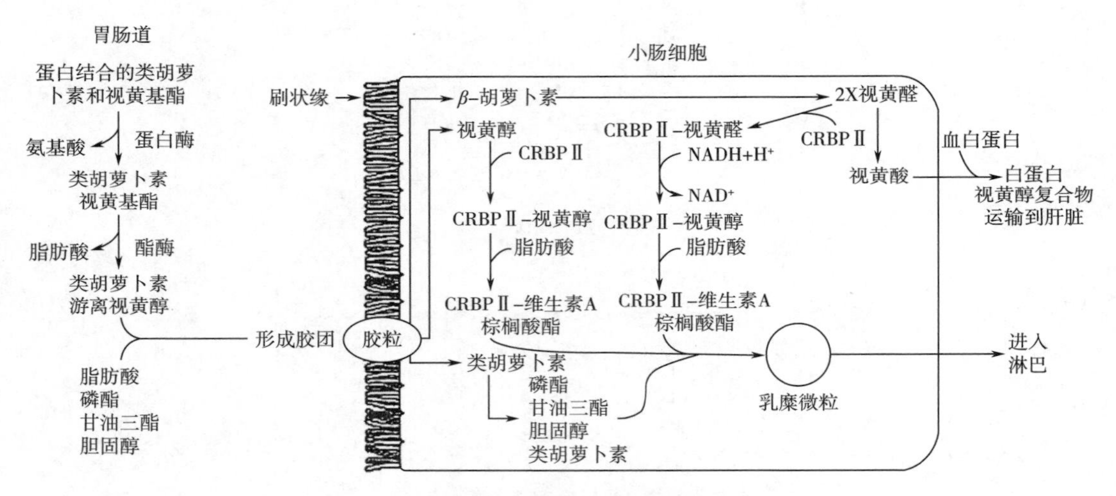

图 5-3　维生素 A 和类胡萝卜素在小肠的吸收过程

（来源：孙长颢 . 营养与食品卫生学［M］. 8 版 . 北京：人民卫生出版社，2017.）

维生素 A 在小肠进行主动吸收，需要能量，吸收速率比胡萝卜素快 7~30 倍。食物中的维生素 A 在小肠经胰液或小肠细胞刷状缘中的视黄酯水解酶分解为游离状态后进入小肠细胞，再在微粒体中酯酶作用下合成视黄醇棕榈酸酯。无论类胡萝卜素还是维生素 A，在小肠细胞中转化成棕榈酸酯后均与乳糜微粒结合通过淋巴系统入血然后转运至肝脏。在小肠黏膜细胞内视黄醛和视黄醇可以相互转化，但视黄醛转变成视黄酸的反应却不可逆。与视黄醇不同的是，视黄酸经门静脉吸收，并与血浆白蛋白紧密结合在血液中运输。在小肠黏膜细胞中结合的视黄醇重新酯化成视黄基酯，并与少量未酯化的视黄醇、胡萝卜素和叶黄素以及其他的类胡萝卜素一同掺入乳糜微粒进入淋巴，经胸导管进入体循环。

动物视黄醇主要存在于动物肝脏中，视黄醇以其与脂肪酸结合成的视黄醇酯（retinyl esters）的形式存在。视黄醇酯和植物性食物中的类胡萝卜素又常与蛋白质结合形成复合物，经胃、胰液和肠液中蛋白酶水解从食物中释出。然后在小肠中胆汁、胰脂酶和肠脂酶的共同作用下，释放出脂肪酸和游离的视黄醇以及类胡萝卜素。释放出的游离视黄醇以及类胡萝卜素与其他脂溶性食物成分形成胶团，通过小肠绒毛的糖蛋白层进入肠黏膜细胞。膳食中约 70%~90% 的视黄醇、20%~50% 的类胡萝卜素被吸收，类胡萝卜素的吸收率随其摄入量的增加而降低，有时甚至低于 5%。

视黄醇在细胞内被氧化成视黄醛，再进一步被氧化成视黄酸。在小肠黏膜细胞内视黄醛和视黄醇可以相互转化，但视黄醛转变成视黄酸的反应却不可逆。与视黄醇不同的是，视黄酸经门静脉吸收，并与血浆白蛋白紧密结合在血液中运输。

2. 维生素 D

维生素 D（vitamin D）是类固醇的衍生物，为环戊烷多氢菲类化合物（图 5-4）。天然的维生素 D 有维生素 D_2 和维生素 D_3 两种。植物中含有麦角甾醇，在紫外线的照射下，分子内 B 环断裂转变成维生素 D_2（麦角钙化醇）。鱼油、蛋黄、肝富含维生素 D_3（胆钙化醇）。

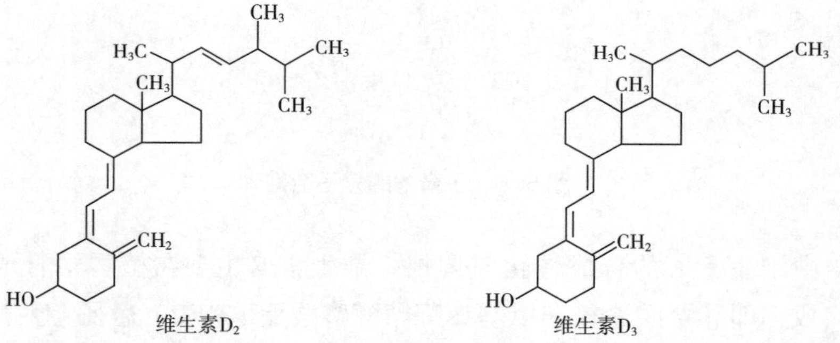

维生素D_2　　维生素D_3

图 5-4　维生素 D 的分子结构

人体皮下储存有从胆固醇生成的 7- 脱氢胆固醇，即维生素 D_3 原，在紫外线的照射下，可转变成维生素 D_3（图 5-5）。因此，适当的日光浴足以满足人体对维生素 D 的需要。维生素 D_3 在体内的活化形式是 1,25-$(OH)_2$-D_3。进入血液的维生素 D_3 主要与血浆中维生素 D 结合蛋白（DBP）相结合而运输。在肝微粒体 25- 羟化酶的催化下，维生素 D_3 被羟化生成 25-(OH)-D_3。25-(OH)-D_3 是血浆中维生素 D_3 的主要存在形式，也是维生素 D_3 在肝脏中主要的储存形式。25-(OH)-D_3 在肾小管上皮细胞线粒体 1α- 羟化酶的作用下，生成维生素 D_3 的活性形式 1,25-$(OH)_2$-D_3。1,25-$(OH)_2$-D_3 经血液运输至靶细胞发挥其对钙磷代谢等的调节作用。25-(OH)-D_3 和 1,25-$(OH)_2$-D_3 在血液中均与 DBP 结合而运输。肾小管上皮细胞还存在 24- 羟化酶，催化 25-(OH)-D_3 进一步羟化生成无活性的 24,25-$(OH)_2$-D_3。1,25-$(OH)_2$-D_3 通过诱导 24- 羟化酶和阻遏 1α- 羟化酶的生物合成来控制其自身的生成量。1,25-$(OH)_2$-D_3

与其他类固醇激素相似，在靶细胞内与特异的核受体结合，进入细胞核，调节相关基因的表达，对钙磷代谢具有调节作用。此外，1,25-$(OH)_2$-D_3 还具有影响细胞分化的功能。

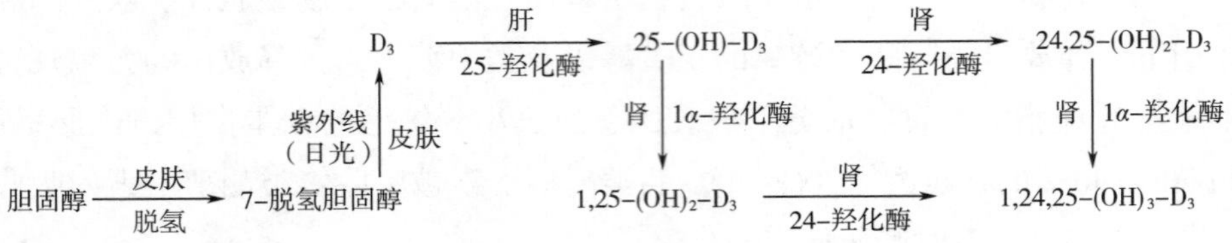

图 5-5 维生素 D_3 在体内的转变

3. 维生素 E

（1）维生素 E 在动植物中的主要存在形式和分布 维生素 E 是苯并二氢吡喃的衍生物，包括生育酚（图 5-6）和三烯生育酚两类，每类又分 α、β、γ 和 δ 四种。天然维生素 E 主要存在于植物油、油性种子和麦芽等中，以 α- 生育酚分布最广、活性最高。在正常情况下，约 20%~40% 的 α- 生育酚可被小肠吸收。在机体内，维生素 E 主要存在于细胞膜、血浆脂蛋白和脂库中。维生素 E 具有抗氧化等多方面的功能。

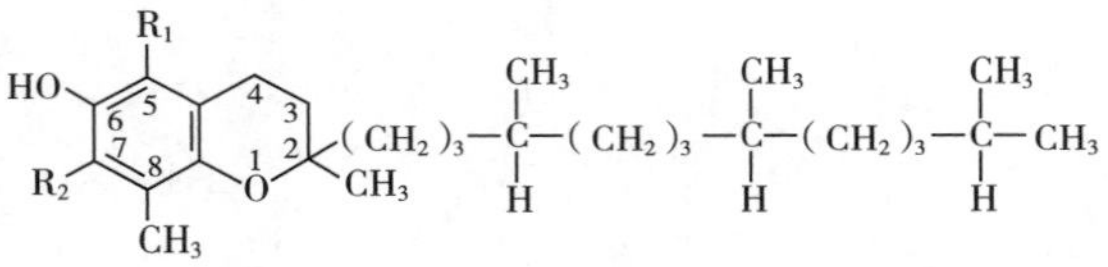

图 5-6 生育酚的分子结构

（2）植物中维生素 E 的合成转化与调控 维生素 E 主要在植物中合成，其合成经由两条途径完成，即莽草酸途径和甲基赤藓糖醇磷酸酯（MEP）途径。生育酚合成的第一步，即莽草酸途径（shikimate pathway），以酪氨酸为底物，在对羟基苯丙酮酸双加氧酶（HPPD）作用下，经由对羟基苯丙酮酸（HPP）生成尿黑酸（homogentisate，HGA）。这是一种复杂的酶促反应，催化两个氧分子的添加、HPP 侧链的脱羧和重排。然后通过 MEP 途径，以脱氧木酮糖 -5- 磷酸为底物合成牻牛儿牻牛儿焦磷酸（GGDP）和植基焦磷酸（PDP）。尿黑酸植基转移酶（HPT）催化 HGA 和 PDP 生成 2- 甲基 -6- 植基苯醌（MPBQ），然后 MPBQ 在 2- 甲基 -6- 植基苯醌甲基转移酶（MPBQ-MT）作用下生成 2,3- 二甲基 -5- 植基 -1,4- 苯醌（DMPBQ）。MPBQ 和 DMPBQ 由生育酚环化酶（TC）催化形成 δ- 生育酚和 γ- 生育酚。HGA 和 GGDP 在尿黑酸牻牛儿牻牛儿基转移酶（HPPT）等的催化下生成 δ- 生育三烯酚和 γ- 生育三烯酚。δ- 生育酚 / 生育三烯酚和 γ- 生育酚 / 生育三烯酚由生育酚甲基转移酶（TMT）催化，在铬醇环的第六位添加甲基，分别形成 β- 生育酚 / 生育三烯酚和 α- 生育酚 / 生育三烯酚（图 5-7）。

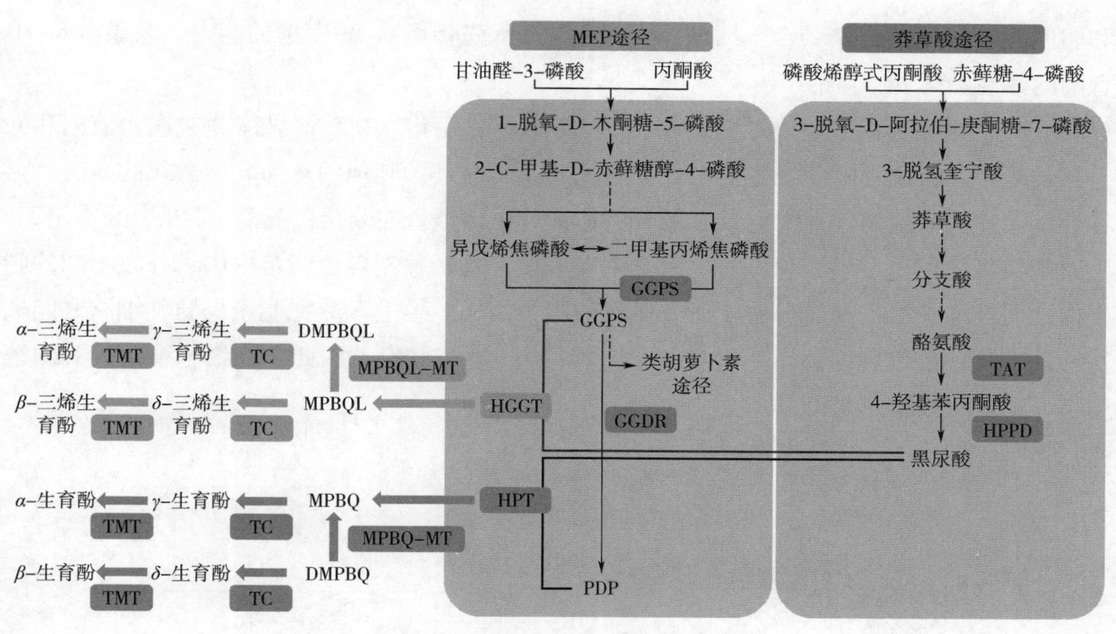

图 5-7 植物中维生素 E 的合成途径

（来源：Paula Muñoz et al，2019.）

在理论上，通过诱导因子对生育酚合成途径中的酶进行激活，可以调控生育酚的合成，但相关研究资料较少。关于干旱胁迫对烟草生理代谢的研究发现，在干旱胁迫下环化酶可被激活。在光胁迫下，拟南芥植物中的尿黑酸植基转移酶（HPT）可过度表达。有报道发现，水杨酸和茉莉酸甲酯是辣木中 γ- 生育酚甲基转移酶（γ-TMT）的激活剂，且在莴苣中，该酶表达量的增加是通过抑制植物中的水分而引起的，并进一步诱发应激反应从而诱导响应蛋白质的表达。由于相关研究的缺乏，还需要进行更多的研究来更好地理解诱导因子对生育酚合成的影响。

（3）动物对维生素 E的吸收转化调控　维生素 E 在有胆酸、胰液和脂肪存在时，在脂酶的作用下以混合微粒的形式，在小肠上部经非饱和的被动弥散方式被肠上皮细胞吸收（图 5-8）。不同形式的维生素 E 表观吸收率十分近似，无论是膳食中摄入的维生素 E 还是维生素 E 补充剂，吸收率在 40% 左右。维生素 E 补充剂在餐后服用，有助于吸收。增加摄入量可使吸收率降低。

各种形式的维生素 E 被吸收后大多由乳糜微粒携带经淋巴系统到达肝脏。在肝脏合成脂蛋白的过程中，维生素 E 被整合组装到极低密度脂蛋白（VLDL）中并分泌进入血液循环。肝脏在组装脂蛋白时优先选择 α- 生育酚，其他形式的生育酚在肝脏中的储留相对较少。因为肝脏中有 α- 生育酚转运蛋白（α-TTP），可以特异性选择 α- 生育酚并将其整合入 VLDL，从脂质体转运到微粒体中。α- 生育酚和 β- 生育酚可有效地与 α-TTP 结合，γ- 生育酚与 α-TTP 的结合效率为 1/2，δ- 生育酚的结合效率仅为 1/3。α- 生育酚醋酸酯、生育醌

和胆固醇不能与 α-TTP 结合。因此，α-TTP 具有优先转运 α- 生育酚的能力，以显示 α- 生育酚的活性最高。

肝脏中的维生素 E 通过乳糜微粒和 VLDL 载体作用进入血浆。乳糜微粒在血液循环的分解过程中，将刚吸收的维生素 E 转移进入脂蛋白循环，其他的作为乳糜微粒的残骸。存在乳糜微粒残骸中的各种维生素 E 的异构体被肝脏摄取。在脂蛋白脂酶（LPL）的作用下，乳糜微粒迅速发生去脂过程，外层脂质中维生素 E 被转移到各种脂蛋白中，并在不同的脂蛋白之间转移，维生素 E 分布于所有循环的脂蛋白中。维生素 E 在脂蛋白与红细胞之间进行快速交换，红细胞内的维生素 E 每小时大约有 1/4 被转换，因此，红细胞维生素 E 的浓度与血浆中的浓度高度相关。

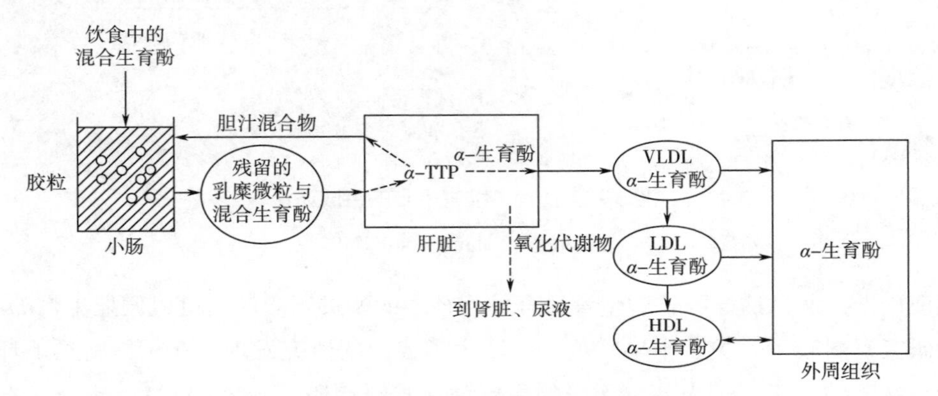

图 5-8 维生素 E 的吸收转运

（来源：张丹参等，2009）

4. 维生素 K

（1）自然界中维生素 K 的分布和存在形式　维生素 K（vitamin K）是 2- 甲基 -1,4- 萘醌的衍生物（图 5-9）。广泛存在于自然界的维生素 K 有维生素 K_1 和维生素 K_2。维生素 K_1 又称植物甲萘醌或叶醌，主要存在于深绿色蔬菜（如甘蓝、菠菜、莴苣等）和植物油中。维生素 K_2 是细菌的产物（维生素 K_2 的合成转化详见本章第四节）。此外，维生素 K_3 是人工合成的水溶性甲萘醌，可通过口服或注射进入人体中。

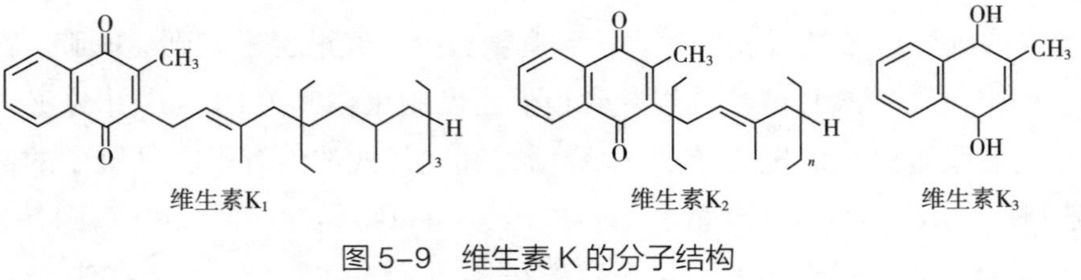

维生素K_1　　维生素K_2　　维生素K_3

图 5-9 维生素 K 的分子结构

叶醌由萘类和植基部分组成，是人们膳食维生素 K的主要来源。具有叶醌合成能力的生物主要是陆生植物、绿藻和一些蓝藻，如聚囊藻属 PCC 6803（*Synechocystis* sp. PCC 6803）和多变鱼腥藻。由于其作为光合作用的电子载体，叶醌在叶组织中最为丰富。在亚细胞水平上，叶绿体包含了叶组织中叶醌含量的大部分。在拟南芥叶绿体中，约 60% 的叶醌存在于类囊体中，约 30% 存在于脂蛋白颗粒（质体球）中，约 10% 存在于包膜中。然而，就叶醌含量而言，物种之间甚至品种之间存在显著差异。此外，研究表明，暴露于高光照强度下的叶片比保持在阴凉处的叶片具有更高的叶醌含量，叶醌含量通常在成熟过程中增加。叶醌具有亲脂性，可通过植物油共萃取获得，因此一些植物油是膳食维生素 K_1 的重要来源，尤其是在西式饮食中。大多数水果的叶醌含量很低，甚至检测不到，但也有例外（例如鳄梨和绿色猕猴桃）。值得注意的是，在许多发展中国家，作为主食的谷物和块茎是叶醌的主要来源，但摄取效率很低。例如，要满足一位成年女性维生素 K 的建议摄入量，大约需要 5kg 木薯或 30kg 玉米或 90kg 大米。

（2）植物中维生素 K_1 的合成转化　维生素 K_1（叶醌）在植物和一些蓝藻中作为主要的氧化还原辅助因子，它在人类和其他哺乳动物可作为参与血液凝固和骨代谢的维生素。对叶醌的研究大多集中在功能研究上，关于其合成代谢的研究相对滞后，但有研究认为，植物中叶醌的生物合成被认为与兼性厌氧细菌中维生素 K_2 的生物合成（参见本章第四节）相似。

早期的放射性标记实验表明，植物中叶醌生物合成的总体结构与某些兼性厌氧细菌中甲喹酮的生物合成结构相似。这些研究表明，萘类主链来源于莽草酸途径，*O*- 琥珀酰苯甲酸酯（OSB）及 OSB-CoA 和 1,4- 二羟基萘甲酸酯（DHNA）作为生物合成中间体。由于早期对模式植物拟南芥的研究中存在突变体，受此影响，植物叶醌生物合成酶的基因的确定相对较晚。多数情况下，拟南芥的叶醌生物合成相关基因突变体会表现出光自养功能丧失，并且在土壤中生长时对幼苗具有致死性，这反映了叶醌在光合成中的关键作用。然而，值得注意的是，绿藻和蓝藻的叶醌合成突变体能够在光系统 I 中使用质体醌而不是叶醌，并且以这种方式维持光自养生长。我们可以将拟南芥（光合植物）中叶醌的生物合成途径分为三个代谢分支（图 5-10），即植基二磷酸的生物合成、萘醌环的生物合成、它们的异戊二烯基化和萘类部分的甲基化。其中，DHNA-CoA 合成酶和 DHNA-CoA 硫酯酶的细胞亚定位为过氧化物酶体，因此 DHNA-CoA 和 DHNA-CoA 在过氧化物酶体中进行，其他反应发生在质体中。

植基焦磷酸为叶醌生物合成中的底物提供植基部分，来源于类异戊二烯的从头合成或通过植醇磷酸化的补救途径合成。植基磷酸激酶是催化植醇磷酸化的关键酶，有学者通过构建该酶基因的敲除突变体，证明了植醇磷酸化途径对叶醌生物合成至关重要。

（3）动物对维生素 K 的吸收转化调控　膳食来源的维生素 K 主要在小肠被吸收，随乳糜微粒而代谢。体内维生素 K 的储存量有限，脂类吸收障碍可引发维生素 K 缺乏症。

机体摄入的膳食多为维生素 K_1 和维生素 K_2 的混合物。一般这些混合物的吸收率约为 40%~70%，主要是其吸收机制有所不同。动物实验显示维生素 K_1 经能量依赖过程从近端小肠主动吸收。这一过程不受维生素 K_2 的影响，但受到乳糜微粒中的短链和中链脂肪酸的抑制。相反，维生素 K_2 是完全经由非载体介导的被动扩散吸收的，其吸收速率受乳糜微粒中脂质和胆盐含量的影响。

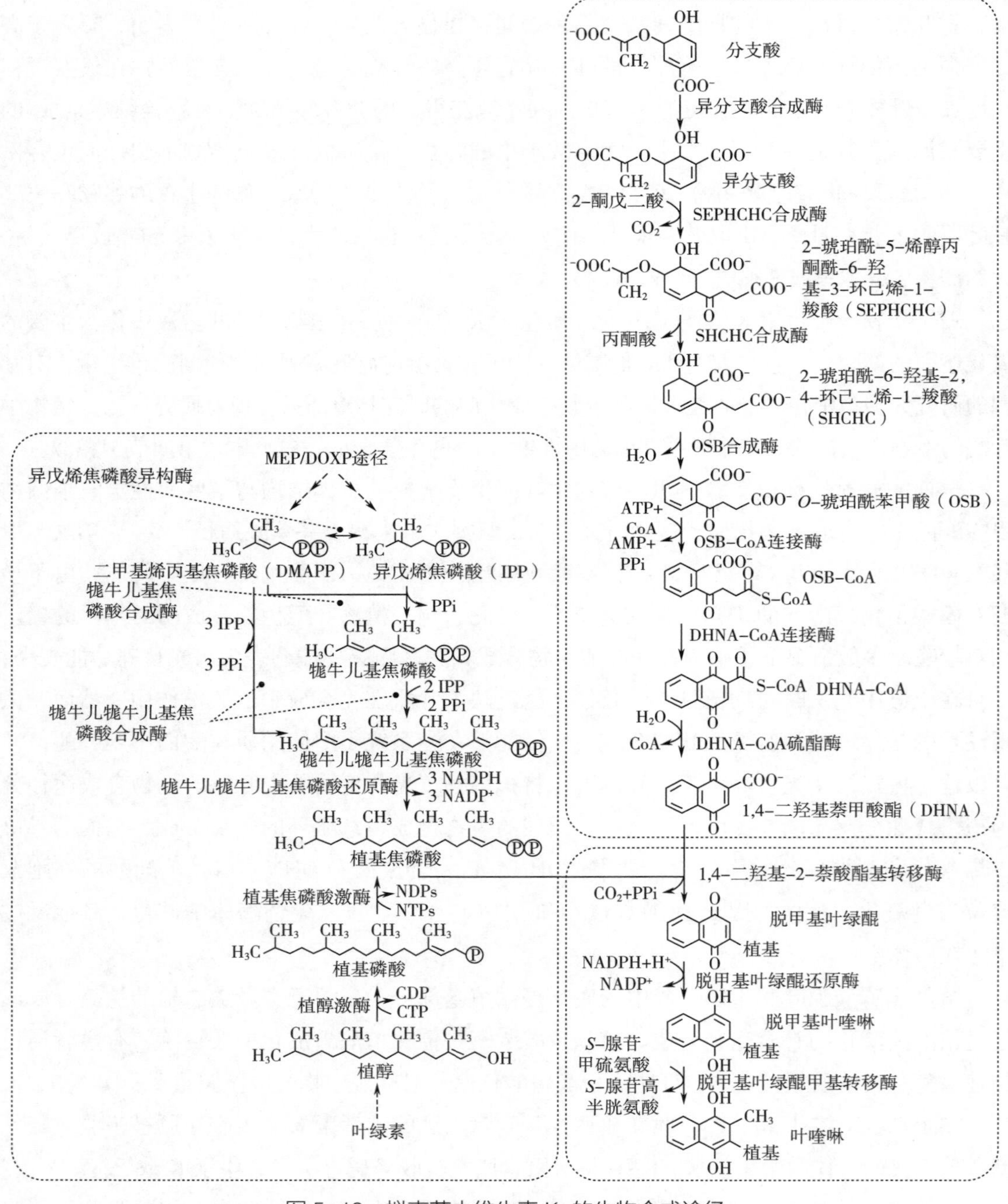

图 5-10 拟南芥中维生素 K_1 的生物合成途径

（来源：Gilles J. Basset et al，2017.）

二、水溶性维生素的合成转化和调控

水溶性维生素包括B族维生素（维生素B_1、维生素B_2、维生素PP、维生素B_6、维生素B_{12}、生物素、泛酸和叶酸）、硫辛酸和维生素C。水溶性维生素主要构成酶的辅助因子，是许多酶活性所必需的。水溶性维生素依赖食物提供，体内过剩的水溶性维生素可随尿排出体外，体内很少蓄积，一般不发生中毒现象，但供给不足时往往导致缺乏症。

1. 维生素B_1

（1）维生素B_1在动植物中的分布及其存在形式　维生素B_1又称硫胺素（图5-11），主要存在于豆类和种子外皮（如米糠）、胚芽、酵母和瘦肉中。硫胺素易被小肠吸收，入血后主要在肝脏及脑组织中经硫胺素焦磷酸激酶的催化生成焦磷酸硫胺素（TPP）。TPP是维生素B_1在动物体内的活性形式，占体内硫胺素总量的80%。

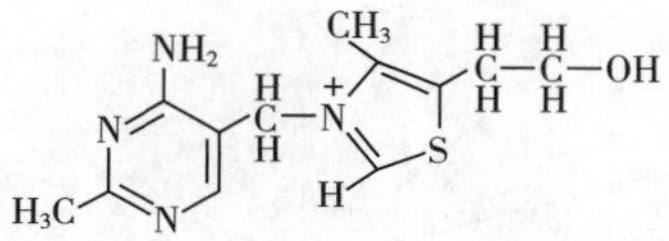

图5-11　维生素B_1的分子结构

（2）植物中维生素B_1的合成转化　日常膳食中的维生素B_1主要来源于谷类食物。在植物体内，硫胺素主要以游离硫胺素、硫胺素单磷酸（TMP）和硫胺素焦磷酸（TPP）三种形式存在。植物中维生素B_1的生物合成途径目前在模式植物拟南芥中研究较为详细（图5-12）。

嘧啶部分的生物合成是由5-氨基咪唑核糖核苷酸（AIR）为底物，在嘧啶合成酶（THIC）催化下合成4-氨基-2-甲基-5-羟甲基嘧啶单磷酸（HMP-P）。这个过程需要*S*-腺苷甲硫氨酸（SAM）和还原性酰胺NADH作为辅因子参与。HMP-P在硫胺素磷酸合成酶（TH1）的催化下形成4-氨基-2-甲基-5-羟甲基嘧啶焦磷酸（HMP-PP）。噻唑部分由烟酰胺腺嘌呤二核苷酸（NAD）和甘氨酸作为底物，经噻唑合成酶（THI1）催化并借助硫供体形成腺苷化噻唑（ADT）。ADT在酶作用下形成4-氨基-2-甲基-5-羟甲基嘧啶磷酸（HET-P）。

硫胺素生物合成的两个前体HMP-PP和HET-P由TH1催化连接在一起形成TMP，然后TMP磷酸酶（TH2）将TMP去磷酸化成硫胺素。而后硫胺素被转运至细胞质溶胶，细胞质中的硫胺素焦磷酸激酶（TPK）将其磷酸化成TPP。在TPK催化由游离硫胺素向TPP的转化过程中，需要ATP以及Mg^{2+}的协助。TPP可作为细胞质、叶绿体和线粒体酶促反应的辅因子发挥其催化作用。

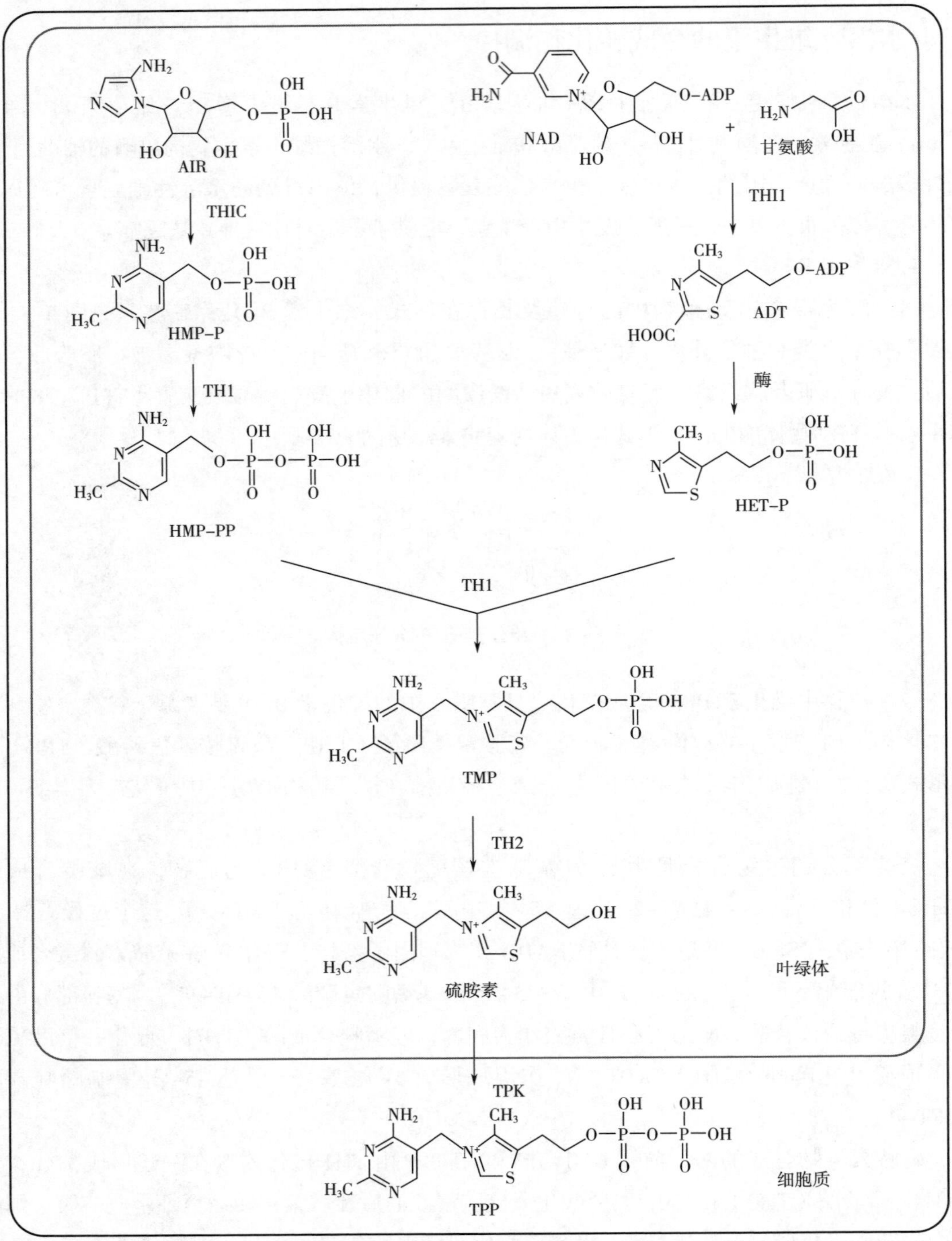

图 5-12 植物中维生素 B_1 的生物合成途径

（3）动物对维生素 B_1 的吸收转化调控 维生素 B_1 在小肠吸收，浓度高时为被动扩散，浓度低时为主动吸收。主动吸收时需要钠离子及三磷酸腺苷（ATP），缺乏钠离子及 ATP

酶可抑制其吸收。硫胺素的主动吸收通过一种特殊的载体介导的跨膜转运机制，涉及硫胺素转运体 -1（THTR-1）和硫胺素转运体 -2（THTR-2），这两种转运体也在其他细胞中起作用；近年来 THTR-1 和 THTR-2 在转录和转录后水平的调节和细胞生物学也被广泛研究。大量饮茶会降低肠道对维生素 B_1 的吸收。酒精中含有抗硫胺素物质，摄入过量也会降低维生素 B_1 的吸收和利用。此外，叶酸缺乏也可导致维生素 B_1 吸收障碍。

维生素 B_1 进入小肠细胞后，在 ATP 作用下磷酸化成酯，其中约有 80% 磷酸化为 TPP，10% 磷酸化为三磷酸硫胺素（TTP），其余为 TMP。维生素 B_1 经磷酸化后，通过门静脉被运送到肝脏，然后经血转运到各个组织。血液中的维生素 B_1 约 90% 存在于血细胞中，其中 90% 在红细胞内。血清中的维生素 B_1 有 20%~30% 与清蛋白结合在一起。现有研究发现，大鼠血清中有一种特异的维生素 B_1 结合蛋白，此种蛋白受激素调节，是转运维生素 B_1 到各组织所必需的。

维生素 B_1 由尿排出，不能被肾小管再吸收。由尿排出的多为游离型。尿中维生素 B_1 的排出量与摄入量有关。如果每天摄入的维生素 B_1 超过 0.5~0.6 mg，尿中排出量随摄入量的增加而升高，并呈直线关系。但当维生素 B_1 摄入量高至一定的量时，其排出量即呈较平稳状态，此时可见一折点，可视为营养素充裕的标志，此折点受劳动强度和环境因素影响。

2. 维生素 B_2

（1）维生素 B_2 在动植物中的分布及其存在形式　维生素 B_2 又名核黄素（riboflavin）（图 5-13），广泛存在于动植物食品中，动物性食物较植物性食物含量高。例如，乳与乳制品、蛋类、动物内脏等是维生素 B_2 的丰富来源，植物性食物以绿色蔬菜、豆类含量较高，谷类含量较少。维生素 B_2 在碱性溶液中易分解，对光敏感，食品加工过程中加碱、储存和运输过程中的日晒及不避光均可导致其损失。食物烹调方法不同，维生素 B_2 损失也不同，如碗蒸米饭比捞饭损失少；在烹调肉类时，油炸和红烧损失较多。

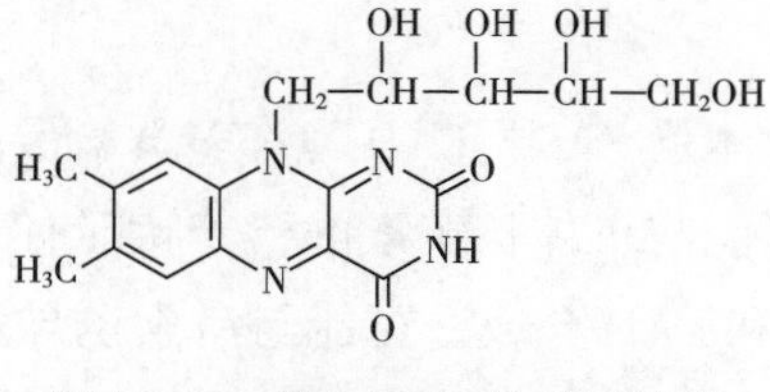

图 5-13　维生素 B_2 的分子结构

维生素 B_2 在人体内以 FAD 和 FMN 两种形式参与氧化还原反应，是机体中许多重要辅酶的组成成分，在维持蛋白质、脂肪和碳水化合物的正常代谢，促进正常的生长发育，维护皮肤和黏膜的完整性等方面发挥着重要作用。

（2）维生素 B_2 的合成转化　核黄素是黄素单核苷酸（FMN）和黄素腺嘌呤二核苷酸（FAD）的前体，FMN 和 FAD 是许多介导氢、氧和电子传递反应的酶的辅酶，这种代谢过程包括三羧酸循环、脂肪酸的氧化、光合作用、线粒体的电子传递、嘧啶的合成等。尽管核黄素非常重要，但其只在植物和一些微生物中可以合成，人和其他动物所需核黄素必须从食物中获取，而催化生成 FMN 和 FAD 的黄素激酶和焦磷酸化酶却在动植物中广泛存在。目前人们对核黄素生物合成的了解仅局限于酵母和细菌中。

（3）动物对维生素 B_2 的吸收转化调控　动物吸收维生素 B_2 时，食物中维生素 B_2 与蛋白质形成的结合物进入消化道，先在胃酸、蛋白酶的作用下，水解释放出黄素蛋白，然后在小肠上端磷酸酶和焦磷酸化酶的作用下，水解为游离维生素 B_2。维生素 B_2 在小肠上端以依赖 Na^+ 的主动转运方式吸收，饱和剂量为 66.5μmol（25mg）。吸收后的维生素 B_2 绝大部分又很快在肠黏膜细胞内被黄素激酶磷酸化为黄素单核苷酸（FMN），该过程需 ATP 供能。但在家兔的实验研究中发现，刷状缘细胞在吸收维生素 B_2 时呈现中性电子过程，并不依赖于 Na^+ 或 K^+。近年来使用 Caco-2 细胞进行的研究发现，维生素 B_2 的吸收不需要 Na^+ 的参与。大肠也可吸收一小部分核黄素。

胃酸可影响维生素 B_2 的吸收，因为食物中的维生素 B_2 需要从其与蛋白质的复合体中游离出来才能被吸收。胆汁酸盐也可促进维生素 B_2 的吸收。氢氧化铁、氢氧化镁、酒精等可以干扰维生素 B_2 在肠道的吸收。其他如咖啡因、糖精、铜、锌、铁离子等也可以影响维生素 B_2 吸收。

进入血液中的维生素 B_2 大部分与蛋白质结合，有小部分与免疫球蛋白 IgG 结合转运。在生理浓度下，维生素 B_2 通过特异载体蛋白进入哺乳动物的细胞内，但在高浓度时，可通过扩散进入细胞内。组织细胞对维生素 B_2 的吸收具有相对专一性。肝实质细胞和肾近曲小管上皮细胞吸收维生素 B_2 时不依赖 Na^+。妊娠时体内维生素 B_2 载体蛋白含量增加，有利于胎盘吸收更多的维生素 B_2。

在许多组织细胞中如小肠、肝脏、心脏、肾脏的细胞质中维生素 B_2 转变为辅酶。第一步是由依赖 ATP 的黄素激酶催化，形成 FMN，虽然 FMN 能与专一的脱辅基蛋白结合形成几种功能性黄素蛋白，但大多数 FMN 经焦磷酸化酶催化形成黄素腺嘌呤二核苷酸（FAD），此过程也需要消耗 ATP。

组织中黄素辅酶的主要前体是 FAD，FAD 为许多黄素蛋白脱氢酶和黄素蛋白氧化酶的成分。黄素辅酶的生物合成可能与机体核黄素的营养状况有关。在哺乳动物体内甲状腺素和三碘甲腺原氨酸刺激 FMN 和 FAD 合成，可能与激素诱导黄素激酶活性增强有关，FAD 作为合成酶的产物，对合成过程起抑制作用，并以此调节自身的合成。少于 10%的 FAD 能与一些重要的脱辅基蛋白的专一氨基酸残基共价结合，例如琥珀酸脱氢酶中 8*α*-*N*（3）-组氨酰 -FAD 和单胺氧化酶中的 8*α*-*S*- 半胱氨酰 -FAD，这两种都是位于线粒体中的酶。黄素辅酶共价键的分解由细胞内蛋白水解酶催化，进一步地降解由专一特异性焦磷酸化酶催化，将 FAD 分解成 AMP 和 FMN，专一特异性磷酸酶再催化 FMN 分解。

从膳食中摄入的维生素 B_2 中 60%~70% 随尿液排出，核黄素摄入过量后，也很少在体内储存，主要随尿液排出，还可以从其他分泌物如汗液中排出，汗液中核黄素的排出量约为摄食量的 3%。此外，黄素可从乳腺排泄，并称之为乳黄素。在人和牛的乳汁中 FAD 的水平最高，占总黄素量的1/3，超过游离维生素 B_2 的量。在巴氏消毒过程中，大部分FAD可水解为FMN。

3. 维生素PP

（1）维生素PP的分布和存在形式　维生素PP包括尼克酸（nicotinic acid，又称烟酸）和尼克酰胺（nicotinamide，又称烟酰胺）（图5-14），两者均属吡啶衍生物。烟酸及烟酰胺广泛存在于食物中。植物性食物中存在的主要是烟酸，动物性食物中以烟酰胺为主。

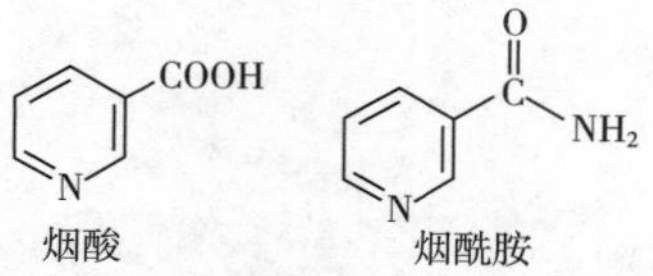

图5-14　烟酸和烟酰胺的分子结构

（2）动物对维生素PP的吸收转化调控　食物中维生素PP均以烟酰胺腺嘌呤二核苷酸或烟酰胺腺嘌呤二核苷酸磷酸的形式存在，它们在小肠内被水解生成游离的维生素PP，并被吸收。低浓度时通过 Na^+ 依赖性主动过程吸收，高浓度时通过被动扩散方式吸收。运输到组织细胞后，维生素PP再合成NAD或NADP。过量的维生素PP随尿排出体外。体内色氨酸代谢也可生成维生素PP，但效率较低，60mg色氨酸仅能生成1mg烟酸。

烟酸在体内的代谢活性形式是NAD和NADP，二者在体内是多种不需氧脱氢酶的辅酶，分子中的烟酰胺部分具有可逆的加氢及脱氢的特性。NAD和NADP的合成可通过三种前体形式：NA、NAM和色氨酸（图5-15）。NA和NAM是色氨酸生物合成NAD的中间产物，NA可通过磷酸核糖化、腺苷化和酰胺化最终生成NAD。而NAM在脱去酰胺基后经过与NA相同的步骤生成NAD。

对于哺乳动物来说，膳食中的色氨酸可通过丙氨酸途径生成喹啉酸，后者又可转化为烟酸。对于人类来说，以必需氨基酸色氨酸生成烟酸的生物合成过程（图5-16），是满足机体烟酸需要的重要途径。色氨酸先在色氨酸吡咯酶的催化下生成*N*-甲酰犬尿氨酸，再脱去甲酰基，生成犬尿氨酸。后经FAD依赖性犬尿氨酸3-羟化酶、吡哆醛依赖性转氨酶的催化，生成黄尿酸。犬尿氨酸还可经3-羟基-邻氨基苯甲酸形成2-氨基-3羧基黏康酸半醛（ACS），这是这个途径中的一个分支点。ACS可通过自发环化生成喹啉酸，后者在喹啉酸磷酸核糖转移酶的催化下，生成烟酸单核苷酸，这是NAD合成的关键中间产物。烟酸单核苷酸再经烟酰胺核苷酸转甲基酶和NAD合成酶的催化，形成NAD。ACS也可经2-氨基-黏康酸半醛，进一步被还原和脱羧生成乙酰CoA。另外，ACS能自发通过环化和脱羧基作用生成2-吡啶甲酸，从而限制了从色氨酸到NAD的转化效率。平均约60mg色氨酸可转化为1mg烟酸，其转化过程受维生素 B_2 和维生素 B_6 影响。

色氨酸
喹啉酸
磷酸核糖焦磷酸
CO2+PP1
PP1
磷酸核糖焦磷酸
NA
单核苷酸
Gln
ATP
PP1
Glu
AMP+PP1
NAD
ATP
ADP-核糖
NA
AMT
NH3
NAM
单核苷酸
NAM
核糖
P1
NAM
核糖
核糖-1-P
核糖-5-P
P1
PP1
磷酸核糖焦磷酸

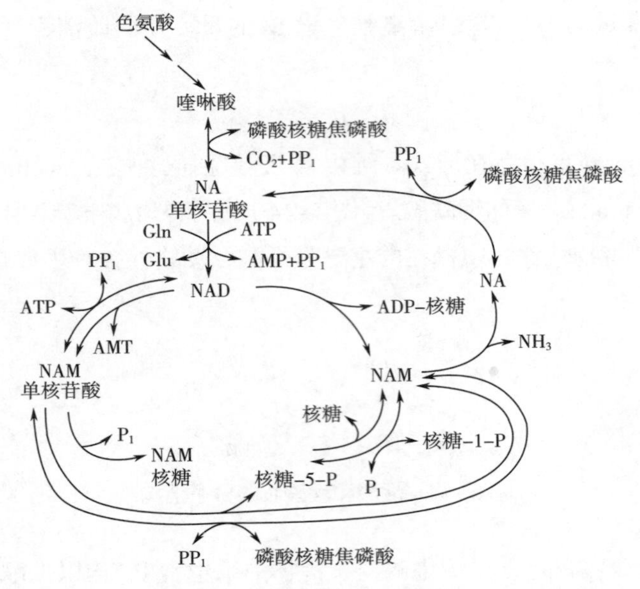

图 5-15 烟酸的代谢途径

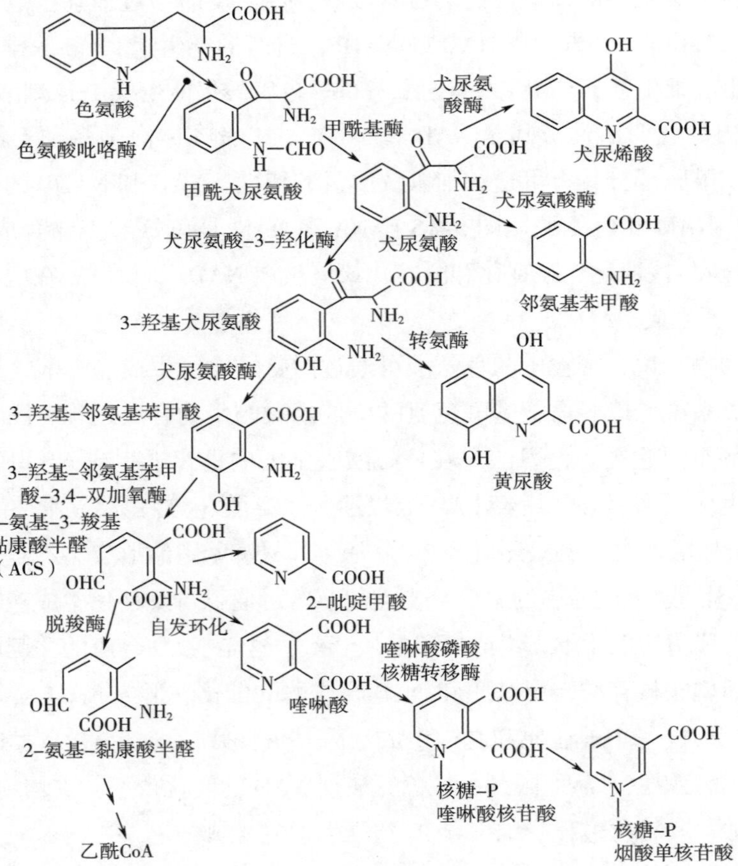

色氨酸
色氨酸吡咯酶
甲酰犬尿氨酸
甲酰基酶
犬尿氨酸酶
犬尿烯酸
犬尿氨酸
犬尿氨酸酶
邻氨基苯甲酸
犬尿氨酸-3-羟化酶
3-羟基犬尿氨酸
转氨酶
黄尿酸
犬尿氨酸酶
3-羟基-邻氨基苯甲酸
3-羟基-邻氨基苯甲酸-3,4-双加氧酶
2-氨基-3-羧基黏康酸半醛（ACS）
2-吡啶甲酸
脱羧酶
自发环化
喹啉酸
喹啉酸磷酸核糖转移酶
2-氨基-黏康酸半醛
核糖-P
喹啉酸核苷酸
核糖-P
烟酸单核苷酸
乙酰CoA

图 5-16 色氨酸转化为烟酸的过程

4. 泛酸

（1）泛酸在动植物中的分布及其存在形式　泛酸又称遍多酸、维生素 B_5，由二甲基羟丁酸和 β- 丙氨酸组成（图 5-17），因广泛存在于动、植物组织中而得名。泛酸来源最丰富的食品是肝脏、肾脏、鸡蛋黄、坚果类、蘑菇等，其次为大豆粉、小麦粉、菜花、鸡肉等，蔬菜与水果中含量相对较少。食物中的泛酸大多以 CoA 或 ACP 的形式存在，在肠内被吸收后，经磷酸化并与半胱氨酸反应生成 4- 磷酸泛酰巯基乙胺，后者是 CoA 及 ACP 的组成部分。CoA 和 ACP 是泛酸在体内的活性形式，CoA 及 ACP 构成酰基转移酶的辅酶，广泛参与糖、脂类、蛋白质代谢及肝脏的生物转化作用。约有 70 多种酶需 CoA 及 ACP。微生物和植物自身能合成泛酸，动物不能合成泛酸，需要从外界摄取。细菌中泛酸的代谢途径已经研究得比较清楚，而在植物中的代谢过程还没有完全被阐明。

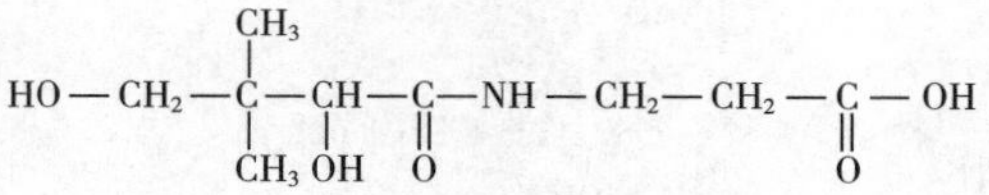

$$HO-CH_2-C(CH_3)_2-CH(OH)-C(=O)-NH-CH_2-CH_2-C(=O)-OH$$

图 5-17　泛酸的分子结构

（2）动物对泛酸的吸收转化调控　食物中的泛酸在动物肠道内降解，首先释放出 4- 磷酸泛酰巯基乙胺，之后再脱磷酸产生泛酰巯基乙胺，在肠内巯基乙胺酶的作用下，迅速转变为泛酸（图 5-18）。食物中泛酸的生物利用率约 40%~60%。泛酸的吸收有两种形式，低浓度时，通过主动转运吸收；高浓度时，通过简单的扩散吸收。血浆中的泛酸主要为游离型，红细胞内的泛酸则以 CoA 的形式存在。泛酸进入细胞时靠一种特异的载体蛋白转运。

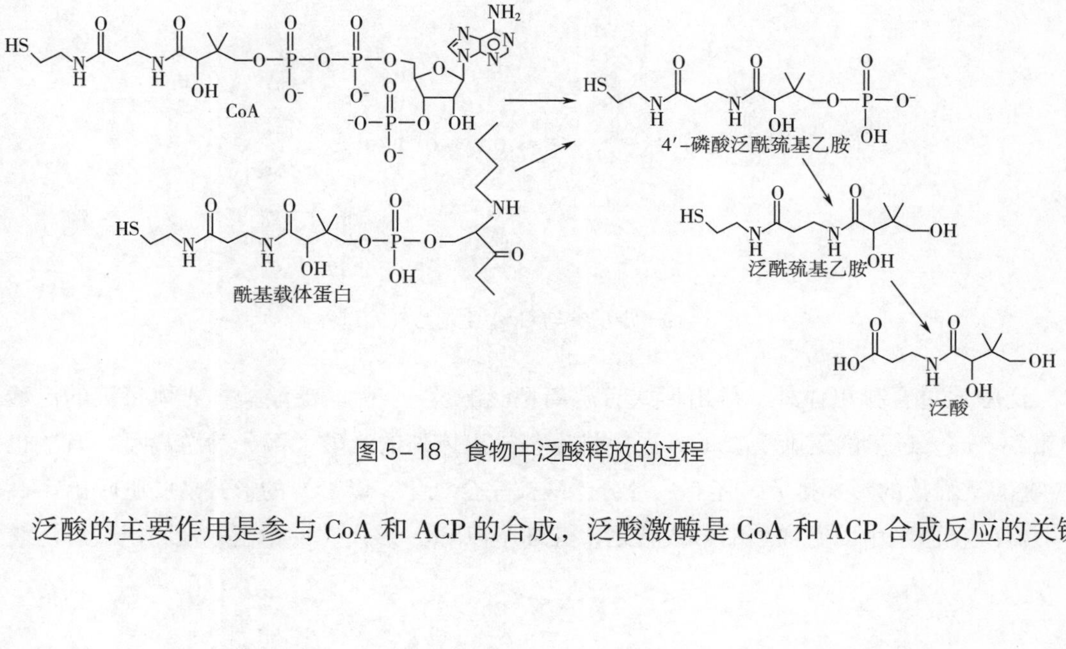

图 5-18　食物中泛酸释放的过程

泛酸的主要作用是参与 CoA 和 ACP 的合成，泛酸激酶是 CoA 和 ACP 合成反应的关键酶，4′- 磷酸泛酸形成后，在半胱氨酸合成酶的作用下，生成 4′- 磷酸泛酰半胱氨酸。后经脱羧酶和腺苷酸转移酶的作用，生成脱磷酸 CoA，在脱磷酸 CoA 激酶的作用下生成 CoA（图 5-19）。

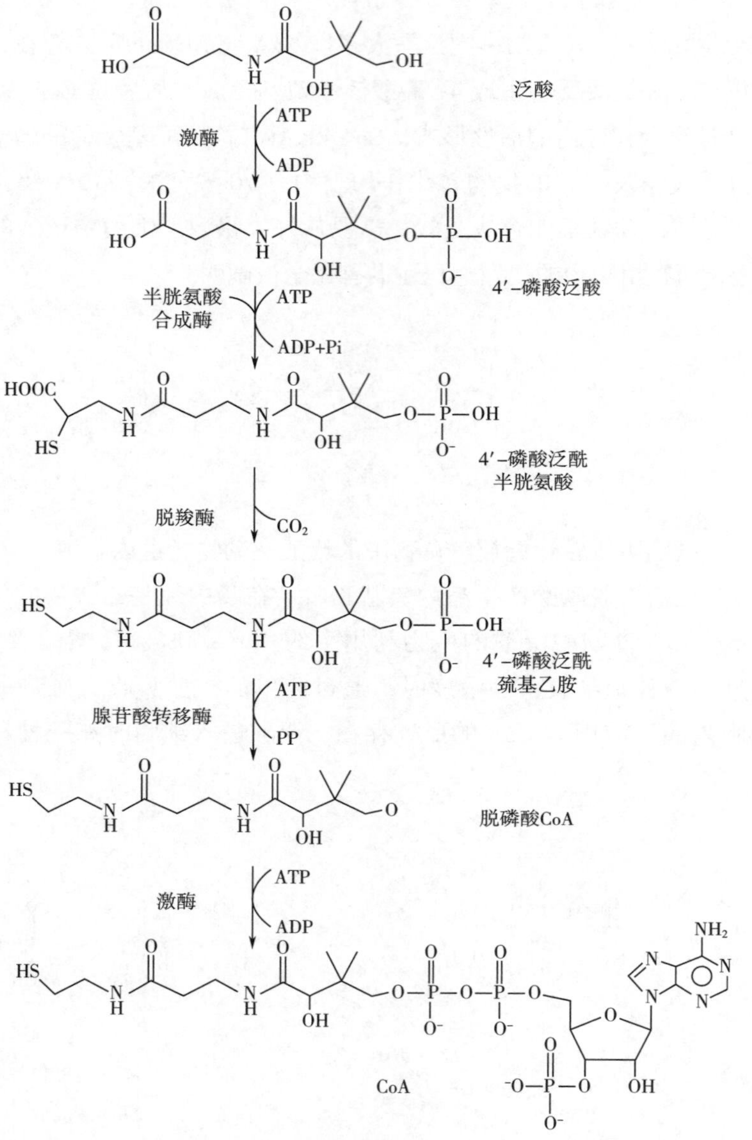

图 5-19　泛酸参与 CoA 生物合成的过程

泛酸通过肾排出体外，排出形式有游离型泛酸及 4′- 磷酸泛酸盐，人体每天的泛酸排出量约 5mg。过量的泛酸会立即从尿中排出，排出体外的泛酸大部分为游离型，有些也以 4′- 磷酸泛酸盐的形式排泄，还有一部分泛酸被完全氧化，以 CO_2 的形式从肺脏呼出。

泛酸在血浆中以游离酸的形式转运，红细胞以 CoA 形式携带相当数量的泛酸。泛酸通

过 Na^+ 依赖的特异性载体蛋白介质（多维生素转运体或称泛酸透酶 SMVT）的主动转运过程转运进细胞。泛酸被细胞吸收后，大部分转变为 CoA；泛酸在体内分布于肝脏、肾脏、脑脏、心脏、肾上腺、睾丸等组织中。

5. 生物素

（1）生物素的分布和存在形式 生物素（图 5-20）又称维生素 H、维生素 B_7、辅酶 R 等，是脂肪和蛋白质正常代谢过程不可或缺的。细菌、植物、一些真菌和动物能够通过自身合成所需的生物素，但人类需要从食物中摄取生物素。生物素广泛存在于天然食物中，但与其他大部分水溶性维生素相比含量较低。生物素在谷类、坚果、蛋黄、酵母、蛋类、动物内脏、豆类、某些蔬菜、牛乳和鱼类等食品中含量相对丰富，啤酒含量较高，人肠道细菌也能合成。生物素为无色针状结晶体，耐酸而不耐碱，氧化剂及高温可使其失活。

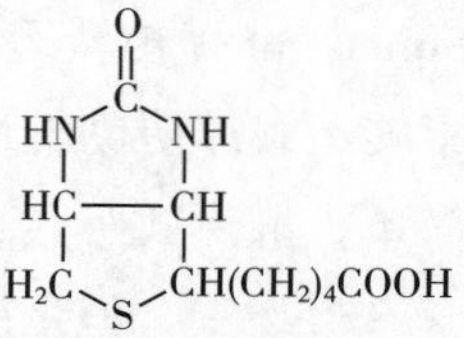

图 5-20 生物素的分子结构

（2）植物中生物素的生物合成 对于生物素合成的相关探索最早是在细菌中完成的。起初，在细菌中阐明了由庚二酰 CoA 和丙氨酸开始的生物素合成途径。而细菌中生物素的生物合成包含四步反应，产物分别为 8- 氨基 -7- 氧代壬酸（KAPA）、7,8- 氨基壬酸（DAPA）、脱硫生物素（DTB）以及最终的生物素。大肠杆菌中存在一个操纵子，由四个酶（BioF、BioA、BioD、BioB）的编码基因组成，其结构和功能已被详细阐明。植物体内生物素的合成与细菌体内的合成路径大致相同，但植物生物素在两个不同的场所合成（图 5-21）。最初的合成产物 KAPA 合成于细胞溶质中而最终的脱硫生物素转化为生物素发生在线粒体中。需要生物素作为辅因子的代谢酶通常位于四个不同的场所——叶绿体、线粒体、蛋白质体和细胞质。近些年的研究表明，过氧化物酶体在植物和真菌中参与生物素的生物合成。

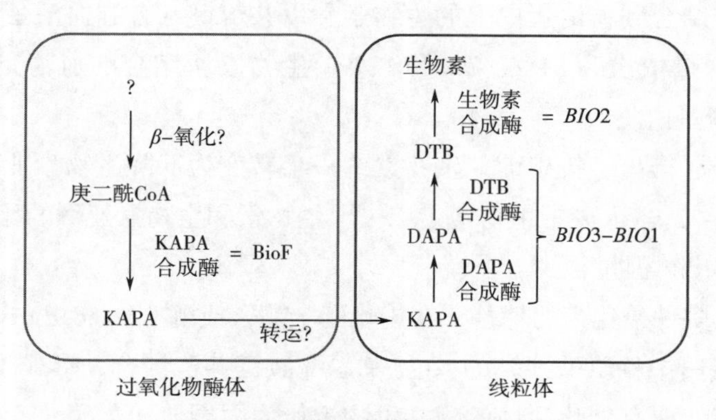

图 5-21 植物中生物素的合成途径

（来源：Jun-ichi Maruyama et al，2012.）

对于植物生物素合成的研究是从模式植物拟南芥开始的。拟南芥中二氨基壬酸氨基转移酶和脱硫生物素合成酶（DTBS）分别催化生物素合成的倒数三步和倒数第二步反应。细菌中二氨基壬酸氨基转移酶和脱硫生物素合成酶由不同的基因编码。而真核生物（植物和大多数真菌）中生物素的合成，这两步反应是由一个单一的酶催化完成的。拟南芥中催化这两步的酶是由一种双功能基因所编码，这个嵌合型基因被命名为 *BIO*3~*BIO*1。

（3）动物对生物素的吸收转化调控　食物中的生物素主要以游离形式或与蛋白质结合的形式存在。与蛋白质结合的生物素在肠道蛋白酶的作用下，形成生物胞素，再经肠道生物素酶的作用，释放出游离生物素。小肠近端是生物素的主要吸收部位。浓度低时（<5μmoL/mL）被转运载体主动吸收，主要由一种定位于肠道刷状缘细胞膜上的钠依赖性维生素转运载体协助转运，食物来源生物素的利用率不足 50%。浓度高时（>25μmoL/mL）则以简单扩散形式吸收，吸收的生物素经门脉循环，运送到肝脏、肾脏内储存，其他细胞内也含有生物素，但量较少。生蛋清中含有抗生物素蛋白，可与生物素结合抑制生物素的吸收。胃酸缺乏者，可使生物素吸收减少。

人体的肠道细菌可从二庚二酸取代壬酸合成生物素，但作为人体生物素直接来源是不够的。肠道中生物素的合成受许多因素的影响，如碳水化合物来源、B 族维生素的存在、有无抗菌药物或抗生素的存在等，因此，仍需要从食物中摄取生物素。食物中结合态生物素是以共价键的形式存在，不能被机体直接吸收利用，在胃肠道蛋白酶和肽酶作用下降解成生物胞素和含生物素的小肽，然后在生物素降解酶的作用下释放出游离的生物素。

生物素在哺乳动物体内还可以通过复杂的机制实现循环利用（图 5-22），即通过人类羧化全酶合成酶等将生物素转化为生物素 -5′- 腺苷酸，最终完成循环。生物素转运到外周组织，需要生物素结合蛋白为载体。血浆中的生物素结合蛋白以生物素酶的形式存在，此酶有两个高亲和性的生物素结合位点，人乳中有生物素酶。血清中的生物素有三种形式：游离生物素、可逆结合到血清蛋白上的生物素和以共价键结合到血清蛋白上的生物素，三种形式的生物素含量依次为 81%、7% 和 12%。生物素所结合的血清蛋白可以是 α- 球蛋白、β- 球蛋白或清蛋白。

生物素主要经尿排出。排出前，生物素约一半转变为双降生物素亚砜、双降生物素和四降生物素（图 5-22）。人尿中生物素、二去甲生物素和生物素亚砜的比例约为 3 ∶ 2 ∶ 1。乳中也有生物素排出，但量很少。

生物素是体内多种羧化酶的辅基，在羧化酶全酶合成酶（holocarboxylase synthetase）的催化下与羧化酶蛋白中赖氨酸残基的 ε- 氨基以酰胺键共价结合，形成生物胞素（biocytin）残基，羧化酶则转变成有催化活性的酶。生物素作为丙酮酸羧化酶、乙酰 CoA 羧化酶等的辅基，参与 CO_2 固定过程，为脂肪与碳水化合物代谢所必需。生物素除了作为羧化酶的辅基外，还有其他重要的生理作用。生物素参与细胞信号转导和基因表达。生物素还可使组蛋白生物素化，从而影响细胞周期、转录和 DNA 损伤的修复。

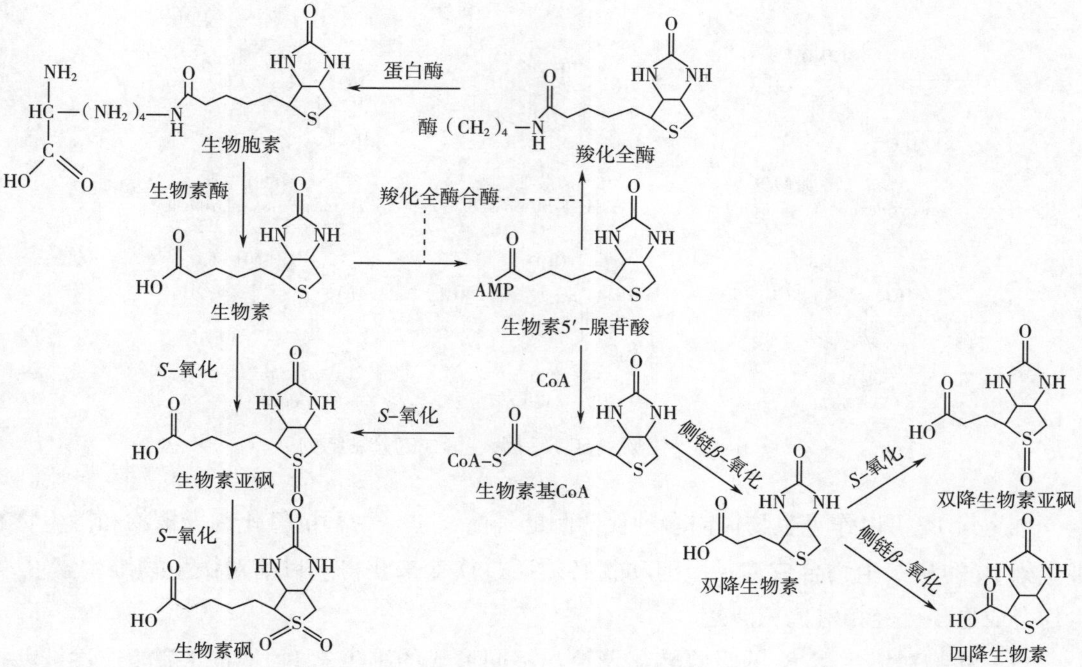

图 5-22　生物素代谢与循环

（张丹参等，2009.）

6. 维生素 B_6

（1）维生素 B_6 的分布和存在形式　维生素 B_6 是 2- 甲基 -3- 羟基 -5- 羟甲基吡啶的衍生物，主要以天然形式存在，包括吡哆醇（PN）、吡哆醛（PL）和吡哆胺（PM）。维生素 B_6 在植物中的主要存在形式是吡哆醇和吡哆胺及其磷酸化形式，而在动物组织中的主要存在形式是吡哆醛及其磷酸化形式。人体内约 80% 的维生素 B_6 以磷酸吡哆醛的形式存在于肌肉中，并与糖原磷酸化酶相结合。在肝脏、红细胞及其他组织中 PN、PL、PM 的第 5 位都能被磷酸化，其活性的辅基形式是 5′- 磷酸吡哆醇（PNP）、5′- 磷酸吡哆醛（PLP）和 5′- 磷酸吡哆胺（PMP）。其中 PLP 是维生素 B_6 的主要辅酶形式，PMP 也可经转氨基反应由 PLP 生成（图 5-23）。

维生素 B_6 广泛分布于动、植物食品中。白肉中含量较高（如鸡肉和鱼肉），其次为肝脏、全谷类产品（特别是小麦）、坚果类和蛋黄。水果和蔬菜中维生素 B_6 含量也较多，其中香蕉、甘蓝、菠菜的含量丰富，但在柠檬类水果、乳类等食品中含量较少。

在许多食物中，大多数维生素 B_6 是以共价键形式与蛋白质结合或被糖苷化，可导致食物中含有的大多数维生素 B_6 的生物利用率相对较低。因为植物性食物中，例如马铃薯、菠菜、蚕豆以及其他豆类，维生素 B_6 的存在形式通常比动物组织中更为复杂，所以动物性来源的维生素 B_6 的生物利用率优于植物性来源的食物。在谷类食物中，维生素 B_6 主要集中在胚芽和糊粉层，谷类加工成面粉过于精细可导致维生素 B_6 含量显著降低。食品加工和储存可影响其中维生素 B_6 的含量，不同的食物和加工技术会导致丢失 10%~50%。

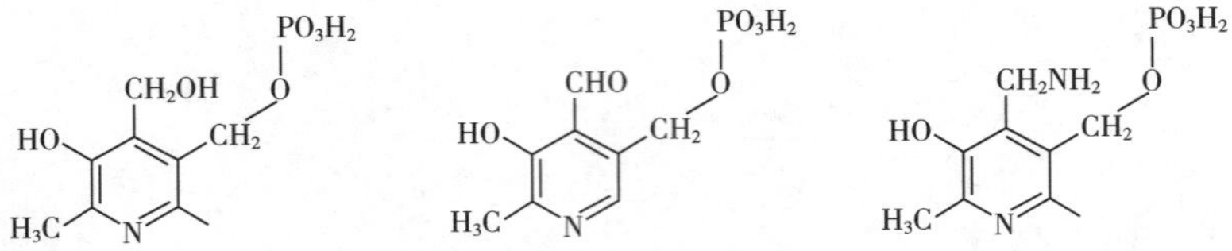

5′-磷酸吡哆醇（Pyridoxine-5′-phosphate）　5′-磷酸吡哆醛（Pyridoxal-5′-phosphate）　5′-磷酸吡哆胺（Pyridoxine-5′-phosphate）

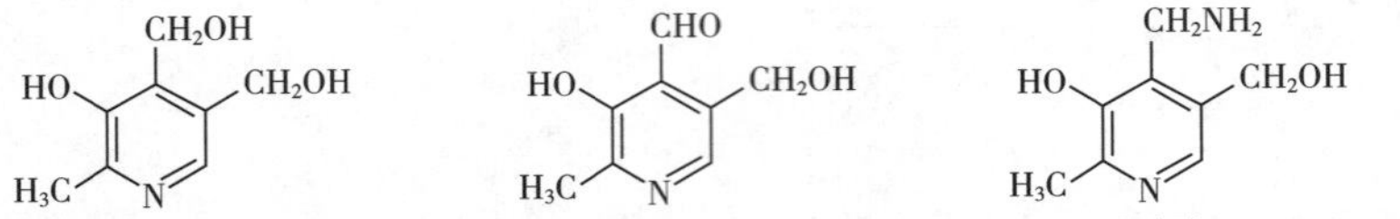

吡哆醇（Pyridoxine）　吡哆醛（Pyridoxal）　吡哆胺（Pyridoxine）

图 5-23　生物素 B_6 及其活性形式的分子结构

维生素 B_6 可以作为生物体内多种代谢酶的辅酶，也是一种抗氧化剂。植物和微生物有维生素 B_6 的从头生物合成途径，但动物必须通过饮食来获得。目前对微生物维生素 B_6 的生物合成途径已经相对比较清楚。

（2）动物对维生素 B_6 的吸收转化调控　不同形式的维生素 B_6 大部分都能通过被动扩散形式在空肠和回肠被吸收，经磷酸化形成 PLP 和 PMP，被吸收的维生素 B_6 代谢物在肠黏膜和血中与蛋白质结合。转运是通过非饱和被动扩散机制。即使给予极高剂量的维生素 B_6 吸收也很好。葡萄糖糖苷（PIV-G）需要黏膜葡萄糖糖苷酶裂解，因此 PN-G 的吸收效率低于 PLP 和 PMP。某些 PN-G 能被完全吸收并在许多组织中被水解，在组织中维生素 B_6 以 PLP 形式与多种蛋白质结合并储存，这有助于防止维生素 B_6 被磷酸酶水解，体内维生素 B_6 有 75%~80% 储存于肌肉组织中。

大部分吸收的非磷酸化维生素 B_6 被运送到肝脏中。维生素 B_6 以 PLP 形式与多种蛋白质结合，蓄积和储留在组织中，这将有助于防止其被磷酸酶水解。组织中维生素 B_6 主要存在于线粒体和胞质。蛋白质的结合能力限制了摄入大量维生素 B_6 时 PLP 在组织中的蓄积。超过这个能力时，游离的 PLP 被迅速水解，肝脏和其他组织释放非磷酸化吸收的维生素 B_6 进入血液循环。给予药理剂量的维生素 B_6 时，当其他组织被饱和时，由于肌肉、血浆和红细胞与 PLP 结合蛋白有较高结合能力，这些组织中蓄积 PLP 的水平可能非常高。

维生素 B_6 通过磷酸化 / 脱磷酸化氧化 / 还原以及氨基化 / 脱氨基化过程容易相互进行代谢转化。这个代谢过程的限速步骤是由黄素单核苷酸吡哆醛磷酸氧化酶所催化。于是，核黄素的缺乏可能降低 PN 和 PM 向活性辅酶 PLP 的转变。在肝脏中通过黄素腺嘌呤二核苷酸和烟酰胺腺嘌呤二核苷酸依赖酶的作用，PLP 经过脱磷酸化并被氧化生成 4- 吡哆酸（4-PA）和其他无活性的代谢物，经尿排出。血浆中主要的 PLP 结合蛋白是清蛋白。PLP 是血浆中该种维生素的主要形式。组织和红细胞能转运血浆中的非磷酸化形式的维生素 B_6，其中有些是由血浆 PLP 经磷酸化酶作用而来。磷酸化作用是维生素 B_6 在细胞内的重要储存方式，三种磷酸化的产物在体内的相互转化见图 5-24。

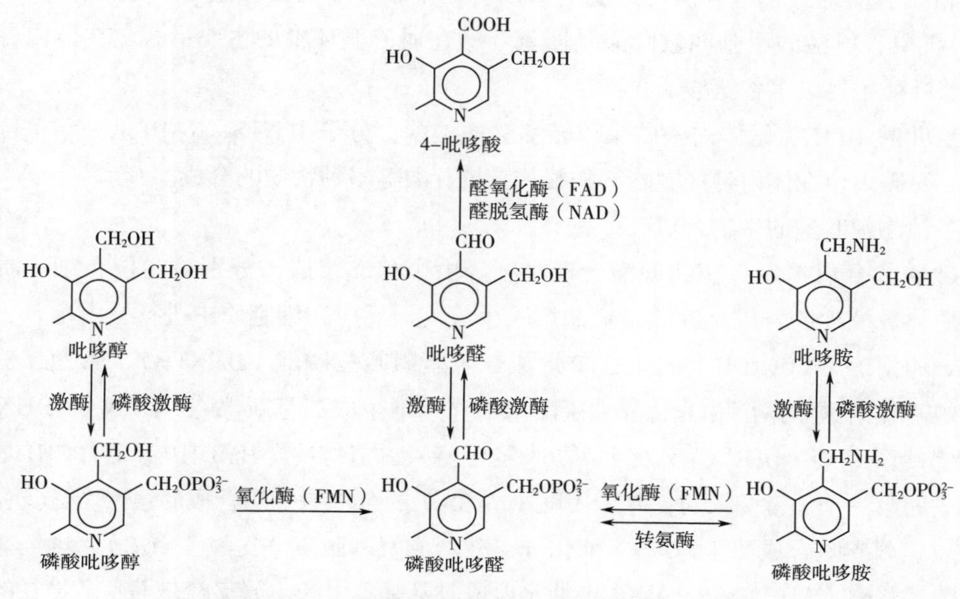

图 5-24 磷酸化的维生素 B_6 在体内的相互转化

7. 叶酸

（1）叶酸在动植物中的分布和存在形式 叶酸因绿叶中含量十分丰富而得名，又称蝶酰谷氨酸。自然界中叶酸多为还原型（7,8- 二氢叶酸），由微生物和植物合成，广泛存在于各种动、植物食品中，肠道功能正常时肠道细菌能合成叶酸。酵母、肝脏、水果和绿叶蔬菜是叶酸的丰富来源。叶酸分子由 2- 氨基 -4- 羟基蝶啶（蝶呤）、对氨基苯甲酸（pABA）和谷氨酸三部分组成（图 5-25），其有多种存在形式，理论上达 150 种之多，在植物和动物组织中发现的不到 50 种。植物中的叶酸多含 7 个谷氨酸残基，谷氨酸之间以 γ-肽键相连。动物性食物中仅牛乳和蛋黄中含蝶酰谷氨酸。蝶呤还有完全氧化及部分还原、完全还原形式，各种氧化水平的 C_1 基团（甲酰基、亚甲基、甲基等）可以连接于蝶呤的 *N*-5 位置或 pABA 的 *N*-10 位置，或是连接在二者之间，产生的 C_1 取代的叶酸经酶促反应可以相互转化，并且可用作各种反应的 C_1 基团供体。

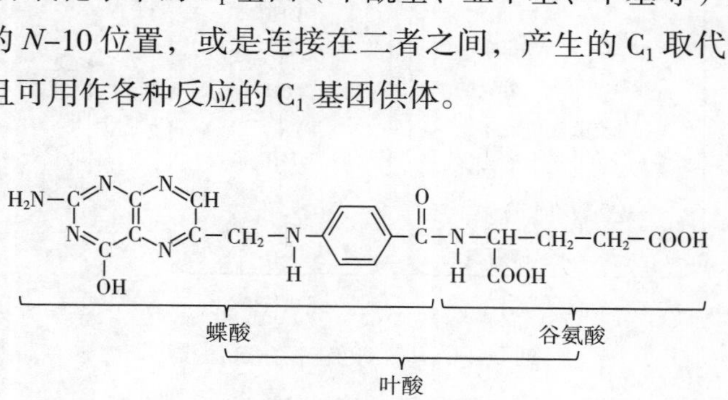

蝶酸 谷氨酸

叶酸

图 5-25 蝶酰谷氨酸的分子结构

食物中的蝶酰多谷氨酸在小肠被水解，生成蝶酰单谷氨酸。后者易被小肠上段吸收，在小肠黏膜上皮细胞二氢叶酸还原酶的作用下，生成叶酸的活性型——5,6,7,8- 四氢叶酸（FH_4）。含单谷氨酸的甲基四氢叶酸是四氢叶酸在血液循环中的主要形式。在体内各组织中，四氢叶酸主要以多谷氨酸形式存在。

四氢叶酸（FH_4）是体内一碳单位转移酶的辅酶，分子中 N-5、N-10 是一碳单位的结合位点。一碳单位在体内参加嘌呤、胸腺嘧啶核苷酸等多种物质的合成。

（2）植物中叶酸的生物合成

①叶酸的合成途径：植物叶酸合成途径 3 由个分支组成，分别被定位在细胞质、线粒体和质体。蝶呤的合成是叶酸合成的第一个分支，反应在细胞质中进行，由鸟苷三磷酸（GTP）环化水解酶（GCHI）催化 GTP 形成二氢新蝶呤三磷酸（DHNTP），后者在三磷酸二氢新蝶呤焦磷酸水解酶和非特异性磷酸酶的作用下生成二氢新蝶呤（DHN），DHN 又被二氢新蝶呤醛缩酶（DHNA）水解形成 6- 羟甲基 - 二氢蝶呤（HMDHP）。GTPCHI 是叶酸生物合成的第一个关键酶。对氨基苯甲酸（pABA）的合成是叶酸合成的第二个分支，首先由氨基脱氧分支酸合成酶（ADCS）催化分支酸形成氨基脱氧分支酸（ADC），再经氨基脱氧分支酸裂解酶（ADC lyase，ADCL）催化形成对氨基苯甲酸。分支酸是莽草酸途径的重要中间代谢产物，只能在质体中合成。叶酸合成的第三个分支是由蝶呤、对氨基苯甲酸和谷氨酸合成叶酸，所有的反应在线粒体中进行。HMDHP 在 6- 羟甲基 - 二氢蝶呤焦磷酸激酶（HPPK）催化下形成叶酸合成的重要中间产物 6- 羟甲基 -7，8- 二氢蝶呤焦磷酸（HMDHP-PP），后者和对氨基苯甲酸在二氢蝶酸合成酶（DHPS）的催化下生成二氢蝶酸，之后分别在二氢叶酸合成酶（DHFS）、二氢叶酸还原酶（DHFR）和叶酸多谷氨酸合成酶（FPGS）的作用下，经过一系列的反应，合成代谢途径的终产物——四氢叶酸（THF）（图 5-26）。

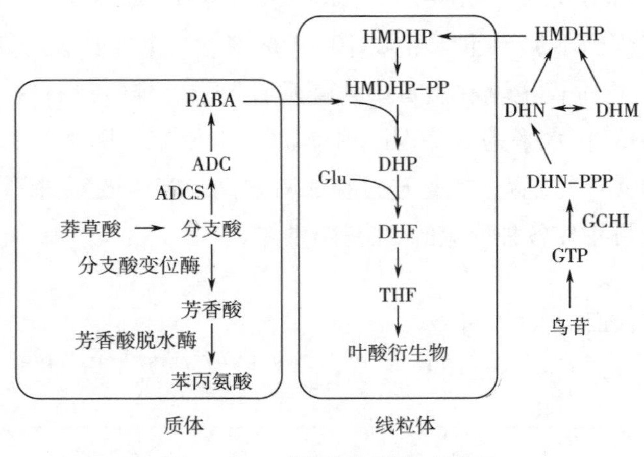

图 5-26 叶酸的生物合成过程

（来源：Sho W. et al，2017）

②植物中叶酸合成的调控：生长环境的差异和采后储存、烹饪的方式等外界因素都会对植物叶酸含量产生影响。叶酸在植物应激反应中起到关键性作用，拟南芥在盐胁迫、渗透压胁迫、干旱胁迫、氧化胁迫下，与叶酸代谢有关的基因，如参与 C_1 代谢的 *AtDFD* 和参与叶酸降解回补路径的 *AtGGHl*、*AtGGH2*、*AtGGH3* 表达量会增加，说明胁迫环境会对叶酸含量产生影响。高温和低温胁迫也提高了玉米叶酸相关基因表达量，导致叶酸积累，整个胁迫过程以 5-CH_3-THF 的含量变化最为明显。高温胁迫通过影响氨基脱氧胆酸合酶（*ZmADCS*）以及与 DNA 甲基化相关的下游基因的表达调节玉米叶酸含量，低温处理下 5-CH_3-THF 含量迅速增加，GTP 环水解酶（GTPCHI），2- 氨基 -4- 羟基 -6- 羟甲基二氢蝶啶二磷酸激酶（HPPK），二氢叶酸合酶（DHFS），二氢叶酸还原酶（DHFR）和叶酰聚谷氨酸合酶（FPGS）的基因表达量增加，并且发现 *ZmFPGS* 和 *ZmADCS* 对温度变化较为敏感。

对于植物性食物原料，如大豆、水稻、番茄中含有微量的叶酸，可以通过基因工程、种子萌发等方法富集叶酸，以此提高植物源食品的营养与保健价值。

③发芽调控：不同禾谷类种子中叶酸含量不同，黑麦中叶酸含量高于小麦、大麦和燕麦等其他谷物，当种子发芽后，叶酸含量均明显增加。例如，小麦在 20℃下发芽 102h 后，每 100g 干物质中叶酸含量可达 200g 以上，比发芽前增加 3.6 倍；黑麦发芽后叶酸含量达到原来的 6 倍。发芽温度对种子中叶酸的含量变化也有影响，且在一定温度范围内，叶酸含量随发芽温度升高而升高，说明合适的发芽条件有利于植物富集叶酸。豆类种子经萌发后，叶酸含量也会显著增加，且在发芽 4d时达到最大值（大豆和绿豆），之后下降。由此看来，较高的叶酸浓度可能出现在发芽的早期阶段。谷物及豆类在发芽期间对甲基（一碳单位）的需求增加，从而相应地加快叶酸合成速率。总之，调控发芽条件是植物富集叶酸的有效方式，且发芽富集叶酸的效果显著，方法简便易行，在实际生产中具有较大的应用潜力。

④光照调控：某些植物绿叶中的叶酸浓度要高于黄化叶片中的叶酸浓度，这说明光照会影响植物中叶酸的合成。光照不仅为光合作用提供能源，还通过光感受器，如光敏色素和隐花色素引发许多光形态发生反应。叶酸是隐花色素感光器中的发色团之一，可以通过控制光照影响植物叶片中叶酸浓度，例如采用不同波长的 LED 组合照射温室栽培中的莴苣，可以提高植物中叶酸的含量。

⑤植物添加剂调控：向营养液中添加特定底物来促进目标产物的合成是富集植物功能性产物的常用方法之一。例如，在菠菜的营养液中添加一定浓度的苯丙氨酸可以使叶酸含量增加至原来的 2 倍。苯丙氨酸促进叶酸富集的原因可能有两个，首先，苯丙氨酸的添加间接促进了 pABA 的合成，二者均由莽草酸途径而来的分支酸合成，过量的苯丙氨酸可诱导苯丙氨酸合成相关酶的反馈抑制，从而合成更多的 pABA。其次，苯丙氨酸的添加使植物对叶酸的需要量增加，因为 THF 是苯丙氨酸与酪氨酸代谢的辅酶，当苯丙氨酸含量增加

时，需要更多的THF以促进苯丙氨酸转化成酪氨酸。此外，植物生长素及激发剂也可促进叶酸的积累。在愈伤组织培养过程中加入植物生长调节剂（如激动素、脱落酸）会引起叶酸含量的增加，而若加入激发剂（如茉莉酸甲酯和水杨酸）甚至能引起叶酸含量迅速增加2倍。香菜叶片上施用水杨酸同样可使叶酸含量增加2倍。水杨酸可以使拟南芥中叶酸和叶酸结合蛋白的含量上升、叶酸结合蛋白相关基因表达上调。

⑥基因工程：利用基因工程手段调控叶酸代谢相关基因的表达，可有效地增加植物中的叶酸含量。目前已在拟南芥、水稻、番茄等植物中导入外源编码的*GTPCHI*、*ADCS*等基因，可实现叶酸富集。

（3）叶酸在动物体内的吸收代谢　膳食中的叶酸大约有3/4与多个谷氨酸相结合。这种与多个谷氨酸结合的叶酸不易被小肠吸收，必须经小肠黏膜细胞分泌的γ-谷氨酸酰基水解酶（结合酶）分解为单谷氨酸叶酸后才能被小肠吸收。单谷氨酸叶酸因分子小，可直接被肠黏膜吸收，也可以通过叶酸转运蛋白吸收，叶酸结构中含谷氨酸分子越多，则吸收率越低，含7个谷氨酸分子的多谷氨酸叶酸吸收率仅55%左右。一般膳食中总叶酸的吸收率约为70%。强化食品或补充剂中的叶酸是单谷氨酸叶酸，强化食品中叶酸生物利用率可达85%，叶酸补充剂的生物利用率可高达100%。

叶酸的吸收过程是由载体介导的主动转运过程，受pH、能量等因素影响，最适pH为5.0~6.0。2006年有研究发现了肠内的质子耦联叶酸转运体（PCFT），并发现编码该蛋白的基因突变而丧失功能是导致遗传性叶酸吸收不良发生的分子机制。当叶酸以单谷氨酸盐形式大量摄入时，吸收方式则以简单扩散为主。机体储存叶酸的能力有限，大部分叶酸吸收后不能在体内长时间停留。

早期研究认为叶酸在肠道中进一步被叶酸还原酶还原，在维生素C与NADPH参与下，先还原成二氢叶酸，再经二氢叶酸还原酶作用，在NADPH参与下，还原成具有生理作用的四氢叶酸。它是体内生化反应中一碳单位的传递体。四氢叶酸以携带一碳单位形成5-甲基四氢叶酸、亚甲基四氢叶酸等多种活性形式发挥生理作用。但最新的研究表明，机体摄入的叶酸在肠道内转化代谢的比例非常低，约80%的叶酸未经代谢以最初的形式到达肝脏门静脉。相反地，绝大部分5-甲酰基四氢叶酸（约96%）在肠道内代谢为5-甲基四氢叶酸而后进入血液循环。这表明，人体摄入的叶酸主要在肝脏而非肠道代谢转化，但由于肝脏中二氢叶酸还原酶的活性较低，当大量摄入叶酸而超过肝脏的代谢能力时可导致血液中未代谢叶酸的富集。5-甲基四氢叶酸是体内叶酸的主要形式，约占80%，通过门静脉循环进入肝脏，在肝脏中通过合成酶作用重新转变成多谷氨酸衍生物后储存。肝脏是叶酸的主要储存部位，肝脏内叶酸占体内叶酸总量的50%左右。当储存于肝脏及其他组织中的多谷氨酸叶酸释放入血液后，又被结合酶水解为单谷氨酸叶酸，并与血浆蛋白相结合。肝脏每日释放约0.1mg叶酸至血液以维持血浆叶酸水平，人类血浆叶酸水平一般在10~30nmol/L。

维生素C和葡萄糖可促进叶酸吸收。锌作为叶酸结合的辅助因子，对叶酸的吸收也起重要作用。动物实验研究表明，缺锌不利于游离叶酸的吸收，低锌低叶酸组的血清叶酸水平低于正常锌低叶酸组，缺锌可降低结合酶的活性，并可能通过减少结合酶的量而降低对叶酸的吸收。最新的研究表明，*n*–3 多不饱和脂肪酸可通过调控叶酸通路中关键酶的表达（如 MTHFR、CBS、CSE 等），进而促进叶酸的代谢。

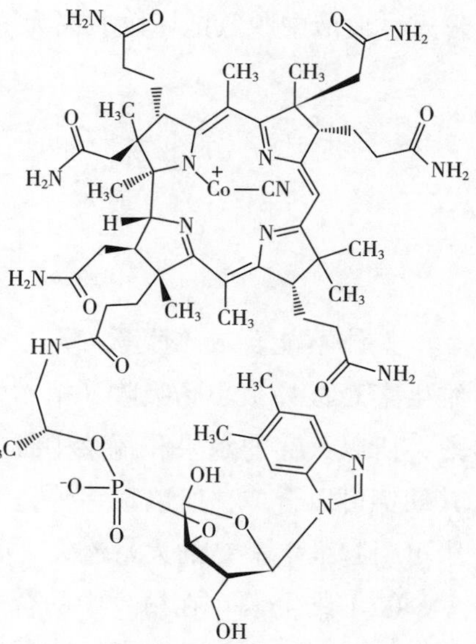

8. 维生素 B_{12}

（1）维生素 B_{12} 的分布和存在形式　维生素 B_{12} 含有金属元素钴（图 5–27），又称钴胺素，是唯一含金属元素的维生素，仅由微生物合成，酵母和动物肝脏含量丰富，不存在于植物中。维生素 B_{12} 在体内的主要存在形式有氰钴胺素、羟钴胺素、甲钴胺素和 5′–脱氧腺苷钴胺素。后两者是维生素 B_{12} 的活性形式。

图 5–27　钴胺素的分子结构

（2）动物对维生素 B_{12} 的吸收转化调控　食物中的维生素 B_{12} 与蛋白质结合而存在，在胃酸和胃蛋白酶的作用下，维生素 B_{12} 得以游离并与来自唾液的亲钴蛋白结合。在十二指肠，亲钴蛋白 –B_{12} 复合物经胰蛋白酶的水解作用游离出维生素 B_{12}，后者需要与一种由胃黏膜细胞分泌的内因子（IF）紧密结合，生成 IF–B_{12} 复合物，才能被回肠吸收。IF 是分子质量为 50ku 的糖蛋白，只与活性型维生素 B_{12} 以 1∶1 结合。当胰腺功能障碍时，因亲钴蛋白 –B_{12} 不能分解而排出体外，从而导致维生素 B_{12} 缺乏症。在小肠黏膜上皮细胞内，IF–B_{12} 分解并游离出维生素 B_{12}。维生素 B_{12} 再与一种称为转钴胺素Ⅱ的蛋白结合存在于血液中。转钴胺素Ⅱ –B_{12} 复合物与细胞表面受体结合进入细胞，在细胞内转变成羟钴胺素、甲钴胺素或进入线粒体转变成 5′– 脱氧腺苷钴胺素。肝脏内还有一种转钴胺素Ⅰ，可与维生素 B_{12} 结合而储存于肝脏内。

维生素 B_{12} 是 N^5–CH_3–FH_4 转甲基酶（甲硫氨酸合成酶）的辅酶，催化同型半胱氨酸甲基化生成甲硫氨酸。维生素 B_{12} 缺乏时，一方面引起甲硫氨酸合成减少，另一方面影响四氢叶酸的再生，组织中游离的四氢叶酸含量减少，一碳单位的代谢受阻，造成核酸合成障碍。

5′– 脱氧腺苷钴胺素是 L– 甲基丙二酰 CoA 变位酶的辅酶，催化琥珀酰 CoA 的生成。当维生素 B_{12} 缺乏时，L– 甲基丙二酰 CoA 大量堆积。因 L– 甲基丙二酰 CoA 的结构与脂肪酸合成的中间产物丙二酰 CoA 相似，从而影响脂肪酸的正常合成。

9. 维生素 C

（1）维生素 C 在动植物中的分布和存在形式　维生素 C 又称 L– 抗坏血酸（ascorbic acid）（图 5–28），呈酸性。抗坏血酸分子中 C–2 和 C–3 的羟基可以氧化脱氢生成脱氢抗坏血酸，后者又可接受氢再还原成抗坏血酸。还原型抗坏血酸是细胞内与血液中的主要存在形式。血液中脱氢抗坏血酸仅为抗坏血酸的 1/15。

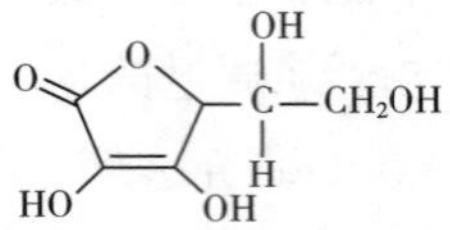

图 5-28 维生素 C 的分子结构

人体不能合成维生素 C，必须由食物供给。维生素 C 广泛存在于新鲜蔬菜和水果中。维生素 C 极易被小肠吸收。植物中的抗坏血酸氧化酶能将维生素 C 氧化灭活为二酮古洛糖酸，所以久存的水果和蔬菜中维生素 C 含量会大量减少。干种子中虽然不含维生素 C，但其幼芽可以合成，所以豆芽等是维生素 C 的良好来源。维生素 C 对碱和热不稳定，烹饪不当可引起维生素 C 的大量流失。

（2）维生素 C 在植物中的合成转化与调控　高等植物维生素 C 的合成，先后存在过碳链倒位途径、邻酮酸糖途径、半乳糖途径和糖醛酸途径等学说。1988 年 Smirnoff 和 Wheeler 在前人研究的基础上提出了 Smirnoff-Wheeler 途径，即 L- 半乳糖途径，认为半乳糖途径在植物维生素合成中占主导地位，但并不排除其他途径存在的可能性。在拟南芥悬浮细胞的研究中发现，植物体中半乳糖醛酸可以合成维生素，推测可能存在糖醛酸途径合成维生素这一支路。草莓果实半乳糖醛酸还原酶基因在拟南芥中的研究证实了该推测。编码大鼠 L- 古洛糖醛酸 -1,4- 内酯氧化酶的基因在烟草和莴苣中可以促进维生素的积累。在研究拟南芥维生素代谢模式中发现了古洛糖酸的存在，推测植物中存在可以催化 L- 半乳糖醛酸 -1,4- 内酯和 L- 古洛糖醛酸 -1,4- 内酯相互转化的表异构酶，提出植物可能存在一个类似于动物的维生素 C 合成途径。研究表明肌醇加氧酶可以催化肌醇生成葡萄糖醛酸参与到糖醛酸途径，促进植物维生素的合成。因此，目前高等植物中维生素合成主要有 4 条途径，L- 半乳糖途径、糖醛酸途径、L- 古洛糖途径和肌醇途径。L- 半乳糖途径和 L- 古洛糖途径为从头合成途径，在 GDP-D- 甘露糖处形成分支，然后分别经四步催化反应合成维生素 C。其中，L- 半乳糖途径为植物维生素 C 主要合成途径。D- 半乳糖醛酸途径和肌醇途径是维生素合成的旁路途经，利用细胞代谢的中间产物作为底物进行维生素合成。

维生素 C 在植物体内主要的分解方式是提供电子被氧化。催化其分解的氧化酶主要为抗坏血酸氧化酶（AO）和抗坏血酸过氧化物酶（APX）。维生素 C 在氧化酶作用下失去 H^+ 生成单脱氢抗坏血酸（MDA），单脱氢抗坏血酸可发生自身歧化反应生成维生素 C 和脱氢抗坏血酸（DHA），也能被单脱氢抗坏血酸还原酶（MDAR）还原成维生素 C。单脱氢抗坏血酸进一步氧化为 2,3- 二酮古洛糖酸（2,3-diketogulonic acid），或者在脱氢抗坏血酸还原酶（DHAR）作用下经由抗坏血酸 - 谷胱甘肽（GSH）循环重新形成维生素 C。维生素 C 最终代谢降解为草酸和酒石酸。

（3）维生素 C 在动物中的合成转化与调控　维生素是人类健康的重要“抗氧化剂”和

“自由基清除剂”，广泛存在于所有植物和大多数动物中，仅几种脊椎动物——人类和其他灵长类、豚鼠、一些鸟类和某些鱼类不能合成，所有这些有机体的肝脏中缺少 L- 古洛糖醛酸 -1,4- 内酯氧化酶（GULO），因此不能合成抗坏血酸，必须从食物中获取。在多数动物机体中，D- 葡萄糖经过 7 步反应形成 L- 古洛糖醛酸 -1,4- 内酯，后者再经 L- 古洛糖醛酸 -1,4- 内酯氧化酶的催化，形成终产物维生素 C（图 5-29）。

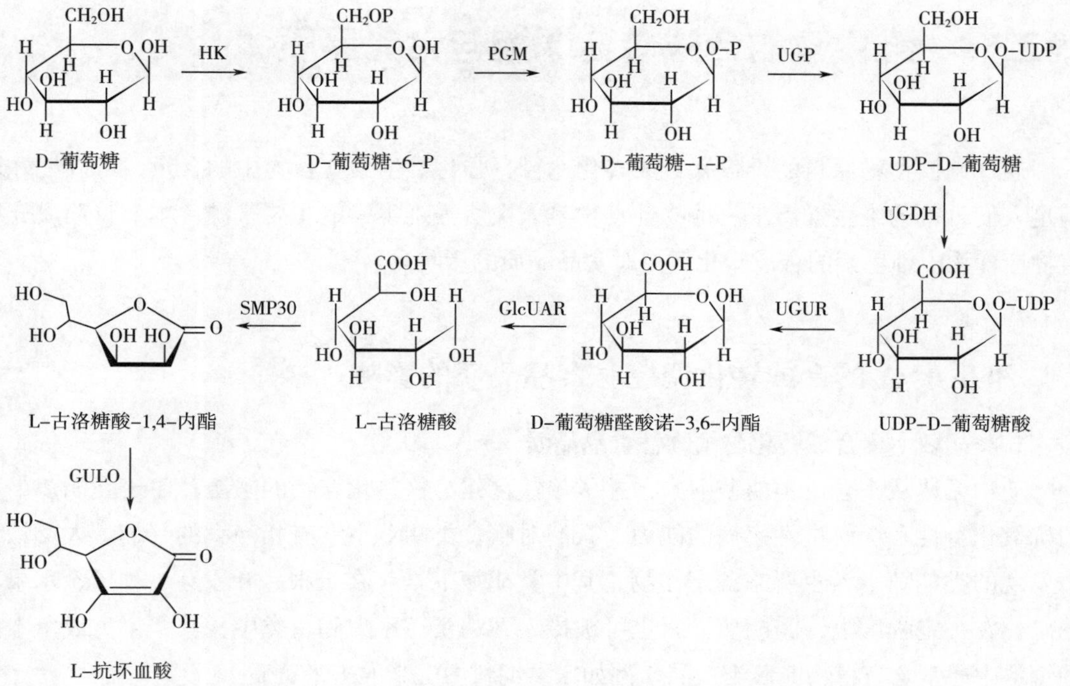

图 5-29　动物体内维生素 C 的合成途径

食物中的维生素 C 被小肠上段吸收，吸收量与其摄入量有关。摄入量为 30~200mg 时，吸收率可达 80%~100%；摄入量达到 500mg 时，吸收率降为 75% 左右；摄入量达 1250mg 时，吸收率下降至 50% 左右。维生素 C 一旦被吸收，可很快分布到体内所有的水溶性组织中。正常成人体内的维生素 C 代谢活性池中约有 1500mg 维生素 C，最高储存峰值为 3000mg。维生素 C 的总转换率为 45~60mg/d，每日可用去总量的 3% 左右。维生素 C 可逆浓度梯度被转运至细胞内并储存。不同的细胞，维生素 C 的浓度相差很大。正常摄入量情况下，体内可储存维生素 C 1.2~2.0g，最大储存量为 3g。浓度最高的组织是垂体、肾上腺、眼晶状体、血小板和白细胞，但是储存量最多的是骨骼肌、脑和肝脏。

正常情况下，维生素 C 绝大部分在体内经代谢分解成草酸或与硫酸结合生成抗坏血酸 -2- 硫酸由尿排出，另一部分维生素 C 可直接由尿排出体外。尿中维生素 C 的排出量受摄入量、体内储存量及肾功能影响。人体处于稳态时，维生素 C 摄入量在 60~100mg 时，可以在尿中检测出维生素 C 的排出；摄入量 <60mg/d 时，尿中无维生素 C 排出；静脉注射高剂量维生素 C 500mg/d 和 1250mg/d 时，绝大部分维生素 C 经尿排出。一般情况下，摄入适宜剂量时，维生素 C 几乎没有被代谢为 CO_2，但是摄入大剂量时，约 2% 的维生素 C 被分解为 CO_2，通过呼吸由肺脏排出。此外，汗和粪便中也有少量维生素 C 排出。

第二节 维生素的合成转化调控与食品品质

通过调控食物原料的维生素合成转化途径，强化维生素在食物中的含量，可以更好地满足人们日常的维生素需求。植物性食物是人类所需维生素的主要来源，本节将简要介绍植物性食物中维生素的合成转化调控对食品品质的影响。

一、维生素 A 的合成转化调控对食品品质的影响

1. 类胡萝卜素合成转化与植物性食品品质

动物无法从头合成类胡萝卜素，并依赖饮食作为这些化合物的来源。由于类胡萝卜素的抗氧化特性和缓解慢性疾病的能力，人们对膳食类胡萝卜素有相当大的兴趣。人类饮食中发现的类胡萝卜素主要来源于作物，其中类胡萝卜素存在于根、叶、芽、种子、水果和花中。在一定程度上，类胡萝卜素也可被摄入到鸡蛋、家禽和鱼类中，其中家禽或鱼本身的饲料中通常含有植物或藻类产品，例如家禽饲料中玉米的玉米黄质。

不同来源和类型的类胡萝卜素其生物利用度存在差异。影响类胡萝卜素生物利用度的因素至少有 9 个，类胡萝卜素的种类、分子连接、膳食中消耗的量、类胡萝卜素结合的基质、吸收和生物转化的效应物、宿主的营养状况、遗传因素、宿主相关因素、营养相互作用。研究表明，植物细胞壁破坏后，菠菜中叶黄素的生物利用率更高。类胡萝卜素的顺式异构体似乎比全反式异构体具有更高的生物利用度，这可能是因为它们更易溶于胆汁酸胶束，因此优先并入乳糜微粒。

大多数天然的维生素 A 溶于脂肪或有机溶剂，对异构、氧化和聚合作用敏感，因而应避免与氧高温或光接触。维生素 A 和胡萝卜素都对酸和碱稳定，一般烹调和罐头加工不易破坏；当食物中含有磷脂、维生素 E、维生素 C 以及其他抗氧化剂时，视黄醇和胡萝卜素较为稳定；脂肪酸败可引起其严重破坏。密封、低温冷冻组织中的维生素 A 可以稳定存在数年。

2. 维生素 A 对动物性食品品质的影响

维生素 A 和胡萝卜素是有效捕获活性氧的抗氧化剂，具有清除体内自由基和防止脂质

过氧化的作用。视黄酸对基因表达和组织分化具有调节作用。维生素 A 及其代谢中间产物在动物生长、发育和细胞分化等过程中起着十分重要的调控作用。全反式视黄酸（全反式维甲酸，ATRA）和 9- 顺视黄酸可结合相应的细胞内核受体，与 DNA 反应元件结合，调节某些基因的表达。视黄酸具有促进上皮细胞分化与生长、维持上皮组织正常角化过程的作用。此外，视黄酸对于免疫系统细胞的分化也具有重要的作用。

目前维生素 A 对肉制品品质影响的研究主要关注维生素 A 与脂肪代谢的关系。早在 1967 年就有研究首次报道了视黄酸影响脂肪代谢，以后随着脂肪细胞培养技术的发展，抑制体外培养的前脂肪细胞向脂肪细胞的分化和脂肪生成的研究被大量报道。但目前的研究结果还不一致，多数研究认为视黄酸的抑制作用比视黄醇更强。用小鼠脂肪细胞进行的初步研究中还发现脂肪细胞含有视黄酸受体（RAR）的各种类型，这意味着体内脂肪细胞的分化可能受视黄酸调节。既然维生素 A 能调节脂肪细胞的分化和脂肪合成，那么它应该对大理石花纹等级有影响。对于日本黑毛和牛，已有低维生素 A 改善大理石花纹等级的报道。

肌内脂肪沉积往往与牛肉品质相关，肌内脂肪的均匀分布将提高消费者的饮食体验。因此，探讨在不增加甚至减少肉牛内脏和皮下脂肪的情况下增加肌内脂肪含量的先进方法就显得尤为重要。基于实际生产需要，维生素 A 因其对动物脂肪生成和脂质代谢关键基因表达产生一系列调控作用从而被筛选出来，成了脂肪沉积基因表达的关键调节因子。近年来研究发现，降低饲粮中维生素 A 的添加量能促进育肥牛体内脂肪细胞的分化，增加脂肪沉积。

鸡蛋是人们日常消费中性价比高的营养来源之一，开发富含维生素 A 的功能性鸡蛋也是目前提高鸡蛋营养品质的重要方向。维生素 A 在动物体内合成转化效率较低，因此蛋鸡所需的维生素 A 需要从饲料添加剂中获取。NRC（1994）推荐蛋鸡产蛋期维生素 A 的添加量为 1500 IU/kg，然而许多研究表明，这个添加量并不能使蛋鸡获得最佳性能，尤其是当蛋鸡在生产中面临各种复杂多变的环境时，蛋鸡处于应激状态，导致蛋鸡对维生素 A 的需要量增加，因此在蛋鸡生产中应根据生产实际需要调整维生素 A 的添加量。有研究表明，当蛋鸡日粮中维生素 A 添加量达到 15000 IU/kg 时，能够显著提高蛋黄中维生素 A 含量，但会导致产蛋率显著下降，对蛋黄颜色、蛋黄重、哈氏单位、蛋壳颜色等蛋品质指标有一定影响。

二、维生素 E 的合成转化调控对食品品质的影响

1. 维生素 E 合成转化与植物性食品品质

维生素 E 具有抗氧化、预防心血管疾病、治疗皮肤病等作用。在人体中，α- 生育酚可以被 α- 生育酚转运蛋白（α-TTP）协助转运至肝脏中被人体吸收，因此其生物活性较高，而其他维生素 E 异构体因缺乏相应的转运蛋白，在人体中生物活性相对较弱。植物膳食作为维生素 E 的主要来源，通过调控植物维生素 E 的合成和转化，增加总维生素 E 含量和 α-

生育酚的比例，可以提高食物品质。

2. 维生素 E 对动物性食品品质的影响

蛋白质和脂肪是肉类食品的主要营养成分。脂质和蛋白质氧化是导致肉类及肉制品质量变差主要的原因之一，会影响肉的品质（包括风味、颜色和肉质的异常，营养价值的改变，甚至产生有毒物质）。饲粮添加维生素 E 可以抑制脂质和蛋白质的氧化，从而改善肉的品质。此外，维生素 E 可以调节肌肉内相关基因表达，继而影响营养成分在肌肉内的组成。

脂质氧化的过程受屠宰后很多因素的影响，如促氧化物质的含量和状态、肌肉的抗氧化水平（包括 α– 生育酚、含组氨酸的二肽以及谷胱氨酸过氧化物酶、超氧化物歧化酶和过氧化氢酶等）、肌肉中脂肪的含量和构成以及加工、包装和储存的方式等。为了保证肉质最佳，需要考虑从动物活体到最终产品的全过程。最近几年，通过特定动物饲料配制来改善肉质的研究报道逐渐增加。在动物日粮中添加高剂量的 α– 生育酚醋酸盐对肌肉 α– 生育酚沉积以及肉的品质和储存稳定性有积极影响。

有研究显示，在饲粮中添加 200mg/kg 维生素 E 可以增加北京油鸡胸肌和腿肌内的脂肪含量。饲粮添加维生素 E 显著增加 28 日龄和 63 日龄仔鹅血清和肝脏中 α– 生育酚的沉积，且随着维生素 E 添加水平的提高呈线性增加；饲粮添加维生素 E 显著提高 28 日龄仔鹅肝脏中 α– 生育酚转运蛋白含量以及细胞色素 P450 酶的活性，加快肝脏中 α– 生育酚的转运和代谢；饲粮添加维生素 E 可以提高 63 日龄仔鹅肝脏中 α– 生育酚转运蛋白的含量，但对细胞色素 P450 酶的活性未产生显著影响。

三、核黄素的合成转化调控对食品品质的影响

核黄素（维生素 B_2）是合成 FMN 和 FAD 的重要前体物质。FMN 和 FAD 作为很多黄素蛋白的辅酶，广泛参与生物体内多个代谢过程。在人和动物的研究中都报道核黄素缺乏可导致脂肪代谢紊乱。

核黄素缺乏可导致动物抗氧化功能降低，主要表现为血浆和红细胞膜丙二醛（MDA）含量显著升高、超氧化物歧化酶（SOD）活性显著降低、还原型谷胱甘肽（GSH）降低、脂质过氧化增加等。谷胱甘肽还原酶 GR 是以 FAD 为辅酶的黄素蛋白，催化氧化型谷胱甘肽（GSSG）生成 GSH 维持细胞内 GSH 的浓度，这对谷胱甘肽过氧化物消除膜过氧化脂质有重要意义。

核黄素对动物生长、免疫机能和肉品品质具有影响。核黄素缺乏会显著抑制生长前期和生长后期北京鸭的生长发育，而添加核黄素可显著提高试验鸭日增重、日采食量和组织核黄素含量；种母鸭核黄素缺乏会导致种蛋解化率显著降低；核黄素缺乏还可导致生长前期北京鸭血浆和内脏脂肪蓄积、肝脏总饱和脂肪酸提高。饲粮核黄素水平对产蛋期北京鸭

血浆、蛋黄、蛋清中核黄素含量均有显著影响，随着饲粮核黄素水平提高，鸭血浆、蛋黄和蛋清中核黄素含量均呈上升趋势，当饲粮核黄素水平提高至11.48mg/kg时，核黄素含量均达到稳定。由此可见，饲粮中添加适量核黄素对提高动物生产性能和动物性食品品质具有积极作用。

四、叶酸的合成转化调控对食品品质的影响

叶酸是动物生长发育过程中必不可少的一种B族维生素，对于动物机体中酶功能作用的发挥以及细胞的分裂繁殖等均有非常关键的作用，同时对于氨基酸和蛋白质代谢也有非常大的影响。例如，饲粮添加叶酸可以提高肉鸡的生产性能，还可以调控肉鸡胸肌的蛋白质代谢，增加肉鸡胸肌率。叶酸在鸡养殖饲料中的添加使用可以影响鸡机体中脂肪细胞的代谢过程，进而影响机体的脂肪沉积和代谢。叶酸在机体中还可以提高机体的抗氧化能力，进而改善肉鸡肝脏组织的功能，促进肝脏对脂类物质的代谢。此外，在日粮中添加叶酸可减少蛋鸡饲喂时间，并且能够显著提高蛋黄中叶酸含量以及其他品质。

第三节　矿物质代谢转化调控与食品品质

微量元素主要来自食物，动物性食物含量较高，种类也较植物性食物多。微量元素通过与酶或其他蛋白质、激素、维生素等结合而在体内发挥多种多样的作用。其主要生理作用主要包括①酶的辅助因子：机体内一半以上酶的活性部位含有微量元素，许多酶需要金属离子才有活性或高活性；②参与体内物质运输：如血红蛋白含Fe^{2+}参与O_2的运输，碳酸酐酶含锌参与CO_2的运输；③参与激素和维生素的形成：如碘是甲状腺素合成的必需成分，钴是维生素B_{12}的组成成分等。

一、钙的代谢转化调控与食品品质

1. 钙在动物体内的代谢转化与食品品质

（1）钙在动物中的分布和存在形式　钙（calcium）是机体内含量最丰富的无机元素。它不仅是构成机体完整性不可缺少的组成部分，而且在机体各种生理和生化过程中起着极为重要的作用，基本上机体所有的生命过程均需要钙的参与。血钙的正常水平对于维持骨骼内骨盐的含量、血液凝固过程和神经肌肉的兴奋性具有重要的作用。

分布于体液和其他组织中的钙不足总钙量的1%。细胞外液游离钙的浓度为1.12~1.23mmol/L；细胞内钙浓度极低，且90%以上储存于内质网和线粒体内，胞液钙浓度仅0.01~0.1mmol/L。胞液钙作为第二信使在信号转导中发挥许多重要的生理作用。肌肉中的钙可使骨骼肌和心肌细胞收缩。

（2）钙在动物体内的吸收代谢　钙在体内代谢的过程，就是维持体内钙内环境稳定性的过程，由钙的摄入、吸收和排泄三者之间的关系所决定。

十二指肠和空肠上段是钙吸收的主要部位。在膳食的消化过程中，钙通常从复合物中游离出来，被释放成为一种可溶性的离子化状态以便吸收，但是低分子质量的复合物可通过细胞旁路或胞饮作用被直接吸收，如草酸钙和碳酸钙。钙主要在小肠吸收，吸收率一般为20%~60%。当机体对钙的需要量高或摄入量较低时，肠道对钙的主动吸收机制最活跃。主动吸收主要在十二指肠和小肠上段，这是一个逆浓度梯度的转运过程，需要耗能。钙主动吸收过程依赖于1,25-$(OH)_2$-D_3和肠道维生素D受体的作用，具有饱和性，受钙摄入量和身体需求量的调节。主动吸收在十二指肠上段效率较高，这个部位pH较低（pH=6.0），并且存在结合蛋白。但是，因钙在回肠停留时间最长，故在回肠吸收较多。由结肠吸收的比例在正常人约为总吸收量的5%。当钙摄入量较高时，则大部分由被动的离子以扩散方式吸收，主要取决于肠腔与浆膜间钙浓度的梯度。影响钙吸收的因素主要包括机体与膳食两个方面的因素。

机体因素包括生理需要量，维生素D、钙和磷的营养状况，胃酸分泌、胃肠黏膜接触面积和体力活动等。因钙的吸收与机体的需要程度密切相关，故而生命周期的各个阶段钙的吸收情况不同。磷缺乏可增加1,25-$(OH)_2$-D_3水平而提高钙吸收。钙在肠道的通过时间和黏膜接触面积大小也可影响钙吸收。胃酸水平降低会使不易溶性钙盐的溶解度下降而降低钙吸收。此外，种族因素也会影响钙的吸收，体力活动可促进钙吸收。

膳食中钙的摄入量是影响钙吸收率和吸收总量重要的膳食因素。摄入量高，吸收量相应也高，但吸收量与摄入量并不成正比，摄入量增加时，吸收率相对降低。等量的钙，以少量多次的方式摄入则可增加钙吸收率和吸收总量。膳食中维生素D的含量对钙的吸收有明显影响。乳糖经肠道菌发酵产酸，降低肠内pH，与钙形成乳酸钙复合物可增强钙的吸收。适量的蛋白质和一些氨基酸，如赖氨酸、精氨酸、色氨酸等可与钙结合成可溶性络合物，有利于钙吸收，但当蛋白质超过推荐摄入量时，则未见进一步的有利影响。高脂膳食可延长肠道停留和钙与黏膜接触时间，可增加钙吸收，但脂肪酸与钙结合形成脂肪酸钙，则影响钙吸收。低磷膳食可提高钙的吸收率。食物中碱性磷酸盐、草酸和谷类中的植酸可与钙形成不溶解的磷酸钙、草酸钙、植酸钙而影响钙吸收。膳食纤维中的糖醛酸残基与钙螯合可干扰钙吸收。一些药物如青霉素和新霉素能增加钙吸收，而一些碱性药物如抗酸药、四环素、肝素等可干扰钙吸收。影响钙吸收的主要膳食因素归纳于表5-1。

表 5-1　影响钙吸收的主要膳食因素

增加吸收	降低吸收
维生素 D	植酸
乳糖	草酸
酸性氨基酸	膳食纤维
低磷	脂肪酸

（3）钙对动物性食品品质的影响　钙作为动物生长过程中的重要营养素，对于动物性食物的营养品质具有影响。尽管动物性食物的品质主要取决于动物的品种、屠宰和储存方式等，但是营养和饲养环境可以很大程度上增强牛的抗应激能力，改善肉、蛋、乳等产品的品质。

宰前饲喂含有钙盐的饲料可以抑制脂质氧化，改善肉品质。钙盐抑制脂质氧化的研究主要集中于抗坏血酸钙和乳酸钙，抗坏血酸钙主要是因为它能淬灭肉中的自由基、单线态氧，生成半脱氢抗坏血酸，使肉体系中的氧气浓度降低而发挥抗氧化作用。乳酸钙能够抑制脂质氧化的原因有四点：①提高氧合肌红蛋白的含量，增强高铁肌红蛋白还原酶活性；②减少线粒体损伤，保护线粒体内部结构，减少氧化物与脂质接触，提高了肉颜色稳定性；③增加乳酸脱氢酶的含量，使 NADH 浓度增加，维持肌红蛋白的还原性；④在高氧/有氧化剂存在条件下，减少了氧合肌红蛋白的氧化，例如乳酸钙和磷酸盐相结合可抑制脂质氧化，使肌红蛋白免受羟基自由基的氧化。

作为蛋鸡必需的矿物质元素，饲粮中添加适宜的钙对机体的生长、骨骼正常发育、产蛋率和蛋品质都至关重要。在母鸡产蛋期间，单独补充钙源在短期内有助于提高蛋壳中钙的沉积和蛋壳的合成。而蛋鸡日粮中钙不足则会影响蛋的大小、蛋的密度。

钙在牛乳中含量丰富，且人体对乳钙的吸收率较高。有研究表明，在乳牛日粮中添加脂肪酸钙产品可提高乳牛产乳量，改善乳品质。脂肪酸钙是一类强碱弱酸盐，电离常数在 4~5，在 pH 6~7 的瘤胃液中，溶解度较小，不易为微生物所降解。而在 pH 1.5~3.0 相对较强的真胃酸性环境中，脂肪酸钙则很容易被分解为脂肪酸和钙，有效地被小肠消化吸收，不仅满足了乳牛尤其是高产乳牛泌乳早期的能量需要，还给乳牛增补了钙。脂肪酸钙在瘤胃受到保护不被分解的机制就在于瘤胃与后消化道（真胃及小肠）间的这种酸度差异。脂肪酸钙在瘤胃的降解主要取决于脂肪酸钙盐的饱和度这个内在因素与瘤胃 pH 这个外在因素。脂肪酸钙盐自身的不饱和度越高，则越易受瘤胃微生物的作用而被降解，而瘤胃液 pH 则与脂肪酸钙盐的降解呈负相关。脂肪酸钙在真胃与小肠中降解产生的脂肪酸很快被吸收，而钙盐组成物的熔点则下降至约 38℃，使得其在小肠内溶解度提高，吸收率接近 95%。这不仅改善了牛对日粮的消化率与对脂肪的利用率，还提高了日粮的能量浓度，使得乳牛泌乳高峰期能量负平衡状态得到改善，从而增加产乳量、延长泌乳高峰期，并减少乳牛泌乳期自身体组织的消耗，确保乳牛的健康与繁殖性能。在乳牛日粮中添加 200g 棕榈酸钙，乳牛的产乳量、乳脂率、乳蛋白率与乳干物质比对照组分别提高 10.45%、7.42%、4.67% 和 1.41%，乳钙可提高 20% 左右。

2. 植物对钙的吸收转化和食品品质

（1）钙在植物中的分布和存在形式　钙（Ca）是植物生长所必需的营养素。它还可用作辅助信使。果树以二价阳离子（Ca^{2+}）的形式吸收 Ca，这是与成熟、细胞壁结构、膜完整性、某些酶的活性和信号转导相关的许多关键生理过程所必需的。钙在植物组织中一般是以自由钙和其他离子结合的钙（例如羧基、磷酰基、羟基）形式存在。不同形式的钙形态具有不同的生理特性，根据其生理特性分布在组织、细胞中不同的位点。它也可以和草酸、碳酸盐、磷酸盐结合，这些复合物存在于液泡中。在种子中，钙主要以植酸盐的形式存在。在细胞壁中，钙主要以结合果胶羧基团的形式存在。游离态钙在细胞中含量很低，一般在 10^{-6}mol/L 以下；结合态钙与其他离子一般在细胞中和其他结构亲和性较强。两种类型的钙形态主要区别在于游离态钙含量很低，与其他化合物亲和性不强，可转换为其他形式的钙或被再利用。

（2）钙在植物体内的吸收转化　植物一般通过根系来吸收土壤中的钙离子，钙的吸收通常是被动的。土壤中的钙含量高于钾含量的 10 倍。然而，植物对土壤中钙的吸收通常低于植物对钾的吸收。植物较低钙吸收率的发生主要因为钙仅能通过幼嫩根尖所吸收，幼根中内皮层细胞壁还没有木栓化。钙离子的吸收也可能是由于离子之间的竞争，植物根部产生 H^+ 优先与 NH^{4+}、K^+ 和 Mg^{2+} 发生离子交换，它们都能迅速与 H^+ 交换被根系吸收，使得钙的吸收较困难，导致对钙的吸收减少。植物中钙的含量由于遗传因素有着巨大的差异。如果有效钙可以满足植物的正常生长，那么在根部钙的供应不能影响植物植株的钙含量。块茎类植物（如马铃薯）吸收钙的方式，目前认为可以通过匍匐茎和块茎上的根毛吸收钙，也可通过块茎表皮。在与匍匐茎和块茎紧密接触的土壤中施用可利用的钙，是增加马铃薯块茎钙水平的有效方式，在块茎形成期施用钙肥是最佳的施肥期。

钙在维持植物细胞结构稳定性中起重要作用，一方面钙与果胶酸形成果胶酸钙，在细胞壁结构中起黏合剂作用，另一方面钙通过抑制多聚半乳糖醛酸酶活性，有效防止中胶层解体。缺钙时，中胶层中钙与果胶的黏结性受到影响，植物组织易受病菌侵害。缪颖等通过电镜观察大白菜细胞表明，缺钙导致膜解体，加钙可恢复常态。经缺钙处理的大豆下胚轴在正常水分供应状况下透性显著增大，而水分胁迫又会加剧这种缺钙效应，而供钙植株的水分状况和膜稳定性均好于缺耗植株。可见，钙有稳定膜结构、防止膜损伤和渗漏等方面的作用。

Ca^{2+} 作为第二信使在植物信号转导中具有重要作用，是植物中已确认的主要转导信号。触摸、病原物侵染、植物激素、逆境（包括盐胁迫、氧化胁迫、低温、高温和干旱等），

均能引起胞内 Ca^{2+} 水平改变，即诱发产生钙信号，调节植物生长、发育及抗逆等生理反应。钙信号靶蛋白的激活或抑制是 Ca^{2+} 信使产生后信号继续传递的下游事件，其参与特异性钙信号解码和植物生长发育调节及对外界各种逆境信号的应答转导过程。钙信号靶蛋白分为三大类，钙调素、钙依赖蛋白激酶类蛋白以及钙调磷酸酶B类蛋白，钙调素是其中最重要的 Ca^{2+} 结合蛋白。钙调蛋白本身没有活性，只有当它和 Ca^{2+} 结合后，引起蛋白构象改变，使之与其他蛋白酶，如激酶或磷酸酶结合，调节细胞内信号转导。目前对钙调蛋白生理功能的研究涉及面相当广泛，在离子转运、酶活性调节、细胞分裂与分化、细胞骨架与细胞运动、光合作用、种子和花粉萌发、激素反应、胞内酶类及基因表达等生理过程中，都需钙调蛋白参与。

（3）钙对植物性食品品质的影响　Ca^{2+} 可调节植物光合作用并影响植物体内的碳水化合物代谢及其运转以及利用。例如，有研究证明，在一定浓度范围内，高 Ca^{2+} 处理可提高胁迫下大豆、水稻和甜瓜的光合速率。Ca^{2+} 参与植物蛋白质代谢，在一定条件下施用 Ca^{2+} 可显著提高叶片中可溶性蛋白以及热稳定蛋白含量。钙可提高油桃、葡萄等果实中可溶性糖和抗坏血酸的含量，降低可滴定酸含量，改善果实品质。

水果中钙的缺乏可能会导致各种具有重要经济价值的生理失调，如水果开裂、玻璃化和苦果。因此，施用钙具有延缓成熟和衰老的巨大潜力，对与水果作物的质量和采后贮藏性相关的其他几个特征有益。采前在果树的树冠上直接喷钙是提高水果中钙含量的有效方法，但喷钙对果实中钙含量的影响并不一致。据报道，采前喷钙可延缓果实成熟，如乙烯生成、呼吸速率，并可增加商业采收或贮藏后的果实硬度，减少许多水果的采后腐烂发生率。此外，施用钙使果实抗氧化活性或抗氧化化合物的含量显著增加，最终延长储存寿命。

二、铁的代谢转化调控与食品品质

1. 铁在动物体内的代谢转化与食品品质

（1）铁在动物中的分布和存在形式　铁是高等动物体内含量最多的一种微量元素。铁是血红蛋白、肌红蛋白、细胞色素系统、铁硫蛋白、过氧化物酶及过氧化氢酶等的重要组成部分，在气体运输、生物氧化和酶促反应中均发挥重要作用。肝脏、脾脏中的铁含量一般为最高，其次为肾脏、心脏、骨骼肌与脑。铁在体内的含量因年龄、性别、营养状况和健康状况的不同而有很大的个体差异。此外，在发生传染病、恶性病变时，肝脏铁含量可极大地增加。

机体内铁的存在形式主要有功能性铁和贮存铁两种。功能性铁是铁的主要存在形式，约占2/3，其中65%~70%的铁存在于血红蛋白，3%存在于肌红蛋白，1%存在于含铁酶类（细胞色素、细胞色素氧化酶、过氧化物酶与过氧化氢酶等），这些铁参与氧的转运和利用等重要的生理过程。贮存铁主要以铁蛋白和含铁血黄素的形式存在于肝脏、脾脏与骨髓的单核－巨噬细胞系统中，约占体内总铁含量的1/3。

（2）铁在动物体内的吸收代谢

①铁在动物体内的吸收及其影响因素：铁的吸收部位主要在十二指肠及空肠上段。膳食铁分为血红素铁和非血红素铁，前者主要来源于动物性食物，后者主要来源于植物性食物和乳制品，二者的吸收形式有所不同。血红素铁是原卟啉结合的铁，以含铁卟啉复合物的形式被小肠黏膜上皮细胞直接吸收，并由血红素加氧酶裂解成卟啉和铁，释放出游离 Fe^{2+}。小肠黏膜上皮细胞对血红素铁的有效吸收率为15%~35%，远高于非血红素，且生物利用高，受膳食因素的影响也较小。非血红素铁主要是三价铁形式，占膳食铁的绝大部分，其有效吸收率为2%~20%。非血红素铁在吸收前，必须与结合的有机物（如蛋白质、氨基酸和有机酸等）分离，由细胞色素B还原成二价铁形式被吸收，吸收过程是由存在于小肠微绒毛的下层和腺窝部分的二价金属离子转运蛋白1（DMT1）介导完成。非血红素铁的吸收率受膳食因素影响较大。吸收的 Fe^{2+} 在小肠黏膜上皮细胞中氧化为 Fe^{3+}，并与铁蛋白结合。铁蛋白是由24个亚基组成的中空分子，其内部可结合多达450个铁离子。

影响铁吸收的因素主要包括膳食成分中的营养素和非营养素以及机体状况。几乎涉及所有的营养素都可影响（促进或抑制）铁的吸收利用，例如动物组织蛋白能够刺激胃酸分泌，促进铁的吸收，但动物的非组织蛋白质却无此种作用，牛乳、干酪、蛋或蛋清等会明显降低铁的吸收率；膳食中脂类的适宜含量（5%~25%）对铁吸收有利，过高或过低均降低铁的吸收；碳水化合物中的单糖和双糖对铁的吸收有促进作用，而膳食纤维由于能结合离子铁，当其摄入过多时，可干扰铁的吸收。非营养素中的鞣酸、草酸、植酸、大量无机磷酸、含磷酸的抗酸药等可与铁形成不溶性或不能吸收的铁复合物，从而影响铁的吸收；而柠檬酸、乳酸、丙酮酸、琥珀酸等具有弱的螯合性质的有机酸，可以与铁离子形成络合物，有利于铁的吸收，即络合物中铁的吸收率通常大于无机铁。此外，因为无机铁只有以 Fe^{2+} 的形式才可以通过小肠黏膜细胞，因此酸性pH、维生素C和谷胱甘肽等可将 Fe^{3+} 还原为 Fe^{2+}，有利于铁的吸收。

②铁在体内的转运：Fe^{2+} 像重金属离子那样，可与体内蛋白质结合，破坏其结构，所以体内铁在储存与运输过程中均为 Fe^{3+}，并与特异的蛋白相结合。运铁蛋白（transferrin，Tf）或称转铁蛋白，是一类能可逆结合 Fe^{3+} 的糖蛋白，其在肝脏合成，每日可达12~24mg/kg体重，血清内含量约2.5 g/L，半衰期为7d，可在肝脏和肠道降解。Tf既在肠道内又在储存部位或红细胞被破坏部位与铁结合，并将大部分铁运送至骨髓用于新的红细胞生成，其余被用来合成其他含铁化合物，如肌红蛋白、细胞色素等，或运送至需要铁的所有细胞与含铁酶类。在孕期，Tf也被运送至胎盘以提供给胎儿的生长所需。

膳食铁通过DMT1吸收入肠上皮黏膜层后，不能以离子形式通过细胞，因为这样会产生自由基，从而破坏膜结构，进而导致组织损伤。因此，铁从刷状缘向基底膜的转运以及在细胞内的暂时储存，必须与细胞内Tf结合，使铁成为可溶性的化合物，更利于细胞摄取，具体过程为结合铁的 Tf 与运铁蛋白受体（transferrin receptor，TfR）结合并进入细胞，将铁留在细胞内，参与物质的合成，而过量的铁则会储存在铁蛋白中。失去铁的 Tf（此时 Tf 仍与受体结合）返回细胞表面，并从受体上解离下来，回到循环中再与铁结合（图 5-30）。

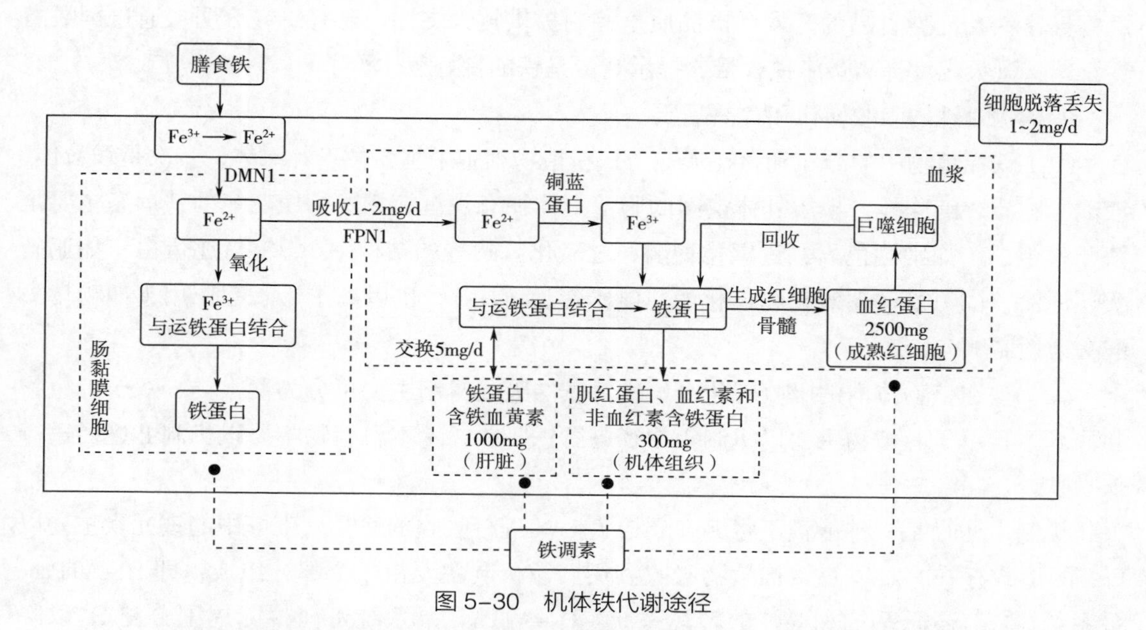

图 5-30　机体铁代谢途径

（来源：杨月欣，葛可佑 . 中国营养科学全书［M］. 2 版 . 北京：人民卫生出版社，2017.）

铁（Fe^{3+}）在血液中与运铁蛋白（Tf）结合而运输。体内多余的铁通过与铁蛋白结合而储存于肝脏、脾脏、骨髓、小肠黏膜、胰等器官。小肠黏膜上皮细胞的生命周期为 2~6d，储存于细胞内的铁蛋白铁随着细胞的脱落而排泄于肠腔。这几乎是体内铁的唯一排泄途径。

（3）铁对动物性食品品质的影响　作为一种营养金属元素，铁（Fe）对动物的各种生理功能至关重要，尤其是对能量生产和氧气运输至关重要。此外，铁是功能蛋白质的成分，也是铁蛋白形成、血红蛋白和转运的关键元素。铁还在动物免疫系统中发挥作用，保护动物免受疾病和感染。然而，过量的铁是有毒的，铁超载可能导致脂质过氧化，并降低超氧化物歧化酶和过氧化氢酶的活性。

研究发现食物中的铁对鲑鱼脂质沉积、营养元素和肌肉质量有明显的影响。日粮添加铁可降低鲑鱼体内甘油三酯的含量和脂肪酸合成酶、ATP 柠檬酸裂解酶和乙酰 CoA 羧化酶的活性。肌肉中铁含量随日粮铁水平的增加而增加。此外，膳食铁水平影响脂肪酸组成和游离氨基酸含量，并增大肌肉纤维。较低的膳食铁水平也影响鲑鱼肌肉的硬度、咀嚼性、弹性、内聚性和黏性。总之，日粮铁抑制了鲑鱼的脂质沉积，并影响了鲑鱼营养元素含量和肌肉质量。然而，食物中过量的铁可能会导致鱼体内铁的过度积累，从而对鲑鱼产生组织损伤和免疫反应。

血红素铁是目前已知的生物有效性最高的铁源。通过定向育种和营养调控手段，有可能增加铁元素在肉、蛋、乳和内脏等在畜禽产品中的富集，提高畜禽产品中的血红素铁的比例，改善人群铁营养状态。依此理论开发功能性富铁动物性食品，有利于特定人群铁缺乏的防控。与此同时，开发动物性食品中血红素铁的检测方法和相关检测标准也有利于为动物性富铁功能性食品的开发和产品质量控制提供技术支撑。已有研究表明，通过饲喂高铁日粮，可大幅度提高蛋中铁含量，提示鸡蛋是铁的良好载体。

2. 植物对铁的吸收转化和食品品质

（1）铁在植物中的分布和存在形式　铁在植物细胞中主要位于叶绿体，其次是线粒体、液泡、胞质、细胞核，根质外体空间的胞壁上往往有铁沉淀物。行使功能的铁形态主要是铁卟啉蛋白（如细胞色素、过氧化物酶、过氧化氢酶等的结构中）、铁氧还蛋白（如亚硝酸还原酶、固氮酶、超氧化物歧化酶、电子传递链中），也以离子形态起作用（如顺乌头酸酶活性需 Fe^{2+}）。

（2）铁在植物体内的吸收转化　植物对铁的吸收机制主要可分为两大类，双子叶植物和非禾本科单子叶植物主要以机制Ⅰ途径进行铁吸收，禾本科植物主要以机制Ⅱ途径进行铁吸收。

机制Ⅰ途径是一种依赖于将 Fe^{3+} 还原为 Fe^{2+} 进行吸收的途径。土壤中的铁元素主要以 Fe^{3+} 的形式存在，难以直接被植物吸收利用。该机制主要由 3 个部分组成，即 H^+-ATPase 泵系统、Fe^{3+} 还原系统和 Fe^{2+} 的转运系统。H^+-ATPase 泵系统可向根际周围分泌 H^+ 以降低土壤 pH，从而增加土壤中 Fe^{3+} 的可溶性，H^+-ATPase 的基因在缺铁条件下被诱导表达。Fe^{3+} 还原主要依赖铁螯合还原酶（FRO），它是一个在植物根表皮细胞表达且受缺铁强诱导的铁还原蛋白，主要作用是将 Fe^{3+} 还原成 Fe^{2+}。Fe^{2+} 的转运依赖位于根表皮的铁转运蛋白（IRT1），它可以将 Fe^{2+} 转运到细胞内，再由其他转运蛋白输送到各个细胞器和器官中利用。除了生理变化，缺铁胁迫还可诱发根尖粗大、根毛增多、形成转移细胞等形态变化，以增加铁的吸收。

禾本科植物适应高 pH 土壤条件，此条件下铁溶解量很低且 Fe^{3+} 有机酸络合物不稳定，这时易出现缺铁胁迫。为适应缺铁胁迫，禾本科植物进化出一种通过螯合 Fe^{3+} 从土壤中铁吸收铁的机制（机制Ⅱ）。在该机制下，植物感受到缺铁后，能够合成一种特殊的植物铁载体（PS），并且将其分泌到根际土壤中，PS 对 Fe^{3+} 具有非常高的亲和力，能够高效螯合土壤中的 Fe^{3+} 形成 Fe^{3+}-PS 螯合物。麦根酸类物质（MA）是植物最常见的铁载体。根系细胞内形成的 MAs 被输出转运蛋白 OsTOM1 和 OsTOM2 运输到细胞外螯合游离的 Fe^{3+} 形成 Fe^{3+}-MAs 螯合物，然后通过 YS1/YSL 家族转运体转运到植物根细胞，以供植物吸收利用。

（3）铁对植物性食品品质的影响　铁是植物生长过程中不可缺少的营养成分，它在植物体的光合作用、呼吸作用、氮的固定、蛋白质和核酸的合成等诸多生理代谢过程的电子传递链或酶促反应中发挥着极为重要的作用。对于一些蔬菜，缺铁会降低硝酸还原酶活性，导致硝酸盐含量的大量积累，同时还会影响植物的氮代谢，降低蛋白质含量，影响蔬菜的品质。有研究表明，施铁可提高萝卜芽的产量和品质，其叶绿素、维生素C、游离氨基酸、活性铁和总铁含量都有所增加。在大豆萌发过程中添加铁强化剂，可以提高大豆中铁含量，促进铁蛋白的合成。经过低浓度的铁培养液生物强化处理，可促进发芽玉米的根、芽的生长，并且有利于发芽玉米中总黄酮的合成。

此外，通过转基因技术将外源铁蛋白基因转入水稻、小麦等经济作物内，提高植物，特别是粮食作物中的铁含量，不仅可以满足人类对铁的需求，防御由铁缺乏引起的疾病，而且具有重大的经济价值。

三、锌的代谢转化调控与食品品质

1. 锌在动物体内的代谢转化与食品品质

（1）锌在动物中的分布和存在形式　锌在体内的主要存在方式是作为酶的成分之一。锌分布于机体大部分组织、器官和体液中，体内锌呈非均匀性分布，含量高的有骨骼肌、皮肤、肝脏、脑等，血液和毛发中含锌很少。约60%存在于肌肉，30%存在于骨骼，后者不易被动用。其中90%以上存在于细胞中，60%~80%存在于胞质中。肉类、豆类、坚果、麦胚等是膳食锌的丰富来源。

（2）锌在动物体内的吸收转化　锌主要在小肠吸收，小部分在胃和大肠被吸收。某些地区的谷物中含有较多的能与锌形成不溶性复合物的6–磷酸肌醇，从而影响锌的吸收。血中锌与清蛋白或运铁蛋白结合运输。血锌浓度约为0.1~0.15 mmo1/L。体内储存的锌主要与金属硫蛋白结合。锌主要经粪排泄，其次为尿、汗、乳汁等。

锌先与肽构成复合物，后主要经主动转运被吸收。肠道锌吸收可为四个阶段：细胞摄取锌、通过黏膜细胞转运、转运至门静脉循环、内源性锌分泌返回肠细胞。机体内近90%的锌为慢转换性锌，不能为代谢提供可利用锌，其余可供代谢利用的锌被称为快速可交换锌池（EZP），占体内总锌的10%~20%。机体内锌的储存和代谢的主要器官是肝脏（锌代谢最快），其次是胰腺以及肾脏。锌代谢结束，绝大部分由胆汁、胰液等经粪便排泄出体外。

锌在肠腔中达到生理水平限值时，刷状缘摄取锌呈现饱和动力学特点。肠腔锌浓度更高时，摄取量呈线性增加，表明锌非特异性地结合到黏膜细胞表面。缺锌可引起摄取锌增加；锌耗竭的动物在所有肠腔中都表现出更快的吸收水平。肠黏膜细胞中的锌包括从肠腔进入的锌和从浆膜表面再分泌的锌。胞质中大量的锌与高分子蛋白质结合在一起，其他为不定量部分，根据锌吸收和体内锌的状态与金属硫蛋白（MT）结合在一起。锌充足的大鼠，小肠在吸收锌后，有20%~30%的胞质锌结合在MT上；锌与MT的结合可阻碍锌的胞外转运，从而可调节肠腔和门静脉血之间锌的流量。在MT中的锌含量随锌的供应状况而变化，高锌可诱导MT的合成，使肠黏膜细胞能蓄积来自食物的锌和内源性锌，以分泌到肠腔内，从而全面维持锌的体内平衡。

锌是含锌金属酶的组成成分，与80多种酶的活性有关，如碳酸酐酶、铜－锌－超氧化物歧化酶、醇脱氢酶、羧基肽酶A和B、DNA和RNA聚合酶等。许多蛋白质，如反式作用因子、类固醇激素和甲状腺素受体的DNA结合区，都有锌参与形成的锌指结构。锌指结构在转录调控中起重要作用。已知锌是重要的免疫调节剂、生长辅因子，在抗氧化、抗细胞凋亡和抗炎症中均起重要作用，锌也是合成胰岛素所必需的元素。

（3）锌对动物性食品品质的影响　锌作为多种酶的组成部分，对动物生长起着至关重要的作用，动物养殖中施用锌，不但可以提高动物性食物的锌含量，也可改善其他品质。锌参与体内铜锌超氧化物歧化酶（CuZn-SOD）和谷胱甘肽过氧化物酶（GSH-PX）的结构组成，且锌能影响抗氧化酶的活性和表达，从而影响畜禽体内的抗氧化能力。补充锌可以减少脂质氧化，改善肉品品质。此外，锌可能影响肝脏中乳糜颗粒的含量进而影响机体脂肪酸的沉积。例如，在日本黑牛的饲料中添加400mg/kg的锌，可以使肉牛眼肌和肋肉的不饱和脂肪酸比例以及肉牛肌肉的大理石纹评分都显著升高。在肉鸡养殖中，施用乙酸锌80mg/kg，可以提高肉仔鸡肌肉粗脂肪含量和胸肌粗蛋白含量，提高肌肉亮度值以及肌肉pH，从而改善肉的品质。

2. 植物对锌的吸收转化和食品品质

（1）锌在植物中的分布和存在形式　锌一般多分布在植物茎尖和幼嫩叶片和根系中。一般根系含锌量常高于地上部分。在植物中，锌经常以自由态离子、低分子质量有机络合物、贮存金属蛋白和细胞壁结合的不溶态存在。植物中的可溶性锌占比达58%~91%，在植物中发挥着重要的生理作用。少数植物细胞中主要以酸溶态的锌存在，如油菜、苗期小麦；此外，锌还可与阴离子（如磷酸根、硝酸根、氯离子）结合，以可溶性的络合物或难溶性的盐类形式存在。锌通常会以低分子化合物、金属蛋白和自由锌离子的形式存在于植物的叶片中，但也有少部分会与细胞壁结合生成难溶性锌；液泡中的锌可与有机酸（苹果酸、柠檬酸、草酸等）、植物蛋白质和多肽形成复合物；在生殖发育器官（种子或谷粒）中锌会以独立的颗粒状或球状体的蛋白质体形态存在。

（2）锌在植物体内的吸收转化　植物对锌的吸收主要是受代谢控制的主动吸收。锌主要以二价阳离子（Zn^{2+}）被植物吸收，少量的$Zn(OH)^+$及与某些有机物螯合态锌也可被植物吸收。土壤中的可溶性锌主要以质流和扩散的方式进入根圈区域，当锌离子进入根际圈以后，锌转运蛋白（Zinc-iron transporter protein，ZTP）负责将锌离子跨膜转运进细胞，阳离子扩散促进因子（cation diffusion facilitator，CDF）基因家族将过量的锌离子运出细胞或者将锌离子进行隔离。

植物缺锌时，根系分泌的无机离子和低分子质量的有机化合物数量将大大增加，且根系分泌物的增加对根际微环境产生重要作用。所分泌的酸性物质（如质子或有机酸）可酸化根际土壤，分泌的有机物质还可能对锌具有较强的螯合能力，从而活化根际土壤中的锌，提高土壤锌的溶解度，增加其移动性和有效性。而在高锌胁迫下，根系细胞液泡则成了植物体内锌的主要区隔场所，植物通过该过程大大减少锌从根部向地上部分的运输，以此降低锌对地上部分的毒害作用。

（3）锌对植物性食品品质的影响 锌是植物生长所必需的微量元素，对植物生长和品质有很大影响。锌是植物体内 80 多种酶或者辅酶的组成成分或激活剂，它们通过调控功能基因的表达，在植物的光合作用、物质代谢、激素合成以及生长发育等方面发挥着突出的作用。生物体中最大的一类锌结合蛋白是含有锌指结构域的蛋白，它可以直接通过影响 DNA 和 RNA 的结合来调节转录，也可以通过位点特异性修饰、调节染色质结构、RNA 代谢和蛋白质之间的相互作用来调节转录。

锌能够促进吲哚和丝氨酸合成色氨酸，而色氨酸是生长素的前身，因此锌可以间接影响生长素的形成。缺锌（<20mg/kg）会导致植株株高降低和叶片变小，这些都与生长素代谢，特别是吲哚乙酸的代谢有关。缺锌在减缓植物生长发育的同时，会造成叶绿体数量的减少，叶肉细胞的萎缩以及细胞间隙的增大，降低水果蔬菜的产量和品质。然而，当植物中锌浓度达到约 100mg/kg 时即可能过量，浓度为 400mg/kg 时就可能造成毒害。锌对植物的毒害首先表现在抑制光合作用，减少二氧化碳的固定，其次影响韧皮部的运输，改变细胞膜透性，从而导致作物生长受阻和叶片失绿。从形态上看，锌过量时植株矮小，叶片黄化。将锌对细胞的毒性机制推测为该金属可能与胞内错误的配体结合或与其他金属离子竞争酶活性点位。另外，发现过量施锌对植物光合作用中电子传递与光合磷酸化有抑制作用。

合理施锌可以显著提高植物体内的锌含量，提高植物性食物的产量和营养品质。在一定的萌发条件下施用锌强化剂，可以提高大豆发芽率和豆芽中锌的含量。在锌强化苜蓿芽中，氨基酸的含量可明显提高。叶面施用锌肥可以显著降低水稻籽粒中的植酸含量，增加籽粒产量，提高籽粒锌生物利用率（增幅达 4.8%~35.3%）。底施锌肥可以提高马铃薯产量，并增加淀粉含量和出粉率。喷施锌肥能明显提高苜蓿鲜草产量，并能明显提高苜蓿粗蛋白含量。此外，通过基因工程的方法也可使植物中富集锌，培育出富含锌的主食或果蔬。例如，利用根特异启动子 pMsENOD12B 启动拟南芥铁转运蛋白 AtIRT1 在水稻中过表达，铁锌含量分别提高 2.1 倍和 1.5 倍。

四、硒的代谢转化调控与食品品质

1. 硒在动物体内的代谢转化与食品品质

（1）硒在动物中的分布和存在形式 动物体内硒（Se）主要以膳食途径摄入。动物体内几乎所有组织及器官中均可检测到 Se，内脏器官（如肾脏、肝脏、胰腺、肺脏、毛发等）是动物体内 Se 含量最高的组织，其次为骨骼肌、心肌、血液，脂肪组织中 Se

含量最低。动物体内的硒主要为有机硒，其中以含硒蛋白质为主要存在形式。硒共价结合于蛋白质分子中的确切形式为半胱氨酸（selenocysteine，SeCys）和硒代甲硫氨酸（selenomethionine，SeMet），其中SeMet可能是由于其随机替代甲硫氨酸而掺入蛋白质分子中，而SeCys是通过密码子UGA介导的特殊翻译过程进入蛋白质分子。一般将含SeCys的蛋白质成为硒蛋白（selenoprotein），而将其他形式结合硒的蛋白质称为含硒蛋白（Se containing protein）。

已知的硒蛋白大多数是具有重要作用的酶，称为硒酶（selenoenzyme），谷胱甘肽过氧化物酶、硒蛋白P、硫氧还蛋白还原酶、碘甲腺原氨酸脱碘酶均属此类。谷胱甘肽过氧化物酶是重要的含硒抗氧化蛋白，通过氧化谷胱甘肽来降低细胞内H_2O_2的含量，保护细胞。碘甲腺原氨酸脱碘酶可激活或去激活甲状腺激素，这是硒通过调节甲状腺激素水平来维持机体生长、发育与代谢的重要途径。此外，硒还参与辅酶Q和CoA的合成。

（2）硒在动物体内的吸收代谢　硒主要在十二指肠被吸收，空肠和回肠也稍有吸收，胃不吸收硒。不同形式硒的吸收方式不同，SeMet是主动吸收SeO_3^{-2}是被动吸收，SeO_4^{-2}的吸收方式不太明确，主动和被动吸收的报道均有。SeMet吸收过程与甲硫氨酸（Met）相同；SeCys吸收过程目前还不清楚，有可能与半胱氨酸（Cys）相同。可溶性硒化合物极易被吸收，如SeO_3^{2-}吸收率大于80%，SeMet和SeO_4^{2-}吸收率大于90%。一般来说，其他形式的硒吸收率也很高，在50%~100%。硒的吸收不受机体硒营养状态影响。

吸收的硒在血液中转运转运形式有以下几种：①吸收的硒与血中GSH、Cys或其他蛋白巯基结合；②在极低密度β-脂蛋白中转运；③由肠产生一种小分子转运形式的硒；④硒从肝脏向其他组织转运的蛋白是硒蛋白-P。经尿排出的硒占总硒排出量的50%~60%，在摄入高膳食硒时，尿硒排出量会增加，反之减少，肾脏可能起调节作用。

硒在体内的吸收、转运、排出、储存和分布会受外界因素的影响。主要是膳食中硒的化学形式和量。另外，性别、年龄、健康状况以及食物中是否存在如硫、重金属、维生素等化合物也有影响。可被人体摄入的硒有各种形式，动物性食物以SeCys和SeMet形式为主；植物性食物以SeMet为主；而硒酸盐（selenate，SeO_4^{2-}）和亚硒酸盐（selenite，SeO_3^{2-}）是常用的补硒形式。食物中的硒在十二指肠被吸收，入血后与α球蛋白和β球蛋白结合，小部分与VLDL结合而运输，主要随尿及汗排出。

（3）硒对动物性食品品质的影响　硒作为机体必需的微量元素，对人和动物的生长有重要的作用，在畜产品生产中合理饲用硒，不但可以满足畜禽类动物正常生长发育所需、提高动物性产品的品质，还可培育富硒产品，满足人体对硒的需求。

已有大量研究表明给仔畜补硒能够促进仔畜的生长，给生长期动物补硒同样也能够提高动物的日增重等。硒是碘化酶的组成成分，碘化酶控制着机体甲状腺激素、3,3′,5-三碘甲腺原氨酸（T_3）的活性。控制着生长激素的合成，还能提高胰岛素水平，促进肌肉蛋白质合成与周转，促进生长。

动物机体若摄入过量的硒也将导致动物机体中毒，如出现脱毛、脱蹄等中毒症状。硒的毒性机制尚未研究清楚，其毒性作用机制可能是攻击特定的脱氢酶系统，尤其是使琥珀酸脱氧酶失活，可能是由于硒与该酶所依赖的巯基基团结合而抑制了该酶的活性。硒中毒也可能与 *S*– 腺苷甲硫氧酸的损耗有关。一方面是无机硒被代谢为相对低毒的二甲基硒化物要消耗 *S*– 腺苷甲硫氧酸作为甲基供体；另一方面，亚硒酸盐能使合成 *S*– 腺苷甲硫氨酸的甲硫氨酸腺苷转移酶失活，其机制仍可能与巯基基团有关。

2. 植物对硒的吸收转化和食品品质

（1）硒在植物中的分布和存在形式　受土壤环境、植物种类、农业措施等的影响，植物体内硒的含量有很大差异。一般植物的正常含硒量很小，约为 0.05~1.5μg/g，而富硒植物含硒量则可高达数千毫克 / 克。

植物体内的硒以三种形态存在，即无机态、有机态和挥发态。挥发态所占比例很小，占植物全硒质量比的 0.3%~7%。植物体内无机硒含量较少，占全硒质量比的 10%~15%。有机硒存在形式多样，既能以低分子质量化合物（包括游离 Se）形式存在于生物体内，也能以高分子质量化合物形式存在。硒在植物体内的小分子形式主要是硒代氨基酸及其衍生物，如硒代甲硫氨酸、硒 – 甲基硒代半胱氨酸、硒代胱氨酸、硒代半胱氨酸等；而硒蛋白、含硒核糖核酸、核多糖等则是大分子形式存在的主要代表。

（2）硒在植物体内的吸收转化

①植物中硒的吸收转运：硒元素在土壤中主要以硒酸盐、亚硒酸盐和有机硒的形式存在。一般而言，在氧化性和碱性土壤中，硒酸盐比亚硒酸盐常见且生物有效性高，而亚硒酸盐在中性或酸性厌氧土壤或水生条件下较为常见。大多数植物对有机硒的吸收利用率要显著高于硒酸盐和亚硒酸盐。

硒酸盐是硫酸盐的化学类似物，因此它可以通过硫酸盐转运蛋白进入根细胞并在整个植物中转运。硒酸盐主要通过主动吸收方式被植物利用，需要能量驱动。目前对植物硒酸盐的吸收机制已较为完善，硒酸盐具体吸收过程如图 5–31 所示。

亚硒酸盐在大多数土壤中的生物可利用度通常低于硒酸盐，因为亚硒酸盐容易被铁和铝的氧化物 / 氢氧化物以及黏土和有机物强烈吸附。有研究发现，亚硒酸盐被植物吸收主要通过磷转运蛋白转运。亚硒酸盐的吸收也是一种能量驱动的主动吸收。植物对亚硒酸盐的吸收最初被认为是被动扩散机制，但是最近的研究发现，亚硒酸盐的吸收是一种主动过程，因为能量代谢抑制剂的添加能够抑制硒的吸收。减少磷酸盐的添加能够显著促进植物对亚硒酸盐的吸收。磷转运子 OsPT2 的过量表达能够显著增加水稻根部对亚硒酸盐的吸收。所以亚硒酸盐与磷酸盐共用同一个蛋白通道，它们之间存在竞争吸收关系。植物对亚硒酸盐的代谢转化通路尚不明确，但是目前多数学者认为其代谢转化通路和硒酸盐相同，不同之处为亚硒酸盐借助磷转运蛋白进入植物细胞。

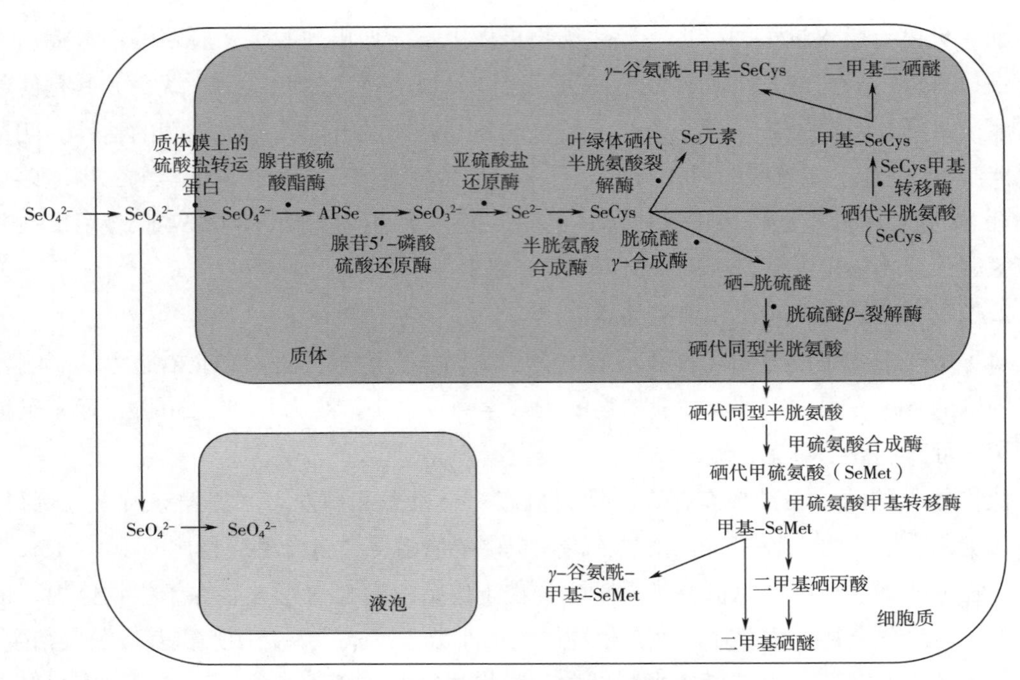

图 5-31 植物对硒酸盐的吸收代谢途径

（来源：Philip J. White，2018.）

有机硒肥的施用能够显著增加作物中硒的累积。植物能够吸收有机硒，如硒代甲硫氨酸（SeMet）和硒代半胱氨酸（SeCys）等。目前为止，对植物吸收有机硒的具体机制尚不明确。有研究推测植物可能通过根系的甲硫氨酸转运蛋白吸收硒代甲硫氨酸。推测水稻根系可能通过水通道被动吸收硒代甲硫氨酸，通过水通道和钾离子通道共同参与主动吸收硒代甲硫氨酸氧化物。

②植物吸收硒的调控：不同植物种类对硒的吸收能力存在差异。硒在植物体内的含量会因植物种类不同而存在差异。根据植物体富集硒的能力差异大小，可以将植物分为三种生态类型，即硒超富集植物、硒富集植物和硒非富集植物三大类。豆科、黄芪科和芸薹科的一些植物在自然条件下可以将硒累积到其干重的0.1%~1.5%，这类植物被称为硒超富集型植物，能够生活在高硒土壤中，植物体硒元素含量甚至能够达到1000~15000mg/kg；硒富集植物对硒的富集能力一般，能够生长在硒含量较高的土壤中，植物体内硒元素含量一般>100mg/kg，如紫菀属等；而硒非富集植物对硒的耐受能力较差，植物不能耐受组织内硒元素含量>10~100mg/kg，大部分食用型植物、部分杂草和禾本科植物等都属于硒非富集植物。

不同硒肥种类影响植物对硒的吸收。对玉米的研究发现，通过对根部施加硒酸钠、亚硒酸钠、SeMet、硒-甲基-硒半胱氨酸（MeSeCys）和硒代胱氨酸（SeCys2）的研究发现，所有处理均能显著增加玉米根部、木质部和地上部分硒含量，其中以MeSeCys效果最好，其次分别是SeMet、SeCys2、硒酸钠、亚硒酸钠；而对玉米进行喷施处理，则以硒酸钠和亚硒酸钠增加硒含量效果最好，其次分别是 SeCys2、SeMet 和 MeSeCys。

（3）硒对植物性食品品质的影响 植物性食品作为人体硒摄入的主要来源，是决定食物链中硒水平的重要环节，对于调节人体硒素营养起枢纽作用。植物硒生物强化，即通过农业措施以及遗传育种手段来提高作物硒的积累量，将无机硒转化为生命活性物质对人体营养和健康具有非常重要的意义。农业生物强化通过合理的增施硒肥等农业手段调节植物硒吸收、积累能力，从而达到增加作物收获部分硒含量的目的。此外，有研究表明，组织中硒的转运和积累可能与重金属间存在一定的相互作用，植物体内适量的硒生物强化能显著降低组织中重金属的积累，从而提升植物性食物的品质。如莴苣大田试验也证实施增加亚硒酸盐可以显著降低环境中镉和铅在植物地上部分的含量。

第四节 微生物与维生素、矿物质的合成转化

一、微生物对维生素的合成转化

1. 微生物对类胡萝卜素的合成转化

（1）微生物源类胡萝卜素 类胡萝卜素是一类重要的天然色素，因其具有多种生物功效，应用非常广泛。通过生物（植物、微生物）提取法和化学合成法均可获取类胡萝卜素。β- 胡萝卜素的一般生产方法是采用化学合成法或从天然产物中提取，尽管化学合成法生产的 β- 胡萝卜素成本较低，比较容易被市场接受，但其最大的不足是药理活性低，因此降低了产品的作用；天然产物中提取的 β- 胡萝卜素具有很高的药理活性，但生产成本过高，工业化一般不采用此法。近年来，生物发酵法生产的 β- 胡萝卜素药理活性高，而且成本较低，因此具有很大的发展优势，是生物化工、微生物发酵领域的高新技术。

①微生物源类胡萝卜素的代谢合成途径：类胡萝卜素除了可以由植物合成，它还广泛存在于真菌、细菌和藻类中。能够合成类胡萝卜素的细菌，研究较多的主要是光合细菌，如着色细菌属（*Chromatium*）、网硫菌属（*Thiodictyon*）、可变杆菌属（*Amoebobacter*）、板硫菌属（*Thiopedia*）等。目前所知的产类胡萝卜素的非光合细菌主要是黄杆菌（*Flavobacterium* sp.）、屈挠杆菌（*Flexibacter* sp.）等。

类胡萝卜素合成的直接前体是 IPP（异戊烯焦磷酸），IPP 是异戊烯代谢途径中各种产物的共同前体。原核生物主要以 2- 甲基 -D- 赤藓糖醇 -4- 磷酸盐（2-methyl-D-erythritol-4-phosphate，MEP）途径合成 IPP，古细菌和少数细菌使用甲羟戊酸（mevalonic acid，MVA）途径，真核生物同时存在 MEP 途径和 MVA 途径。在代谢的过程中，IPP 通过 IPP 异构酶转化为 DMAPP（二甲基烯丙基焦磷酸），然后在 GPP 合成酶的作用下，IPP 与 DMAPP 反应

生成 GPP（牻牛儿基焦磷酸），之后在 GGPP 合成酶的作用下进而生成 GGPP。两个 GGPP 在随后的反应中进而缩合形成八氢番茄红素（phytoene），这是代谢途径中形成的第一个类胡萝卜素。这一过程主要由八氢番茄红素合成酶催化完成。接着，八氢番茄红素经过多次脱氢作用形成番茄红素。八氢番茄红素在各种修饰酶的作用下对末端进行修饰，合成 β-胡萝卜素、虾青素等末端结构复杂的类胡萝卜素。

②微生物源类胡萝卜素合成过程中的关键酶及其调控基因：随着研究的深入，参与类胡萝卜素形成的基因已经被克隆并得到一定的研究。从代谢底物 IPP 开始，不同生物参与类胡萝卜合成的关键基因已经被克隆分离，主要包括异戊烯焦磷酸异构酶基因（*Idi*）、牻牛儿基牻牛儿基焦磷酸合成酶基因（*crtE*）、八氢番茄红素合成酶基因（*crtB*）、八氢番茄红素脱氢酶基因（*crtI*）和番茄红素环化酶基因（*crtY*）。研究表明，*crtEBIY* 及 *Idi* 基因控制 IPP 到番茄红素的合成过程，这是类胡萝卜素合成过程中的核心环节。所有的类胡萝卜素都是以 IPP 为起点合成的，而侧链复杂的类胡萝卜素则都是以番茄红素为起点进一步修饰加工合成。在对番茄红素修饰的过程中，*crtS* 基因编码 β- 胡萝卜素转化酶，*crtR* 基因编码细胞色素 P450 还原酶（CPR），控制 β- 胡萝卜素到虾青素的合成。*crtS* 及 *crtR* 基因是针对定向合成 β- 胡萝卜素或者虾青素通路的研究热点。

Idi 基因调控 IPP 合成 DMAPP，*crtE* 基因控制三个 IPP 分子依次添加到一个 DMAPP 中，形成 GGPP，*crtB* 基因控制催化 GGPP 合成八氢番茄红素，*crtI* 基因催化八氢番茄红素脱氢生成番茄红素。*Idi* 基因控制类胡萝卜素合成的起始步骤，是类胡萝卜素合成过程中比较重要的基因，因此提高底物 IPP 及 IPP 到 GGPP 的合成效率可以提高类胡萝卜素的产量。有研究报道，*Idi* 基因的过量表达会使类胡萝卜素产量提高 1.3~3 倍。*crtE* 基因作为类胡萝卜素合成过程中的关键活性酶，直接关系类胡萝卜素合成的产量。多数的微生物经过体内代谢可以将 IPP 异构成 DMAPP，但由于缺乏 *ctrE* 基因的参与，使得类胡萝卜素的合成无法继续进行到底，因此保持 *crtE* 基因稳定的活性对于提高类胡萝卜素的产量是十分必要的。*crtB* 与 *crtY* 两个基因一般存在于同一基因簇，它们通常协同发挥功效。研究发现，将法夫酵母中的 *crtB* 与 *crtY* 基因敲除后，该酵母不再产生类胡萝卜素。将 *crtB* 基因与 *crtY* 基因连接到 apd 启动子上后重新导入法夫酵母，则该酵母能够合成类胡萝卜素。由于 GGPP 到八氢番茄红素的合成也是类胡萝卜素合成过程中的一个极其重要的步骤，因此提高类胡萝卜素的产量也应相应地提高这两个基因的表达量。*crtI* 基因控制八氢番茄红素到番茄红素的合成。研究显示，*crtI* 与 *crtY* 可能共同调控类胡萝卜素的合成过程。

（2）肠道微生物对维生素 A 的转化　膳食维生素 A 转化为维甲酸（视黄酸）是许多生物过程的关键，迄今为止主要在哺乳动物细胞中进行研究。近年来的大量研究证明了肠道微生物是宿主生理和健康的重要决定因素，我们肠道中的微生物有助于营养素的吸收，并参与维生素代谢。最近的小鼠实验结果表明，肠腔中的共生细菌可产生高浓度的活性维甲酸、全反式维甲酸（atRA）和 13- 顺式维甲酸（13-*cis*RA），肠道细菌的消失显著降低了其含量，而将这些肠道细菌引入无菌小鼠中则可以显著增加视黄醇的含量。体外发酵实验也表明，肠道细菌可代谢维生素A产生活性维甲酸，这表明肠道细菌具有将膳食维生素A转化为其活性形式所需的代谢机制。另外，肠道中的乳酪杆菌可代谢维生素A从而恢复万古霉素处理的小鼠肠道中维甲酸的形成。这些研究表明维生素A代谢是肠道微生物的一种新特性，并为开发基于肠道微生物和维甲酸的治疗奠定基础。

2. 微生物对维生素 K_2 的合成转化

维生素 K_2（menaquinone，MK）可以通过天然产物提取法、化学合成法和微生物发酵法获得。其中的天然产物提取法由于原料来源的局限性以及得率低等问题，不适合大规模生产应用。因此目前市场上以化学合成法和微生物发酵法作为主流的生产方法。化学合成法的侧链前体合成难度大，产生的维生素 K_2 生物活性较低，催化剂价格高，副产物多，环境污染严重，限制了化学合成法的大规模推广。而利用微生物发酵法来制备维生素 K_2 就具有明显的优势，首先发酵原料的来源广、价格低，可以极大程度地降低生产成本，此外发酵条件温和、易控制，环境污染小的优势更符合当前绿色生物制造的要求，更为重要的是微生物发酵法可以制备生物活性较高的全反式结构的维生素 K_2，使产物具有更高的生物活性、生物相容性以及生物利用度，其强大的应用潜力越来越被市场肯定。

发酵食品是维生素 K_2 的主要食物来源，其中纳豆是天然维生素 K_2 的主要来源，100g纳豆中含有800~900μg维生素 K_2。维生素 K_2 最初就是从纳豆中分离得到。纳豆的发酵菌株——枯草芽孢杆菌（*Bacillus subtilis*）也被认为是维生素 K_2 的主要生产者。此外，一些乳酸菌、酵母也被用于发酵法生产维生素 K_2。维生素 K_2 根据主环上所带异戊二烯侧链长短的不同，以MK-*n*的形式命名，如MK-4，MK-5，MK-6和MK-7等。不同的菌株可以产出不同类型的维生素 K_2，枯草芽孢杆菌主要产MK-4~MK-8，其中绝大多数是MK-7，约占98%；乳酪杆菌（*Lactobacillus*）主要产MK-8~MK-10；大肠杆菌（*Escherichia coli*）产MK-8。由于芽孢杆菌安全可靠、使用历史长，且MK-7活性强、产量高，因此被认为是目前工业化生产维生素 K_2 的理想菌种之一。

维生素 K_2 由萘醌环和异戊二烯侧链组成，合成途径主要包括糖酵解（EMP）途径、磷酸戊糖（HMP）途径、甲羟戊酸（MVA）途径、甲萘醌合成（MK）途径4个部分。如图5-32所示，微生物以甘油为底物时，首先在甘油激酶（CK）作用下形成3-磷酸甘油，随后在磷酸甘油脱氢酶作用下氧化形成3-磷酸甘油醛，由此进入EMP途径生成丙酮酸，丙酮酸脱羧形成乙酰CoA，进入三羧酸循环。同时，乙酰CoA进入MVA途径形成聚异戊二烯焦磷酸（OPP）；3-磷酸甘油进入磷酸戊糖途径（PPP途径），在转酮酶作用下形成4-磷酸赤藓糖，通过合成、脱水、脱氢形成莽草酸，最后反应生成分支酸；由此进入MK途径，在*menF*、*menD*、*menH*、*menC*、*menE*、*menB*基因簇编码的6种关键酶和水解酶作用下形成醌骨架1,4-二羟基-2-萘甲酸（DHNA），最后与MVA途径形成的聚异戊二烯焦磷酸在*menA*、*ubiE*/*menG*编码的转移酶作用下脱羧、甲基化形成甲萘醌（MK）。

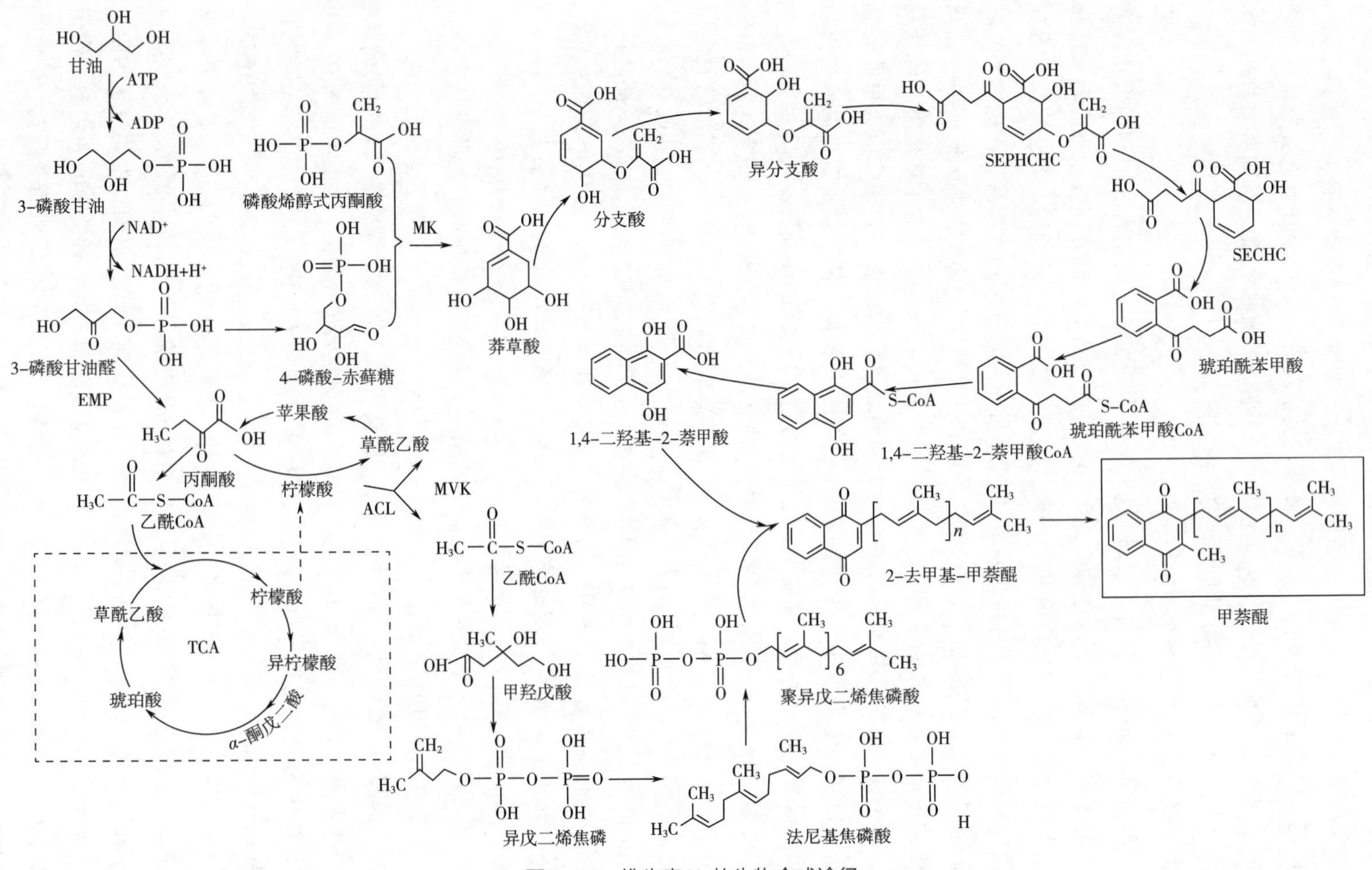

图 5-32　维生素 K_2 的生物合成途径

芽孢杆菌合成维生素 K_2 的过程主要受 *men* 基因簇编码的 8 种酶调控，其中 *menA* 和 *menD* 编码维生素 K_2 合成途径的关键酶。*menA* 编码的 1,4– 二羟基萘甲酸聚异戊烯基转移酶，以聚异戊二烯焦磷酸为侧链催化水溶性萘型化合物 1,4– 二羟基 –2– 萘甲酸形成膜结合型的 2–去甲基 – 甲萘醌，即甲萘醌前体。 *menD* 是一个单官能团的 2– 琥珀酰 –5– 烯醇丙酮酰 –6– 羟基 –3– 环己烯 –1– 羧酸合成酶（SEPHCHC 合成酶），是将中间体焦磷酸硫胺素（ThDP）添加到次级底物异分支酸的 β–C 位上唯一的酶。

3. 微生物对核黄素的合成转化

作为 FMN 和 FAD 的直接前体，核黄素是所有动植物和微生物生理代谢所必需的，广泛应用于食品、制药、动物营养等领域。核黄素可通过化学合成和微生物发酵的方法生产，其中化学法的工艺复杂、成本高，因此微生物发酵法受到重视并逐步实现了广泛应用。发酵法生产核黄素常用的微生物主要包括棉囊阿舒氏酵母和枯草芽孢杆菌。

在这两种微生物中，其合成过程包括 7 个不同的酶催化反应，需要三磷酸鸟苷（GTP）和 5– 磷酸核酮糖为前体。核黄素的生物合成过程如图 5–33 所示，以一个 GTP 分子和两个 5– 磷酸核酮糖分子作为初始前体。GTP 通过 GTP 环水解酶Ⅱ、2,5– 二氨基 –6– 核糖氨基 –4–（3H）– 嘧啶酮 5′– 磷酸脱氨酶、5– 氨基 –6– 核糖基氨基 –2,4（1H,3H）– 吡啶二酮 5′ 磷酸还原酶、5– 氨基 –6– 三丁基氨基 –2,4（1H，3H）嘧啶二酮 5′– 磷酸磷酸酶连续催化的四个反应转化为 5– 氨基 –6– 三硝基二酮（1H，3H）– 吡啶二酮（ARP）。同时，5– 磷酸核酮糖在 3,4– 二羟基 –2– 丁酮 4– 磷酸（DHBP）合酶的作用下生成 DHBP。ARP 和 DHBP 在 6,7– 二甲基 –8– 三硝基脲嗪合酶的催化下形成 6,7– 二甲基 –8– 三硝基脲嗪（DRL），两分子 DRL 进一步在核黄素合酶的催化下形成核黄素。

4. 微生物对维生素 C 的合成转化

维生素 C 作为人体必需营养素，除了可以从食物中摄取，也可以通过维生素制剂进行补充。目前，用于制备维生素制剂所需的维生素 C 几乎都是通过生物发酵法生产获得。研究较多的维生素 C 的生物合成路线主要有山梨糖途径和葡萄糖酸途径，以微生物发酵生产的 2– 酮基 –L– 古龙酸为前体，然后通过内酯化反应获得。

（1）山梨糖途径　山梨糖途径以中间产物山梨糖为标志。目前工业上主要使用的“二步发酵法”，即是采用山梨糖途径。在这一途径中，醋酸杆菌（*Gluconobacter oxydans*）中的山梨醇脱氢酶（SLDH）将 D– 山梨醇氧化生成 L– 山梨糖，然后通过巨大芽孢杆菌（*Bacillus megaterium*）和产酮古酪糖酸菌（*Ketogulonicigenium vulgare*）的混菌发酵，再利用山梨糖脱氢酶（SDH 或 SSDH）和山梨酮脱氢酶（SNDH）将 L– 山梨糖氧化生成维生素 C 的前体物质 2– 酮基 –L– 古龙酸（2–KLG）。

（2）葡萄糖酸途径　“新二步发酵法”采用的则是葡萄糖酸途径，该途径以中间产物 2,5– 二酮基 –D– 葡萄糖酸为标志，先通过草生欧文氏菌（*Erwinia herbicola*）中的葡萄糖脱氢酶（GDH）、葡萄糖酸脱氢酶（GADH）和 2– 酮基 –D– 葡萄糖酸脱氢酶（2–GADH）

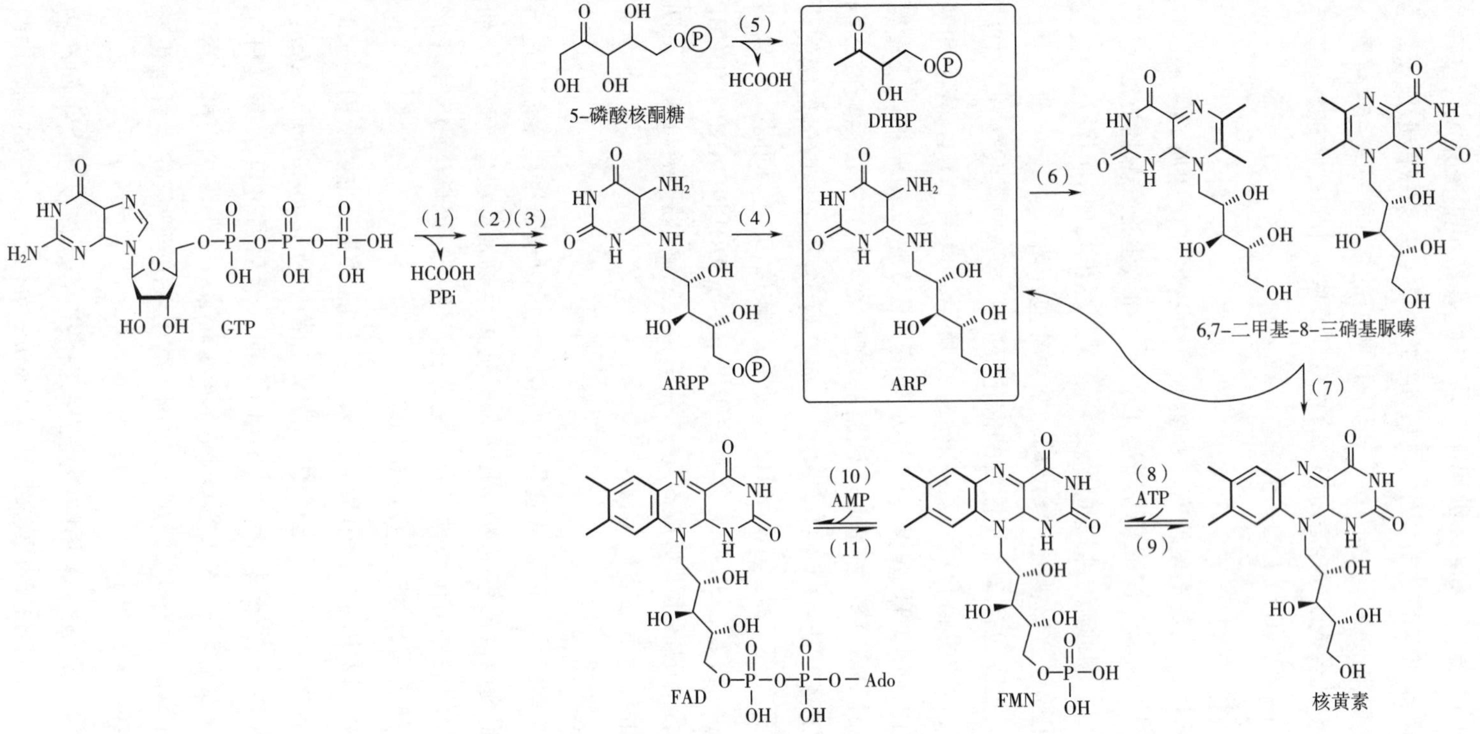

图 5-33 细菌和酵母中核黄素的生物合成途径

注：（1）GTP 环水解酶Ⅱ；（2）2,5- 二氨基 -6- 核糖氨基 -4-（3H）- 嘧啶酮 5′- 磷酸脱氨酶；（3）5- 氨基 -6- 核糖基氨基 -2,4（1H，3H）- 吡啶二酮 5′ 磷酸还原酶；（4）5- 氨基 -6- 三丁基氨基 -2,4（1H，3H）嘧啶二酮 5′- 磷酸磷酸酶；（5）3,4- 二羟基 -2- 丁酮 4- 磷酸合酶；（6）6,7- 二甲基 -8- 三硝基脲嗪合酶；（7）核黄素合酶；（8）核黄素激酶；（9）FMN 水解酶；（10）FAD 合成酶；（11）FAD 焦磷酸酶；ARPP，5- 氨基 -6- 三丁基氨基 -2,4（1H，3H）- 嘧啶二酮 5′- 磷酸；ARP，5- 氨基 -6- 三丁基氨基 -2,4（1H，3H）- 嘧啶二酮；DHBP，3,4- 二羟基 -2- 丁酮 4- 磷酸；FAD，黄素腺嘌呤二核苷酸；FMN，黄素单核苷酸。

将D-葡萄糖顺序氧化生成D-葡萄糖酸、2-酮基-D-葡萄糖酸（2-KGA）和2,5-二酮基-D-葡萄糖酸（2,5-DKGA），然后通过谷氨酸棒状杆菌（*Corynebacterium glutamicum*）中的2,5-二酮基-D-葡萄糖酸还原酶（2,5-DKGR）将2,5-二酮基-D-葡萄糖酸还原生成2-酮基-L-古龙酸。

5. 微生物对叶酸的合成转化

叶酸除了可以从膳食中摄取，人体肠道中的一些细菌也可以合成叶酸，是人体叶酸的重要来源之一。此外，我们也可以利用微生物进行叶酸的生物合成来生产叶酸补充剂。酵母、乳酸菌等微生物具有生产叶酸的能力，为发酵法生物合成叶酸产业化开辟重要途径。叶酸的生物合成途径在细菌、酵母和植物中基本相似，所不同的是，植物中叶酸合成途径分隔在三个亚细胞器中进行，其中蝶呤在细胞质中合成，pABA在叶绿体中合成，二者在线粒体中结合，并与谷氨酸共同合成二氢叶酸，最后，二氢叶酸转化为多聚谷氨酸形式参与到C1转移反应中。

酵母产叶酸的能力已经研究得比较清楚，但在乳酸菌中并非所有的菌株都能够合成叶酸，这是由于多数乳酸菌的基因组中缺少叶酸合成代谢通路中关键酶的基因，其中部分不产叶酸的菌株在添加pABA之后也可以代谢产生叶酸，说明有些乳酸菌中缺少pABA代谢支路，通过向生长基质中添加pABA，可弥补这一代谢支路的缺失或异常。

二、微生物对矿物质的转化和代谢

1. 微生物对硒的转化和代谢

微生物在硒的地球化学循环中发挥着重要作用，在硒生物强化和环境污染修复方面具有广阔的应用前景。自然界中的许多微生物（细菌、真菌、古细菌等）都具有转化亚硒酸钠的能力，其中一些菌株具有耐受高浓度硒离子的能力，能够将硒酸盐或亚硒酸盐还原为单质硒或有机态的硒。

富硒微生物主要有富硒蘑菇、富硒酵母和富硒乳酸菌，其中使用比较广泛的是采用富硒酵母进行富硒，富硒能力可达到300μg/g，能够将无机硒转化为有机硒，最终形成硒代甲硫氨酸。富硒乳酸菌富硒能力也较高，并且可以代谢生成纳米硒（100~500nm）。富硒蘑菇类似于富硒植物产品被广泛研究和生产，在辅助补硒方面发挥重要作用。

硒在微生物中的吸收转运机制，有关酵母的研究最早。2004年，有研究认为啤酒酵母在含有亚硒酸钠的培养基中培养，51%的微量元素硒与酵母细胞壁的大分子组分紧密结合，45%与细胞液中的肽、氨基酸结合，其余少部分则与可溶性蛋白质结合，通过这一生物转化过程，无机态硒被转变为有机态，不但提高了硒的生物利用率（一般可达37%），而且还降低了硒的生物毒性，但是，当时就亚硒酸钠在酵母中的吸收转运过程并不清楚。2010年的研究发现，在酿酒酵母（*Saccharomyces cerevisiae*）中，亚硒酸钠转运依赖于生长介质中的磷酸盐浓度，当培养基中含有低浓度的磷酸盐时，高亲和力的磷酸盐转运体 Pho84p 是细胞亚硒酸钠吸收过程的主要参与者，高浓度磷酸盐条件下，参与转运的是低亲和力的磷酸盐转运体 Pho87p、Pho90p 和 Pho91p。而通过在酵母中过量表达基因 *Jen1p*（编码硒高亲和性转运蛋白）可以有效促进酵母中的亚硒酸钠累积，对基因 *Jen1p* 进行消除以后得到的突变菌株对亚硒酸钠积累能力显著下降，此结果说明酵母细胞中除磷酸盐转运体以外，一种质子耦合的单羧酸转运体 Jen1p 也参与了亚硒酸盐的转运。

硒在细菌中的吸收转运机制也一直是人们关注的热点之一。20 世纪 90 年代初，在大肠杆菌中发现，硒酸盐可通过硫酸盐 ABC 转运通透酶系统（CysAWTP）进入细胞，但对于亚硒酸盐是如何进入细胞的并不清楚。随后的研究表明，亚硒酸盐可以通过硫酸盐通透酶转运系统进入细胞，但硫酸盐通透酶不是亚硒酸盐进入细胞的唯一通道，因为抑制硫酸盐通透酶的表达，并不会完全抑制亚硒酸盐吸收。进入 21 世纪，人们又陆续在大肠杆菌、类球红细菌、耐金属亲铜菌中分别发现了和亚硒酸盐转运相关的转运蛋白 gutS、SmoK、DedA 以及和硒酸盐转运相关的转运蛋白 YbaT，其中大肠杆菌中发现的 gutS 可能在转运 Se 至细胞内的过程中都起到了重要的作用。

2. 微生物对锌的转化和代谢

由于锌无法在人体内储存，为了维持机体所有功能的正常进行，需要每天补充锌。补充元素锌的方式除了选择富含锌的膳食外，还可以通过服用无机锌、有机锌和生物锌等膳食补锌制剂。其中生物锌以其安全和营养均衡的特点受到人们的青睐，而微生物富集转化是最常见的获得生物锌的方法。目前利用微生物富集锌所用的菌株大多是酵母和乳酸菌。

微生物细胞富集金属的机制比较复杂，根据离子与细菌结合的方式不同，大致可以分为三种情况，被动扩散、细胞表面吸附和细胞内部积累。根据细胞的活性来分，可以分为活细胞富集和死细胞富集。活细胞富集可分为两个阶段，即细胞表面吸附和细胞内部积累。

细胞表面吸附过程不需要细胞的新陈代谢就可发生，通常进行较快。在此过程中，金属离子可通过配位、螯合、离子交换及微沉淀等作用结合至细胞表面。革兰阳性菌的细胞壁主要由肽聚糖组成，肽聚糖是 *N*– 乙酰氨基葡糖和 *N*– 乙酰基胞壁酸的聚合物，主要含有羧基、氨基和羟基等官能团。另外一个重要成分是磷壁酸，磷壁酸是由核糖醇或甘油残基经由磷酸二酯键相连而成的一种多糖，分为壁磷壁酸和膜磷壁酸，主要含有羧基官能团。革兰阴性细菌的细胞壁结构较复杂，除了肽聚糖层外，还有一层外膜，含有磷脂、脂蛋白、脂多糖和蛋白质，但不包含磷壁酸或天冬酰胺酸。表明革兰阳性细菌的肽聚糖、磷壁酸以及革兰阴性菌的肽聚糖、磷脂和脂多糖等都携带有大量的阴离子官能团，通常使菌体在自然环境中总是具有表面负电荷，使其成为金属阳离子的有效吸附剂，这些阴离子官能团为微生物细胞富集金属离子提供了物质基础，决定了细胞壁结合金属离子的能力。细胞表面吸附是一个快速并且依赖于 pH 的过程。该过程与细胞表面上可用的官能团的数量、金属离子的性质和浓度以及表面电荷等有关。死细胞往往只发生细胞表面吸附过程。

细胞内部积累过程中，金属离子通过细胞表面特异性转运蛋白被转运到细胞内部，此过程需要能量的参与，进行较慢。细菌金属转运蛋白属于 ABC 转运蛋白家族 9（cluster 9 family of ABC transporters）。例如，大肠杆菌的锌摄取系统由 *znuABC* 基因编码，由周质结合蛋白 ZnuA、膜渗透酶 ZnuB 和 ATP 酶 ZnuC 组成，属于高亲和度锌转运系统；此外，在大肠杆菌中还发现有另一个由 *zupT* 基因编码的锌摄取系统，ZupT 转运蛋白对锌的亲和度相对较低。通过锌转运系统的调控（包括高亲和度和低亲和度转运系统之间的相对表达），可以实现菌体内锌浓度在满足需求和毒性之间实现微妙的平衡。

本章小结

本章重点介绍了维生素的生物合成转化调控机制，维生素的合成转化调控与食品品质矿物质代谢转化调控与食品品质，微生物与维生素、矿物质的合成转化。

大多数维生素和所有的矿物质在体内不能合成，需要不断地从饮食中得到补充。因此食物原料中维生素和矿物质的合成代谢和转化对食物的营养和品质具有重要影响。

动物体内不能合成维生素或合成量甚少，因此植物是维生素或维生素前体物的主要来源。但动物从食物中摄取维生素及其前体物之后，通过一系列转化途径可以在体内少量积累，因此动物性食物也可以提供一定量的维生素。此外，自然界和人体内定殖的微生物也可以合成一些维生素供人所需。

矿物质不能在动植物体内合成，只能从自然界中获取。矿物质作为酶的辅助因子可参与体内物质代谢和运输，并参与激素和维生素的形成，对于动植物的生理过程具有重要的影响。因此，矿物质对动物和植物的生长发育、营养代谢具有重要的调控作用，最终影响动植物食品原料的品质。此外，微生物可以通过自身的代谢，对矿物质进行富集，或将矿物质转变为有机态，从而促进矿物质的吸收。

学习本章的主要目的是了解维生素和矿物质的合成转化调控机制及其对食品品质的影响，以及维生素和矿物质在微生物作用下的分子转化途径及机制。

思考题

1. 哪些维生素可以在动物体内合成？请介绍其合成转化途径。
2. 分析维生素 A 和类胡萝卜素之间的关系。
3. 维生素如何影响食品品质，请举例说明维生素调控食品品质的途径。
4. 分析硒在动物体内的吸收转化过程。
5. 举例说明微生物对维生素的合成转化及其与营养健康的关系。

第六章

细胞信号转导与营养感应

学习目标

1. 了解细胞信号转导的过程。
2. 熟悉机体对营养感应的分子机制。
3. 掌握机体对葡萄糖、氨基酸和脂肪的感应。

第一节　细胞信号转导

6-1　思维导图

细胞信号转导是指细胞通过胞膜或胞内受体感受细胞信号因子的刺激，经细胞内信号转导系统转换，从而影响细胞生物学功能的过程。细胞信号转导是实现细胞间通信的关键，是协调细胞功能，控制细胞生长和分裂、组织发生与形态建成所必需的，也是细胞感知并应对外界环境刺激而进行生理学反应的基础。

一、细胞信号因子

信号因子是细胞的信息载体，种类多样，包括物理信号和化学信号。物理信号如声音、光、电场、磁场、辐射、机械和温度变化等物理性刺激因素，是影响生物生长发育的主要外界环境因子。化学信号如各类激素、局部介质和神经递质等生物体内的许多化学物质，主要在细胞间和细胞内传递信息，是细胞间通信最广泛的信号。

各类化学信号根据转导范围可分为以下两类。

（1）细胞间转导的信号因子 细胞间转导的信号因子又称为第一信使，是由细胞分泌的、通过与靶细胞膜上的受体特异性识别并结合，进而调节靶细胞生命活动的化学物质，主要包括激素、神经递质、细胞因子、生长因子、神经肽和小分子信号因子等。当免疫系统中的淋巴细胞受到抗体刺激时，会分泌抗体和淋巴因子，经体液递送至靶细胞后引起免疫反应。因此也可将抗体和淋巴因子看作是一类传递细胞间信息的化学信号因子。单细胞生物能够直接对外界环境的变化做出反应，但高等生物的大多数细胞不能与外界直接接触，而细胞间的联系和通讯又必不可少，这就需要在众多细胞间建立有效的信息联络。第一信使及其受体在此过程中发挥首当其冲的作用。

（2）细胞内转导的信号因子 细胞内转导的信号因子包括第二信使及其他在胞内传递胞外刺激信号传递途径的组分。第二信使是指在胞内产生的非蛋白类小分子，通过浓度变化应答胞外信号与细胞膜上受体的结合，调节胞内酶和非酶蛋白的活性，从而在细胞转导途径中行使携带和放大信号的功能，主要包括环磷腺苷（cAMP）、环磷鸟苷（cGMP）、三磷酸肌醇（IP_3）、钙离子（Ca^{2+}）、甘油二酯（DG）和一氧化氮（NO）等。第二信使在细胞转导中起重要作用，它们在细胞内的浓度受第一信使的调节，它可以瞬间升高，也能快速降低，并由此调节细胞内代谢系统的酶活性，控制细胞的生命活动，包括葡萄糖的摄取和利用、脂肪的储存和移动以及细胞产物的分泌。第二信使也控制着细胞的增殖、分化和生存，并参与基因转录的调节。

各类化学信号根据细胞分泌信号因子的方式可分为以下四类。

（1）内分泌信号因子 内分泌信号因子又称内分泌激素，是由特殊分化的内分泌细胞释放的化学信号分子，通过血液循环到达靶细胞，经过受体介导而对靶细胞发生作用。其特点是①微量性：激素在血液中的浓度很低，一般蛋白质激素的浓度为 10^{-12}~10^{-10}mol/L，其他激素的浓度为 10^{-9}~10^{-6}mol/L；②全身性：各类激素可随血液流经全身，到达相应的靶细胞后，与相应受体结合而发挥作用；③长时效：激素产生后经过漫长的运送过程才起作用，而且血流中微量的激素就足以维持长久的作用；④特异性：由于激素是被位于靶细胞表面或细胞内的受体特异性识别和结合的，所以一种激素只能特异性地作用于一种或一类细胞使之产生特定的生理效应；⑤可调控性：激素的合成和分泌都会受到机体生理状态、内外环境因素改变的影响，激素合成后不是直接释放，而是储存于特定的部位。有些激素的合成还会受到另外一种或一类激素的调控。例如，下丘脑分泌促甲状腺素释放因子（TRF），刺激垂体前叶分泌促甲状腺素（TSH），使甲状腺分泌甲状腺素（T4），但当血液中的 T4 浓度升高到一定水平时，会负反馈抑制 TRF 和 TSH 的分泌；⑥通过中间介质发挥作用：激素对靶细胞的作用是通过一系列生化反应以及激活多个相关分子来实现的，并不直接引起生理效应。

（2）突触分泌信号因子　突触分泌信号因子又称神经递质，是神经系统细胞间通信的化学信号因子，如乙酰胆碱和去甲肾上腺素等。突触是中枢神经系统神经元之间相互接触并实现功能联系的部位。当神经细胞在接受来自环境或其他神经细胞的信号并被激活后，沿轴突传输电脉冲，脉冲到达轴突末端的神经末梢时，会刺激末梢分泌神经递质，经突触间隙扩散到突触后膜，作用于特定的靶细胞，从而实现信号转导。与内分泌信号因子相比，突触分泌信号因子不仅速度快而且准确，前者因通过血液循环到达靶细胞，故速度较慢。

（3）旁分泌信号因子　旁分泌信号因子又称局部化学介质。旁分泌信号因子分泌到细胞外液后，绝大多数通过扩散作用于附近的靶细胞或被细胞外酶降解，但又不像神经递质那样由专一突触结构释放。由此可见，旁分泌信号因子既不同于激素又不同于神经递质。体内的旁分泌信号包括组胺、花生四烯酸（AA）及其代谢产物［前列腺素（PGs）、血栓素（TXs）和白三烯（LTs）等］、生长因子、细胞生长抑素等。气体信号因子如NO、CO，也属于一种旁分泌信号因子。旁分泌信号因子也需与细胞膜上的受体结合而引发细胞的应答反应，除生长因子外，作用时间均较短。但AA的某些代谢产物，如半胱氨酸白三烯（LTC4）能以受体非依赖方式，在生理和病理情况下调节心脏兴奋性。

（4）自分泌信号因子　自分泌信号因子的分泌细胞和靶细胞为同类或同一细胞，如前列腺素，它不仅能控制邻近细胞的活性，也能作用于合成前列腺素细胞自身。这类信号因子常见于肿瘤细胞，一些肿瘤细胞存在着生长因子的自分泌作用，以此保持其持续地增长，如大肠癌细胞可自分泌产生胃泌素，介导调节*c-myc*、*c-fos*和*ras p21*等癌基因表达，从而促进癌细胞的增殖。

各类化学信号根据其性质通常可分为以下四类。

（1）气体性信号因子　包括有NO、CO，可以自由扩散，进入细胞直接激活效应酶（鸟苷酸环化酶）产生第二信使（cGMP），参与体内生理过程，影响细胞行为。

NO是可溶性气体，通过扩散作用透过细胞膜进入邻近的平滑肌细胞，与鸟苷酸环化酶活性中心的Fe^{2+}结合，改变酶的构象，导致酶活性增强和cGMP合成增多，通过cGMP作用于下游多个效应蛋白来影响许多生理过程。此外NO还可通过激活环氧化酶、调节蛋白激酶C、影响转录因子等途径进行细胞内的信号传导。

CO和NO一样，通过扩散进入细胞，直接激活鸟苷酸环化酶产生cGMP。增多的cGMP刺激依赖cGMP的蛋白激酶、磷酸二酯酶或通过调节离子通道而呈现各种生理效应。此外，CO还可通过抑制细胞色素P450依赖性的单胺氧化酶的活性和直接调节K^{+}通道的活性变化来传递生理信息。

（2）疏水性信号因子　包括有甾类激素（皮质醇、雌二醇和睾丸酮）和甲状腺素，是血液中长效信号，分子小、疏水性强，可穿过细胞膜进入细胞，介导长时间的持续反应，与细胞内核受体结合形成激素－受体复合物，调节基因表达。

当抑制性蛋白与受体结合后，受体处于非活化状态；而当甾类激素与受体结合形成甾类激素－受体复合体时，导致抑制性蛋白脱离，暴露出受体上DNA结合位点而被激活。甾类激素－受体复合体可以识别并结合到专一的DNA序列上，从而诱导基因转录活性。受体结合的DNA序列是转录增强子，可增加某些相邻基因的转录水平。甾类激素诱导的基因活化分两个阶段，①初级反应阶段：直接活化少数特殊基因，发生迅速；②延迟的次级反应：由初级反应的基因产物活化其他基因，对初级反应起放大作用。

甲状腺素能够进入细胞核，与核受体结合形成复合物，激活或抑制目标基因的转录和翻译，从而影响细胞代谢和生长发育等生理过程。甲状腺素还能与细胞膜上的受体结合，通过激活蛋白激酶A和蛋白激酶C等信号通路，调节细胞内钙离子浓度和酶活性。

（3）亲水性信号因子　亲水信号因子包括神经递质、局部介质和大多数蛋白质类激素，它们不能穿过靶细胞膜，只能通过与细胞表面受体结合，再经信号转换机制，在细胞内产生第二信使或激活蛋白激酶或蛋白磷酸酶的活性，跨膜传递信息，以启动一系列反应而产生特定的生物学效应。

神经递质会在突触后膜上产生兴奋性或抑制性反应，从而传播或阻止动作电位。当动作电位到达神经元末端时，会触发囊泡释放内容物，其中的神经递质穿过突触间隙，附着在邻近的另一个神经元的受体部位，根据神经递质的内容，刺激或抑制神经元接收信号。

局部介质由各种不同类型的细胞合成并分泌到细胞外液中，经过局部扩散作用于邻近靶细胞。局部介质分泌后停留在分泌细胞周围的细胞外液体中，只能将信息传递给相邻细胞，通信距离很短，只有几毫米。

蛋白质类激素包括有肾上腺素、去甲肾上腺素、胰高血糖素、胰岛素、下丘脑调节肽等，这些激素或与细胞膜上的受体结合，进而改变细胞膜的通透性，或与细胞质、细胞质中的受体结合，通过影响基因的表达来影响靶细胞内酶的活性或酶的数量来调节细胞代谢。

（4）膜结合信号因子　当细胞通过膜表面分子发出信号时，相应的分子即为膜结合信号分子，可与靶细胞质膜上的受体特异性结合，通过这种分子间的相互作用而接收信号，并将信号传入靶细胞，引起细胞应答。

化学信号因子虽然有不同的分类，但都具有一些共同的特征。第一是特异性，主要是化学信号因子与受体的特异性结合。化学信号因子本身并不直接参与细胞物质与能量的代谢过程，它一般不具备酶活性，其本身也不直接介导细胞活性。只有当信号因子与靶细胞的受体结合并识别，转化为胞内信号后才能影响细胞生物学功能。信号因子只能识别和结合具有其特异性受体的靶细胞或靶器官，但这并不意味着一种信号因子只能产生一种生理效应，许多激素可对全身多种细胞起作用，并产生多种生理效应。第二是高效性，低剂量的化学信号因子即可发生明显的生理效应。这主要是由于化学信号因子作用的特异性及其与受体结合的高亲和力造成的。另外，这一特性也依赖于细胞的级联放大效应对信号信息的扩增。如各种激素在血液中的浓度极低，一般每100mL血液中只有几微克甚至几纳克，但对人体的生理调节作用却非常重大。第三是可被灭活，当化学信号因子完成一次信号应答后，会通过修饰、水解或结合等方式失去活性而被及时消除，以保证信息传递的完整性和细胞免于疲劳。这是信号准确传递的基本要求之一，不适当地、持续不断地释放信号，会使靶细胞形成“适应性反应”，不再对信号做出反应。

二、细胞信号转导受体

受体是一类通过识别和选择性结合某种配体（信号因子），传导细胞外信号，从而激活或启动一系列生物化学反应，并在细胞内产生特定效应的分子。配体是指这样一些信号物质：除了与受体结合外本身并无其他功能；不能参加代谢产生有用物质，也不直接介导任何细胞反应；唯一的功能就是通知细胞环境中存在一种特殊信号或刺激因素。受体一般至少具有两个功能，分别是结合特异性和效应特异性。结合特异性是指结合和识别自己的特异信号分子——配体。效应特异性是指把识别和接收的信号准确放大并传递到细胞内部，启动一系列胞内信号级联反应，最后导致特定的细胞效应。细胞信号转导始于靶细胞表面受体与细胞外特异性配体结合而被激活，通过信号转导途径将胞外信号转换为胞内化学或物理信号，进而引发两类主要的细胞应答反应，一是改变细胞内特殊的酶类和其他蛋白质的活性或功能，进而影响细胞代谢功能或细胞运动等；二是通过修饰细胞内转录因子刺激或抑制特异性靶基因的表达，从而影响细胞内特异性蛋白的表达量。前一类应答反应与后一类反应相比，发生得更快，故称前者为快反应（短期反应），后者为慢反应（长期反应）。

已知的绝大多数的受体都是蛋白质且多为糖蛋白，少数受体是糖脂，有的受体则是以上两者组成的复合物。根据靶细胞上受体存在的部位，可将受体分为细胞内受体和细胞表面受体。细胞内受体位于细胞膜内部的细胞质或细胞核中，则其主要识别和结合能穿过细胞膜的脂溶性信号因子，如甾类激素、甲状腺素、维生素D等，此外还包括细胞或病原微生物的代谢产物、结构分子或者核酸物质；细胞表面受体位于细胞膜脂双层外侧，主要结合和识别亲水性信号因子，与脂溶性信号因子不同，亲水性信号因子均不能进入细胞，包括分泌型信号因子（如神经递质、多肽类激素等）或膜结合型信号因子（如细胞表面抗原、细胞表面黏着分子等）。

根据受体结构及其作用方式又可将细胞表面受体分为三大类（图6-1）。

（1）离子通道偶联受体　这类受体共同特点是由多亚基组成受体-离子通道复合体，本身既是离子通道，又有信号因子（配体）结合位点，其跨膜信号转导无需中间步骤，反应快，一般只需几毫秒，其配体主要为神经递质。神经递质通过与这类受体结合，改变通道蛋白的构象，控制离子通道的开启或关闭，瞬间将胞外化学信号转化为电信号，继而改变突触后细胞兴奋性。离子通道偶联受体既可以是阳离子通道，包括乙酰胆碱、谷氨酸和五羟色胺的受体等，也可以是阴离子通道，包括甘氨酸和 γ- 氨基丁酸的受体等。

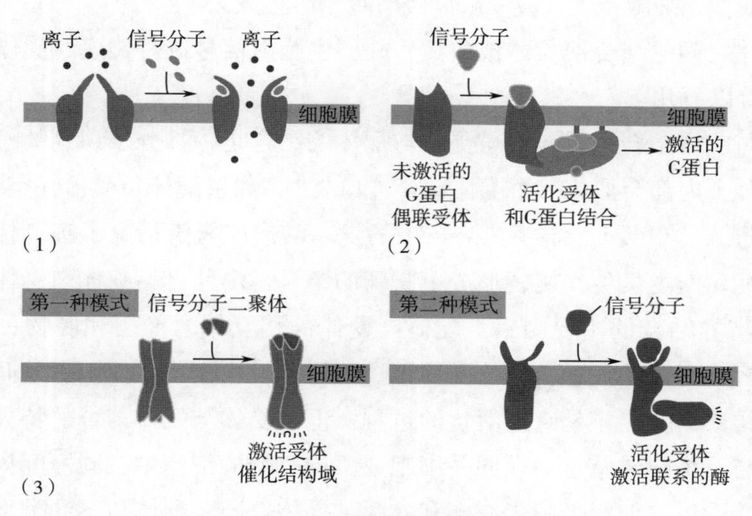

图 6-1　三种类型的细胞表面受体

（1）离子通道偶联受体；（2）G 蛋白偶联受体；（3）酶联受体

（2）G 蛋白偶联受体（GPCR）　G 蛋白偶联受体是一种与三聚体 GTP 结合调节蛋白偶联的细胞表面受体，含有 7 个穿膜区，是迄今为止发现的细胞表面受体中最大的家族，普遍存在于各类真核细胞表面。这类受体与配体结合后，通过与受体偶联的 G 蛋白的介导，使第二信使增多或减少，转而改变膜上的离子通道，引起膜电位发生变化。这类受体可以和多种 G 蛋白偶联激活多种效应系统，也可以同时和几种受体偶联，或几种 G 蛋白与一种效应系统联系而使来自不同受体的信息集中于同一效应系统。根据与这类受体偶联 G 蛋白的不同，介导不同的信号通路。

（3）酶联受体　酶联受体具有与 G 蛋白偶联受体完全不同的分子结构和特性，这一跨膜信号转导过程不需要 G 蛋白的参与，也没有第二信使的产生。酶联受体可分为两类，一类是受体胞内结构域具有潜在酶活性，或者可直接结合并激活胞质中的酶，并由此实现细胞外信号对细胞功能的调节。另一类是受体本身不具有酶活性，而是受体胞内段与酶联系。

胞内受体根据其在细胞中的分布情况分为胞质受体和核受体胞内受体。胞内受体的配体多为脂溶性小分子甾体类激素，以类固醇激素类较为常见，此外还包括甲状腺素类激素、维生素 D 等，这些分子可直接以简单扩散的方式或借助于某些载体蛋白穿过靶细胞膜，与位于胞质或胞核内的胞内受体结合。不同的胞内受体在细胞中的分布情况可不同，如糖皮质激素和盐皮质激素的受体位于胞质中，称为胞质受体。而维生素 D 及维甲酸受体则存在于胞核，称为核受体。还有一些受体可同时存在于胞质及胞核中，如雌激素受体、雄激素受体等。胞内受体是基因转录调节蛋白，在与配体结合后，其分子构象发生改变，进入功能活化状态，其DNA结合区与DNA分子上的激素调节元件（HRE）相结合，通过稳定或干扰转录因子对DNA序列的结合，选择性地促进或抑制基因转录。由胞内受体介导的信号转导反应过程很长，细胞产生效应一般需经历数小时至数天。

受体与配体之间的结合使受体被激活，并产生胞内信号进行传递。受体与配体之间结合的主要特征有以下几点。

（1）受体与配体结合的特异性　受体与配体的结合是一种分子识别的过程。在疏水作用下，受体大分子内部会形成一个配体结合“口袋”，如果配体与受体在空间上能够互补，配体就有机会进入“口袋”，与“口袋”中的氨基酸形成氢键、离子键，相互之间靠得更近，致使范德瓦尔斯力发生作用，形成更紧密的结合。由此可见配体与受体空间结构上的互补性是它们特异结合的主要因素。配体与受体的相互结合像酶和底物一样，有一个诱导－契合的过程。配体的接触会引起受体蛋白的构象发生变化，使两者空间上的结合更加契合，且受体构象的变化正是它被活化的过程。但是受体与配体结合的特异性不是指任何一种受体只能与一种配体结合。在同一细胞或不同类型的细胞中，同一配体可能有两种或两种以上的不同受体，如肾上腺素有α和β两种受体。同一配体与不同类型的受体结合会产生不同的反应，如肾上腺素作用于皮肤黏膜血管上的α受体会使血管平滑肌收缩，作用于气管平滑肌等则使其舒张。

（2）受体与配基结合的高度亲和性　高等生物所处的环境无时无刻不在变化，其细胞常暴露于上百种信号因子的环境中，但并不是所有信号因子都能引发细胞内的一系列生化反应或蛋白间的相互作用。靶细胞对外界特殊信号因子的特异性反应取决于细胞具有的相应受体。信号因子与受体的结合能力称为亲和性。亲和力的大小常用受体－配体复合物的解离常数（K_d）值来表示：

$$K_d=[R][L]/[RL] \tag{6-1}$$

K_d值代表细胞表面受体达到50%被占据时所需的配体分子浓度，R和［R］分别表示自由受体及其浓度，L和［L］分别代表自由配体及其浓度，RL和［RL］分别代表受体－配体复合物及其浓度。K_d值低代表受体与配体的结合亲和力高，K_d值高代表受体与配体的结合亲和力低。有些配体与受体结合过程中，亲和力会发生变化。部分配体与受体结合后，会引起配体和被占据的受体之间的亲和力下降，加速解离，表现为负协同作用，个别配体则表现为正协同作用。

（3）受体与配体结合的饱和性　细胞对外界信号分子的敏感性既取决于受体对配体的亲和力，也取决于细胞表面受体的数量。随着配体浓度的升高，受体被配体完全结合后，就不再结合其他配体。这是细胞控制其对胞外信号反应程度的一种方式。受体的数量相对恒定及受体对配体的较高亲和力是受体饱和性产生的基础。虽然不同的受体或同一种受体在不同类型细胞中的数量差异较大，但某一特定的受体在特定细胞中的数量，却相对恒定。受体数目恒定的相对性也体现在一些配体本身会对受体数目产生影响，如当动物血液中胰岛素浓度高时，靶细胞上的胰岛素受体浓度下降。

三、细胞信号转导途径

现已知道，细胞内存在着多种信号转导方式和途径，各种方式和途径间又有多个层次的交叉调控，是一个十分复杂的网络系统，同时信号转导又具有以下特点。

（1）信号转导分子的激活机制具有类同性　蛋白质的磷酸化和去磷酸化是绝大多数信号分子激活具有可逆性的共同机制，如 Fos 的激活需要丝氨酸和苏氨酸的磷酸化，JAK 的激活需要酪氨酸的磷酸化，在信息传递过程完成后即可发生去磷酸。

（2）信号转导过程为级联式反应　信号转导过程中的各个反应相互衔接，形成一个级联反应过程。细胞外信号从膜受体到胞内的信号转导和基因调节过程中，经历多次的信号转换后信号得以强化，使少数细胞外的微弱信号分子足以激起一个较显著的反应。许多胞内信号分子自身就是蛋白激酶，而它本身又可被上游的蛋白激酶磷酸化而激活，由此引起细胞内一系列蛋白质的磷酸化，产生级联效应。例如，在 cAMP 为第二信使的信号转导过程中，一个信号分子可与多个受体结合，活化产生的 cAMP 激活其依赖性蛋白激酶，进而使下游信号蛋白磷酸化被激活，如此，胞外信号分子所产生的信号便由此被逐渐放大，在短时间内引起细胞效应。在肾上腺素引起的细胞效应中，血中低浓度的肾上腺素（10~10mol/L）在引起肝细胞内 cAMP 浓度升高后，cAMP 激活 PKA，PKA 可进一步激活磷酸化酶的激酶，最后可引起磷酸化酶的活化，由它分解糖原产生的葡萄糖进入血液后会导致血糖的升高，而在上述过程中，信号被放大了 108 倍。

（3）信号转导途径具有通用性与特异性　信号转导途径的通用性是指同一条信号转导途径可在细胞的多种功能效应中发挥作用。如 cAMP 途径不仅可介导胞外信号对细胞生长和分化产生效应，也可在物质代谢的调节和神经递质的释放等方面起作用，使得信号转导途径呈现出保守和经济的特点，这是生物进化的结果。信号转导需要对细胞功能进行精细地调节，所以信号转导途径必须具有特异性，其产生的基础首先是受体的特异性，如生长因子受体的 TPK 活性，能在生长因子刺激细胞增殖的过程中起独特的作用。此外，与信号转导相关的蛋白质，如 G 蛋白家族及各种类型的 PKC、TPK，它们在结构及分布等方面的多样性以及它们作用发生的时间，对于信号转导途径的特异性形成均具有一定的影响。

（4）胞内信号转导途径相互交叉　由于参与信号转导的分子大多数具有复杂的异构体和同工酶，它们对上游的激活条件要求不同，而对其下游底物分子的识别也有差别，使得各条信号转导途径之间相互交叉继而相互影响，形成复杂的信号网络，共同协调机体的生命活动，具体包括以下两种情况。①一条信号转导途径的成员可激活或抑制另一条信号转导途径：如促甲肾上腺素与其受体结合后，不仅可以通过钙离子 – 甘油二酯 / 三磷酸肌醇信使体系激活 PKC，而且还可以因 Ca^{2+} 浓度的升高，激活腺苷酸环化酶，促进 cAMP 的生成，进而使 PKA 激活；②不同的信号转导途径可通过同一种效应蛋白或同一基因调控区，彼此协调地发挥作用，从而使细胞对信号进行更精确地相互制约和调控：如 G 蛋白耦联受体可以激活 PLC-IP_3/DAG 信号通路，一些酶耦联受体也可以激活这条通路，只是他们所激活的 PLC 是不同的亚型；而 cAMP 蛋白激酶途径与钙离子 - 甘油二酯 / 三磷酸肌醇信使体系均能使胞内的转录因子 CREB 磷酸化，通过活化的 CREB 与 DNA 序列的结合，影响多种基因的转录。

下面介绍细胞信号转导的主要途径。

（1）G 蛋白介导的信号转导途径　G 蛋白偶联受体（GPCR）是真核生物中最大，种类最多的膜受体，它将外界的化学信号转化为细胞内信号，激活细胞内的信号转导途径。与 GPCR 相关的 G 蛋白是三聚体 GTP 结合调节蛋白的简称，是异源三聚体，这意味着它们具有三个不同的亚基，α 亚基、β 亚基和 γ 亚基，其中 β 亚基和 γ 亚基以异二聚体形式存在，α 亚基和 $\beta\gamma$ 亚基分别通过共价结合的脂分子锚定在质膜上。配体与 GPCR 的结合会引起受体构象的改变，进而改变并结合并激活 G 蛋白。然后，G 蛋白的活性形式从受体表面释放出来，解离成其 G_α 和 $G_{\beta\gamma}$ 亚基。两个亚基都将激活其特定的效应器蛋白，释放第二信使，被蛋白激酶识别，从而导致酶活化并引发细胞内信号放大的级联反应。GPCR 所介导的信号转导途径是一条多级联的信号转导途径，可用于调控多种细胞过程，例如代谢、细胞增殖、细胞分化、细胞凋亡等。由 G 蛋白受体所介导的细胞信号通路主要包括 cAMP 信号通路和磷脂酰肌醇信号通路。

在 G 蛋白介导 cAMP 信号通路中，细胞外信号因子与 G 蛋白偶联受体结合，使得 G 蛋白释放 G_α 亚基，G_α 亚基激活腺苷酸环化酶（AC），AC 催化 ATP 生成 cAMP，cAMP 可激活 cAMP 依赖的蛋白激酶 A（PKA），并使得蛋白激酶 A 释放催化亚基，催化亚基转位进入细胞核，使细胞核内的基因调控蛋白磷酸化，磷酸化的基因调控蛋白与基因调控蛋白结合蛋白特异性结合，形成复合物，复合物能够与细胞核中的靶基因调控序列结合，激活靶基因的表达。

在 G 蛋白介导磷脂酰肌醇信号通路中，细胞外信号因子与 G 蛋白偶联受体结合，使得 G 蛋白释放 G_α 亚基，G_α 亚基激活磷脂酶 C（PLC）和 β 异构体（PLC-β）的活化，使质膜上 4,5- 二磷酸磷脂酰肌醇（PIP2）水解成 1,4,5- 三磷酸肌醇（IP3）和甘油二酯（DAG）两个第二信使，分别激活两种不同的信号通路，即 IP3-Ca^{2+} 和 DAG-PKC 途径，实现细胞对外界信号的应答，因此这一信号系统又称为“双信使系统”。① IP3-Ca^{2+} 途径：IP3 经细胞内扩散，到达内质网膜，结合并开启内质网膜上 IP3 敏感的 Ca^{2+} 通道，引发 Ca^{2+} 从内质网腔的 Ca^{2+} 库中释放到细胞质基质中，与钙调蛋白结合，进而引起细胞反应；② DAG-PKC 途径：由 PIP2 水解产生的 DAG 也是结合在质膜上的，能够活化与质膜结合的蛋白激酶 C（PKC），活化的 PKC 能够使得不同类型细胞中不同底物蛋白的丝氨酸和苏氨酸残基磷酸化，进而引起细胞反应。

（2）酶联受体介导的信号转导途径　酶联受体又称催化受体，都是一次跨膜蛋白，细胞内结构域常具有某种酶的活性。酶联受体具有与G蛋白偶联受体完全不同的分子结构和特性，这一跨膜信号转导过程不需要G蛋白的参与，也没有第二信使的产生。酶联受体分子的胞质一侧自身具有酶的活性，或者可直接结合并激活胞质中的酶，并由此实现细胞外信号对细胞功能的调节。在人类基因组中，有两大类催化型酶联受体，即受体酪氨酸激酶（RTK）和细胞因子受体。这两类酶联受体具有相似的结构特征——绝大多数是单次跨膜蛋白，其N端位于细胞位，是配体结合域，C端位于胞内，中间是疏水的跨膜 α- 螺旋；还具有基本相同的活化机制——二聚化是单次跨膜的酶联受体被激活的普遍机制，配体与受体结合时，引起受体构象变化，但单次跨膜 α- 螺旋无法传递这种构象变化，因此配体的结合导致受体二聚化形成同源或异源功能性二聚体，功能性二聚体的形成几乎是所有酶联受体被激活的必要步骤。

受体酪氨酸蛋白激酶（RTKs）是最大的一类酶联受体，它既是受体，也是能够催化下游靶蛋白磷酸化的酶。所有的RTKs都是由三个部分组成的，含有配体结合位点的细胞外结构域、单次跨膜的疏水 α- 螺旋区以及含有受体酪氨酸蛋白激酶（RTKs）活性的细胞内结构域。其中，RTKs的细胞外部分包含多种具有特定氨基酸序列（富半胱氨酸结构域、酸性结构域、免疫球蛋白样结构域等）的结构域。受体酪氨酸激酶在没有同信号分子结合时是以单体存在的，并且没有活性。一旦有信号分子与受体的细胞外结构域结合，两个单体受体分子在膜上形成二聚体，两个受体细胞内结构域的尾部相互接触，激活它们蛋白激酶的功能，结果使尾部的酪氨酸残基磷酸化。RTKs的酪氨酸残基磷酸化后，能够被下游含有SH2结构域或含有磷酸酪氨酸结合结构域（PTB结构域）的下游蛋白识别。目前含有SH2结构域的下游蛋白已经鉴定超过100种，而带有PTB结构域的下游蛋白已经鉴定出35种。识别后，RTKs再次发挥激酶作用，将自身的磷酸转移到这两类蛋白上，激活细胞内一系列的生化反应，或者将不同的信息综合起来引起细胞的综合性应答，如细胞增殖。

细胞因子受体是细胞表面一类与酪氨酸激酶偶联的受体。虽然这类受体的结构与活化机制和RTK非常相似，所介导的胞内信号通路也多与RTK介导的胞内信号通路相似或重叠，但它本身不具有酶活性，它的胞内段具有与胞质酪氨酸激酶的结合位点，也就是说受体活性依赖于非受体酪氨酸激酶。

（3）核受体介导的信号转导途径　核受体是一类在生物体内广泛分布的，配体依赖性的转录调节因子，能通过调节基因表达，激活或抑制特定靶基因的转录，调控细胞生长、增殖、分化、代谢、免疫反应和凋亡等几乎所有的生物学过程。与水溶性配体不同，脂溶性配体可直接进入细胞与胞质受体或核受体结合而发挥作用，因胞质受体与配体结合后，一般也要转入核内发挥作用，因而常把细胞内的受体统称核受体。核受体结构主要由转录激活结合域、DNA结合域、铰链区以及激素结合域组成，其中转录激活结合域位于N端，由25~603个氨基酸残基组成，具有转录激活作用。DNA结合域由66~68个氨基酸残基组成，存在两个高度保守的锌指结构（特异氨基酸序列片段，介导激素－受体复合物与DNA特定部位结合），铰链区位于DNA结合域与激素结合域之间，主要与核受体的核定位信号有关。激素结合域位于C端，由220~250个氨基酸残基组成，与激素结合，二聚体化并被激活，发挥转录因子的作用，调控下游靶基因转录。

核受体实质上是激素调控特定蛋白质转录的一大类转录调节因子，根据其结构和功能的不同，可分为类固醇激素受体家族和甲状腺素受体家族。核受体一般处于静止状态，需活化后才能与靶基因DNA中称为激素反应原件（HRE）的特定片段结合，调控其转录过程。类固醇激素受体（雌激素受体除外）位于胞浆，与热休克蛋白（HSP）结合存在，处于非活化状态。配体与受体的结合形成激素－受体复合物，使HSP与受体解离，从而暴露DNA结合区。激素－受体复合物转位至细胞核内，再以二聚体形式与核内靶基因上的HRE结合，从而调节靶基因转录并表达特定的蛋白质产物，引起细胞功能改变。甲状腺素类受体位于核内，不与HSP结合，与配体结合前就与核内靶基因上的HRE保持结合状态，但没有转录激活作用，与相应配体结合后，才能激活受体并以HRE调节基因转录。

四、经典信号通路

1. NF-κB信号通路

NF-κB是细胞内重要的核转录因子，可以选择性地结合在B细胞κ轻链增强子上调控许多基因的表达。在几乎所有的动物细胞中都能发现NF-κB，它们参与细胞对外界刺激的响应，如细胞因子、辐射、重金属、病毒等。在细胞的炎症反应、免疫应答等过程中NF-κB起到关键性作用。NF-κB蛋白家族与逆转录病毒癌蛋白v-Rel有结构上的同源性，因此将他们归类为NF-κB/Rel蛋白。在哺乳动物中该家族有5种蛋白，分别为RelA（p65）、RelB、c-Rel、NF-κB1（p50）和NF-κB2（p52）。它们的N端有着高度保守Rel同源区（RHR），RHR由N端结构域（NTD）和C端结构域（CTD）连接而成，在CTD上有一个核定位区域（nuclear-localization sequence，NLS），负责与DNA结合、二聚体化和核易位。

NF-κB信号通路是由细胞外的刺激引起的。在细胞处于“静息”状态下，NF-κB在细胞质中与一种抑制物IκBα结合，处于非活化状态，同源区的NLS也因抑制物的结合被掩盖。细胞外信号因子与细胞膜上的受体结合，开启了一连串下游的反应。受体蛋白接受刺激后先活化胞质中IκB激酶（IKK）。IKK将细胞内NF-κB·IκB复合物的IκB亚基调节位点的丝氨酸磷酸化，使得IκB亚基被泛素化修饰，进而被蛋白酶降解，从而释放NF-κB二聚体。自由的NF-κB会进入细胞核，与有NF-κB结合位点的基因结合，启动转录进程。NF-κB也会激活*IκBα*基因的表达，新合成的IκBα重新抑制NF-κB的活性，从而形成了自发负反馈环。

2. PI3K/PKB 信号通路

磷脂酰肌醇 3 激酶（PI3K）既具有丝氨酸 / 苏氨酸（Ser/Thr）激酶的活性，又具有磷脂酰肌醇激酶的活性。PI3K 有很多种类别，不过只有第 I 类能够响应生长刺激而磷酸化脂质。I 类的 PI3K 是异源二聚体，由一个 p110 催化亚基和一个 p85 调节亚基组成，具有 SH2 结构域，可结合活化的 RTK 和多种细胞因子受体胞内段磷酸酪氨酸残基，被募集到质膜，使其催化亚基靠近质膜内的磷脂酰肌醇。PKB 是一种丝氨酸 / 苏氨酸蛋白激酶，是 PI3K 下游主要的效应物，因与 PKA、PKC 家族具有同源性而得名，又因是 v-akt 病毒癌基因因而被称为 *Akt*。PBK 有三个功能区域，N 端 PH 区（对 PIP3 有亲和力，对与胞膜的结合至关重要）、中部的催化区、C 端的调节区。Thr308 和 Ser473 分别位于后两个结构域上。

PI3K 的活化很大程度上参与到靠近其质膜内侧的底物。多种生长因子和信号传导复合物，包括成纤维细胞生长因子（FGF）、血管内皮生长因子（VEGF）、人生长因子（HGF）、血管位蛋白 1（Ang1）和胰岛素都能启动 PI3K 的激活过程。活化的 PI3K 催化细胞膜上磷脂酰肌醇 4,5- 二磷酸（PI-4,5-P2）肌醇环上的第 3 位羟基磷酸化，生成第二信使磷脂酰肌醇 3,4,5- 三磷酸（PI-3,4,5-P3）；PIP3 通过与 PKB 的 PH 结构域功能区结合，使之从细胞质移至细胞膜，引起 PKB 构象的改变。同时细胞质中 PIP3 依赖的蛋白激酶 1（PDK1）也借助自身的 PH 结构域与 PIP3 结合，导致已发生构象改变的 PKB 与 PDKI 相互接近。在 PDK1 的直接或间接催化下，PKB 的激酶活性区中的 Thr308 位点发生磷酸化，然后在 PDK2，如整合素连接激酶（in-tegrin linked kinase，ILK）的作用下，C 端尾部区的 Ser473 位点也发生磷酸化，PKB 即成为有活性的激酶。活化的 PKB 通过磷酸化作用激活或抑制下游靶蛋白，进而调节细胞的增殖、迁移、分化和凋亡等过程。

3. MAPK 信号通路

丝裂原活化蛋白激酶（MAPK）是一组能被不同的细胞外刺激，如细胞因子、神经递质、激素、细胞应激及细胞黏附等激活的丝氨酸 - 苏氨酸蛋白激酶。由于 MAPK 是培养细胞在受到生长因子等丝裂原刺激时被激活而被鉴定的，因而得名。所有的真核细胞都能表达 MAPK。促分裂素原活化蛋白激酶（MAP 激酶，MAPK）链是真核生物信号传递网络中的重要途径之一，在基因表达调控和细胞质功能活动中发挥关键作用。MAPK 通路的基本组成是一种从酵母到人类都高度保守的三级激酶模式，包括 MAPK 激酶激酶（MAPKKK）、MAPK 激酶（MAPKK）和 MAPK。活化的 MAPKKK 结合并磷酸化 MAPKK，使其丝氨酸 / 苏氨酸残基磷酸化导致 MAPKK 的活化。MAPKK 是一种双重特异的蛋白激酶，它能磷酸化其唯一底物 MAPK 的苏氨酸和酪氨酸残基使之激活。活化的 MAPK 进入细胞核，可使许多蛋白质的丝氨酸 / 苏氨酸残基磷酸化，包括调节细胞周期和细胞分化的特异性蛋白表达的转录因子，从而修饰它们的活性。这三种激酶的依次激活，共同调节着细胞的生长、分化、对环境的应激适应、炎症反应等多种重要的细胞生理、病理过程。

4. JAK/STAT 信号通路

JAK 却是一类非跨膜型的酪氨酸激酶。JAK 是英文 Janus kinase 的缩写，Janus 在罗马神话中是掌管开始和终结的两面神。JAK 之所以称为两面神激酶，是因为 JAK 既能磷酸化与其相结合的细胞因子受体，又能磷酸化多个含特定 SH2 结构域的信号分子。JAK 蛋白家族共包括 4 个成员，JAK1、JAK2、JAK3 以及 Tyk2，它们在结构上有 7 个 JAK 同源结构域，其中 JH1 结构域为激酶区、JH2 结构域是“假”激酶区、JH6 和 JH7 是受体结合区域。转录因子 STAT 在信号转导和转录激活上发挥了关键性的作用。目前已发现 STAT 家族的六个成员，即 STAT1~STAT6。STAT 蛋白在结构上可分为以下几个功能区段，N 端保守序列、DNA 结合区、SH3 结构域、SH2 结构域及 C 端的转录激活区。其中，序列上最保守和功能上最重要的区段是 SH2 结构域，它具有与酪氨酸激酶 Src 的 SH2 结构域完全相同的核心序列。

与其他信号通路相比，JAK-STAT 信号通路的传递过程相对简单。信号传递过程如下，细胞因子与相应的受体结合后引起受体分子的二聚化，这使得与受体偶联的 JAK 激酶相互接近并通过交互的酪氨酸磷酸化作用而活化。JAK 激活后催化受体上的酪氨酸残基发生磷酸化修饰，继而这些磷酸化的酪氨酸位点与周围的氨基酸序列形成“停泊位点”（docking site），同时含有 SH2 结构域的 STAT 蛋白被招募到这个“停泊位点”。最后，激酶 JAK 催化结合在受体上的 STAT 蛋白发生磷酸化修饰，活化的 STAT 蛋白以二聚体的形式进入细胞核内与靶基因结合，调控基因的转录。另外，一种 JAK 激酶可以参与多种细胞因子的信号转导过程，一种细胞因子的信号通路也可以激活多个 JAK 激酶，但细胞因子对激活的 STAT 分子却具有一定的选择性。

5. TGF-β/SMAD 信号通路

转化生长因子 -β（TGF-β）是属于一组调节细胞生长和分化的 TGF-β 超家族。TGF-β 超家族由 TGF-β1、TGF-β2、TGF-β3 三种异构体组成。TGF-β 的命名是根据这种细胞因子能使正常的成纤维细胞的表型发生转化，即在表皮生长因子（EGF）同时存在的条件下，改变成纤维细胞贴壁生长特性而获得在琼脂中生长的能力，并失去生长中密度依赖的抑制作用。机体多种细胞均可分泌非活性状态的 TGF-β，一般在细胞分化活跃的组织常含有较高水平的 TGF-β，如成骨细胞、肾脏、骨髓和胎肝的造血细胞。TGF-β 家族的所有配体最初都是作为前体合成和分泌的，这些前体需要进行加工（如去除信号肽、蛋白水解等），产生成熟的二聚体配体。成熟的二聚体配体通过结合两种细胞表面酶联受体发出信号，即一组特定的Ⅰ型和Ⅱ型受体，如 TGF-β Ⅱ型受体（TβR Ⅱ）和 TGF-β Ⅰ型受体（TβR Ⅰ）异四聚体复合物（在没有配体的情况下，Ⅱ型和Ⅰ型受体作为同型二聚体存在于细胞表面），从而启动信号级联反应，最终调控靶基因及相关蛋白的表达。转录激活因子 Smads 家族蛋白在将 TGF-β 信号从细胞表面受体传导至细胞核的过程中起到关键性作用，且不同的 Smad 介导不同的 TGF-β 家族成员的信号转导。Smads 家族蛋白按功能分为 3 类，即受体活化型 R-Smad（Smad2、Smad3）、辅助型 Smad（Co-Smad、Smad4）和抑制性 I-Smad（importin-β），其中 R-Smad 是 Ⅰ 型受体激酶的直接作用底物。

TGF-β/SMAD 信号通路协调着许多细胞过程，包括细胞生长、分化、细胞迁移、侵袭和细胞外基质重塑。TGF-β 信号通路可分为经典 /Smad 依赖和非经典 /Smad 独立途径。经典的信号转导通路的基本框架是高度保守的。配体 TGF-β 在细胞表面结合跨膜受体 Ⅰ 型和 Ⅱ 型，随后 Ⅱ 型受体激酶诱导 Ⅰ 型受体中 GS 域（富含甘氨酸和丝氨酸残基）的磷酸化，GS 域的磷酸化可以招募受体调控的 R-Smad。然后这些 R-Smad 与常见的 Smad4 形成复合物。激活的 Smad 复合物转移到细胞核中，与靶基因启动子区域的位点特异性识别序列结合，直接调节它们正向和负向的转录细胞中 TGF-β 信号传导的多样性不仅取决于各种配体、受体、Smad 介质或 Smad 相互作用蛋白，还取决于 TGF-β 激活其他信号通路的能力。在非经典途径中，TGF-β 受体复合物通过其他因子传递信号，如 TRAF4 或 TRAF6、TAK1、p38 MAPK、RHO、PI3K-AKT，ERK、JNK 或 NF-κB，间接参与细胞凋亡、上皮 - 间充质转化、迁移、增殖、分化和基质形成等。

6. Wnt/β-catenin 信号通路

Wnt 基因首次在小鼠乳腺癌中发现，由于此基因激活依赖小鼠乳腺癌相关病毒基因的插入，因此，当时被命名为 *Int1* 基因。之后的研究表明，*Int1* 基因在小鼠正常胚胎发育中发挥重要作用，与果蝇的无翅（*Wingless*）基因功能相似，均可控制胚胎的轴向发育。此后大量研究提示 *Int1* 基因在神经系统胚胎发育中的重要性。因两者基因与蛋白功能的相似性，研究者将 *Wingless* 与 *Int1* 合并，命名为 *Wnt* 基因。Wnt 是一类分泌型糖蛋白，通过自分泌或旁分泌发挥作用。在细胞表面，Wnt 蛋白结合两类蛋白分子构成受体复合物——Frizzled（Fz）和 LRP5/6（LDL-receptor-related protein，LRP）。Fz 蛋白具有 7 个跨膜区和细胞外富含 N 端半胱氨酸的结构域（CRD）。CRD 是 Wnt 结合的主要结构域。CRD 有多个与 Wnt 相互作用的表面，包括一个疏水口袋可以结合到 Wnt 的脂质上。LRP 是单次跨膜蛋白，以 Wnt 信号依赖的方式与 Fz 结合。β-catenin 是一种多功能蛋白，在 Wnt/β-catenin 信号通路起核心作用，它既是转录激活蛋白，又是膜骨架连接蛋白。此外还有其他胞质调节蛋白参与其中，包括糖原合酶激酶 3（GSK3）、Dishevelled（Dsh）、人类重要的抑癌基因产物（adenomatous polyposis coli，APC）、支架蛋白（axin）、T 细胞因子（T cell factor，TCF）等。

Wnt/β-catenin 途径调控着干细胞的多能分化、器官的发育和再生。在没有 Wnt 配体，通路中的每一种蛋白都正常表达时，β-catenin 结合在 Axin 介导形成的胞质复合物上，Axin 同时已结合有 GSK3 和 APC，于是 GSK3 就可以磷酸化 β-catenin，β-catenin 接着能够被 APC 复合物泛素化并降解，无法入核启动下游基因转录。在存在 Wnt 配体时，Wnt 辅助受体 LRP 会结合 Axin，导致含有 β-catenin 和 GSK3 的胞质蛋白复合物解离，β-catenin 不会结合 Axin，也就不会接触 GSK3 以及 APC，从而防止 β-catenin 被 GSK3 磷酸化，使 β-catenin 在细胞质中维持稳定。在细胞质中维持 Wnt 诱导的 β-catenin 的温度还需要与受体 Fz 胞质结构域结合的 Dsh 蛋白。于是自由的 β-catenin 入核与核内转录因子 TCF 结合，启动下游基因转录。

7. Notch 信号通路

Notch 信号通路广泛存在于脊椎动物和非脊椎动物，在进化上高度保守，通过相邻细胞之间的相互作用调节细胞、组织、器官的分化和发育。Notch 信号通路由 Notch 受体、Notch 配体（DSL 蛋白）、CSL（CBF-1，Suppressor of hairless，Lag 的合称）DNA 结合蛋白、其他的效应物和 Notch 的调节分子等组成。Notch 受体蛋白是由 *Notch* 基因编码一类高度保守的细胞表面受体，分为 3 个部分，分别是胞外区、跨膜区和胞内区，胞外区包括 36 个表皮细胞生长因子样重复序列，重复片段的次数从 29~36 不等，其中一部分串联重复区域参与 Notch 受体与对应配体的相互作用。其中该重复区域中的 11~12 重复片段可以与邻近细胞上的配体相互作用介导一系列的细胞信号转导。Notch 信号的产生是通过相邻细胞的 Notch 配体与受体相互作用，Notch 蛋白经过三次剪切，由胞内段释放入胞质，并进入细胞核与转录因子 CSL 结合，形成 NICD/CSL 转录激活复合体，从而激活 *HES*、*HEY*、*HERP* 等碱性 - 螺旋 - 环 - 螺旋（basic-helix-loop- helix，bHLH）转录抑制因子家族的靶基因，发挥生物学作用。

Notch 信号通路的激活需要经过三步酶切过程：首先在细胞内，合成的 Notch 蛋白被高尔基体内的蛋白酶酶切，产生一个胞外亚基和一个跨膜 - 胞质亚基；在没有其他细胞的配体相互作用时，两个亚基彼此以共价键结合。当配体与胞外区结合后，Notch 受体在 ADAM（a disintegrin and metalloprotease）基质金属蛋白酶的作用下，发生第二次酶切，释放部分胞外片段。第三次酶切发生在 Notch 蛋白疏水的跨膜区，由 γ- 分泌酶（γ-secretase）进行酶切过程。经过此步酶切过程，形成可溶性 Notch 的胞内段（NICD）并转移至核内。NICD 进入细胞核后，与 CSL 蛋白结合，并进而与 DNA 形成多蛋白 -DNA 复合体，激活相关基因的表达，从而影响发育过程中细胞命运的决定。

8. Hedgehog 信号通路

在进化上较保守的 Hedgehog（Hh）通路是正常胚胎发育所必需的，在成人组织维持、更新和再生过程中起到关键作用。Hh 信号分子是一种由信号细胞所分泌的局域性蛋白质配体，作用范围很小，一般不超过 20 个细胞。分泌的 Hh 蛋白以一种浓度和时间依赖性方式起作用，起始一系列存活和增殖、细胞命运特化和分化等细胞反应。Hh 在细胞内是以前体（precursor）形式合成与分泌的，之后在细胞外发生自我催化性降解，然后在 N 端不同氨基酸残基位点发生胆固醇化和软脂酰化修饰（palmitoylation），从而制约其扩散并增加其与质膜的亲和性。Hh 信号通路分子包括 Hedgehog 配体（SHH、DHH 和 IHH）、Ptch 受体（Ptch-1 和 Ptch-2，跨膜蛋白）、Smoothened（Smo）、驱动蛋白 Kif7、蛋白激酶 A（PKA）、酪蛋白激酶 1（casein kinase 1，CK1）、3 种 Gli 转录因子 Gli1/2/3，Gli1 仅具转录激活因子作用，Gli2 和 Gli3 同时具有激活因子和抑制因子作用）以及 Sufu（融合抑制因子，Hh 信号传导的负调节因子）。

在没有 Hh 配体的情况下，Hh 受体如 Ptch-1，定位于初级纤毛，可以阻止胞内膜泡上的 Smo 蛋白积累且抑制其活性。蛋白激酶，如 PKA、GSK3 和 CK1，磷酸化 Gli2 和 Gli3，导致 Gli 裂解为截短形式 Gli2R、Gli3R，并作为 *Hh* 靶基因表达的阻遏物。此外，Sufu 通过与细胞质和细胞核中的 Gli 结合，充当该途径的另一个负调节因子，防止 *Hh* 靶基因的激活。在存在 Hh 配体（如 Shh）的情况下，Hh 配体会与 Ptch-1 结合后，Ptch-1 被内化（endocytosis），解除对 Smo 的抑制，允许 Smo 的积累和激活，Hh 信号通过由 Kif7、Sufu 和全长 Gli 组成的细胞质蛋白复合物，使得全长 Gli 蛋白进入核内激活下游靶基因转录。Smo 移动到初级纤毛的顶端并向 Sufu 发出信号以释放 Gli 激活剂（GliA）。然后 GliA 迁移到细胞核并激活靶基因的表达。

第二节　营养感应

营养感应，是指机体感知和应对营养水平变化的能力，是维持生命的必需条件。除环境和遗传等因素外，营养是制约哺乳动物从受精卵、出生到发育成熟的重要因素。在动物生长发育和细胞代谢过程中，存在着一系列的营养摄取、消化、吸收、代谢、转运和利用的进程和调节过程，机体实现内部稳态和适应不断变化的外部环境。

机体作为一个完整和有序的系统，首先让细胞随时感知外界营养水平，当营养素充足时，细胞感知并获取养分来加速自身的生长和代谢；当营养素缺乏时，细胞通过调节自身代谢水平，激活自噬来达到养分的循环利用，从而维持其存活；如果一种或多种营养素浓度过高或过低时，由于过高的代谢水平而诱发营养应激，导致细胞损伤甚至死亡。营养应答是当细胞感知营养水平变化、激活下游的信号通路并最终达到细胞代谢平衡的过程。而营养应激是细胞由于外界的营养素水平异常引起代谢异常并最终引起细胞应激的状态，此时细胞的代谢稳态被打破，细胞受到损伤。

一、机体对葡萄糖的感应

1. 葡萄糖的吸收与代谢

（1）葡萄糖的吸收　人类食物中的糖主要有植物淀粉和动物糖原以及麦芽糖、蔗糖、乳糖、葡萄糖等，一般以淀粉为主。然而，多糖因为分子质量较大，不能进入细胞，需要被降解成单糖或双糖，才能被细胞吸收，然后进入中间代谢。常见的分解多糖的酶包括淀粉酶、纤维素酶和果胶酶等。唾液和胰液中的 *α*- 淀粉酶可水解淀粉分子内的 *α*-1,4 糖苷键，将淀粉水解为麦芽糖、麦芽三糖、含分支的异麦芽糖和由 4~9 个葡萄糖残基结构的 *α*-临界糊精。寡糖的进一步降解主要在小肠黏膜刷状缘进行。*α*- 葡萄糖苷酶（包括麦芽糖酶）可水解没有分支的麦芽糖和麦芽三糖；*α*- 临界糊精酶（包括异麦芽糖酶）则能水解 *α*-1,4 糖苷键和 *α*-1,6 糖苷键，将 *α*- 糊精和异麦芽糖水解为葡萄糖。

水解形成的单糖主要在小肠黏膜上被吸收，这是一个依赖于特定载体转运的、主动耗能的过程，吸收过程中同时伴有 Na^+ 的转运。这类葡萄糖转运载体被称为 Na^+ 依赖型葡萄糖转运体（Na^+-dependent glucose transporter，SGLT），它们主要存在于小肠黏膜和肾小管上皮细胞。SGLT 能够利用钠离子的电化学势梯度进行葡萄糖的逆浓度梯度转运，在人体血糖水平的稳态调控中发挥着关键作用。作为大族膜蛋白，SGLT 除了转运葡萄糖，还参与转运氨基酸、维生素和离子通过小肠上皮细胞和肾近曲小管。到目前为止，SGLT 共有 12 个成员，其中 SGLT1 和 SGLT2 是 SGLT 家族中最重要的两个葡萄糖转运蛋白。前者由 *SLC5A1* 基因编码，主要在小肠和肾脏近曲小管 S3 节段表达，负责肠道中及原尿中残余葡萄糖的重吸收，SGLT1 失活突变会导致肠道葡萄糖 - 半乳糖吸收不良；后者由 *SLC5A2* 基因编码，主要在肾脏近曲小管 S1 和 S2 节段表达，负责原尿中 90% 的葡萄糖重吸收，其失活突变会导致家族性肾尿糖。

（2）葡萄糖的代谢　葡萄糖在机体中的分解过程受到氧气水平的影响，在缺氧情况下，葡萄糖进行无氧分解而生成乳酸，在氧气供应充足时，葡萄糖进行有氧氧化，彻底氧化成二氧化碳和水，并获得生物体所需的能量。此外，葡萄糖还可经磷酸戊糖途径，代谢生成磷酸核糖、NADPH 和二氧化碳。

在缺氧情况下，葡萄糖生成乳酸的过程称为糖酵解（glycolysis）。糖酵解的代谢反应过程可分为两个步骤，首先是由葡萄糖分解生成丙酮酸（pyruvate）的过程；其次为丙酮酸转化乳酸的过程。两个步骤均在细胞质中完成。糖酵解途径包含 10 步反应，根据底物分子的变化情况可划分为三个变化阶段，第一阶段是葡萄糖分子活化阶段。该阶段包括葡萄糖磷酸化、磷酸己糖异构反应和 F-6-P 磷酸化反应，是需能过程，共消耗 2 个 ATP，最终将葡萄糖分子转化为高度活化的 1,6- 二磷酸果糖。第二阶段是己糖降解阶段。包括裂解反应和磷酸丙糖异构反应，经过这两步反应，一分子己糖生成两分子 3- 磷酸甘油醛。第三阶段为氧化产能阶段。包括 3- 磷酸甘油醛氧化并磷酸化、高能磷酸基团转移反应、磷酸甘油酸磷酸变位反应、烯醇化反应、丙酮酸和 ATP 生成反应等五步反应，3- 磷酸甘油醛生成丙酮酸，同时发生二次底物水平磷酸化反应，各生成一分子 ATP。在缺氧情况下，经乳酸脱氢酶的催化作用，丙酮酸被还原生成乳酸。糖酵解最主要的生理意义在于迅速提供能量，这对肌肉收缩更为重要。肌肉中 ATP 含量很低，当机体缺氧或剧烈运动，肌肉局部血流相对不足时，能量主要通过糖酵解获得。此外，成熟的红细胞没有线粒体，完全依赖糖酵解供应能量。

葡萄糖在有氧条件下彻底氧化成水和二氧化碳的反应过程称为有氧氧化。在氧气充足的条件下，丙酮酸可被氧化脱羧生成乙酰 CoA，并进入三羧酸循环继续氧化生成二氧化碳和水，释放出能量。葡萄糖的有氧氧化大致可分为三个阶段，第一阶段，葡萄糖循糖酵解途径分解成丙酮酸；第二阶段，丙酮酸进入线粒体，氧化脱羧生成乙酰 CoA。丙酮酸脱氢脱羧的复杂反应历程可分为五个步骤，包括①丙酮酸脱羧：由 E_1 催化丙酮酸脱羧，生成 α- 羟乙基焦磷酸衍生物；②羟乙基氧化并转移：由 E_2 催化羟乙基脱氢氧化成乙酰基并将乙酰基转移到硫辛酰胺的巯基上，巯基被还原；③转酰基：仍由 E_2 催化将乙酰基从硫辛酰胺转移至 CoASH，生成乙酰 CoA 和二氢硫辛酰胺；④二氢硫辛酰胺脱氢氧化：脱氢酶 E_3 及 FAD 为辅基催化二氢硫辛酰胺脱氢氧化；⑤ $FADH_2$ 脱氢：仍由 E_3 催化，用 NAD^+ 将 $FADH_2$ 氧化；第三阶段，三羧酸循环及氧化磷酸化。三羧酸循环（TCA 循环），又称柠檬酸循环，是物质代谢和能量代谢中非常重要的一条途径。TCA 循环主要包括 8 个反应，反应 1 为柠檬酸形成，在柠檬酸合酶的作用下，将乙酰 CoA 与草酰乙酸缩合形成柠檬酸；反应 2 为异柠檬酸的形成，在顺乌头酸水合酶的催化下，柠檬酸和异柠檬酸实现可逆互变；反应 3 为第一次氧化脱羧，异柠檬酸在异柠檬酸脱氢酶的作用下脱羧生成 α- 酮戊二酸；反应 4 为第二次氧化脱羧，在 α- 酮戊二酸脱氢酶复合体的催化下，α- 酮戊二酸氧化脱羧生成琥珀酸 CoA；反应 5 为底特水平磷酸化反应，在此反应中，琥珀酸 CoA 有硫酯键断开，释放出的能量用以合成 GTP 的磷酸酐键，并在二磷酸核苷激酶的催化下，将磷酸根转移给 ADP 生成 ATP 与 GDP；反应 6 为琥珀酸脱氢生成延胡索酸，在琥珀酸脱氢酶的作用下，琥珀酸氧化生成延胡索酸；反应 7 为延胡索酸加水生成苹果酸，通过延胡索酸酶，延胡索酸加水后生成苹果酸；反应 8 为苹果酸脱氢生成草酰乙酸，以 NAD^+ 为电子受体，经 L- 苹果酸脱氢酶催化，苹果酸脱氢合成草酰乙酸，这也是 TCA 循环的最后一个反应。葡萄糖的有氧氧化是机体获得能量的主要方式。同时，有氧氧化途径中许多中间代谢产物，如柠檬酸、延胡索酸等是体内合成其他物质的原料，与其他物质如氨基酸、脂肪酸的代谢密切相关。

2. 机体对葡萄糖的感应

（1）胰岛素对葡萄糖的感应及调节作用　胰岛素是由胰腺中胰岛 β 细胞受内源性或外源性葡萄糖、乳糖、核糖、精氨酸和胰高血糖素等的刺激而分泌的一种蛋白质激素。作为分泌胰岛素的重要器官，胰腺重约 100g，是细长的腺体，位于腹部深处，藏于胃和脊椎之间，质地柔软，呈灰红色。胰腺可分为胰头、胰体和胰尾三部分。胰管位于胰实质内，其行状与胰的长轴一致，从胰尾经胰体走向胰头，沿途接受许多小叶间导管，最后于十二指肠降部的壁内与胆总管汇合成肝胰壶腹，开口于十二指肠大乳头。在胰头上部有时可见一小管，行于胰管上方，称为副胰管，开口于十二指肠小乳头。胰腺分为外分泌部和内分泌部两部分。外分泌腺由腺泡和腺管组成，腺泡分泌胰液，腺管是胰液排出的通道。胰液中含有碳酸氢钠、胰蛋白酶原、脂肪酶、淀粉酶等。胰液通过胰腺管排入十二指肠，有消化蛋白质、脂肪和糖的作用。内分泌部即胰岛，位于胰的实质内，大多存在于尾，主要分泌胰岛素和胰高血糖素，直接进入血液，调节血糖的代谢。

作为人体中最重要的蛋白质信号分子之一，胰岛素具有广泛的生物学功能，其最显著的生理作用是对葡萄糖的感应和调节（图 6–2），第一是通过增加肝脏、肌肉和脂肪吸收葡萄糖，从而促进葡萄糖的利用 – 糖原合成与氧化；第二是抑制糖原的分解和糖异生，最终降低血液中葡萄糖浓度。胰岛素受体是响应胰岛素对葡萄糖调节的细胞表面受体，由 2 个 A 亚基和 2 个 B 亚基组成的跨膜糖蛋白复合体，分子质量可达 350ku。胰岛素受体是胰岛素信号转导通路的第一信号转导分子。由于作为信号分子的胰岛素是一个多肽蛋白质，本身无法穿越疏水性极强的细胞质膜，因此，跨膜的胰岛素受体是传递信号的第一个蛋白质。胰岛素受体在胰岛素转导通路上起着闸门的作用，它几乎介导了胰岛素的所有生物学效应。当胰岛素与其受体 A 亚基相互作用时，引起跨膜受体蛋白质的构型变化，A 亚基的构型变化转导到 B 亚基，引起 B 亚基的酪氨酸磷酸化。目前，已知共有 7 个酪氨酸在 B 亚基激酶区域发生磷酸化，磷酸化的酪氨基为一系列蛋白质提供了高亲和力的结合位点，使得激活后的胰岛素受体可与至少 6 类蛋白质相互作用。这 6 类蛋白质被称为胰岛素受体底物（insulin receptor substrates，IRS），其中，最重要的蛋白质是受体底物 IRS1 和 IRS2。激活后的 IRS 更容易与下游信号蛋白，如磷脂酰肌醇激酶（PI3K）、生长因子受体结合蛋白 2（Grb2）/ROS 和 SH2 蛋白质结合，并激活这些蛋白，进行信号传递。PI3K 主要转导了胰岛素的代谢效应，在调控细胞对葡萄糖的感应和代谢方面发挥着关键作用，而 Grb2/ROS 则介导胰岛素对基因的调控功能。

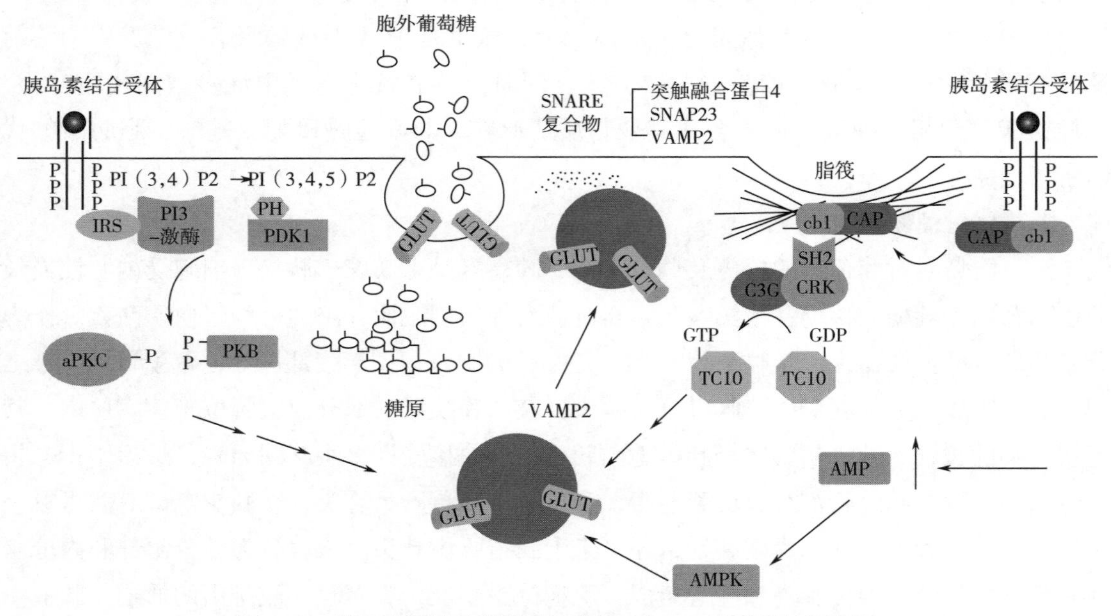

图 6–2 胰岛素调控的葡萄糖吸收与 GLUT4 质膜转位示意图

胰岛素依赖的葡萄糖转运蛋白（glucose transporter，GLUT）是一类调节肝脏、肌肉和脂肪组织中特异性葡萄糖摄取和代谢的蛋白家族。到目前为止，已经发现的 GLUT 共有 14 种，即 GLUT1~GLUT14（表 6–1），不同的 GLUT 在机体内的分布和功能均有差异，在转运葡萄糖的动力学特性方面主要有三点不同：第一，转运葡萄糖的种类不同；第二，实现其功能的组织定位不同；第三，血糖稳定失衡状态下的调控机制不同。GLUT1 是最早被发现的，广泛分布于全身各种组织的葡萄糖转运蛋白，但其转运葡萄糖不受胰岛素的调控。GLUT2 是低亲和力但具有高容量转运葡萄糖的转运子，主要分布于小肠、肝脏、肾脏和胰岛 β 细胞，与葡萄糖磷酸激酶共同组成一个功能单位，称为"葡萄糖浓度的感受器"。

表 6–1　GLUTs 家族的分类和组织分布

分类	GLUTs	组织分布	特征
第 1 类	GLUT 1	红血细胞、大脑细胞、内皮细胞、肌肉细胞	具有不同链长聚糖聚合物的 *N*– 连接天冬酰胺
	GLUT 2	小肠、肝脏、肾脏、胰岛 β 细胞	
	GLUT 3	神经细胞、血小板	
	GLUT 4	肌肉细胞、脂肪细胞	
	GLUT14	GLUT3 的亚型	
第 2 类	GLUT 5	小肠、肾脏	底物为果糖，少量为非己糖
	GLUT 7	小肠、结肠、睾丸、前列腺	
	GLUT 9	肝脏、肾脏、大脑	
	GLUT 11	心肌细胞、肌肉细胞	
第 3 类	GLUT 6	假基因，无蛋白表达	具有细胞内靶向序列，完全含有双亮氨酸基序
	GLUT 8	睾丸	
	GLUT 10	肝脏、脾脏	
	GLUT 12	肌肉细胞、心脏和脂肪	
	GLUT 13	神经元细胞	

GLUT4 是 GLUTs 家族中转运葡萄糖非常重要的一员，主要分布于骨骼肌、心肌和脂肪细胞。GLUT4 与其他在细胞膜上的转运子不同，它是由膜包裹着，存在于细胞内而不是在细胞膜上。GLUT4 从细胞内转移到细胞膜必须由胰岛素信号转导或者由肌肉收缩激活的单磷酸腺苷激活的蛋白激酶（AMPK）来实现。胰岛素激发的 GLUT4 从细胞内转移到细胞膜上需要两方面的信号，一方面是经由 PI3K 激活的 PKB 和非典型的 PKC。这两种激酶会磷酸化 GLUT4 包膜上的一些蛋白质；另一方面是有顺序地一步一步激活一系列蛋白质，如

APS、cb1、CrKⅡ、C3G，并形成一个大复合物。这两种信号都是胰岛素受体的亚通路，是GLUT4转移到细胞膜进行葡萄糖转运所必需的。然而，至于膜包小体的GLUT4是如何与细胞融合，使GLUT4嵌入细胞膜而实现葡萄糖转运功能，目前仍不知道其详细机制。

（2）单磷酸腺苷激活的蛋白激酶（AMPK）对葡萄糖的感应　葡萄糖是生物中最基本、最主要的营养物质，它不仅是机体能量的主要来源，也是生物质合成的主要原料。因此，葡萄糖的水平对于生物体是极其重要的。然而，在生活中，体内葡萄糖水平的波动是十分常见的，这是因为我们不可能每时每刻都在摄入葡萄糖，睡一大觉、剧烈运动几个小时或者太忙了没时间吃饭，都会引起葡萄糖水平的显著下降。这时，机体能够触发一套有效的过程应对这类“不利情况”，其中最为关键的就是激活“代谢的核心调节”——AMPK。在葡萄糖水平下降时，被激活的AMPK能够迅速启动脂肪、蛋白质的分解代谢，关闭它们的合成代谢，从而起到维持机体的能量和物质代谢的平衡，弥补机体因葡萄糖不足引起的胁迫压力。

AMPK复合体是细胞感知能量水平的关键性激酶，它的激活或抑制可控制细胞对能量物质的代谢。AMPK复合体由α、β和γ亚基组成，在哺乳动物中，α、β亚基分别有2种亚型，γ亚基有3种亚型（图6-3）。AMPK的α-亚基是重要的激酶活性亚基，主要由α-KD、α-AID和α-CTD组成，其中在α-KD的C端小叶上有一个重要的位点-Thr172，该位点的磷酸化可最大程度的激活AMPK。AMPK的β亚基结构尚未完全解析，主要包括氨基端（N端）的豆蔻酰化区域、β-CBM和β-ID。β-亚基N端的豆蔻酰化修饰对AMP和ADP促进AMPK的Thr172位点磷酸化发挥着关键作用，而β-CBM本身则能和糖原等营养物质结合并调节AMPK活性。AMPK的γ-亚基含有4个CBS串联重复序列，可以与AMP、ADP或ATP结合，影响AMPK的构象。

AMPK的发现过程和细胞内低能量水平的表征分子AMP紧密相联。当细胞代谢水平不足或者葡萄糖缺乏时，AMP/ATP或ADP/ATP上升，从而激活AMPK通路加速分解代谢来增加ATP的合成，相反，当能量充足，ATP较多时，AMPK受到抑制，细胞的分解代谢减慢。所以，肌肉和肝脏的糖原分解和葡萄糖摄取受AMPK的严格调控以达到细胞能量代谢的平衡。

那么，机体如何感受葡萄糖水平下降，并“传递”给AMPK使其激活呢？这个问题还没有弄清楚。目前的理论是把葡萄糖看作一种“能量信号”，它的下降将引起细胞内的能量分子-ATP含量的下降，进而引起另一种代表低能量状态的分子-AMP水平的上升，AMPK的激活剂直接激活AMPK。可惜的是，目前并没有一种生理状态能够对应上这种理论。近期的研究发现，无论在不含葡萄糖的细胞培养条件下，还是在饥饿的低血糖的动物体内，都不能观测到AMP水平的上升，这充分说明了机体有一套尚不为人知的、独立于AMP的感应葡萄糖水平的机制。在进一步的研究中发现，葡萄糖水平下降将引起葡萄糖代谢中间物-果糖1,6-二磷酸水平的下降，该过程进一步地被糖酵解通路上的代谢酶——醛缩酶（aldolase）感应，因为醛缩酶正是将含有 6 个碳原子的果糖 1,6- 二磷酸裂解成三碳糖的酶，一旦醛缩酶“吃不到”由葡萄糖衍生的果糖 1,6- 二磷酸，它便“翻脸”，传递给溶酶体途径进而激活 AMPK。葡萄糖的存在本身就是一种“状态”，可以引起一系列生理生化反应。葡萄糖水平对机体代谢的调节不需要“绕道”能量水平，而是可以直接地被感知，进而让细胞感受到“富足”，启动合成代谢，而葡萄糖水平下降时，细胞会感知到“贫穷”，关闭合成代谢。对于生物体来说，能量水平的稳定是至关重要的，ATP 水平的下降对机体的伤害是巨大的，因此等到能量水平下降再作出应激反应很可能为时已晚。“状态信号”的存在使得机体能够“前瞻性”地应对复杂的外界条件和各种应激压力，保证生命活动的有序进行（Zhang 等，2017）。

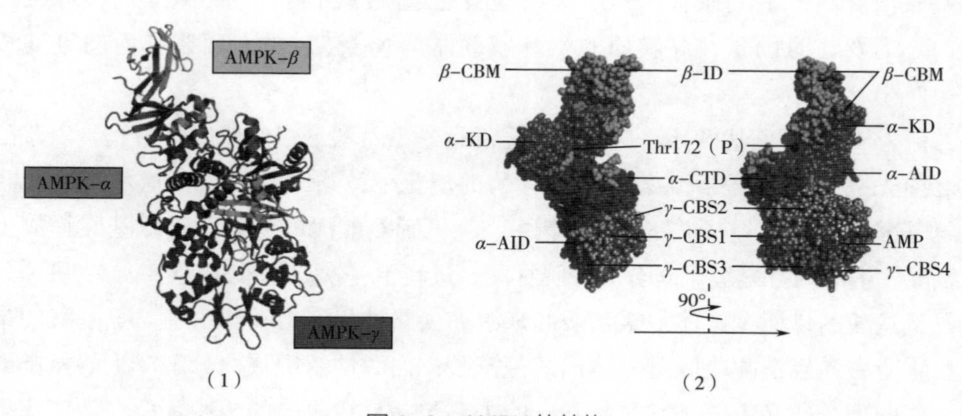

图 6-3　AMPK 的结构

二、机体对氨基酸的感应

1. 氨基酸的吸收与代谢

（1）氨基酸和肽的吸收　氨基酸是含有碱性氨基和酸性羧基的有机化合物，可分为必需氨基酸和非必需氨基酸。必需氨基酸是指体内需要，但人体本身不能合成或合成速度不足以满足需要，必须由食物蛋白质提供的氨基酸，共 8 种，包括赖氨酸、色氨酸、苯丙氨酸、甲硫氨酸、苏氨酸、亮氨酸、异亮氨酸和缬氨酸。此外，组氨酸和精氨酸在婴幼儿和儿童时期因其体内合成量常不能满足生长发育的需要，也必须由食物提供，故称为半必需氨基酸。非必需氨基酸是指体内需要，而体内能够自行合成，不必由食物供给的氨基酸。除上述必需氨基酸和半必需氨基酸以外的其他组成蛋白质的氨基酸均为非必需氨基酸。

食物中蛋白质被降解为氨基酸的过程是一系列复杂的蛋白酶解过程，包含多种胞外蛋白酶的协同催化作用，主要在胃和小肠中完成。这些消化蛋白质的酶主要有胃蛋白酶、胰蛋白酶、胰凝乳蛋白酶、弹性蛋白酶、羧肽酶和氨肽酶。当食物蛋白质进入胃后，在胃酸环境下变性并被胃蛋白酶水解为小分子多肽，然后进入小肠，被胰脏和小肠分泌的胰蛋白酶、胰凝乳蛋白酶、弹性蛋白酶、羧肽酶和氨肽酶等降解为更小的肽和氨基酸，并被肠黏膜细胞吸收入血。同时，肠黏膜细胞还可吸收二肽或三肽，吸收作用在小肠近端较强，因此肽的吸收先于游离氨基酸。

目前，关于氨基酸和肽的吸收机制尚未完全阐明，一般认为肽和氨基酸的吸收主要有两种方式。

第一种为主动转运。氨基酸不能自由透过细胞质膜。肠黏膜上皮细胞的黏膜面的细胞膜上有若干种特殊的运载蛋白，能与某些氨基酸和 Na^+ 在不同位置上同时结合，改变运载蛋白的构象，从而把膜外氨基酸和 Na^+ 同时转运入肠黏膜上皮细胞内。Na^+ 则被钠泵打出至胞外，造成黏膜面内外的 Na^+ 梯度电位势。氨基酸的不断进入使得小肠黏膜上皮细胞内的氨基酸浓度高于毛细血管内，于是氨基酸通过浆膜面其相应的载体而转运至毛细血管血液内。需要注意的是，黏膜面的氨基酸载体是 Na^+ 依赖的，而浆膜面的氨基酸载体则不依赖 Na^+。

第二种为 γ– 谷氨酰基循环。这是一个主动运送氨基酸通过细胞膜的过程。氨基酸在进入细胞之前先在细胞膜上 γ– 谷氨酰基转移酶的催化下，与细胞内的谷胱甘肽作用生成 γ–谷氨酰氨基酸，然后再经 γ– 谷氨酸转移酶、5– 氧脯氨酸酶的催化，将氨基酸释放出来并生成谷氨酸，生成的谷氨酸重新合成谷胱甘肽，进行下一次氨基酸转运。

（2）氨基酸的代谢　机体中氨基酸的来源和去路处于一个动态平衡。氨基酸的来源主要包括食物蛋白质经消化吸收进入体内的氨基酸；内源性组织蛋白分解产生的氨基酸；体内代谢合成的部分非必需氨基酸；氨基酸的去路包括合成机体的组织蛋白；转变化重要的含氮化合物，如嘌呤、嘧啶、肾上腺素等；氧化分解产生能量或转化为糖、脂肪等。

氨基酸经酶促脱去氨基的过程称为脱氨基作用。氨基酸的脱氨基作用常因不同氨基酸、不同微生物和不同条件而有不同的方式和产物。氨基酸脱氨基作用可分为氧化脱氨基作用、非氧化脱氨基作用、转氨基作用和联合脱氨基作用。

①氧化脱氨基作用：氨基酸脱氨伴有氧化反应，称为氧化脱氨基作用。氨基酸在氨基酸氧化酶和氨基酸脱氢酶的作用下，在氧化脱氢的同时释放出游离的氨，生成相应的 α–酮酸。

②非氧化脱氨基作用：许多微生物可进行非氧化脱氨基作用，主要作用方式包括还原脱氨基反应，即在无氧条件下，一些含有氢化酶的专性厌氧菌和一些兼性微生物能利用还原脱氨基反应使氨基酸加氢脱氨，生成饱和脂肪酸和氨；直接脱氨反应，即在细胞和酵母中，氨基酸直接脱氨生成不饱和脂肪酸，如天冬氨酸直接脱氨生成延胡索酸和氨；脱水脱氨基作用，即大肠杆菌和酵母中，含羟基的氨基酸（如丝氨酸和苏氨酸）在脱水酶作用下，在脱水过程中脱氨；脱巯基脱氨反应，即在大肠杆菌、枯草杆菌及酵母中，半胱氨酸含有 –SH，在氨基酸脱巯基酶催化下，脱去 H_2S，其过程与脱水和脱氨相似；氧化还原偶联脱氨基反应，即在梭菌和酵母中，一个氨基酸进行氧化性脱氨，脱下来的氢去还原另一个

氨基酸使其发生还原脱氨。这是二者偶联进行的氧化还原脱氨作用；脱酰胺基作用，即在许多微生物和动植物中，谷氨酰胺和天冬酰胺可以在谷氨酰胺酶和天冬酰胺酶的作用下分别脱去酰胺的氨基，生成谷氨酸和天冬氨酸。

③转氨基作用：转氨基作用又称为氨基转换作用，是 α- 氨基酸和酮酸之间的氨基转移作用。α- 氨基酸的 α- 氨基在转氨酶的催化下转移到 α- 酮酸的酮基位置，结果原来的氨基酸生成相应的 α- 酮酸，原来的 α- 酮酸则形成相应的 α- 氨基酸。转氨基作用既是氨基酸的分解代谢过程，也是体内某些氨基酸（非必需氨基酸）合成的重要途径。催化转氨基作用的酶统称为转氨酶或氨基移换酶。现已证实，转氨酶为结合蛋白酶，均以维生素 B_6 的磷酸酯为辅酶。正常情况下，转氨酶主要分布在细胞内，特别是肝脏和心脏，而血清中此两种酶的活性很低。若因疾病使细胞膜通透性增加、组织坏死或细胞破裂等，可有大量转氨酶从细胞内释放入血，结果使血清转氨酶活性增高，如肝病患者，尤其是急性传染性肝炎病人，血清中谷丙转氨酶（ALT）和谷草转氨酶（AST）活性异常升高。

④联合脱氨基作用：联合脱氨基作用是转氨酶与 L- 谷氨酸脱氢酶联合作用脱去氨基的方式。体内氨基酸的脱氨主要是联合脱氨作用，即转氨作用和脱氨作用相偶联。联合脱氨作用有以下两种方式，一种为转氨作用偶联氧化脱氧作用，α- 氨基酸与 α- 酮戊二酸经转氨作用生成谷氨酸，后者在 L- 谷氨酸脱氢酶的催化下，经氧化脱氨作用而释放游离氨；另一种为转氨偶联 AMP 循环脱氨作用，该反应的基本过程包括草酰乙酸在 AST 的催化下，经转氨作用生成天冬氨酸，然后与次黄嘌呤核苷酶（IMP）反应生成腺苷酸代琥珀酸，后者进一步生成腺嘌呤核苷酸（AMP）和延胡索酸，然后在腺苷酸脱氨酶的作用下，AMP 水解脱氨，生成 IMP 再进行循环利用。

2. 机体对氨基酸的感应

蛋白质是细胞内含量最多的大分子物质，氨基酸作为代谢底物参与了细胞蛋白质的合成等重要生理过程。同时，氨基酸作为重要信号分子对机体多种病理生理学过程的调控也更加受到关注。细胞需要感应细胞内外的氨基酸，继而对其结合和利用。例如，在氨基酸缺乏条件下，氨基酸则将被重新利用，并被分配给营养缺乏环境下需要的特殊蛋白的合成；在饥饿状态或低血糖状态下，氨基酸也被异化为其他能量物质，例如葡萄糖和酮体。因此，氨基酸的精准感应对于蛋白质合成、食物摄入的有效控制以及其他多种生理效应的调节都具有重要意义。

（1）中枢神经系统对氨基酸的感应　中枢神经系统作为全身的最高指挥中心，在代谢调控过程中发挥着重要作用。氨基酸可以通过易化扩散进入中枢神经系统，且当血液中氨基酸浓度发生变化时，下丘脑及其周边脑脊液中的氨基酸浓度也会发生相应变化。向下丘脑内侧基底部注射亮氨酸后可以降低血糖，这主要是通过脑 - 肝轴，降低肝脏糖异生水平来实现的，并且依赖于亮氨酸的代谢产物 α- 酮基异己酸和激活 ATP 敏感性钾通道。下丘脑同样可以感应氨基酸缺乏。研究表明，亮氨酸缺乏可以激活下丘脑 G 蛋白 /cAMP/ 蛋白激酶 A/CREB 信号通路，进而诱导下丘脑促肾上腺皮质激素释放激素（CRH）表达增高，激活交感神经系统来支配白脂和褐脂分别产生脂解和产热的表型。另一方面，亮氨酸可以抑制下丘脑的 mTOR-S6K 信号通路，进而调节 MC4R 的表达来介导 CRH 的上调。此外，下丘脑注射亮氨酸可通过 mTOR 信号通路降低食欲并减轻体重，而注射支链氨基酸，如缬氨酸则无法复制这一效应。因此，下丘脑可以通过多条信号通路来实现对氨基酸的感应和代谢调节。

从代谢适应的角度来看，当机体在面临饥饿时，下丘脑感应到脑脊液中必需氨基酸水平降低。此时，下丘脑会抑制机体合成代谢，并启动分解代谢为机体供能。如果氨基酸水平充足，下丘脑会认为机体能量供应充分，从而通过抑制食欲来减少不必要的摄食。

（2）胰腺对氨基酸的感应　胰腺是机体重要的内分泌器官，承担着分泌胰岛素和胰高血糖素等激素的重要作用。目前研究已表明，部分氨基酸，如精氨酸、亮氨酸、异亮氨酸、丙氨酸和苯丙氨酸可有效刺激胰腺分泌胰岛素。在健康人群和糖尿病患者中，对受试者静脉注射氨基酸后，其血浆胰岛素浓度均明显增高。同样，血浆氨基酸水平的增高能够刺激胰腺分泌胰高血糖素。氨基酸，特别是亮氨酸可通过自身的氧化脱羧，变构激活谷氨酸脱氢酶，为 TCA 提供原料，提高胰岛 β 细胞内 ATP/ADP 比值，导致细胞膜上的 ATP 敏感性钾离子通道关闭，减少钾离子外流使细胞极化，进而激活电压门控钙离子通道，直接诱导胰岛 β 细胞释放胰岛素颗粒，从而增加胰岛素分泌（Xu 等，2001）。

（3）肌肉对氨基酸的感应　肌肉是人体最大的器官，也是与氨基酸、葡萄糖和脂肪代谢密切相关的重要外周器官之一。肌肉对氨基酸的感应主要依赖哺乳动物雷帕霉素靶蛋白（mammalian target of rapamycin，mTOR）。例如，亮氨酸可以通过激活 mTOR 信号通路促进 mRNA 翻译和蛋白合成，这对 2 型糖尿病患者来说是极为有益的。在饮食中增加必需支链氨基酸可以增加心肌和骨骼肌的线粒体生物合成，并延长动物寿命。同时，肌肉对氨基酸的感应会显著影响其对碳水化合物的感应和代谢。肥胖患者体内支链氨基酸水平显著升高，造成胰岛素介导的肌糖原摄取和糖原合成均受到抑制。Tremblay 等研究发现，氨基酸对胰岛素信号通路的抑制依赖于 mTOR 信号通路的激活，特别是其下游激酶 S6K 的激活。

（4）肝脏对氨基酸的感应　肝脏是机体中非常重要的代谢器官。早期研究发现，在饥饿时，氨基酸可以从肌肉组织中释放，并被肝脏摄取，直接转化生成葡萄糖，然而因为氨基酸同时还能促进胰岛素分泌，故在血浆中氨基酸水平的增加，并未对血糖水平产生明显的影响。除了可以促进肝脏糖异生外，支链氨基酸还可以调节肝脏的胰岛素敏感性，如有的研究认为，给予动物的高脂饮食中增补支链氨基酸可以提高机体的胰岛素敏感性，然而也有研究认为增补支链氨基酸对提高胰岛素无益，甚至还会导致胰岛素抵抗。目前，这一争议仍未有明确的答案。

（5）脂肪组织对氨基酸的感应　目前，有关脂肪组织对氨基酸感应的研究报道较少。Zhang 等研究发现，给高脂饮食喂养的小鼠添补外源性亮氨酸时，机体白色脂肪组织含量增多了25%，证明脂肪组织可以对食物中的氨基酸变化进行感应。同时，吕子全等研究发现，当全身亮氨酸缺乏时，白色脂肪组织可以感受这种营养物浓度的变化，在交感神经的支配下启动脂解过程，相似的现象在缺乏异亮氨酸和缬氨酸时也可以观察到。

（6）mTOR在机体对氨基酸感应中的作用　mTOR是一种非经典的丝氨酸/苏氨酸蛋白激酶，属于磷脂肌醇3-激酶相关蛋白家族，在调控细胞生长、增殖、代谢等多项生命活动中都具有重要意义。mTOR响应氨基酸、营养物质、生长因子等环境信号以调控各项生命活动。通常mTOR通过与不同的蛋白质组分相互作用而形成蛋白质复合体mTORC1或mTORC2。mTORC1主要调节细胞生长和代谢，而mTORC2主要控制细胞增殖和存活，其中mTORC1是细胞感应氨基酸和生长因子水平的一个关键激酶复合体。细胞内氨基酸的精准感应对于mTORC1功能的正常发挥至关重要。当氨基酸水平充足时，mTORC1被激活，细胞生长加速，而当总氨基酸缺乏，特别是谷氨酰胺、精氨酸和亮氨酸缺乏时，mTORC1不能被招募到溶酶体膜上，其活性被抑制。mTORC1对氨基酸的感应受Rag GTPase、Ragulator、V-ATPase、SLC38A9和GATOR等关键蛋白的影响。

研究表明，溶酶体是氨基酸和生长因子激活mTORC1的主要场所，并且mTORC1对氨基酸的感应主要是通过Rag GTPase完成的。Rag GTPase属于Ras相关小GTP结合蛋白家族。干扰Rag GTPase表达抑制氨基酸激活mTORC1，由此可见，Rag GTPase对于氨基酸激活mTORC1通路是必需的，但谷氨酰胺激活mTORC1不依赖于Rag GTPase。Ragulator由MP1、P14、P18、C7orf59和HBXIP共5种蛋白质组成。在氨基酸的刺激下，Ragulator和Rag GTPase的相互作用变弱。利用基因沉默技术，下调Ragulator表达量后，内源性Rag GTPase和mTORC1不再集聚在溶酶体表面而是分布在整个胞质中，此时mTORC1对氨基酸不敏感。V-ATPase是由胞质V1区和膜结合V0区共同组成的多亚基复合体。V-ATPase是mTORC1通路的正向调节分子，降低V-ATPase表达，溶酶体mTORC1的量明显减少。V-ATPase在氨基酸信号通路中位于氨基酸的下游，Rag GTPase上游，能够与Ragulator和Rag GTPase相互作用，并且在氨基酸存在的条件下激活Ragulator。近期研究发现，氨基酸水平能够影响V-ATPase复合体的组装，进而调节V-ATPase和Ragulator的相互作用。mTORC1感应氨基酸的前提是其进入溶酶体。SLC38A9是溶酶体膜上氨基酸（精氨酸）的转运感受体，有11个跨膜区，胞质N端的119个氨基酸与Ragulator和Rag GTPase相互作用。SLC38A9对极性氨基酸的亲和力较高，缺失*SLC38A9*基因可抑制mTORC1对精氨酸的感应，而过表达*SLC38A9*基因，mTORC1活性对精氨基饥饿不敏感。由此可见，SLC38A9是mTORC1感应氨基酸的重要成分。GATOR是GATOR1和GATOR2组成的多聚复合体，GATOR能与Rag GTPase相互作用，是氨基酸激活mTORC1通路的要重调节分子。GATOR1和GATOR2在氨基酸调节mTORC1活性的过程中具有相反的效应。郑丽等研究发现过表达GATOR1可抑制氨基酸激活mTORC1，相反GATOR2可正向调节mTORC1对氨基酸的感应。

氨基酸调节 mTORC1 信号通路上的相关蛋白越来越多被发现，但 mTORC1 对氨基酸的感应，特别是细胞如何感知细胞内氨基酸水平，从而传递到各个信号分子的机制仍待阐明。

三、机体对脂肪酸的感应

1. 脂肪的吸收与代谢

（1）脂肪的吸收　在食品三大成分中，脂肪的热值最高。热值指 1g 化合物在体内彻底氧化所产生的热量。糖的热值是 4.1kcal，蛋白质的热值是 5.6 kcal，而脂肪的热值是 9.3kcal（1kcal=4.1855kJ）。食物中的脂肪在口腔和胃中不被消化，一方面是因为唾液中无水解脂肪的酶，另一方面是胃液中含有少量的脂肪酶，但因 pH 过低造成脂肪酶的活性下降。胰腺分泌的脂肪酶进入小肠后，与脂肪相互作用，约 70% 的脂肪在此部分水解为甘油一酯和脂肪酸，约 20% 完全水解成甘油和脂肪酸，极少部分解为甘油二酯。

在人体和动物体中，脂肪及其水解产物主要在小肠中被吸收，包括脂肪酸（70%）、甘油、β- 甘油一酯（25%）以及胆碱、部分水解的磷脂和胆固醇等。其中，甘油、甘油一酯和脂肪酸在小肠黏膜细胞内重新合成脂肪，并与少量磷脂和胆固醇混合后被一层脂蛋白包围形成乳糜微粒，通过小肠黏膜细胞分泌到细胞外液，再进入乳糜管和淋巴，最后进入血液。在此过程中，β- 脂蛋白发挥着关键作用，先天性缺乏 β- 脂蛋白的人，脂质进入淋巴管的作用就显著受阻。

进入血液的脂类有以下三种类型。

①乳糜微粒：由甘油三酯（81%~82%）、蛋白质（2%）、磷脂（7%）、胆固醇（9%）所组成；

② β- 脂蛋白：由甘油三酯（52%）、蛋白质（7%）、磷脂和胆固醇（20%）所组成；

③未酯化的脂肪酸与清蛋白结合：血浆的未酯化脂肪酸水平是受激素控制的。肾上腺素、促生长素和甲状腺素均可使之增高，而胰岛素使之降低。

（2）脂肪的代谢　脂肪的分解代谢是机体能量的重要来源。在脂肪分子中，氢原子所占的比例比糖分子要高得多，而氧原子相对很少。因此，相同质量的脂肪和糖，在完全氧化生成二氧化碳和水时，脂肪所释放的能量较糖要多。

脂肪的代谢包括甘油三酯的水解、甘油的氧化分解和脂肪酸的氧化分解等过程。甘油三酯的水解是经脂肪酶进行的，脂肪酶是限制脂肪水解速度的限速酶，主要包括：甘油三酯脂肪酶、甘油二酯脂肪酶和甘油一脂脂肪酶。最终，甘油三酯被水解成脂肪酸和甘油。甘油的氧化分解主要发生在肝脏中。水解生成的甘油经血液循环运至肝脏，被磷酸化生成磷酸甘油，随后再氧化生成磷酸二羟丙酮，经异构化生成 3- 磷酸甘油醛，再经酵解途径生成丙酮酸，进而继续氧化生成二氧化碳和水或经糖异生途径生成葡萄糖。脂肪酸的氧化分解有 β- 氧化、ω- 氧化和 α- 氧化等方式，其中 β- 氧化是脂肪酸分解的主要途径。脂肪酸通过酶催化α碳原子和β碳原子间键的断裂、β碳原子上的氧化，相继切下二碳单位而降解的方式称为β-氧化。脂肪酸进入细胞后，首先被活化，形成脂酰CoA，然后再进入线粒体内氧化。在脂肪酸氧化酶系作用下，脂酰CoA进行β-氧化循环，每次β-氧化循环，原脂酰CoA的α碳原子和β碳原子间被断开，释放出一分子乙酰CoA，而原脂酰CoA转变为减去两个碳原子的脂酰CoA。乙酰CoA再经TCA循环，完全氧化生成二氧化碳和水，并释放出大量的能量。偶数碳原子脂肪酸经β-氧化，最终全部生成乙酰CoA，而奇数碳原子脂肪酸最后产生的是丙酰CoA，再进一步被转化生成琥珀酰CoA（动物体中）或乙酰CoA（植物体中），然后进入TCA循环。脂肪酸的α-氧化主要发生在哺乳动物的脑组织和神经细胞的微粒体中，由微粒体氧化酶系催化，使游离的长链脂肪酸的α-碳原子上的氢被氧化生成羟基，生成α-羟基脂酸。长链的α-羟基脂酸是脑组织中脑苷脂的重要成分。α-羟脂酸可以继续氧化脱羧，形成少一个碳原子的脂肪酸。动物体内十二碳以下的短链脂肪酸，在肝微粒体氧化酶系催化下，通过碳链烷基端碳原子（ω碳原子）上的氢被氧化成羟基，生成ω-羟脂酸，再进一步氧化成二羧酸，生成的二羧酸可转运至线粒体，从分子的任何一端进行β-氧化，最后生成琥珀酰CoA，再进入TCA循环彻底氧化生成二氧化碳和水。

2. 机体对脂肪的感应

脂肪中储存的能量主要在脂肪酸中，脂解产生的脂肪酸与清蛋白结合，生成极高密度脂蛋白，经血液循环运输到需要能量的组织中。早期的研究认为，循环中的脂肪酸是通过简单的扩散渗透通过细胞膜进入细胞。近年来，大量研究发现，机体中存在许多感应并负责转运脂肪酸的载体蛋白，主要包括脂肪酸移位酶（FAT/CD36）、脂肪酸结合蛋白（FABPs）和脂肪酸转运蛋白（FATPs）。

（1）脂肪酸移位酶（FAT/CD36） 机体对长链脂肪酸（LCFA）的感应和摄取是细胞利用和调节脂肪酸代谢的重要环节，其中绝大多数LCFA可通过一系列膜转运蛋白介导的摄取作用进入细胞内进行代谢。FAT/CD36属于B类清道夫受体家族成员，由472个氨基酸组成，是一个高度糖基化的蛋白，也是一种感应、转运和调节脂肪酸代谢的主要受体蛋白。FAT/CD36是膳食长链脂肪酸的跨膜转运和营养利用的重要受体，广泛分布于心肌、骨骼肌、肝脏、小肠、脑，甚至口腔和鼻腔中。FAT/CD36通过不同部分的分布感应营养物质，特别是膳食长链脂肪酸，在不同器官调节摄食行为和能量平衡中发挥着关键作用。

作为一种长链脂肪酸的转运蛋白，FAT/CD36可促进细胞对脂肪酸的摄取。FAT/CD36蛋白中胞外结构域含有大量的疏水性残基，构成了长链脂肪酸可结合的活性“口袋”。研究表明，长链脂肪酸中的烃基链可直接与FAT/CD36中的活性“口袋”结合，与Lys-164形成静电相互作用，然后诱导FAT/CD36发生构象变化，从而促进脂肪酸的摄取及信号传导（Storch等，2008）。因此，Lys-164在FAT/CD36介导的长链脂肪酸转运中发挥着非常关键的作用，当Lys-164被丙氨酸取代时，同样产生类似于脂肪酸诱导的效应。除此之外，当FAT/CD36活性“口袋”中的其他赖氨酸，如Lys-166、Lys-52、Lys-231和Lys-403等被乙酰化时，其电荷被中和，从而增加了活性“口袋”的疏水性，同样也会影响FAT/CD36对长链脂肪酸的转运。

（2）脂肪酸结合蛋白（FABP） 脂肪酸结合蛋白（FABP）是一组低分子质量（14~16ku）的胞内蛋白，含126~134个氨基酸序列，对长链脂肪酸有很强的亲和能力。FABP之间只有20%~70%的氨基酸序列同源性，表明不同的FABP存在功能特异性，但它们的空间三级结构具有许多相似之处。X射线及核磁共振成像结果显示，FABP 10条反向平行的β链组成两个近乎正交的β片层，与N端两个短的α-螺旋形成1个略呈椭圆形的β-折叠桶，此结构的稳定性强。其短α-螺旋结构均由肽链N端的7个氨基酸组成，β-折叠结构由92个氨基酸构成，分为βA~J 8个片层。桶状结构的一端由2个短α-螺旋形成的一个螺旋－转角－螺旋结构域，成为配体的入口。Owada等研究发现FABP的结合空间可容纳2~3个脂肪酸分子，不同FABP结合脂肪酸分子数目的差异主要是由于其入口α-Ⅱ螺旋与β-折叠C和D结合处具有不同的结构形式。基于上述结构，FABP可以结合多种脂肪酸，作为脂质的分子伴侣，调节脂质的摄取和运输，参与调节代谢反应和体内炎症反应，而机体的炎症反应是糖尿病及血管病变发生发展的重要病因。到目前为止，根据FABP在特定组织的表达水平不同，分别命名为肝脏型（liver-FABP）、肠型（intestinal-FABP）、心脏型（heart-FABP）、脂肪型（adipose-FABP）、表皮型（epidermal-FABP）、回肠型（ileum-FABP）、脑型（brain-FABP）、髓鞘型（myelin-FABP）和睾丸型（testis-FAPB）。FABP1~9分别和以上分型相对应，FABP10和FABP11被报道在非哺乳动物种属中表达，而FABP12是近年来新发现的一种类型，在啮齿类动物的视网膜和睾丸组织，以及人类视网膜母细胞瘤细胞系中表达。

FABP最初被认为是一种胞质蛋白，后来发现其可通过囊泡分泌到细胞外作为分泌性蛋白发挥作用，循环FABP水平不仅可反映其主要分泌组织的病理过程，也可能影响远隔组织的生理功能。FABP除了传统地作为脂肪酸转运蛋白，也是细胞和系统性代谢网络的重要组成部分，是整个代谢网络的重要调控者，与绝大部分的代谢性疾病，如肥胖、非酒精性脂肪肝和糖尿病等密切相关，广泛影响着各种疾病的发生发展。

（3）脂肪酸转运蛋白（FATP） 脂肪酸转运蛋白，又称溶质运载蛋白家族27，是一组膜蛋白，在心脏、肝脏、肌肉和小肠等脂肪酸代谢活跃的组织器官中均有表达。FATPs最初由Schaffer等通过克隆表达技术在小鼠3T3-L1脂肪细胞中发现。迄今为止，已在人和鼠等物种中确定了该蛋白家族的6个成员（FATP1-6）（Schaffer等，1994）。进一步研究发现，FATP1主要在脂肪组织和肌肉组织中表达，在心脏、脑和肾脏等组织器官中也有发现；FATP2主要在肝脏和肾脏中表达；FATP3在肺脏和肝脏中的表达量较高，在胰腺中也有表达；FATP4的组织表达较为广泛，在小肠、脑、肾脏、肝脏、皮肤、肺脏、心脏、肌肉组织中均有表达；FATP5只在肝脏中表达；FATP6在心脏中特定表达。

FATP1是FATP家族中发现最早、研究最多的一个蛋白质，与其他FATPs间的氨基酸序列同源性较高。对小鼠的 FATP1 研究表明，其基因定位于 8 号染色体上，编码 646 个氨基酸，分子质量为 63ku，是一个多面体的膜蛋白，至少有一个跨膜区和多个膜相关结构域。FATP1 的氨基末端位于细胞外，而羧基末端位于细胞内，FATP1 的 1~190 位氨基酸残基嵌入膜内，190~257 位氨基酸残基可能朝向细胞质，不与膜结合，其中包含一个 AMP 结合基序和一段保守的氨基酸序列，258~475 位氨基酸残基与细胞质膜内侧周边结合，476~646 位氨基酸残基位于细胞质内且不与细胞膜结合。

在不能转运长链脂肪酸且酰基 CoA 合成酶活性降低的酵母工程菌中，表达小鼠的 *FATPs* 可不同程度地增加长链脂肪酸的转运，其中 FATP1、FATP2 和 FATP4 分别使长链脂肪酸的转运率提高了 8.2、4.5 和 13.1 倍，而 FATP3 和 FATP5 提高了约 2 倍，但 FATP6 几乎没有增加。在体外培养的 HEK–293 细胞中表达 FATP 后发现，在棕榈酸的转运能力上，FATP6>FATP1>FATP4；在油酸的转运能力上，FATP4>FATP1 ≈ FATP6。在 3T3–L1 脂肪细胞中，抑制 *FATP1* 后，脂肪酸基础吸收率减少了 25%，而对 *FATP4* 基因抑制后，脂肪酸的吸收率没有任何变化。在离体培养的 C2C12 肌细胞中稳定表达外源性 FATP4 后，油酸的吸收率提高了 2 倍。在动物试验中，与野生型小鼠相比，心脏特异性过表达 FATP1 的转基因小鼠，游离脂肪酸的吸收率提高了 4 倍，导致早期心肌游离脂肪酸的大量积累，增加了心肌脂质代谢。对人和大鼠骨骼肌脂肪酸转运和代谢的研究发现，FATP1 和 FATP4 对于长链脂肪酸的转运具有重要作用，后者能更有效地促进长链脂肪酸的转运。从 *FATP5* 基因敲除的小鼠中分离的肝细胞，对脂肪酸吸收率降低了 50%，导致游离脂肪酸和甘油三酯含量较低，表明 *FATP5* 基因对于肝脏细胞的长链脂肪酸吸收和肝脏脂质平衡具有重要作用（Doege 等，2006）。

关于 FATP 具体的转运脂肪酸机制一直存在争议。Doege 等提出了 4 种可能的模型，第一种是 FATP 是单独介导长链脂肪酸跨膜转运，还是可能与其他蛋白如长链脂肪酰 CoA 合成酶有密切联系，从而两者相互作用促进长链脂肪酸的转运；第二种是 FATP 是否本身就是与膜结合的极长链酰基 CoA 合成酶，诱导脂肪酸通过扩散跨膜进入细胞；第三种 FATP 是否既能转运脂肪酸又具有酰基 CoA 合成酶的活性，以到达最佳的脂肪酶吸收方式；第四种 FATP 是不是一种多功能蛋白，能区分介导脂肪酸的吸收和酯化作用（Doege 等，2006）。

四、机体对维生素的感应

1. 维生素概述

维生素是参与生物生长发育和代谢所必需的一类微量有机物质。这类物质由于生物体内不能合成或者合成量不足，所以必须由食物供给，生物体对维生素的需要量很少，每日仅以 mg 或 μg 计算。维生素在生物体内不是作为碳源、氮源或能源物质，但却是代谢过程中所必需的。机体缺乏维生素时，代谢发生障碍，这种由于缺乏维生素而引起的疾病称为维生素缺乏症。通常根据维生素的溶解性，将其分为脂溶性维生素和水溶性维生素两大类。脂溶性维生素包括维生素 A、维生素 D、维生素 E 和维生素 K 等，水溶性维生素有 B 族维生素和维生素 C 等，其中 B 族维生素主要有硫胺素（维生素 B_1）、核黄素（维生素 B_2）、泛酸（维生素 B_3）、烟酸和烟酰胺、吡哆素（维生素 B_6）、叶酸（维生素 B_{11}）和氰钴素（维生素 B_{12}）等。

2. 机体对维生素的感应

（1）维生素 A　维生素 A 是第一个被发现的维生素，是一类含有视黄醇结构，并具有生物活性的物质，包括已形成的维生素 A 和维生素 A 原及其代谢产物。作为重要的脂溶性维生素之一，维生素 A 在构成机体视觉细胞内的感光物质、维持暗光下的视觉功能、促进骨骼和牙齿的正常生长、维持细胞膜的稳定性、保持皮肤及黏膜上皮细胞的完整与健全、增强机体免疫功能及屏障系统抗病能力、维持生殖系统的正常功能等方面都具有极其重要的作用。

维生素 A 结合蛋白（retinol-binding protein，RBP）是血液中维生素 A 的感应和转运蛋白，在维生素 A 的代谢过程中发挥着重要作用，广泛表达于肝脏、肾脏、脾脏、脑、心脏、眼、睾丸和骨骼肌等组织中，其中肝脏含量最高（刘润先，2003）。它不仅是维生素 A 的感应和转运分子，也是维生素 A 释放与分布的调节分子。RBP 属于脂肪酸结合蛋白家族，由 184 个氨基酸残基及少部分糖类组成，不含中性糖和氨基已糖，具有单一结构域，等电点为 4.6，沉降系数为 2.13~2.30。健康人群维生素 A 结合蛋白产生量较为恒定，成人的合格限为 5mg/kg 体重，体内 RBP 正常水平为 250~700mg/L，200mg/L 为临界水平，低于 100mg/L 则为缺乏状态。体内 RBP 以两种形式存在，90% 的 RBP 与维生素 A 结合，形成维生素 A 和 RBP 的复合物，称为 holo-RBP，广泛存在于人体血清、脑脊液、尿液及其他体液中；10% 没有与维生素 A 结合，称为 apo-RBP。apo-RBP 和 holo-RBP 在血浆中的比例能调节各种组织间维生素 A 的分布，当血浆中 apo-RBP/holo-RBP 比例升高时，导致大部分组织维生素 A 吸收降低，从而刺激维生素 A 向肝脏外组织分泌，对维生素 A 的营养代谢和生理状态的变化迅速作出反应。

成熟的 RBP 是由 N 端环、8 条反平行 β- 折叠片、α- 螺旋和 C 端环组成，呈球形结构，其中 8 条反平行 β- 折叠片与一个 α- 螺旋扭曲形成一个 β- 折叠桶。β- 折叠桶是完全刚性的结构，因为它的键间形成大量氢键，当它与维生素 A 以及其他小分子结合或解离时不会有大的构象变化。β- 折叠桶的关闭部分由疏水性的氨基酸组成，桶的内部由这些氨基酸的侧链占据，当维生素 A 与 RBP 结合时，维生素 A 的 β 紫罗酮环作为头部深入到 β- 折叠桶的空腔中，与空腔周围的氨基酸侧链通过疏水相互作用结合在一起。整个维生素 A 分子约有一半深入到 β- 折叠桶中，而维生素 A 的尾端则暴露在外面。折叠桶的开口端由连接 8 条反平行 β- 折叠片的环组成，在构象上具有较大的灵活性，可通过显著的构象变化，由未结合配体（维生素 A）转变为结合配体形式的 RBP。暴露在开口端的维生素 A 尾端的修饰不影响 RBP 与维生素 A 的结合，但会导致与 RBP 的亲和力下降，这可能是由于尾端被修饰后，破坏了醇羟基与附件主链羰基氧形成氢键的有利位置，从而降低了与 RBP 的亲和性。

（2）维生素 D 维生素 D 是类固醇衍生物，为含环戊烷氢烯菲环的结构，并具有钙化醇生物活性的一大类物质，以维生素 D_2（麦角钙化醇）及维生素 D_3（胆钙化醇）最为常见。维生素 D 的活性形式 1,25-$(OH)_2D_3$ 作用于小肠、肾脏、骨等靶器官，参与维持细胞内、外钙浓度以及钙磷代谢的调节，还可作用于其他很多器官如心脏、肌肉、大脑、造血和免疫器官，参与细胞代谢或分化的调节。维生素 D 缺乏导致肠道吸收钙和磷减少，肾小管对钙和磷的重吸收减少，使得尿中排磷增高，血浆磷浓度下降，影响骨钙化，造成骨骼和牙齿的矿物质异常。缺乏维生素 D 将引起婴幼儿佝偻病，对成人，尤其是孕妇、乳母和老年人，可导致骨质软化症和骨质疏松症。

维生素 D 结合蛋白（VDBP）是一种多功能血浆球蛋白，在感应、结合和转运维生素 D、清除肌动蛋白、激活巨噬细胞、增强中性粒细胞趋化、激活破骨细胞等免疫炎症反应过程中发挥着重要作用。人类 *VDBP* 基因位于 4 号染色体的长臂上，其 DNA 长度大于 35kb，包含 13 个外显子和 12 个内含子，其氨基酸序列由 458 个氨基酸组成，具有 3 个区域，第 1 个区域包含了与维生素 D、细胞和肌动蛋白结合的序列；第 2 个区域负责与肌动蛋白结合以及介导大多数的相互作用；第 3 个区域的作用类似于第 1 个区域，与细胞、肌动蛋白分子结合，但不能直接与维生素 D 相互作用。VDBP 主要功能是与维生素 D 及其代谢物相结合，使其溶解度升高，从而进行体内转运。血清中的维生素 D 在肝脏被羟基化形成 25-(OH)-D，这是血液中维生素 D 的主要形式，25-(OH)-D 被运送至肾脏，经过第 2 次羟基化形成 1,25-(OH)-D，即维生素 D 的生物活性形式。血液循环中 85%~90% 的 25-(OH)-D 和 1,25-(OH)-D 与 VDBP 紧密结合，其结合位点在 VDBP 第 1 结构域的 N 端，其余的 25-(OH)-D、1,25-(OH)-D 与清蛋白结合，完成在体内的运输。

（3）维生素 E 维生素 E，又称生育酚，是指含苯并二氢吡喃结构，具有 α- 生育酚生物活性类的一类化合物。目前，已有 8 种具有维生素 E 活性的化合物从植物中分离出来，包括 α-、β-、γ- 和 δ- 生育酚以及 α-、β-、γ- 和 δ- 生育三烯酚。维生素 E 与动物的生殖、神经、循环、免疫系统的功能正常运行及多种缺乏症的预防密切相关，具有抗衰老、抗癌、抗病毒等功能，在生命活动中起积极作用。

维生素 E 是一类脂溶性维生素，不溶于水，因此不能以游离的形式被运输，而必须与血液中的各种脂蛋白结合才能被转运到各个组织器官。在肠细胞内，维生素 E 包含在乳糜微粒中，且被分泌入细胞内的空间和淋巴系统。在肝脏中，生育酚和极低密度脂蛋白一起进行调控和包装，然后分泌进入血浆，以被转运到外周组织。目前，机体对维生素 E 的感应机制尚不完全清楚，但推测血浆中的维生素 E 结合的脂蛋白至少部分通过受体而把生育酚交换到细胞内。多数组织具有聚积α-生育酚的能力，但都不作为储存器官。体内许多维生素E都存在于脂肪组织中，而生育酚主要存在于周转慢的大量脂肪小滴中。维生素E在肌肉、睾丸、脑部和脊髓中的代谢周期也慢。肾上腺中α-生育酚浓度最高，而肺脏和脾脏也含有相对较高浓度的α-生育酚。

（4）维生素K　天然的维生素K是由植物叶绿醌和甲萘醌类-7及侧链类异戊二烯数目不同的其他细胞和动物甲萘醒类组成。叶绿醌和甲萘醌在组织中的分布随时间而发生显著变化。甲萘醌在全身的分布速度虽比叶绿醌快，但在组织中的保留量却很低。人肝脏中约含10%的叶绿醌以及各种甲萘醌类混合物，此外维生素K还集中于肾上腺、肺脏、骨髓、肾脏和淋巴结中。

细胞中，感应和代谢维生素K的细胞器主要有内质网、高尔基体、微粒体和线粒体，其中叶绿醌主要集中于内质网、高尔基体和微粒体中；甲萘醌类主要存在于线粒体中。研究表明，维生素K结合的胞液蛋白能促进其在细胞器内的运动，当机体缺乏维生素K时，其在胞液中的消耗速度比膜上更快。

（5）维生素C　维生素C因具有防治坏血病的功能，又被称为抗坏血酸，是强还原剂，无色、无臭、有酸味，易溶于水，不溶于脂溶性溶剂，极易被氧化，在碱性环境、加热或与铜、铁、共存时极易被破坏，在配性条件下稳定。维生素C在组织中有两种形式存在，即还原型抗坏血酸和氧化型抗坏血酸，均具有生理活性，并可以通过氧化还原相互转变。人体血浆中的抗坏血酸，还原型：氧化型约为15：1，因此测定还原型抗坏血酸的含量即可了解体内维生素C的水平。维生素C的吸收部位主要在回肠，吸收时主要以钠依赖的主动转运形式吸收入血，其次以被动扩散的形式吸收。维生素C的吸收随着摄入量的增加而减少，一般每天从食物摄入的维生素C为20~120mg，其吸收率为80%~95%，不能被吸收的维生素C在消化道被氧化降解。

机体对维生素C的吸收主要通过钠依赖性维生素C转运蛋白（SVCTs）完成。目前，哺乳动物中研究较为广泛的SVCTs包括SVCT1和SVCT2，二者具有相似的蛋白结构且同样介导还原性维生素C的主动转动。SVCT1由598个氨基酸组成，对维生素C的亲和力约250μmol/L，而SVCT2由650个氨基酸组成，对维生素C的亲和力约20μmol/L，是一种高亲和力的抗坏血酸转运蛋白。这两种转运蛋白都是转运钠依赖性的协同转运蛋白，维持细胞中维生素C的水平，但其表达方式不同。在胞外环境中缺乏Na^+的条件下，SVCTs介导的维生素C运输效率至少降低90%，如果将Na^+替换为K^+、Li^+或者胆碱，SVCT2完全丧失运输活性。同时，SVCT2介导的运输还额外依赖于Ca^{2+}或Mg^{2+}，因为在缺乏Ca^{2+}或Mg^{2+}的环境中，即便有足够的Na^+，SVCT2也完全没有运输活性处理静息状态。在人源上皮细胞中，SVCT1和SVCT2分别定位于细胞顶膜和基底膜。SVCT1羧基端第563~572位肽段和SCVT2羧基羰第617~634位肽段已被证实参与决定蛋白的细胞表面定位、质膜嵌合以及膜滞留。SVCT2的氨基端有一个基底膜定位序列，是一段从第56~59位的小肽段，对于介导

SVCT2 的基底膜的定位非常重要，如果缺失这个肽段，SVCT2 将定位于细胞顶膜。

除了对维生素 C 具有转运功能，SVCTs 在介导维生素 C 对细胞的调控方面也具有非常重要的意义。在维生素 C 存在时，SVCT2 的顶端极化分布是大脑正常发育的一个特征。小胶质细胞是中枢神经系统中的髓系细胞，SVCT2 介导的维生素 C 运输对于小胶质细胞的代谢自稳态至关重要。通过调控细胞内维生素 C 的含量，SVCT2 促进出生后大脑发育过程中神经分叉的形成，并激活皮层神经元分化成熟过程中的关键细胞途径。许多研究已证实，SVCT2 介导的维生素 C 运输在大脑和神经元成熟过程中起到重要的保护作用，如清除脑组织中快速产生的 ROS，拮抗氧化损伤。综上所述，在神经元的发育、成熟、抗氧化过程中，维生素 C 扮演着重要的角色，且以一种依赖 SCVT2 的方式激活 MPAK/ERK 信号通路的完成。此外，维生素 C 能够通过激活 JAK2/STAT2 通路增加 STAT2 的磷酸化水平，进而调节 Nanog 的表达，拮抗维甲酸诱导的分化，维持胚胎干细胞的多能性。研究表明，维生素 C 对 JAK2/STAT2 通路的激活作用同样依赖其转运蛋白 SVCT2，并在 JAK2 激活后促进维生素 C 向细胞内运输（韩卓，2021）。

（6）维生素 B_1　维生素 B_1 又称硫胺素，由含硫、噻唑环和含氨基的嘧啶环通过一个亚甲基连接而成。维生素 B_1 为白色针状晶体，溶于水，微溶于乙醇，在酸性溶液中较稳定，加热不易分解，但在碱性溶液中极不稳定，铜离子和氧化剂均会破坏维生素 B_1。维生素 B_1 在全谷物、豆类、酵母、肉类和坚果中含量最为丰富，人体内不能合成维生素 B_1，几乎完全依赖于饮食摄入，主要以硫胺素一磷酸（TMP）、硫胺素二磷酸（TDP）和硫胺素三磷酸（TTP）三种形式存在于机体中。机体中游离的维生素 B_1 及其磷酸化形式均以不同比例存在，其中以 TDP 最为丰富，约占总维生素 B_1 的 80%，而 TTP 占 5%~10%，其余为游离的维生素 B_1 和 TMP。

机体中负责感应和转运维生素 B_1 的是硫胺素转运蛋白 -1（THTR-1），分子质量为 55.4ku，由 497 个氨基酸组成，包含 12 个跨膜结构域，3 个磷酸化位点位于细胞内结构域，2 个 *N*- 糖基化位点位于细胞外结构域，以及一段长度为 17 个氨基酸的 G 蛋白偶联受体特征序列。THTR-1 是一种位于细胞膜表面的多通道蛋白，其 N 端和 C 端均面向胞质，在各种有人体组织，如小肠、大肠、肾脏、肝脏、肌肉、大脑和胎盘等组织的细胞膜表面广泛表达，主要表达于肾脏近端小管细胞和肠道上皮细胞的基底外侧膜。THTR-1 是高亲和性、低容量的硫胺素转运蛋白，依赖于跨膜质子梯度或主动转运将硫胺素从肠道和循环系统中转运到各种组织细胞内，进入胞内的硫胺素可被磷酸化，并参与细胞的代谢。维生素 B_1 转运入细胞后，在胞浆内被硫胺素二磷酸激酶转化为 TDP，这是硫胺素的活性形式，也是体内参与葡萄糖代谢中糖酵解、三羧酸循环及磷酸戊糖旁路三种关键酶 PDH、KGDH 和 TK 的辅酶，在大脑内的葡萄糖代谢中起着重要作用。大部分 TDP 进入线粒体参与葡萄糖的三羧酸循环，其中一小部分 TDP 可转化为 TTP，参与人体中枢神经系统氯离子、钠离子通道的转运，以及在突触蛋白磷酸化反应中提供磷酸基团。TDP 也可被分解为 TMP，在一磷酸硫胺素酶的作用下进一步被降解为游离硫胺素。当THTR-1对维生素B_1的转运功能受损时，细胞对维生素B_1的感应和摄取能力将严重下降，导致胞内缺乏维生素B_1，引发多种与维生素B_1缺乏相关的临床表现，如脚气病、巨幼红细胞贫血、2型糖尿病、感音性神经性耳聋、共济失调、意识障碍等。同时，长期大量饮酒、慢性腹泻、反复呕吐、营养失衡、癌症和化疗等都可导致维生素B_1吸收或转化障碍。

（7）维生素B_2　维生素B_2又称核黄素，是带有核糖醇侧链的异咯嗪衍生物。维生素B_2是黄色针状结晶，微溶于水，有高强度荧光，味苦，在干燥和酸性溶液中稳定，在碱性条件下，尤其在紫外光下，维生素B_2会被降解为无生物活性的光黄素。食物中的大部分维生素B_2以FMN和FAD辅酶形式与蛋白质结合而存在。维生素B_2一旦进入小肠黏膜细胞即被磷酸化为FMN，在黏膜内FMN再脱磷酸化成为游离的维生素B_2，并经门静脉运输到肝脏。在肝脏内维生素B_2再转变回FMV和FAD。机体各组织均可发现少量的维生素B_2，但肝脏、肾脏、心脏含量最高。

核黄素转运蛋白（RFT2）为维生素B_2载体的特异性跨膜蛋白，主要负责维生素B_2的运输及调节。编码*RFT2*的基因来源于人类核黄素转录受体家族，该家族主要包括三个基因，分别为人类核黄素转运基因1（*RFT1*），人类核黄素转运基因2（*RFT2*）和人类核黄素转运基因3（*RFT3*）。人类核黄素转录受体家族主要分布于人体细胞膜上，参与编码人体核黄素跨膜吸收载体蛋白的基因家族，其结构特点是具有5个α-螺旋状的跨膜扳手结构域。目前，*RFT1*和*RFT3*的功能及作用机制尚不十分明确，而*RFT2*已被证实参与核黄素转运及利用，并具有较强的pH依赖性。RFT主要存在于小肠上皮细胞刷状缘细胞膜，能够有效转录和表达人类核黄素转运蛋白，维持机体中核黄素的正常水平，从而保障正常代谢及体内微环境稳态。*RFT2*基因发生基因沉默、表达异常或基因突变可导致核黄素转录吸收障碍，造成机体核黄素缺乏，从而增加食管癌、贲门腺癌、大肠癌、口腔癌、宫颈癌等肿瘤发病的风险（居来提·艾尼瓦尔，2014）。

（8）叶酸　叶酸又称为维生素B_{11}，因最初从菠菜叶中分离提取而得名。叶酸的化合名称是蝶酰谷氨酸，由2-氨基-4-羟基-6-甲基蝶啶、对氨基苯甲酸和L-谷氨酸三部分组成。叶酸为淡黄色结晶粉末，微溶于水，不溶于乙醇、乙醚及其他有机溶剂，在酸性溶液中对热不稳定，而在中性溶液和碱性溶液中稳定。人体内叶酸在叶酸还原酶的催化下生成四氢叶酸，四氢叶酸作为人体一碳单位的主要载体，在DNA合成、修复和甲基化过程中发挥重要作用，有利于细胞增殖与合成。从营养学和临床检验层面，人群常规需求为100~200μg/d，血清叶酸正常水平为4.5~34nmol/L。

能量耦合因子型（energy-coupling factor，ECF）转运蛋白属于一类新的ABC（ATP-binding cassette）内向转运蛋白，由负责底物识别与结合的跨膜S蛋白与负责ATP水解与能量传递的能量耦合模块组成。叶酸ECF转运蛋白复合体由叶酸结合蛋白EcfS、EcfT、EcfA和EcfA′四种蛋白按1∶1∶1∶1的比例组成。在该复合体中，EcfA和EcfA′蛋白形成异二聚体，没有 ATP 结合，而叶酸结合蛋白 FolT 与 EcfT 蛋白形成跨膜的异二聚体，其中 EcfT 蛋白是一个全新的结构，由 8 个 α- 螺旋组成。近期报道的 SLC19A1，是另一个广为人知的叶酸载体蛋白，驻留在细胞膜中，为叶酸的主要组织转运体。Zhang 等研究表明，还原型叶酸以单体形式结合在 SLC19A1 极性腔的中上部，并与其 5 位甲基和 8 位氢原子形成额外的相互作用，然后经过 SLC19A1 内部通道进行转运。Micro RNA 是一类由内源基因编码的长度约为 22 个核苷酸的非编码单链 RNA 分子，它们在动植物中参与转录后基因表达调控。研究表明，miRNA 响应叶酸缺乏并影响哺乳动物胚胎发育和生殖过程。临床证据指出低血清叶酸水平增加母体中 miR-22-3p、miR-141-3p 和 miR-34-5p 的表达，使细胞极性紊乱，导致胎盘功能异常，影响胚胎发育。补充叶酸可以通过上调 miR-10a 逆转因酒精暴露引起的小鼠胚胎畸变。同时，miRNA 响应叶酸缺乏后可调控肿瘤的发生和增殖。曹宇等研究发现 miR-483-3p 在 HCT-116 细胞中应答叶酸缺乏，表达量显著增加，靶向并负调控细胞的内质网应激和蛋白质加工，从而影响细胞自噬和凋亡过程。

（9）机体对其他 B 族维生素的感应　维生素 B_6 又称吡哆醇，包括吡哆醇、吡哆醛和吡哆胺 3 种衍生物，这 3 种形式性质相近且均具有维生素 B_6 活性。吡哆醇主要存在于植物性食品中，而吡哆醛和吡哆胺则主要存在于动物性食品中，以上 3 种化合物都是白色结晶，易溶于水及乙醇，对光敏感，在酸性溶液中稳定，在碱性溶液中易被破坏。维生素 B_6 主要在空肠中被动吸收，机体中大部分维生素 B_6（估计占储存量的 75%~80%）储存于肌肉组织中。维生素 B_6 主要以 5- 磷酸吡哆醛的形式作为转氨基反应中的辅酶，参与 α- 氨基酸脱羧和外消旋作用以及脂质和核酸的代谢，并且是糖原磷酸化酶的必需辅酶。目前，机体对维生素 B_6 水平的感应机制尚未研究清楚，但缺乏维生素 B_6 与许多疾病，如糖尿病、非酒精性脂肪肝、癌症、心血管疾病等密切相关。

维生素 B_{12} 因其分子中含有金属元素钴，也称氰钴素或钴胺素，这是目前所知唯一含有金属元素的维生素，化学结构最为复杂。维生素 B_{12} 是粉红色的针状结晶，溶于水和乙醇，在强酸、强碱、强光或紫外线下易被破坏。膳食中的维生素 B_{12} 在胃酸和胃蛋白酶的帮助下在上消化道释放，随后与钴胺传递蛋白 I（haptocorrin，HC），也称为 R 蛋白或转钴胺素蛋白 I（transcobalamin I，TCN I）结合，在十二指肠中 HC 被胰腺蛋白酶降解，从而再次释放出维生素 B_{12}，并允许其与内在因子（intrinsic factor，IF）结合形成 IF- 维生素 B_{12} 复合体。IF- 维生素 B_{12} 复合体通过受体 cubam 介导进入回肠远端黏膜细胞，从肠上皮细胞输出后进入体循环。维生素 B_{12} 作为一种人类必需的营养物质，只能从食物中摄取。研究表明，维生素 B_{12} 通过受体介导的内吞作用进入细胞，随后以游离形态储存于溶酶体中，需要时外排至细胞质被利用。人类 ATP 结合盒式转运蛋白（ABCD4）定位于溶酶膜上，在溶酶体内维生素 B_{12} 外排至细胞质的过程中发挥关键作用。当 *ABCD4* 基因发生突变时，会导致一系列先天性维生素 B_{12} 缺陷症，表现为肌张力减退、骨髓抑制、巨幼红细胞贫血和心脏病等。

维生素 PP，也称烟酸、尼克酸等，是具有烟酸生物学活性的吡啶 -3- 羧酸衍生物的总称，在机体中以烟酰胺的形式存在。烟酸和烟酰胺都为白色结晶，不溶于水和乙醇，均不溶于乙醚，对酸、碱、光、热稳定，是维生素中最稳定的一种。烟酸和烟酰胺均可在胃肠道中被迅速吸收，低浓度时可通过 Na^{+} 依赖的主动运输方式吸收，高浓度时通过被动扩散方式吸收。吸收入血的烟酸主要以烟酰胺的形式存在及转运，机体组织细胞通过简单扩散的方式摄取烟酰胺或烟酸，然后以辅酯Ⅰ或辅酯Ⅱ的形式存在于所有组织中，肝脏是储存辅酯Ⅱ的主要器官。烟酸可通过激活其受体，发挥独特的降脂作用。烟酸受体包括 G 蛋白偶联受体 109A（GPR109A）、G 蛋白偶联受体 109B（GPR109B）和 G 蛋白偶联受体 81（GPR81）这 3 个亚型，但只与 GPR109A 具有高亲和力。李慧瑾等研究发现 GPR109A 感应细胞中烟酸水平，被激活后，促进胆固醇逆转运，降低总胆固醇和总甘油三酯，升高高密度脂蛋白胆固醇，改善血管内皮细胞功能，抑制炎症反应，从而预防和改善心血管疾病。

本章小结

细胞的信号转导是一个非常复杂的过程。总体而言，细胞信号的转导需要细胞信号因子的刺激和信号转导受体的感应，然后建立细胞信号转导通路，完成信号的传递，产生生物学效应。机体对营养的感应非常复杂。不同组织或器官对不同营养成分都会形成不同的感应机制。目前，我们在机体对葡萄糖、氨基酸、脂肪和维生素的感应方面已有了一定认识，但远远不够。当这些营养成分过多或过少时，机体如何做出相应的反应仍有待深入研究。

思考题

1. 什么是细胞信号转导？
2. 化学信号类细胞信号因子有哪些？
3. 什么是细胞信号受体？
4. 细胞信号转导有哪些特点？
5. 简述 AMPK 如何感应机体葡萄糖水平？
6. 机体中转运脂肪酸的蛋白质有哪些？

第七章
营养素对基因表达的调控

学习目标

1. 掌握基因表达的概念及基因表达调控的基本理论。
2. 掌握营养素调控机体基因表达的机制。
3. 熟悉常见营养素对基因表达调控的规律。

7–1　思维导图

从精子与卵细胞结合的那一刹那开始，一个个体的遗传学命运就被决定了，即一个个体所携带的遗传物质，以及该遗传物质所决定的个体生命特征等。然而，机体从受孕、细胞分裂、分化到生长发育，从健康、疾病到死亡的整个生命过程中，其所有涉及的“生命现象”不仅与其所含的“遗传物质”有关，同时也与遗传物质的表达调控有关，即基因的表达调控。通常我们将真核生物的基因表达调控分为两大类，第一类是发育调控，也被称为不可逆调控，其决定了真核生物细胞生长、分化、发育的全部进程，能够在特定的时间、特定的细胞中激活特定的基因表达，从而实现预定的，程序性的，不可逆的分化、发育过程，这体现了真核生物基因表达调控中的时间特异性及空间特异性；第二类是瞬时调控，也被称为可逆性调控，其过程类似于原核生物对于外界环境变化所做出的反应，包括某种底物或激素水平的变化，酶活性的调节等。对于机体而言，作为外部作用因子的“营养素 / 营养物质”，会对机体的基因表达产生直接或者间接的作用，进而对机体的生理功能产生重要影响。在很长的一段时间内，研究人员对于营养素功能的认识只停留在生物化学、酶学、内分泌学、生理学和细胞学水平上，然而随着分子生物学技术的迅速发展，人们逐渐认识到，营养素虽然在短时间内不能改变机体的遗传学命运，但是可以通过调控机体某些基因的表达来改变这些遗传学命运出现的时间进程，其可以作为一种基因表达调控的物质，直接或间接调控基因表达过程。本章内容将较为系统地介绍基因表达调控的基本概念、理论，以及营养素调节机体基因表达调控主要机制，同时介绍蛋白质、碳水化合物、脂肪、矿物质、维生素等主要营养素对于机体基因表达调控的作用方式，为理解和研究营养素对机体基因表达调控作用奠定理论基础。

第一节 基因表达及基因表达调控基本理论

一、基因表达的概念、特点和方式

1. 基因表达的概念

基因表达是指生物基因组中的结构基因所携带的遗传信息经过转录、翻译等过程，合成特定的蛋白质，进而发挥其特定的生物学功能和生物学效应的一系列过程，同时也包括rRNA、tRNA等相关功能RNA的合成。因此，简单来讲，基因表达就是指基因的转录和翻译过程，即生成蛋白质或功能RNA的过程。

2. 基因表达的特点

与单细胞生物不同，人体在不同发育阶段，不同的组织细胞内都存在着不同的基因表达调控机制，从而决定了机体在不同发育阶段、不同组织细胞内的功能差异，这也造就了机体基因表达的三个特点，即阶段特异性、组织特异性和选择性。

（1）基因表达的阶段特异性　在多细胞生物从受精卵到组织、器官形成的不同发育阶段，相关的基因严格地按照一定的时间顺序开启或关闭，这也就是基因表达的阶段特异性。个体内不同组织中的细胞都包含了机体的全部遗传信息，但是在个体发育的各个阶段，各种基因以一种“预定”的严格有序的模式进行表达，进而控制着细胞的分化和机体的发育过程。因此，组织细胞所特有的形态和功能，取决于细胞特定的基因表达状态，而基因表达的阶段特异性则决定了不同发育阶段个体具有不同的组织形态和功能。这也是个体从单个受精卵发育成为具有不同复杂功能器官组织的分子基础。

（2）基因表达的组织特异性　在个体的生长发育过程中，基因在不同组织器官的细胞中的表达也不相同，这种基因在不同组织中表达的差异被称为基因表达的组织特异性。如果基因表达的阶段特异性是基因表达在时间上的特点，那么基因表达的组织特异性就是其在空间上的特点，共同构成了机体基因表达的“时空”规律。多细胞生物个体在特定的生长发育阶段，同一基因在不同的组织器官中表达的程度是不同的，即便是在同一生长阶段，不同的基因表达产物在不同组织及器官中的分布也不完全相同，这种基因表达差异又可以分为短期及长期两种，其分别对应短效调控和长效调控机制。短效调控过程是由细胞内的调控因子结合到基因的调控序列上，进而激活基因的表达，而长效调控过程可以使细胞永久性的处于分化状态，使每一种细胞都可以长期维持和记忆它所属的细胞类型和特征，只表达它应该表达的基因。

（3）基因表达的选择性　在细胞分化中，基因在特定的时间和空间条件下被有选择地表达，这种现象就是基因的选择性表达，其结果是形成了形态结构和生理功能不同的细胞。生物体在个体发育的不同时期和不同部位，通过DNA水平、转录水平等的调控，表达基因组中的不同功能的基因，从而完成细胞分化和个体发育。与此同时，这种基因的选择性表达又存在普遍性和特殊性。普遍性是指基因的选择性表达在生命过程的各个阶段都有体现，是一种普遍的现象，同时这种现象在单细胞原核和真核生物的生长发育中，以及病毒的生命活动中也都有明显的表现，充分体现了基因选择性表达的普遍性。然而，基因选择性表达的特殊性，则是指基因在特定的时间和空间，可以调控特定的表达量，进而支撑机体对于外界条件及自身发育等生命活动的响应，例如机体内激素分泌量的反馈调节，水平衡调节中抗利尿素分泌量的变化，血糖平衡调节中胰岛素和胰高血糖素分泌量的表达调节等。影响基因选择性表达的因素复杂，包含内因和外因，通过明确机体内基因选择性表达的调控机制，人们可以有效调控机体相关基因的表达状态，从分子的水平实现机体健康的监测和调节。

3. 基因表达的方式

通常可将基因的表达方式分为组成性表达、适应性表达和协调表达三种类型，其中组成性表达和适应性表达针对的是单一基因或蛋白质，而协调表达则是针对基因簇或者具有内在联系的系列功能蛋白质。

（1）组成性表达　机体中通常会存在一类基因，其表达产物在细胞或生物体的整个生命过程中是必不可少的，如果这些基因的表达出现异常，细胞则不能正常生存，这类基因被称为看家基因，其指导合成的蛋白被称为组成性蛋白，这类蛋白的表达几乎不受外界环境变化的影响，被称为组成性表达，例如三羧酸循环中相关酶的表达。值得注意的是，组成性表达也不是完全一成不变的，其表达的强弱也受一定的机制调控。

（2）适应性表达　适应性表达是指某些类型的基因容易受到环境变化的影响，表达水平发生较大波动的一类基因表达方式。这种类型的基因通常被分为两种，一种是可诱导基因，是指在特定环境信号的刺激下，可被激活并提高表达水平的基因；而另一种是可阻遏的基因，是指随环境变化而表达水平降低的基因，需要注意的是，同一基因在不同因素的作用下，可能出现诱导和阻遏两种现象。适应性表达在生物界普遍存在，也是生物体适应环境的基本途径，例如乳糖操纵子等。

（3）协调表达　在一定机制的控制下，功能相关的一组基因，无论何种表达方式均需要协调一致，进而实现共同表达，这种基因表达的形式被称为协调表达，而其所对应的基因表达调节方式也被称为协调调节。对于原核生物，由于其包含多顺反子结构，其基因的协调表达可以通过调控单个启动基因的活性来实现，例如操纵子上的结构基因，当其收到特定的表达信号的时候，所有的结构基因就会被一起转录。然而，对于真核生物而言，其不存在操纵子式的结构基因，一个编码基因只产生一种 mRNA 或翻译成一种蛋白质。与此同时，某些功能密切的相关基因非但没有连接在一起，甚至处于不同的染色体上。因此，真核生物的基因表达系统具有更大的灵活性，这种基因表达方式上的灵活性，必定演化出特定的基因表达调控形式，使得相关的基因协调表达，而其中一种协调表达调控的方式就是通过调控基因启动子上带有的共同调控序列，使其可以接受共同转录因子的激活而一起表达。

二、基因表达调控的概念、方式和意义

1. 基因表达调控的概念

基因表达调控是生物体内基因表达的调节控制，是使细胞中基因表达的过程在时间、空间上处于有序状态，并对环境条件的变化做出反应的复杂过程。从理论上讲，改变遗传信息传递中的任何一个环节都会导致基因表达的改变，因此基因表达的调控可在多个层次上进行，包括基因水平、转录水平、转录后水平、翻译水平和翻译后水平的调控。基因表达调控是生物体内细胞分化、形态发生和个体发育的分子基础。

2. 基因表达调控方式

（1）基因水平调控　基因水平调控是指通过调控基因组水平上的基因结构的变化，从而实现对基因的表达调控，也被称为转录前调控。这种调控方式通常都较为持久和稳定，有些甚至是不可逆的，主要由集体发育过程中的体细胞分化决定，主要的调控方式包括基因丢失、基因扩增、基因重排、基因修饰、染色质结构变化等。

①基因丢失：在细胞分化过程中，可以通过丢失掉某些基因而除去这些基因的活性。在某些低等生物中，例如原生动物、线虫、昆虫等，其在个体发育的过程中，许多细胞常常丢掉整条或者部分的染色体；此外在高等动物的红细胞发育成熟的过程中，也有染色质丢失的现象。

②基因扩增：是指细胞内某些特定基因的拷贝数专一性地大量扩增现象，是细胞在短期内为满足某种生理需求而产生足够基因产物的一种调控手段。细胞在发育分化或环境变化时，对某种基因产物的需要量剧增，单纯靠调节其表达活性不足以满足需求时，就会通过基因扩增来增加基因的拷贝数，进而满足自身基因表达的需要，是调控基因表达活性的一种有效方式。

③基因重排：是指某些基因片段改变原来的存在顺序，通过调整有关基因片段的衔接

顺序，重排为一个完整的转录单位。基因重排可以调节表达产物的多样性，是基因差别表达的一种调控方式，例如免疫球蛋白结构基因的表达以及玉米基因组中的转座现象。

④基因修饰：是指通过DNA碱基修饰或序列修饰而达到基因表达调控的一种方式，例如DNA甲基化。DNA的甲基化能够引起染色质结构、DNA构象、DNA稳定性以及DNA与蛋白质交互作用方式的改变，从而调控基因表达。通常认为DNA甲基化能够关闭某些基因的活性，去甲基化则会诱导基因的重新活化或者表达。

⑤染色质结构的变化：在细胞分化过程中，染色质结构会产生一系列的变化，进而导致在细胞中形成两类不同包装水平的染色质结构，即常染色质和异染色质。染色质这种结构上的变化可以使不同细胞被限制在特定的分化状态，接受特定诱导因子的刺激而表达特定的基因群。在这其中，结构紧凑的染色质结构在调节基因转录中发挥了关键作用。通常情况下，基因组中的非转录区被包装成高度浓缩的异染色质，而转录基因则存在于常染色质中。

（2）转录水平调控　转录水平的调控主要是指对基因表达中转录过程的调控，是原核生物主要的基因表达调控方式，同时也是真核生物基因表达调控的重要环节。转录水平的调节作用主要发生在转录的起始和终止阶段，通过RNA聚合酶、顺式作用元件（启动子、增强子、沉默子、终止子）和反式作用因子（转录因子）的相互作用来实现。

（3）转录后水平调控　基因在转录后，通常都需要对转录产物（RNA）进行一系列的修饰和加工，这种转录后对加工过程的调控即被称为转录后水平调控。例如真核生物中，转录生成的mRNA需要在5′端添加一个鸟苷酸组成的帽子结构，在3′端添加一个由100~200个腺苷酸组成的PolyA的尾巴，这种修饰能够有效保证mRNA在转录过程中不被降解，同时加速mRNA从细胞核到细胞质的迁移。此外，针对RNA的修饰还包括mRNA的剪接，用以除去内含子，同时连接外显子；针对tRNA的碱基修饰和空间结构的形成；针对rRNA的剪切和组装等。

（4）翻译水平调控　翻译水平调控即针对蛋白质生物合成过程的调控，主要控制mRNA的稳定性和有选择地进行翻译。翻译水平的调控主要涉及以下几个环节：①对mRNA从细胞核迁移到细胞质过程的调节；②对mRNA稳定性的调节；③对蛋白因子调节翻译过程的相关蛋白（如起始因子、延伸因子和释放因子）的修饰，进而影响翻译效率；④对氨酰-tRNA合成及运输的调控。

（5）翻译后水平调控　蛋白质合成之后，还需要进过进一步的化学修饰、蛋白质切割及连接等一系列加工过程后，才能成为具有生物活性的功能蛋白质。翻译后的加工过程主要包含以下几种：①去除起始甲硫氨酸残基或其后的几个氨基酸残基；②切去分泌蛋白或膜蛋白N端的信号肽；③肽链形成分子内二硫键，进而固定折叠形成高级构象；④肽链断裂或切除部分肽段；⑤肽链末端或内部某些氨基酸的修饰，如磷酸化、甲基化、羟基化等；⑥非蛋白物质修饰物的添加，如糖类、脂类等。与此同时，蛋白质还需要在酶和分子伴侣的帮助下进行折叠，进而形成准确的空间结构，这种翻译后的加工过程在基因表达调控中发挥着重要的作用。

3. 基因表达调控的意义

基因表达是生物基因组储存的遗传信息经过一系列步骤表现出其生物功能的整个过程。在个体的生长发育过程中，生物遗传信息的表达是按照一定的时序发生变化，并随内外环境的变化不断加以调整和修正，因此在基因表达的过程中涉及一系列的调控过程。真核生物在环境变化及个体发育的不同阶段调节基因的表达，一方面是为了适应环境的变化，另一方面也是控制生长发育的需要。因此，可以将基因表达调控的意义总结为以下两个方面。

（1）个体的生长发育必须维持着个体的发育与分化　生物体个体在发育的不同时期、不同部位，通过不同水平的调控，表达基因组中的不同部分，从而完成细胞的分化和发育。这种分化和发育是基因表达调控的结果，在正常情况下，个体的各种细胞类群总是按照一定的计划不断地进行严格的调控，关闭或开启某些基因，使得个体发育得以顺利进行。基因在特定的时间和空间条件下通过有选择地表达，形成了形态结构和生理功能不同的细胞、组织和器官，保证了机体的生理发育和正常运转。

（2）适应外部环境，维持生长和增殖　生物体赖以生存的外部环境是在不断变化的，生物只有适应环境才能生存。为了适应不同的环境，保持体内代谢过程的正常状态，生物体通常会通过改变自身基因表达情况，以达到适应环境变化的目的。生物只有适应多变的环境，才能防止生命活动中的浪费现象和有害后果的发生，进而保持体内代谢的正常。因此，基因表达调控是生物适应环境生存的必要条件，生物只有适应环境才能生存，基因表达调控就是使其适应环境，进而维持正常的生长和增殖。

第二节　营养素调控机体基因表达的机制

一、营养素调控机体基因表达的一般模式

营养素对基因表达的调控是指个体摄入的营养物质经过一系列的转运及信号传递过程，将信号传递到细胞质或细胞核，进而与其他要素一起调控染色质的活化、基因的转录、蛋白质的翻译等基因表达过程。

营养素对基因表达调控的一般模式，营养素或其最终的信号分子与特定的蛋白质因子结合，形成反式作用因子，进而与 DNA 或 mRNA 结合后调控基因的表达。这其中转运细胞信号可以分为胞外信号、跨膜信号和胞内信号。当生物体收到外界环境的刺激时，先产生细胞间信使，即第一信使，包括激素、生长因子、细胞因子等，这些信号分子到达细

胞表面后，与细胞膜上的受体结合，再将信息传递给胞内的第二信使，进而通过蛋白质的可逆磷酸化将信息传递到特定的效应部位，从而完成整个通信过程。例如，针对需要脂肪酸酰基化进行膜转位和活化的信号，可以受到食物中脂肪酸的调控；氨基酸也可以刺激信号转导，除肝细胞外，其他一些胰岛素敏感的细胞都存在氨基酸信号途径；多糖对信号转导的影响作用往往是通过细胞表面的多糖受体结合完成的，如多糖能够调节淋巴细胞内的 cAMP 和 cGMP 含量和相对值，进而对免疫及免疫细胞增殖进行调控。

二、营养素对基因表达的调节方式及特点

营养素对基因表达的调节方式分为直接调控和间接调控两种，直接调控是营养素可以与细胞内调节蛋白直接作用，从而影响基因的转录速度及 mRNA 的丰度，进而调控最终的翻译效率，例如锌可以通过占据转录因子上的一个位点来增加转录速率，而铁则是通过与 mRNA 相互作用蛋白结合，从而影响 mRNA 的丰度；间接调控是指特殊营养物质摄入可以诱导次级介质的出现，包括许多信号转导系统、激素、细胞分裂素等，如高碳水化合物摄入会诱发胰岛素分泌量的增加，而胰岛素则可以调节脂肪酸合成酶基因的表达，并刺激脂肪酸合成，进而实现基因表达的间接调控。

几乎所有的营养素对基因的表达都有调节作用，其调节基因表达的特点包括以下几方面：①一种营养素可以调控多种基因的表达，同时一种基因的表达也受到多种营养素的调节；②一种营养素不仅可以对其本身代谢途径所涉及的基因表达进行调节，还可以影响其他营养素代谢途径所涉及的基因表达；③营养素不仅对控制细胞增殖、分化及机体生长发育的相关基因进行调控，同时还可以对相关致病基因的表达产生重要的调节作用。

三、营养素调控基因表达的途径

1. 营养素直接调节基因表达

营养物质可以直接进入细胞质或者细胞核内参与调节相关蛋白活性，进而影响转录的速率。一些矿物质元素、微生物、激素等可以通过此种方式参与基因的表达调控。例如视黄醇可以作为转录因子的配体，通过影响转录因子活性调控基因表达；铁结合蛋白可以在翻译水平上调节基因表达，当细胞中铁元素缺乏时，翻译起始位点会被铁应答元件覆盖，进而发挥负调控作用，而当细胞中存在充足的铁元素时，就会与相关元件结合，导致翻译起始位点的暴露，促进翻译的正常进行，除此之外，许多其他 mRNA 在翻译的过程中都会以这种方式受到营养素的调控。

2. 营养素通过其代谢产物介导基因表达调控

部分营养素通过其代谢产物介导基因的表达调控，这些基因中往往含有某些关键代谢

酶的编码基因，可以控制新陈代谢中关键酶的表达，从而对整个机体代谢产生影响。例如脂肪就是以其代谢产物脂肪酸来实现基因表达调控的，脂肪酸能显著影响动物体内与脂肪酸代谢相关酶及其编码基因的丰度，其主要通过中间代谢产物脂酰 CoA 硫脂来介导基因的表达。除此之外，维生素 A 对于基因的表达调控也是通过其代谢产物视黄酸来介导的，其对基因表达调控与肿瘤细胞的分化、胚胎的发育以及相关疾病的发生密切相关。

3. 营养素通过激素介导基因表达调控

糖类、氨基酸等营养素通常是通过激素介导来发挥基因表达调控的功能的。例如碳水化合物含量对于磷酸烯醇式丙酮酸羧激酶的基因表达调控就是通过激素的变化来实现的，营养吸收的变化将导致体内循环中葡萄糖浓度的变化，进而成为相关激素的分泌信号，磷酸烯醇式丙酮酸羧激酶是肝脏和肾脏中糖异生的关键酶，可与代谢信号相呼应，其表达可受到膳食中营养素的调控，与此同时，胰高血糖素、甲状腺激素、糖皮质激素、视黄酸也可诱导该基因的转录，而胰岛素则可以反向抑制其转录过程。

值得注意的是，营养素对于相关基因的表达调控往往不仅是以某一种固定的方式进行的，可能会涉及多种途径的调控，例如上文中提到的视黄醇，其既可以直接参与基因表达调控，同时也可以通过其代谢产物调控相关基因表达。

四、营养素对基因表达调控的主要机制

基于分子生物学相关研究发现，营养素对于基因表达调控的分子生物学基础主要表现在对关键代谢酶的转录、转录后 mRNA 稳定性、翻译及定位的调节作用，关键的控制点主要包含 mRNA 的生物合成、稳定性、定位、核内加工等，以及翻译过程、翻译后蛋白质修饰等过程。

营养素对于基因表达的多水平、多层次调控过程中，对转录过程的调控是最主要的调控方式。转录的调控通常是由一组蛋白质来发挥作用的，其决定了基因组中哪一区域需要被转录或是抑制，相关营养素通常能与这些蛋白质结合并发挥作用。特异性 DNA 结合蛋白作为基因表达的调节物只是这种调节作用的一部分，大多数基因要受到多个调节因素的联合影响。在由于营养素供给受限或者日常营养素摄入发生变化而导致的相关机体代谢改变中，基因的转录后调控往往发挥着重要的作用，例如真核生物 mRNA 的 5′ 端和 3′ 端的非编码区存在相关的调控元件，可通过调节 mRNA 的腺苷聚合物稳定性、在细胞中的分布定位以及翻译的调控信号，实现对基因表达的调控，需要注意的是，这种转录后的基因表达调控也会反过来影响机体对于相关营养素的需求。

多种营养素的缺乏或者过量都可以从基因的表达上体现出来，在基因表达水平上评估营养素对于机体健康的作用效果。确定相关营养素对机体健康的影响规律是未来实现精准营养的重要依据之一。与此同时，如何利用营养素与基因之间的交互作用，通过改变膳食

营养素的摄入来调控相关基因的表达，从而改善或维持机体的健康，是未来营养学的研究重点，对于推动大健康产业的发展也具有极为重要的意义。

第三节　蛋白质和氨基酸对基因表达的调控

一、蛋白质的生理作用

蛋白质是生物大分子之一，也是遗传信息表现的重要载体物质。蛋白质是生命的物质基础，几乎在一切生命过程中都发挥着关键作用。蛋白质的种类非常多，每一种蛋白质都有特殊的结构和功能，它们在错综复杂的生命活动中各自扮演着重要角色，发挥着重要作用。蛋白质按照生理功能可以分为以下几类。

（1）酶类　指具有催化作用的一类蛋白质，在生物体内的所有生化反应，几乎都是在酶的催化作用下进行的，如果没有酶类的作用，生命体内的新陈代谢就无法正常进行，进而无法推动生命的进程。

（2）激素蛋白质类　指对机体内某些物质的代谢过程具有重要调节作用的一类蛋白质，对保证机体的正常生理活动具有重要作用。

（3）运输蛋白质类　指一类在新陈代谢中运输各种小分子、离子、电子等物质的蛋白质。

（4）运动蛋白质类　指一类能使细胞或生物体发生运动的蛋白质。

（5）防御蛋白质类　指一类能抵御细菌、病毒等异物对机体侵害，保护机体的蛋白质，例如免疫蛋白、细菌素等。

（6）受体类蛋白质　这类蛋白质存在于细胞的各个部分，在细胞内部和细胞间的化学和生物信息传递中发挥着重要的作用。

（7）生长、分化的调控蛋白质类　指对细胞生长、分化、基因表达发挥重要调节作用的一类蛋白质。

（8）营养和贮存蛋白质类　指可以作为机体营养物质的一类蛋白质，如家蚕血淋巴蛋白。

（9）结构蛋白质　是一类不溶性纤维蛋白，具有强大的抗拉作用，作为机体的结构成分，对机体发挥支撑作用，如细胞内的细胞骨架。

（10）毒素蛋白质类　指一类具有毒素效应的异体蛋白质，极少量就能使人和动物中毒。

（11）膜蛋白质类　是生物膜发挥功能的一类重要蛋白质。

蛋白质在生命过程中发挥了极其重要的作用，是生命活动所依赖的物质基础，可以说没有蛋白质，就没有生命。

二、蛋白质对基因表达的调控

1. 蛋白质对营养素代谢相关酶类基因表达的调控

脂肪酸合成酶（FAS）是脂肪酸生物合成过程中将小分子碳单位聚合成长链脂肪酸的关键酶类。脂肪酸的合成在细胞质中进行，其相关合成酶系可以分为Ⅰ型和Ⅱ型两种。FAS活性的高低直接影响整个机体中脂肪的含量，该酶基因的表达量在脂肪组织中最高，肝脏其次，肺脏再次，在肠道和心脏中表达量很少。目前关于蛋白质对脂肪酸合成酶基因表达调控的研究并不深入，但认为增加机体膳食中蛋白质的含量会抑制动物脂肪酸合成酶基因的表达调控。相关研究发现，高蛋白质膳食摄入能够降低脂肪组织中*FAS*基因对应mRNA的数量，但不影响肝脏组织中对应mRNA的含量，可以促使机体脂肪沉积的减少。因此从安全性的角度考虑，可以通过营养素来调控基因表达从而降低一定的体脂率，维持身体健康。相关动物实验也进一步证实高蛋白质摄入会导致脂肪组织中*FAS*基因表达抑制，其对应mRNA数量显著下降。例如采用蛋白质含量为14%、18%和24%的日粮饲喂60~110 kg的育肥猪，屠宰后检测其脂肪组织中*FAS*基因对应mRNA含量，发现高蛋白质日粮组中的含量相较于其他两组分别下降了11.7%和48.2%，然而其对脂肪酸结合蛋白质和肝脏中*FAS*基因的表达则没有影响。此外，也有研究通过半定量RT–PCR的方法分析了日粮不同蛋白质水平下，其对绵羊腹部皮下脂肪、肠系膜脂肪和半腱肌肌内脂肪*FAS*基因表达的影响，研究发现，随着日粮中蛋白质水平的提高，*FAS*基因表达量显著下降，且其基因表达具有一定的组织特异性，即腹部皮下脂肪、肠系膜脂肪中的*FAS*对应mRNA丰度在中蛋白质和低蛋白质水平组差异不显著，而高蛋白质水平组则显著低于上述两组。与此同时，在半肌腱肌内脂肪中*FAS*对应mRNA丰度在不同蛋白质水平组均存在显著差异。由此可见，日常膳食中蛋白质的含量确实能够调控脂肪组织中*FAS*基因表达，但是这种基因表达调控发生在哪个水平，以及其具体的调控机制还并不明确。

苹果酸酶（ME）可以催化苹果酸氧化脱羧形成丙酮酸和CO_2，并同时催化烟酰胺腺嘌呤二核苷酸（$NADP^+$）形成还原性辅酶Ⅱ（NADPH），其可以作为肝脏合成长链脂肪酸时的能量来源。相关动物实验表明，ME可以受到激素与营养素的调控，如刚出壳的禽类在采食24h后，其肝脏内的ME对应mRNA浓度可增加100倍以上，与此同时，胰高血糖素可以使甲状腺素T_3诱导的ME对应mRNA浓度增加水平下降99%以上。在所有组织中，*ME*对应mRNA的浓度与ME的合成速率密切相关，这也在一定程度表明营养素或激素调控的*ME*表达应该属于转录水平的基因表达调控。进一步研究发现，膳食过程中蛋白质对于*ME*基因的表达调控不仅与蛋白质水平有关，同时还与膳食干预的时间有关。例如给肉用仔鸡以不同饲喂期饲喂蛋白质含量不等的饲料，并检测不同饲喂期机体肝脏内ME的活性及其对应mRNA的表达量，结果表明在饲喂期为1.5h的试验组中，*ME*的mRNA表达量无显著变化，而饲喂期为3、6、24h的试验组中，高蛋白质水平饲喂组中的*ME*对应mRNA表达量显著下降，而低蛋白质水平和中蛋白质水平组中的对应mRNA表达量均显著提高。

2. 蛋白质对转运蛋白基因表达的调控

小肽作为蛋白质的主要消化产物，在氨基酸消化、吸收和代谢中发挥着重要的作用。小肽和游离氨基酸的吸收是两个相互独立的转运系统，与游离氨基酸相比，小肽具有吸收速率快、耗能低、不易饱和的特点，并且各种肽之间转运无竞争性和抑制性。小肽转运蛋白1（PepT1）参与了二肽和三肽的跨膜转运，而日常膳食中蛋白质水平的高低则会对*PepT1*基因表达产生影响。

有研究表明，营养不良将会显著影响机体对于小肽的吸收，例如短期的限制性饮食（50%正常摄食量）会导致成年大鼠提高单位小肠对于小肽的吸收。与此同时，研究还发现蛋白质营养不良的程度越高，未成年小鼠空肠对于小肽的吸收量就越大，例如当以低蛋白质水平日粮饲喂未成年大鼠，单位面积小肠吸收小肽活性提高，但对游离氨基酸的吸收量却下降，进一步分析表明，当大鼠在营养不良的情况下，其可通过提高体内PepT1水平，增强对小肽的吸收。然而也有研究发现仓鼠在饥饿和半饥饿状态下会降低单位质量空肠和回肠黏膜对小肽的吸收。因此，养分转运蛋白和底物水平之间也能存在一种正相关，而高蛋白质膳食和限制性饮食对于*PepT1*对应mRNA水平的影响可能属于两种不同的调节机制，因为在饥饿一段时间以后重新进行膳食摄入，*PepT1*对应mRNA的表达量与高蛋白质膳食的变化模式完全相反。有研究发现小肠远端部位的转运蛋白受到高蛋白质膳食的影响上调，该区域在小肽和氨基酸吸收方面应该发挥着重要作用，同时其也有可能是膳食诱导小肽和氨基酸转运蛋白表达调控的主要场所，然而也有研究发现小肠近端的PepT1对应mRNA的上调幅度要比中端和远端部位大，目前尚无法解释这一差异。

在营养不良的条件下，体脂和糖原作为能量储备而被利用，由于蛋白质是组织结构的重要组成部分和生物活性物质，在体内并没有储存库，因此蛋白质的损失或是缺乏将导致生理功能的迅速下降。从这一角度来看，在营养不良条件下*PepT1*基因表达上调可能是一种适应机制，用来提高机体对于蛋白质的吸收利用。如果这种上调机制出现迟缓，那么作为必需营养素的蛋白质通过小肠吸收的效率就会大大降低，进而导致机体生理机能的显著下降。

3. 蛋白质对其他基因表达的调控

不同蛋白质摄入水平还会影响到其他基因的表达调控，例如激素、钙蛋白酶系统、超氧化物歧化酶（SOD）等。

机体内的很多激素都受到蛋白质膳食水平的影响，如高蛋白质膳食可以提高脂肪组织中类胰岛素生长因子Ⅰ和肝脏中生长激素受体的表达，进而发挥调节机体生长发育的作用。

与此同时，不同蛋白质摄入水平还会影响到神经肽、促生长激素的表达。

金属硫蛋白是一类低分子质量、富含金属和半胱氨酸的功能性结合蛋白，几乎存在于哺乳动物所有的组织中，是一种具有广泛而重要生理活性功能的天然活性物质。研究发现，经锌元素诱导的外源性金属硫蛋白对机体抗氧化功能和超氧化物歧化酶的基因表达具有显著的调控作用，且与诱导的时间和作用剂量关系密切。

因此可以看出，蛋白质作为膳食的重要营养元素之一，其可以对机体相关代谢酶类的基因表达发挥重要的调控作用，进而影响机体的代谢及相关生理过程。

三、氨基酸对基因表达的调控

氨基酸是构成蛋白质的基本单位，其最主要的功能是在体内合成蛋白质，也是合成许多激素的前体物质，如甲状腺素、肾上腺素、5-羟色胺等，同时也是合成嘌呤、嘧啶、血红素以及磷脂中含磷碱基的重要原料。此外，氨基酸还具有重要的非蛋白功能，如膳食结构中如果蛋白质摄入过多时，机体可以通过氨基酸的生糖、生酮作用转变为糖和脂肪或直接氧化供能。

氨基酸不但可以作为某些信号传导途径的神经传递因子或前体物质，同时也是调节细胞生物过程的一类营养信号分子，但是与机体内脂质、糖类不同的是，体内没有重要的氨基酸储存库，更为不利的是，多细胞生物体自身并不能合成机体所需的所有氨基酸。从这个角度来看，氨基酸代谢应该更容易受到各种营养素条件或应激刺激的影响。相关研究发现，当饮食条件和外界环境条件发生变化的时候，可以直接引起某种氨基酸水平的变化，此时机体就会适当的调整氨基酸相关基因的表达，以保证机体内氨基酸稳态水平。作为重要的基础生物分子，氨基酸与基因表达之间的关系研究受到了越来越多的关注，本小节将介绍氨基酸涉及的几类基因的表达调控。

1. 氨基酸对氨基酸代谢相关酶基因表达的调控

天冬氨酸合成酶可以催化天冬酰胺和谷氨酸合成天冬氨酸，当细胞在缺乏天冬氨酸的培养基中培养时，天冬氨酸合成酶对应的mRNA表达量就会升高，其中可能涉及基因启动子中的反式作用因子的调控作用。当氨基酸缺乏时，氨基酸转运载体A（一种依赖于Na^+的中性氨基酸转运载体）的表达效率就会增加，而其他载体则没有这种反应，其可能是机体对于营养物质变化的一种适应性机制。对于哺乳动物而言，氨基酸调控基因表达是通过一系列中间环节完成的，在这其中，氨基酸缺乏导致某种调节蛋白的从头合成是提高相关基因mRNA表达量所必需的。

与此同时，相关动物试验表明，通过组氨酸不平衡的膳食干预，大鼠的采食量和日增重降低，而组氨酸酶活性显著提高，同时发现这种不平衡程度越大，组氨酸降解酶的活性越大。组氨酸降解酶的活性与其对应的mRNA表达量密切相关，因此可以推断，氨基酸的不平衡促进了氨基酸降解酶的基因表达，进而加快了氨基酸的降解。在体外细胞试验中发现，培养基中不添加任何氨基酸的实验组与对照组（添加 20 种氨基酸混合物）相比，鼠 α-Tc6 细胞中前胰岛素原对应的 mRNA 表达水平降低了 67%，而在分别除去单个氨基酸的培养基中，只有去除组氨酸才会降低其 mRNA 表达水平，推测组氨酸在转录及转录后水平上调控了该基因的表达。研究同时还发现，在肝细胞培养基中除去组氨酸，可以降低蛋白质的合成和清蛋白 mRNA 的表达。这也进一步说明氨基酸对于相关氨基酸降解酶及蛋白质合成酶的表达具有一定的调控作用。

2. 氨基酸对 *CHOP* 基因表达的调控

CHOP 基因是 C/EBP（CCAAT- 增强子结合蛋白）同源蛋白基因，也被称为 *GADD153* 基因，是生长抑制和 DNA 损伤所诱导的基因家族成员之一。C/EBP 家族成员在调节能量代谢、细胞增殖和分化，以及其他特异性基因表达等方面发挥着重要的作用，*CHOP* 通过与 C/EBP 家族成员结合成为稳定的异源二聚体，从而参与多种基因的表达调控。在体外试验中发现，*CHOP* 基因的异位表达可以抑制成纤维细胞的生长、脂肪细胞的分化，诱导细胞凋亡等。

相关试验证实，在大鼠肝细胞培养基中除去氨基酸后，可以促进数个基因的表达，其中表达量调高幅度最大的就是 *CHOP* 基因，进一步研究表明，亮氨酸限制可以诱导所有受试细胞的 *CHOP* 基因表达。亮氨酸不仅可以增加 *CHOP* 对应 mRNA 的转录，同时也可以增加转录产物的稳定性，在亮氨酸限制 4h 后，*CHOP* 基因的转录速率调高了 21 倍，而核糖体蛋白 S26 亚基的基因转录速率保持不变。为探究亮氨酸限制是否影响了 *CHOP* 基因对应 mRNA 的半衰期，细胞先在不含亮氨酸的培养基中培养了 16h，然后加入放线菌素 D 及不同浓度的亮氨酸，进而在不同时间从细胞中提取 mRNA，检测结果表明，加入亮氨酸使 *CHOP* 基因表达的 mRNA 浓度急剧下降，在亮氨酸限制的细胞中，*CHOP* 基因对应的 mRNA 的半衰期比对照细胞增加了 3 倍。因此可以看出，亮氨酸限制引起的 *CHOP* 基因对应 mRNA 浓度的升高是由于转录速率增加及 mRNA 稳定性增强所导致的。

3. 氨基酸对其他基因表达的调控

膳食中的氨基酸同时还会影响生长激素相关蛋白的基因表达调控，如 GHR（生长激素受体蛋白），IGF-1（类胰岛素生长因子 -1），IGFBP-1（类胰岛素生长因子结合蛋白 -1）。

生长激素是控制机体出生后生长的重要激素，而其对于生长的控制必须通过 GHR 和 IGF-1 的作用才能实现。组织中 GHR 浓度的高低、功能的正常与否将直接影响生长激素的功能。IGF-1 是一种广谱性的促生长因子，其能够诱导细胞分化，促进 DNA 合成和细胞分裂，从而导致蛋白质的合成增加、生长速率加快。大多数动物实验已经表明营养不良导致的生长受阻往往伴随着血浆中生长激素水平的变化，其不是降低而是升高，但是 IGF-1 的浓度是显著下降的，这也说明 IGF-1 和生物合成可以受到营养素的有效调控。相关研究进一步证实，IGF-1 的基因表达受到色氨酸、精氨酸、脯氨酸、苏氨酸和缬氨酸的正向调控，并在一定范围内呈现剂量依赖关系。与此同时，*GHR* 的基因表达则受到赖氨酸、苯丙氨酸、色氨酸、脯氨酸、苏氨酸的正向调控，但不存在剂量依赖性，而精氨酸对于 *GHR* 的基因表达并不发挥调控作用。

目前已知的 IGFBP 至少有 6 种，其中 IGFBR-1 和 IGFBP-2 可以与 IGF-1 结合，使其丧失与 IGF-1 受体结合的能力，阻止其生物学功能的发挥。氨基酸是影响 *IGFBP-1* 基因表达的一个重要调节因子。研究表明，当培养基中亮氨酸的浓度下降时，IGFBP-1 及其对应的 mRNA 在细胞内的浓度会从很低的水平迅速上升，同时精氨酸、胱氨酸以及其他必需氨基酸也都会对 IGFBP-1 对应的 mRNA 水平产生显著影响。值得注意的是，研究还发现，血浆浓度受营养状况影响最大的氨基酸正是对 *IGFBP-1* 调控发挥主要作用的氨基酸。

氨基酸对于基因表达调控的作用具有一定的组织特异性和基因种类特异性，基因表达的组织特异性和时空特异性是否与氨基酸在体内的分配与代谢有关，而氨基酸在发挥基因表达调控的过程中是其本身直接作用，还是氨基酸代谢产物或氨基酸影响相关激素分泌而发挥作用，这些都需要进一步的研究解析。

第四节 碳水化合物对基因表达的调控

一、碳水化合物的生理作用

碳水化合物是多羟基醛和多羟基酮类化合物及其缩合物或衍生物的总称。碳水化合物的分类方式有很多，在膳食中通常将碳水化合物分为两类，一类是可溶性碳水化合物，主要包括单糖、二糖、寡糖和部分多糖，这部分碳水化合物容易被机体消化吸收；另一类为不可溶碳水化合物，其本身不易被机体消化吸收，如植物中的纤维素、半纤维素等。碳水化合物的生理功能主要有以下几方面。

①机体组织的构成物质：碳水化合物是细胞膜中糖蛋白、神经组织中糖脂以及遗传物质脱氧核糖核酸（DNA）的重要组成部分，是构成机体组织结构的基本生化分子。

②机体能量的主要来源：碳水化合物在体内可以迅速消化吸收，并进一步氧化提供能量，如葡萄糖、淀粉等，是机体能量来源的主要物质。

③机体内的储能物质：当机体内碳水化合物摄入量充足时，其除了被作为供能物质被消耗外，同时也会通过糖异生作用转化成其他物质进行储存。

④抗酮作用：在肝脏中，脂肪氧化分解的中间产物乙酰乙酸、β- 羟基丁酸及丙酮，这三者统称为酮体。碳水化合物通过氧化功能，间接阻止了脂肪的消耗，使脂肪在肝脏中的 β- 氧化降低，乙酰 CoA 缩合形成的酮体减少，发挥抗酮的作用。

⑤保肝解毒作用：肝脏内的糖原储备充足时，肝细胞对于某些有剧毒的化学物质和各种致病微生物产生的毒素具有较强的解毒能力。

⑥润滑作用：碳水化合物中的糖蛋白或其他衍生物在机体内可发挥一定的润滑作用，如黏蛋白等。

⑦膳食纤维的肠道健康功能：膳食纤维不易消化，吸水量大，可以起到填充胃肠道的作用，增加饱腹感，同时也对肠黏膜具有一定的刺激作用，可以促进胃肠道的蠕动和粪便的排泄。同时，膳食纤维的主要代谢过程发生于肠道，其可以调节肠道菌群构成，改善肠道微生态的平衡，相关膳食纤维的降解产物还能进一步参与到肠道微生物的代谢中，发挥一定的生理功能。

二、碳水化合物对基因表达的调控

1. 碳水化合物对糖代谢相关酶基因表达的调控

葡萄糖-6-磷酸脱氢酶（G-6-PD，glucose-6-phosphate dehydrogenase）是存在于所有细胞和组织中的一种看家酶，是磷酸戊糖旁路代谢的起始酶，主要用于提供戊糖用于核酸合成，提供还原性辅酶（NADPH），用于各种生物合成及维持血红蛋白和红细胞膜的稳定性。G-6-PD 缺乏不仅影响 NADPH 的生物合成，同时还会妨碍过氧化氢和成熟红细胞的其他化合物的解毒作用。G-6-PD 缺陷是人类最常见的酶缺陷病，据统计全球约有 4 亿人存在这种缺陷，其实质为 G-6-PD 的基因突变。

脂肪和脂肪酸的生物合成需要来自糖代谢的能量，也需要 NADPH，因而提供 NADPH 的磷酸戊糖途径中的 G-6-PD 的含量、活力均会对脂肪合成产生影响。相关研究表明，高碳水化合物的膳食会对小鼠肝窦状内皮细胞和实质细胞中的 G-6-PD 酶活以及对应 mRNA 的含量产生影响，进而证实短期内的高碳水化合物膳食干预，能够调控 G-6-PD 在肝窦状内皮细胞和实质细胞中的表达。

葡萄糖激酶（GK）是糖酵解过程中调节血糖的关键酶。有研究表明鱼类体内 GK 缺乏或者活性较低，是限制其体内对碳水化合物利用的重要原因之一，后续研究也进一步表明膳食中碳水化合物能够诱导鲤鱼、鳟鱼等肝脏、胰脏内 GK 活性的增加及 GK 对应基因的表达。由此可以看出，不同碳水化合物膳食干预能够调控机体内 GK 酶的活性及相关基因表达，高碳水化合物膳食干预，可以显著提高 GK 活性和表达量，进而促进血糖升高，但机体持续的高血糖并不利健康，这可能也是高糖摄食对于健康负面作用的原因之一。此外，碳水化合物膳食摄入水平与 GK 对应 mRNA 之间并不是简单的线性关系，这也说明碳水化合物对于 GK 的基因表达调控可能还存在更为复杂的机制。

2. 碳水化合物对糖异生相关酶基因表达的调控

葡萄糖-6-磷酸酶（glucose-6-phosphatase，G-6-Pase）是糖代谢过程中重要的酶，由于它是糖异生和糖原分解最后一步的限速酶，因此其活性的变化直接影响到内生性糖的输出。目前对于 G-6-Pase 的结构功能还并不完全清楚，研究较多的是其催化亚基（G-6-PC）和 6- 磷酸葡萄糖转运亚基（G-6-PT）。通过分析葡萄糖及木糖醇在不同浓度下对大鼠肝细胞中 G-6-Pase 基因表达的影响，发现高浓度的葡萄糖可以使肝细胞 G-6-PC 和 G-6-PT 的 mRNA 水平提高，25mmol/L 的葡萄糖就能够使 G-6-PC 和 G-6-PT 的 mRNA 浓度提高 2 倍以上。小剂量的木糖醇能够促进 G-6-PC 和 G-6-PT 对应基因的转录，当木糖醇的浓度大于 5mmol/L 时，这种促进作用则逐渐消失甚至表现为抑制作用。由此可见碳水化合物对于 G-6-Pase 的基因表达具有明显调控作用，且不同糖类的调控方式也存在一定差异。由于 G-6-Pase 在糖尿病的发生和发展中发挥着重要的作用，因此分析碳水化合物对它的基因表达调控作用，对于预防和治疗糖尿病也具有一定的积极意义。

磷酸烯醇式丙酮酸羧激酶（PEPCK）是肝脏和肾脏中糖原异生的关键酶，它的基因转录起始位点上游 500bp 内含有许多调节单元，可以与相关的代谢信号相互作用，相关研究已经证实该基因的表达可以受到日常膳食中碳水化合物的调控。碳水化合物对于 PEPCK 的调控主要是通过对其启动子的相互作用实现的，当机体膳食中含有大量碳水化合物时，PEPCK 的启动子就会关闭，进而导致 PEPCK 的基因表达大幅度下调，而当机体禁食或者膳食结构中碳水化合物较低时，PEPCK 的启动子就会处于打开状态，从而提高 PEPCK 的基因表达水平。通过对大鼠 PEPCK 的基因序列分析发现，PEPCK 的基因启动子位于 -460~73，其中包含了大多数激素调控基因转录所必需的组织特异性调控元件。日常膳食中的糖类物质含量会影响胰岛素、cAMP 等在集体内的相对含量，而胰岛素与 cAMP 等的相对含量又会影响到特异性转录因子的活性，进而这些特异性转录因此会与 PEPCK 启动子上的响应调控元件相互作用，影响到 PEPCK 的基因表达。有研究表明 PEPCK 的基因转录调控区域相当复杂，它包含 3 个功能区，每一个区都是由蛋白质结合位点群组成的。区域Ⅰ包含了基本必需的元件和 cAMP 调控区；区域Ⅱ则是由一系列蛋白质结合位点组成，它可以通过与结合区域Ⅰ上的转录因子相互作用来调节 PEPCK 的基因转录，其中被命名为 P3 的调控元件对于 PEPCK 在肝脏的特异性表达具有重要意义，同时也是 PEPCK 的基因转录启动和 cAMP 充分作用的重要调控元件；区域Ⅲ含有一套复杂的调控元件，包括糖皮质激素、视黄醇等对基因转录的正调控作用以及胰岛素的负调控作用，其中最主要的调控元件有 cAMP 的应答元件，cAMP 的诱导和胰岛素的一直作用就是通过这两个元件来实现调控的。

当膳食结构中存在大量碳水化合物的时候，由于胰岛素的作用会抑制 PEPCK 的基因转录，导致其表达水平下降，而在禁食或者低碳水饮食结构中，胰高血糖素、甲状腺激素、糖皮质激素、视黄醇等可以诱导该基因的表达。PEPCK 在肝脏和肾脏中的合成速度与其 mRNA 水平密切相关，而其 mRNA 水平又受到基因转录及 mRNA 本身稳定性的影响。胰高血糖素可以诱导 PEPCK 的基因转录，而胰岛素则抑制其转录。PEPCK 对应 mRNA 的半衰期仅为 30 min，但 cAMP 有助于其稳定，因此 PEPCK 的基因即时调节受控于 cAMP 和胰岛素水平，而这两种物质又会受到膳食结构中碳水化合物的影响。

3. 碳水化合物对脂肪酸合成酶基因表达的调控

脂肪合成酶（FAS）是脂肪酸合成的主要限速酶，存在于脂肪、肝脏、肺脏等组织中，在机体内可以通过催化丙二酸单酰 CoA 连续缩合形成长链脂肪酸。机体每天都要从食物中摄取能量，并在肝脏和脂肪组织中把多余的能量转变为脂肪存储起来。机体内脂肪沉积所需要的脂肪酸大多来自体内的自我合成，即由 FAS 催化乙酰 CoA 和丙二酸单酰 CoA 合成脂肪酸。因此 FAS 的浓度、活性直接控制着体内脂肪合成的强弱，从而影响整个机体脂肪的含量。已有研究证实，肝脏和脂肪组织中的 FAS 活性及其基因表达受到多种激素以及膳食结构中营养素组成的影响。日常膳食中碳水化合物及脂肪含量对于 FAS 基因表达具有重要影响，高脂膳食会抑制 FAS 基因表达，其作用机制可能是通过过氧化氢酶体增殖物激活受体产生作用，而高糖膳食会促进 FAS 基因的表达，其主要作用机制可能是介导葡萄糖和胰岛素来发挥作用。

通过给哺乳期的仔鼠灌喂高浓度碳水化合物，发现灌喂后几个小时就可以诱发肝脏和脂肪组织中 FAS 和乙酰辅酶羧化酶对应的 mRNA 的表达。FAS、ACC 和 ATP- 柠檬酸裂解酶（ATP-CL）是脂肪合成途径中 3 个主要的代谢酶，高碳水化合物、低脂肪的膳食结构中，这些酶的基因表达水平会得到上调，已有大量研究证实了这一结论，例如高脂肪、低碳水化合物的膳食结构中，肝脏中 FAS、ACC 和 ATP-CL 的 mRNA 含量的提高和酶活的增强都受到了抑制，而通过肠道 α- 葡萄糖苷酶阻断剂的干预，可以显著降低肠道内葡萄糖的产量，进而显著下调 FAS 和 ACC 的基因表达。

与此同时，也有研究证实激素敏感脂肪酶（hormone-sensitive lipase，HSL）在骨骼肌、心肌和肝脏中发挥着重要的调节作用，HSL 在骨骼肌中的活性主要是由肾上腺素来调节的，同时也受到 cAMP 水平的调控。此外，细胞外信号调节激酶（extracellular mitogen-activated protein kinases，EPK）的活性也与 HSL 的活性有关。相关动物实验表明，在缺失 HSL 的鼠肌肉中，其糖原利用相关酶的表达上调，说明缺失 HSL 后，机体可以通过增加对糖的利用来弥补对脂肪利用率的降低，进而表明 HSL 在肌内脂肪代谢中具有重要作用，同时也说明碳水化合物调控的糖代谢也可以显著影响到脂肪的代谢过程。

4. 碳水化合物对其他基因表达的调控

苹果酸酶（malic enzyme，ME）可以催化苹果酸氧化脱羧形成丙酮酸和二氧化碳，同时催化 $NADP^+$ 形成 NADPH，它也是禽类动物肝脏合成长链脂肪酸所必需的能量来源。有研究表明高碳水化合物膳食可以提高 ME 的转录活性，以小鼠为研究对象，通过给予高碳水化合物的膳食干预，可以发现小鼠体内 ME 对应 mRNA 浓度提高了 7~8 倍，ME 的活性也同时被提高。与此同时，高碳水化合物膳食干预调控 ME 的基因表达还具有肝脏组织特异性。

胰岛素的生物合成与胰岛素对应 mRNA 的表达水平密切相关，可以通过检测胰岛细胞中胰岛素对应 mRNA 的水平，分析胰岛细胞的功能状态。胰岛素的基因表达会受到营养物质、神经递质、内分泌激素、细胞因子等的调控，而葡萄糖是其主要的生理调节剂。研究表明，低血糖可以抑制胰岛素基因的表达，但同时长期的高血糖状态也可以抑制胰岛素基因的表达，而且这种作用呈现剂量和时间的依赖性，即血糖越高，持续时间越长，其对胰岛素基因表达的抑制作用就会越强，这也被称为葡萄糖细胞毒性，最终会使胰岛细胞功能耗竭。

脂肪水孔蛋白（Aquaporin adipose，AQPap）是脂肪组织特异性表达的甘油水孔蛋白，它主要负责在脂肪分解时将脂肪细胞内的甘油转运至细胞外，参与能量的供应。胰岛素对 3T3-L1 脂肪细胞 AQPap 对应 mRNA 的表达具有抑制作用，且呈现剂量和时间依赖性。葡萄糖与胰岛素是反应集体能量状况的重要信号分子，其会影响到与糖脂代谢有关基因的表达。相关研究表明，胰岛素对于 AQPap 的基因表达具有抑制作用，而高浓度的葡萄糖对于 AQPap 的基因表达则有促进作用。

此外，碳水化合物还对肝脏脂肪沉积相关基因的表达发挥一定的调控作用，如甘油二酯酰基转移酶 2、肝脏 X 受体、脂蛋白酯酶等。进而表明，碳水化合物作为膳食结构中的主要的能量供给营养素，对机体糖脂代谢相关蛋白的基因表达发挥着重要的调控作用。

三、多糖对基因表达的调控

1. 枸杞多糖对基因表达的调控

有研究利用末端脱氧核糖核酸转移酶介导的 dUTP 缺口末端标记技术（TUNEL）标记的流式细胞术和实时荧光 PCR 技术，分析了枸杞多糖膳食干预下，老年大鼠和年轻大鼠 T 细胞凋亡百分比及抗凋亡、促凋亡基因（*FAS*、*FASL*、*TNFR1*、*bax*、*bcl-2*、*TNFR2*）对应 mRNA 的表达情况，研究发现，枸杞多糖能够有效地降低老年大鼠 T 细胞的过度凋亡，而且可以下调促凋亡的肿瘤坏死因子受体 1（*TNFR1*）基因的表达，上调抗凋亡的 *bcl-2* 对应的基因表达。因此说明，枸杞多糖可以通过下调促凋亡基因的表达和上调抗凋亡基因的表达，发挥改善老年大鼠 T 细胞过度凋亡的状态。

与此同时，研究还发现，枸杞多糖可以有效改善下丘脑损伤肥胖小鼠脂肪组织内乙酰 CoA 羧化酶的表达水平，显著上调其对应基因的转录表达，同时表现出明显的量效关系，进而说明，枸杞多糖的降脂减肥作用可能是通过调节体内能量代谢来实现的。

2. 黄芪多糖对基因表达的调控

黄芪多糖是从黄芪中分离得到的多糖组分，主要由葡萄糖、半乳糖、阿拉伯糖等组成，具有抗炎、抗肿瘤及较强的增强免疫作用，是潜在的功能因子，可被开发为功能食品或保健品。

相关细胞实验表明，黄芪多糖对于细菌脂多糖诱导的巨噬细胞相关细胞因子的分泌具有调控作用，能够显著抑制肿瘤坏死因子 α（TNF-α）和白介素 -1（IL-1）对应基因的表达。此外，也有研究表明，黄芪多糖能够促进机体内白介素 -2（IL-2）的表达，进而提高机体的免疫力，增强抗病能力。

3. 其他多糖对基因表达的调控

相关研究表明南瓜多糖对 2 型糖尿病大鼠糖脂代谢和脂联素基因的表达具有调控作用，能够上调脂联素的基因表达，降低胰岛素抵抗，进而发挥降低血糖和改善脂质代谢紊乱的作用。

多糖是一类广泛存在于动物、植物、微生物中的天然大分子物质，随着人们对于多糖研究的深入，多糖的功能活性受到越来越多的重视，这其中就包括多糖对机体相关基因表达调控活性。然而，其研究过程中存在以下几个难点，①多糖分子结构不明：由于多糖属于天然大分子，单糖组成种类多，糖苷键类型多，支链结构丰富等，导致多糖具体的结构信息难于解析，特别是高级结构解析，因此在多糖活性研究中缺乏其精确的结构信息；②多糖体内 / 体外活性分析结果不一致：作为天然大分子，多糖在进入机体后存在体内代谢过程，进而会导致研究过程中多糖体内 / 体外活性分析结果不一致的现象；③多糖体内代谢过程不明：多糖主要代谢位点在肠道，其代谢过程涉及大量的肠道微生物和酶类，代谢过程复杂，代谢产物繁多，制约了其活性的深入研究。

虽然多糖对于机体基因表达活性研究存在很大的困难，但是作为一种结构信息丰富，生物活性显著，膳食来源丰富的潜在功能物质，必定是未来研究的热点，需要从研究方法、思路上进行创新。

第五节　脂肪对基因表达的调控

一、脂肪的生理作用

脂类是油、脂肪、类脂的总称。食物中的油脂主要是油和脂肪，一般把常温下是液体的脂类称为油，而把常温下是固体的脂类称为脂肪。脂肪是由甘油和脂肪酸组成的甘油三酯，其中甘油的分子结构比较简单，而脂肪酸的种类和结构却不相同。因此，脂肪的性质和特点主要取决于脂肪酸，不同食物中的脂肪所含有的脂肪酸种类和含量不一样，自然界中有 40 多种脂肪酸，可以形成多种多样的脂肪酸甘油三酯。

脂肪酸一般是由 4~24 个碳原子组成的，通常可以被分为三大类，即饱和脂肪酸、单不饱和脂肪酸和多不饱和脂肪酸。脂肪酸的主要性质包括①水溶性：脂肪酸分子是由极性的羟基和非极性的烃基所组成的，因此其具有亲水性和疏水性两种不同的性质，有的脂肪酸可以溶于水，有的则不能，其主要与烃链的长短有关；②熔点：饱和脂肪酸的熔点依其分子质量而变动，分子质量越大，其熔点就越高，不饱和脂肪酸的不饱和键越多，其熔点越低；③吸收光谱：脂肪酸在紫外区和红外区显示出特有的吸收光谱，可用来对脂肪酸进行定性、定量或结构分析；④皂化作用：脂肪内脂肪酸和甘油结合的酯键容易被氢氧化钠等碱水解，生成甘油和水溶性的脂肪酸金属盐，这个过程为皂化；⑤加氢作用：脂肪分子中如果含有不饱和脂肪酸，其所含双键可以因加氢而变为饱和脂肪酸；⑥与卤素的加成反应：脂肪分子中的不饱和键可以加碘，每100g脂肪所吸收的碘的克数即为碘价，可以用来衡量脂肪酸的不饱和程度。

机体内的脂肪主要分布在皮下组织、大网膜、肠系膜和肾脏四周等，体内脂肪的含量会随着营养状况，能量消耗等因素而变动，其主要的生理作用如下。

（1）氧化功能　脂肪所含的碳和氢比碳水化合物要多，因此在氧化过程中可以释放更多的能量。

（2）构成机体组织　类脂作为细胞膜结构的基本原料，占细胞膜质量的50%左右。细胞的各种膜主要是由类脂（磷脂、胆固醇）与蛋白质结合而成的脂蛋白构成，而一些固醇则是制造体内固醇类激素的必需物质，如性激素、肾上腺皮质激素等。

（3）供给必需脂肪酸　脂肪中含有的必需脂肪酸主要靠膳食提供，它主要用于磷脂的合成，是所有细胞结构的重要组成部分，同时在保持皮肤微血管正常通透性、精子形成、前列腺素合成等方面也具有重要作用。

（4）调节体温和保护脏器　脂肪大部分储存在皮下，用于调节体温，保护对温度敏感的组织，防止机体热量散失。分布填充在各个脏器间隙中的脂肪可以使脏器免受震动和机械损伤。

（5）增加饱腹感　脂肪在胃内的消化比较缓慢，停留时间长，可以增加饱腹感。

（6）促进脂溶性维生素的吸收　脂溶性维生素A、维生素D、维生素E、维生素K等，只有溶于脂肪中才会被机体吸收。因此，摄取脂肪就能使食物中的脂溶性维生素溶解于脂肪中，进而被机体吸收。

（7）脂肪组织的内分泌功能　脂肪组织可以分泌瘦素（leptin）、肿瘤坏死因子α（TNF-α）、白细胞介素（interleukin，IL）、纤维蛋白溶酶原激活因子抑制物（plasminogen activator inhibitor，PAI）、血管紧张素原（angiotensinogen）、雌激素（estrogen）、脂联素（adiponectin）、抵抗素（resistin）等。

二、脂肪对基因表达的调控

1. 脂肪对营养素代谢相关酶基因表达的调控

机体每天会从食物中摄取能量，并在肝脏和脂肪组织中将多余的能量转变为脂肪储存起来，而体内脂质沉积所需要的脂肪酸大多是由 FAS（脂肪酸合成酶）催化乙酰 CoA 和丙二酸单酰 CoA 合成的。因此，FAS 对于控制体内脂质沉积具有重要意义。

相关研究表明，膳食中脂肪酸对于 FAS 的基因表达具有抑制作用，特别是当膳食中不饱和脂肪酸含量较高时，可以显著抑制肝脏中脂肪的合成，且其抑制活性取决于脂肪酸的碳链长度、不饱和双键的位置和数量。脂肪酸碳链上的双键，特别是从甲基末端起的第一个双键的位置，对 FAS 的活性具有非常特殊的影响。当第一个双键位于 *n*–3 时，其对 FAS 的抑制作用比 *n*–6 强，第一个双键位于 *n*–9 时，其与饱和脂肪酸的作用相似，对于 FAS 的基因表达几乎没有影响，由此可以看出，*n*–3 和 *n*–6 脂肪族是 FAS 基因表达的强抑制剂。通过高碳水化合物饲喂大鼠，补充少量的长链多不饱和脂肪酸能够显著降低脂肪合成能力和 FAS 活性，而单不饱和脂肪酸则没有这种能力，进一步发现，脂肪酸对于 FAS 活性的这种调节能力在肝脏中有效，对脂肪组织无效，说明其调控具有一定的组织特异性。鱼油中含有多不饱和脂肪酸，主要是二十碳五烯酸和二十二碳六烯酸，红花油为双不饱和脂肪酸，其都可以降低 FAS 的活性，且其活性降低主要是通过下调 FAS 对应基因的表达。与此同时，通过测定鱼油和饱和脂肪酸对大鼠肝脏中 FAS 的基因表达产生的影响，发现磷酸烯醇式丙酮酸羧激酶和激动蛋白并不受脂肪酸饱和程度的影响，但是与饱和脂肪酸相比，鱼油显著地减低了 FAS 的基因转录，进而说明多不饱和脂肪酸在 FAS 活性抑制中表现得更为有效。

脂肪酶是机体日常消化中分解脂肪的消化酶，它的活性高低直接影响着机体对于膳食中脂肪的消化利用能力，但同时其也受到膳食中脂肪含量和类型的调控，也就是说脂肪酶基因的表达可以受到膳食中脂肪的影响。有研究表明，通过增加膳食中多不饱和脂肪酸的含量，能够增加胰脂酶的转录。当以中等剂量的红花油和猪油饲喂大鼠时，其胰脂酶 –3 的 mRNA 水平比低脂膳食干预分别提高了 163% 和 212%，而胰脂酶 –1 的 mRNA 水平则分别提高了 50% 和 135%；与此同时，研究还发现，在膳食干预中等含量脂肪时，含有多不饱和脂肪酸的红花油组比猪油组的脂肪酶活性提高了 80%，但是低脂肪水平膳食干预时，红花油组则比猪油组低了 50%，进而说明胰脂酶的基因表达会随着膳食中脂肪含量的增加而增加，其活力则取决于脂肪的类型及其含量，也有研究表明，脂肪含量可能在翻译前水平调控脂肪酶的基因表达，而脂肪类型则可能在翻译水平或翻译后水平调控胰脂酶的基因表达，而其具体的调控机制还需要进一步的研究。

脂蛋白脂酶（lipoprotein lipase，LPL）也是脂质代谢的关键酶之一，其基因的表达水平和酶活水平都可能调控机体的体脂沉积。LPL 主要催化乳糜微粒和低密度脂蛋白中的甘油三酯水解，产生甘油并释放出游离脂肪酸，以供储脂器官储存或者肌肉等其他器官的氧化分解。研究表明 LPL 是哺乳类肥胖基因借以调节机体脂质代谢的重要功能蛋白。LPL 通过控制其在脂肪组织与其他组织器官表达水平的高低直接决定脂肪组织与其他组织器官脂质底物配额的相对含量，从而间接决定从食物中摄入的脂类的代谢路径——是以体脂形式储存，还是作为能源底物被消耗掉，进而对机体脂质蓄积的状况产生决定性的影响。相关研究表明，当机体脂肪组织LPL表达缺乏时，其脂肪代谢会发生显著改变，会向体脂堆积方向转变，骨骼肌LPL过度表达则可阻止高脂食物诱导的体脂堆积。通过鱼油膳食干预大鼠，可以发现大鼠脂肪组织中LPL的活性明显提高。LPL的基因表达对机体脂肪沉积影响还有很多关键点并未明确，目前普遍认为这种影响具有一定的物种特异性和组织特异性，LPL基因是影响体脂沉积的重要候选基因之一。

膳食中的脂肪除了可以对脂质代谢相关酶的基因表达产生影响，同时也会对糖代谢的相关酶类的基因表达发挥一定的调控作用，如肝脏中的GK和G-6-Pase。GK和G-6-Pase是糖代谢过程中的两个关键酶，对于维持血糖水平发挥着重要的作用。有研究发现，不同脂肪含量的饲料会对鱼体内的GK和G-6-Pase活性和基因表达产生重要影响，与低脂饲料相比，在摄食后3~12h，高脂饲料组的GK对应mRNA水平显著提高；在摄食后3~24h，高脂饲料组的G-6-Pase的mRNA水平得到显著提高，且在摄食后24h，其活性增加最显著。

2.脂肪对免疫系统基因表达的调控

多不饱和脂肪酸对细胞免疫具有影响，不同脂肪酸组成的营养素可以对免疫细胞膜上的受体分子的表达进行调节，进而影响细胞免疫。研究发现，膳食干预鱼油的大鼠比饲喂玉米油、红花油、椰子油的大鼠的淋巴结和淋巴细胞表面T细胞抗原受体（T cell receptor，TCR）、分化抗原2（CD2）、分化抗原4（CD4）、分化抗原8（CD8）和白细胞功能相关抗原1（LFA-1）的表达水平有所降低。多不饱和脂肪酸同时还会影响有丝分裂原刺激的免疫细胞增殖反应，但是多不饱和脂肪酸对于免疫功能也有抑制作用，由于免疫细胞膜磷脂中的脂肪酸组成会受到膳食结构中脂肪酸种类和饱和度的影响，当摄入的多不饱和脂肪酸增多时，膜磷脂不饱和程度也会随之增加。因此，长期摄入鱼油也会对机体免疫功能产生抑制作用，其主要原因是免疫细胞的功能是由细胞正常的膜结构所决定的，而多不饱和脂肪酸促进的脂质过氧化对于细胞膜结构和功能会产生不良影响。

相关研究通过在鸡饲料中添加多不饱和脂肪酸，分析了鸡脾脏组织中白细胞介素2（IL-2）水平，单核细胞膜脂质脂肪酸组成，以及干扰素-γ（Interferon-γ，IFN-γ）基因表达的变化。结果表明，脾脏中IL-2水平会随着饲料中n-3/n-6脂肪酸的比值下降而显著增加。脾脏单核细胞膜脂肪酸组成和比例能够反映膳食结构中多不饱和脂肪酸的组成和比例。脾脏组织中IFN-γ的mRNA表达量也受到不同多不饱和脂肪酸比例的影响，高比例的n-3/n-6脂肪酸构成能够降低IFN-γ的mRNA表达量，这也说明膳食结构中不同的多不饱和脂肪酸比例可能通过改变细胞因子基因的表达情况以及免疫细胞膜脂质脂肪酸的组成，发挥对机体免疫调节的功能。

在细胞层面上，通过不同浓度短链脂肪酸处理山羊外周血淋巴细胞12h和24h后，再用ELISA技术检测其对培养基中细胞因子分泌的影响，结果表明，乙酸和丙酸均对IL-2和IFN-γ细胞因子的表达有增强作用，丁酸能够显著抑制IL-2和IFN-γ细胞因子的表达；乙酸和丙酸均对 IL-10 细胞因子的基因表达具有极显著的增强作用，而丁酸对 IL-10 细胞因子的表达具有显著的抑制作用，当有己二酸二癸酯存在时，可部分消除丁酸的抑制作用。同时采用实时荧光定量 PCR 检测不同浓度短链脂肪酸钠盐（乙酸钠、丙酸钠、丁酸钠）对山羊外周血淋巴细胞中 G 蛋白受体表达的影响，发现乙酸钠对 G 蛋白受体 43（GPR43）的表达具有显著的增强作用，丙酸钠偏好激活 GPR41，且呈现剂量依赖关系，丁酸钠则可以显著增强 GPR41 和 GPR43 的基因表达，且也具有典型的剂量依赖性。

3. 脂肪对其他基因表达的调控

有研究表明，日常膳食中必需脂肪酸的摄入量提高，会导致编码苹果酸酶（ME）、乙酰 CoA 羧化酶（ACC）、L- 丙酮酸激酶、脂肪酸合成酶（FAS）、葡萄糖转移蛋白（GLUT4）、S14 蛋白，以及硬脂酰 CoA 去饱和酶 -1（SCD1）的基因表达下降 60%~90%。

相关研究分析了不同膳食组成对小鼠肌肉胰岛素受体及其相关底物基因表达的影响，研究表明高脂膳食可以使小鼠肌肉 IR（胰岛素受体）、IRS-1（胰岛素受体底物 -1）、PI3 K（磷酸肌醇 3 激酶）的 mRNA 水平呈现不同程度的下降，分别为正常组的 81%、63% 和 45%，由此可以看出，营养素对于机体胰岛素敏感性的影响可能部分是通过影响胰岛素受体及其一系列相关底物的基因表达而实现的。

通过分析体外高浓度游离脂肪酸对胰岛细胞凋亡和凋亡相关基因表达的影响，发现高浓度的游离脂肪酸可以使原代培养的大鼠胰岛细胞和小鼠胰岛 βTc3 细胞的凋亡比例明显增加。胰岛细胞凋亡的过程中，诱导凋亡的相关基因，如 *bax*、*c-myc*、*FAS* 等的 mRNA 表达水平显著上调，而抵抗凋亡基因 *bcl-2* 的 mRNA 表达水平则明显下降。上述结果表明，游离脂肪酸可能通过诱导胰岛细胞凋亡导致或加重糖尿病，其中 *bcl-2* 和 *bax* 等基因的转录水平可能发挥着重要的作用。

亚油酸是组成脂肪的多种脂肪酸中的一种。亚油酸既是人和动物不可缺少的脂肪酸之一，又是人和动物无法合成的一种物质，必须从食物中摄取。共轭亚油酸（CLA）是亚油酸的同分异构体，是一系列在碳 9、11 或 10、12 位具有双键的亚油酸的位置和几何异构体，是普遍存在于人和动物体内的营养元素。相关研究表明，CLA 可以降低饮食诱导的肥胖大鼠的体重和体脂含量，降低血清中甘油三酯、胆固醇、优质脂肪酸水平，同时增加肥胖大鼠中解偶联蛋白 2（UCP2）对应的 mRNA 表达水平，进而证实 CLA 可以改善肥胖大鼠的脂质代谢紊乱，增加 UCP2 的基因表达，发挥降低体重、体脂的作用。

此外，多不饱和脂肪酸还会对其他组织中的相关基因表达产生影响，例如心肌细胞 Na^+ 通道基因、胰岛 β 细胞的乙酰 CoA 羧化酶基因、小肠的 L- 脂肪酸结合蛋白基因、载脂蛋白 *A-IV* 基因、载脂蛋白 *C-Ⅲ* 基因等。

随着营养科学的不断发展，改变了人们对于遗传和营养对机体发育和进化作用的认识。在决定个体的表现和发育中，基因作为内部因素，与营养等外部因素相互作用，而不是两个独立的对抗因素。基因并非一成不变，而是在一定的条件下会受到外界环境因素的影响，利用营养遗传学和分子生物学技术，系统地研究日常膳食中脂肪酸及其他营养素对于肝脏和脂肪组织中脂肪酸和脂质代谢相关酶的调控作用，利用营养－基因的交互作用，通过膳食干预调控基因的转录、细胞 mRNA 的处理、mRNA 的稳定性及其翻译过程，有效地维持机体的营养健康，促进机体的正常发育。目前分子生物学的相关基因技术已在营养学中应用并取得巨大进展，相信随着科学的发展，营养素对于基因表达调控的研究必将取得突破性的进展，为精准营养的开展提供坚实的理论基础。

第六节 矿物质和微量元素对基因表达的调控

一、矿物质概述

矿物质，又称为无机盐，是地壳中自然存在的化合物或天然元素，人体内总共含有 60 多种元素，虽然它们仅占人体体重的 4% 左右，但却是生物体的必需组成部分。根据矿物质元素在人体内含量的多少，将其分为常量元素和微量元素两大类。

含量超过人体体重 0.01% 以上的矿物质元素，称为常量元素。标准健康的成人，体内常量矿物质元素包括钙（1.5%）、磷（1%）、钾（0.35%）、硫（0.25%）、钠（0.15%）、氯（0.15%）、镁（0.05%）等。而含量不足 0.01% 甚至低于 0.005% 的矿物质元素，被称为微量元素，目前已知的微量元素有铁、铜、锰、锌、钴、钼、铬、镍、钒、氟、硒、碘、硅、锡、硼、溴 16 种人体必需的微量元素。

表 7-1 常见矿物质元素生理功能和缺乏表现

矿物质元素	生理功能	已知缺乏时的相关影响
常量元素		
钙（Ca）	促进骨骼生长发育，参与血管和肌肉的收缩、神经传递、胰岛素的释放等	无法达到骨量峰值，老年人会患骨质疏松症等
磷（P）	为钙化组织中羟基磷灰石、生物膜中的磷脂、核苷酸和核酸的组成成分，维持正常 pH，储存和转移能量，通过磷酸化反应激活酶等	患低磷酸盐血症，导致细胞功能障碍，可能出现厌食、贫血、肌肉无力、骨痛、佝偻病、骨软化、全身虚弱、免疫力下降、感觉异常、共济失调和精神错乱等症状
钾（K）	主要调节细胞内电解质的渗透压和平衡，维持心血管、呼吸、消化、肾脏和内分泌系统的正常功能，参与能量代谢、细胞生长和分裂等	低钾元素的摄入通常情况下不会导致临床症状，但在饥饿或神经性厌食症期间会产生低钾血症

续表

矿物质元素	生理功能	已知缺乏时的相关影响
硫（S）	多种蛋白质的组成部分，也参与部分电子传递链中的能量代谢	—
钠（Na）	作为主要的细胞外电解质，调节渗透压和电解质的平衡；是神经传导、肌肉收缩和能量依存的细胞运输系统；参与骨中矿物磷灰石的形成	一般饮食不会造成钠元素缺乏，仅出现在临床重大创伤等情况中
氯（Cl）	胃中盐酸的组成部分，参与红细胞浆膜中的氯转移，调节渗透压和电解质平衡等	一般饮食不会造成氯元素缺乏，仅出现在临床重大创伤等情况中
镁（Mg）	参与众多基本的细胞反应，参与300种以上代谢中的酶促反应，促进骨骼发育、调控基因表达、参与神经和肌肉细胞的传导等	只有在患病状态或由罕见的基因异常引起
微量元素		
铁（Fe）	协助氧的运输和储存，作为众多代谢功能的催化中心，参与细胞呼吸和能量产生，存在于免疫系统，与骨髓形成、胎儿神经发育相关	缺铁和缺铁性贫血，免疫反应受损，会对儿童精神运动和智力发育产生不利影响
铜（Cu）	存在于免疫、神经和心血管系统，关乎骨骼健康，参与铁代谢、血红蛋白合成、线粒体调节和一些基因的表达	由于人体显著的内平衡机制，不太可能出现铜缺乏症状
锰（Mn）	作为线粒体超氧化物歧化酶、精氨酸酶和丙酮酸羧化酶的催化辅助因子	体重减轻，皮炎，头发和指甲生长迟缓，血脂下降（缺乏较为罕见）
锌（Zn）	具有催化、结构组成和调节的作用，能量代谢中超过100种金属酶的组成部分，参与DNA和RNA合成、蛋白质合成、多基因表达、黏膜细胞保护、免疫和生殖系统功能	儿童生长迟缓，性和骨骼发育不全，神经性精神障碍，皮炎，脱发，腹泻，易受感染和食欲不振
钼（Mo）	作为催化含铁和黄素的酶的羟基化过程的辅助因子	很难缺乏
铬（Cr）	胰岛素作用，参与碳水化合物、脂类和核酸代谢	严重缺铬会导致胰岛素抵抗
硒（Se）	作为硒依赖性的谷胱甘肽过氧化物酶的氧化还原中心，参与甲状腺激素代谢	克山病：一种影响儿童和育龄妇女的心肌病
氟（F）	组成牙齿和骨骼中的氟磷灰石	增加患龋齿的风险
碘（I）	与甲状腺激素、生长和智力发育相关	甲状腺肿大、甲状腺功能衰退、克汀病（碘缺乏症）

矿物质在人体中虽然总含量不大，但起着不可忽略的重要作用（表 7-1）。其中很多矿物质元素为多种酶的必需组成部分，可调节多种生理功能（Combet and Buckton，2018），在日常生活中，为了保持各种矿物质之间的平衡摄入，我们必须从平衡、多样化的膳食结构中获取，得到对矿物质的充分补充。

二、矿物质元素对基因表达的调控

1. 钙（Ca）对基因表达的调控

大多数矿物质元素主要被空肠上皮细胞吸收，通过特定的转运载体或受体介导的内吞作用被吸收，所以其作用的主要部位集中在肾脏、肝脏和肠中。本节主要列举几种重要矿物质元素对基因表达调控的机制。

（1）钙调素（CaM）依赖性蛋白激酶对基因表达的调控　钙调素是一个广泛存在于真核细胞生物中的蛋白质，具有多种生理功能。钙调素的基因可以分为三类，*CaM Ⅰ*、*CaM Ⅱ*和 *CaM Ⅲ*。钙调素的空间结构与肌钙蛋白类似，CaM 具有很多的疏水表面，这些表面能够与靶蛋白结合从而调控其活性。当钙调素存在于细胞中时，通常以 apoCaM 和 Ca^{2+}–CaM 两种形式存在，其中无钙构型的 apoCaM 结构比较紧凑，这两种构型的钙调素被认为在正常机体中应该处于动态平衡的状态。

Ca^{2+}–CaM Ⅰ复合物对基因表达具有重要的调控作用，通常具有两种方式，第一种方式主要是直接与靶目标酶结合，诱导其构象的改变，通过活化酶来调节表达过程，例如腺苷酸环化酶和磷酸二酯酶等；另一种是活化其自身的蛋白磷酸酶和蛋白激酶来影响靶酶的活性，从而作用于多种不同的基因表达过程来进行调节。

Ca^{2+}–CaM Ⅰ复合物还能够调节一种丝氨酸 / 苏氨酸蛋白激酶（CaMK），这类酶是一系列的多功能蛋白激酶，广泛存在于机体重要的器官中，尤以神经组织为主，占据大脑中总蛋白的 1%。这类激酶会结合到基因组 DNA 的特定位点或区域，影响基因的转录因子活性，参与多类基因转录调节。Soderling、Fatima 等多项研究发现，心肌细胞中的这类激酶是钙离子调节蛋白质和转录反应的效应器。另外，这类激酶不仅受到钙离子的调节，其本身的各种形态之间也会互相影响，在 T 淋巴细胞中，Ca^{2+} 的流动既可以诱导 *IL-2* 基因的表达，也可以降低甚至沉默 *IL-2* 的表达，主要由共刺激信号是否存在来决定。

（2）细胞外钙感应性受体（CaSR）对基因表达的调控　CaSR 最初在牛甲状旁腺主细胞中被克隆出来，是 G 蛋白偶联受体，也是钙平衡中的关键成分。CaSR 参与的多种细胞增殖、分化和凋亡等过程，主要根据其在机体的分布状况不同而决定。CaSR 能分别通过 G 蛋白家族中的 Gq 和 Gi 去激活磷脂酶 C，并且抑制腺苷酸环化酶的活性，且 CaSR 可以激活磷脂酶 A_2 和磷脂酶 D，这也从侧面说明 CaSR 能够像其他 G 蛋白受体一样，调节多种细胞内信号的传导途径。另外，一项研究表明，CaSR 具有激活有丝分裂原激活蛋白激酶途径的功能，其可以将细胞外信号转导至核内，细胞外的 Ca^{2+} 及 CaSR 能够影响细胞的增殖和分化过程，例如刺激骨母细胞的增殖，此外 Tfelt–Hansen 等研究发现，细胞外钙离子可以通过 CaSR 上调垂体瘤转化基因（*PTTG*）的 mRNA 表达。

（3）钙离子对原癌基因（*c-fos*）表达的调控　细胞内钙离子与钙调素结合的复合体，可以通过激活蛋白激酶诱导 *c-fos* 基因的表达，对转录因子进行磷酸化修饰等。Nowak 等发现细胞内的钙离子增多，可以诱导 *c-fos* 进行转录，促进 CREB 与 cAMP 应答元件结合，从而诱导 *c-fos* 基因的表达。随着研究的深入，Schutte 等还发现，内皮素 1 可以通过 CaMK 作用于 *c-fos* 启动子而诱导其转录，从而使 *c-fos* 进行表达。这也为抑制 *c-fos* 表达提供了阻断的可能作用方式。

（4）钙离子对其他基因表达的调控　钙离子的激活剂，可以使促性腺激素释放激素（GnRH）刺激 *LHβ* 基因 RNA 的表达，但是这些作用不是钙离子单独完成的，而是依靠一些信号通路 PKC 系统，间接影响 *LHβ* 的转录和基因表达。21 世纪初，钙离子与脂肪组织相关基因之间的关系被发现，Zemel 等研究结果表明，膳食中的钙会下调钙离子浓度来调节激素的量，减少这些调节激素能使细胞内钙离子浓度增加，从而促进脂肪酸合成酶（FAS）的表达，导致脂肪合成的增多。此外，钙离子还可以负调节肝脏 HMG–CoA 还原酶的 mRNA，使其表达量下降，增加 *CYP7A* mRNA 的表达，致使血浆胆固醇水平降低。Rinnerthaler 等研究发现，体内钙元素梯度的差异对伴随年龄变化的皮肤角质层具有一定的调节作用，原理可能是表皮的钙梯度促进了基底层角质形成细胞的 DNA 复制和增殖。2010 年魏均强等基于人骨髓基质干细胞研究显示，体内的硫酸钙促进了人 BMSCs 向成骨细胞转化的进程，其推测可能为这种结合态的钙离子影响成骨基因表达上调，增加了合成活性因子。

2. 磷（P）对基因表达的调控

磷是仅次于钙元素存在于人体内最丰富的矿物质，其功能主要体现在参与人体的代谢功能和维持骨骼组织、渗透压以及酸碱平衡等，并且还与体内能量利用、转移、蛋白合成和细胞分化等活动息息相关。

（1）磷对Ⅱ型钠磷协同转运蛋白家族（NaPi–Ⅱ）基因表达的调控　NaPi–Ⅱ由一系列转运蛋白组成，主要存在于体内肾脏、小肠和肺脏中，主要包括 NaPi–Ⅱ a、NaPi–Ⅱ b 和 NaPi–Ⅱ c，在人类的该族基因中，不同 *NaPi-Ⅱ*基因 5′ 端侧翼区位置不同，其中 *NaPi-Ⅱb* 基因的启动子含有 GATA 结合位点，GATA 转录因子表现组织的特异性，可以调节基因的表达。方热军等研究表明，低磷可能会提高肠中 *NaPi-Ⅱb* 基因的 mRNA 表达水平，反之磷含量高则会抑制其表达。

（2）磷对核心结合因子 α–1（Cbfα–1）基因表达的调控　Cbfα–1 为成骨细胞分化成熟过程中必需的转录因子，决定着血管的钙化。高磷在体外情况下会诱导人血管平滑肌细胞表达 Cbfα–1，启动细胞内的钙化。进一步研究证明，Cbfα–1 是成骨细胞的特异性核转录因子，可以通过平滑肌细胞的 NaPi 转运子 PIT–1，来调节血管的钙化，Cbfα–1 也可调节骨骼的钙化，并且在一定的磷浓度下，在24h内诱导人平滑肌细胞表达Cbfα-1。

（3）磷对成纤维细胞生长因子-23（*FGF-23*）基因表达的调控　成纤维细胞生长因子*FGF-23*基因是多肽激素成纤维细胞生长因子（FGFs）家族的一员，主要对磷平衡和维生素D代谢起重要的调控作用，并且与X-连锁低磷性佝偻病、常染色体显性遗传性低磷性佝偻病和肿瘤相关性低磷性骨软化症等疾病相关。

需要着重强调的是，FGF-23是FGFs家族中唯一一个具有血清凝血酶原转变加速因子前体酶加工位点的因子，包含24个氨基酸亲水氨基末端，可以作为特有的识别序列。并且，*FGF-23*基因表达的主要部位和循环的来源是骨骼，靶器官主要涉及肾脏、肠和骨骼。而Perwad等研究表明，高磷的摄入会上调*FGF-23*基因的表达水平，使全段FGF-23免疫反应性增加，所以说*FGF-23*基因的表达上调也是高磷血症患者末期主要的临床表现根源之一。

（4）磷对其他基因表达的调控　细胞外的不同磷浓度可以直接影响甲状旁腺素（PTH）的分泌和基因转录，PTH是一种体内调节磷酸盐的激素，胞外高磷能促进*PTH* mRNA的合成，从而刺激甲状旁腺细胞增殖，提高PTH的分泌量，且已有体内实验证明，该过程主要由转录后的途径来刺激PTH合成，还会引发继发性甲状旁腺功能亢进症。

此外，磷还与多种细胞的增殖分化过程密切相关，甚至可以通过激活或抑制一些基因表达过程中的信号因子来影响一些癌细胞的诱导增殖与分化（图7-1），磷元素与细胞增殖和癌症进展紧密相关的磷反应基因/蛋白质包括*c-fos*（fos）、*Egr1*（Ngfi-A、Krox24）、细胞周期蛋白D1（Ccnd1）、*Nrf2*（Nfe2l2）、骨桥蛋白（Spp1）、*Cox2*（Ptgs2）、*Fra1*（Fosl1）等。

3. 硫（S）对基因表达的调控

硫是一种必需的常量矿物质元素，在机体内，硫大部分是以有机形式存在的，例如一些含硫氨基酸、谷胱甘肽或者蛋白质。在食物中，主要是畜产品含硫元素较多，植物类的食品中该元素含量一般较低。

（1）硫对急性髓系白血病相关基因表达的调控　王凡平等研究表明，硫元素的化合物可能通过激活*P53*信号通路，抑制*CDC2*基因的表达和CDC2/CyclinB1复合物的活性，SFN作用KG1a细胞后，KEGG通路分析结果显示，差异表达基因显著富集*P53*信号通路。*P53*和*P21*基因表达上调，*CDC2*基因表达下调。KG1a和KG1细胞经SFN作用后，*P53*和*P21*的mRNA水平均出现上调。从而使急性髓系白血病KG1a和KG1细胞阻滞在G_2/M期。

（2）硫对其他基因表达的调控　王礼贤等研究报道，硫元素影响在位内膜和异位内膜的*GSTM1*基因启动子区异常低甲基化和mRNA的表达，提示*GSTM1*启动子区异常甲基化可能在卵巢EMT的发生和发展中起重要作用。任晓梅等研究发现，硫相关的化合物可能会上调或下调鸭疫里默氏菌生物素合成相关的基因，例如*RS0355*基因破坏其对生物体的感染性能。

4. 镁（Mg）对基因表达的调控

镁元素普遍存在于植物源和动物源食物中，是生命体中第六大常量矿物质元素，体内90%的镁元素与核糖体或多聚核苷酸结合。

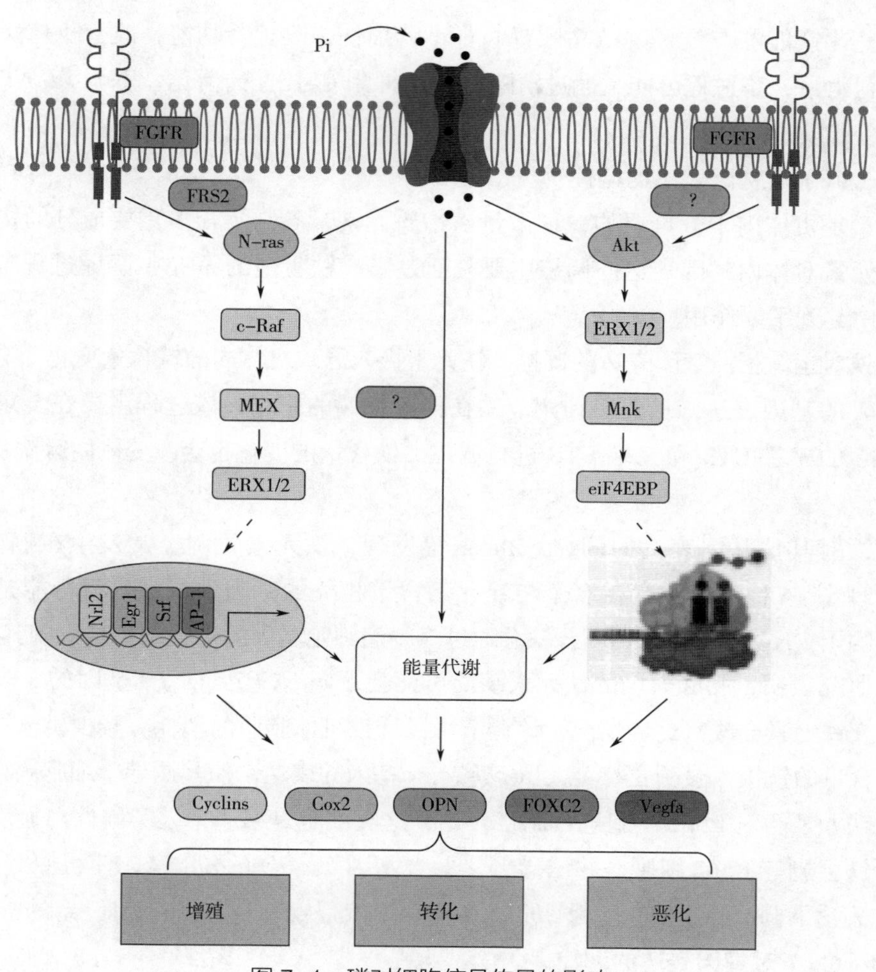

图 7-1　磷对细胞信号传导的影响

（来源：Jamie L. Arnst J L，Beck J G R. Biochemical pharmacology，183，2021，114305.）

（1）镁对多种代谢途径基因表达的调控　镁离子会与细胞内许多蛋白质相结合，也包括一些膜蛋白，在机体内，超过 300 种参与代谢反应的酶的催化辅助因子受到镁离子的调控，其机制主要是镁可以调控核酸碱基对结构的配对和堆叠。在糖酵解过程中，镁可以调节己糖激酶、磷酸果糖激酶、烯醇化酶等的活性，在脂肪酸降解过程，脂酰 CoA 和酰基 CoA 合成酶的基因表达过程也会受到 Mg^{2+} 的调控。

（2）镁对电（神经）冲动相关基因表达的调控　镁离子在一定的生理条件和浓度下，可以改变神经系统中神经元的激发阈值。这种对神经元的调控，主要是通过镁离子对谷氨酸和天冬氨酸与神经元中 *N*- 甲基 -D- 天冬氨酸（NMDA）受体结合的阻断来体现。

（3）镁对其他基因表达的调控　王桂芳等研究发现，含镁的微弧氧化钛可以上调大鼠细胞成骨分化相关基因和 ALP、OCN 蛋白的表达，促进 *Runx2*、*Alp* 基因和 ALP 蛋白表达，且可以上调 *Ocn*、*Bmp2*、*Bsp*、*Opn* 基因和 OCN 蛋白表达，说明镁离子具有潜在的促骨结合作用；氢化镁能够有效缓解结晶性肾病肾小管损伤，改善肾功能，改善机体炎症、氧化应激和凋亡水平，该过程可能是通过清除ROS，抑制C–JUN的活化，下调*PLIN2*基因的表达等来改善脂质过氧化。

5. 铁（Fe）对基因表达的调控

铁元素是机体内十分重要的一种微量矿物质元素，参与了众多重要成分的构成和生理反应。铁元素对体内基因表达的调控主要是通过影响铁蛋白的mRNA翻译过程来调节，在细胞代谢中起到重要作用。

（1）铁对运铁蛋白基因表达的调控　铁元素摄入导致机体内的铁含量变化，会影响运铁蛋白mRNA的基因表达，从而起到调节铁在体内代谢的作用，该过程主要在转录后对运铁蛋白mRNA的3′端UTR和5′端UTR进行调控。铁含量的变化也会改变体内运铁蛋白含量的变化。

（2）铁对其他基因表达的调控　Zhang等发现，铁元素失调经常发生在癌变机体内，该研究发现了14种癌症中存在多个与铁元素含量相关的基因失调，分析可能是由于铁浓度变化影响了DNA甲基化的程度，铁会通过对肿瘤细胞基因的表达调控来抑制其生长繁殖。孙文广等研究表明，肥胖大鼠的铁元素缺乏可能会下调*UCP2*、*UCP3*基因的mRNA表达水平，而补充铁元素会改善这种情况，该调节可以增强机体脂肪的消耗，减少机体过多的能量储备；高含量的铁摄入会凋亡特定大鼠*bcl-2/bax*基因的表达，使其诱导干细胞凋亡；还有研究表明，铁元素会对K562细胞进行凋亡作用，这类细胞是第一个人类髓性白血病人工培养的细胞，铁会剥夺K562细胞，并诱导分化融合基因*bcr-abl*的mRNA，使得原癌基因*c-myc*的mRNA表达下调，肿瘤抑制基因*Rb*的mRNA上调，从而对白血病起到一定的影响。

6. 铜（Cu）对基因表达的调控

铜是人体生长必需的一种微量元素，通常情况下，铜可以促进动物的生长，也具有促进软骨细胞增殖的作用。

（1）铜对金属硫蛋白（MT）基因表达的调控　小鼠实验证明，体内铜离子浓度的变化，会引起肝脏和肾脏中MT基因转录合成过程，增加Cu的含量，可能引起MT mRNA表达量的增加。

（2）铜对脂肪酸合成相关基因表达的调控　当机体缺乏铜元素时，可在转录水平上调节脂肪酸合成酶的基因表达，增加铜的含量，可以诱导肝脏内脂肪酸合成酶以及线粒体RNA转录因子A的基因表达。

（3）铜对其他基因表达的调控　Shay等研究发现，铜作为铜型超氧化物歧化酶（CuZnSOD）的辅助因子，当其缺乏时，会降低机体组织中该酶活性，而铜浓度的正常平衡，可以调节肝脏CuZnSOD的转录活性，上调其基因表达水平。

铜离子还具有对许多基因表达调控的作用，例如，铜可以促进类胰岛素生长因子mRNA的表达，使软骨细胞增殖；铜还可以作用于传代肾细胞中特异性铜转运蛋白*Ctrl*基因的 mRNA 来调节其表达水平；对于细胞凋亡相关基因 *bax*、*bcl-2* 的表达也有影响；在对动物肝脏硫氧还蛋白还原酶 2 基因 mRNA 表达的调控和还原活性的调节，使铜具有调节肝脏内基因表达量的功能。

7. 锰（Mn）对基因表达的调控

锰是机体所必需的微量元素之一，主要在人体细胞分化和生长中起到重要的作用。在细胞中，锰元素大量存在于线粒体内，维持遗传稳定性和调控基因表达。

（1）锰对锰超氧化物歧化酶（*MnSOD*）基因表达的调控　机体内存在一种含锰的酶 MnSOD，当锰元素缺乏时，这种酶的活性会随之下降，该效应主要来自锰调节了 MnSOD 基因的 mRNA 表达，使得该酶转录出现了部分的阻断，这一作用十分类似于锌对 *MT* 基因表达调控的机制。当然，锰不仅能在线粒体中调控 *MnSOD* 基因的转录和表达，还能够通过上调和下调相关基因来特异性激活一些合成酶，或者直接阻碍胰岛素的分泌与合成。

（2）锰对其他基因表达的调控　Ramesh 等报道，锰元素可以通过胞外信号调节激酶的信号途径来激活转录因子 NF-κB，进而诱导该应答元件的基因转录过程；二价的锰离子，可能具有激活 c-JunN 末端激酶的作用，通过该信号途径，来上调 AP-1 的基因表达，提高其结合活性；李国君等在 2010 年发表的研究表明，锰可能对铁调节蛋白（IRPs）和 TfR 的 mRNA 之间的结合亲和力有一定的影响，推测可能是锰含量的变化引起 TfR mRNA 的上调和铁蛋白 mRNA 的下调，来调节这个基因表达过程。

8. 锌（Zn）对基因表达的调控

锌参与组成了基因组中 1% 的锌指蛋白部分，在生物体基因表达的过程中，转录过程的必需酶 RNA 聚合酶，必须经过锌的催化，才能在合成 RNA 时具有活性来发挥其生物功能。并且锌也是组成 DNA 聚合酶的一个重要成分，可以维持 DNA 聚合酶的生物活性，从而使转录正常进行。锌对基因表达的调控（图 7-2）主要是作为金属应答元件结合转录因子的配基，参与基因表达的调控。

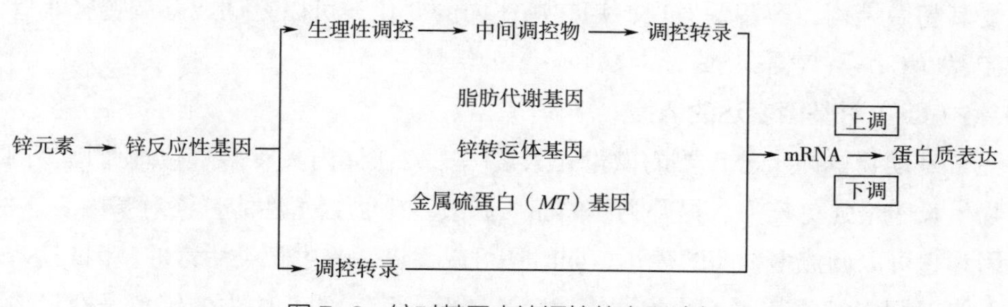

图 7-2　锌对基因表达调控的主要途径

（1）锌对金属硫蛋白（*MT*）基因表达的调控　金属硫蛋白（MT）是一些元素转运、维持胞内元素平衡所必需的一种蛋白质，可以与多种金属元素结合。当机体锌含量降低时，会抑制肝脏、肾脏和小肠 *MT-1* 基因 mRNA 表达水平，但这种效应受到不同生理状态的影响。Cao等研究证明，*MT*基因的mRNA水平会随着锌摄入的增加而上升，说明锌元素可以在一定程度上促进*MT*基因的表达。

（2）锌对脂肪代谢基因表达的调控　瘦蛋白（leptin），又称瘦素，是一种蛋白质激素。主要功用是调节脂肪储存，加快生物的新陈代谢，抑制食欲，控制体重，而Ott等研究表明，锌含量的降低，会抑制*Leptin*基因的表达。此外，锌元素还能够上调脂肪酸合成酶、乙酰CoA羧化酶和硬脂酰CoA去饱和酶-1基因的表达，同时具有下调*CPT21*基因表达的功能，因此可以抑制脂肪酸的*β*-氧化过程。

（3）锌对其他基因表达的调控　通过一项小鼠动物实验，证明了锌摄入量低时，锌转运体基因的mRNA水平也会随之降低，即锌元素可以调节*ZnT1*和*ZnT2*的基因表达。锌还对多种生物体内的基因具有调节作用，例如高氧化锌浓度增加抗菌肽*PR-39*基因的表达量，也能促进类胰岛素生长因子（*IGF-I*）基因的表达增加，从而起到调节机体生长发育的作用。

研究发现锌的水平可能影响生物体神经元的存活率，神经元内胞外锌浓度可能显著影响神经元中*ZnT1*、*MT-1*、*MT-2*、*MT-3*和*DMT1*等基因的表达，也是维持神经元内锌稳态的重要原因。

9. 钼（Mo）对基因表达的调控

钼也是人体必需的微量元素之一，钼常以4价、5价、6价钼离子形式存在于自然界和体内，主要的食物来源是一些海鲜类、肉蛋乳类制品。钼主要参与吸收与转运的生理功能。

（1）钼对转运GSH缀合物蛋白基因表达的调控　钼通过主动的、载体介导的过程被胃和小肠吸收，当钼含量降低时，可能通过转运GSH缀合物的多耐药蛋白3和4（MRP3和MRP4）的侧膜作用来进行转运，所以机体内钼含量的变化可能通过调节*MRP3*和*MRP4*基因的表达量来控制其转运的过程。

（2）钼对其他基因表达的调控　韦泽晶等对钼镉联合诱导脾脏凋亡基因进行了研究，结果表明，钼含量的变化，可以明显调控脾脏组织*CP*基因和凋亡有关基因mRNA表达水平及改变其超微结构；廖智跃发现，钼在鸭体内的变化，可以上调或下调鸭肾小管上皮细胞膜ATP酶（Ca^{2+}-ATPase、Na^{+}/K^{+}-ATPase）的活性。

10. 铬（Cr）对基因表达的调控

铬元素是动物体内十分重要的微量元素之一，铬在体内具有多重生理作用，例如能够促进动物生长、增强免疫力、提升胴体的品质和改善生物繁殖性能。铬对基因表达的调控，主要是因为它可以调控多种酶的表达，同时还可以促进一些生长类激素的基因表达。

（1）铬对肥胖相关基因表达的调控　孙长颢等研究表明，体内的铬离子在形成某些化合物时，可能会抑制某些肥胖相关基因的表达，并且下调胰岛素的分泌，使胰岛素水平下降，同时促进生长激素和睾酮的分泌。铬元素抑制肥胖基因的表达，可能还会作用于血清总胆固醇（TC）、血清甘油三酯（TG）等。段铭等研究显示，铬化合物吡啶羧酸铬在摄入体内后，可以在体内下调脂肪酸合成酶和*β*-羟基-*β*-甲基戊二酸单酰CoA还原酶基因的转录过程，从而降低这些酶的活性。

（2）铬对糖代谢相关基因表达的调控　在一些大鼠动物实验的研究中，可以发现铬元素对血糖代谢相关的基因的调控作用。铬会对骨骼肌组织中关于糖代谢的基因进行调节，适量的铬浓度水平一定程度上有利于改善糖尿病大鼠的健康状况；孙忠等发现，铬的含量升高有可能上调骨骼肌组织中 GLUT4 mRNA 的表达量，从而使 GLUT4 含量升高，起到调节糖代谢的作用。

（3）铬对其他基因表达的调控　铬元素还会影响部分胰岛素基因的表达，例如铬会上调糖尿病大鼠骨骼肌胰岛素受体底物 -1（*IRS-1*）基因 mRNA 的表达；补充铬的摄入量，能够明显降低血清胰岛素水平，并使得肌细胞胰岛素受体基因表达量提高；三价铬对生长相关激素也具有调控作用，机制可能为通过调节脑垂体生长激素 mRNA 水平，来促进生长激素的分泌表达增加，从而促进生长和改善胴体特征。

11. 硒（Se）对基因表达的调控

硒是人体必需的微量元素，国内外大量临床试验表明，人体缺硒可引起某些重要器官的功能失调，导致许多严重疾病发生，全世界 40 多个国家处于缺硒地区，在人体中，肝脏是含硒量最多的器官之一。硒元素对体内的基因表达调节作用，主要是通过影响谷胱甘肽过氧化物酶、甲腺氨酸 Ⅰ 型 5′ 脱碘酶 mRNA 的稳定性来调节机体代谢过程。

（1）硒对谷胱甘肽过氧化物酶（GSH–Px，GPX）基因表达的调控　多组动物实验均证明，体内硒元素的含量能够影响肝脏、脾脏、血浆中 GPX1–GPX4 酶的活性。当体内硒浓度增高时，能够明显提高某些脏器中 GPX1 mRNA 的表达量，反之，当硒出现缺乏状况时，GSH–Px 酶活力下降，且谷胱甘肽转硫酶亚基 mRNA 的稳态水平受到调节。在 Bermano 等研究认为引起 GPX 酶活性改变的机制是当硒降低时，引起 GPX1 和 GPX4 的 mRNA 活力改变，这种变化不同于基因转录的变化，而是由于 GPX mRNA 3′ 端 UTR 对其稳定性和翻译起了调节作用，从而改变活性。

（2）硒对抗氧化酶相关基因表达的调控　硒在体内的含量可能与肝脏内抗氧化酶活性相关。当补充硒的摄入量时，能够明显检测到肝脏丙二醛（MDA）含量的降低，其机制可能为硒增强了 SOD、CAT 和 GSH–Px 等酶的基因表达，但是当硒含量超过一定数值时，MDA 增加但是会下调以上三种酶的基因表达，从而降低其活性，并且降低硫氧还蛋白还原酶 mRNA 的表达水平（甘璐等，2003）。

（3）硒对其他基因表达的调控　硒还对肝脏中其他基因具有一定的表达调控作用。当硒和镉联合作用时，会显著影响肝脏端粒酶逆转录酶（TERT）mNRA 的表达，陈华洁等研究发现，一定剂量的硒会对 TERT mRNA 的表达具有一定的拮抗作用；在肝脏的代谢相关过程中，硒的补充摄入会提高蛋白磷酸酶 2A（PP2A）的表达量，对其起到基因表达上调的作用，这也可能是硒可以改善糖尿病状态下肝脏脂肪代谢紊乱的分子机制之一；另有研究证明，硒浓度增加会促进甲状腺激素的升高，上调脑部髓鞘碱性蛋白（MBP）mRNA 的基因表达，从而改善甲状腺激素的分泌水平；硒缺乏会有患克山病的风险，李荣文等探究了心肌肌球蛋白重链（*CMHC*）基因与硒的关系，发现硒会对 *CMHC* 基因的表达进行一定的调控，其机制主要是通过 T4 5′- 脱碘酶到甲状腺受体激素 T3 途径来实现。

12. 氟（F）对基因表达的调控

氟元素于 1886 年被发现，是一种人体必需的微量元素。氟在细胞中，主要以氟化钙、氟磷灰石等形式存在，一般与钙离子结合，99% 分布在牙齿和骨骼中，剩下的微量氟存在于软结缔组织细胞内。

（1）氟对骨骼细胞基因表达的调控　秦纹等报道，氟离子的氟化物氟化钠（NaF）对成骨细胞具有一定的影响，5mg/L 的 NaF 对成骨细胞 Saos-2 的增殖活力较对照组有明显的促进作用，其机制主要推测为氟离子对成骨细胞 Saos-2 的 DNA 甲基化程度具有调节作用，可能促进 *Runx2* 和 *Osterix* 的表达，高剂量的氟还可能促进成骨细胞 *DNMT1* 基因表达上调。氟的一些化合物还具有调节糖酵解反应相关的烯醇化酶与三羧酸循环中顺乌头酸酶活性的作用，能够对成骨细胞的生长和结构起到一定的影响。

（2）氟对其他基因表达的调控　王秀伟等研究发现，5- 氟尿嘧啶（5-FU）对 NTDs 胎鼠脑组织超过 40 种基因具有表达上调效果，且同时可以下调 90 多种相关基因；汪笑宇等研究了全氟辛烷磺酸盐（PFOS）暴露对半滑舌鳎免疫功能的影响，发现氟离子由该氟化物进入体内，会上调 *hsp70* 基因的表达，其中肝脏组织 *hsp70* 基因的表达量显著高于其他各组织，且表达高峰值的出现也早于其他各组织；对 *hsp90* 基因在肝脏和鳃组织中表达量的影响随时间不同而波动，在肠组织中表达上调，在肌肉中表达显著下调；而对 *c-type lectin* 基因表达量显著下调；对 *cox* 基因在肝脏组织和肠组织中表达下调，在肌肉中表达上调。

13. 碘（I）对基因表达的调控

碘是人体内的必需微量元素之一，其最主要的功能是合成甲状腺素，并且存在于生物体内大多数碘化物也都是甲状腺素。

（1）碘对脱碘酶（*DI*）基因表达的调控　在机体碘缺乏的状态下，会出现大鼠脱碘酶基因代偿性上调的变化，以防止周围器官出现甲状腺功能减退；而当碘含量升高时，会在转录后的过程来影响 *DI* 的活性，会下调 *DI* 基因 mRNA 表达活性，体现出抑制的生理作用，并且随之而来的是机体可能出现代偿性周围组织器官甲减。

（2）碘对其他基因表达的调控　碘不仅对脱碘酶基因有调控作用，还与甲状腺过氧化物酶基因（*TPO*）、甲状腺球蛋白（*TG*）基因的表达相关，这些基因都会影响机体的甲状腺功能；还有研究发现，低碘摄入可能会下调肝脏中 *IGF-I* 基因 mRNA 的表达量，从而导致机体骨骼、脑部发育障碍等问题；此外，高碘浓度会显著下调大脑皮质、海马组织和甲状腺组织中 *bax* 基因和 *bcl-2* 基因的表达。

三、矿物质元素对基因表达调控的意义

由于钾离子、钠离子和氯离子主要是通过其离子的电荷中和、改变渗透压等方式作用于机体，所以罕见对基因表达调控的影响。

矿物质对生物基因表达的调控不是杂乱无章的，相反，这些过程是严密而精准的。目前的研究水平存在一定的局限，矿物质主要通过促进体内酶和一些活性因子、自身浓度的变化来影响基因表达，从而起到了维持生命的必需与个体发育和分化、使机体适应外部环境、繁衍和生长等重要作用。随着研究的深入，这些营养物质对基因表达调控的机制也可以为一些营养相关疾病的预防、控制和治愈带来新的机遇与突破。综上所述，矿物质主要是通过对基因的转录、mRNA 的稳定性和翻译过程来调控基因的表达。

第七节　维生素对基因表达的调控

一、维生素概述

维生素是人体正常代谢与生长发育所必需的微量有机化合物。维生素有多种结构，但其通常具有一些基本特性，维生素极易被氧化，也极其不耐热、怕光照或金属离子的破坏。

对于维生素而言，大多数维生素（除了烟酸和维生素 D 外）都不能在人体或动物体内合成，而必须从食物中获得。维生素根据其溶解性质的不同，被分为水溶性维生素和脂溶性维生素两大类。

二、维生素对基因表达的调控

水溶性 B 族维生素是机体内许多代谢酶的辅酶组成部分，参与着众多的营养代谢调节；维生素 C 则主要是作为还原当量的供体。脂溶性维生素 A、维生素 D 主要是对 mRNA 在转录水平上进行调控，或者影响某些基因的表达（表 7–2）。

1. 维生素 A 对基因表达的调控

维生素 A，又称视黄醇，是体内代谢后衍生物视黄醇、视黄酸以及所有与它们相似的人工合成产物的统称，其中视黄酸是维生素 A 中活性最强的衍生物。维生素 A 最主要的生理功能是参与维持正常的视觉功能，维持上皮组织的分化和完整，促进骨骼的正常发育。

表 7-2 维生素与基因表达的调控 *

维生素	基因	调控节点
维生素 A	维生素 A 受体及其他蛋白	促进转录
维生素 B_1	所有基因	参与生物代谢
维生素 B_2	所有基因	促进嘌呤和嘧啶合成，参与 ATP 合成
维生素 B_3（烟酸）	所有基因	参与 ATP 合成
维生素 B_6	所有基因	促进嘌呤和嘧啶合成
维生素 B_9（叶酸）	DNA、RNA	促进嘌呤和嘧啶合成
维生素 C	原胶原蛋白	调控转录和翻译
维生素 D	钙结合蛋白	调控转录过程
维生素 E	所有基因	保护 DNA，防止自由基破坏
维生素 K	凝血酶原	调控转录后谷氨酸残基羧化

注：* 引自高民等（2001）。

（1）维生素 A 对 *Hox* 基因表达的调控　*Hox* 基因为一个调控基因，可以作为转录因子来参与调控一些与细胞分裂、纺锤体方向以及硬毛等部位发育的基因表达，从而对其相应的结构功能蛋白产生促进效应，预防各种畸形的出现。而视黄酸可以诱导和调控 *Hox* 基因的表达。当维生素 A 含量下降时，*Hox* 基因的表达量会出现下调，从而影响一些功能结构的正常发育。且 *Hox* 基因对高剂量的维生素 A 极其敏感，会促使 *Hox* 基因表达上调。

（2）维生素 A 对钙结合蛋白（*CaBP*）基因表达的调控　CaBP 是动物体内钙的重要转运蛋白，其含量高低可以影响机体对钙、磷的吸收，进而影响骨骼发育。当摄入的维生素 A 含量增加时，会下调 *CaBP* 基因表达，导致腿部相关疾病增加，同时肠和胫骨组织中 *CaBP* 的 mRNA 表达量也会下降。

（3）维生素 A 对其他基因表达的调控　维生素 A 调节骨髓基质细胞（BMSC）中 *c-fos* 和 *c-jun* 的 mRNA 表达，从而调控造血生长因子 GM-CSF 的分泌来影响造血微环境；维生素 A 缺乏与兔脂肪酸合成酶（FAS）和配体及凋亡蛋白（bax）增加、抗凋亡蛋白（bcl-2）的减少相关；维生素 A 缺乏时，还会明显降低胎肺转化生长因子 $\beta 3$（*TGF-$\beta 3$*）基因 mRNA 和蛋白的表达量，从而干扰胎肺功能的发育。

2. B 族维生素对基因表达的调控

（1）维生素 B_1 对基因表达的调控　维生素 B_1 又称硫胺素，是人类早期发现的维生素之一。其在体内主要是以辅酶的形式参与能量和三大产能营养素的代谢。此外，维生素 B_1 还在神经组织中作为一种特殊的非辅酶功能，维持食欲、胃肠蠕动和消化液分泌等功能。

硫胺素可以在体内抑制胆碱酯酶的活性，从而促进胃肠蠕动；维生素 B_1 缺乏会导致血清丙酮酸含量显著提高。维生素 B_1 含量升高，还会显著提高血清高密度脂蛋白胆固醇和肝脏转酮醇酶基因表达量。维生素 B_1 含量 >1.13mg/kg 时，肝脏转酮醇酶活性显著高于维生素 B_1 含量 <0.57mg/kg 组。王娇等研究得出，维生素 B_1 显著提高鹅肝脏中硫胺焦磷酸激酶基因（*TPK1*）的表达量，且 *TPK1* 基因的表达量与胃蛋白酶、胰脏脂肪酶、肠淀粉酶活力呈极显著正相关。维生素 B_1 影响鹅肝脏中 *TPK1* 基因的表达，而 *TPK1* 基因又调控了胃蛋白酶、胰脏脂肪酶、肠淀粉酶的活力，从而调节了生长性能。

（2）维生素 B_2 对基因表达的调控　维生素 B_2 又称核黄素，是 B 族维生素的一种，微溶于水，在中性或酸性溶液中加热是稳定的。为体内黄酶类辅基的组成部分（黄酶在生物氧化还原中发挥递氢作用），当缺乏时，就影响机体的生物氧化，使代谢发生障碍。其病变多表现为口、眼和外生殖器部位的炎症，如口角炎、唇炎、舌炎、眼结膜炎和阴囊炎等。体内维生素 B_2 的储存是很有限的，因此每天都要由饮食提供。

有研究表明，当核黄素缺乏时，母鸭胚胎肝脏和心脏的抗氧化能力显著下降，抗氧化基因表达量显著下调；肝细胞凋亡率显著上升、肝脏促凋亡基因（*ATF6*、*CASP3*）表达量显著上调、抗凋亡基因（*Nrf2*、*HO-1* 和 *GST*）表达量显著下调。穆琳琳探究了维生素 B_2 与水貂生产性能的关系，结果表明维生素 B_2 能够显著影响冬毛期水貂肝脏中 *CPTI* 和 *ACADS* 基因的表达量，极显著影响 *GR* 基因表达量。

（3）维生素 B_3 对基因表达的调控　烟酸属于 B 族维生素，又称尼克酸、维生素 B_3、抗癞皮病因子，主要存在于动物内脏、肌肉组织，水果、蛋黄中也有微量存在，是人体必需的 13 种维生素之一。目前，烟酸主要用于饲料添加剂，可提高饲料中蛋白质的利用率，提高乳牛产乳量及鱼、鸡、鸭、牛、羊等禽畜的肉产量和质量。

罗丹发现，在反刍动物的瘤胃中，烟酸含量的变化显著降低了 *Mct1*、*p53*、*PARP-1*、*Bax*、*Cyt-C*、*AIF*、*caspase-9*、*Fas*、*caspase-8*、*caspase-3* 基因及蛋白的表达，下调了 *Bcl-2* 基因表达，显著上调了 Bcl-2 蛋白的表达及 Bcl-2/Bax 蛋白表达比值。姜维丹等在中国畜牧兽医学会动物营养学分会第十二次动物营养学术研讨会中提出，烟酸显著提高了草鱼前、中、后肠溶菌酶、酸性磷酸酶的活力以及补体 C3 含量，下调了促炎细胞因子肿瘤坏死因子 α（*TNF-α*）、干扰素 $\gamma2$（*IFN-γ2*）、白介素 1β（*IL-1β*）和 *IL-8* 基因表达，上调了抗炎细胞因子 IL-10、转化生长因子 $\beta1$（TGF-$\beta1$）以及抗菌肽（LEAP-2、Hepcidin）基因表达，提高了肠道免疫能力。进一步研究发现，烟酸对细胞因子的调节作用可能与其上调 IκBα 以及下调核因子 -κB p65（NF-κB p65）、IκB 激酶 α（IKKα）、IKKβ、IKKγ 的基因表达有关。因此，适宜水平的烟酸能通过提高草鱼肠道抗菌能力以及抑制 NF-κB p65 信号途径降低炎症反应，增强肠道免疫能力，提高草鱼生产性能。

（4）维生素 B_9 对基因表达的调控　叶酸，即维生素 B_9，是一种水溶性维生素，分子式是 $C_{19}H_{19}N_7O_6$。因绿叶中含量十分丰富而得名，又称蝶酰谷氨酸。在自然界中有几种存在形式，其母体化合物是由蝶啶、对氨基苯甲酸和谷氨酸 3 种成分结合而成。

叶酸与宫颈癌和子宫相关基因有着密切联系。高茹菲的论文中提到，叶酸是哺乳类动物生长发育过程中担负一碳单位传递的B族维生素，是机体各种甲基化反应的甲基供体。叶酸摄入不足或叶酸代谢障碍时，可引起基因组DNA固有甲基化模式的改变而促进基因表达或抑制基因表达，诱发疾病状态，通过表观遗传修饰这一途径参与多种生命活动过程中的基因表达调控。对于在妊娠早期子宫内膜容受性过程中，低叶酸水平会通过表观遗传修饰（DNA甲基化）来调控子宫内膜容受性相关基因的表达，进而影响胚胎着床。白兰研究发现，叶酸含量的变化可以上调或下调宫颈癌细胞生长及*DNMT1*、*FHIT*基因表达。

陈艳等的研究中报道，叶酸在*N*–甲基–*N*–硝基–*N*–亚硝基胍（MNNG）致哈萨克族食管上皮细胞*APE1*、*MGMT*基因mRNA及蛋白表达中的作用。随着叶酸浓度降低和MNNG浓度增加，*APE1*基因的mRNA及蛋白表达水平随着损伤的增加而增加，*MGMT*基因的mRNA及蛋白表达水平则随损伤的增加而下降。表明叶酸浓度降低会促进MNNG对哈萨克族食管上皮细胞的损伤，而保持充足的叶酸则可保护机体避免MNNG的损害。

（5）维生素B_{12}对基因表达的调控　维生素B_{12}又称钴胺素，是唯一含有金属元素的维生素，也是唯一一种需要肠道分泌物（内源因子）帮助才能被吸收的维生素，其参与制造骨髓红细胞，可防止恶性贫血，防止大脑神经受到破坏。

研究表明，钴胺素对腭突细胞表皮生长因子（*EGF*）和*TGFβ1*基因的表达具有调控作用，其机制主要是通过抑制*DEX*基因的表达量来促进这两种基因的表达作用，从而上调其在体内的活性。

3. 维生素C对基因表达的调控

（1）维生素C对低密度脂蛋白受体（*LDL-R*）基因表达的调控　众多研究证明，维生素C可以在增加LDL受体量的同时不影响LDL的亲和力。维生素C主要是通过抑制HMG–CoA还原酶活性，而上调*LDL-R*基因的表达，从而使得细胞对LDL的吸收摄取增加。另外，维生素C可以直接影响微管蛋白的聚合，增强细胞内骨架系统的功能，从而促进LDL的内吞作用及其受体的再循环过程，加快LDL代谢速率。

（2）维生素C对其他基因表达的调控　康永刚等证明，维生素C的增加，会上调小鼠*Musclin*基因的表达和升脂基因转录的规律；维生素C可提高蛋壳强度，维生素C具有提高蛋壳腺组织中*CA*以及*OP* mRNA的相对表达量的作用；维生素C可降低各肠段MDA含量，提高各肠段CAT及GSH–Px及十二指肠SOD活性，上调十二指肠CAT、SOD1及回肠OH–1 mRNA的相对表达量。添加维生素C具有提高肠道绒毛高度的作用。由此可见，维生素C可通过提高蛋壳腺组织中*CA*及*OP* mRNA的相对表达量进而提高蛋壳强度（秦红等，2019）。维生素C在转录后，可以调节阿朴脂蛋白*A-I*基因的表达（Ikeda等，1996）。

4. 维生素D对基因表达的调控

（1）维生素D对骨保护素（*OPG*）基因表达的调控　骨保护素（OPG）是一种从胎鼠小肠cDNA文库中克隆出的一种分泌蛋白，存在于体内很多组织中，具有阻止破骨细胞分化，防止骨丢失的作用。Simonet等研究表明，维生素D具有调控成骨细胞膜上表达OPGL

分子的作用，尤其是维生素 D_3，能够抑制成骨细胞 *OPG* 基因的表达，同时可以增加 *RANK* 基因的表达量，对神经系统、神经组织的生长发育有一定影响。

（2）维生素 D 对钙结合蛋白（*CaBP*）基因表达的调控　郭晓宇等研究表明，不同的维生素 D 水平对鸡肉血清 *CaBP* 基因含量和十二指肠中该基因 mRNA 表达水平具有正相关影响。

（3）维生素 D 对其他基因表达的调控　维生素 D 受体（VDR）为亲核蛋白质，广泛分布在体内各组织中。VDR 可以受到维生素 D 浓度的调控，作用于血液淋巴系统、泌尿生殖系统和神经系统等的关键基因中，调控这些系统的部分功能。

维生素 D 还能够调控体内有关 1 型糖尿病的基因，如图 7–3 所示。维生素 D 可以从食物中或直接通过紫外线 B（UVB）介导的合成获得。维生素 D_3 与肝脏和幼犬体内的维生素 D 结合蛋白（DBP）或组特异性成（GC）结合。第一次羟基化发生在肝脏，由酶 25 羟化酶（编码 *CYP2R1* 基因）转化为 25–(OH)–D_3，第二次发生在肾脏，通过酶 1– 羟化酶（编码 *CYP27B1* 基因）产生 1,25–(OH)–D_3 的活性形式，允许在其他组织中旁分泌 1,25–$(OH)_2$–D_3，例如炎症部位中，活化的巨噬细胞、树突状细胞和 T 细胞是活性维生素 D 代谢物的重要来源。然后，维生素 D 通过与核维生素 D 受体（VDR）结合，在多种细胞类型中发挥作用。

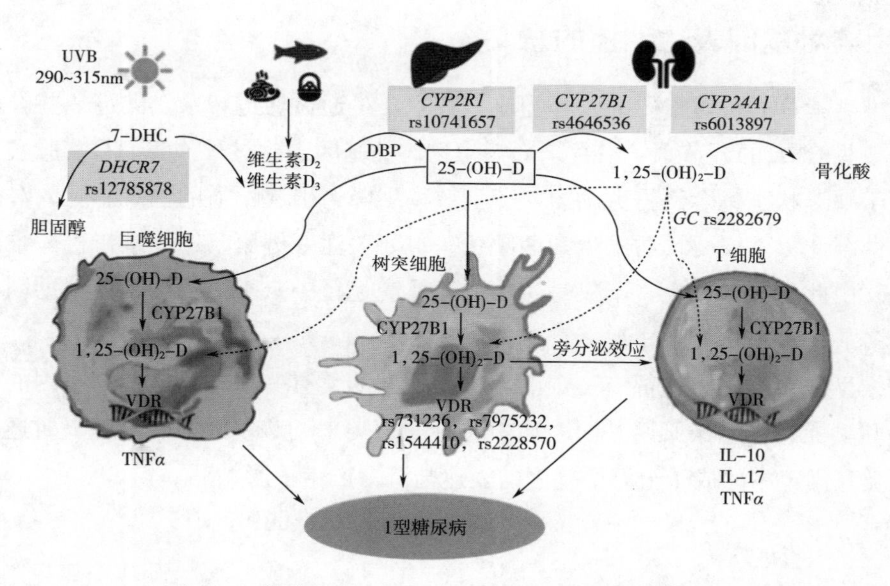

图 7–3　维生素 D 对 1 型糖尿病相关基因的表达调控

（来源：Tangjittipokin，Watip，et al. Gene，2021，791：146912）

5. 维生素 E 对基因表达的调控

张金龙等研究雏鸡脾脏淋巴细胞内凋亡基因 *p53* 和 *bcl-2* 的 mRNA 表达水平，发现当维生素 E 摄入缺乏时，会上调脾脏淋巴细胞内 *p53* 基因 mRNA 表达，同时下调 *bcl-2* 基因 mRNA 表达水平。王雅凡等研究发现，维生素 E 对肌纤维化大鼠 *TIMP-2* 基因的表达具有下调作用，从而减少细胞外基质的沉积。尹海萍等研究报道，维生素 E 可以上调特殊病理状态下小鼠超氧化物歧化酶（SOD）和抗氧化酶编码基因的 mRNA 水平，说明维生素 E 一定程度上可以缓解某些毒性反应。

维生素 E 已被证实可以缓解 H_2O_2 诱导的牛乳腺上皮细胞（MAC-T cells）氧化损伤及紧密连接相关基因表达，维生素 E 处理的 H-22 荷瘤小鼠肿瘤组织中 *p27Kip1*、*Stat3* 及 *Cxcl12* 表达水平显著升高，肝脏组织中 *Jak2*、*Pigf* 及 *Cxcl12* 表达水平显著升高，维生素 E 可能通过调控细胞周期、肿瘤转移及炎症相关基因的表达促进小鼠 H-22 肿瘤的发展。

6. 维生素 K 对基因表达的调控

随着分子生物学技术的飞速发展，研究发现维生素 K 可以通过多种途径来调控动物体基因的表达，进而影响动物的代谢、生长发育及免疫过程。

研究发现，骨钙素合成受到维生素 D 和维生素 K 的共同调节，不同于维生素 D 的是，维生素 K 主要通过蛋白质翻译后羧化的过程来修饰、调控基因的表达。维生素 K 还可以上调大鼠肾骨桥蛋白（OPN）及 mRNA 的表达。此外，维生素 K 能下调 *SMMC-7721* 细胞基因的表达，使其增殖减缓，*survivin* 表达水平下降。

三、维生素对基因表达调控的意义

对于维生素这类机体重要的营养物质，其主要是通过促进转录、促进一些碱基的合成或者调节某些 DNA 的调节因子活性来影响生物体的基因表达过程。我们日常膳食中，维生素长期处于缺乏状态，会使得劳动力、劳动效率下降，引起不适的主观感觉，对疾病的抵抗力下降，因此，不仅要预防维生素的缺乏，也要关注亚健康状态，维持机体维生素的平衡和充足。由此可见，维生素不仅是生物代谢反应途径中众多酶的辅酶或辅助因子，还直接参与许多基因表达的调控过程。

所有维生素对基因表达都有一定的影响，不同的是有一些是直接参与基因的调节，而另一些是间接通过作用于某些基因表达中关键的酶类来调节基因表达。综上所述，多种维生素对人类基因组中的成千上万个基因的表达与沉默产生了影响。

第八节 植物化学物等非营养素对基因表达的调控

一、植物化学物概述

植物化学物是指植物中许多分子质量较小的次级代谢产物，这些产物除了维生素外，几乎都是非营养成分，现在统称为植物化学物，主要是为了维持植物与其周围环境等相互作用的生物活性分子。流行病学及临床研究表明多吃富含植物化学物的水果、蔬菜及谷物能降低癌症、心血管疾病和糖尿病等慢性疾病发生的风险。植物化学物一般按照其化学结构或生理功能（表 7–3）分类。主要的植物化学物有类胡萝卜素、植物甾醇、皂苷、芥子油苷、多酚、单萜类、植物雌激素等物质。

表 7–3　植物化学物的主要生理功能

植物化学物	生理功能
类胡萝卜素	ACDG
植物甾醇	AG
皂苷	ABDG
芥子油苷	ABG
多酚	ABCDEFH
单萜类	AB
植物雌激素	AB

注：A—抗癌；B—抗过敏；C—抗氧化；D—抑制炎症；E—免疫调节；F—调节血压；G—降低胆固醇；H—调节血糖。

二、植物化学物对基因表达的调控

1. 类胡萝卜素对基因表达的调控

类胡萝卜素是体内维生素 A 的主要来源。同时还具有抗氧化、免疫调节、抗癌、延缓衰老等功效。如叶黄素具有抗氧化和光过滤作用，能够在一定程度上保护视力，防止视力衰退，预防白内障等眼科疾病。现今发现的天然类胡萝卜素已有 700 多种，如胡萝卜素、番茄红素、叶黄素和虾青素等。

在十二指肠中，低剂量 β– 胡萝卜素添加更有利于 *ISX* 基因的表达。在空肠中，中剂量 β– 胡萝卜素则利于 *BCMO1* 和 *BCDO2* 表达上调，但在盲肠中，*BCMO1* 和 *BCDO2* 表达基本不受添加量影响。在结肠中，这也揭示了日粮 β– 胡萝卜素添加对牦牛肠道 *BCMO1* 和 *BCDO2* 及相关代谢调控因子基因表达的影响。刘明哲等研究发现，虾青素添加组（150mg/kg）能够促进不同体色大鳞副泥鳅的生长和饲料利用，降低其皮肤组织中的黑色素含量，提高类胡萝卜素含量，并抑制体色相关基因 *SOX10* 和 *MITF* 的 mRNA 表达，改善金黄色大鳞副泥鳅的体色。番茄红素可增强 C2C12 肌细胞线粒体生物合成能力，主要体现在番茄红素显著增加 C2C12 肌细胞有氧代谢过程中氧消耗量和 ATP 产量，并显著降低细胞的糖酵解潜力。研究结果表明，番茄红素可增强线粒体呼吸能力，推测其可通过有氧氧化影响肌纤维类型，促进慢肌纤维的形成，进而影响肉品质。

2. 植物甾醇对基因表达的调控

植物甾醇是以游离状态或与脂肪酸和糖等结合的状态存在的一种功能性成分，广泛存在于蔬菜、水果等各种植物的细胞膜中。主要有β-谷甾醇、豆甾醇、菜油甾醇和菜籽甾醇等，植物甾醇的结构与动物性固醇的结构基本相似，不同之处是C4位所连甲基数目及C11位侧链的差异，正是这些侧链上的微小不同致使其具有不同生理功能。植物甾醇本是植物性油脂的非皂化物，工业上是以大豆和油菜种子的滓子为原料，提取制造维生素E时的副产物，或者来自制造米糠油时的非皂化物，经提取、精制后得到的制品。

植物甾醇强化膳食可在不影响高密度脂蛋白胆固醇及甘油三酯水平的情况下降低健康人群及高脂血症者血清低密度脂蛋白胆固醇水平。研究发现，植物甾醇对饲料效率及饲料转化率有显著影响，并且植物甾醇组肉鸡体重显著增加，同时肌纤维直径、面积和密度都呈现出相应地增长。植物甾醇组肉鸡血液中的胆固醇、低密度脂蛋白（LDL）、甘油三酯（TG）、总胆固醇（TC）含量显著下降，而高密度脂蛋白（HDL）显著上升。

3. 皂苷对基因表达的调控

皂苷是一种植物体内具有苦味的化合物，它可以与蛋白质和脂类形成复合物，皂苷在豆科植物中含量十分丰富。皂苷具有溶血作用，还具有抗菌的活性或解热、镇静、抗癌等有价值的生物活性。

宗茹敏等发现，知母皂苷B-Ⅱ（timosaponin B-Ⅱ，TSB-Ⅱ）可上调sod-3、hsp-16.2、daf-16 mRNA表达，下调skn-1和amy-1 mRNA表达。TSB-Ⅱ具有抑制Aβ聚集的作用，其作用机制可能与寿命胰岛素信号通路相关，也与小热休克蛋白hsp-16.2的上调表达有关。王熠辉等研究证明，薯蓣皂苷能抑制SW579细胞活性，抑制其增殖，且能够促进SW579细胞凋亡，增加Bax/Bcl-2比例，同时上调*Caspase-3*基因表达。薯蓣皂苷还可下调Notch1、Jagged 1及Hes 1蛋白表达，并且薯蓣皂苷部分逆转了Jagged 1的作用。薯蓣皂苷对甲状腺癌细胞SW579细胞具有一定的抑制作用，其作用机制可能在一定程度上与抑制Notch 1信号通路有关。向叶舟等探究了人参皂苷Rg1拮抗D-半乳糖（D-gal）致小鼠睾丸间质细胞分泌雄激素障碍的机制。发现Rg1体外拮抗D-gal致TM3细胞衰老作用后，细胞分泌睾酮水平无显著降低。IL-1、IL-6、IL-8等炎症因子的基因表达受到抑制，细胞内GSH-Px和CAT表达活性提高同时细胞产生丙二醛（MDA）与活性氧（ROS）的能力受到抑制，StAR、3β-HSD及P450scc等睾酮合成关键酶基因及蛋白表达上调，Nrf2、HO-1等抗氧化蛋白表达上调，而Keap1蛋白表达下调。

4. 芥子油苷对基因表达的调控

芥子油苷，即硫代葡萄糖苷，是十字花科蔬菜中的一种重要的次生代谢产物，根据侧链基团的不同，可以把硫苷分为脂肪族、芳香族和吲哚族三大类。已发现的硫苷有120多种。硫代葡萄糖苷具有预防癌症、调节内分泌功能和改善性功能等作用。

1-MIM-OH 是一种基因毒性物质，诱导基因表达谱，类似于已知基因毒性肝癌引起的表达特征，Rasmann 等发现芥子油苷可以在体内一定浓度时诱导该基因的表达，从而对肝癌具有一定的调控作用。

5. 多酚对基因表达的调控

多酚是在植物性食物中发现的、具有潜在促进健康作用的化合物，是所有酚类衍生物的总称。主要有酚酸和类黄酮等物质。氧化损伤是导致许多慢性病，如心血管病、癌症和衰老的重要原因，而多酚的抗氧化功能可以对这些慢性病起到预防作用。

研究发现，油茶多酚对鼠肝脏血脂代谢基因 *ACAT1*、*DGAT2*、*FAS*、*SREBP* 的相对表达量具有明显的下调作用，对基因 *LCAT*、*UCP2*、*MCD*、*CPT-1* 的相对表达量具有明显的升高。同时大鼠肝脏内超氧化物歧化酶、谷胱甘肽过氧化物酶活性及抗氧化基因 *SOD1*、*GPX1*、*CAT*、*GCLM* 的相对表达量明显升高，而丙二醛的含量明显降低。Sarah 等研究了豇豆多酚（CPE）对牛血中 *galectin* 基因具有表达调控的作用。CPE 可以降低血浆 *GAL-1* 基因的表达。此外，CPE 降低 *TNFA*、*COX2* 的表达，上调 *TLR2*、*IL10* 和 *IL4* 基因。总的来说，豇豆多酚调节半乳糖凝集素的表达，特别是血液中的半乳糖凝集素 1。张少雄报道，乌龙茶多酚（OTEs）和儿茶素二聚体（OFs）均能通过上调 GSTo1、GSTa2、GPx、SOD1、SOD2 等神经元抗氧化酶 mRNA 表达，降低神经元内 ROS 水平，从而提高对谷氨酸诱导的神经细胞毒性的保护作用，减少神经细胞死亡。

川陈皮素是一种归属于黄酮类的植物化学物，具有抗血细胞凝集、抗血栓形成、抗癌、抗真菌、抗炎、抗过敏、抗胆碱酯酶和抗癫痫作用，是碳水化合物代谢促进剂。王宏发现，橙皮素能够有效抑制 MDA-MB-231 细胞增殖。涉及内质网应激和 MAPK 信号通路的关键基因主要是在中后期发生变化，与 MCF-7 细胞中的结果相似。然而，MDA-MB-231 细胞中橙皮素抑制 CYP1A1 和 CYP1B 表达，促进 INSIG1 表达，这些涉及雌激素代谢和调控的基因的作用与 MCF-7 细胞中的结果呈现不同的趋势。

6. 植物雌激素对基因表达的调控

植物雌激素是植物中具有弱雌激素作用的化合物，其通过与甾体雌激素受体以低亲和度结合而发挥弱的雌激素样效应。植物雌激素的分子结构与哺乳动物雌激素结构相似，是一类具有类似动物雌激素生物活性的植物成分，它们对激素相关疾病有广泛作用。虽然被人们称为植物性雌激素，其实它们本身不是激素。含植物雌激素的植物主要有大豆（大豆异黄酮）、葛根、亚麻籽等。

罗曼研究发现，染料木素（genistein，GEN）对多囊卵巢综合征（PCOS）有显著的治疗潜力，ER-Nrf2-Foxo1 是其中可能的一个作用通路，其作用包括两个方面，一方面通过调节激素分泌水平和卵巢类固醇激素，分泌相关基因的表达来修复内分泌功能；另一方面通过降低氧化损伤，提高抗氧化能力和修复线粒体功能来降低氧化应激水平。

冯婵证明了毛蕊异黄酮可呈浓度依赖性抑制人乳腺癌细胞 MCF-7 和 MDA-MB-231 的

侵袭能力。一定浓度的毛蕊异黄酮可以下调 *TGF-β1*、*c-Jun* 以及下游基因 *VEGF* 和 *MMP-9* 的表达水平。由此推测毛蕊异黄酮可通过下调 *TGF-β1* 和 *c-Jun* 水平、降低 *VEGF* 和 *MMP-9* 的表达来抑制人乳腺癌细胞 MCF-7 和 MDA-MB-231 的侵袭迁移能力。

郭通航研究了葛根素影响人卵巢癌细胞生长及逆转耐药机制。结果显示葛根素能够下调 Bcl-2 蛋白表达，并且呈浓度依赖性，葛根素浓度越高肿瘤细胞的耐药相关蛋白表达降低越明显。而 Bax 蛋白表达则相反，Bcl-2/Bax 比例随葛根素浓度增加而下降，肿瘤细胞凋亡增强。结论显示葛根素能诱导卵巢癌细胞 SKOV3 凋亡及逆转耐药，其机制通过降低 MDR-1、P-gp 蛋白和 Bcl-2 的表达而增强 Bax 表达下降，从而诱导肿瘤细胞凋亡。

Pons 等研究表明，染料木素导致 MCF-7 细胞活力显著降低，活性氧生成增加，而 T47D 细胞则相反。此外，染料木素在 MCF-7 中增加促炎症和减少抗炎基因的表达，在 T47D 细胞中引起相反的作用。总之，植物雌激素染料木素可通过与两种雌激素受体的相互作用调节炎症相关基因的表达，其作用取决于雌激素受体 α 与雌激素受体 β 的比值。

三、植物化学物对基因表达调控的意义

植物化学物大多是一些非营养成分物质，与矿物质和维生素不同的是，它们进入人体时并非机体代谢等功能必需的物质，而是起到了一些对机体的额外生理作用。

癌症是发达国家死亡因素第二大疾病，可以由很多外源因素引发，而蔬菜和水果中的多种植物化学物可以预防癌症，降低人群胃癌的发生率；大多数植物化学物还可以通过保护人体抗氧化酶系统，调控基因表达来提高机体的抗氧化作用，例如某些类胡萝卜素（番茄红素、斑蝥黄）等；此外，植物化学物还能够通过对多基因表达通路等的调节，发挥免疫调节、抗微生物、降低胆固醇等作用，虽然其不能发挥营养素的生理功能，但是却是人体健康必不可少的食物源生物活性物质。

本章小结

营养物质会对机体的基因表达产生直接或者间接的作用，进而对机体的生理功能产生重要影响。传统营养学对营养素功能的认识只停留在生物化学、酶学、内分泌学、生理学和细胞学水平上。现代分子营养学认为，营养素虽然在短时间内不能改变机体的遗传学命运，但可以通过调控机体某些基因的表达来改变这些遗传学命运出现的时间进程。本章阐述了基因表达的概念、特点以及调控的基本理论，分别从蛋白质和氨基酸、碳水化合物、脂肪、矿物质和微量元素、维生素和植物化合物等营养素对机体基因表达的调控机制。这些理论和机制的能够更好地帮助我们理解和研究营养素对机体基因表达调控作用。

思考题

1. 基因表达的定义、特点和方式是什么？
2. 基因表达调控的意义是什么？
3. 营养素调控基因表达的机制是什么？
4. 营养素调控基因表达的途径有哪些？
5. 蛋白质的生理功能有哪些？
6. 蛋白质可以调控哪些基因的表达？
7. 碳水化合物的生理功能有哪些？
8. 碳水化合物可以调控哪些基因的表达？
9. 脂肪的生理功能有哪些？
10. 脂肪可以调控哪些基因的表达？
11. B 族维生素对基因表达调控有什么影响？
12. 简述锌元素对基因表达的调控。
13. 多酚类物质主要影响体内哪些基因的表达，起到了什么生理作用？

第八章 基因多态性与营养素的代谢

学习目标

1. 掌握各营养素代谢过程中的相关基因及其多态性类型。
2. 掌握基因多态性影响营养素的代谢途径及其机制。
3. 掌握基因多态性对微量元素和维生素代谢的影响。
4. 重点掌握基因多态性对碳水化合物和脂质代谢的影响。
5. 基因多态性存在于与营养素代谢相关的基因中，了解影响营养相关疾病风险的基因及其基因多态性。

8-1 思维导图

基因多态性（gene polymorphism），又称遗传多态性，即当碱基突变发生导致基因组中同一位置的基因或DNA序列具有不同的类型，几种不同的类型在人群中具有一定的分布频率，它是个体差异存在的基础和标志。基因多态性存在于与各营养素有关的基因之中，导致不同个体对营养素吸收、代谢和利用存在很大差异，并最终导致个体对营养素需要量的不同。本章重点介绍基因多态性对营养素（蛋白质、碳水化合物、脂质、钙、铁、微量元素、维生素）代谢的影响，包括各营养素代谢过程中的基因及其多态性类型，吸收代谢途径及机制，基因多态性与营养素相关疾病的相关性等。

第一节　基因多态性对蛋白质代谢的影响

氨基酸是构成人体营养所需蛋白质的基本物质，是羧酸碳原子上的氢原子被氨基取代后的化合物。正常人血浆氨基酸的浓度比较稳定，波动不大，这是组织蛋白质释出氨基酸和组织利用氨基酸之间维持动态平衡的结果。尽管如此，氨基酸代谢的失衡仍然是人类常见的遗传性疾病之一，可以发生在氨基酸的吸收、转运、储存和利用的任一环节上。到目前为止已经发现了多种可以导致机体氨基酸代谢紊乱的遗传学基因突变疾病。

同型半胱氨酸（Hcy）在机体几乎全部组织中都以甲硫氨酸的代谢中间产物的形式存在，供应了大量的甲基给体内的多类物质。而在血浆中，其存在的主要形式是硫链与蛋白结合，约有 1% 展现为游离状态，其余的则以同型胱氨酸或 Hcy- 半胱氨酸的复合物形式而存在。对机体内含硫氨基酸的平衡进行维持是 Hcy 的生理功能，其代谢途径主要包括转硫基途径及再甲基化途径两种。而在 Hcy 的代谢方式当中，但凡任意一类酶或辅因子出现不足或者异常，极有可能直接造成其无法正常代谢，并且产生高同型半胱氨酸血症（HHcy）的概率较大。大量临床试验表明，HHcy 可使心脑血管的发病率和病死率增加，其机制为 HHcy 能够对血管内皮细胞造成损坏，导致血管平滑肌细胞增殖、血管内膜增生、血管脂质代谢和舒缩功能障碍而引起动脉粥样硬化。HHcy 通过血管内皮功能损伤导致血压升高、脑动脉粥样硬化及血栓倾向而使缺血性脑血管病显著增加，尤其是年轻的脑卒中患者常伴有血浆 Hcy 升高。调查表明，HHcy 水平每升高 4.7μmol/L，脑卒中（包括缺血性和出血性卒中）发病率增加 20%~40%，HHcy 血症患者脑卒中的发生率约为 19%~42%。血液呈凝固状态是 HHcy 最主要的临床表现，其可引起年轻时期缺血性脑卒和肺血管栓塞。同型半胱氨酸在机体中的含量受到各种合成和代谢因素的影响，如年龄和性别因素、营养与饮食因素、遗传因素和药物因素等，其中遗传学研究则表明基因和营养因素在影响 Hcy 水平的过程中可能有相互作用。近年来，大量研究进一步表明，Hcy 的代谢相关酶遗传性缺陷所引起的酶活性减弱可能是导致 HHcy 的重要原因之一，这些酶包括胱硫醚合成酶、甲硫氨酸合成酶、甲硫氨酸合酶还原酶和丝氨酸羟甲基转移酶等。

一、胱硫醚合成酶

胱硫醚合成酶（CBS）是一种磷酸吡哆醛依赖性酶，可编码 551 个氨基酸，位于染色体 21q22.3 的亚端粒区，长 28046 bp，其是 Hcy 代谢过程中非常关键的酶，其总分子质量约 250ku，是由分子质量为 63ku 的氨基酸残基亚单位形成的四聚体。CBS 将 Hcy 催化为胱硫醚，该反应以维生素 B_6 为辅酶因子，这是转硫基的第一步。人体内约有一半的 Hcy 借助 CBS 及胱硫醚裂解酶不可逆地产生半胱氨酸，CBS 还可调节 Hcy 由胞内到胞外的释放。

CBS 的基因突变有多种，其中纯合突变可以使该酶的活性减小，而杂合突变则会减小 30%，而当 CBS 酶活性下降到 50% 则会造成严重的 HHcy。常见的 CBS 突变是位于 278 密码子的 T833C，位于 307 密码子的 G919A 和 8 号外显子的插入突变 CBS844ins68。研究指出 CBS 基因型的不同有可能是一种遗传基础，导致各类人群对某部分疾病的易感性出现区别的临床特点。同时，脑血管疾病患者血浆中 Hcy 的升高与 CBST833C、CBSC1080T 及 CBS844ins68 的基因多态性有关。

二、甲硫氨酸合成酶

甲硫氨酸合成酶（MS）是 Hcy 代谢过程中的另一个关键酶，其分子质量为 160ku，在 Hcy 代谢过程中参与催化甲硫氨酸的合成。*MS* 基因位于染色体 q43 上，其基因位点突变或等位基因缺失会致使其酶活性显著降低。目前的研究已经发现 *MS* 的多个位点存在突变，其中最受关注的是 2756 位的 D919G 突变，该位点的突变可致使甘氨酸替换天冬氨酸。国外研究者发现，MS2756 位的 D919G 突变常见于一般人群中，且其突变可能会引起 Hcy 升高而增高心脑血管疾病的发病风险。然而也有报道发现，MSA2756G 突变可能会导致 Hcy 水平的降低，从而使心血管病的出现概率减低，同时叶酸含量升高与 MSA2756G 突变降低 Hcy 的作用呈正相关。因此，MSA2756G 多态性在缺血性脑血管疾病中的作用依然需要更多的临床样本和数据进行深入研究探讨。

三、甲硫氨酸合酶还原酶

甲硫氨酸合酶还原酶（MTRR）在维持 MS 酶活性的稳定中发挥重要作用。在甲硫氨酸循环中，*S*- 腺苷甲硫氨酸经过甲基转移酶催化，将甲基转移至另一种物质，而 *S*- 腺苷甲硫氨酸失去甲基后生成 *S*- 腺苷同型半胱氨酸，后者脱去腺苷生成同型半胱氨酸。这一过程中，MTRR 通过催化甲基从维生素 B_{12} 转移，参与甲硫氨酸的再甲基化作用，从而帮助维持 MS 酶活性的稳定。*MTRR* 基因位于染色体 5p15.2~15.3，目前对 MTRR 突变的研究主要集中在 A66G 位点突变上，A66G 位点突变可致使异亮氨酸代替甲硫氨酸，使得甲硫氨酸无法发挥正常功能。国内学者发现，MTRR66AA 基因型的人群血浆中的 Hcy 水平有一定程度的上涨，而其位点多态性与 Hcy 及脑血管疾病是不是具有关联性还不明确，有待更多的研究进行证实。

四、丝氨酸羟甲基转移酶

丝氨酸羟甲基转移酶（SHMT）参与机体内的甲基化反应，与 Hcy 的代谢密切相关。SHMT 包括 SHMT1 和 SHMT2 两种同工酶，其中 SHMT1 位于细胞浆，而 SHMT2 位于线粒体，SHMT1 的基因位于染色体 17p11.2，而 SHMT2 的基因位于染色体 12q13.2。两种同工酶中 SHMT1 在叶酸和 Hcy 代谢中发挥的作用较为突出。目前对于 SHMT1 基因多态性的研究最多的是其转录起始密码子下游 1420 位存在 C–T 突变，此突变产生的多态性与酶活性密切相关，通过对酶活性的影响进而影响体内叶酸和 Hcy 的代谢水平。已有研究发现，SHMT1 1420CC 基因型的人群其血浆叶酸含量较正常人群要低，这可能导致体内合成的一碳单位减小，从而对 DNA 的甲基化与 Hcy 的代谢造成干扰，然而在缺血性脑血管疾病患者中 SHMT 对 Hcy 的影响及其与脑血管疾病的关系研究甚少。

第二节　基因多态性对碳水化合物代谢的影响

膳食碳水化合物在被机体吸收前通常会经过一系列反应水解成单糖，一些水解发生在口腔和胃中，但大多数发生在小肠的上部，小肠的 pH 环境能够有效保持分泌到肠腔的特定水解酶的高活性。而碳水化合物的降解通常是厌氧过程，包括葡萄糖代谢、果糖代谢和乳糖代谢等，这些代谢过程中受许多因素影响，如激素，酶活力，以及唾液淀粉酶 AMY1、脂蛋白 1、*CLOCK* 和 *FTO* 基因多态性。

一、唾液淀粉酶 *AMY1* 基因多态性

唾液淀粉酶是一种分解低聚糖和多糖中 α–1,4– 葡萄糖苷键的酶，可启动膳食淀粉和糖原消化，由 *AMY1*（alpha–amylase 1）唾液淀粉酶基因编码，*AMY1* 基因位于 1p21 唾液淀粉酶家族，包含 *AMY1A*、*AMY1B* 和 *AMY1C* 三个基因亚型，均编码唾液淀粉酶蛋白，长度为 511 氨基酸，分子质量大小为 72ku，定位于细胞浆，主要参与人体碳水化合物的代谢过程，且具有外分泌功能。

AMY1 基因参与调节膳食淀粉消化和碳水化合物代谢，唾液淀粉酶浓度较高的个体在摄入淀粉后可快速分解淀粉，表现出较低的餐后血糖和较高的胰岛素水平。而 *AMY1* 拷贝数与唾液淀粉酶浓度呈正相关，高淀粉饮食的人群比低淀粉饮食的人群具有更多的 *AMY1* 拷贝数，淀粉酶基因附近的单核苷酸多态性与 *AMY1* 拷贝数高度相关，如果 *AMY1* 中的次要等位基因携带者（rs6696797、rs4244372 和 rs10881197）是从碳水化合物中获得超过总

能量摄入65%的女性，则其2型糖尿病的发病率显著升高。多伦多营养基因组学与健康研究报告称，在20~29岁的高加索成人中，*AMY1* rs10881197和*AMY1*拷贝数均与较低的能量摄入有关，可见*AMY1*单核苷酸多态性可能有助于淀粉和能量摄入。*AMY1*拷贝数和*AMY1*单核苷酸多态性能够解释AMY1蛋白表达的个体差异，以及一些个体更易患2型糖尿病的原因。食用高碳水化合物饮食并拥有rs6696797 A等位基因、rs4244372 A等位基因和rs10881197 G等位基因的女性2型糖尿病发病率最高。除*AMY1*基因中的单核苷酸多态性外，易感基因中的几个单核苷酸多态性也与胰岛素敏感性或胰岛素抵抗有关。由于参与脂肪组织代谢的基因可能影响胰岛素敏感性，脂联素基因的多态性与超重/肥胖儿童的胰岛素抵抗状态相关。

二、脂蛋白1基因多态性

脂蛋白1（*LPIN1*）基因是通过动物模型研究发现的一种基因，被确定为脂肪肝营养不良（FLD）小鼠的致病突变基因。*LPIN1*基因编码890个氨基酸的蛋白质，并产生两种来自选择性mRNA剪接的亚型lipin-*α*和lipin-*β*，lipin-*α*主要是核物质，而lipin-*β*主要位于3T3-L1脂肪细胞的细胞质中，具有不同的细胞功能。

*LPIN1*单核苷酸多态性（SNPs）与脂肪营养不良和糖脂代谢相关，在对15名脂营养不良患者和10名正常受试者的*LPIN1*基因进行测序后，确定了4个沉默SNP和1个非保守SNP，但这些*LPIN1* SNP中没有一个是脂营养不良患者独有的。在一项病例研究中发现，常见的内含子LPIN1单核苷酸多态性与血脂异常家庭的空腹胰岛素浓度以及与肥胖相关的特征显著相关。一项芬兰研究检测了七种常见的内含子*LPIN1*变体与血脂异常家族中肥胖和糖代谢相关的特征，IVS13+3333A>G（SNP2，rs2577262）变体在芬兰的研究中也进行了基因分型，未观察到IVS13+3333A > G和任何表型（空腹甘油三酯、葡萄糖、胰岛素、脂蛋白脂肪酶和肝脂肪酶）之间的相关性。然而，在病例样本中，内含子17变体的次要等位基因显著增加了肥胖风险，内含子17中的SNP与IVS18+181C > T变体（SNP4，rs2716609）在完全连锁不平衡中发现与几种肥胖特征相关。其次，在血脂异常家族中，只有内含子1中的SNP与血脂异常家族中的血清胰岛素水平显著相关，表明*LPIN1*基因的常见遗传变异在肥胖和糖代谢中发挥作用。

三、*CLOCK*基因多态性

CLOCK（circadian locomotor output cycles kaput，CLOCK）基因是昼夜节律的调节器，调节过氧化物酶体增殖剂激活受体（PPAR）的表达，而PPAR与参与细胞脂质代谢（脂肪水解和脂肪生成）的转录因子家族相对应，其活性在昼夜节律周期后受到调节。在预测

体重指数时，夜间（夜宵、晚餐和饭后零食）摄入的碳水化合物与*CLOCK* SNP基因型之间存在显著的交互作用。*CLOCK* rs3749474基因多态性的存在意味着该基因3′-非编码区的胞嘧啶与胸腺嘧啶的交换，进而影响其mRNA的折叠和稳定性，损害其功能和其调节的因子，从而改变脂肪生成和脂肪分解过程，并失去效力，影响脂肪沉积，增加体重指数。*CLOCK* rs3749474基因多态性的存在还与更高水平的促食欲激素（如ghrelin）和较低水平的厌食激素（如瘦素）有关，导致昼夜节律模式中的生理紊乱，这种多态性影响在此期间保持低水平的瘦素，从而引起更大的食欲。

四、*FTO*基因多态性

肥胖基因（fat mass and obesity associated gene，FTO）基因编码2-酮戊二酸依赖性核酸脱甲基酶，*FTO* mRNA主要表达于下丘脑，该蛋白参与DNA修复和能量平衡调节。*FTO*的单核苷酸多态性，如rs9930609和rs9930506，与肥胖和BMI的相关性最强。*FTO* rs9930506 G等位基因纯合子的银屑病患者的BMI较高，且肥胖和关节炎风险增加。银屑病“高危人群”的胰岛素浓度往往较高，至少一个风险等位基因携带者的稳态模型指数（HOMA）和空腹胰岛素敏感性指数（FIRI）值较高，胰岛素敏感性指数较低，表明*FTO*基因的一个等位基因可能会增强胰岛素抵抗，这可能是银屑病患者合并肥胖的结果。关于碳水化合物摄入，*FTO* SNP rs9939609和rs8050136等位基因携带者的碳水化合物摄入显著降低，*FTO*的rs9939609风险等位基因携带者能消耗更少的碳水化合物，而rs10163409风险等位基因携带者的摄入量较高。同时，一项分析报告称加拿大土著人群的较高碳水化合物摄入、欧洲人的较低碳水化合物摄入均与rs9939609风险等位基因携带者相关。

五、其他基因多态性

味觉在决定个人食物偏好和饮食习惯方面起着关键作用，在分子水平上，所有甜味感知都由甜味受体介导，甜味受体是G蛋白偶联受体TAS1R2–TAS1R3的异二聚体。除了在舌头和腭中的基因表达外，TAS1R2也在其他调节代谢和能量平衡的身体组织中表达。*TAS1R2*基因位于1号染色体，该基因中的几个单核苷酸多态性已被鉴定，一个位于外显子3中，导致571位核苷酸替换（腺嘌呤/鸟嘌呤，A571G，rs35874116）。这种非同义多态性导致位置191处的氨基酸替换（异亮氨酸/缬氨酸，Ile191Val），与健康和糖尿病受试者经常摄入糖有关。*Val/Val*基因型携带者中观察到的显著较高的碳水化合物摄入可能归因于谷类的平均每日摄入量相应增加。从遗传学角度发现，TAS1R2受体的基因变异会导致饮食摄入的个体差异。Ile191Val多态性位于预测的TAS1R2受体的第一个大细胞外结构域，该结构域假设包含碳水化合物和二肽甜味剂的配体结合位点，该功能域还显示出显著的遗传多态性和单倍型多样性，可能与人类对天然糖营养素的进化适应有关。此外，较高蔗糖味觉阈值的 rs12033832（G>A）单核苷酸多态性与超重者的糖摄入密切相关，但对于 rs35874116 单核苷酸多态性，在加拿大受试者中，与 Ile 纯合子相比，*Val* 等位基因携带者的碳水化合物摄入较低。

CEBPA、GCKR、Calpain-10、TCF7L2、ADCY5、FADS1、GLIS3、IGF1、PPARγ、GCKR、ETFB、TMX2 位点的变异与不同的代谢综合征相关特征有关，如受损细胞功能或胰岛素抵抗，尤其是在某些特定饮食条件下。一项研究了 904 个选定 SNP 对 450 名代谢综合征患者空腹和餐后碳水化合物代谢 8 个不同变量的影响，发现影响糖代谢空腹标志物的许多顶级 SNP 位于编码参与能量代谢的受体或转运体的基因中，如 *PPARGC1B*、*SCARB1*、*ABCG4*、*ABCG8*、*VLDLR*、*CD36*、*APOA1*、*APOB* 和 *LRP1*，而影响动态标记物（静脉葡萄糖耐量试验）的基因变体也属于这种类型，如 *VLDLR*、*PPARGC1A*、*CETP*、*RXRB*、*IRS2* 和 *CD36*，包括与细胞分化相关的位点，如 *IGF1R*、*TCF7L2* 和 *CEBPA*。LRP1（低密度脂蛋白相关蛋白 1）的单核苷酸多态性与代谢综合征相关，LRP1 中的其他 SNP 与小鼠的代谢相关，影响阿尔茨海默病的发病率。低剂量罗格列酮可增加 LRP1 水平和从大脑中清除的 β- 淀粉样蛋白含量，与 LRP1、降糖药和阿尔茨海默病也有关联。LRP1 参与 GLUT4 葡萄糖转运蛋白从细胞膜转移到细胞表面以内化葡萄糖，LRP1 rs4759277 是影响 3 个糖代谢变量（空腹胰岛素、C 肽和胰岛素抵抗指数）的 SNP。

由脂肪组织分泌的脂联素被认为是葡萄糖调节和胰岛素敏感性的重要调节剂，脂联素基因的各种 SNP 与胰岛素敏感性、2 型糖尿病、肥胖、血脂异常和高血压相关。脂联素 SNP 的 T 等位基因 276*G*>*T*（SNP 276*G*>*T*）多态性与碳水化合物摄入之间存在显著的基因 - 营养相互作用，调节了血浆空腹血糖、糖化血红蛋白和高密度脂蛋白胆固醇浓度。G 等位基因仅在摄入低碳水化合物饮食的受试者（碳水化合物摄入 <55%）中与更高的空腹血糖相关。当碳水化合物摄入处于中等水平（55%~65%）时，T 等位基因携带者的空腹血糖和糖化血红蛋白浓度较高；当碳水化合物摄入较高（>65%）时，T 等位基因携带者的高密度脂蛋白胆固醇浓度较高，即使将碳水化合物摄入视为一个连续变量，这种相互作用也很显著，表明存在强烈的剂量反应效应。

MC4R 位点与体质指数、饮食行为、食物摄入调节有关，rs17782313 和 rs571312 与总能量摄入显著正相关，在进一步调整能量摄入后，仅在超重组中存在显著相关性，但 rs17782313 与碳水化合物摄入之间呈负相关，可能归因于 MC4R 和体质指数本身之间的关联。此外，成纤维细胞生长因子 21（FGF21）位点参与碳水化合物和脂质代谢，这可能驱动 FGF21 单核苷酸多态性与碳水化合物摄入之间的正相关性。瑞典的一项横断面研究（*n*=29480）描述了神经元生长调节因子 1 单核苷酸多态性 rs2815752 与较低的总能量和较高的碳水化合物摄入有关，但也需更多样本和实验进行验证。

第三节 基因多态性对脂质代谢的影响

载脂蛋白（apolipoprotein，apo）是血浆脂蛋白中的蛋白质部分，能够结合并运输血脂到机体各组织进行代谢和利用。apo 一般分为 5~7 类，主要包括 apoA Ⅰ、apoA Ⅱ、apoA Ⅳ、apoB100、apoB48、apoC Ⅰ、apoC Ⅱ、apoC、apoD、apoE 等 20 余种，这些 apo 可以调节脂蛋白代谢关键酶的活性，参与脂蛋白受体的识别，在脂蛋白合成、分泌、转运及分解代谢过程中发挥重要的作用。编码 apo 的基因发生点突变、缺失、插入或重排而使基因结构发生改变时，形成不同等位基因型多态性，并进一步形成不同表型的载脂蛋白，如 apoA、apoB、apoC 和 apoE 等，这些 apo 基因型多态性会影响脂质代谢和利用，从而影响高脂血症和心脑血管等疾病的发生。

一、载脂蛋白 A 基因多态性

载脂蛋白 A（apolipoprotein A，apoA）包括 apoA Ⅰ、apoA Ⅱ、apoA Ⅳ 和 apoA Ⅴ。apoA 由 22 个氨基酸组成串联重复序列，形成兼性 α- 螺旋，每一螺旋的起始端为脯氨酸，此螺旋是 apoA 结合及转运脂质的结构基础，也是 apoA Ⅰ 和 apoA Ⅳ 激活卵磷脂胆固醇酰基转移酶（lecithin cholesterol acyltransferase，LCAT）活性的结构基础。apoA Ⅰ 和 apoA Ⅱ 大部分分布于高密度脂蛋白（high-density lipoprotein，HDL）中，是 HDL 的主要载脂蛋白。*apoA Ⅰ*、*apoA Ⅳ* 和 *apoA Ⅴ* 基因均位于 11 号染色体长臂上，而 *apoA Ⅱ* 位于 1 号染色体常臂，四种 *apoA* 基因均由 4 个外显子和 3 个内含子组成。

1. *apoA Ⅰ* 基因

apoA Ⅰ 是 apoA 家族最多的一种组分，主要由肝脏和小肠合成，占 HDL 中蛋白质总量的 65%~70%，是重要的结构及功能蛋白，在促进 HDL 成熟和甘油三酯（triglyceride，TG）逆向转运中起着十分重要的作用。人类成熟的 apoA Ⅰ 是一个分子质量为 28300u 的 243 个氨基酸多肽，是单一多肽链，分子中不含半胱氨酸和异亮氨酸，其结构为 C 端结构域包含具有一个串联重复 10 次的 11 或 22 个氨基酸残基序列组成的螺旋重复结构，在其形成二级和三级结构中起至关重要的作用。每个重复序列都有一个兼性 α- 螺旋，是结合脂类的主要因素，在疏水 / 亲水表面含有带正电荷的氨基酸，在极性表面的核处含有带负电荷的氨基酸。在 apoA Ⅰ 中，兼性 α- 螺旋的基序被进化保存，其总螺旋含量为 53%，而 β- 片层结构共占氨基酸序列的 12%。

apoA Ⅰ 基因有 5 种多态性，分别由单个限制性酶切位点的改变、DNA 片段的缺失和

DNA 片段的插入所致。

①等位基因 Alu 缺失多态性：在 *apoA I* 基因上游 5kb 处由于缺失了一个 300bp 的 Alu 序列形成，该等位基因可使血浆 HDL–C 水平降低。Alu 缺失在德国人人群中的发生率为 5%，在北美白人人群中占 20%，且发现德国人动脉粥样硬化患者该基因缺失频率更高。

② *Pst-I* 基因多态性：*apoA I* 基因经限制性内切酶 *Pst*–I 消化后，存在 3.2kb/3.2kb 片段纯合子、2.2kb/2.2kb 片段纯合子和 3.2kb/2.2kb 片段杂合子的 3 种基因，其中 2.2kb 片段为野生型（*P1* 基因）、3.2kb 片段为突变型（*P2* 基因）。*P1* 等位基因在正常人群中频率较高，*P2* 等位基因在低 HDL–C 患者及冠心病患者中的频率较高。

③ *EcoR* I 位点多态性：*apoA I* 基因经限制性内切酶 *EcoR* Ⅰ消化后存在 13.0kb/13.0kb 片段纯合子、6.5kb/6.5kb 片段纯合子和 13.0kb/6.5kb 片段杂合子 3 种基因型，其中 13.0kb 为野生型、6.5kb 为突变型。正常人均为 13.0kb 片段的纯合子，冠心病患者一级亲属中其 HDL、apoA Ⅰ、apoC Ⅲ呈中等水平的均为 13.0kb/6.5kb 片段杂合子。研究发现，84 例正常人出现 6.5kb 片段的频率为 4.7%，40 例心绞痛患者的频率为 13%，而另 40 例心肌梗死幸存者的频率为 40%，其中 3 例为 6.5kb 片段纯合子，说明 *apoA I* 基因多态性不仅是动脉粥样硬化的标记，而且与动脉粥样硬化的严重程度有关。

④ *Xmn* Ⅰ位点多态性：用 *Xmn* Ⅰ限制性内切酶消化 *apoA I* 基因上游 2.5kb 处后，出现 8.3kb（大片段等位基因）和 6.6kb（小片段等位基因）两条带，小片段等位基因的存在可增加血浆 *apoA I* 的平均水平。心肌梗死患者中小片段等位基因频率为 15%，而正常人为 24%。此外，*apoA I* 基因 *Xmn* Ⅰ位点多态性与高甘油三酯血症有关。

⑤ S–M 位点多态性：经 *Sst* Ⅰ内切酶消化，常见的野生型 *S1* 等位基因产生 5.7kb 和 4.2kb 两个片段，而突变型 *S2* 等位基因产生 5.7kb 和 3.7kb 两个片段，后者中出现在心肌梗死患者中的频率高。经 *Msp* Ⅰ内切酶消化，可出现 1.0kb（*M1*，野生型）和 1.7kb（*M2*，突变型）两条带。在不同种族的人群及心肌梗死、冠心病人群中，小片段等位基因的频率都有差异。高加索人与日本人中 *S1-M2* 在高脂血症患者中的频率均显著高于正常人，并与冠心病有明显的关联。正常人 *M2* 等位基因频率为 24%，而心绞痛和心肌梗死患者分别为 43% 和 30%，且在 50 岁以下男性冠心病患者或不稳定型心绞痛患者中 *M2* 等位基因频率均显著增加。此外 *apoA I* 基因的 *Pvu* Ⅱ、*Taq* Ⅰ限制性酶切位点也存在多态性现象，但这些多态性与脂质代谢紊乱是否有关，还有待于进一步研究。*apoA Ⅰ* 基因中研究较深入的多态性位点主要是基因转录起始点上游 *–75bpG>A*，该等位基因出现在白人人群中的频率为 0.15~0.20。位于 *apoA Ⅰ* 内含子 1 内的 +83bp C>T，与高密度脂蛋白胆固醇相关，但与冠心病的关系始终存在争议，这可能与 apoA I/HDL–C 对冠心病效应的复杂性相关，需要进一步大样本的人群研究和机制探讨。

apoA Ⅰ 基因启动子区域的第 76 个碱基 G 到 A 的替换已经研究较多，该基因多态性与更高的 HDL 胆固醇（HDL– C）或 apoA Ⅰ血浆水平有关。携带 GA 基因型的个体摄食富含

单不饱和脂肪酸的饮食后的 LDL 颗粒比摄食富含碳水化合物饮食后的 LDL 颗粒较大，小而致密的 LDL 颗粒与动脉粥样硬化正相关。apoA Ⅰ G-76A SNP 在主要血浆脂蛋白的代谢中发挥着关键作用，可调节 LDL 颗粒大小，与饮食相互作用而影响动脉粥样硬化的发生和发展。此外，血浆同型半胱氨酸水平与 apoA Ⅰ水平呈负相关，且独立影响 apoA Ⅰ水平，在糖耐量受损的受试者中，血浆同型半胱氨酸水平的升高与 apoA Ⅰ水平的降低相关。

2. apoA *Ⅱ* 基因

apoA Ⅱ由肝脏和小肠合成，是 HDL 中第二种常见的载脂蛋白，约占 HDL 中蛋白质总量的 20%，在乳糜微粒（chylomicron，CM）中含量可达载脂蛋白的 7%~10%，在极低密度脂蛋白（very low density lipoprotein，VLDL）中也有少量存在。apoA Ⅱ由两条 77 个氨基酸残基组成的多肽链形成，在人血浆中以二聚体形式存在，分子中缺乏组氨酸、精氨酸及色氨酸。其生理功能包括以下 3 点。

①维持 HDL 结构：apoA Ⅱ第 12~31 位氨基酸和第 50~77 位氨基酸具有与磷脂结合的能力，二级结构分析发现第 17~30 位氨基酸和第 51~62 位氨基酸形成的兼性螺旋结构是人 apoA Ⅱ与脂质结合的分子基础；②激活肝脂肪酶：水解 CM 和 VLDL 中的甘油三酯和磷脂；③抑制卵磷脂胆固醇脂酰基转移酶（lecithin-cholesterol acyltransferase，LCAT）活性。

apoA Ⅱ定位于人类染色体 1 的 1p21 → 1qter（1）区域，apoA Ⅱ与其他可溶性载脂蛋白的基因组结构相同，有 4 个外显子和 3 个内含子，内含子位于相似的位置。第一个内含子位于该基因的 59 个未翻译区域，位于启动子甲硫氨酸密码子上游 24 bp 处。第二个内含子位于信号肽酶裂解位点附近，而第 3 个内含子是最大的内含子，它将编码成熟蛋白的区域分为两部分，可能具有不同的功能。外显子 4 编码蛋白质的 C 端结构域，包含 22 个氨基酸的几个螺旋重复序列。

研究已发现了多个 *apoA Ⅱ* 基因多态性，如 -265T>C rs5082 多态性，已更名为 -492T>C，该基因的 -492 位点存在 T 取代 C 的现象，与欧洲男性的腰围和较低的血浆 apoA Ⅱ水平有关。这表明 apoA Ⅱ的遗传变异可能与体脂分布表型有关。据报道，与白人女性相比，非裔美国女性的内脏脂肪组织水平更低，无论是绝对脂肪还是相对于她们的全身脂肪，这可能与不同种族背景的女性基因组成的差异有关。生物信息学分析显示，rs3813627 多态性的变异位点位于 *apoA Ⅱ* 基因启动子上游的位置的 1730 位点，是多个转录因子的结合位点，介导多个转录因子的结合。此外还有 rs6413453 基因多态性可能与体重相关，而 rs5085 基因多态性与总胆固醇水平和腰臀比略微相关。

apoA Ⅱ被认为在脂蛋白代谢中具有次要的生理重要性。apoA Ⅱ缺乏对人的脂质和脂蛋白谱及冠心病的发生有轻微影响，同时 apoA Ⅱ在维持 HDL、肥胖和肥胖诱导的胰岛素抵抗中也发挥多种作用，但在动物和人类研究中的结果尚且有争议。动物实验发现 *apoA Ⅱ* 基因在小鼠中的过表达，可诱导 HDL 颗粒变大，导致体重指数和甘油三酯水平增加，可能损害了高密度脂蛋白的反向胆固醇运输和抗氧化功能，而 apoA Ⅱ缺失小鼠通过改变 HDL

颗粒大小来降低甘油三酯水平。在人类研究中，*apoA Ⅱ*基因与内脏脂肪积累和富含甘油三酯的脂蛋白代谢有关。*apoA Ⅱ* rs5082 多态性与男性腰围、女性腹部脂肪堆积、体重质量指数、食物摄入量以及健康男性餐后对饱和脂肪过量的反应有关。但目前认为只有 *apoA Ⅱ* rs3813627 多态性与高密度脂蛋白浓度相关，rs3813627 多态性通过体重质量指数完全介导 HDL 水平，部分介导 *apoA Ⅰ*水平，与低 HDL 和 apoA Ⅰ易感性相关，而这种影响是由体重质量指数增加介导的。

3. *apoA Ⅳ* 基因

apoA Ⅳ是一种脂质结合蛋白，主要在小肠内合成，极少由肝脏分泌。apoA Ⅳ组装成新生乳糜微粒，在脂肪吸收过程中分泌到肠淋巴。apoA Ⅳ的原始翻译产物是 396 个残基的前体蛋白，成熟的 apoA Ⅳ是由 376 个氨基酸残基组成的 44ku 的蛋白质。在循环中，apoA Ⅳ存在于乳糜微粒残体、高密度脂蛋白上，约 40%~50% 以无脂形式存在，其蛋白结构由 22 个氨基残基组成的重复序列，形成一个具有疏水部分和亲水部分的 α- 螺旋二级结构，这个结构可能起脂质乳化形成稳定脂蛋白的作用，类似于 apoA Ⅰ的螺旋重复结构。apoA Ⅳ有 12 个这样的重复结构，且主要由脯氨酸残基分隔并紧密聚集在 40~332 残基。与 apoA Ⅰ一样，apoA Ⅳ的 N 端（残基 1~39）由一个独立外显子编码，与 apoA Ⅰ不同的是 apoA Ⅳ的 C 端（残基 354~367）包含独特的富含谷氨酰胺的序列。在不存在脂质的情况下，人 apoA Ⅳ以单体（25%）和同源二聚体（75%）的混合物的形式存在。

在人类 *apoA IV* 基因中，已经确定了 7 种基因多态性，包括 *apoA Ⅳ-1*、*apoA IV-1A*、*apoA Ⅳ-2*、*apoA Ⅳ-2A*、*apoA Ⅳ-3*、*apoA Ⅳ-0* 和 *apoA Ⅳ-5*。其中，apoA Ⅳ-1 是最常见的亚型。apoA Ⅳ-1A 编码 C 端附近的一个 Thr347Ser 取代位点，其电泳迁移率与亲本 apoA Ⅳ-1 相同。人群研究报告显示，*Thr347Ser* 等位基因携带者的血浆总胆固醇、LDL 和脂蛋白水平低于 347Thr 纯合子。apoA Ⅳ-1a 也与血浆 apoA Ⅳ浓度降低和冠心病风险增加相关。apoA Ⅳ-2 是由 C 端 Q360H 取代而来，使 apoA Ⅳ-1 又多了一个基本电荷单元。apoA Ⅳ-2 蛋白的脂质亲和力高于 apoA Ⅳ-1，与 apoA Ⅳ-1A 相比，它推迟了餐后对富含 TG 的脂蛋白的清除。此外，最近的一项研究发现 *apoA Ⅳ*基因上 rs1729407 和 rs5104 多态性与血浆 apoA Ⅳ浓度显著相关，且 rs1729407 与 HDL-C 也显著相关。此外，rs675（T347S）常见变异体促进 apoA Ⅳ与脂质的结合以及胆固醇从细胞流出，rs5110（Q360H）这种调节功能较弱，两个变异体能降低血浆 apoA Ⅳ水平，增加冠心病风险，但与甘油三酯的水平以及冠心病无关联性。

apoA Ⅳ还参与多种生理过程，如脂质吸收和代谢、抗动脉粥样硬化、血小板聚集和血栓形成、葡萄糖稳态和食物摄入。在人类临床研究中发现，低浓度血浆 apoA Ⅳ与男性冠状动脉疾病相关。然而，高水平 apoA Ⅳ与肥胖及肥胖相关并发症（如糖尿病）的有效治疗方法 Roux-en-Y 搭桥手术后胰岛素敏感性的改善有关。apoA Ⅳ Thr347Ser SNP 可影响 LDL 颗粒大小及其氧化修饰的易感性，和携带 GA 的 *apoA Ⅰ* 基因个体一样，携带 ThrSer

的 *apoA Ⅳ*基因型的个体摄食单不饱和脂肪酸饮食后的LDL颗粒比摄食富含碳水化合物饮食后的LDL颗粒较大，表明该基因多态性与动脉粥样硬化发生率降低相关。apoA Ⅰ和apoA Ⅴ在主要血浆脂蛋白的代谢中发挥着关键作用，可调节LDL颗粒大小。这些载脂蛋白的缺陷或变异与血浆中脂质和脂蛋白浓度的改变有关。

4. *apoA Ⅴ*基因

*apoA Ⅴ*是一种载脂蛋白基因，位于11号染色体长臂q23，*apoA Ⅳ*基因下游约30kb处，全长1889bp，含有4个外显子和3个内含子。*apoA Ⅴ*在肝脏中合成，主要分布于VLDL、HDL和CM中，其基因血浆浓度很低，不及*apoA Ⅰ*的0.1%和*apoA Ⅳ*的1%，但对血脂的影响却很深远。*apoA Ⅴ*的蛋白结构为含有2个独立折叠结构域，分别为N端和C端。N端（1~146）呈疏水α-螺旋结构，C端（186~227）包括1段含有大量正电荷的氨基酸序列，而该序列可能对加快TG脂解起到了促进作用；293~296位氨基酸残基附近存在1个独特的四脯氨酸序列，研究表明该片段的缺失会导致*apoA Ⅴ*与脂类结合能力受损，证明四脯氨酸序列与*apoA Ⅴ*脂类结合活性有关。

*apoA Ⅴ*基因多态性不但与血浆TG水平升高有关，而且与脂类代谢疾病有关。目前已知该基因存在23个单核苷酸多态性SNP位点，其中多个位点的变异影响血浆TG水平。然而，研究较多的几个多态性位点包括位于非编码区，如-1131T＞C（SNP3）、-3A＞G（Kodak）、IVS3＋G476A（SNP2）、c.1259T＞C（SNP1）等，另有位于编码区，如c.56C＞G（S19W）、c.553G＞T（G185C）等位点。c.553G>T apoA Ⅴ SNP（rs2075291）纯合子的个体具有极高的血浆TG水平。研究发现*apoA Ⅴ*基因的c. 553G＞T多态性对新疆维吾尔自治区汉族人群血浆中的甘油三酯（triglyceride，TG）和总胆固醇（total cholesterol，TC）水平有影响，并发现c. 553G＞T多态性与冠心病的发生有关，而T等位基因可能是冠心病的危险因素。此外，与升高血浆TG强烈相关的另一SNP编码是c.56C>G（rs3135506）。apoA Ⅴ -1131T＞C多态性与中国人群冠心病风险之间存在显著相关性，且中国南方人群的风险增加更明显。apoA Ⅴ-12238T＞C多态性对新疆维吾尔自治区维吾尔族人群血清TG水平、冠心病的发生有影响，携带T等位基因血脂水平及冠心病风险均增加，而CC基因型可能是冠心病的一个保护因素。

apoA Ⅴ是近来发现的载脂蛋白家族新成员，是迄今为止所发现对血浆TG水平影响最明显的生理因子之一，其过度表达而引起TG水平下降。apoA Ⅴ虽然浓度较低，但对血脂的影响却很深远。对于*apoA Ⅴ*基因结构的多态性、功能及调控机制的研究已成为心血管疾病病理机制研究的新热点。目前普遍认为apoA Ⅴ与脂质代谢尤其是TG代谢密切相关，其基因多态性与血脂代谢疾病显著相关。人体和动物实验研究均表明，*apoA Ⅴ*基因的多态性对血浆TG代谢具有明显的调节作用，其含量与TG浓度呈负相关。apoA Ⅴ与富含TG的脂蛋白结合并增强TG水解和残余脂蛋白清除，其作用机制为：

①apoA Ⅴ可通过脂蛋白脂酶（lipoprotein lipase，LPL）与蛋白多糖结合进而增强 LPL 对富含 TG 的脂蛋白（如 VLD 和 CM）的水解，降低血清 TG 的浓度；②可作为 LPL 的异构激活剂，通过变构效应促使 LPL 与血管内皮细胞表面硫酸乙酰肝素糖蛋白相结合，以增加富含 TG 的脂蛋白与硫酸乙酰肝素糖蛋白 -LPL 复合物相互接触的概率，而使 TG 水平降低；③可通过稳定 LPL 二聚体而增强其脂解活性；④可作用于一些与 HDL-C 代谢有关的蛋白质，进而加快 HDL-C 的脂解；⑤可增强脂蛋白残基与 LDL 受体的亲和力，从而使富含 TG 的脂蛋白可被肝脏有效地摄入及降解。

*apoA Ⅴ*基因多态性与血脂代谢疾病呈显著相关。目前研究最多、最广的 *apoA Ⅴ*基因的 SNP 是 -1131T ＞ C。-1131T ＞ C 与血浆 TG 浓度有显著的剂量依赖关系，且每增加一个 C 等位基因，冠状动脉粥样硬化性心脏病发病风险率提高约 18.0%。VLDL 浓度高的和小的 HDL 颗粒型均对 -1131T ＞ C 等位基因有影响，由此推测 -1131T ＞ C 等位基因可引起血浆 TG 水平升高。携带 -1131T ＞ C 等位基因者在地中海低热量饮食模式干预后，其甘油三酯水平、胰岛素水平的干预作用较差。TG 值高的人群其半胱氨酸等位基因频率显著增高，且高 TG 血症患病风险也随之增高。研究发现 4 个等位基因 -1131T ＞ C、-3A ＞ G、1891T ＞ C、c.553G ＞ T 与家族性混合型高脂血症有相关性，且等位基因出现频率显著高于对照组，而纯合子个体 TG 和 LDL-C 水平升高，HDL-C 水平降低。此外，*apoA Ⅴ*的基因多态性也可影响降脂药物的疗效。服用降脂药非诺贝特后，体内 HDL-C 和 LDL-C 与 *apoA Ⅴ*基因多态性有密切关系。治疗前 -1131C 等位基因携带者比非携带者的血浆 TG 水平高，其他血脂指标无明显差别，给予非诺贝特片剂降脂治疗 3 个月后，-1131C 等位基因携带者 TG 水平分别下降较多，表明非诺贝特对 -1131C 等位基因携带者有更好的降脂疗效。

二、载脂蛋白 B 基因多态性

载脂蛋白 B（apolipoprotein B，apoB）是乳糜微粒（chylomicron，CM）和低密度脂蛋白（LDL）的主要载脂蛋白，主要有 apoB 100 和 apoB 48 二种亚型。apoB 100 由肝脏合成分泌，是 CM、LDL、VLDL、中间密度脂蛋白（intermediate density lipoprotein，IDL）和脂蛋白（a）的主要结构蛋白质，是 LDL 受体的配基，能够与 LDL 受体结合。*apoB* 基因位于人类第 2 号染色体短臂（2P）的 23~24 区，全长 43kb，含有 28 个内含子与 29 个外显子。基因转录起始密码子上游 -29 和 -60 位处，有调节单位 TATA 盒和 CAAT 盒，-86~-52 区间内含两个蛋白结合位点，结合在 -86~-61 区段的是蛋白因子 AF-1，结合在 -69~-52 区段的是热稳定 C/EBP。两者均参与 *apo 100* 基因的转录调控，上述两区段内的碱基突变，可导致转录活性的大幅度下降。3′端 181bp 构成一种由 11~16bp 重复排列的富含 A-T 的超变小卫星序列。另外 *apoB* 基因尚含有 81bp 编码 27 个氨基酸的信号肽。

apoB 100 是一种糖蛋白，成熟者含糖 4%~9%，其分子质量为 513ku，是由 27（或 24）个氨基酸信号肽及 4536 个氨基酸组成的单一多肽链。*apoB 100* 基因人工定位诱变后转基因小鼠的研究结果，提出 B 区（3359~3369 残基）可能是 apoB 100 与 LDL 受体结合的唯一肽段。apoB 100 与含有 apoB 的脂蛋白的组装、分泌、降解密切相关，对维持体内血脂水平的恒定起重要作用。apoB 48 在小肠中产生，仅见于 CM，含 apoB 100 的氨基端有 2153 个氨基酸残基，分子质量为 260ku，占 apoB 100 氨基酸的 48%，故称 apoB 48。它是 CM 及 CM 残基的重要蛋白成分。

apoB 基因的许多限制性片段长度多态性，*apoB* 基因的遗传特性及其多态性大多数通过限制片段长度多态性（restriction fragment length polymorphisms，RFLP）的方式进行表达，大多数的基因多态性与其非编码区的序列变化相关。据报道，*apoB* 基因的限制性片段长度多态性至少有 375 种，*apoB* 基因上某一个或者多个位点突变会引起血脂代谢异常，从而导致冠心病的发生及发展，其中 *apoB* 基因上 4 个位点的遗传多态性，即 3′ 端 VNTR 位点可变数目串联重复序列多态性、信号肽插入 / 缺失（Ins/Del）多态性、*Eco*R Ⅰ及 *Xba* Ⅰ酶切位点多态性，与脂质代谢、冠心病的发展相关性较强。

1. *3′VNTR* 多态性

apoB 基因 *3′VNTR* 对研究遗传和预测动脉粥样硬化的危险性有一定价值，国内外较一致的发现是带有 3′ 大等位基因较带有小等位基因的个体更易患血脂代谢异常性疾病。VNTR 位于 *apoB* 基因 3′ 端下游约 500bp 内，也称为高变区，有 14~16bp 长，富含 A–T 二核苷酸的重复序列串联而成，这些串联重复序列拷贝数目的不同构成 VNTR 等位基因的高度多态性。目前发现 VNTR 的等位基因有 18 种，相对频率分布存在着种族差异，是很有用的遗传标志位点。习惯上把串联重复序列的拷贝数 >39 者简称为 3′VNTR–B，而 <39 者简称为 3′VNTR–S。国内学者对北京地区 203 名汉族人进行 3′VNTR 多态性研究，发现冠心病组串联重复拷贝数 >39 的等位基因频率明显高于对照组。3′VNTR–B 等位基因与血浆 TC、LDL–C 水平升高，HDL–C 水平降低有关，*apoB* 基因 VNTR 多态性可能在一定程度上参与冠心病的发生和发展过程。国内学者比较了急性脑梗死病人的大等位基因与小等位基因，发现血清 TC、LDL 水平均增高，而 apoA Ⅰ / apoB 显著降低；对照组中大等位基因与小等位基因比较，TC、TG 及 LDL 水平均有所增高，而 apoA Ⅰ /apoB 比值则显著降低。

2. 5′ 端信号肽插入 / 缺失（Ins/Del）多态性

apoB 的信号肽中存在 9 个碱基对的 Ins/Del 多态性，导致插入或缺失亮氨酸、丙氨酸，致使 apoB 的信号肽长度变异。国内外对 apoB 信号肽的表达相关研究相对较少，存在样本量、实验方法及数据分析等各方面的差异，得出的结论不尽相同。*Del* 等位基因的突变可能影响血脂水平，如 TC、LDL 及 TG 等，从而成为冠心病的危险基因，但其出现的频率在不同种族中不尽相同，在高加索及非洲人群中，其基因频率高于亚洲人群。关于非洲突尼斯人群的一项研究表明，*Del* 等位基因的出现与 TC/HDL–C、LDI–C/HDL–C 和 VLDL–TG 升高显著相关，进而与冠心病的发生密切相关。国内学者对 103 例冠心病人和 100 名正常人 *apoB* 基因 5′ 端信号肽序列的多态性进行研究，结果表明冠心病组内具 *Del* 等位基因者血浆 HDL–C 水平明显低于不具 *Del* 等位基因者，说明 apoB 信号肽序列的多态性可能通过某种机制对脂质代谢产生影响。apoBI/D 多态性与 TC、LDL、apoB 和 TG 水平有关，与冠状动脉疾病和心肌梗死的发生密切相关，*Del* 等位基因对血脂水平的升高及冠状动脉疾病的高风险影响机制尚不明确。有研究表明，信号肽中的 *Del* 等位基因变体可能降低 apoB 输出的效率，考虑到 apoB 的作用，*Del* 等位基因可能导致高脂血症。apoB Ins/Del 多态性也可能不是致病因素，而只是心肌梗死的中性标志物，因为其他功能基因多态性与 Ins/Del 基因变异存在强烈的连锁不平衡。由此可见，Ins/Del 变异存在一定的种族差异，在中国人群以至于在亚洲人群中，其等位基因的基因频率明显低于其他人群，因此在中国人群中 apoB 信号肽插入 / 缺失对脂质代谢的影响，以及与冠心病关系还需要大量实验数据提高理论上的支持。

3. *Eco*R Ⅰ多态性

apoB 基因 *Eco*R Ⅰ内切酶酶切位点多态性是由于 4154 位密码子突变，使原有的 *Eco*R Ⅰ酶切位点消失，产生 E+ 等位基因，并使所编码的谷氨酸被赖氨酸取代。有报道，具有突变的 E+ 等位基因与 TC、LDL–C 水平以及冠心病有关。*Eco*R I 突变是 *apoB* 基因常见突变位点，*Eco*R I 位点位于 *apoB* 基因的第 29 号外显子，编码 4154 位谷氨酸的密码子 GAA 突变为 AAA，使原有的 *Eco*R 酶切位点消失，而产生 E– 等位基因，并且 4154 位密码子所编码的谷氨酸被赖氨酸替代。国内学者对携带 E+E–/E–E– 基因型 E+E+ 基因型血中 TG、TC、LDH 水平进行研究，得出 E– 基因型与 TC、TG、LDL–C 水平有关的结论。国外学者通过对丹麦高加索人 *Eco*R Ⅰ多态性的研究发现，E– 等位基因与 VLDL 胆固醇、血浆甘油三酯和 VLDL 甘油三酯水平升高相关，且也影响脂蛋白水平的变异，但其影响在发病组与对照组之间差异不显著。新加坡华人 *apoB* 基因的 RFLPs 与冠状动脉粥样硬化患者血清脂质、脂蛋白和 apoB 的水平改变无关，与此类似，研究老年冠心病患者 *apoB* 基因 *Eco*R Ⅰ多态性与血脂的关系，发现老年冠心病组甘油三酯水平明显高于对照组，但老年冠心病组与对照组的 *apoB* 基因 *Eco*R Ⅰ多态性比较无显著性差异，证实了老年冠心病与血脂代谢异常明显关联，但与 *apo B* 基因 *Eco*R Ⅰ酶切位点多态性无明显相关性。有报道称，apoB 的蛋白质结构被 *Eco*R *I* 基因位点突变而转化，从而削弱了 LDL 和 LDL 受体之间的结合能力，影响了 LDL 的分解代谢率，最终导致无法去除 apoB 和血浆中 LDL 的积累，这种血脂异常会加速动脉粥样硬化的发展。目前的研究中，因人群样本本身规模较小，导致 *Eco*R I 和脂质代谢及冠心病之间关系结论不一致，且存在种族及研究方法各方面的不一致，但绝大部分研究表明 *Eco*R Ⅰ与脂质代谢存在联系，将来更大规模、基于人群的关联研究仍然需要进行，以期巩固现有各种研究的发现。

4. *Xba* Ⅰ多态性

apoB 基因 *Xba* I 多态性是由于 *apoB* 基因 cDNA 第 7673 位核苷酸 C–T 突变，使第 2488 位密码子序列改变（ACC–ACT），从而产生一个 *Xba* Ⅰ内切酶识别位点，即 X+ 等位基因，但由于 ACC 和 ACT 均为苏氨酸密码子，所以这个点突变属于中性突变，并未改变所编码的氨基酸序列，无酶切位点的称 X– 等位基因。正常人群中以 X– 等位基因为主。多数研究证明，*apoB* 基因 *Xba* Ⅰ位点多态性与血清脂质水平及 apoB 水平密切相关，*Xba* I 酶切位点的 X+ 等位基因与脂质代谢紊乱有关。研究报道 X+ 等位基因与较低水平的 HDL–C 有关，推测该等位基因可能与冠心病的发病有关；*Xba* I 多态性对体内 LDL 清除的影响，发现纯合子 X+ 基因的 LDL 清除率较纯合子 X– 基因型者降低 22%。由于 *Xba* I 酶切位点的多态性并未造成所编码的氨基酸被置换，对脂质代谢的影响主要是通过导致基因连锁不平衡所致，并发现 X+ 等位基因与 Del 等位基因相关，而 X– 等位基因与 Ins 等位基因相关，推测其还可能与其他功能重要的 DNA 变异存在基因连锁不平衡。研究者进一步认为，这个 DNA 序列变异可能发生在 *apoB* 基因的受体结合区，引起 apoB 蛋白的三级结构改变，减弱了 LDL 与其受体的结合，从而影响 LDL 的分解代谢率，导致体内脂质水平异常，直接导致动脉粥样硬化或通过影响 HDL–C 水平增加动脉粥样硬化的易感性。*Xba* Ⅰ多态性与 TC 水平升高、餐后脂蛋白代谢改变及动脉粥样硬化发生有关，但其中的机制尚不明确，结论的不一致可能是由 apoB 多态性与各种环境暴露之间的相互作用所导致的，特别是已知在群体中差异很大的影响因子，但由于不止一个基因参与脂质代谢的改变，*Xba* Ⅰ基因位点多态性与疾病之间的联系在群体之间和群体内也可能不同。因此，*Xba* Ⅰ基因位点多态性影响脂质代谢，从而影响动脉粥样硬化易感性还有待于进一步研究。

三、载脂蛋白 C 基因多态性

载脂蛋白 C（apolipoprotein C，apoC）是血浆中一组水溶性的低分子质量蛋白质，包括载脂蛋白 C Ⅰ、C Ⅱ、C Ⅲ和新发现的 C Ⅳ四个亚类，主要分布在 CM、VLDL 和 HDL 中。

1. *apoC Ⅰ*和 *apoC Ⅱ*基因

*apoC Ⅰ*和 *apoC Ⅱ*基因位于 19 号染色体长臂上，apoC Ⅰ是由 57 个氨基酸残基组成的单一多肽链，人 apoC I 二级结构中 *α*– 螺旋结构占 55%，极易与磷脂结合。而 apoC Ⅱ是由 79 个氨基酸残基组成的单一多肽链，其一级结构的 *α*– 螺旋约占 23%，apoC Ⅱ可激活多种来源的脂蛋白脂肪酶（lipoprteinlipase，LPL），其结构中第 55~78 位氨基酸残基是维持其对 LPL 激活作用最短的必需区域，C 端第 43~50 位氨基酸残基为 *α*– 螺旋结构的脂质结合区。

研究发现 *apoC Ⅱ*基因主要存在以下几种变异。① apoC Ⅱ缺乏症：自 1978 年首次报道第一例高甘油三酯血症患者为 apoC Ⅱ缺乏症以来，已在日本、英国、意大利和美国等地发现了数十例。apoC I 缺乏为常染色体隐性遗传病，杂合子血浆 apoC I 水平仅为正常的一半，血浆甘油三酯浓度尚能维持正常；纯合子则血浆 apoC Ⅱ完全缺乏。② apoC Ⅱ Toronto 变异：apoC Ⅱ的第 1~68 位氨基酸正常，而在第 69~74 位氨基酸之间被插入 4 个碱基，使翻译阅读发生移码，提前出现终止密码，该突变使 apoC Ⅱ功能丧失，不能激活 LPL。③ apoC Ⅱ Bethesda 变异：apoC Ⅰ活性正常，但分子质量小，等电点较正常升高，血浆甘油三酯水平极高，apoC Ⅰ含量低于 0.005g/L，apoE 含量偏高。④ apoC Ⅰ的含量变异是因为第 55 位赖氨酸残基为谷氨酸所取代，这种突变不影响 apoC Ⅰ激活 LPL 的功能。apoC Ⅱ缺乏症表现为Ⅰ型高脂蛋白血症，严重时可引起肝脾肿大，诱发急性胰腺炎。

2. *apoC Ⅲ*基因

载脂蛋白 C Ⅲ（*apoC Ⅲ*）基因位于第 11 号染色体 A Ⅰ/C Ⅲ/A Ⅳ基因簇内长臂 q23 区，有 4 个外显子和 3 个内含子，由 79 个氨基酸残基组成、分子质量为 8.8ku 的一类脂蛋白转运蛋白，在肝脏内脂蛋白代谢过程中起到重要调节作用。若体内 apoC Ⅲ含量增高，将对脂质代谢造成直接影响，从而引发高甘油三酯血症、冠心病、动脉粥样硬化、代谢综合征等多种疾病。

实验和临床研究表明，载脂蛋白 C Ⅲ在调节富含甘油三酯的脂蛋白（triglyceride-rich lipoproteins，TRLs）代谢中具有重要作用，作为一个新的可修正的危险因子，apoC Ⅲ为高甘油三酯血症的治疗提供了一个新的视点。apoC Ⅲ可抑制脂蛋白脂肪酶的活性和肝脏对富含 TRLs 残基的摄取，在调节 TRLs 代谢中起到重要作用。自然发生的 *apoC Ⅲ*基因突变影响人血浆 apoC Ⅲ和甘油三酯浓度。apoC Ⅲ在小鼠体内过表达可产生严重的高甘油三酯血症，而 *apoC Ⅲ*基因敲除小鼠则未表现出明显的高甘油三酯血症。除了遗传因素，环境和内分泌因素也会影响 apoC Ⅲ的代谢，这使得优化以 apoC Ⅲ代谢为靶点的脂代谢紊乱和心血管疾病（尤其是代谢综合征患者）的治疗显得尤为重要。apoC Ⅲ功能主要是通过抑制脂蛋白酯酶及肝酯酶的活性，抑制肝脏脂蛋白受体对富含甘油三酯脂蛋白的摄取，以及抑制卵磷脂胆固醇酰基转移的活性等多种途径，影响脂质代谢，尤其是富含甘油三酯脂蛋白的代谢。如果 *apoC Ⅲ*基因表达失去控制，将涉及脂蛋白脂肪酶等，以改变乳糜微粒和 VLDL 的脂解速率，并影响血脂水平。C-482t 位点是位于 *apoC Ⅲ*基因上游调控区的位点，该位点的突变通常会升高餐后血糖、胰岛素、甘油三酯和 apoC Ⅲ水平。

apoC Ⅲ可以激活血液循环中的单核细胞，上调细胞表面黏附分子 $\beta 1$ 整合素的表达，促进单核细胞与血管内皮的黏附；其次，apoC Ⅲ诱导血管内皮细胞表达血管细胞黏附分子 -1 和细胞间黏附分子 -1，募集循环单核细胞并引起黏附；最后，apoC Ⅲ在血管内皮细胞中诱导胰岛素抵抗，导致内皮功能障碍并引发内皮炎症和动脉硬化。apoC Ⅲ和 apoC Ⅲ富集的 VLDL 可通过激活核因子 NF-κB 来激活血管内皮细胞，并诱导血管内皮细胞上单核细胞的募集。此外，apoC Ⅲ在血管内皮细胞中诱导胰岛素抵抗并导致内皮功能障碍。这些发现表明，富含甘油三酯的载脂蛋白中的 apoC Ⅲ不仅可以调节代谢，还可以通过激活血管细胞中的促炎信号通路来影响动脉粥样硬化。近年来，出现了代谢综合征患者血浆 apoC Ⅲ浓度升高的报道。胰岛素抵抗和中心性肥胖患者血浆 apoC Ⅲ浓度的增加是由于 VLDL 所致，肥胖个体 apoC Ⅲ合成增加的确切机制尚不清楚，可能与胰岛素抵抗降低 PPARs 转录有关。过量的 apoC Ⅲ 抑制 TRL 的脂解及其被肝脏摄取，并且 TRL 残基包括残基样颗粒。胆固醇和 apoB 48 在血液中积累，导致代谢综合征患者的餐后高甘油三酯血症。*apoC Ⅲ*基因沉默可显著升高 HepG2 细胞内甘油三酯含量及显著降低细胞外甘油三酯含量，其可能机制是通过减少极低密度脂蛋白颗粒的分泌以及增加极低密度脂蛋白颗粒的摄取。

到目前为止，一些限制性片段长度多态性是研究最多的 *apoC Ⅲ*基因多态性。近年来，*apoC Ⅲ*基因多态性，特别是胰岛素反应元件中的两个 *RFLPs T-455C* 和 *C482-T* 基因，与高脂血症之间的相关性已被深入研究。*apoC Ⅲ*基因的 C482–T 多态性与血浆甘油三酯密切相关，该位点是增加甘油三酯的主要等位基因之一。*apoC Ⅲ*基因的 C482–T 多态性与血浆甘油三酯密切相关，C482–T 多态位点与吸烟相互作用，该位点不能独立影响血浆甘油三酯水平，只有考虑到与吸烟的相互作用，位点才能影响甘油三酯的水平。在捷克共和国人群中，不同性别人群中 C482–T 位点对甘油三酯的影响不同，男性人群中 C482–T 纯合子携带者的血浆甘油三酯水平最高。对于 IRE 中的另一个多态位点 *T-455C* 基因，加拿大和法国女性 *apoC Ⅲ*中的 T–455A 多态位点，*T-455C* 携带者血浆甘油三酯水平显著升高。意大利人的基因多态性中，*apoC Ⅲ*中 T–455C 位点的 T–C 突变可导致血浆中载脂蛋白Ⅲ浓度显著升高，导致血液甘油三酯水平升高，显著增加冠状动脉疾病的风险。

另外，*apoC Ⅲ*基因 3′ 端非编码区（UTR）存在一 Sst I 多态位点，即 S2 等位基因，与高甘油三酯血症相关，同时也是冠心病易感性的遗传标志。S2 等位基因频率在 2 型糖尿病组和正常对照组的高甘油三酯血症患者中均显著增高，同时 2 型糖尿病患者中出现频率较非糖尿病人群有增高趋势。因此认为 *apoC Ⅲ*基因 Sst I 位点 S2 等位基因可能是 2 型糖尿病合并高甘油三酯血症的分子遗传学机制之一。

四、载脂蛋白 E 基因多态性

人类 *apoE* 基因位于 19q13.2，全长 3.7kb，其编码的蛋白质由 299 个氨基酸组成，一级结构包括 4 个外显子（长度分别为 44、66、193 和 860bp）和 3 个内含子（长度分别为 760、1092 和 582bp）。*apoE* 基因多态性受同一基因位点的 3 个等位基因 *ε2*、*ε3* 和 *ε4* 控制，根据不同组合方式形成 6 种基因型，即 3 种纯合子（E2/2、E3/3、E4/4）和 3 种杂合子（E2/4、E2/3、E3/4），并编码 3 种异构体，分别为 E2、E3、E4。其编码蛋白一级结构的区别在于第 112 位半胱氨酸与第 158 位精氨酸的互换，即 112、158 位的氨基酸在 E3 分别是半胱氨酸、精氨酸，而 E2 均是半胱氨酸，E4 均是精氨酸，这种结构的差异使各异构体与相应的受体结合活性存在较大的差异。由于半胱氨酸使 LDL 与相应的受体结合力减弱，故 E2/2 与受体结合活性只有 E3/3 的 2%；E4 与受体结合活性与 E3/3 相近，但由于代谢速度是 E3/3 的 2~3 倍，且存在过度表达，故其相对活性要高于 E3/3。因此，不同异构体与脂蛋白受体亲和力不同，其中E4具有升胆固醇的作用，而E2则作用相反，导致脂蛋白代谢的差别。在正常人群中*apoE*基因的多态性导致10%以上的个体间血浆胆固醇水平的差异，因此apoE多态性是导致个体间血脂和脂蛋白水平差异的常见遗传因素之一。

apoE可与CM、CM残粒，VLDL、IDL和HDL等结合形成脂蛋白，而且既能与存在于肝脏的apoE受体结合，又能与遍及全身组织的apoB 100、apoE受体（又称LDL受体）结合，所以它可通过多种代谢途径参与机体的脂质代谢调节，成为影响机体血脂水平的重要内在因素。*apoE*各种基因型一方面可以影响脂蛋白代谢的速率，另一方面也可以影响机体对膳食脂类、特别是胆固醇的摄取和吸收，因此在调节血脂和脂蛋白代谢方面发挥非常重要的作用。apoE变异如不影响与LDL受体的结合，则血脂大多正常，如变异导致其与LDL受体结合活性丧失或降低，则大多伴有血脂异常。由于apoE不同表型与受体的结合活性不同及自身在体内的代谢速率存在明显差异，以及apoE不同表型还可影响肠道对胆固醇的吸收率，因此*apoE*不同表型可影响血脂水平和心脑血管的发病率。

1. apoE2和apoE3

*apoE*基因多态性导致了编码蛋白的结构差异，影响其结合和运输脂蛋白的能力，而且不同基因型的蛋白表达产物在体内的代谢率大有不同。*apoE2*型的代谢速度要远慢于*apoE3*型和*apoE4*型，*apoE2*纯合型与LDLR结合力差也是导致Ⅲ型高脂蛋白血症的主要原因。血浆胆固醇60%的变异由遗传因素决定，而其中约14%来自*apoE*的多态性。在*apoE2*转基因鼠中，当*apoE2*适当表达时，血浆总胆固醇和LDL-C降低而甘油三酯升高；同时*apoE2*等位基因还可导致血浆*apoE*水平升高和*apoB*下降。此外，*apoE2*携带者则容易出现Ⅲ型高脂蛋白血症和CM、VLDL堆积，但其胆固醇水平较低。*apoE2*携带者胆固醇水平降低的原因可能是由于LDL形成受阻以及LDL受体向上调节，清除胆固醇能力增强。对不同国家、不同人群进行大量研究后发现，在血脂正常的人群中，血浆胆固醇浓度由高到低的顺序是*E/4*、*E4/3*、*E4/2*、*E3/3*、*E3/2*、*E2/2*；甘油三酯浓度的顺序是*E2/2*、*E2/3*、*E3/4*、*E2/4*、*E4/4*、*E3/3*，而*E4/4*的HDL浓度远低于*E3/3*。*apoE2*基因携带者常伴有高甘油三酯血症，无论其血浆总胆固醇浓度的高低，都伴有VLDL结构异常，IDL浓度升高，而LDL浓度降低，其作用机制包括①CM残粒、大颗粒VLDL残粒是由*apoE*与肝受体连接，且IDL转化为LDL必须有*apoE*参与，由于*E2*与受体结合力低下，CM及VLDL残粒进入肝细胞减少，同时IDL转化为LDL减少，肝LDL受体反馈性上调，对LDL分解加速，其结果是血浆甘油三酯的浓度升高，而胆固醇浓度降低；②*E2*携带者体内脂肪合成速度明显高于*E3*表型者；③脂蛋白脂酶（lipoprotein lipase，LPL）是VLDL降解的关键酶，E2不能与硫酸乙酰肝素糖蛋白-脂蛋白脂肪酶复合物结合，使VLDL水解作用下降，故导致高脂血症。此外，在*apoE*基因多态性与动脉粥样硬化性脑梗死相关性的研究中发现*apoE2*和*apoE4*与动脉粥样硬化性脑梗死患者血清TC、TG、HDL-C及*apoE*水平呈正相关，而*apoE3*与动脉粥样硬化性脑梗死患者血清TC、TG、HDL-C及*apoE*水平呈负相关。

2. apoE4

apoE4 等位基因与血浆总胆固醇和 LDL-C 升高有关，导致血浆 apoE 水平下降和 apoB 上升，故携带有 *apoE4* 等位基因的人群容易出现高总胆固醇、高 LDL 胆固醇。*apoE4* 携带者易出现高胆固醇血症，与 *E3* 携带者比较，*E2* 携带者总胆固醇浓度平均降低 0.52mmol/L，而 *E4* 携带者平均升高 0.26mmol/L，*E2* 总胆固醇降低作用为 *E4* 升高作用的 2~3 倍。可见，*apoE* 表型对血中胆固醇水平有着明显的影响，而这种影响不受环境和其他遗传背景的干扰。*apoE* 不同等位基因型对低胆固醇膳食的反应也不相同，携带 *apoE4* 等位基因的芬兰人，对于摄入胆固醇的反应要比携带 *apoE2* 等位基因的芬兰人明显得多。在由高脂膳食向低脂膳食转变过程中，携带有 *apoE4* 等位基因的受试者血清总胆固醇和 LDL-C 明显减少，其减少程度比 apoE3/3 基因型大得多。此外，具有 apoE3/2 型的妇女在摄入多不饱和脂肪酸以后血脂异常并没有得到明显改善，其原因是她们的 HDL 明显减少，而具有 apoE4/3 型的男性却获得了明显改善。上述研究结果表明，*apoE4* 基因型携带者可从低脂膳食干预中获得最大益处。*E4* 基因携带者常伴有高胆固醇血症，其可能的作用机制包括① E4 由于与受体结合力相对较强，致使 CM 及 VLDL 残粒分解加速，IDL 向 LDL 转化增多，引起 CM 与 VLDL 浓度下降，LDL 水平升高，故胆固醇浓度升高；② E4 携带者小肠吸收胆固醇增加，apoE 各种基因型胆固醇的吸收率依次为 E4/4>E3/3>E2/2；③由于 apoE4 以非共价键的形式与 apoA Ⅱ结合，所以 apoE4 容易从 HDL 上转移到甘油三酯的蛋白质上，从而加快了肝脏对 apoE 受体结合脂蛋白的摄取，使肝细胞表面 LDL 受体下调，致使血清 LDL 水平升高，血清总胆固醇水平升高。而 *apoE4* 携带者 LDL 胆固醇升高比 *apoE3* 型出现早，其高胆固醇血症持续时间比 apoE3/3 者长。此外，apoE 型还是阿尔茨海默病（alzheimer’s disease，AD）和其他神经系统性疾病的主要危险遗传因素，而 AD 的病因主要通过影响大脑内 Tau 蛋白的代谢而诱发。单个 E4 等位基因提示存在 AD 的风险，而 E4/E4 纯合型则提示高危风险。所有的 AD 患者中约有 60% 以上携带至少一个 *E4* 等位基因，而全世界约 25% 的人至少携带一个 *E4* 等位基因。因此，*apoE* 基因不同亚型在维持人体稳态过程中表现出的差异，也使得携带不同 *aopE* 基因型的个体患动脉粥样硬化性心血管疾病和高脂血症等脂代谢相关疾病的风险出现不同。apoE4 变异还与骨密度、骨质疏松和骨质疏松性骨折相关，*apoE4* 等位基因携带者发生骨质疏松性骨折的概率大约是非 *apoE4* 等位基因携带者的 3 倍，*apoE4* 等位基因导致 Ward 三角和腰椎 L2~L4 段的骨密度显著降低，从而使这两个部位发生骨折的可能性增加，并且 *apoE4* 等位基因可能是骨质疏松性骨折的重要标志。

五、脂肪酸去饱和酶基因多态性

1. 脂肪酸去饱和酶基因

脂肪酸去饱和酶（fatty acid desaturase，FADS）是长链多不饱和脂肪酸（long chain

polyunsaturated fatty acids，LC-PUFA）合成过程中的关键酶，根据其功能可分为2大类，一类的作用是在脂肪酸合成甘油酯之前引入第一个双键；另一类的作用是初步合成甘油酯之后实现脂肪酸基团的去饱和，包括*FADS2*、*FADS3*和*FADS4*等。*FADS1*和*FADS2*是FADS基因簇的重要组成部分。*FADS1*和*FADS2*基因位于第11号染色体，由12个外显子和11个内含子组成，跨越39.1kb区域，全长为1335bp，编码442个氨基酸。*FADS2*基因包含1个细胞色素b5场结构域、2个跨膜结构域和3个富含组氨酸的结构域。*FADS1*和*FADS2*基因分别编码δ-5去饱和酶（D5D）和δ-6去饱和酶（D6D），是催化内源性LC-PUFA形成的限速酶，能将短链脂肪酸转化为极长链脂肪酸，如花生四烯酸、二十二碳六烯酸和二十碳五烯酸等。*FADS1*和*FADS2*基因的遗传变异可通过SNPs进行观察，研究表明SNPs与人体血浆、母乳和红细胞中*n*-3和*n*-6多不饱和脂肪酸的生物利用度密切相关，其能影响FADS的功能。FADS SNPs具有明显的多态性，携带SNPs rs174544、rs174553、rs174556、rs174561、rs174568、rs968567、rs99780、rs174570、rs2072114、rs174583和rs174589的人群体内表现出高含量的亚油酸、二十碳二烯酸和双高-γ-亚麻酸，但γ-亚麻酸、花生四烯酸、肾上腺酸、*n*-3二十碳五烯酸和*n*-3二十二碳五烯酸的水平较低；携带FADS1 SNPs rs174545、rs174546、rs174548、rs174553以及FADS2 SNPs rs1535和rs174583的人群超重风险会显著增加。FADS SNPs对PUFA的影响机制主要有以下几个方面。①变异等位基因的存在导致功能酶降低；②*FADS*基因的启动子或增强子区域发生了改变；③转录物发生了降解；④相关蛋白质的低度表达。

*FADS*基因几乎存在于所有的生物中，且种类众多，但其在不同物种中的表达差异显著。植物中的FADS主要有δ-2、δ-3、δ-6、δ-7和δ-8脂肪酸去饱和酶；高等动物的FADS主要有δ-9、δ-5、δ-6和δ-4去饱和酶；真菌中FADS主要为δ-6去饱和酶；藻类中发现的FADS有δ-12、δ-6、δ-9、δ-12和δ-15去饱和酶。*FADS2*基因表达于人体的各个组织中，且肝脏中表达水平最高。*FADS*基因在不同人群中分布具有一定的地域和种族差异。据欧洲人群调查显示，其主要存在2种常见单倍体*FADS*基因（单倍型A和D）。单倍型A是哺乳动物最原始的基因型，而单倍型D是人体中特有的基因型，其出现是基因突变的结果，与社会的进步和人们饮食习惯的变化有关。在非洲人群中，染色体中单倍型A基因的含量不到1%，然而其在欧洲、亚洲和大洋洲人群中的占比为25%~50%，在印第安人中的占比超过95%。与单倍型A相比，携带单倍型D人群LC-PUFA的转化率和血脂水平更高，携带纯合子单倍型D人群有更高含量的二十二碳六烯酸和花生四烯酸。

2. *FADS*基因多态性对脂质代谢的影响

肝脏是参与脂质代谢和合成的重要器官，*FADS*基因和饮食摄入是控制肝脏中PUFA动态平衡的关键因素。*FADS* SNPs能通过改变基因转录来调控肝脏脂质的合成和LC-PUFA的代谢。*FADS1* rs174547基因与中国人群的血脂水平存在高度的相关性，其CC变体与人体TG升高和HDL-C降低显著相关。研究表明*FADS1* rs174547 C次要等位基因会引起亚油酸比例升高、花生四烯酸和二十二碳六烯酸的水平以及 D6D 和 D5D 的活性降低。女性 *FADS1* rs174547 C 等位基因携带者的雄性脂肪百分比和低密度脂蛋白胆固醇含量较低，而男性携带者的雌性脂肪百分比占比较低、甘油三酯含量偏高。*FADS1* rs174537 基因能调节皮下脂肪饱和酸的组成和 δ–5– 去饱和酶的活性，其基因携带者的乙基 γ– 亚麻酸和花生四烯酸水平存在显著差异，这 2 种脂肪酸会影响人体的免疫 / 抗炎功能和脂质代谢。

六、解偶联蛋白基因多态性

1. 解偶联蛋白基因

解偶联蛋白（uncoupling proteins，UCPs）基因是肥胖症的候选基因，其能使线粒体氧化与磷酸化解偶联，从而调节能量代谢。目前已发现 UCPs 包括 UCP1、UCP2、UCP3、UCP4 和 UCP5，但 UCP4 和 UCP5 主要与神经退行性疾病有关，而与脂质代谢关系不大。UCP1 是哺乳动物适应性产热的重要调节因子，而 UCP2 能参与机体多个代谢途径，如调节食物摄入、胰岛素分泌和免疫功能等。UCP1 和 UCP2 在维持哺乳动物能量稳态方面具有重要的作用，其基因多态性与脂质代谢、糖尿病和肥胖等疾病的发生密切相关。

UCPs 均由 3 个 U 型跨膜单位组成，每个跨膜单位由 2 个 α– 螺旋和 1 个极性区域组成；UCPs 的 C 端和 N 端均定位于线粒体膜的外侧，含有 3 个基质片段和 4 个液泡片段，其可能是影响 UCPs 功能的决定簇。*UCP1* 基因位于第 4 号染色体，全长 13kb，包含 9kb 转录区，6 个外显子；*UCP2* 和 *UCP3* 基因均位于第 11 号染色体，*UCP2* 基因全长 8.7kb，有 8 个外显子和 7 个内含子，mRNA 长度为 1646nt，编码 310 个氨基酸；*UCP3* 基因全长 8.3kb，至少包含 7 个外显子和产生 2 个转录产物。*UCP1* 和 *UCP2*、*UCP2* 和 *UCP3* 的同源性分别为 55% 和 71%。UCP 能抑制线粒体活性氧产生和减少三磷酸腺苷生成。1994 年，*UCP1* 被发现具有 Bc Ⅱ限制性片段长度多态性，其主要表现为 *UCP1* 基因侧翼区 –3826 位点上的碱基 A 突变成 G。研究发现 A–3826G 多态性与肥胖表型、糖尿病和脂质 / 脂蛋白相关疾病存在关联，其可分为 AG、GG 和 AA 型。另外，*UCP1* 基因 50– 侧翼区 A–1766G 和 A–112C 多态性以及外显子 2 Ala64Thr 多态性与体质堆积和体重增加显著相关。携带 *UCP1* rs1800592 和 rs3811791 人群常表现为中度肥胖，其 HDL、LDL 和甘油三酯水平会出现异常。*UCP2* 基因测序发现 6 个基因变异，外显子 1 的 5′ 端非转录区 nt19C–T 变异、nt27C–G 变异，外显子 2 的 5′ 端非转录区 nt19C–T 变异，外显子 4 的 C–T 变异（Ala55Val）和 G–A 变异（Gly85Ser），外显子 8 的 3′ 端非转录区 45bp 插入 / 缺失多态性（Ins/Del）。*UCP3* 基因测序发现 6 个核苷酸置换，其中 2 个位于外显子和 4 个位于内含子，内含子 3 的 4 个置换分别为 nt–143A/G、–96C/T、–47A/G、–46A/T；在外显子 3 和 5 有两个静态突变，即 Trp/Trp99（TAT–TAC）和 Trp/Trp200（TAT–TAC）；在外显子 3 还有 1 个 Gly/Ser84 多态性。*UCP3* 突变的表型包括 Val9Met、Arg70Trp、Val102Ile、Arg143X、Arg282Cys 和 Arg308Trp 等。

UCP1 分布在白色、棕色脂肪和骨骼肌；UCP2 在白色脂肪组织、棕色脂肪组织、肌肉、心脏、肺脏、肾脏和淋巴细胞等组织中均有分布；UCP3 主要分布在骨骼肌。沙特阿拉伯王国人群 *UCP1* rs1800592 和 rs3811791 多态性与肥胖显著相关；中国人和白种人 *UCP2* 基因 Ala55Val 变异的基因频率无显著性差异；中国天津市汉族人群中 *UCP2* 基因启动子 –886A 等位基因频率比西方高加索人群更高，但与日本人群相似。在美国、日本和法国人群中发现 *UCP2* 有 2 个核苷酸多态性位点，分别为 *UCP2-4* 和 *UCP2-8* 多态性；印度人的这两个 *UCP2* 基因多态性位点与基础代谢率有关；*UCP2-4* 多态性会显著增加丹麦人群的代谢率和体内脂肪的氧化，其与中国女性脂肪酸水平及体重指数也高度相关，其中 AA 基因型人群的脂肪酸水平较低。在印度、美国、丹麦和法国人群中发现了 3 个 *UCP3* 的单核苷酸多态性位点，其分别是 *UCP3-5*、*UCP3-3* 和 *UCP3-55* 多态性，与人群的脂肪质量、瘦素水平和身体质量指数有关。

2. *UCP* 基因多态性对脂质代谢的影响

UCP1 基因的多态性与人体脂质的组成有关。*UCP1* A–3826G 多态性关系到高密度脂蛋白胆固醇的水平，基于 298 名日本健康人群调查发现，*UCP1* A–3826G 多态性 GG 基因型能防止人体 HDL–C 含量过低，其中男性的 HDL–C 含量显著高于 AA 基因型。*UCP1* A–1766G 多态性对女性体脂有显著的影响，AG/GG 基因型人群的体脂量、体脂百分比、腹部皮下和内脏脂肪含量明显高于 AA 基因型。*UCP1* rs10011540 多态性能决定肝脏脂质含量，进而影响人体的胰岛素抵抗能力。*UCP1* Ala64Thr 基因携带者具有更低的脂肪率。*UCP1* rs1800592 和 rs3811791 基因多态性能调节中等肥胖人群的能量代谢受损，对肥胖人群的脂代谢紊乱有缓解作用。另外，*UCP3* 基因多态性会导致高加索人群的 BMI 值产生显著性差异。*UCP3* rs2075577、rs3781907、rs1800006 和 rs1800849 基因多态性与超重 / 肥胖、血清总胆固醇和低密度脂蛋白胆固醇呈高度相关。

研究表明 *UCP2* 在人体脂质代谢过程中发挥着重要的作用，其能参与多种关键因子的调节，如活性氧、游离脂肪酸、嘌呤核苷酸、辅酶 Q 等。*UCP2* 基因多态性在肥胖的发展和治疗中起着重要作用，其调节肥胖的机制主要包含以下几个方面。①间接激活黑素皮质素 –4 受体，减少食物摄入和增加能量消耗；②调节胰岛 β 细胞葡萄糖依赖性胰岛素分泌；③调节胰岛 α 细胞胰高血糖素分泌。*UCP2–866G* 等位基因与脂肪组织 mRNA 表达量降低有关，其携带者的身体质量指数高、甘油三酯水平较低，且患肥胖的风险也会增加。据调查研究发现，*UCP2–866G* 等位基因与英国儿童肥胖有关，*-866G/A* 基因多态性的 A 型等位基因对肥胖和超重有抑制作用。其机制可能是因为肥胖人群 866 位点的 G 型和 A 型等位基因中 *UPC2* mRNA 的表达水平不同，且与携带 A 等位基因人群相比，G 等位基因携带者的 *UCP2* mRNA/ 蛋白表达水平较低，会导致 ROS 生成增加，胰岛素分泌和能量消耗减少，引起体内脂肪积累增加。*UCP2 Ala55Val* 基因多态性对肥胖的影响受种族和性别差异的影响，台湾人群中 *Ala55* 等位基因携带者比 *Val55* 等位基因有更高患肥胖的风险；据印度尼西亚共和国人群研究表明，*UCP2 Ala55Val* 多态性呈现出性别差异，男性 *TT* 和 *CT* 基因携带者患肥胖风险较低，但女性患肥胖风险不受影响。*Ala55Val* 多态性调节肥胖的一个可能机制是由于该单核苷酸多态性与蛋白激酶 C（protein kinase C，PKC）的磷酸化位点相邻，能干扰 PKC 对 UCP2 的磷酸化，导致 UCP2 活性降低。45-bp 插入（I）/ 缺失（D）多态性与肥胖之间的关联主要在亚洲人群中发现，存在区域和性别差异。在印度尼西亚人中，*D/I* 基因型和 *I* 等位基因可降低女性患肥胖的风险，而 *I/I* 基因型和 *I* 等位基因是男性患肥胖的风险因素。在伊朗和土耳其人群中，与 *D/D* 基因型相比，*I/I* 基因型和 *I* 等位基因携带者患肥胖风险更高。外显子 8 的 3′UTR 基因多态性会导致 UCP2 蛋白表达水平和能量消耗降低，能对人体脂代谢造成影响。总之，UCP2 能通过增加人群的能量消耗而降低患肥胖的风险，但 *UCP2* 基因多态性与肥胖的关联取决于其如何影响 *UCP2* 的表达，其调节脂代谢的可能机制是多方面的，还需要进一步的探究。

第四节 基因多态性对钙和铁代谢的影响

一、基因多态性对钙代谢的影响

钙是构成人体的重要组分，正常人体内含有 1000~1200g 的钙。其中 99.3% 集中于骨、齿组织，只有 0.1% 的钙存在于细胞外液，全身软组织含钙量总共占 0.6%~0.9%（大部分被隔绝在细胞内的钙储存小囊内）。Ca^{2+} 参与调节神经、肌肉兴奋性，并介导和调节肌肉以及细胞内微丝、微管等的收缩，能直接参与脂肪酶、ATP 酶等的活性调节，也与细胞的吞噬、分泌、分裂等活动密切相关。

体内钙质量浓度的稳定主要受降钙素（calcitonin，CT），甲状旁腺激素（parathyroid hormone，PTH）和 1,25-$(OH)_2$-D_3 的调节。1,25-$(OH)_2$-D_3 不调节脑中的 *D28k-CaBP* mRNA 水平，以组织特异性方式激素调节 *D28k-CaBP* 基因在肠道和肾中的表达，通过转录和转录后机制发挥作用。肠黏膜细胞内富有的 1,25-$(OH)_2$-D_3 受体调整着许多基因表达，如 D28K、D9K 钙结合蛋白和血浆钙泵膜，从而在小肠钙吸收、骨矿物吸收和肾重吸收上充当重要的角色，这是钙代谢基因调控的直接证据之一。现在普遍认为，1,25-$(OH)_2$-D_3 是维生素 D 的激素形式，维生素 D 促进钙吸收是以小肠黏膜上皮细胞浆中的相关受体为介导来实现的。1,25-$(OH)_2$-D_3 经血液循环到小肠黏膜上皮细胞后，跨细胞膜扩散至胞浆与其受体结合，再转运到细胞核内激发 DNA 的转录过程。生成的 mRNA 由胞核转移至胞浆，在核糖核蛋白体上进行翻译过程，使小肠黏膜细胞合成新的并且对钙有高度亲和性的 D28k- 钙结合蛋白。

一项研究报道选取河南省某地 140 名 8~12 岁中国汉族健康儿童作为研究对象，抽取空腹外周血，采用聚合酶链反应–限制性片段长度多态性方法检测*ER*α 基因 *Pvu* Ⅱ、*Xba* Ⅰ、*VDR* 基因 *Fok* Ⅰ多态性，放免法测定血清骨钙素和降钙素浓度。结果携带 ER *Pvu* Ⅱ 3 种基因型儿童血清骨钙素浓度分别为 pp5.82μg/L，pp5.01μg/L，pp6.21μg/L，差异有统计学意义，携带纯合 *pp* 基因型儿童血清骨钙素浓度高于另外 2 组儿童；血清钙，降钙素浓度在 ER *Pvu* Ⅱ各基因型间差异无统计学意义；携带 VDR *Fok* Ⅰ不同基因型儿童血清钙浓度分别为 ff2.71mmol/L，Ff 2.39mmol/L，FF 2.48mmol/L，携带 *ff* 基因型儿童血清 Ca 浓度高于其余 2 种基因型儿童，差异有统计学意义；血清降钙素和骨钙素浓度在 *Fok* Ⅰ各基因型差异无统计学意义；因此，ER *Pvu* Ⅱ不同基因型可能影响血清骨钙素浓度，血清钙浓度可能受 *VDR* 基 *Fok* Ⅰ多态性的影响。

细胞外 Ca^{2+} 浓度升高（$[Ca^{2+}]_o$）可提高细胞内游离钙（$[Ca^{2+}]_i$）水平，促进细胞间黏附，并激活分化相关基因。缺乏钙敏感受体的角质形成细胞对 $[Ca^{2+}]_o$ 刺激没有反应，也没有分化，这表明钙敏感受体在分化过程中传递 $[Ca^{2+}]_o$ 信号的作用。研究者采用 RT–qPCR 定量 mRNA 表达和免疫印迹技术确认 36 例无缺血性或扩张型心肌病因糖尿病的 HF 患者（n=16）和 6 例无病供体左心室心肌中的蛋白质表达。与无病供体相比，心衰患者钙处理基因（双孔通道 1、双孔通道 2 和肌醇 1,4,5– 三磷酸受体 1 型）的转录和蛋白质表达增加。双孔通道 2 在所有组中均显著增加，但双孔通道 1 仅在扩张型中显著增加。FA 代谢与 Ca^{2+} 处理基因表达之间存在相关性，钙处理基因双孔通道 1 和双孔通道 2 在 HF 中的表达也增加，而在几个 FA 和钙处理基因中发现 HF 和心肌病特异性正相关。

1,25–$(OH)_2$–D_3 维生素 D 的生物活性代谢物由肝脏代谢物 25–(OH)–D 在肾近端小管中合成。缺乏 1,25–$(OH)_2$–D_3 与继发性甲状旁腺功能亢进的发病机制有关，1,25–$(OH)_2$–D_3 本身可有效用于肾衰竭患者的治疗，以预防继发性甲状旁腺功能亢进。这种疗法的科学依据是发现 1,25–$(OH)_2$–D_3 在体外和体内都能显著降低 PTH 基因的转录。

二、基因多态性对铁代谢的影响

人体内铁总量约为 4~5g，有两种存在形式，一为“功能性铁”，是铁的主要存在形式，其中血红蛋白含铁量占总铁量的 60%~75%，3% 在肌红蛋白，1% 为含铁酶类（细胞色素、细胞色素氧化酶、过氧化物酶与过氧化氢酶等），这些铁发挥着重要的功能作用，参与氧的转运和利用。另一为“贮存铁”，是以铁蛋白和含铁血黄素形式存在于血液肝脏、脾脏与骨髓中，约占体内总铁的 25%~30%。铁在体内的含量随年龄、性别、营养状况和健康状况而有很大的个体差异。

在机体对铁代谢平衡调节的相关基因研究中发现存在一种转录后调节机制，该机制是体内细胞随铁含量的变化，通过铁效应元件结合蛋白（iron responsive element binding protein，IRE–BP）调节 Fn 和转铁蛋白受体（transferrin receptor，TfR）mRNA 的功能状态，控制 Fn mRNA 的 5′ 端非翻译区和 TfR 3′ 端 UTR 均存在相同的铁效应元件结构。IRE–BP 是存在胞液内的蛋白质，具有与 IRE 特异结合及顺乌头酸酶的双重活性。当细胞内铁含量减少时，IRE-BP 与 Fn 和 TfR mRNA 的 IRE 特异结合，并且影响其侧翼链结构状态，使 Fn 的 mRNA 翻译被阻断，Fn 合成量减少；同时稳定 TfR mRNA，减少 mRNA 的降解，促进 TfR 表达增加，使铁向细胞内转运增多，提高细胞内铁水平。反之，当细胞内铁含量增高时，IRE-BP 与 IRE 的亲和力消失，而表现出顺乌头酸酶的活性。

基因定位克隆技术发现多种调控铁代谢重要基因，其中包括以吸收小肠铁离子为主要功能的 *DMTI*，机体唯一的从细胞内泵出铁离子的转运蛋白 Ferroportin 以及具有将三价铁离子还原为二价的铁离子还原酶 Steap3 等。近期，以纯种小鼠为研究模型，运用遗传学技术包括数量性状座位分析和基因定位技术在 9 号染色体上成功克隆到调控巨噬细胞铁稳态的新基因——*Monla*。体内和体外实验均证实 *Monla* 是通过改变 Ferroportin 在巨噬细胞膜的分布而引发脾脏铁水平的不同。酵母双杂交实验发现多种与 *Mortla* 可能发生作用的蛋白质，*Monla* 还参与机体抵御细菌感染和免疫调节等重要生理过程。

哺乳动物为了防御致病微生物的入侵，分泌一些可以螯合铁离子的蛋白质，如乳铁蛋白和转铁蛋白来限制环境中铁离子。为了能够在宿主中生长繁殖，经过长期的自然进化，细菌也拥有了一整套相应的机制来适应这种游离铁极度匮乏的环境。结核分枝杆菌是引起人类结核病的病原菌。对于致病微生物来说，一方面要摄取铁来应对宿主体内铁极度匮乏的环境，另一方面又要防止过多的铁对细胞造成的氧化损伤。因此，致病微生物需要一整套精细的铁代谢调控系统来维持胞内铁浓度平衡。结核分枝杆菌合成 FurA、FurB、SirR 和 IdeR 四种铁代谢调控因子，其中 FurA 和 FurB 属于 Fur 家族，SirR 和 IdeR 则属于 DtxR 家族，而 IdeR 是这四个成员中的核心调控蛋白，也是结构和功能研究的最为详尽的蛋白质。但是，结核分枝杆菌中仍有许多和铁离子代谢有关的基因不被其调控，猜测这些基因可能被 SirR 调控。一项研究采用大鼠原代肝细胞培养来研究维生素 A 通过铁调节蛋白 2（iron regulatory protein2，IRP-2）来影响铁代谢，发现大鼠维生素 A 缺乏时，原代肝细胞表达铁调节蛋白 2 mRNA 水平增强，补充维生素 A 后，*IPR-2* mRNA 表达下降，但加入 RARα 阻断剂 RO 后，维生素 A 这种作用明显减弱了。因此，维生素 A 作为转录调节剂，可通过结合视黄酸细胞核受体改变 IRP-2 转录水平，改变铁调节稳态，调节机体贫血状态。

第五节　基因多态性对微量元素代谢的影响

一、基因多态性对铜代谢的影响

早在 19 世纪初，铜与机体营养的关系就已引起人们注意。人体铜缺乏主要表现为贫血、骨和关节变形、运动障碍、被毛褪色、神经机能紊乱及繁殖力下降。人体过量或长期摄入铜，会使大量铜元素积蓄于肝脏，引起铜中毒。研究表明铜是动物体内一系列酶的重要成分，以辅酶的形式广泛参与氧化磷酸化、自由基解毒、黑色素形成、儿茶酚胺代谢、结缔组织交联铁、胺类氧化、尿酸代谢、血液凝固和毛发形成等过程。此外，铜还是葡萄糖代谢、胆固醇代谢、骨骼矿化作用、免疫功能、红细胞生成和心脏功能等机能代谢所必需的微量元素之一。

胃、十二指肠和小肠上部是铜的主要吸收部位，肠吸收是主动吸收过程。膜内外铜离子的转运体为 ATP 酶，依靠天冬氨酸残基磷酸化供能，能将主动吸收的铜与门静脉侧支循环中的清蛋白结合，运至肝脏进一步参与代谢。铜主要通过胆汁排泄，胆汁中含有低分子质量和高分子质量的铜结合化合物，前者多存在肝胆汁中，后者则多在胆囊胆汁中。铜可以通过溶酶体的胞吐作用或 ATP 酶的铜转移作用而进入胆汁内，胆汁中的铜也可以是肝细胞溶酶体对存在于胆汁中铜结合蛋白分解的结果。血浆中铜大多与铜蓝蛋白结合或存在于肾细胞内，很少滤过肾小球，正常情况下尿液中含铜量甚微。当铜的排泄、存储和铜蓝蛋白合成失衡时会出现铜尿。

铜是机体的必需营养素，各类含铜蛋白和铜酶在体内起着重要生理作用。有时机体摄入的铜已能满足需要，但由于某些原因影响了铜的吸收利用（如钼、硫和锌等元素对铜的拮抗作用），也会导致铜的缺乏症。机体内铜的平衡受众多因子的调节，由于铜在机体内的转化及吸收利用的相关基因失调导致铜代谢过程异常，表现为遗传性铜缺乏或者铜中毒。

1. *CTR1* 基因

铜转运蛋白 1（copper transporter 1，CTR1）基因最先在酵母转铁体系缺陷型菌株中被发现，是具有铜离子特异性及高亲和性的铜离子转运体。*CTR1* 表达受细胞内铜离子有效浓度的影响，高浓度铜离子抑制 *CTR1* 的表达，低浓度则促进 *CTR1* 的表达。将 *CTR1* 基因敲除后发现，CTR1 在肠吸收铜或者协助铜通过细胞表面的隔膜进入细胞内部发生中断。*CTR1-/-* 表型的小鼠原肠胚形成受损，神经外胚层和中胚层缺陷，间叶细胞形成和转运降低，另外这些胚胎较之正常胚胎体积小，而且器官及细胞发育中还存在重大缺陷，小鼠可在胚胎形成早期死亡。人类铜转运蛋白（human copper transporter 1，hCTR1）被认为是人体内具有高亲和力的铜摄入蛋白，含 190 个氨基酸，具有 3 个跨膜区，N 端富含甲硫氨酸和丝氨酸。这种跨膜转运铜离子的蛋白，协助铜离子进入人体细胞。

2. *ATOX1* 基因

铜离子进入细胞以后，再与细胞内的可溶性伴侣蛋白结合，参与细胞内的铜离子转运。重组人铜运输蛋白（anti-oxidant 1，ATOX1）是一种铜伴侣蛋白。ATOX1 蛋白由 *ATOX1* 基因编码，含 68 个氨基酸，形成 2 个 α- 螺旋、2 个 β- 折叠和 1 个结合金属离子模序，是一种在缺乏 Cu/Zn 超氧化物歧化酶（superoxide dismutase1，SOD1）时可以抑制氧毒性的多铜抑制剂。人的 *ATOX1* 基因定位于 5q32~q33，全长 502bp。ATOX1 蛋白存在于细胞质和细胞核内，可利用ATP水解提供的能量，将铜转运到P型ATP酶（位于高尔基体成熟面的WD和MNK蛋白）的氨基末端，最多可转运6个铜原子至P型铜转运ATP酶。这样，铜离子就可以在铜伴侣蛋白与靶蛋白之间可逆地转移。ATOX1蛋白结构改变、基因突变和多态性，可能与铜转运失调有关。通过内含子插入药物选择性基因标记，使*ATOX1*失活，中断转录、终止ATOX1蛋白表达，纯合子表型表现为皮肤松弛，低色素沉着，组织铜缺乏，但是严重程度低，说明在*ATOX1*基因缺失时，可能有另外的通路将铜转运至P型ATP酶。基因敲除小鼠就会表现不良状态，但不至于死亡，提示*ATOX1*基因缺陷对机体的影响较CTR1小。$ATOX1^{-/-}$表型使铜依赖的酶活性降低，并且一般有严重的出血，推测可能是小鼠的含铜凝血因子Ⅴ和Ⅷ活性降低，导致出血，此时铜缺乏并不是细胞吸收减少导致的，而由细胞转运减少引起。

3. *ATP7A*和*ATP7B*基因

*ATP7A*基因和*ATP7B*基因都编码一种铜转运P型ATP酶，分别称为MNK和WD蛋白，二者的氨基酸有54%~65%的同源性，执行类似的铜转运功能。这两种蛋白均具有3个高度保守的功能区，即铜离子结合区、跨膜区和P型ATP酶功能区。*ATP7A*基因是Menkes氏稔毛综合征的致病基因，与*ATP7B*基因具有高度同源性。*ATP7A*基因定位于X染色体q13.3，包括23个外显子，编码一个包括1500个氨基酸、相对分子质量178000的单链多肽。除肝脏外，机体大部分组织内存在表达，尤其是脑、肾脏、肺脏和肌肉组织。*ATP7A*的突变导致功能蛋白合成受阻，患者对饮食中铜的吸收和代谢障碍，铜转运能力减弱以及细胞内定位改变，大量铜沉积在消化道，而血、肝脏和脑处于缺铜状态，表现出全身性铜缺乏的症状。

ATP7B（WD）基因定位于染色体13q14.3，包括21个外显子和20个内含子，是肝豆状核变性（hepatolenticular degeneration，HLD，又称Wilson病）的致病基因。*ATP7B*全长7.5kb，含1444个氨基酸，主要在肝脏内表达，在脑、肾脏、胚盘等组织内有少量表达，心脏、肺脏、肌肉等组织少见。ATP7B由3部分组成。①N端铜离子结合区：共有6个重复的金属铜离子结合区，每个约含30个氨基酸。每个ATP7B分子可结合6个铜离子。此结合区与铜伴侣蛋白相互作用，接受从细胞质转运来的铜，并把铜释放到跨膜区；②跨膜区：含8个跨膜结构区，是金属离子转运区域的标记；③P型ATP功能区：a. 磷酸化区，含有5个氨基酸残基组成的DKTGT（天冬－赖－苏－甘－苏）序列，是P型ATP酶的标记。另外，磷酸化区所含有的天冬氨酸残基能在铜转运时短暂的发生磷酸化形成磷酸酯酰的中间产物，转运铜离子到细胞膜的表面；b. 磷酸酶活性区，使磷酸化的天冬氨酸残基去磷酸化，ATP酶的结构还原；c. ATP结合区，是ATP的结合点。*ATP7B*基因突变可能导致ATP7B蛋白的相应结构及功能发生改变，不能引导铜与铜蓝蛋白结合以及引导肝内过多的铜进入高尔基体形成的大泡腔，铜蓝蛋白合成降低，铜经肝脏细胞膜分泌出胞外发生障碍，导致过量的铜沉积在肝细胞、豆状核、角膜等全身各处，造成细胞损害，即肝豆状核变性，

是一种较常见的常染色体隐性遗传疾病，其病理生理学基础以铜代谢障碍为特征。

4. 铜蓝蛋白基因

铜蓝蛋白（ceruloplasmin，CP）是一种含铜的*α*2- 糖蛋白，是由肝脏合成的具有氧化酶活性的蛋白质，属于多铜氧化酶，相对分子质量为132000，由1046个氨基酸组成。铜蓝蛋白可使二价铁氧化为三价铁，促进运铁蛋白合成，可催化肾上腺素、5- 羟色胺和多巴胺等生物胺的氧化反应，还可以防止组织中脂质过氧化物和自由基的生成。铜蓝蛋白前体在肝脏合成以后，必须在ATP7B的作用下与铜结合形成铜蓝蛋白才能完成其功能，每个铜蓝蛋白前体可携载6~7个铜原子。同位素研究结果表明，摄入血循环的铜在数小时内即有60%~90%被肝脏吸收，进入肝脏供肝细胞合成铜蓝蛋白，摄入8 h后，由肝脏合成的铜蓝蛋白逐渐重新返回血循环，细胞可以利用铜蓝蛋白分子中的铜来合成含铜的单胺氧化酶、抗坏血酸氧化酶等酶蛋白。在血循环中铜蓝蛋白可视为铜的没有毒性的代谢库。*CP*基因定位于染色体3q23~25。最近研究发现人的血浆铜蓝蛋白缺乏症会发生铜蓝蛋白基因变异，该病是一种常染色体隐性遗传病，血浆铜蓝蛋白完全缺乏，临床表现与Wilson病表现不一致，基因分析显示*CP*基因突变使铜蓝蛋白中氨基酸置换、羧基端氨基酸功能丧失，铜蓝蛋白无法与铜结合，铜蓝蛋白铁氧化酶的作用下降，二价铁负荷、三价铁缺乏导致组织损伤。

5. *MURR1* 基因

MURR1（mouse U2alf-rsl region 1）基因编码一种多功能蛋白，参与铜代谢、钠运输、对NF-*κ*B及低氧诱导因子1的调节等。贝得灵顿厚毛犬表达为肝脏排铜障碍，具有常染色体隐性遗传方式，其铜中毒动物模型具有类似Wilson病患者铜聚集和铜毒性，但其血浆铜蓝蛋白水平却正常。国外研究者通过定点克隆技术发现该模型动物存在*MURR1*基因异常，*MURR1*基因第2外显子缺失，但无*ATP7B*基因异常，因此致病基因很可能就是*MURR1*基因。人类*MURR1*基因位于2号染色体，定位于2p13~16，包括3个外显子，其编码产物可以和ATP7B的N端结合而传递铜离子，影响人体内的铜排泄过程。对63例Wilson病患者*MURR1*基因的外显子和内含子－外显子结合区序列进行研究，发现30%的患者有*MURR1*基因单核苷酸变异，说明MURR1可能也是一种维持铜代谢动态平衡的重要蛋白质。

6. 其他基因

铜伴侣超氧化物歧化酶（copper chaperones for superoxide dismutase，CCS）是一个含有249个氨基酸，将铜特异性地传递到胞液中抗氧化酶上的专一蛋白，为含铜和锌的同源二聚酶，功能是消除氧自由基对细胞的毒害作用。CCS2P是P型ATP酶家族成员，是一种与ATP7B和ATP7A同源的P型铜转运酶，定位于高尔基体上，具有相同的转运细胞质中的铜与铜蓝蛋白结合并运至内室的功能。细胞色素c氧化酶（cytochrome c oxidase 17，COX17）是一种由*COX17*编码的含有69个氨基酸的酸性蛋白，相对分子质量为8200。它接受

CTR1 转运的铜离子后，把铜离子运送到线粒体，经过线粒体膜蛋白把铜离子装入细胞色素 c 氧化酶中。诸多参与铜转运的伴侣蛋白相互协调，在铜代谢过程和维持细胞内铜稳态中起着重要作用，一方面铜伴侣蛋白结合铜离子并协助运输至靶蛋白，另一方面通过完成细胞内铜的转运而维持胞质中铜离子的生理浓度。铜伴侣蛋白的突变和损伤也必定会引起铜代谢异常，引发疾病。

二、基因多态性对锌代谢的影响

锌是人体必需的微量元素之一，主要存在于肝脏、肾脏、肌肉、视网膜和前列腺等器官和组织中。锌不能在体内合成，只能依靠外来食物提供。它在蛋白质和核酸的合成、维护红细胞的完整性以及在造血过程中都起着重要作用，也是促进生长发育的关键元素。机体内锌的平衡主要是通过对其在肠中摄取、粪排泄、肾重吸收以及锌在细胞内分布的控制来实现的。现已证实，锌的主动吸收是通过镶嵌在肠黏膜吸收细胞刷状缘上的锌转运蛋白实现的，锌离子作为亲水性带电离子，在机体内不能以单纯的被动扩散方式跨膜转运，动物小肠的锌吸收是一个跨细胞的过程，只有在特殊的膜蛋白帮助下才能完成。

1. 锌转运体

与锌转运有关的蛋白通常称为锌转运体。在哺乳动物，锌转运体涉及大的溶质相关载体（solute-linked carrier，SLC）基因家族包括两个，*SLC30A*（又称 *ZnT* 家族）和 *SLC39A*（又称 *ZIP* 家族）。它们分别编码相应的助阳离子扩散体（cation diffuser，CDF）和锌铁调控转运蛋白（zinc-ferric regulatory transporters，ZIP）。根据基因序列同源性分析，人类和小鼠均存在 14 个 *ZIP* 家族成员，即 *ZIP1~ZIP14*，其中人类 *ZIP*（human ZIP）基因简称 *hZIP*，小鼠 *ZIP*（mouse ZIP）基因简称 *mZIP*。根据蛋白结构特点，哺乳动物 ZIP 蛋白被分成 4 个亚家族，即亚家族Ⅰ、Ⅱ、LⅣ -1 和 gufA。大多数 ZIP 蛋白存在 8 个跨膜域，其氨基和羧基末端均位于细胞外或囊泡内，第 3 跨膜域和第 4 跨膜域间存在富含组氨酸的结构域，该区域可能具有结合锌离子的功能。ZnT 家族有 10 个成员，根据结构和功能的不同，可被分成Ⅰ、Ⅱ、Ⅲ 3 个亚家族。亚家族Ⅰ成员主要存在于原核细胞中，Ⅱ和Ⅲ成员广泛存在于原核细胞及真核生物中。大多数 ZnT 蛋白有 6 个跨膜域，氨基与羧基末端位于细胞质内，在跨膜域Ⅳ ~ Ⅴ存在一富含组氨酸的长环，为锌离子的结合位点。ZIP 家族的主要功能是摄取细胞外液的锌进入细胞质或使锌从囊泡进入细胞质，ZnT 主要通过调节细胞内锌的外排或调节锌进入细胞内囊泡（锌在细胞内的区室化），以达到降低细胞内锌浓度并储存锌到细胞器中的目的。ZIP 和 ZnT 系统的相互作用是维持细胞内锌浓度恒定的重要因素。

锌在小肠内的跨细胞吸收按 Evan（1975）提出的吸收模式可以概括为肠腔中的锌穿过小肠黏膜细胞顶膜（刷状缘）进入细胞的吸收过程、锌从小肠黏膜细胞顶膜到基膜的细胞内转运过程和锌穿过小肠黏膜细胞基膜进入血液的转运过程三步。目前，已知多种锌转运蛋白在调节锌细胞水平的跨膜运输过程中起重要作用。其中 ZnT5 与锌在小肠黏膜细胞顶膜的吸收有关，ZnT1 可调节锌在基膜的转出，ZnT2 及金属硫蛋白与锌在细胞内的储存或转运有关。

2. *ZIP4* 基因

锌从肠腔穿过小肠黏膜细胞顶膜进入细胞的过程，主要受 *ZIP4* 基因调控。常染色体隐性遗传性疾病肠病性肢端皮炎的根本原因就是 *ZIP4* 基因发生突变，导致锌吸收障碍。利用 RT–PCR 方法对小鼠各组织中 *ZIP4* mRNA 的表达进行检测，结果显示只在小肠、肝脏、睾丸等组织中检测到了 *ZIP4* mRNA 的表达，其中小肠表达量最高，表明 *ZIP4* 在小肠锌吸收中具有重要作用。在哺乳动物，直接参与外源性锌吸收的主要是 *ZIP4*，*ZIP4* mRNA 主要在小肠表达，其蛋白主要存在于小肠黏膜细胞顶膜表面，这种组织分布与其生理功能是一致的。

ZnT4 在人各组织中均有表达，但在乳腺及乳腺来源的细胞系和小肠上皮细胞中表达最为丰富。ZnT4 最早是作为突变可引发致死乳（lethal milk，lm）的基因被发现的，故又被命名为 *lm* 基因，其突变可导致乳中锌含量缺乏，从而使哺乳幼鼠在断乳前死亡。*lm* 突变是 ZnT4 密码子第 297 位精氨酸碱基突变导致其翻译提前终止，即产生一个缩短的 ZnT4 蛋白。研究发现饲粮补锌不影响小肠、肝脏及肾脏中 *ZnT4* mRNA 表达，用锌处理乳腺上皮细胞对 *ZnT4* mRNA 表达也无影响，但泌乳期间饲喂轻微缺锌饲粮（10mg Zn/kg）可增加乳腺中 *ZnT4* mRNA 和蛋白的表达。此外，在大鼠肾细胞中增加胞外锌浓度可使 ZnT4 从高尔基体转移至胞浆囊泡中，说明虽然 *ZnT4* mRNA 和蛋白表达不受锌调节，但蛋白在细胞中的亚细胞定位（或转运）受到锌离子的调控。

肠病性肢端皮炎（acrodermatitis enteropathica，AE）是一种锌代谢异常的遗传性皮肤病，致病基因为 *SLC39A4*，该基因突变导致肠道锌吸收功能障碍。早在 1974 年，Moynahan 发现 AE 的临床表现与血锌水平的降低有关，口服补锌疗效显著。对 AE 患者十二指肠和空肠进行放射性锌检测发现，这些部位锌主动转运存在缺陷，即使在补锌治疗后这些部位锌的聚集仅达正常水平的 77%。人的 *SLC39A4* 基因（hZIP4）含 12 个外显子，长度约 4.7kb，其编码的 hZIP4 蛋白属于金属离子运输蛋白 ZIP 家族的成员，hZIP4 蛋白包括 8 个跨膜区域，其中前 3 个和后 5 个分别组成两个部分，中间为一富含组氨酸的锌结合位点。ZIP4 被认为是人类肠道上皮细胞中存在的锌运输器，负责对食物中锌的摄取。hZIP4 和 mZIP4 蛋白有 76% 的序列同源性。hZIP4 属于 L Ⅳ –1 亚家族，有两种异构体，hZIP4 mRNA 主要在十二指肠、空肠、结肠、胃和肾脏中表达，其蛋白主要存在于小肠黏膜细胞顶膜表面。mZIP4 的存在部位与 hZIP4 类似，并与锌离子具有高亲和力，其基因表达受锌含量调节。研究表明，库派转录因子 4 参与锌缺乏导致 ZIP4 转录表达增加的调控过程。

人的糖尿病基因（*SLC30A8*）基因位于 8q24.11，全长为 41.62kb，编码一种含有 369 个氨基酸的胰岛 β 细胞特异性锌转运子，它通过把 Zn 转运到胰岛 β 细胞的胰岛素分泌囊泡来调节胰岛素的生物合成、稳定和储存。*SLC30A8* 的多态性位点 rs13266634 的非同义突变会引起这种蛋白质的羧基末端发生精氨酸至色氨酸（Arg325Trp，CGG → TGG）的改变，这种变异会使蛋白质发生功能性的变化，并影响转录后的修饰机制，最终会导致细胞中的聚集ONC剪切过程被抑制。可见，蛋白剪切对调节ZIP4蛋白表达很重要。几个重要人群的基因组*SNP*关联研究均表明，*SLC30A8*基因也是中国人2型糖尿病的一个易感基因，其中*SNP*rs13266634、rs3802178和rs2466293与糖代谢异常相关。2009年国内学者利用同源序列克隆原理结合RT-PCR技术从猪组织中克隆出了*slc30A1*、*slc30A2*、*slc30A3*、*slc30A4*、*slc30A5*、*slc30A6*、*slc30A7*、*slc30A8*、*slc30A9*（即*ZnT1~ZnT9*）等9个基因（包含完整的开放阅读框），其中，克隆出的*ZnT8*（*slc30A8*）序列是一个基因突变体，该基因开放阅读框中间有一段长度为71bp的序列在其他物种中没有被发现，跟电子克隆法相比，*slc30A8*的开放阅读框也缩短了462个碱基。对该基因在猪的空肠、回肠、盲肠、结肠、直肠、心脏、肝脏、脾脏、肺脏、肾脏、胰腺和肌肉等18种器官和组织中的分布进行分析发现，*slc30A8*基因的分布具有严格的组织特异性，仅在回肠中分布，但因突变而产生的生物学功能还有待进一步研究。

3. *ZnT2*和*ZnT7*基因

目前研究认为参与锌细胞内转运的转运载体有ZnT2和ZnT7蛋白。对ZnT2蛋白和ZnT7蛋白的胞内定位发现，ZnT2蛋白与Zn^{2+}在细胞内分布具一致性，均位于胞内囊泡，ZnT2是囊泡摄取锌的重要组分。ZnT2的主要功能是转运锌到细胞内囊泡中，便于储存。*ZnT2* mRNA多在小肠、肾、睾丸、胎盘、乳腺等处表达，其蛋白多集中于靠近小肠微绒毛顶膜侧及乳腺组织边缘处的微粒上。另外，*ZnT2*的基因表达受锌水平的调节。有研究表明，大鼠小肠和肾中*ZnT2*的表达对锌具有高的反应性，锌缺乏时，*ZnT2* mRNA降低到几乎检测不到的水平。与之相反，添加锌（饲粮或口服添加2周）后，*ZnT2* mRNA的水平显著增加，而且小肠中ZnT2的表达与金属硫蛋白表达密切相关。同时研究也发现，ZnT7蛋白过表达的中国仓鼠卵巢细胞，其囊泡前核区积累大量锌，说明ZnT7可将细胞质锌转运到囊泡中。另外，*ZnT7*基因的表达受锌水平的异常，从而影响胰岛素的分泌。

4. *ZnT1*基因

锌从基膜入血与锌转运载体ZnT1有关。ZnT1是哺乳动物中第一个被发现的锌转运载体，是ZnT家族中唯一的位于基膜上且在各组织中广泛分布的成员，*ZnT1* mRNA表达无所不在，但以肠道、肾脏和胚胎表达为多。在小肠中，ZnT1蛋白在十二指肠、空肠的肠黏膜细胞基膜处含量最丰富，并且主要集中在肠细胞内层绒毛的基底外侧，其主要作用为将锌从细胞内穿过基膜转运到门静脉血液中。因此，ZnT1蛋白可使细胞能够抵挡外周环境中高锌的毒性作用。研究证明，*ZnT1*的表达受饲粮锌的调节并具有一定的组织特异性。细胞膜上的ZnT1在细胞处于高锌环境时，可促使胞内锌外排，从而可维持细胞内适宜的锌水平。另外，培养基中除ZnT2以外的其他离子成分的改变，如Cd^{2+}、Cu^{2+}、Mg^{2+}、Na^{+}、K^{+}等，对ZnT1的锌外排作用几乎无影响，说明ZnT1对锌的外排不受这些离子的干扰，是专一性的锌转运体。因此，锌对 ZnT1 的影响在一定程度上依赖于锌的添加方式，并且其他因素可能参与对 ZnT1 转运蛋白稳定状态水平的调节。锌对 *ZnT1* 基因表达的调节是通过 MTF-1 与 *ZnT1* 基因启动子上的 MRE 的相互作用来实现的。而且 ZnT1 蛋白有糖基化、磷酸化等翻译后修饰位点。因此，锌也有可能通过翻译后修饰途径调节 ZnT1 蛋白水平。ZnT1 也发现于肾小管细胞的底外侧面，在肾脏的定位涉及 ZnT1 的另一功能，从肾小球滤液中摄取锌输入到血流中，从而回收锌。研究发现 ZnT1 在小鼠骺板内含量丰富，对骺板中的锌离子转运、代谢起重要作用。推测，如果 ZnT1 蛋白合成或代谢发生障碍，则无法促进胞内锌离子外排，进而造成胞内锌水平失调，最终会影响骨骼的生长发育。

5. *ZIP5* 基因

ZIP5 主要分布在消化道、肾脏、肝脏、胰。锌充足时，ZIP5 蛋白位于细胞基膜。锌缺乏时，该蛋白位于细胞内，说明 ZIP5 在锌的跨细胞转运过程中起作用。由于细胞亚定位不同，ZIP5 主要作为小肠上皮细胞基膜上由浆膜层到黏膜层转运锌，并感知机体锌营养状态的传感器而发挥作用，ZIP5~ZIP4 共同构成肠道锌吸收的重要体系。有研究认为，Zn 的吸收和金属硫蛋白（metallothionein，MT）有关。MT 是一类富含半胱氨酸的金属结合蛋白（相对分子质量小，6000~7000），可以以高亲和力与重金属结合，其与金属结合能力的顺序为 Cu>Cd>Zn。关于 MT 对锌吸收的影响，目前主要存在以下观点，MT 与锌吸收呈相反的关系。即当外界环境锌浓度较高时，*MT* 表达增加，可结合并储存锌或增加锌从小肠向肠腔的分泌，从而使锌吸收降低。缺锌时，*MT* 表达减少，使锌吸收增加。*MT* 基因表达受锌水平调节，而且对锌变化反应非常迅速，这种变化具有一定的组织特异性。但也有学者认为金属硫蛋白的主要作用是防止细胞浆中存在游离的金属离子（游离的金属离子对细胞有毒性作用），它和锌的吸收没有直接关系。

综上所述，有关锌吸收代谢的分子机制目前研究可归总为 ZIP4 和 ZIP5 负责锌从肠腔穿过小肠黏膜细胞顶膜进入细胞；ZnT2、ZnT7 负责锌从小肠黏膜细胞顶膜到基膜的细胞内转运；ZnT1、ZIP5 负责锌穿过小肠黏膜细胞基膜进入血液。

三、基因多态性对硒代谢的影响

硒是维持人类健康的一种必需微量元素，在体内发挥着许多生理功能，包括免疫功能、甲状腺功能和男性生育功能等。摄入适当量的硒有益于人体健康，摄入过多或不足将导致疾病的发生。目前的饮食指导方针认为硒是提供抗氧化和免疫功能的必需矿物质，适当的饮食摄入硒对于维持人体器官的功能和稳态至关重要。硒缺乏可能会对免疫系统产生负面影响，导致细菌和病毒感染的易感性，并增加致命性心肌病的风险。目前通过同位素标记和生物信息学的手段已从哺乳动物和人类基因组中发现了 25 种硒蛋白，包括谷胱甘肽过氧化物酶、脱碘酶、硫氧还蛋白还原酶及硒代磷酸合成酶等。近年来，硒蛋白的基因多态性与癌症遗传易感性的研究取得了重大成果。研究最多的主要有五类，分别是谷胱甘肽过氧化物酶（glutathione peroxidase，GPx）、硫氧还蛋白还原酶 2（thioredoxin reductase 2，TrxR2）、相对分子质量为 15×10^3 的硒蛋白（selenoprotein 15，SEP15）、硒蛋白 P（selenoprotein，SelP）和硒蛋白 S（selenoprotein，SelS）。

1. *GPx* 和 *SEP15* 基因

GPx 可以将脂类过氧化物还原成相应的羟基化合物，将 H_2O_2 还原成 H_2O，同时催化谷胱甘肽转变成氧化型。SEP15 定位于内质网，可与糖蛋白葡萄糖基转移酶相互作用。而糖蛋白葡萄糖基转移酶是内质网分子伴侣钙联蛋白 / 钙网蛋白循环的一部分，可以定位未折叠的糖蛋白。由于 SEP15 缺乏内质网滞留信号，与糖蛋白葡萄糖基转移酶紧密结合才能保证其驻留于内质网，表明 SEP15 和糖蛋白葡萄糖基转移酶一起参与内质网糖蛋白折叠的调控。

GPx1 基因（198Pro–Leu）多态性与土耳其人群患膀胱癌易感性的关联紧密，与 *Pro/Pro* 基因型个体相比，携带 *Leu/Leu* 基因型的个体患膀胱癌的风险要高 1.67 倍。但另一项来自埃及的研究发现，*GPx1* 基因 rs1050450 位点多态性与膀胱癌的发病风险无关。*SEP15* 基因的 4 个多态性位点（rs5859、rs479341、rs1407131、rs561104）与前列腺癌的易感性和死亡率的关系。此外，*SEP15* 基因 1125AA 基因型与摄入高硒有关，而当患者为 1125GG 或 GA 基因型时，高硒会增加患肺癌发生的风险。在高龄人群中，rs3805435 位点上 G 等位基因和 rs3828599 上的 T 等位基因可能对分化型甲状腺癌起保护作用，而 rs8177412 位点上 C 等位基因导致分化型甲状腺癌的发生风险增加。*GPx4* 基因位于 3′ 端非翻译区的 rs713041、*SelP* 基因 rs7579 及 *SelS* 基因 rs34713741 三个多态性位点均与结直肠癌发生有关，*GPx4* 基因型中携带 *TT* 基因型的个体比 *CC* 基因型个体患结直肠癌的风险高 29 倍；也有研究报道 *GPx1* 基因 rs1050450 多态性位点与非导管内乳腺癌的发生有关，*SelP* 基因 rs3877899 多态性位点与导管内乳腺癌的发生有关，携带 *AA* 基因型的个体可以降低患病风险。

2. *SelP* 和 *SelS* 基因

SelP 富含组氨酸、半胱氨酸和硒半胱氨酸，能结合汞、银和镉等重金属形成重金属 –SelP 复合物，然后将其排出体外。内质网应激时，内质网内的错误折叠蛋白可以引发炎症和免疫反应，*SelS* 作为一种跨膜蛋白与内质网相关蛋白共同组成内质网相关蛋白降解逆向转运通道，将错误折叠蛋白从内质网腔中逆向转运到细胞质中进行降解，进而抑制和调节内质网内错误折叠蛋白引发的炎症和免疫反应。*SelP* 有转运硒的作用，在肝脏合成后分泌到血液中以转运蛋白的形式运送硒到外周组织，对神经细胞起到保护作用。研究报道 *SelP* 基因型中携带 *AA* 基因型的个体比 *GG* 基因型个体患结直肠癌的风险高 67 倍，而 *SelS* 基因型中携带 *TT* 基因型的个体比 *CC* 基因型个体患结直肠癌的风险高 68 倍。此外，*SelP* 基因的 rs11959466 和 rs13168440 两个多态性位点与前列腺癌易感性的关联性，对于 rs11959466 位点，*T* 等位基因是风险等位基因；对于 rs13168440 位点，罕见的纯合子

CC 比纯合子 TT 能降低前列腺癌的发生风险。2005 年，在对 92 个美国家系中 *SelS* 基因的 13 个多态性位点（-539delT、G-105A、T12710C、G-254A、G1393A、G3217A、G3705A、G4283A、A4502G、C5227T、A5265G、A6218G 和 T9707C）进行检测，发现 G-105A、G3705A 和 C5227T 位点与炎症因子之间存在关联，且 G-105A 位点是功能性位点，能够影响炎症因子的表达。在炎症介质豆蔻酰佛波醇乙酯或植物血凝素的刺激下，小干扰 RNA 抑制巨噬细胞中 SelS 的表达则会导致 TNF-α、IL-6 的水平显著性增加，其机制是负调控 IL-1β、TNF-α、IL-6 水平。

3. C1qTNF 相关蛋白

C1qTNF 相关蛋白（C1qTNF related protein，CTRP）家族是一种新发现的脂联素的旁系同源物。该家族有 15 个成员（CRTP1~15），其结构和功能各异。其中，CRTP9 与脂联素具有最高的氨基酸同源性，并作为脂肪组织的糖蛋白分泌。目前已经报道了 CRTP9 对心血管系统具有保护作用，其具有比脂联素更高的血管活性效力，在急性心肌梗死后重塑具有保护作用，降低炎症并抑制血管平滑肌细胞增殖。多项证据表明，*CTRP9* 基因单独作用时与冠心病关系不明显，但血清硒水平低与 *CTRP9* rs9553238CC 基因型者之间存在协同作用，使冠心病发生的危险性显著增加。

第六节 基因多态性对维生素代谢的影响

一、基因多态性对维生素 D 代谢的影响

维生素 D（vitamin D）是一种类固醇类衍生物，具有脂溶性，通过内分泌、自分泌及旁分泌方式发挥广泛的生理作用，在机体骨骼代谢、呼吸、免疫系统中发挥重要作用。参与维生素 D 代谢调控的主要基因有 *VDR*、*DBP*、*CYP*、*NADSYN1*、*DHCR7*、*AMDHD1*、*SEC23A*、*CUBN*、*LRP2* 和 *RXRA* 等。其中维生素 D 代谢通路中 *CYP2RI*、*CYP27B1*、*CYP24A1*、*GC* 和 *VDR* 等基因的启动子区域均存在多个 CpG 岛，其甲基化水平的变化对这些基因表达的调控有作用，进而影响维生素 D 在人体内的代谢水平，进而引起相关疾病的发生。

1. *CYP2RI* 基因

CYP2RI 基因位于第 11 号染色体的 11p15.2 处，含有 5 个外显子编码 501 个氨基酸。*CYP2RI* 基因参与维生素 D 在肝脏中对 25 位碳原子进行羟基化的反应，生成 25-(OH)-D，这一羟基化反应主要由 *CYP2RI* 基因编码的 25- 羟化酶催化进行。全基因组关联性研究结果显示，*CYP2R1* 基因 SNP 位点 rs2060793、rs10741657、rs7116978、rs10500804、 rs1993116、rs12794714 与 25(OH)D 水平呈负相关；研究发现位于 *CYP2RI* 基因 5′UTR 非编码区的 rs10741657 位点与 25(OH)D 水平高度相关，*CYP2RI* 基因甲基化率的高低与人体血清中 25(OH)D 水平高低呈显著相关，该基因启动子区域 DNA 的高甲基化会引起血清中 25(OH)D 水平降低，造成维生素 D 的缺乏。

2. *CYP24A1* 基因

CYP24A1 位于染色体 20q13.2，*CYP24A1* 基因参与维生素 D 功能代谢物 1,25-$(OH)_2$-D 的失活。1,25-$(OH)_2$-D 具有很强的提升血钙和血磷的能力，因此需要一个维持血钙和血磷稳定平衡的分子机制，这个机制由 1,25-$(OH)_2$-D 诱导表达的 24- 羟化酶实现。24- 羟化酶由 *CYP2441* 基因表达，它催化 1,25-$(OH)_2$-D 上 23 和 24 位碳原子上的一系列氧化反应，致使 1,25-$(OH)_2$-D 侧链断裂而失去生物活力。在 *CYP2441* 基因突变的患者上发现，24- 羟化酶的变化导致了血清维生素 D 水平显著升高。此外，在 *CYP2441* 基因的启动子区域含有维生素 D 响应元件，它对 *CYP2441* 的转录有影响，进而调控 1,25-$(OH)_2$-D 的水平。在维生素 D 代谢和转运途径中，*CYP24A1* 基因的 rs2762934 多态性与年龄相关性黄斑变性有关，*CYP24A1* 基因的 rs2762939 多态性与冠状动脉钙化有关。

3. *DHCR7/NADSYNI* 基因

DHCR7/NADSYNI 基因位于染色体 11q13.4，分子质量大小为 55ku，包含 475 个氨基酸，*NADSYN1* 编码的还原型辅酶 I，参与 7- 脱氢胆固醇还原酶催化反应；*DHCR7* 编码 7- 脱氢胆固醇还原酶，该酶可将维生素 D 前体物质 7- 脱氢胆固醇转化为胆固醇，减少维生素 D 生成。研究发现 *DHCR7/NADSYN1* 基因 rs3829251 与 25-(OH)-D 水平呈负相关。还有研究发现，*DHCR7/NADSYN1* 基因 rs12800438 与 25-(OH)-D 水平呈负相关；rs4945008、rs4944957、rs12785878、rs7944926、rs3794060 与 25-(OH)-D 水平呈负相关，其中 rs4945008、rs4944957、rs3794060 与 rs12785878 高度连锁不平衡。在维生素 D 转运和代谢途径中，*DHCR7* 基因 rs12785878 多态性与多发性硬化易感性有关。

4. *GC* 基因

GC 基因是两个常染色体共显性等位基因 GC1 和 GC2 的产物，位于染色体 4q13.3。*GC* 基因参与维生素 D 及其代谢物的转运。维生素 D 代谢物属于亲脂分子，它们的水溶性很差，在血液循环中的运输需通过与血浆蛋白质结合而实现。99% 以上的维生素 D 代谢物在血液循环中是与蛋白质结合的，其中大部分与维生素 D 结合蛋白（DBP）结合，极少部分与清蛋白、脂蛋白结合。可见，*GC* 基因表达的维生素 D 结合蛋白是最重要的一种维生素 D 运载蛋白。维生素 D 结合蛋白在血浆的水平约为维生素 D 代谢物总和的 20 倍，对 25-(OH)-D 的亲和力大于 1,25-$(OH)_2$-D。维生素 D 结合蛋白结合的维生素 D 代谢物很难进入细胞，因此它们不容易被肝脏代谢而具有更长的循环半衰期。同时，维生素 D 结合蛋白对自由态维生素 D 代谢物起到缓冲作用，保证机体不受维生素 D 中毒的伤害。因此，*GC* 基因主要起到缓释和运输维生素 D 及其代谢物的作用。

5. VDR

维生素 D 受体（vitamin D receptor，VDR）参与目的基因表达的调控。维生素 D 受体是类固醇激素核受体超家族中的一种配体激活型转录因子，与 1,25-$(OH)_2$-D 具有非常高的亲和力，1,25-$(OH)_2$-D 的大部分生物学功能需要依靠 VDR 完成。VDR 含有 4 个主要的功能结构域，包括维生素 D 结合区、维甲类受体（retinoid X receptor，RXR）聚合区、基因启动子区域的维生素 D 响应元件（vitamin D response element，VDRE）结合区和共同调节因子募集区。VDR 被 1,25-$(OH)_2$-D 激活后，在核内与 RXR 及共同调节因子聚合形成起始前复合物，对目标基因的转录起到促进或者抑制作用。

VDR 基因位于第 12 号常染色体，长约 75kb，包括 9 个外显子和 8 个内含子，其中外显子含 6 个未翻译的外显子（exon1a–1f）和 8 个编码外显子（exon2–9）20。启动子位于 5′ 端非编码区，且外显子 1 也位于该 5′ 端非编码区，其余 8 个外显子（外显子 2–9）编码该基因的蛋白产物。*VDR* 基因多态性位点包括 rs2228570（*Fok* Ⅰ）、rs1544410（*Bsm* Ⅰ）、rs757343（*Tru9* Ⅰ），rs7975232（*Apa* Ⅰ）和 rs731236（*Taq* Ⅰ）等。rs2228570（T→C）是位于第 2 外显子的 *VDR* 基因，若发生基因突变，VDR 的翻译则会从第 2 个密码子开始，翻译出的蛋白质结构与正常 VDR 少 3 个氨基酸，共 424 个氨基酸。rs1544410、rs757343 和 rs7975232 等基因多态性位点均位于第 8 内含子，其基因突变不能改变 VDR 蛋白结构，但这些位点可能会降低 mRNA 的稳定性，并降低 *VDR* 基因表达的水平。rs731236 位点位于第 9 外显子，密码子由 ATT 突变成 ATC，尽管为同义突变，不改变氨基酸结构，但可能影响 mRNA 剪接或影响 VDR 蛋白结构等。*Bsm* I 位点正常碱基为 G，如突变为 A，则 *VDR* 上的 *Bsm* I 酶切位点消失，改变 *VDR* 的转录水平。*VDR* 等位基因分布因人种不同而存在较大的差异，*Bsm* I 位点的多态性和疾病、骨代谢、生长发育及肿瘤有很大的相关性。国内学者发现亚洲人群的 VDR *Bsm* I 位点 *GG* 基因型较 *GA* 和 *AA* 基因型患佝偻病的风险降低，不同的基因型个体，对于维生素 D 和钙的吸收利用也不同，*GG* 型最佳，*GA* 型的膳食钙吸收率明显低于 *GG* 型，且在低钙摄入情况下，*VDR Bsm* Ⅰ *AA* 基因型个体钙的吸收率显著低于 *GG* 基因型个体。而在高钙摄入情况下，这一效应在两组间的差异无统计学意义。*Taq* I 位点正常碱基为 T，如突变为 C，会导致编码的异亮氨酸产生同义替代，降低基因的转录效率。*Taq* Ⅰ位点 *TT* 型与钙的吸收、腰椎骨密度呈正相关，*TC* 基因型的个体比 *TT* 型更容易发生严重的椎间盘退变和突出，且发生病变的年龄更小。因此，*Fok* I、*Bsm* I、*Apa* I 和 *Taq* I 是 *VDR* 基因上 4 个常见的单核苷酸多态性位点，突变后将导致 VDR 蛋白表达或功能发生改变，从而影响维生素 D 的水平和功能活性。

VDR 是一种核受体，参与基因表达的调控，在 80%~90% 的乳腺癌患者中均有表达，与活性维生素 D 相互发挥作用，这主要是维生素 D 通过与 VDR 结合，介导抑制细胞生长、分化和凋亡的过程。而 *Bsm* Ⅰ和 *Cdx2* 多态性与肺癌风险降低相关，*Taq* Ⅰ的 T 等位基因和 *TT* 基因型与癌症风险增加相关。一项基于 39 项病例对照研究的荟萃分析表明，*Fok*

Ⅰ、*Bsm* Ⅰ、*Apa* Ⅰ和 *Taq* Ⅰ多态性及 Cdx2 可能是结直肠癌的危险因素。*VDR* 基因多态性与恶性肿瘤风险的相关性受到种族、遗传、饮食、生活方式和环境等因素影响。维生素 D 缺乏不仅影响胰岛 β 细胞的分泌功能，加重胰岛素抵抗，增加糖尿病的发病风险，而且还会加重糖尿病并发症的发病率。研究发现 *CYP24A1* 基因 rs6068816 位点 *CT* 基因型、高龄、中心性肥胖是 2 型糖尿病的危险因素，而中国人群中 *VDR* 基因 rs2228570 位点多态性与妊娠期糖尿病的发生有关系，可能是妊娠期糖尿病的易感基因之一。目前，VDR *Fok* Ⅰ及 *Bsm* Ⅰ基因多态性与代谢综合征遗传易感性关系的研究较多，研究发现 *Fok* I rs2228570 位点 f 等位基因、*ff* 基因型及 *ff+Ff* 基因型可能是代谢综合征发病的独立危险因素，*Bsm* Ⅰ rs1544410 位点 *b* 等位基因与 Bb 基因型可能是代谢综合征发病的保护性遗传因素。总之，*VDR Fok* Ⅰ rs2228570 及 *Bsm* Ⅰ rsl544410 多态性与代谢综合征遗传易感性显著相关，但尚需通过更多大样本、多种族以及设计合理的研究验证。

二、基因多态性对叶酸代谢的影响

叶酸又称蝶酰谷氨酸，属于 B 族维生素，在人体内叶酸以四氢叶酸的形式起作用，并且作为一碳单位的供体，参与修复 DNA 氧化损伤、细胞增殖、蛋白质代谢，并和维生素 B_{12} 共同促进红细胞的生成与成熟。叶酸在人体中经过两步还原反应转变为四氢叶酸。四氢叶酸首先转变为 5,10– 亚甲基四氢叶酸，随后被 5,10– 亚甲基四氢叶酸还原酶（methy1enetetr-ahydrofolatereduetase，MTHFR）转变为 *N*5– 甲基四氢叶酸。*N*5– 甲基四氢叶酸在甲硫氨酸合成酶的催化下，作为甲基供体，使同型半胱氨酸转变成甲硫氨酸，同时释放游离的四氢叶酸，甲硫氨酸可进一步转变为 *S*– 腺苷甲硫氨酸。这些反应具有以下意义，①降低血液中同型半胱氨酸水平，而同型半胱氨酸是导致动脉粥样硬化和冠心病发生的重要因素；②促进四氢叶酸再生；③ *S*– 腺苷甲硫氨酸是重要的甲基供体，体内肾上腺素、肉碱、胆碱及肌酸等物质的合成需要其提供甲基，另外，DNA、蛋白质等的甲基化也需要 *S*– 腺苷甲硫氨酸。甲硫氨酸合成酶（methionine synthase，MTR）发挥活性需要辅助因子维生素 B_{12}，但维生素 B_{12} 容易氧化失活从而导致甲硫氨酸合成酶失活。甲硫氨酸合成酶还原酶又称 5– 甲基四氢叶酸 – 同型半胱氨酸甲基转移酶还原酶（methioninesynthasereduetase，MTRR），它能使氧化型维生素 B_{12} 还原生成有活性的维生素 B_{12}，从而恢复甲硫氨酸合成酶的活性。叶酸代谢途径对人体健康至关重要，MTHFR、MTR 和 MTRR 是该途径中的关键酶。

1. *MTHFR* 基因

编码 MTHFR 的基因定位于人染色体 chr1：p36.22–p36.22，分子质量 74.6ku，一共包含 11 个外显子。已知 *MTHFR* 基因存在单核苷酸多态，这些单核苷酸多态可通过改变酶活性进而影响叶酸在体内的合成和代谢。其常见的两个多态位点是 C677T 和 A1298C。*C677T* 基因第 677 位密码的胞嘧啶（C）被胸腺嘧啶（T）置换，从而使编码后的丙氨酸被缬氨酸替代，而 A1298C 是近年来新发现的一个多态，导致谷氨酸被丙氨酸所替换。*C677T* 有 3 种基因分型，野生型 CC、杂合突变型 CT、纯合突变型 TT。*C677T* 突变导致相应的丙氨酸被缬氨酸替代，降低 *MTHFR* 的热稳定性和活性，在 46℃加热 5 min，CC、CT、TT 基因型的酶活性分别为正常酶活的 67%、56%、22%。正常情况下，TT 型的活性约为 CC 型样品的 50%。A1298C 也有 3 种基因分型，分别为 AA、AC、CC 型，该突变可导致相应的谷氨酸被丙氨酸取代引起酶活性改变，CC 型突变纯合子的酶活性大约只有正常野生型纯合子酶活性的 60%。C677T 和 A1298C 两个位点同时突变时酶活性降到最低，仅为野生型 15%。在人群中出现两个位点同时突变的频率为 1%，也有研究显示中国人群中约 29% 的 *MTHFR* 基因为 677TT 型。*MTHFR*（C677T，A1298C）基因多态可导致的酶活性下降，使得甲基供体生成不足，体内的 Hcy 代谢异常，从而导致 Hcy 浓度的升高，此多态位点的频率在不同种族、不同地域人群中存在较大差异。

研究显示母亲 *MTHFR* 677TT 纯合子突变会导致新生儿神经管缺陷的风险显著升高，且母亲在妊娠前未服用叶酸，其新生儿患唇腭裂的风险进一步增加。携带 677T 等位基因的孕妇比正常孕妇生育唐氏综合征、先天性心脏病的患儿的概率明显更高。*MTHFR* C677T 与不孕不育的相关性存在较多争议，然而，大量研究显示 *MTHFR* C677T 的男性不孕不育风险更高，也有部分学者认为男性不育与 *MTHFR* C677T 和 *MTHFR* A1298C 均无相关性。大量的研究显示，携带 *MTHFR* C677T 等位基因的人，其患高血压的风险增加，且认为这和同型半胱氨酸水平升高有关，也有学者认为 *MTHFR* C677T 基因多态性与心血管疾病无明显的相关性。这些研究结果显示出 *MTHFR* C677T 基因多态性是否与疾病相关有诸多的不确定性，可能与各研究的区域、种族、样本量、筛选标准不一致等因素有关。总之，*MTHFR* 基因的缺陷将导致机体多个基础生化过程的紊乱，包括细胞周期调控、DNA 复制、DNA 以及蛋白质甲基化修饰等，进而引发神经管缺陷、癌症、心脑血管疾病等多种病症。

2. *MTR* 基因

MTR 基因定位于人类 1 号染色体长臂 lq43，由 33 个外显子和 32 个内含子组成。*MTR* 基因编码一个含有 12654、氨基酸残基的蛋白质，蛋白质分子质量为 140.3ku。*MTR* 在叶酸代谢中的作用是将 5- 甲基四氢叶酸的甲基基团转移到同型半胱氨酸，通过再甲基化作用生成甲硫氨酸和四氢叶酸，它是在体内唯一能转化 5- 甲基四氢叶酸的酶，也是体内唯一能生成四氢叶酸的酶，是叶酸代谢关键的部分。*MTR* 最常见的基因多态性是 A2756G，*MTR* 基因 2576 位点发生 A-G 转换，会导致 919 位氨基酸天冬氨酸被氨基乙酸所替代，使酶活性降低，同时伴有高半胱氨酸血浆浓度升高。*MTR* 突变导致甲基维生素缺乏 G 型，该病被认为是心肌梗死、高血压、肿瘤等疾病的危险因素。但目前，对各人群的关联研究未显示出一致的相关性，该基因与各种疾病之间的作用机制仍有待深入研究。

3. *MTRR* 基因

MTRR 的基因定位于人类染色体 chr5：p15.31-p15.31，包含 15 个外显子和 14 个内

含子。*MTRR* 编码序列包含 2094 个碱基对编码 698 个氨基酸残基的多肽，其分子质量为 78ku。*MTRR* 编码的甲硫氨酸合成酶还原酶能够通过还原型甲基化作用将 cob（Ⅱ）alamin 转换成甲基维生素，使甲硫氨酸合成酶重新具有功能活性，将同型半胱氨酸甲基化合成甲硫氨酸，而甲硫氨酸是蛋白质合成和一碳单位代谢的必需氨基酸，因此 MTRR 在甲硫氨酸代谢途径中起到重要作用。*MTRR* 基因最常见的一个多态位点是 A66G，它会导致 MTRR 的第 22 位的异亮氨酸被甲硫氨酸取代，突变会导致酶活变低。*MTRR* 突变是造成同型半胱氨酸、叶酸代谢异常的主要原因之一，而同型半胱氨酸、叶酸代谢与神经管疾病、心血管疾病等相关，因此 MTRR 被认为是这些疾病的风险因素之一。

三、基因多态性对维生素 C、维生素 E 和维生素 K 代谢的影响

1. 基因多态性对维生素 C 代谢的影响

（1）钠依赖性维生素 C 转运体　抗坏血酸在细胞膜上的主动转运是由 1999 年首次克隆的两种钠依赖型抗坏血酸转运蛋白产生的，两种转运蛋白 SLC23A1 和 SLC23A2 介导钠和能量依赖性抗坏血酸盐逆浓度梯度转运进入细胞，导致细胞内浓度比细胞外液高 50 倍，SLC23A1 和 SLC23A2 负责维持几乎所有细胞（红细胞除外）、组织和细胞外液中的维生素 C 浓度。SLC23A1 和 SLC23A2 的遗传模式具有共同的内含子 / 外显子边界，并具有相关的编码序列，但基因的大小差异 10 倍（分别为 16kb 和 160kb）和连锁不平衡。人类染色体 5q31.2 上的 *SLC23A1* 基因座包含 16 个外显子，跨度约 17.3kb。单核苷酸多态性数据库共列出 1440 个变异，其中 294 个位于编码区（187 个错义，91 个同义，11 个移码，4 个插入）。SLC23A1 的表达仅限于上皮细胞，如肠、肾和肝组织，通过其作为近端肾上皮细胞中唯一的顶端抗坏血酸转运体的功能，在全身抗坏血酸稳态中发挥主要作用。

人类染色体 20p13 上的 *SLC23A2* 基因座包含 17 个外显子，跨度约 160kb，大约是 *SLC23A1* 的 10 倍。dbSNP 中总共列出了 8165 个变异，其中 262 个位于编码区（138 个错义，120 个同义，4 个移码）。整个基因座的遗传连锁是中等的，但连锁块没有定义。SLC23A1 和 SLC23A2 的膜上皮细胞分布差异表明这两种转运蛋白具有非冗余功能。SLC23A2 分布在大多数组织的细胞中，有助于将维生素 C 输送到细胞中进行一些金属离子依赖性酶反应，并保护细胞免受氧化应激。SLC23A2 具有低容量和高亲和力，介导外周器官细胞从细胞外液中摄取抗坏血酸。

维生素 C 的抗氧化作用可以通过诱导细胞凋亡和抑制肿瘤细胞生长来预防癌症，同时通过清除活性氧来平衡 DNA 损伤。维生素 C 还可以保护黏膜组织免受氧化损伤，并通过维持适当的胶原蛋白形成和基质稳定来发挥抗肿瘤作用。在一项包含 656 名结直肠腺瘤患者和 665 名健康对照者的研究中，参与者对 *SLC23A1* 基因中的 4 个 SNP 和 *SLC23A2* 基因中的 11 个不同 SNP 进行了基因分型。没有发现 *SLC23A1* 中常见的 SNP 与结直肠

癌之间存在关联。*SLC23A2* 与 SNP 无关，但单倍型 G–C（rs4987219 和 rs1110277）与结直肠腺瘤风险的降低有关。在一项关于胃癌的研究中，在检查的 13 个 SNP 中，胃癌与 *SLC23A2* 基因中的一个 SNP（rs12479919）呈负相关，而未确定与 *SLC23A1* 基因中的变体相关。与 rs12479919–G/G 基因型相比，次要等位基因 *A/A* 的纯合子患胃癌的风险较低。在上述研究中，*SLC23A2* 基因中的单倍型包含 rs6139591、rs2681116 和 rs14147458SNP 的共同等位基因，与胃癌呈负相关。同样，在另一项包含 365 名胃癌患者和 1284 名对照者的研究中，基因型 rs6116569–C/T 和 2 个单倍型 CGTC（rs6052937，rs3787456，rs6116569，rs17339746）和 ATC（rs6139587，rs6053005，rs2326）*SLC23A2* 基因中的基因与胃癌风险相关，而与 *SLC23A1* 中的变体没有关联。维生素 C 转运蛋白基因的多态性也与其他类型的癌症有关。在一项针对 832 名膀胱癌患者和 1191 名健康对照者的基于人群的研究中，*SLC23A2* 中的变异 rs12479919–C/T 已被确定为对膀胱癌有基因 – 基因影响的高风险基因型，*SLC23A2*（rs12479919）和 *SCARB1*–rs4765621（基因清除受体 B 类）的相互作用对膀胱癌的较高风险表现出最强的影响。在另一项包含 1292 名患者和 1375 名健康对照者的研究中，*SLC23A1* 和 *SLC23A2* 中的几个 SNP 与非霍奇金淋巴瘤的风险增加有关。在这项研究中，具有 *SLC23A1* 基因型 rs6596473–C/C 和 rs11950646–G/G 的个体患淋巴瘤的风险增加了 80%。此外，该基因中 *SLC23A2* 中的几个 SNP 以及 2 个单倍型（AA：rs1776948、rs6139587 和 AAC：rs1715385、rs6133175、rs1715364）与疾病风险增加有关。*SLC23A2* 基因的多态性也影响人乳头瘤病毒 16 型感染患者头颈癌的发生。在一项对 319 名头颈癌患者和 495 名频率匹配对照者进行的研究中，与具有野生型等位基因的人相比，*SLC23A2* 基因中的 rs4987219–C/C 同型者患与人乳头瘤病毒 16 型有关的癌症的风险下降。因此，维生素 C 转运蛋白基因不仅与不同类型癌症的风险增加有关，而且还被认为是治疗的预测性生物标志物。

在一项对 311 名炎症性肠病患者和 142 名对照者的研究中，*SLC23A1* 基因的 *SNP* rs10063949–*G* 等位基因与克罗恩病的风险增加有关。具体来说，rs10063949–A/G 杂合子患克罗恩病的风险增加了 2.5 倍，而 rs10063949–G/G 同合子与野生型同合子相比，风险增加了 4.7 倍。在一些流行病学调查中发现，维生素 C 的缺乏（通过饮食摄入或血清、白细胞或脐带血中抗坏血酸浓度测量）与胎膜早破和早产（孕期 <37 周）有关，是新生儿死亡和发病的主要原因。考虑到维生素 C 对胶原蛋白的保存和膜拉伸的有效性的必要性，*SLC23A1* 和 *SLC23A2* 的基因多态性也与早产的风险相关。此外，*SLC23A2* 基因变异 rs6139591–T 的 1 个或 2 个小等位基因的携带者显示自发性早产的风险分别高出 1.7 倍和 2.7 倍。同样，*SLC23A2* 中 rs2681116–G/A 的杂合子个体显示早产风险增加 1.9 倍，但对同质携带的小等位基因（rs2681116–A/A）的分析显示没有影响。可见，抗坏血酸转运体的变异与炎症性肠病有关，其中氧化损伤在疾病的发生和发展中起着关键作用。

在具有 rs6139591–T/T 基因型的妇女中，观察到急性冠状动脉综合征的风险增加了 5.4

倍，而这些妇女的膳食维生素 C 摄入量很低。此外，具有 rs1776964-T/T 基因型的妇女，如果维生素 C 的摄入量很高，与 C/C 同型者相比，急性冠状动脉综合征的风险增加 3.4 倍。可见，*SLC23A2* 的多态性也与急性冠状动脉综合征有关，由于维生素 C 的抗氧化作用及其对内皮功能和动脉粥样硬化斑块的胶原含量的有益影响，被认为具有心脏保护的影响。在 150 名开角型青光眼患者和 150 名对照组的研究中，*SLC23A2* 的基因型 rs1279386-G/G 与较高的疾病风险（1.7 倍）以及较低的血浆维生素 C 浓度（平均 ± SD 值为 9.0 ± 1.4μg/mL，而患者为 10.5 ± 1.6μg/mL，10.9 ± 1.6μg/mL，对照组为 12.1 ± 1.8μg/mL）有关。在这项研究中，没有发现 *SLC23A1* 基因的多态性与开角型青光眼之间的关联。在另一项研究中，发现 *SLC23A1* 和 *SLC23A2* 基因的多态性影响 60 名接受小切口白内障手术的患者的水液和晶状体核中的抗坏血酸浓度。*SLC23A1* 基因的 rs6596473 和 *SLC23A2* 基因的 rs12479919 显示与变异等位基因携带者的眼部抗坏血酸浓度下降有关，而普通的同型基因携带者则与之有关。对于 rs6596473，每一个变异等位基因 –C 在眼液抗坏血酸中的差异为 –217μmol/L，而对于 rs12479919，与同卵双胞的普通等位基因（G/G 和 C/C）相比，每一个变异等位基因 –T 在晶状体核抗坏血酸中的差异为 0.085μmol/G。因此，缺乏维生素 C 导致抗氧化能力降低，也与青光眼视神经病变有关，其中氧化压力与神经元死亡有关。事实上，在青光眼患者的血浆、正常张力和继发性眼液中，已经观察到了统计学上明显较低的维生素 C 浓度。

（2）促进扩散的维生素 C 转运体　除抗坏血酸外，脱氢抗坏血酸（dehydroascorbic acid，DHA）是维生素 C 的一个膳食来源，可以通过刷状边界膜吸收。进入肠细胞后，DHA 被酶解或化学还原成抗坏血酸，从而保持一个浓度梯度，有利于 DHA 的吸收。在肠道炎症期间，局部 DHA 的吸收可能特别重要，因为免疫细胞的氧化爆发增加了抗坏血酸在细胞外的氧化，变成 DHA。产生的 DHA 被输送到肠细胞或其他旁观细胞中，然后立即还原为抗坏血酸，从而提高细胞内自由基清除剂的浓度。在整个身体的任何炎症状况下，抗坏血酸在细胞外液中被氧化成 DHA，产生的 DHA 被各种细胞 / 组织的特定促进扩散运输器吸收，以提高细胞内抗坏血酸。

SLC2A1（GLUT1）、*SLC2A2*（GLUT2）、*SLC2A3*（GLUT3）、*SLC2A4*（GLUT4）　和 *SLC2A8*（GLUT8）是已确认的 5 种促进 DHA 转运体，它们是 *SLC2A* 溶质载体基因家族的成员，编码易化糖转运蛋白的葡萄糖转运蛋白（Glucose transporter，GLUT）。维生素 C 在细胞中的积累部分主要是通过 *SLC2A* 家族的载体运输 DHA 而发生的。DHA 扩散到某些特定的细胞类型会被血浆中过多的葡萄糖竞争性地抑制。在高血糖状态下，DHA 向细胞的扩散可能会因 *SLC2A* 转运体在质膜上的位置不足而受到阻碍。DHA-GLUT 转运体具有组织和细胞特异性表达，以及 DHA 转运中的各种亲和力与效率。*SLC2A1* 在全身各种细胞中表达，在大脑、周围神经、眼睛、胎盘和哺乳期乳腺的内皮和上皮样屏障中表达特别高，并表现出 DHA 运输活性；*SLC2A2* 主要表达在大脑、脾脏、肾脏、胰腺、肝脏和肠道上皮细胞的基底膜，也具有 DHA 运输活性；*SLC2A3* 主要在大脑、神经元和肠道上皮细胞中表达，具

有一定 DHA 运输活性；*SLC2A4* 主要存在于脂肪组织以及骨骼和心肌细胞中，其 DHA 转运活性降低。

多项研究发现 *DHA-GLUT* 基因的变异与糖尿病相关性状以及糖尿病并发症如白蛋白尿、视网膜病变和肾病之间的关系，其中病因可能涉及 DHA 转运的调节。关于维生素 C 的代谢，在未控制的糖尿病条件下，过量的葡萄糖可能会竞争性地阻止 DHA 通过促进性 GLUTs 的吸收，从而损害细胞对 DHA 的运输，影响细胞内的氧化还原失衡。糖尿病是心血管疾病（CVD）的一个公认的危险因素，在一项有 2383 例 CVD（致命和非致命）发病的研究中，研究了 46 个 2 型糖尿病相关的 SNPs 对 CVD 发病的贡献。在检查的 46 个遗传变异中，*SLC2A2* 的变异 rs11920090 与发病的 CVD 有关，与基础糖尿病状态无关。*DHA-GLUT* 基因的多态性被认为对肾癌和前列腺癌的相对风险有不同的影响。在一项有 92 名肾细胞癌患者和 99 名健康对照者的研究中，*SLC2A1* 中小等位基因 rs3820589-T 的携带者以及 rs3754218-G/T 的杂合子显示肾癌的发生率较高。另一方面，在一项对 6642 名前列腺癌患者（101 名）（社区动脉硬化风险研究的参与者）的研究中，*SLC2A2* 中的 SNP rs5400-G 与白种人的癌症风险降低 24% 有关，但在非洲裔美国人中没有。

SLC2A2 基因的多态性与双相情感障碍有关，在一项对 2174 名双相情感障碍患者和 3601 名健康对照者的研究中，*SLC2A2* 中几个变体的小等位基因（rs5398-C、rs1499821-G，rs8192675-A、rs11924032-G、rs9875793-G）与该病或其并发症的高易感性有关。神经元有大量的氧化代谢，比支持性胶质细胞的氧化代谢率高 10 倍，这使它们特别容易受到抗坏血酸缺乏的影响。因此，在神经退行性疾病如躁郁症中，DHA-GLUT 转运体，包括在大脑中高度表达的 SLC2A2，可能对 DHA 的吸收起着关键作用，从而增加大脑抗坏血酸的浓度，以对抗疾病造成的氧化压力。此外，*SLC2A1* 的基因多态性对非酒精性脂肪肝有积极作用，与糖尿病或肥胖无关。在一项对 520 名非酒精性脂肪肝患者和 521 名健康对照者以及 4414 名 2 型糖尿病患者和 4567 名匹配对照者的研究中，*SLC2A1* 的 rs4658-G/G 和 rs841856-T/T 显示与非酒精性脂肪肝风险的增加有关，但与糖尿病无关。在这项研究中，基因表达分析表明非酒精性脂肪肝患者肝脏中 *SLC2A1* 的表达显著下调。此外，体外沉默 *SLC2A1* 会导致氧化应激增加和更高的脂质积累。SLC2A1 参与 DHA 向线粒体的转运，导致线粒体维生素 C 循环，提高对活性氧的保护。线粒体在非酒精性脂肪肝的进展中起着关键作用，它通过损害脂肪肝的内环境平衡以及诱导活性氧的过度产生，从而导致脂质过氧化。

2. 基因多态性对维生素 E 代谢的影响

一些遗传和表观遗传多态性（可发生在同型或异型状态）可能会降低维生素 E 的生物利用度和细胞活性，这可以通过补充维生素 E 来避免。几种蛋白质参与维生素 E 的吸收、分布和代谢，这些蛋白质的多态性及其细胞表达水平可能解释了维生素 E 吸收和反应的个体差异，从而影响了对动脉粥样硬化、癌症和神经退行性疾病等疾病的不同易感性。这些差异可能是基因缺陷或多态性导致维生素 E 运输效率、代谢率、脂蛋白的结构和血浆水平、

参与 α- 生育酚保护的其他微量营养素的状况以及一些环境因素发生变化的结果。基因多态性影响维生素 E 代谢如表 8-1 所示。

表 8-1　基因多态性影响维生素 E 代谢

基因	与维生素 E 相关的功能	突变或多态对维生素 E 作用的可能影响
结合珠蛋白基因	自由基水平的增加、维生素 E 和维生素 C 的消耗	结合珠蛋白 -2-2 基因型增加自由基的产生
载脂蛋白 E（*apoE*）基因	自由基水平升高，维生素 E 和维生素 C 消耗，血浆脂蛋白周转，血浆和组织中维生素水平升高	载脂蛋白 E 的多态性，例如 apoE4、apoE3 或 apoE2，已知会增加氧化应激（apoE4>apoE3>apoE2）。apoE 通过与 SR-BI 的结合决定 HDLVE 进入外周组织的摄取，apoE4 基因型与较低的组织水平有关，与血浆维生素 E 水平升高有关
载脂蛋白 A（*apoA*）基因	血浆脂蛋白周转率、血浆和组织中的维生素 E 水平	apoA Ⅳ可能影响血浆和组织中 γ- 生育酚的水平
SR-BI 清道夫受体基因	维生素 E 的摄取和向外周组织的转运	*SR-BI* 基因多态性影响外周细胞和组织中维生素 E 的水平
CD36 清道夫受体基因	维生素 E 下调 *CD36* 的表达，从而减少泡沫细胞的形成	*CD36* 基因多态性（启动子多态性，选择性剪接）可能影响对维生素 E 的反应
LDL 受体基因	去除血浆中的低密度脂蛋白，摄取维生素 E	多态性可能影响血浆和组织中的脂质谱和维生素 E 水平
磷脂转运蛋白基因	脂蛋白间维生素 E 的交换	磷脂转运蛋白基因多态性可能影响不同脂蛋白（VLDL、LDL、HDL、乳糜微粒）中维生素 E 的水平
微粒体甘油三酯转运蛋白基因	维生素 E 在乳糜微粒中的应用	微粒体甘油三酯转运蛋白基因多态性可能影响维生素 E 的摄取效率
生育酚相关蛋白基因	维生素 E 的结合、摄取和细胞内转运可能影响脂质依赖性信号转导和基因表达	生育酚相关蛋白基因多态性影响细胞内和组织内维生素 E 的水平以及细胞活性
α- 生育酚转运蛋白基因	通过肝脏 α- 生育酚挽救血浆中的维生素 E 保留	α- 生育酚转运蛋白基因多态性影响血浆和组织维生素 E 水平
维生素 E 结合蛋白基因	维生素 E 在脑脊液和脑中的转运	维生素 E 结合蛋白基因多态性影响神经系统中维生素 E 的水平
脂蛋白脂肪酶基因	维生素 E 从脂蛋白转移到外周组织	脂蛋白脂肪酶多态性影响血浆和组织中维生素 E 的水平
ATP 结合盒转运体 A1 基因	细胞输出维生素 E	ATP 结合盒转运体 A1 基因多态性影响细胞和组织中维生素 E 的水平
孕烷 X 受体基因	维生素 E 介导的基因表达	多态性可能影响孕烷 X 受体靶基因的维生素 E 依赖性基因表达

续表

基因	与维生素 E 相关的功能	突变或多态对维生素 E 作用的可能影响
多药耐药蛋白基因	参与胆汁中维生素 E 的分泌	多药耐药蛋白多态性可能影响维生素 E 水平和肠肝循环
P450 细胞色素（*CYP3A* 和 *CYP4F2*）基因	维生素 E 代谢	代谢基因多态性可能影响 α-、β-、γ- 和 δ- 生育酚的血浆和组织水平，以及其代谢产物的水平
脱氢抗坏血酸还原酶基因，例如 ω 类谷胱甘肽转移酶基因（*GSTO1-1* 或 *GSTO2-2*）	维生素 C 的再生和维生素 E 的再生	GSTO1-1 或 GSTO2-2 的多态性可能影响血浆和组织中维生素 C 的水平，从而影响维生素 E 的水平
钠偶联维生素 C 转运蛋白 1 和 2 基因（*SVCT1/SLC23A1*，*SVCT2/SLC23A2*）或脱氢抗坏血酸转运蛋白基因（*GLUT1*，*GLUT3*）	维生素 C 促进维生素 E 的再生	*SVCT1* 或 *SVCT2* 的多态性可能影响血浆和组织中维生素 C 的水平，从而影响维生素 E 的水平

除了表 8-1 所示的几种蛋白，1 型纤溶酶原激活物抑制物（plasminogen activator inhibitor type 1，PAI-1）也是一种心血管疾病的独立危险因子，在 2 型糖尿病患者体内表达增高。*PAI-1* 基因 4G/5G 多态性可调节 PAI-1 蛋白表达，进而影响心血管疾病发生。维生素 E 可有效降低体内 PAI-1 的含量。PAI-1 的 4G 等位基因影响 PAI-1 蛋白表达，5G/5G 基因型患者对于维生素 E 起效更快，使用维生素 E 预防心血管疾病可能取得更好的效果。

3. 基因多态性对维生素 K 代谢的影响

（1）载脂蛋白质 E　编码载脂蛋白 E（apoE）的基因编码主要存在于富含甘油三酯的脂蛋白（TRL，包括乳糜微粒和 VLDL）和 HDL 上的 34ku 脂蛋白。apoE 是 LDL 受体和其他 TRL 受体的配体，因此主要负责 TRL 的细胞摄取。在群体中发现了三个常见的等位基因，由 112 位和 158 位的氨基酸取代组成，被称为 E2、E3 和 E4。各种 apoE 异构体与 LDL 和其他脂蛋白受体的相互作用不同，最终改变胆固醇和甘油三酯的循环水平。apoE 清除循环中富含维生素 K 的肠道脂蛋白的能力，E4 最大，E2 最小。在一项针对血液透析患者的研究中，E3/4 或 E4/4 基因型患者的血清叶绿醌浓度不到基因型 E3/3 患者的一半。基因型为 E2/3 或 E2/2 的人血清叶绿醌浓度最高。人们认为肝脏是吸收维生素 K 的主要器官，E4 等位基因的携带者可能增加了肝脏对维生素 K 的吸收并减少了循环中的维生素 K，因此可用于骨骼中骨钙素 γ- 羧化的维生素 K 水平降低。与非 E4 携带者相比，E4 同型者需要更高的华法林（一种维生素 K 拮抗剂）剂量来补偿肝脏维生素 K 摄取量的增加。相反，在一项针对中国和英国健康老年人的研究中，E4 等位基因携带者的血浆叶绿醌浓度较高，而未羧化骨钙素（uncarboxylated osteocalcin，ucOC）较低，E4 等位基因的携带者从循环中清除 TRL 残余物的速度较慢，因此有更多的叶绿醌可被骨骼吸收。在另一项研究中，*apoE* 基因型的种族差异，与英国和中国绝经后妇女（分别为 13.8% 和 6%）相比，冈比亚绝经后妇女的 E4 等位基因频率最高（32.6%），这与 ucOC 的差异有关，但与血浆叶绿醌浓度无关。显然，需要更多的研究来确定 *apoE* 基因型对维生素 K 营养状况的这种假定影响的方向和程度。

（2）维生素 K 环氧化物还原酶　维生素 K 环氧化物还原酶（vitamin K epoxide reductase，VKOR）是维生素 K 循环所必需的酶。*VKORC1* 基因内的常见多态性和单倍型与华法林剂量的个体差异有关。华法林通过直接抑制 VKOR 从而抑制维生素 K 的循环发挥作用，影响肝脏中维生素 K 循环的多态性可能会调节维生素 K 的状态。ucOC 和 PIVKA-Ⅱ是维生素 K 依赖性蛋白质，参与凝血过程，对维持正常的血液凝固功能至关重要。研究表明，*VKORC1* 基因座内的单核苷酸多态性和单倍型与人体内的 ucOC 和 PIVKA-Ⅱ浓度相关。矛盾的是，与较低的 PIVKA-Ⅱ浓度有关的基因型，即较好的维生素 K 状态，也与血管疾病风险有关。ucOC 表示为绝对浓度，是羧化的骨钙素的百分比提供了对维生素 K 可用性的观察。遗憾的是，研究中也没有关于血浆叶绿醌浓度的相应数据来证实与个体基因型相关的维生素 K 状态。遗传学可以解释一些观察到的个体间维生素 K 变异，但迄今为止，很少有研究系统地探索个体遗传多态性与维生素 K 状态的生化测量之间的关系。

本章小结

本章介绍半胱氨酸、碳水化合物、脂质、钙、铁、微量元素（铜、锌、硒）和维生素（维生素 D、B 族维生素、维生素 C、维生素 E、维生素 K）等营养素的吸收代谢途径和机制，以及影响各营养素代谢过程中的相关基因及其多态性类型，同时也介绍那些影响营养相关疾病风险的基因及基因多态性。基因多态性会影响营养素的吸收代谢，携带这些营养素敏感基因的个体可能对某些营养素有特别的需求，也会对营养素过度敏感或过度不敏感，更易患或抵抗某些疾病的发生。学习本章内容可以认识饮食、健康和基因多态性之间相互作用，由此合理调节个体的饮食，制定最合适的个性化食谱，有效地防止、减缓或减弱人体内与疾病相关基因的表达，为人类健康和疾病预防的精准营养干预提供指导。

思考题

1. 什么是基因多态性？
2. 基因多态性对各营养素的吸收代谢机制是什么？
3. 载脂蛋白的类型有哪些？
4. 哪些基因会影响营养相关疾病（心血管疾病、糖尿病、癌症等慢性病）的发生？
5. 如何合理膳食，防治疾病的发生？
6. 影响营养素代谢的因素不仅包括基因多态性，还有生活习性、环境因素等，它们之间的关系如何？

第九章

表观遗传修饰与营养素代谢调控

学习目标

1. 掌握甲基化修饰对营养素代谢的调控机制。
2. 理解非编码 RNA 与营养素代谢调控的关系。
3. 了解生命早期营养对表观遗传的调控规律。

第一节 甲基化修饰与营养素代谢调控

9–1 思维导图

随着营养学和遗传学的深入发展，人们越来越多地关注营养与遗传的交叉研究，因而出现了一些新的学科。如营养基因组学、营养遗传学和表观遗传等。这些学科将营养和遗传因素综合起来，考虑二者对人体生长发育的机制。经典遗传学理论认为，DNA 序列中存储着生命的全部遗传信息，基因序列的改变或染色体突变是引起基因表达水平的主要原因。随着现代遗传学的发展，我们发现“基因型 + 环境 = 表型”中环境对表型的影响大多数情况下是由于基因表达模式发生了变化，而非基因序列变化所致。直至 1939 年，Waddington 提出表观遗传学的概念并将其描述为从基因型到表型变化过程中调控基因表达的机制，获得性遗传及表观遗传学相关研究才得到了广泛的研究。随着其理论的不断丰富，表观遗传学的定义也逐渐明晰并确定下来。表观遗传学是指在不改变DNA序列的前提下，生物体或细胞通过有丝分裂以及减数分裂，在已有的核酸或蛋白质上加修饰标签，从而改变基因表达模式及功能。最常见的表观遗传修饰是甲基化修饰，如组蛋白甲基化、DNA甲基化、RNA甲基化修饰等，甲基化修饰是不遵循孟德尔遗传定律的，它可能会影响一个或多个等位基因的表达。表观遗传修饰是在整个生命过程中获得的，具有潜在可逆性及可遗传性。

机体的表型是基因组和表观基因组（营养、环境等）之间相互作用的结果。甲基化这一动态可逆的修饰能快速介导外界因素对基因表达的调控，增强机体对环境的适应性，同时避免DNA反复突变引起的遗传信息紊乱。机体表观遗传修饰的建立和变化贯穿整个生命时期，受精卵在形成和着床期间存在广泛的脱甲基作用，这个时期生物所处的环境使表观遗传修饰模式对机体整个生命过程产生深远影响。如果追求更高的、更健康合理的生活品质，那么就需要综合考虑环境、营养条件等因素，形成科学的膳食平衡模式。

作为一种关键环境因素，营养素改变的不仅是外在的表型特征，还能够改变表观遗传的特征，并将这些特征遗传给下一代。在营养学领域，大量研究表明营养物质可通过改变甲基化修饰相关的酶活性或甲基化代谢底物来改变基因的表达，如常量营养素（如脂肪、碳水化合物和蛋白质等）、微量营养素（如维生素等）和天然生物活性化学物质（如白藜芦醇等）都能参与到甲基化表观修饰中。其中，甲硫氨酸、叶酸、胆碱、甜菜碱等营养物质是一碳单位代谢通路中重要的组成物质，对甲基化调控作用非常关键。在机体中，营养素的变化会引起细胞中DNA甲基化、组蛋白甲基化等表观遗传学变化。表观遗传学弥补了经典遗传学研究的不足，成为目前营养学和遗传学研究的热点。

一、组蛋白甲基化与营养素代谢

1. 组蛋白甲基化

组蛋白甲基化是表观遗传模式中一种重要的修饰方式，易受环境影响。真核细胞中，组蛋白主要有5种类型的蛋白质亚基H_1、H_2A、H_2B、H_3、H_4。其中，后4种各两个分子组成八聚体，形成核小体基本结构中的核心组成蛋白质。两个核小体之间由60个碱基对的DNA链及1个H_1亚甲基连接起来。组蛋白甲基化是由组蛋白甲基化转移酶（histone methyltransferase，HMT）完成的，以*S*–腺苷甲硫氨酸（SAM）作为修饰基团（图9–1）。甲基化可发生在组蛋白的赖氨酸和精氨酸残基上，而且赖氨酸残基能够发生单、双、三甲基化，而精氨酸残基能够发生单、双甲基化，这些不同程度的甲基化极大地增加了组蛋白修饰和调节基因表达的复杂性。甲基化的作用位点在赖氨酸（Lys）、精氨酸（Arg）的侧链N原子上。组蛋白H_3的第4、9、27和36位，H_4的第20位Lys，H_3的第2、17、26位及H_4的第3位Arg都是甲基化的常见位点。截至目前，已发现多种特异性的组蛋白甲基转移酶，可分别完成H_3、H_4组蛋白不同位点的甲基化共价修饰，包括单甲基化、双甲基化和三甲基化，参与转录调控、基因组完整性维持及表观遗传模式的传递。组蛋白的游离氨基端尾部往往有多个修饰位点，且单一位点上可发生多种共价修饰，这一特性决定了组蛋白修饰的多样性。同时，不同组蛋白的不同位点上的同一类修饰可以对基因表达过程产生不同效应，这一特性决定了组蛋白修饰的多效性（表 9-1）。组蛋白 H_3 是发生修饰最多的亚基，在第 4、9、27、36 和 79 位的赖氨酸残基上均可发生甲基化修饰。组蛋白修饰主要通过改变染色质的紧缩程度，达到调控基因表达的目的。此外，组蛋白 H_3 不同位点的赖氨酸甲基化可与其他修饰方式相互作用，分别调控基因启动子和增强子的活性。

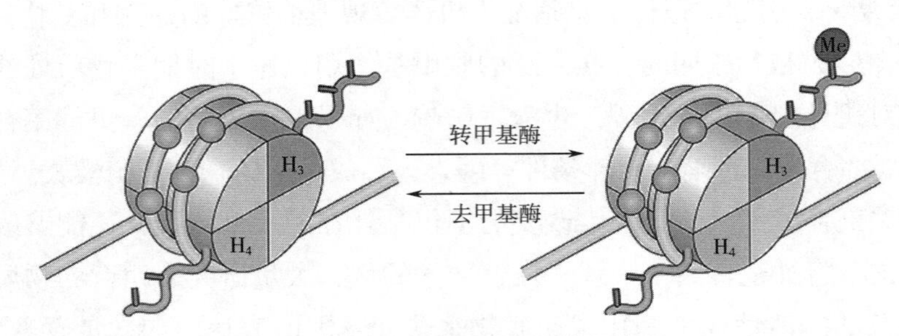

图 9-1　组蛋白甲基化修饰示意图

表 9-1　不同位点组蛋白甲基化修饰的生物学功能

组蛋白	修饰位点	功能
H_3	K_4	激活基因转录
	R_8	调节细胞生长和增生
	K_9	调节染色质结构
	R_{17}	激活基因转录
	K_{27}	X 染色体失活
	K_{36}	激活基因转录
	K_{79}	端粒沉默
H_4	R_3	活化染色质
	K_{20}	基因沉默

2. 组蛋白甲基化与一碳代谢

某些氨基酸在分解代谢过程中可以产生一个含碳原子的基团，称为一碳单位。体内的一碳单位有甲基、甲烯基、甲酰基和亚氨甲基等。营养素参与一碳单位代谢和 SAM 水平的调节，影响细胞内组蛋白甲基化修饰水平。常见的甲基来源有叶酸、维生素 B_6、维生素 B_{12}、胆碱、甜菜碱和甲硫氨酸等，组蛋白甲基化直接受到饮食的影响。研究发现妊娠期胎儿产前暴露酒精会降低基因表达活性标志－组蛋白 H_3 第 4 位赖氨酸三甲基化（trimethylation of histone H_3 lysine 4，H_3K4me3）水平，并增加抑制性标记－组蛋白 H_3 第 4 位赖氨酸二甲基化（dimethylation of histone H_3 lysine 4，H_3K4me2）水平，而妊娠期补充胆碱可使组蛋白甲基化水平恢复正常。

SAM 和 *S*- 腺苷同型半胱氨酸（*S*-adenosyl-L-homocysteine，SAH）的数量将一碳代谢与甲基化修饰关联起来。研究表明，甲硫氨酸代谢水平通过调节 SAM/SAH 影响 H_3K4me3 的水平，从而调控基因表达。其他的营养物质（如叶酸、胆碱等）也可通过 SAM 影响组蛋白甲基化。叶酸缺乏可抑制组蛋白 H_3 第 4 位赖氨酸甲基化，从而下调 PER233 的表达。在叶酸缺乏的条件下，H_3K4 甲基化水平下降程度高于 H_3K79，说明不同组蛋白的甲基化程度对营养缺乏的敏感性不同。叶酸除了作为一碳单位的载体，影响甲基化反应中的活性甲基含量，还能结合 $H_3K4me1/me2$ 中的去甲基化酶－赖氨酸特异性去甲基化酶 1（lysine specific demethylase1，LSD1），参与表观遗传修饰水平的调节。

3. 组蛋白甲基化与脂质代谢

组蛋白赖氨酸残基位点的甲基化修饰是常见的翻译后修饰之一，如 H_3K4、H_3K9、H_3K27 等位点的甲基化。根据位点的不同，甲基化后发生基因的转录激活或沉默。组蛋白赖氨酸甲基转移酶 MLL3（KMT2C）及其同源物 MLL4（KMT2D）通过催化 H_3K4 甲基化在细胞种类特异性基因的增强子区域而发挥作用。敲除 *MLL3* 的小鼠，其白色脂肪组织（white adipose tissue，WAT）和棕色脂肪组织（brown adipose tissue，BAT）均发生基因表达的改变。CCAAT/ 增强子结合蛋白 α（C/EBPα）和 PPARγ 等转录因子是脂肪细胞命运的主要调节因子，它们激活驱动脂肪细胞特异性基因的表达，在脂肪细胞分化前期具有重要作用。而 JHDM2a 可特异地催化 H_3K9 的去甲基化。研究发现，*JHDM2a* 基因敲除的小鼠表现为能量消耗减少、脂肪组织功能也发生变化、线粒体基因表达减少及氧耗量下降。另有作者报道，在 β- 肾上腺素刺激下，*JHDM2a* 在 PPAR 应答元件（PPREs）上的诱导和结合不仅降低了 H_3K9 去甲基化，而且有利于 UCP1 和脂肪酸氧化基因启动子上的 PPARγ 和 PGC1α 的募集。此外，在 β- 肾上腺素刺激下，JHDM2a 在丝氨酸 265（S265）位点上被 PKA 磷酸化，增加其与 SWI/SNF 染色质重塑复合物及与 PPARγ 的相互作用，提供了除 H_3K9 去甲基化之外的附加作用。利用染色质免疫共沉淀测序（ChIP-seq）发现 H_3K4me3/me2/me1、$H_3K27me3$ 和 $H_3K36me3$ 等甲基化修饰参与脂肪形成过程。植物同源结构域指状蛋白 2（plant homeodomain finger protein 2，PHF2）是一种 H_3K9me2 的去甲基化酶，含有 JmjC 结构域。PHF2 可以促进脂肪累积。在 PHF2 缺失的细胞中，PPARγ 和 C/EBPα 的表达均明显减少。流行病学调查显示，2 型糖尿病性肥胖和非糖尿病性肥胖人群的脂肪细胞 H_3K4me2 水平比正常个体脂肪细胞低约 40%；相反，H_3K4me3 水平在糖尿病性肥胖个体脂肪细胞中要比正常个体和非糖尿病性肥胖者高 40%。全基因组分析显示，H_3K4me3 多位于启动子附近并与转录起始相关，如脂肪细胞特异性可变启动子 *PPARγ* 附近存在 H_3K4me3。

在小鼠 3T3–L1 前体脂肪细胞向成熟脂肪细胞分化过程中，*PPARγ2* 启动子附近 H_3K4me3 激活 *PPARγ2* 启动子活性，增强 *PPARγ2* 基因的表达。而在非成脂分化的过程中，*PPARγ2* 启动子区域上 H_3K9me2 抑制 *PPARγ2* 基因的表达，从而抑制脂肪的生成。$H_3K4me2/me1$ 与开放染色体和顺式作用元件活性有关，常分布于启动子、内含子和基因间区域。H_3K4 甲基转移酶相关蛋白 PTIP 敲除后会抑制 H_3K4me3 及 RNA 聚合酶在 *PPARγ2* 及 *C/EBPα* 启动子附近的富集，使脂肪形成过程受到抑制。H_3K4 的去甲基化对脂肪细胞的分化也非常重要。敲除 $H_3K4me2/me1$ 特异性赖氨酸去甲基化酶 1（LSD1），可抑制 3T3–L1 前体脂肪细胞的分化，这是由于 *C/EBPα* 启动子处的 H_3K4me2 水平降低及 H_3K9me2 水平升高导致的。另外，LSD1 抑制剂可阻断 LSD1 催化活性并促进脂肪干细胞的成骨分化。H_3K9 也能发生单甲基化、二甲基化或三甲基化，此位点的甲基化多与基因沉默有关。在脂肪细胞有丝分裂阶段，组蛋白甲基转移酶 G9a 可被 C/EBP*β* 反式激活，通过调节启动子处 *H3K9me2*、*PPARγ* 和 *C/EBPα* 的表达阻止脂肪细胞分化。受 G9a 调节的 H_3K9me2 选择性富集于整个 PPARγ 位点。在脂肪形成过程中，H_3K9me2 和 G9a 的水平与 *PPARγ* 的表达呈负相关。常染色质组蛋白赖氨酸 *N*– 甲基转移酶 1（euchromatic histone–lysine *N*–methltransferase 1，EHMT1）是控制棕色脂肪细胞命运的 PRDM16 转录复合物的一个必要成分。棕色脂肪细胞中 EHMT1 丢失会导致棕色脂肪特征丧失。EHMT1 通过稳定 PRDM16 来打开棕色脂肪细胞中的生热基因程序。敲除 EHMT1，会减少 BAT 介导的适应性热生成，造成肥胖和胰岛素抵抗。H_3K4/K9 的 LSD1 通过抵抗 H_3K9 甲基转移酶的作用来维持染色质活性。敲除 H_3K9 甲基转移酶 *SETDB1*（SET domain bifurcated 1），通过降低 CEBPα 启动子处 H_3K9 二甲基化水平和增加 H_3K4 二甲基化水平，产生与 LSD1 相反的作用，从而促进分化。含有 JmjC（Jumonji C）结构域的组蛋白去甲基化酶（JmjC–domain–containing histone demethylase，JHDM）在调控代谢基因表达方面发挥重要的作用，敲除 *JHDM* 基因的小鼠会产生肥胖和高脂血症，可导致棕色脂肪细胞中 *β*– 肾上腺素刺激的糖释放和棕色脂肪细胞组织中氧消耗紊乱。目前所了解的 H_3K27 去甲基化酶主要有 UTX（又称 Kdm6a，位于 X 染色体上），UTY（位于 Y 染色体上，酶活性较弱）和 JMJD3（Kdm6b）。UTX 和 JMJD3 均为含有 JMJC 结构域的蛋白，可以催化 $H_3K27me2$ 和 $H_3K27me3$ 的去甲基化。除含有 JMJC 结构域之外，UTX 和 UTY 还含有四肽重复基序，介导蛋白质 – 蛋白质相互作用。H_3K27 由 JMJD3/UTX 催化的去甲基化过程为，在 Fe^{2+}、O_2 和 *α*– 酮戊二酸的辅助下，JMJD3 的 JmjC 结构域催化 $H_3K27me3$ 中赖氨酸残基的氨基发生羟基化，而后赖氨酸残基脱下甲醛，形成去甲基化的赖氨酸残基。$H_3K27me2/3$ 的甲基化平衡主要是由 EZH2 和 JMJD3/UTX 维持。实验发现，在大部分胚胎干细胞中，EZH2 和 $H_3K27me3$ 修饰多聚集在生长。可见组蛋白甲基化修饰是甲基转移酶和去甲基化酶的动态协调作用过程，多种组蛋白甲基化共同调节脂肪细胞的分化。

4. 组蛋白甲基化与维生素代谢

组蛋白去甲基化酶（histone demethylases，HDMs）可移除组蛋白中精氨酸和赖氨酸上的甲基，该酶家族中的JHDM类似TET蛋白质，作为Fe^{2+}/α-KGDDS家族的一员催化脱甲基反应。2006年Zhang纯化了JHDM1，JHDM1在Fe^{2+}和α-酮戊二酸（α-ketoglutaric acid，AKG）存在条件下，能够特异性地使H_3K36去甲基化。不久之后，JHDM1被确定为可以去除H_3K9和H_3K36三甲基化的转录抑制因子。到目前为止，已发现的含有JmjC结构域的组蛋白去甲基化酶家族成员约20种，它们可以分别去掉单甲基化、二甲基化和三甲基化的组蛋白赖氨酸残基。抗坏血酸是生理pH条件下维生素C的主要形态。作为JHDM发挥最佳催化活性的辅因子，抗坏血酸参与组蛋白的去甲基化过程。当抗坏血酸盐缺乏时，JHDM的去甲基化作用丧失。尽管对抗坏血酸在组蛋白去甲基化中的作用仅在体外进行了测定，而且对抗坏血酸在其他不含有JmjC结构域的组蛋白去甲基化酶成员中的作用尚未报道，但可以推测抗坏血酸可能是含有JmjC结构域的组蛋白去甲基化酶的辅因子家族。

H_3K9甲基化是体细胞重编程到诱导性多能干细胞（induced pluripotent stem cell，iPSC）中的屏障，抗坏血酸盐帮助组蛋白去甲基酶通过调节核心的H_3K9甲基化状态来切换pre-iPSC的命运（抗坏血酸在pre-iPSC过渡到完全的重编程iPSC过程中起着关键作用）。此外，抗坏血酸盐可刺激骨髓间充质干细胞增殖，提高来自间充质干细胞的iPSC产生效率。

维生素D受体（VDR）属于类固醇激素受体超家族，是一种亲核蛋白，能介导表达维生素D的细胞产生活性成分维生素D_3，参与调节体内钙磷代谢，在细胞增殖、分化、凋亡以及免疫应答等多种生物学过程中发挥重要作用。研究表明，VDR和组蛋白去甲基化酶活性之间存在相互调节作用。在结肠癌细胞系SW480-ADH中，维生素D_3增加了赖氨酸特异性去甲基酶1/2的表达。维生素D_3治疗也影响着一系列不同的含有JmjC结构域的组蛋白去甲基化酶的表达。第一个确定的JmjC家族成员是KDM2A/JHDM1A。表达谱分析数据显示，*KDM2A*和*KDM2B*的表达量在几个肿瘤细胞中不同，1,25-$(OH)_2$-D_3抑制几种组蛋白去甲基化酶（如KDM4A/4C/4D/5A/2B、JMJD5/6和PLA2G4B）的表达，诱导其他几种组蛋白去甲基化酶（如JARID2和KDM5B）的表达。KDM4的家族成员催化H_3K9或H_3K36的去三甲基化。H_3K9me3是异染色质的标记，H_3K9的去甲基化被认为与染色体不稳定性相关。因此，可以通过1,25-$(OH)_2$-D_3抑制KDM4家庭成员的表达来提高基因组稳定性。

5. 组蛋白甲基化与微量元素代谢

砷是常见的环境化学暴露物，主要以硫化物形式存在，我国北方局部地区有较大面积的饮水型砷暴露，是水产类食品安全的威胁性因素之一。研究表明，人肺癌细胞经亚砷酸盐处理后，H_3K9me2水平显著增加，*p53*基因的启动子附近甲基化水平也随之增加。通过亚硫酸氢盐PCR测序（BSP）和染色质免疫共沉淀（ChIP）等试验技术发现，H_3K9me2不同的修饰水平可使染色质的空间结构发生改变，进而影响其他转录因子与基因启动子的亲和性来调控基因表达。H_3K4甲基化水平的增加会影响胰岛β细胞周期相关DNA的复制，进而影响胰岛β细胞的增殖水平。

二、DNA 甲基化与营养素代谢

1. DNA 甲基化

DNA 甲基化是指在 DNA 甲基化转移酶的作用下，在基因组 CpG 二核苷酸的胞嘧啶 5 号碳位共价键结合一个甲基基团。大量研究表明，DNA 甲基化能引起染色质结构、DNA 构象、DNA 稳定性及 DNA 与蛋白质相互作用方式的改变，从而控制基因表达。DNA 甲基化是最早被发现，也是研究最深入的表观遗传调控机制之一。广义上的 DNA 甲基化是指 DNA 序列上特定的碱基在 DNA 甲基转移酶（DNA methyltransferase，DNMT）的催化作用下，以 *S*– 腺苷甲硫氨酸（*S*–adenosyl methionine，SAM）作为甲基供体，通过共价键结合的方式获得一个甲基基团的化学修饰过程（图 9–2）。在原核生物中，DNA 有 5– 甲基胞嘧啶（m^5C）、N^6– 甲基嘌呤（m^6A）和 7– 甲基鸟嘌呤（m^7G）等甲基化形式。但在真核生物中，胞嘧啶甲基化是一种非常常见的方式，而那些可被甲基化的 CpG 二核苷酸并非随机分布于基因组的序列中，它们通常位于基因的启动子区域、5′ 端非翻译区和第一个外显子区。在哺乳动物中，这种修饰通常发生在 DNA 链中 CpG 双核苷酸丰富且对称的区域，这个区域称为 CpG 岛。管家基因和发育基因的启动子区含 CpG 岛，该区域的 DNA 甲基化通过阻碍转录因子及 RNA 聚合酶与模板链的结合，影响该区域的基因表达，引起机体生物学功能发生相应的改变。DNA 甲基化作为一种相对稳定的修饰状态，在 DNA 甲基转移酶的作用下，可随 DNA 的复制过程遗传给新生的子代 DNA，是一种重要的表观遗传机制。在真核生物中，目前已发现 3 种 DNMTs，分别为 DNMT1、DNMT2 和 DNMT3。该家族蛋白质在 C 端具有高度保守的催化结构域，能够将甲基基团合成到 5′–CpG–3′ 中胞嘧啶的第 5 位碳原子上。通过质子的释放与共价中间产物的转变，DNMT 参与 DNA 甲基转移的催化反应。

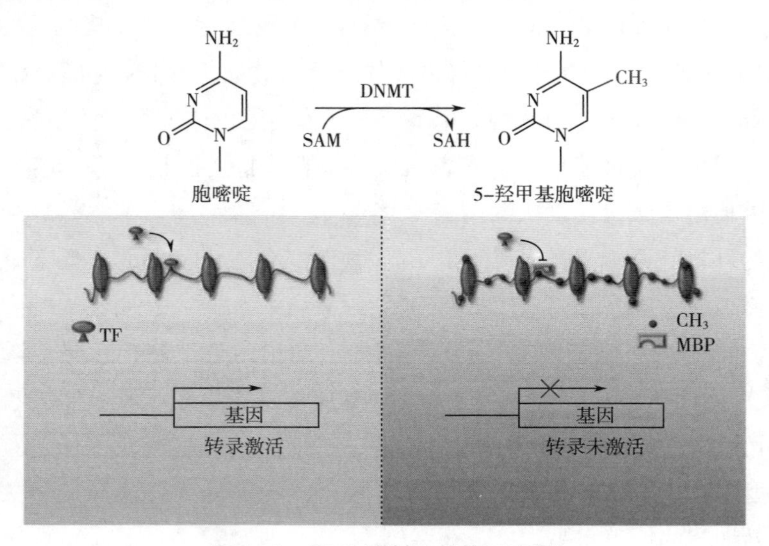

图 9–2 DNA 甲基化修饰示意图

（来源：Zhong，Jia et al，2016.）

DNA 甲基化是一个动态可逆的调控过程，在机体中存在多种去甲基化的机制，包括碱基切除或核苷酸剪切的修复途径、延伸因子复合物蛋白亚基 1（elongator complex protein1，ELP1）等介导的基因组去甲基化（通过 TET 蛋白质介导，催化 5- 甲基胞嘧啶转变为 5- 羟甲基胞嘧啶，从而实现 DNA 去甲基化）。

2. DNA 甲基化与氨基酸代谢

蛋白质是生命的承载者，因而其摄入水平可能影响基因组的完整性、改变 DNA 甲基化以及基因表达量，所以将蛋白质水平同基因修饰和表达联系起来共同考虑，有利于人们探索蛋白质在生命发育过程中的调节作用。Van Straten 等使用 C57BL/6J 怀孕的小鼠，在怀孕期间 2 组小鼠分别饲喂蛋白质限制性日粮（9% 和 18% 的酪蛋白），在子代即将出生时杀死母鼠和幼鼠，取出鼠肝检测后发现由于蛋白质限制使得 204 个基因的启动子区域 DNA 甲基化不同，低蛋白质日粮组子代鼠肝 X- 受体（Lxr）启动子高度甲基化，*Lxrα* mRNA 的表达量也降低了 32%，而且 Lxr 的目标基因 *Abcg5/Abcg8* 的表达量分别降低 56% 和 51%。Rees 等以相同的蛋白质水平进行试验，结果还表明低蛋白质日粮组的出生体重显著低于高蛋白质组，增加了肝脏 DNA 甲基化，最终影响了子代糖代谢。也有研究表明，孕期小鼠限制性蛋白质日粮降低了肾上腺 *AT*（1b）基因的甲基化，最终可能诱导子代发生高血压。因而，在胎儿出生前期的低蛋白质日粮对不同的组织基因的 DNA 甲基化不同，可能会增加 DNA 甲基化，也可能会降低。相对于孕期的蛋白质对 DNA 甲基化、下丘脑、脂肪组织以及胰岛细胞等不同组织的影响，出生后以及青年期的影响就相对较少。研究结果表明，蛋白质水平的限制增加了肝脂肪合成主要调控基因 *PPARα* 的甲基化，使得肝脏胆固醇或脂肪合成量升高，增加发生脂肪肝的风险。也有学者将小鼠出生前和出生后相当长一段时间内的影响联系在一起进行研究，高低蛋白质组分别在孕期饲喂添加 180g/kg 和 90g/kg 的酪蛋白日粮，子代在出生 34d 后宰杀，结果表明蛋白质限制组肝脏糖皮质激素受体（GR）110 启动子甲基化与高蛋白质组相比降低了 33%，而 *GR* 基因的表达量增加了 84%，表明孕期的蛋白质水平可能在很长一段时间内影响动物体的生长发育。

在蛋白质研究的基础上，学者们进一步研究了在 DNA 甲基化过程中氨基酸（主要是甲硫氨酸）的作用。甲硫氨酸是一种必需氨基酸，也是产生 SAM 的前体物质。SAM 提供一碳单位后产生 SAH，SAH 经过转变产生 Hcy，Hcy 在酶的作用下可以重新甲基化形成甲硫氨酸，因而日粮中的甲硫氨酸变化可以引起 DNA 甲基化。由于 DNMT 的活性依赖于 SAM 生成量和 SAH 的消耗量，所以 SAM/SAH 被认为可能是 DNA 高甲基化或低甲基化的指标。当日粮中甲硫氨酸含量较高时，应该是 SAM 浓度增加，SAH 浓度降低，然而试验结果却并非如此。研究表明，5~6 周龄小鼠采食高水平的甲硫氨酸，会增加肾中 SAH 的浓度，但是不会改变 SAM/SAH，也未改变 *p53* 基因的甲基化情况，是否会改变全基因组的 DNA 甲基化情况还需要进一步的探究。Devlin 等的研究却表明，补充甲硫氨酸时，会显著的降低肝脏和脑部的 SAM/SAH，但是不会影响全基因组的 DNA 甲基化情况。另外，通过甲硫氨酸途径影响的DNA甲基化，还与癌症以及一些血管疾病相关。

3. DNA甲基化与脂质代谢

与限制性蛋白质对DNA甲基化的研究相比，脂肪对DNA的甲基化研究集中在高水平脂肪作用结果。在孕期时，当给小鼠饲喂含高水平脂肪日粮时，会增加肝细胞循环抑制因子Cdknla的表达量，并使得*Cdknla*基因在特异的CpG二核苷酸位点以及第一外显子区域去甲基化，可能会导致成年小鼠易患脂肪肝。也有发现，孕期时的高脂肪日粮，会导致子代小鼠脑部多巴胺转运子（DAT）、μ-阿片样物质受体（MOR）和前脑啡肽原（PENK）启动子DNA的甲基化程度降低，改变多巴胺以及阿片样物质的mRNA表达量，并且会影响动物后期的采食偏好。在断乳后，饲喂含高水平脂肪的日粮，脑部MOR启动子区域甲基化程度显著升高，相应的*MOR* mRNA表达量也降低了，另外，也有研究指出酪氨酸羟化酶（TH）以及DAT基因启动子区域的甲基化程度也会增加，并降低*TH*和*DAT*基因的表达量，通过DNA甲基化改变基因的表达，改变成年期的采食偏好，增加肥胖的可能。从以上研究可以发现，同样是高水平的脂肪日粮，在孕期和断乳后对动物DNA甲基化的影响是不同的，同一器官不同基因的DNA甲基化程度有升高也有降低，相同的基因其DNA甲基化也不相同，而DNA甲基化最终都与基因的表达量和某些可能的疾病相关。

4. DNA甲基化与维生素代谢

在生物机体中，如果某一种维生素长期不足，将会引起与其相对应的生理功能障碍。维生素B_{12}、维生素B_2、叶酸、胆碱和维生素B_6作为维持生物体生理功能稳态的物质，是影响DNA甲基化最主要的物质。它们对DNA甲基化途径调节都是通过一碳单位完成的。它们是甲基的重要来源物质，任何一种缺少或者过量，DNA甲基化水平都会受到影响。

日粮中叶酸含量对DNA甲基化影响是研究最深入的。叶酸在体内首先转化成二氢叶酸（DHF），之后变成四氢叶酸（THF），最终以5-甲基四氢叶酸的形式作为一碳单位载体参与DNA甲基化。Mckay等使用小鼠动物模型对叶酸引起的DNA甲基化进行了较全面的研究，结果发现，在怀孕和泌乳期间由于日粮叶酸的缺乏，造成子代小鼠小肠组织全基因组低甲基化，并降低出生体重，而且这种改变将会一直持续下去，而在断乳后，即使将日粮中的叶酸水平提高，由于前期叶酸的缺乏造成的低DNA甲基化现象也不会得到缓解。Christensen等使用叶酸缺乏日粮饲喂小鼠，检测到肝脏中DNA甲基化也会降低，并且可能导致脂肪肝。然而，Ly等也研究了在怀孕期间和断乳后补充叶酸对子代的影响，其结果表明在怀孕期间补充叶酸显著地降低了乳腺基因组DNA的甲基化（P=0.03），而在断乳后补充叶酸能显著地降低DNA甲基转移酶的活性（P=0.05），这些变化会增加子代患乳腺癌的风险。但也有研究显示，早期的叶酸缺乏在断乳后期补食叶酸时，不能弥补由早期叶酸缺乏造成的低DNA甲基化，如肝脏的PPARα和糖皮质激素启动子区域甲基化会增加，而肝脏和脂肪组织的胰岛素受体启动子基因甲基化会减弱。通过以上研究发现，叶酸的缺失或补充，对组织器官基因引起的效应并不是简单的降低或升高DNA甲基化，在不同组织中缺失或补充引起的效应并不确定，具有一定的基因特异性，而断乳前叶酸缺失造成的影响，在后期的生长发育过程中再补充叶酸对DNA甲基化造成的影响，不同的研究结果还存在差异。另外，由于叶酸造成的DNA甲基化改变，一般都会增加或降低相应疾病发生的概率。

维生素B_2、维生素B_6、维生素B_{12}主要是一碳单位代谢过程中重要的辅酶或辅因子，通过调节一碳单位影响DNA甲基化。维生素B_2是四氢叶酸还原酶（methylenetetrahydrofolate reductase，MTHFR），将5,10–甲基THF还原成5–甲基THF的辅因子；维生素B_6是丝氨酸羟甲基转移酶（将THF转变成5,10–甲基THF）的辅酶；维生素B_{12}是甲硫氨酸合成酶的辅酶（催化Hcy转化成甲硫氨酸）。因此，日粮中这些维生素在一碳单位代谢调控过程中非常重要。维生素对DNA甲基化的作用一般和叶酸等微量营养物质组合进行研究。有研究显示，与只补食叶酸相比，日粮中补食叶酸而维生素B_{12}缺乏时，会引起全基因组的低甲基化，微量营养素间的交互作用比单独的某一种物质更容易引起DNA甲基化。维生素B_{12}还与IGF2的2个启动子的甲基化有关，母体血清中维生素B_{12}含量与IGF2的2个启动子甲基化程度相反。Vineis等同时研究了血浆中的维生素B_2、维生素B_6、维生素B_{12}与DNA甲基化的关系，维生素B_6、维生素B_{12}的升高均会降低甲基化程度，并指出维生素引起的甲基化与肺癌等疾病相关。

胆碱是一碳单位代谢过程中的间接甲基供体，胆碱氧化后生成甜菜碱，甜菜碱作为甲基供体提供甲基给高半胱氨酸，生成甲硫氨酸，维持甲硫氨酸平衡。Kovacheva等研究胆碱对17日龄小鼠胚胎肝脏和脑部DNA甲基化及基因表达的影响结果表明，胆碱不足引起胚胎DNA甲基化的机制很复杂，包括*DNMTl*基因调控区CpG调控区的低甲基化导致DNMT的超表达，以及部分特殊基因如*JGF2*的DNA甲基化等。而成年小鼠采食正常水平3倍的甜菜碱时会使肝脏中肿瘤抑制基因*p16*高度甲基化，并且降低了*p16*基因mRMA的表达量，同时较高水平的甜菜碱还可以提高抗氧化能力。关于胆碱和甜菜碱对全基因组DNA甲基化的影响，不同的研究结果有不同的观点，有些结果表明，可以增加DNA甲基化，有些则认为不会影响DNA的甲基化，而还有部分结果显示，可以降低DNA的甲基化。但人们比较认同的是，胆碱和甜菜碱缺乏会造成DNA甲基化，会影响神经系统的发育。

5. DNA甲基化与微量元素代谢

微量元素对DNA甲基化也有一定作用。有研究表明，硒、锌等一些微量元素会影响机体DNA甲基化水平。低硒食物组中机体的肌肉、肝脏、免疫组织的DNA总甲基化水平低于对照组，甲基转移酶的mRNA表达水平也有降低趋势。硒的缺少也会导致结肠癌细胞DNA的低甲基化。

微量矿物质元素硒对机体内甲基化影响的研究较多。硒在DNA甲基化的过程中的作用与维生素类似，是SAM提供的甲基反应过程中酶的重要辅因子。硒可以通过调控酶的活性制约DNA甲基化，缺硒会导致细胞DNA甲基化水平降低。另有研究表明，食物中硒元素的缺乏会降低肝脏和结肠中基因的甲基化水平，增加肝脏和结肠肿瘤发生的可能性。

三、RNA 甲基化与营养素代谢

1. RNA 甲基化修饰

在中心法则中，RNA 是遗传信息从 DNA 到蛋白质传递过程中所必需的纽带，但是细胞蛋白水平不一定与 mRNA 水平相关，这就暗示了 mRNA 转录后调控在基因表达中的重要作用。研究发现，同 DNA 和蛋白质一样，生物体内 mRNA 和其他 RNAs 上也存在动态可逆的化学修饰，这些修饰的发生增加了 RNA 的多样性和其功能的复杂性。目前对各种 RNA 修饰的研究已经超过 50 年，除了发现 RNA 转录本上经典的 A、C、G、U 碱基外，早在 1960 年就发现了细胞内 RNA 上有大量的修饰核苷酸，1965 年对第一个生物内 RNA 进行测序，确定了包括假尿苷（ψ）在内的 10 种修饰。之后的研究表明 mRNA 转录本上可以进行 5′ 加帽和 3′ 加尾；它们分别参与了很多重要的生物学过程，如 5′ 端加帽有益于稳定转录，前体 mRNA 的剪切，多聚腺苷酸化，mRNA 输出和翻译起始等，3′ 端的 PolyA 加尾主要通过 PolyA 结合蛋白家族促进核输出，翻译起始和再循环，并促进 mRNA 稳定性。在发现 mRNA 加帽加尾修饰后不久，又发现了 mRNA 内部也有丰富的修饰，其中包括 mRNA 和长非编码 RNA 上最丰富的修饰 N^6- 甲基腺嘌呤（m^6A）。研究发现 m^6A 可以加速哺乳动物细胞中前体 mRNA 处理和 mRNA 转运，这对哺乳动物至关重要。这些研究表明，在此之前未被发现的 mRNA 修饰可能调节各种细胞过程。与组蛋白尾部不同化学标记类似，最近的研究也揭示了真核生物 mRNA 内部多种不同的修饰，包括腺苷的甲基化 m^1A 和 m^6A，以及胞嘧啶甲基化 m^5C 和其氧化产物 hm^5C 等。目前为止，已有超过 100 种 RNA 修饰被发现，这些修饰很大程度上丰富了 RNA 功能和遗传信息的多样性。RNA 甲基化是 RNA 修饰中最主要的修饰方式，其中 m^6A 和 m^5C 是最具代表性的两种修饰方式（图 9-3）。

m^6A 是 mRNA 上最为常见的一类 RNA 修饰，发现于 20 世纪 70 年代，广泛存在于真核生物中，从酵母、拟南芥、果蝇到哺乳动物，并且在病毒 RNA 中也发现有 m^6A。m^6A 的甲基化转移酶是一个很大的复合体，其核心成分是 METTL3、METTL14 和 WTAP，通常我们把他们称为 writer，早期由于缺乏对 m^6A 去甲基化酶的认识和了解，大多数类型的 RNA 的半衰期很短（哺乳动物 RNA 半衰期的中位数是 5h），大家在很长一段时间认为 m^6A 是静止的和不可更改的，直到 2011 年，肥胖相关蛋白（FTO）作为第一个 m^6A 去甲基化酶被发现，m^6A RNA 修饰被定义为一个动态过程才拉开序幕，随后在 2012 年通过高通量测序技术（MeRIP-seq）绘制了哺乳动物中甲基化转录组图谱。这些结果证明了 m^6A 是一种普遍的 mRNA 修饰，并重新启动了关于 m^6A 的 writer、eraser、reader 及其生理功能的研究（图 9-4）。通过 MeRIP-seq 技术找到了 m^6A 的共有基序即 motif ：RRACH（R=A 和 G，H=A、C 和 U）；同时也分析出了 m^6A 在整个转录组上的分布情况，它在整个转录组上都有分布，主要富集在靠近终止密码子的前端，5′UTR 也有一个小峰，表明它在这些区域相关的生理过程中起着重要的作用。当然，已有报道，m^6A 有着很多重要的功能，如影响 RNA 稳定性，

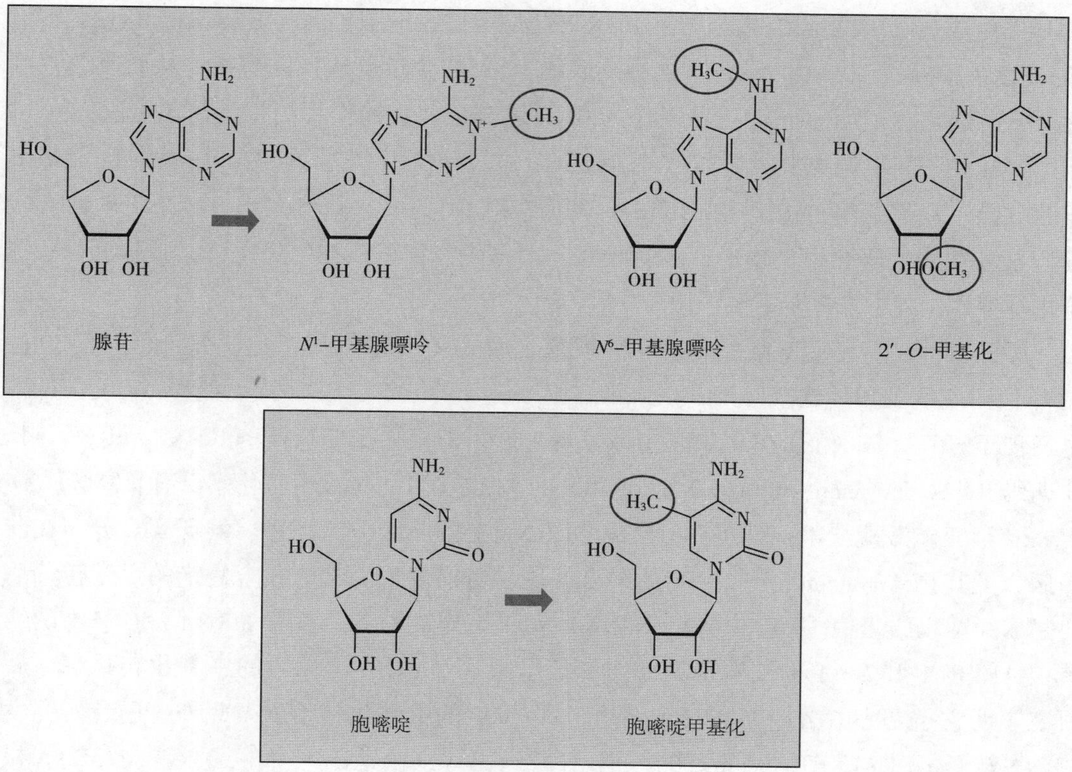

腺苷　N^1-甲基腺嘌呤　N^6-甲基腺嘌呤　2′-*O*-甲基化

胞嘧啶　胞嘧啶甲基化

图 9-3　RNA 甲基化主要类型示意图

（来源：Romano，Giulia，et al，2016.）

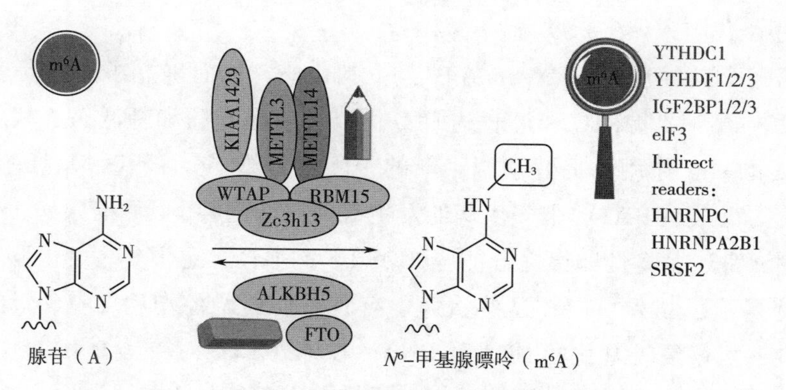

图 9-4　m^{6}A 甲基化修饰示意图

参与前体 RNA 的剪切，影响翻译等。多个 m^{6}A 结合蛋白被报道，包括 YTH 结构域家族蛋白（YTH domain family，YTHDF）和核内不均一型核糖核蛋白 A2B1（heterogeneous nuclear ribonucleoprotein A2B1，hnRNPA2B1）等，m^{6}A 的生物学功能主要通过 m^{6}A 结合蛋白来发挥。YTHDF 与 mRNA m^{6}A 的结合能改变 mRNA 的翻译效率和稳定性，从而影响特定蛋白质的表达水平。hnRNPA2B1 为 m^{6}A 结合蛋白，可以干扰 pri-miRNA 的剪接，揭示了 m^{6}A 在

miRNA 生成过程中的重要调控作用。hnRNPC 是定位在细胞核内的 RNA 结合蛋白。m^6A 介导 hnRNPC 与底物 RNA 的结合，会影响底物 RNA 的含量及选择性剪接，从而改变基因表达及下游通路，证明 m^6A 除了可以作为 RNA 结合蛋白直接作用的标签，还可以作为 RNA 结构“开关”间接调控 RNA 与 RNA 结合蛋白的相互作用，这为研究 m^6A 生物功能指出了新的方向。基于利用 meRIP-seq 和 m^6A-seq 技术获得的 m^6A 修饰图谱，越来越多的实验室投入 m^6A 功能的研究中，越来越多的研究显示 m^6A 修饰可能在生长发育、脂肪沉积、细胞分化等生命过程中发挥着重要作用。

m^5C，即 5- 甲基胞嘧啶，是继 m^6A 研究之后的又一 RNA 甲基化研究热点，在 20 世纪 70 年代中期就发现了这个修饰，该修饰在胞嘧啶环的第 5 位碳原子上产生，丰度偏低。最早发现于 rRNA 中，继而在 mRNA 中被发现，近年来相继在 tRNA、snRNA、miRNA、长链非编码 RNA（long non-coding RNA，lncRNA）中也检测到 m^5C 甲基化。已有研究套用 DNA 上 m^5C 重亚硫酸盐技术找到了 mRNA 和 lncRNA 上的 m^5C 分布图谱。发现 m^5C 分布在非翻译区，尤其是 Argonaute 蛋白 I~IV 的结合区域。目前发现 mRNA m^5C 修饰的甲基转移酶主要是 NSUN 家族蛋白（如 NSUN2、NSUN4 等）和 DNMT2 等，介导 mRNA m^5C 修饰的结合蛋白 ALYREF 和 Ybx1 也被发现。NSUN2 最早报道是 tRNA 上 m^5C 的甲基化转移酶，后续研究表明它也是 mRNAs 和 lncRNAs 部分 m^5C 位点的甲基化转移酶。此外，还有研究发现 mRNA 转运蛋白 ALYREF 是 m^5C 的识别蛋白，表明 m^5C 甲基化修饰也可能参与 mRNA 核输出。由于 m^5C 修饰的研究起步较晚，就目前的研究结果来看，m^5C 与蛋白质翻译、RNA 稳定性可能有密切关系，更多的生物学功能研究亟须开展。

2. RNA 甲基化与人体生长发育

FTO 是第一个被发现的 mRNA m^6A 的去甲基化酶，从而确立了 m^6A 是一个可逆的修饰。已有文章报道，敲低 FTO 和过表达 FTO 可以相应地升高和降低 m^6A 峰。随后研究发现 FTO 对 m^6A 的氧化作用并揭开了两个新的中间体修饰，6- 羟基甲基烯基嘌呤和 6- 甲酰基烯基嘌呤。已报道 FTO 与很多疾病的发生有关，如肥胖、2 型糖尿病、生长阻滞、发育迟缓、代谢紊乱、多囊性卵巢综合征（PCOS）、高血压、恐惧焦虑、大脑畸形、高级认知失调等，并揭示了 m^6A 可能在这些疾病中有着重要的调控作用。FTO 蛋白具有氧化去甲基化酶活性，可修复烷基化的 DNA 和 RNA。在体外 FTO 对单链 RNA 上 3- 甲基尿嘧啶（m^3U）的去甲基活性最强，其次是单链 DNA 的 3- 甲基胸腺嘧啶（m^3T）。在体内对于真核生物 mRNA 上的 m^6A 修饰，FTO 展示出高效的去甲基化酶活性。FTO 催化的去甲基化的反应过程依赖氧、亚铁离子和 α- 酮戊二酸的参与，其在对 m^6A 氧化去甲基化的过程中会短暂地出现过氧化的中间产物 N^6- 羟甲基腺苷（hm^6A）和 N^6- 甲酰腺苷（f^6A）。目前发现这两种中间修饰形式并不为 m^6A 识别蛋白识别，但推测其可能与 m^6A 去甲基化过程中的 RNA 与蛋白质间的相互作用有关。研究表明，除 m^6A 外，mRNA5′ 端的 m^7G 帽子下游的 6′-N; 2′-O- 二甲基化（m^6Am）也是 FTO 的一个主要作用底物。Samie R. Jaffrey 等报道 FTO 对

m^6Am 的偏好大于 m^6A，并且通过对 m^6Am 的去甲基化，FTO 可以降低靶基因的稳定性。随后，Jiangbo Wei 等研究也发现 FTO 可以同时对 mRNA 上的 m^6A 和 m^6Am 去甲基化。在细胞核中 FTO 主要影响 m^6A，而在胞质中主要影响 m^6Am。并且 FTO 对 m^6A 修饰的转录子的影响大于对 m^6Am 修饰的转录子的影响。基于对 m^6A 修饰的靶转录子的去甲基化，FTO 可以参与多种生命过程的调控例如脂肪前体细胞的分化、急性白血病发生、胶质瘤干细胞的肿瘤发生、心肌收缩功能的恢复等。

ALKBH5 是另一个重要的 m^6A 去甲基化酶，与 FTO 同属于 ALKB 超家族。ALKBH5 对 m^6A 修饰的单链 RNA 表现出与 FTO 相当的去甲基化活性，其还可以使 m^6A 修饰的单链 DNA 去甲基化。和 FTO 相似，ALKBH5 催化去甲基化的过程中同样需要分子氧、α–酮戊二酸和亚铁离子的参与。在 HeLa 细胞中干扰表达 *ALKBH5* 基因可以使总 mRNA 的 m^6A 水平升高 9%，而过表达 *ALKBH5* 基因可以使总 mRNA 水平降低 29%。细胞内 ALKBH5 定位在核斑上，主要影响 mRNA 上的 m^6A 修饰，其还可以与 mRNA 加工因子 SC35、SM 和 ASF/SF2 相互作用，调控 mRNA 的加工、出核和代谢。*ALKBH5* 在雄鼠睾丸组织中表达量最高，敲除 *ALKBH5* 的小鼠呈现睾丸体积变小，精子产生受抑制，生殖细胞凋亡的表型。Tang 等报道 *ALKBH5* 会影响长 3′UTR 的 mRNA 的稳定性和剪接，从而影响雄性生殖细胞的发育。

芝加哥大学的何川团队研究发现，约 1/3 的斑马鱼母源 mRNA 上带有 m^6A 修饰，甲基化阅读蛋白 YTHDF2 能识别这种修饰并介导 mRNA 降解，阻止这些 mRNA 的翻译，使子代斑马鱼胚胎得到进一步发育。而敲除斑马鱼胚胎内的 YTHDF2，则会影响到母源 mRNA 的降解过程，抑制子代胚胎基因组激活，导致发育受限。

m^6A 甲基转移酶 METTL3 在胚胎发育中也起着重要的调节作用。Geula 等在小鼠和人类的胚胎干细胞中干扰 METTL3，发现缺失 METTL3 的胚胎干细胞停滞在自我更新状态，无论体内或体外均无法正常分化。METTL3 缺失的小鼠胚胎仅能形成胚状体，无法产生成熟的神经元，最终死亡。虽然分离出的 METTL3–/– 小鼠胚胎细胞保留了 Nanog 等多潜能标记物，但无法进行细胞系分化，且在胚胎移植后期死亡。猪在基因组和生理特性上与人类都有极大的相似性，是人类疾病和临床医学应用的重要模型。然而，目前猪胚胎干细胞还没有完全成功分离。诱导性多能干细胞（iPSC）是一种类似胚胎干细胞的多能干细胞，在形态学、基因和蛋白质表达、分化能力、表观遗传修饰状态等方面与胚胎干细胞都极为相似。因此，猪 iPSC 已成为一种理想的替代研究模型。Wu 等研究发现，METTL3 是调控猪 iPSC 多能性的关键调控因子。METTL3 能够抑制猪 iPSC 分化，保持其多能性。进一步研究发现，METTL3 通过提高 JAK2 和 SOCS3 mRNA 的 m^6A 甲基化水平，使其分别与 YTHDF1 和 YTHDF2 识别和结合。YTHDF1 促进 JAK2 mRNA 翻译；YTHDF2 促进 SOCS3 mRNA 降解。JAK2 和 SOCS3 分别正调控和负调控 STAT3 磷酸化，进而提高 STAT3 下游多能性核心基因 *KLF4* 和 *Sox2* 的表达水平，最终促进猪 iPSC 多能性的维持。mRNA m^6A 修饰的甲基化转移酶 METTL3 对动物早期胚胎发育的影响也体现在造血干细胞方面。研究人员发现，斑马鱼胚胎缺失 METTL3 蛋白后，产生造血干细胞的能力显著减弱，而血管的内皮特性却明显增强，内皮－造血转化（EHT）过程受到阻断。结合 m^6A-Seq 和 RNA-Seq 的分析发现，胚胎缺失 METTL3 后，*Notch* 基因的 m^6A 修饰水平显著降低，而 mRNA 水平却显著升高。*Notch* 基因作为动脉内皮发育的关键基因，推测其甲基化修饰与 EHT 过程中内皮和造血基因表达的平衡调控相关。进一步结合 YTHDF2-RIP-Seq 和 m^6A-miCLIP-Seq 分析发现，YTHDF2 可结合 *Notch* mRNA 上 m^6A 位点，促进该基因 mRNA 的降解，进而维持 EHT 过程中内皮和造血基因表达的平衡，调控造血干细胞的发生。以上研究结果说明，mRNA m^6A 在早期胚胎发育过程中发挥着重要作用。

越来越多的研究证实了 m^6A 在肿瘤发生和发展中扮演重要的调控角色。恶性胶质瘤是一种高死亡率的原发性脑瘤，其生长和侵袭依赖胶质瘤干细胞（GSCs）。研究表明 m^6A 甲基化与胶质瘤干细胞的自我更新和成瘤相关。干扰 METTL3 和 METTL14 的表达促进 GSCs 增殖和自我更新，此外，上调 METTL3 或者抑制 FTO 达到相反效果。测序结果表明 METTL3 的下调导致 ADAM19 的 m^6A 修饰水平降低，表达升高，最终引发恶性胶质瘤。近期有研究表明在 GSCs 中 *SOX2* 是 METTL3 的一个重要靶基因，METTL3 通过招募 HuR 至 *SOX2* 的 mRNA 上提高 mRNA 稳定性从而维持干性。值得一提的是 METTL3 的敲除可以显著提高 GSCs 对辐射的抵抗。2016 年，Li 等揭示了 FTO 在白血病中的重要作用。FTO 在 MLL- 重排，PML-RARA、FLT3-ITD 和 NPM1 突变型的急性髓细胞白血病中异常高表达。FTO 可以去除肿瘤抑制因子 ASB2 和维甲酸受体 α（RARA）的 mRNA 上的 m^6A 修饰，使这些基因表达下调，促使白血病的发生。多项研究表明肝癌的发生与异常的 m^6A 修饰相关。METTL3 在肝癌患者中高表达并且可以促进肝癌的发展。METTL3 可以导致肿瘤抑制因子 SOCS2 的 m^6A 修饰升高。而 YTHDF2 可以识别 m^6A 修饰的 SOCS2 mRNA，促进其降解导致 SOCS2 表达下调并促进肝癌发生。然而，在肝癌发展中 METTL14 的表达却呈现相反的趋势。在原发性肝癌尤其是转移性肝癌中，癌症组织的 METTL14 的表达降低并伴随着 m^6A 水平降低。肝癌患者癌细胞中 METTL14 的表达降低可以作为预后不良的信号。METTL14 表达的降低促进肝癌细胞的组织侵袭，反之过表达 METTL14 可以阻碍肝癌转移。研究表明 METTL14 通过提高 miR126 的表达抑制 HCC 的转移。除上述癌症外，m^6A 还被证实参与调控乳腺癌、胰腺癌、前列腺癌和宫颈癌等多种癌症的发生和发展。

研究发现，外源营养素能够通过 m^6A 甲基化调控脂肪沉积。研究发现，茶多酚 EGCG 通过抑制 FTO 蛋白表达，提高细胞增殖关键基因的 m^6A 甲基化水平。通过 m^6A 结合蛋白 YTHDF2 降低细胞增殖关键基因 *CCNA2* 和 *CDK2* 的 mRNA 稳定性，从而抑制脂肪沉积。

RNA 的修饰具有重要的生物学功能，并且有些修饰高度动态可变。表观转录组学的发展和新技术的不断涌现，将极大地促进 mRNA 转录后修饰形成机制和生物学功能的研究，尤其是对于深入理解营养如何通过 RNA 修饰调控动物生理学过程、影响动物表型有着重要的意义。

第二节　非编码 RNA 与营养素代谢调控

根据“遗传信息由 DNA 到 RNA 到蛋白质”的中心法则，传统的基因表达调控研究主要集中于蛋白质编码基因，而 RNA 的作用则长期被忽视。“DNA 元件百科全书”计划发现，人类基因组 75% 被转录，而编码蛋白质的基因只占人类基因组的 2% 左右，提示人类基因组存在大量功能未知的非编码 RNA 分子。最初，关于 RNA 的研究主要关注与基因表达和蛋白质合成密切相关的核糖体 RNA（rRNA）和转运 RNA（tRNA）。20 世纪 80 年代初研究发现，小核 RMA（snRNA）在剪切内含子中发挥作用。之后发现，小核仁 RNA（small nucleolar RNA，snoRNA）是构成剪接体的重要组成成分，从而增加了非编码 RNAs 家族成员的数量。1993 年报道了线虫中第一个 miRNA 基因 *lin-4* 及其功能。近年来，关于非编码 RNA 的研究引起了学者们的广泛关注。随着二代测序技术的广泛应用，非编码 RNAs 在机体营养中的研究也得到迅速的进展。

非编码 RNA 是指不编码蛋白质的调节性 RNA 分子。其中调控非编码 RNA 主要包括微小 RNA（miRNA）、小干扰 RNA（small interference RNA，siRNA）、PIWI 结合 RNA（PIWI-interacting RNA，piRNA）和长链非编码 RNA（lncRNA）。研究发现，非编码 RNA，尤其是微小 RNA 和长非编码 RNA，可以在基因转录、RNA 成熟和蛋白质翻译等水平调控基因表达，参与发育、分化和新陈代谢等几乎所有重要的生理生命过程，在人类疾病中发挥重要作用。对真核细胞中非编码 RNA 及其基因的发掘和功能研究，有可能揭示一个由非编码 RNA 介导的遗传信息传递方式和表达调控网络，从不同于蛋白质编码基因的角度注释和阐明基因组的结构与功能，深入阐明生命活动的本质和规律。下文将以研究较多的 miRNA 和 lncRNA 为例，从机体营养吸收及代谢角度阐明其作用机制，以期为相关研究和应用提供新的思路与方法。

一、miRNA 与营养素代谢

1. miRNA 的产生及作用机制

miRNA 是一种小型的内源非编码单链 RNA，长度一般为 20~23 个碱基。在细胞中具有重要的调节作用，主要通过干扰转录后调控基因表达。miRNA 与基因之间的调控网络是精细且复杂的，既可以通过一个 miRNA 来调控多个基因的表达，也可以通过几个 miRNA 的组合来调控某个基因的表达。从 Lee 等发现了第一个 miRNA *lin-4* 至今，研究者们在植物，动物到病毒的各种物种中已经发现了数千种 miRNA。如今已有大量的相关研究表明，

miRNA 是细胞中的重要组成部分，并且可能在细胞生长、免疫反应、细胞增殖和分化、细胞发育、细胞周期调节、机体炎症、细胞凋亡和应激反应等多种生物活动里均充当重要角色。

miRNA 的成熟体经历了囊括转录、加工成熟和功能复合体装配 3 个重要阶段。机体中，细胞核内编码 miRNA 的基因最先在 RNA 聚合酶Ⅱ的激活下发生转录，产生总长上百个核苷酸的具有帽子结构（5MGpppG）和多聚腺苷酸尾巴（PolyA）的初级转录物 pri-miRNA。初级转录物在核糖核酸酶Ⅲ（RNase Ⅲ）家族酶 Drosha 的作用下进一步被加工成只含 70~100nt 具有茎环结构的 pre-miRNA，由转运蛋白 5（exportin-5）的同源物 HASTY（HST）主动运输到细胞质。在另一个 RNase Ⅲ家族酶 Dicer 的参与下，miRNA 前体的茎环结构被剪掉，加工形成双链 miRNA（互补双链 miRNA 中只有一条链是真正的 miRNA 序列可以进入沉默复合体，另一条是 miRNA*，最终会被降解），随后 miRNA 的双链解链形成成熟的 miRNA。miRNA 可以从基因组上转录而来，并且不会翻译成蛋白质，而是与靶基因的 mRNA 结合，通过抑制翻译过程或降解该基因的 mRNA 来调控基因表达。miRNA 的作用方式有两种，一种是在植物体中，整段 miRNA 序列基本与靶基因完全匹配，引起 mRNA 的降解。另一种是在动物中，成熟 miRNA 序列的 5′ 区域的第 2~8 个碱基区域是种子区（seed），它们通过种子区与靶基因的 mRNA 的 3′-UTR 结合，这种结合不能引发 mRNA 的降解，仅抑制 mRNA 的翻译。miRNA 与靶基因的结合不仅是简单的一对一，一个 miRNA 可以作用于多个靶基因，一个靶基因也可以受到多个 miRNA 的控制。

2. miRNA 调控脂肪代谢

脂代谢主要指甘油三酯、胆固醇和脂蛋白代谢。研究表明特异 miRNA 通过直接或间接调节脂肪酸、胆固醇等的合成、分解、运输等关键基因的表达影响脂类代谢，在脂肪酸和胆固醇代谢中起重要作用。miRNA 可能成为调节脂代谢紊乱等疾病的潜在治疗靶点。

脂肪细胞的分化起始于多能干细胞或胚胎干细胞，经历脂肪母细胞、前体脂肪细胞和不成熟脂肪细胞，最后分化发育为成熟脂肪细胞。脂肪细胞的分化由复杂的分子信号通路和基因表达进行调控，这个过程中会有众多 miRNA 参与调控。每个 miRNA 可通过靶向相同基因以实现拮抗或协调作用，进而形成对脂肪细胞分化的调控网络。miR-143 是最早发现的调节脂肪细胞分化的 miRNA。之后，miRNA 在脂肪分化中的研究越来越多。目前研究集中于 miR-27、miR-122、miR-370、miR-33、miR-143，其调控方式主要通过影响与脂类合成、运输和氧化有关基因的表达来调节脂代谢能力。和体内大多数调控机制一样，miRNA 对于脂代谢的调控也是一个系统复杂的体系，多种 miRNA 的靶基因既能独立起到调控作用，又存在重叠且相互影响。例如，miR-370 可以影响下游基因的表达，进而调节脂代谢过程。研究表明，与脂代谢调控密切相关的 miR-27 主要参与脂质合成以及运输过程，miR-122 主要在脂质合成以及氧化利用过程中起到调节作用，miR-370 和 miR-33 主要影响胆固醇合成和脂肪 β- 氧化，miR-143 则通过影响脂肪分化和脂质合成来调节脂代谢水平。

miR-27是迄今为止发现的和人类脂肪细胞分化相关性很强的miRNA之一。研究发现，miR-27在脂肪生长中发挥负向调节作用，过表达miR-27通过抑制参与脂肪生成蛋白（Pparγ，C/EBPα）的表达，抑制脂肪生成和分化。miR-27可以调节TG、TC的水平，miR-27a和miR-27b都能负调控脂蛋白酯酶（Lpl）的表达，Lpl是VLDL和CM中TG水解的限速酶。miR-27a和miR-27b都能独自发挥作用，miR-27b能抑制Srebp-1c蛋白的表达，miR-27a减少甲状腺激素受体β1，导致TC、TG降低。在肥胖小鼠中，miR-27a和miR-27b的表达升高，表明肥胖可以升高miRNA水平，并受低氧调节。

肝脏是胆固醇和脂蛋白代谢的重要调节器官，miR-122是肝脏中含量最多的miRNA，约占肝脏中miRNA的70%。miR-122具有高度保守性，肝脏中miR-122的表达对脂代谢具有重要的调节作用，miR-122过表达或抑制都能导致胆固醇以及脂肪酸合成发生相应的变化。在对正常小鼠使用反义寡核苷酸抑制miR-122后发现小鼠血浆胆固醇水平降低，肝脏脂肪酸氧化增强，肝脏脂肪酸以及胆固醇的合成率降低，且对中央代谢传感器AMP蛋白激酶（AMPK）的活化作用增强，AMPK能够抑制脂肪酸以及胆固醇合成的关键酶的活性。使用相同方法抑制肥胖小鼠miR-122表达后，导致血浆胆固醇水平降低，且通过下调相关脂肪酸合成基因表达使肝脏脂肪变性有显著好转。另有研究发现，缺乏夜蛋白（nocturnin）是一种节律性去腺苷酸酶，小鼠夜蛋白可抵御饮食诱导的肥胖和脂肪肝，而在小鼠肝脏中miR-122能将夜蛋白作为靶基因，调节其表达，在肝细胞代谢和节律控制中发挥作用。另外，用miR-122抑制剂处理小鼠，可以上调很大一部分肝脏中miR-122的预测靶基因表达，如*N-myc*下游调节基因3（*Ndrg3*）、醛缩酶A（*AldoA*）、支链α-酮酸脱氢酶激酶（*Bckdk*）和*CD320*等基因，最终调节肝脏代谢。

miR-370可以通过其他miRNA调节脂代谢。研究表明，miR-370通过调节miR-122和cpt1α的表达影响脂代谢。将正义或反义的miR-370或miR-122转染HepG2细胞能够上调或下调Srebp-1c、甘油二酯酰基转移酶（Dgat2）的水平，进而改变*FAS*、*ACC1*的表达，调节脂肪酸和TG合成。这些基因是miR-122的间接靶基因，中间的调节步骤仍不清楚。miR-370通过上调miR-122的表达间接促进脂类合成，还可以通过抑制其靶基因*cpt1α*的表达，降低脂肪酸β-氧化的速率。

人类miR-33a、33b分别由*srebp*基因的*srebp2*和*srebp1*编码。在小鼠中只有一个miR-33存在于*srebp2*中，类似于人类的miR-33a，它们与宿主基因共转录，调节胆固醇和脂肪酸代谢。miR-33通过与ATP结合转运盒A1、G1基因（*abca1*、*abcg1*）的3′UTR保守序列结合，调节胆固醇代谢。当胆固醇减少时，miR-33下调*abca1*和*abcg1*表达，减少HDL的生物合成，严格控制胆固醇外流至apoA I和初期HDL，升高细胞内胆固醇水平。相反，抑制miR-33可以提高*abca1*和*abcg1*的表达，增加胆固醇外流至ApoAI，促进胆固醇逆向转运。在体内抑制miR-33表达导致血浆HDL水平显著升高，动脉粥样硬化病状改善，证实了miR-33在脂代谢中的调节作用。对LDLR-/-小鼠的研究发现，抑制miR-33可以增加胆固醇从巨噬细胞到血清、肝脏和排泄物中的排放，其中排泄物中胆固醇排出升高82%。抑制 miR-33 可以减少动脉斑块中脂类聚集，提高循环血液总 HDL 水平。由于小鼠中缺少 miR-33b，因此以上结果不一定适用于人类，但对非洲绿猴的研究在某种程度上代表 miR-33 在人类中的调节作用。靶向 miR-33a 和 miR-33b 的 ASO，可以增加肝脏 *abca1* 的表达，提高血浆 HDL 水平，降低 VLDL 水平，与在小鼠中的研究结果一致。在非洲绿猴中抑制 miR-33 可以增加参与脂肪酸氧化的基因（*crot*、*cpt1α* 等）表达，降低脂肪酸合成基因的表达（*srebf1*、*fasn*、*acly* 等），导致血浆 VLDL、TG 水平显著下降。这些研究表明，抑制 miR-33a 和 miR-33b 可作为以 HDL 水平降低、TG 水平增加为表现的相关代谢综合征和动脉粥样硬化的潜在治疗策略。

3. miRNA 调控糖类代谢

（1）miRNA 通过调控葡萄糖转运体影响葡萄糖的吸收　绝大多数的哺乳动物细胞可以通过葡萄糖转运体（glucose transporter，GLUT）转运葡萄糖使之通过细胞质膜。迄今为止，已发现 14 种 GLUT。GLUT 潜在的影响在于加速新陈代谢，通过凭借细胞内高浓度的葡萄糖，变相增加细胞对葡萄糖的吸收。其中，胰岛素可通过调控 GLUT4 的囊泡转运来调节脂肪细胞和肌细胞对葡萄糖的摄取，在目前研究相对较多。miRNA 可以通过改变 GLUT 的表达水平从而影响葡萄糖转运至细胞质。多囊卵巢综合征患者和胰岛素抵抗的女性患者的脂肪细胞中，miR-93 表达增加，并可通过作用 GLUT4 的 3′UTR 来减少 GLUT4 表达，进而调控葡萄糖摄入，推测 miR-93 可能在胰岛素抵抗引起的如肥胖、2 型糖尿病等疾病中发挥重要作用。胰岛素抵抗病人的脂肪细胞中 miR-21 表达下调，过表达 miR-21 可明显增加胰岛素诱导的蛋白激酶 B（Protein Kinase B，PKB，又称 AKT）和糖原合成激酶 3*β*（GSK3*β*）磷酸化，同时增加胰岛素抵抗脂肪细胞中 GLUT4 的转位。而 miR-223 在胰岛素抵抗女性患者的脂肪组织中表达增加，同时通过调控 GLUT4 的 3′UTR 区下调 GLUT4 表达。miR-133 作为在葡萄糖代谢量较高的心肌细胞和骨骼肌细胞中特异性表达的 miRNA，其家族包含三个成员，miR-133a-1（在心肌细胞和骨骼肌中表达）、miR-133a-2（在心肌细胞和骨骼肌中表达）和 miR-133b（在心肌细胞中特异性表达）。研究发现，在心肌细胞中，miR-133 的过表达会降低 GLUT4 对于葡萄糖的转运，同时通过抑制 Kruppel 样因子 15（KLF15）的表达进而影响胰岛素诱导葡萄糖的更新。

（2）miRNA 在糖酵解中的作用　miRNA 可调节糖酵解中不可逆步骤，特别是对于关键酶的调节。己糖激酶（HK）通过磷酸化葡萄糖将其转化为葡萄糖 -6- 磷酸，从而参与糖酵解过程的调节。miR-143 作为调节糖酵解成员之一，通过对靶基因 *HK2* 的调节影响糖酵解进程。除此之外，miR-155 还可以通过抑制 miR-143 从而增加转录后 *HK2* 的表达水平。*HK2* 也是 miR-199a-5p 的靶基因，低氧条件下低氧诱导因子 -1*α*（HIF-1*α*）可抑制 miR-199a-5p 的表达，进而促进 *HK2* 表达重新启动糖酵解。miRNA 还会参与调节糖酵解其他重要的中间步骤，如 miR-21 通过调节 PTEN/PI3K/AKT/mTOR 通路，调控膀胱癌细胞系的糖酵解；miR-21 的表达可使 PTEN 磷酸化增加，同时去活化 AKT 和 mTOR，进而使得细胞的葡萄糖摄入量和乳酸产量下降。miR-26 通过调控靶基因 6- 磷酸果糖 -2 激酶 / 果糖 -2,6- 二磷酸酯酶 3（*PFKFB3*）调控糖酵解途径中乳酸脱氢酶（LDHA）及 GLUT-1 的表达。由于糖酵解异常会引起恶性肿瘤的发生，因此，miRNA 影响肿瘤细胞中葡萄糖的代谢可能会为预防肿瘤的发生提供一条新思路。

（3）miRNA 与胰岛素　在糖代谢过程中，胰岛素与胰高血糖素共同维持体内血糖平衡。miRNA 通过对血糖含量的敏感性和调节胰岛素的分泌来参与葡萄糖摄取与消耗。miR-375 是胰腺中最丰富的 miRNA，可诱导分化生成胰岛 β 细胞，并可独立调节胰岛素含量进而影响血浆中葡萄糖水平。miR-375 敲除型小鼠虽然体内胰岛素含量正常，但对高血糖刺激具有不耐受性。miR-375 敲除型小鼠胰岛 A 细胞数量增加，其在空腹状态下血浆中葡萄糖含量有所增加。血浆中胰高血糖素水平增加会导致葡萄糖 -6- 磷酸酶催化亚基（G6PC）、磷酸烯醇丙酮酸羧激酶 1（phosphoenolpyruvate carboxy kinase，PCK1）表达显著增加及肝脏中葡萄糖的产生；miR-375 过表达还会抑制葡萄糖刺激胰岛素的分泌。研究发现，miR-375 可调控靶基因 3- 磷酸肌醇依赖性蛋白激酶 1（PDK1），PDK1 是胰岛 β 细胞 3- 磷酸肌醇信号通路中的一个重要分子，脂肪细胞缺失 PDK1 可显著抑制胰岛素诱导激活蛋白激酶 B（PKB），进而抑制葡萄糖的吸收。在大鼠胰岛 β 细胞（INS-1）中，胰高血糖素样肽 -1（GLP-1）可以通过 cAMP/PKA 通路增加 miR-132 和 miR-212 表达，miR-132 或 miR-212 表达都可以明显增加高糖诱导的胰岛素分泌。也有报道，葡萄糖和其他促分泌素可使 miR-132 和 miR-212 表达量增加，并通过作用于靶基因肉碱酰肉碱移位酶（CACT），引起脂酰肉毒碱积累，增加胰岛分泌。同时，还有一些 miRNA 对胰岛素分泌起到负调控作用。miR-33 可通过抑制胰岛细胞中三磷酸腺苷结合盒转运子 1（ABCA1）的表达，抑制糖诱导胰岛素的分泌并增加胆固醇积累。在胰岛 β 细胞中过表达 miR-7a，转基因小鼠由于胰岛分泌损伤和 β 细胞分化受损而罹患糖尿病。在 MIN6 胰岛细胞过表达 miR-124a，可以通过作用靶基因（Mtpn 和 Foxa2）引起糖刺激胰岛素分泌受损，提示 miR-124a 的表达可能引起 2 型糖尿病的胰岛 β 细胞功能障碍。除此之外，还有参与调控胰岛敏感性和胰岛素抵抗的 miRNA 等；因此，研究 miRNA 对于胰岛素和胰高血糖素平衡的调节机制，将会对维持体内血糖平衡起到重要作用。

（4）miRNA 与糖异生　在人体处于饥饿状态时，糖异生使得葡萄糖维持在一个相对稳定的浓度，以保持脑、肌肉以及红细胞等耗能高的组织正常工作；此外，在进行剧烈运动后，人体会产生大量的乳酸，乳酸不能被吸收，会导致乳酸中毒，而糖异生将会使乳酸转化为肌糖原，以供人体继续利用。同时糖异生也可能是氨基酸代谢的主要途径，糖异生对于人体机能的正常运行具有重要的生理意义。然而对于 2 型糖尿病病人来说可能会产生相反的作用。PCK1 和 G-6-Pase 在糖异生过程中发挥着重要的作用。现有研究证明，miR-26a 可抑制糖异生的发生。与野生型小鼠相比，miR-26a 转基因型小鼠体内的 PCK1 和 G6PC 的表达水平都下降了，在细胞水平，转染 miR-26a 模拟物后，细胞内 PCK1 和 G6PC 这两种蛋白质表达水平与空白对照组相比明显下降，这就证实了 miR-26a 抑制了糖异生的发生。此外，miR-214 通过激活转录因子 4 来消除 miR-214 在原代肝细胞中对于糖异生的抑制，过表达的 miR-214 在原代肝细胞中还会抑制葡萄糖的生成。这对于 2 型糖尿病的治疗来说是一个新的发现。

4. miRNA 调控氨基酸代谢

目前有关 miRNA 与机体氨基酸代谢的关系研究极少。一些研究报道了机体内 miRNA 与谷氨酸代谢的关系：机体细胞生命活动越旺盛，其谷氨酰胺代谢越活跃，谷氨酰胺被谷氨酰胺酶转化为 L- 谷氨酸，并在线粒体内最终被分解生成 ATP 供能，或直接作为底物用于合成谷胱甘肽。miRNA 主要通过靶向调节 GCL 亚基、*Nrf 2* 及其介导的抗氧化反应元件的反式激活，间接调节谷胱甘肽合成。研究表明，miR-144 可以直接作用于 *Nrf 2*，其超表达可以下调 *Nrf 2* 的表达，降低谷胱甘肽水平。miR-28、miR-93、miR-153、miR-27a 及 miR-142-5p 都可以直接作用于 *Nrf 2* 的 3′UTR 区域。c-*MYC* 是机体中一类由 *MYC* 癌基因编码，并能精密调节谷氨酸代谢，对细胞周期及细胞物质能量代谢有明显影响的转录因子。c-*MYC* 的功能发挥与 miRNA 密切相关。作为转录因子，c-*MYC* 能通过直接调控 miRNA 的表达量来调节转录和转录后各途径中的基因表达。例如 *miR-17-92* 基因簇被证明与 c-*MYC* 密切相关，在猪、牛、鸡等畜禽中广泛存在，在机体发育过程中发挥重要作用。同时有报道 c-*MYC* 能抑制 miR-23a/b 在转录过程中的表达，显著升高线粒体谷氨酰胺酶的表达量，引起谷氨酰胺异化代谢过程增强。这些均表明 miRNA 对机体的氨基酸代谢有直接、间接调控作用。

5. miRNA 与维生素及矿物质代谢

多酚是人类饮食中最多的抗氧化物质，广泛存在于水果和饮料（如茶叶、咖啡和酒类）中，研究表明多酚能够影响机体 miRNA 的表达。例如，绿茶多酚中的表没食子儿茶酚没食子酸酯（epigallocatechin gallate，EGCG）被认为具有抗癌效应，Tsang 等利用 EGCG 处理人肝癌细胞 HepG2，发现能够分别上调 13 种和下调 48 种 miRNA，miR-16 是其中被上调的 miRNA 之一，而 miR-16 的靶标是抗凋亡基因 *Bcl-2*，所以 EGCG 具有诱导细胞凋亡的生物学效应。此外，异硫氰酸丙烯酯（allylisothiocyanate）、辣椒素（capsaicin）、2-氰基 -3,11- 二氧代 -18/*β*- 齐墩果烷 -1,12- 二烯 -30- 羧酸甲酯（CDODA-Me）和 2- 氰基 -3,12- 二氧代齐墩果 -1,9（11）- 二烯 -28- 酸甲酯（CDDO-Me）、姜黄素（curcumin）、表没食子鞣质（ellagitannin）、染料木黄铜（genistein）、吲哚 -3- 甲醇（I3C）、植物凝集素（lectin）、尼古丁（nicotine）、槲皮素（quercetin）和白藜芦醇（resveratrol）等也被发现具有调控 miRNA 表达的能力。

此外，维生素对 miRNA 的表达调控也不容忽视。Tang 等利用罗非鱼（*Oreochromis niloticus*）研究发现，维生素 E 能够影响肝脏多种 miRNA 的表达活性，并且维生素 E 的分子作用机制部分可能是通过 miRNA 途径而实现的。另外，Gaedicke 等利用缺乏和足量维生素 E 的食物饲喂小鼠，发现缺乏维生素 E 的实验小鼠肝脏中 miR-122a 和 miR-125b 含量降低。饮食中的叶酸也具有调控 miRNA 表达的功能，Marsit 等利用不同的叶酸条件处理人淋巴细胞，发现叶酸缺乏会诱导 miRNA 表达水平的整体上调，其中，miR-22 在叶酸缺乏条件下会显著地过表达。Kutay 等利用缺乏叶酸、甲硫氨酸和胆碱的食物诱导小鼠肝癌模型，与对照组比较发现，实验组小鼠肝脏中 let-7a、miR-21、miR-23、miR-130、miR-190 和 miR-17-92 表达上调，肝脏特异性高表达的 miR-122 却下调，而肝脏 miR-122 表达下调是肝脏肿瘤发生的特异性过程，这表明 miR-122 不但能够作为肝癌的生物标记物，也为肝癌的饮食防治提供了靶向参考。视黄酸（RA）是维生素 A 的一个活性代谢产物，Garzon 等利用 RA 处理人急性白血病细胞后，结果发现有多种 miRNA（miR-15a、miR-15b、miR-16-1、let-7a-3、let-7c、let-7d、miR-223、miR-342 和 miR-107）表达上调，而 miR-181b 表达下调。Wang 等发现维生素 D 的活性代谢产物 $1,25\text{-}(OH)_2\text{-}D_3$ 也能够诱导白血病细胞 HL60 和 U937 的 miR-181a 和 miR-181b 的表达下调，参与细胞的分化。此外，还发现生物素和辅酶 Q 也具有调控 miRNA 表达的能力。矿物质也是影响 miRNA 表达活性一个重要因素。Maciel-Dominguez 等将 Caco-2 人结肠癌细胞在缺硒和富硒的培养基中培养 72h，然后利用微阵列技术检测 miRNA 的表达变化，结果发现在表达的 145 种 miRNA 中，有 12 种 miRNA（miR-625、miR-492、miR-373*、miR-22、miR-532-5p、miR-106b、miR-30b、miR-185、miR-203、miR1308、miR-28-5p 和 miR-10b）在缺硒的环境中表达改变，并且能够使 50 种基因（其中包括 *GPX1*、*SELW*、*GPX3*、*SEPN1*、*SELK*、*SEPSH2* 和 *GPX4* 等）的表达活性改变。铁对许多细胞功能，包括 DNA 合成、ATP 生成和细胞增生等都是基本的营养元素，并且铁的稳态是被高度调控的。Li 等研究发现细胞中的铁能够通过多聚胞嘧啶结合蛋白 2（PolyC-binding protein 2，PCBP2）来调控 miRNA 的活性，PCBP2 与 Dicer 酶相关联，进而调控 pre-miRNA 的生成，因此铁在 miRNA 的生成中发挥调控作用。

二、lncRNA 与营养素代谢

lncRNA 是一种和信使 RNA 结构相似，缺乏开放阅读编码框，并且长度大于 200 碱基对的非编码 RNA，是 RNA 聚合酶Ⅱ的转录产物，可分布在细胞核和细胞质中。2002 年日本学者 Okazaki 等在对小鼠 cDNA 文库测序时，第一次发现并鉴定了一类较长的转录产物，并将其命名为长链非编码 RNA。研究表明，lncRNA 虽然不编码蛋白质，但却参与了 DNA 甲基化、核仁显性、X 染色体沉默、基因组印记及染色质修饰、转录激活、转录调控、转录干扰、核内运输等重要调控过程。

根据 lncRNA 编码序列与蛋白质编码基因的相对位置，lncRNA 可分为以下 5 类。①正义 lncRNA：与蛋白质编码序列的正义链重叠；②反义 lncRNA：与蛋白编码序列的反义链重叠；③双向 lncRNA：序列位于与蛋白质转录起始点相距 >1000bp 的反义链上，且两者转录方向相反；④内含子 lncRNA：lncRNA 序列完全位于另一转录本的内含子区内；⑤基因间 lncRNA：lncRNA 序列不与任何蛋白质编码基因相邻近，其来源于两条蛋白质编码基因的基因间隔区。到目前为止，长链非编码 RNA 的起源并不清楚。尽管大部分非编码 RNA 序列都只有低度的进化保真，但是仍然有少量的保守序列存在不同的物种之间。研究认为长链非编码 RNA 可能有以下几种来源：①由编码蛋白质基因断裂而形成一个合并有编码蛋白质基因前体序列的长链非编码 RNA；②由两个未转录的序列和一个独立分离的序列经过染色体重构形成一个含有多个外显子的长链非编码 RNA；③由非编码基因的反转录复制而产生的有功能或者无功能的非编码 RNA；④由邻近的复制子串联复制而形成；⑤由转座子的插入而形成。

1. lncRNA 的作用机制

lncRNA 不参与蛋白质的编码，不具有生物学功能，长久以来一直被作为转录噪声而被忽视，但目前已有越来越多的研究证实，lncRNA 可广泛地参与基因表达的调控，在细胞的增殖、分化、凋亡以及肿瘤的发生、发展中发挥重要作用。关于 lncRNA 作用机制、lncRNA 对染色质修饰和染色体结构影响以及因此而引起的基因转录和染色质相关的功能改变等表观遗传学机制是现在研究的热点。目前认为，lncRNA 可通过以下三个水平参与基因表达的调控。

①表观遗传水平调控：lncRNA 可通过 DNA 甲基化或去甲基化、RNA 干扰、组蛋白修饰、染色体重塑等，在表观修饰水平调控基因的表达，例如 lncRNA HOTAIR 通过与核染色质重塑复合物的相互作用在特定的基因位点诱导异染色质形成，从而降低靶基因的表达。

②转录水平调控：lncRNA 也可以依赖与靶基因的相对位置及序列特点，例如通过将转录调控因子募集到邻近的靶基因启动子上的方式，在转录水平上调控靶基因的表达。lncRNA 能够通过多种方式在转录水平参与基因组调节。如二氢叶酸还原酶（DHFR）上游的 1 个 lncRNA 能够与 DHFR 的启动子区域形成稳定的 RNA-DNA 的三链结构，进而抑制转录因子 TFⅡD 的结合，从而抑制 DHFR 的基因表达。

③转录后水平调控：lncRNA 可以通过碱基互补配对与靶 mRNA 形成 RNA 二聚体，阻碍其与转录因子或 mRNA 加工相关因子的结合或直接募集翻译抑制蛋白，从而调节 mRNA 的剪接、翻译和降解。

2. lncRNA 对脂肪代谢的调控

lncRNA 可以调节脂肪组织的发育及相关功能，其表达呈现时空及组织特异性。LncHR1（HCV regulated 1）是一种可以被丙型肝炎病毒（hepatitis C virus，HCV）激活的 lncRNA。但在 HCV 促进肝脏脂质合成的过程中，HR1 并没有起到介导这一进程发展的作用，而是通过抑制 *SREBP-1C* 的表达来降低机体的脂质堆积。此外，体内和体外实验表明，HR1 可以缓解由 HFD 引起的过度脂质堆积。Li 等进一步研究发现，HR1 对 *SREBP-1C* 的抑制作用是由调控丙酮酸脱氢酶激酶1（pyruvate dehydrogenase kinase 1，PDK1）/AKT/FoxO1通路所介导的。结果显示，HR1抑制PDK1的磷酸化，减弱了PDK1对AKT的磷酸化激活作用，进而影响FoxO1的核质分布，使FoxO1入核增多，降低SREBP-1C的表达，缓解肝脏脂质堆积。lncRNA肝脏特异性调控甘油三酯（liver-specific triglyceride regulator，lncLSTR）在24h饥饿处理的小鼠肝脏组织中表达量显著降低，并且其表达量随着再进食而快速恢复。体内实验表明，肝脏特异性敲除*LSTR*增强小鼠血液中TG的清除率，降低小鼠血液中TG含量。进一步研究发现，*LSTR*与核酸结合蛋白TDP-43结合，减弱TDP-43对CYP8B1的抑制作用。*LSTR*被抑制后*CYP8B1*表达降低，改变了体内胆汁酸与胆酸的比例，使胆汁酸受体FXR被激活，促进*apoC Ⅱ*的表达。*apoC Ⅱ*的表达升高增强了脂蛋白脂解酶的活性，进而提高了血液中TG的清除率。棕色脂肪富集长链非编码RNA1（brown fat-enriched lncRNA 1，lncBlnc1）首先在脂肪组织中被发现，可以调控褐色脂肪组织的分化和产热进程。随着研究的深入，研究者发现*Blnc1*在肝脏中表达丰度较高。*Blnc1*在HFD小鼠、ob/ob小鼠以及db/db小鼠的肝脏组织中表达量显著上升。研究发现，*Blnc1*通过与EDF1结合，促进肝X受体（liver X receptors，LXR）转录复合体的装配。干扰*Blnc1*则减弱EDF1与LXR之间的结合以及LXR在*SREBP-1C*启动子上的募集，降低脂质合成相关基因的表达。

关于lncRNA对胆固醇代谢的调控，Lan等发现*lncHC*在HFD小鼠肝脏中表达升高，并参与肝脏中的胆固醇代谢。当肝脏中胆固醇含量增多时，LXRα被激活，促进转录因子CCAAT增强子结合蛋白（CCAAT/enhancer-binding protein beta，C/EBPβ）的表达。随后HC被C/EBPβ激活，与hnRNPA2B1结合并将其募集至HC的靶基因*CYP7A1*和*Abca1*的mRNA上，并降低靶基因mRNA的稳定性，抑制胆汁酸代谢和高密度脂蛋白的合成。HC不仅可以调控胆汁酸代谢，还可以调控肝脏脂质合成。实验证明，HC通过促进miR-130b-3p的表达，抑制miR-130b-3p靶基因*PPARγ*的表达，降低肝脏中脂肪酸吸收相关基因和脂质合成相关基因的表达，减少肝脏脂质堆积。*lnc ARSR*被发现在高胆固醇患者肝脏内表达升高。动物实验显示，过表达ARSR会提高胆固醇相关基因的表达，例如，羟甲基戊二酸单酰CoA还原酶（hydroxymethylglutaryl CoA reductase，Hmgcr）、Hmgcs、角鲨烯合酶（squalene synthase，Sqs）等。进一步研究表明，ARSR通过激活PI3K/Akt信号通路提高*Srebp-2*的表达，促进胆固醇的合成。

3. lncRNA对糖类代谢的调控

哺乳动物机体的葡萄糖浓度通过多种机制得到严格的控制，以满足机体的能量需要。禁食情况下，肝脏葡萄糖激酶（GCK）的下调可以促进肝脏葡萄糖的糖异生。Goyal等报道了lncRNA lncLGR（Lnc RNA，liver glucokinase repressor）对GCK转录的调控作用。结果发现，禁食可以诱导lncLGR的表达，lncLGR的高表达可以抑制GCK的表达，降低肝脏中糖原的水平。lncLGR的敲除可以提高GCK的表达及糖原的储备。具体来说，lncLGR可以特异性地结合 GCK 的转录抑制因子 – 异质核糖核蛋白 L（hnRNP L）。上述结果证明，lncLGR 促进 GCK 对 hnRNPL 的招募，进而抑制 GCK 的转录。这揭示了 lncRNA 对葡萄糖激酶表达和糖原沉积的调控机制。Li 等报道，lncRNA UCA1 可以促进膀胱癌细胞的糖酵解功能以及 UCA1 介导的己糖激酶 2（HK2）的功能。Li 等采用 RNA 测序法对糖尿病 db/db 小鼠肝脏的转录组进行了分析，鉴定了 218 个差异表达的基因，其中在 db/db 小鼠肝脏中 3 个 lncRNA 显著下调，H19 是其中差异最大的 lncRNA。H19 的表达与糖酵解和糖异生途径相关基因的表达显著相关，提示 H19 可以直接或间接地调控这些基因的表达。在 HepG2 和小鼠原代肝细胞中抑制 H19，可以显著提高肝脏糖原异生水平和肝脏葡萄糖的输出量。HepG2 中 H19 的敲除会导致胰岛素信号通路的受损以及糖异生基因表达重要转录因子 FoxO1 表达的提高。上述结果揭示，低水平 H19 可以通过调节 FoxO1 导致糖异生功能降低。表没食子儿茶素没食子酸酯（EGCG）是绿茶提取物的主要成分，可以降低血液中胆固醇的含量。研究发现，使用 EGCG 处理 HepG2 细胞可以激活 lncRNA AT102202 的表达。AT102202 由 303 个氨基酸构成，其序列与肝脏中胆固醇合成相关基因 Hmgcr DNA 序列上第 4~6 个外显子序列相似度达 100%。与此同时，在 HepG2 细胞中干扰 AT102202 会导致 HMGCR 表达量的降低。

4. lncRNA 对维生素及矿物质代谢的调控

Ma 等通过心脏 lncRNA 和 mRNA 全基因表达谱分析了叶酸对肥胖小鼠的影响，并筛选得到 58952 个差异表达的 lncRNA 及 20145 个差异表达的 mRNA。信号通路分析表明，差异表达基因主要与炎症、能量代谢和细胞的分化有关，NONMMUT033847、NONMMUT070811 及 NONMMUT015327 三个 lncRNA 是其中的重要调控者。结果提示，叶酸可以通过上述与炎症和细胞分化相关的 lncRNA 提高肥胖个体的心血管功能，lncRNA 是肥胖的潜在生物标志物及药物靶点。

第三节 泛素 / 去泛素化修饰与营养素代谢调控

一、蛋白质降解

蛋白质降解指食物中的蛋白质要经过蛋白质降解酶的作用降解为多肽和氨基酸然后被人体吸收的过程。食用蛋白质类的食物，不能直接被人体吸收，而要经过蛋白质降解酶的作用降解为多肽和氨基酸才能被机体正常利用。蛋白质的降解在细胞的生理活动中发挥着极其重要的作用，例如将蛋白质降解后，成为小分子的氨基酸，并被循环利用；处理错误折叠的蛋白质以及多余组分，使之降解，以防机体产生错误应答。

1. 蛋白质稳态

维持机体内正常物质代谢平衡是保证一切生命活动顺利进行的首要条件。人体细胞内数以千计的蛋白质正不间断进行转录、翻译、传导、催化、合成等功能，同时胞内受损蛋白质、错误折叠蛋白质、外来蛋白质等及时降解为小分子氨基酸再利用和维持细胞自我平衡。蛋白质的合成和降解一直处于动态平衡中，受复杂机制监控。蛋白质的半衰期是蛋白质体内稳态的一个重要特征。控制细胞内蛋白质的稳定性是调节细胞生长、分化、存活、发育的根本途径。泛素－蛋白酶体系统（ubiquitin proteasome system，UPS）是蛋白质半衰期的主要控制器。机体蛋白质稳态的维持有助于细胞生长和增殖、应对环境变化和营养素供给，保护细胞免受病原菌攻击。细胞内蛋白质稳态的维持需要蛋白质的合成、转运和降解之间的平衡。新合成蛋白质的降解是维持蛋白质稳态极其重要的部分。

2. 蛋白质降解途径

哺乳动物细胞内所有蛋白质和大多数细胞外蛋白都在不断地更新，即它们在进行着不断地被降解并被新合成的蛋白所取代的过程。目前研究发现细胞内蛋白质降解主要有两种途径，一是蛋白酶体介导的蛋白质降解，常见的是 UPS；二是溶酶体介导的蛋白质降解，细胞自噬降解蛋白质就属于此类。UPS 和自噬这两个降解系统组成蛋白质水解网络，并在功能上相互协作以维持机体蛋白质稳定。

（1）UPS　UPS 广泛存在于真核生物中，是细胞内蛋白质降解的主要途径，参与细胞内 80% 以上蛋白质的降解，主要负责降解细胞内大多数可溶的、错误折叠的、损坏的、多余的蛋白质。在 UPS 中，降解的底物首先通过酶级联反应泛素化。泛素化过程涉及 3 个泛素化酶，即泛素活化酶 E1、泛素结合酶 E2 和泛素连接酶 E3。具体过程如下，E1 利用 ATP 激活泛素，形成泛素腺苷酸，活化的泛素通过硫酯键转移到 E2，E3 随后促进泛素从 E2 向底物转移，泛素 C 端的甘氨酸残基和底物上的赖氨酸残基结合，即完成泛素化。泛素化的底物蛋白质会被下游的蛋白酶体复合物所识别降解（图 9–5）。蛋白酶体是指一个以 20S 蛋白酶体核心粒子（20S CP）为中心的复合物，存在于细胞核和细胞质中。20S CP 呈桶状结构，内部含有蛋白质水解活性位点。在细胞内，20S 蛋白酶体只有被激活才能水解泛素化蛋白质，泛素化蛋白酶体的激活需要 19S 调节颗粒的结合，在 ATP 的作用下，19S 结合到 20S 蛋白酶体上可以形成 26S 蛋白酶体，细胞内大多数泛素化蛋白质是由 26S 蛋白酶体降解的。蛋白质降解后产生的多肽、氨基酸可进入细胞质中被重新利用。

（2）自噬　自噬是一种由溶酶体介导的以去除细胞内异常蛋白质聚集物、受损细胞器及胞内病原体的过程。自噬的发生依赖于自噬小体的产生。正常情况下，哺乳动物雷帕霉素靶蛋白复合物 1（mammalian target of rapamycin complex 1，mTORC1）与自噬启动子 ULK1 复合物结合而抑制自噬发生。在自噬的启动因素作用下，mTORC1 活性受到抑制，ULK1 被激活并招募下游的第三类磷酸肌醇 3 激酶复合物（PI3KⅢ），其催化磷脂酰肌醇（PI）第 3 位的羟基磷酸化产生磷脂酰肌醇 3 磷酸（PI3P），PI3P 招募下游效应蛋白 WIPI2，该蛋白与 ATG9 和 ATG2 结合促进自噬体成核。自噬体的延伸涉及两个泛素样连接系统，即 ATG12 连接系统和 LC3 脂化系统。

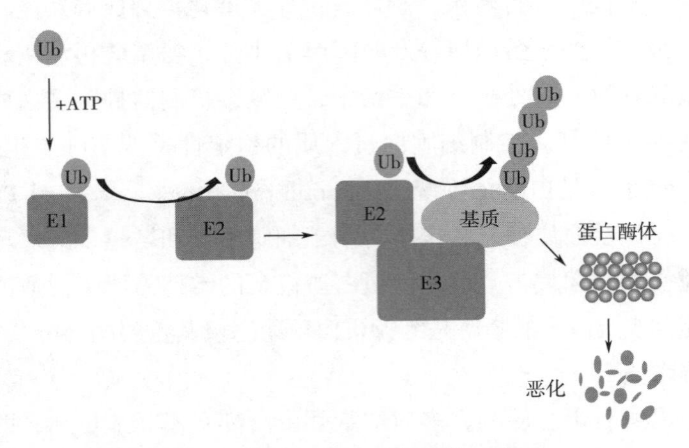

图 9-5 泛素 - 蛋白酶体系统示意图

① ATG12 连接系统：在 ATG7 和 ATG10 的作用下把 ATG12 共价连接到 ATG5 上，再与 ATG16L1 形成 ATG12-ATG5-ATG-ATG16L1 复合物。

② LC3 脂化系统：首先 LC3 被蛋白酶 ATG4 剪切，变成可溶的 LC3-Ⅰ，然后在 ATG7、ATG3 和 ATG12-ATG5-ATG16L1（分别为类 E1 酶、类 E1 酶和类 E1 酶）的存在下，LC3-Ⅰ通过泛素样结合反应与磷脂酰乙醇胺（PE）结合，生成脂质形式的 LC3-PE 或 LC3-Ⅱ。LC3-PE 不断定位在自噬前体膜上，促进自噬前体延伸，形成自噬体。在选择性自噬过程中，自噬受体负责与自噬物质结合，从而选择性地将底物吞噬到自噬小体。最后自噬小体与溶酶体结合形成自噬溶酶体，使得包被在内膜的物质被降解，产生的小分子物质被释放到细胞质中而被重新利用。

3. 蛋白质降解的生物学意义

蛋白质水平的动态变化是细胞保持活力和进行生命活动的基本特征和必要前提，蛋白质降解是细胞对蛋白质功能的一种终端调控，其异常与癌症、神经退行性疾病、心血管疾病等重大人类疾病密切相关。对于蛋白质降解的生物学意义，可归纳为以下几点：①快速去除一些重要调节因子和代谢关键酶等特定的蛋白质，精细调控细胞的正常生长、维持细胞内代谢稳态；②快速降解特异蛋白质，有助于机体对新生理状态或细胞组分改变的适应；③控制蛋白质质量，对防止翻译后错误折叠或未折叠蛋白质在机体内的蓄积至关重要，主要包括新合成蛋白质的折叠和再折叠，错误折叠蛋白质的降解，维持蛋白质的天然结构等；④为应激或病理状态下机体正常代谢过程提供必需氨基酸；⑤介导机体免疫系统的调节；⑥ DNA 损伤修复；⑦细胞周期调控。

二、泛素－蛋白质酶体系统

UPS是一种广泛存在于机体内的蛋白酶体系统，参与细胞周期调控、免疫反应、信号转导、DNA修复和蛋白质降解等，与哺乳动物细胞的生命活动密切相关。UPS级联反应的发生，主要涉及用于修饰底物蛋白的泛素（ubiquitin，Ub）及类泛素（ubiquitin-like protein，UBL），参与泛素化修饰的E1、E2、E3酶以及催化底物降解的26S蛋白酶体。2004年，Aaron Ciechanover、Avram Hershko和Irwin Rose三位科学家因发现泛素介导的蛋白质降解获得诺贝尔化学奖。

1. 泛素及类泛素蛋白

（1）泛素　泛素是一种由76个氨基酸组成的生物小分子蛋白质，其蛋白质序列高度保守，即使在动物、植物和真菌中也仅有2~3个氨基酸残基不同。泛素具有独特的三维结构，整个泛素分子呈紧凑的球状，核心结构为β-抓握折叠，这个结构由5个β-折叠包围1个α-螺旋，这使得泛素具有高热稳定性。泛素C端3个氨基酸残基在球状结构中伸出，使得泛素可以和其他蛋白质共价连接。球状泛素分子表面存在几个疏水区域，对于泛素行使生物学功能至关重要，如以Ile44为中心的疏水区域负责与大部分泛素结合结构域（ubiquitin-binding domain，UBD）的结合。

（2）类泛素　类泛素蛋白是指几个在进化上与泛素相关，且拥有相似三维结构的蛋白质家族。根据是否与底物结合，类泛素蛋白可以分为两类。Ⅰ型类泛素蛋白的功能和三维结构与泛素相似，直接连接到底物蛋白质上完成蛋白质翻译后修饰，称之为类泛素，主要包括SUMO、NEDD8、ATG8、ATG12、URM1、UFM1、FAT10和ISG15。Ⅱ型类泛素蛋白是指具有类似泛素的结构域，但不直接与底物蛋白质结合的蛋白质家族，称之为UDP（ubiquitin-domain protein），如RAD23、HHR23A、Parkin、UBP6等。

（3）泛素化修饰　泛素化修饰是一种动态多层面的翻译后修饰，泛素化修饰几乎涉及了真核细胞所有的生物学进程。一旦附着在底物蛋白质上，泛素会被进一步修饰，产生多种不同的细胞信号，发挥不同的生物学功能。泛素可以通过其7个赖氨酸（lysine，Lys）或者N端甲硫氨酸（methionine，Met）残基形成复杂的泛素链。另外，其他类泛素蛋白也可以通过自己独特的E1-E2-E3级联反应完成类泛素化修饰（如SUMOylation和NEDDylation）。同时，泛素Lys残基上可以发生乙酰化修饰，丝氨酸（serine，Ser）、苏氨酸（threonine，Thr）和酪氨酸（tyrosine，Tyr）残基上发生磷酸化修饰，每一种修饰都会导致信号传导结果的转变。正是由于泛素化修饰作用方式的复杂性和作用结果的多样性，泛素化修饰广泛参与基因转录、蛋白翻译、DNA损伤修复、细胞周期、细胞凋亡等生理过程。

2. 参与蛋白质降解的酶类

（1）泛素活化酶　E1酶根据其结构功能和酶促机制大体可以分为两类，经典E1酶

（UBA1、NAE、SAE、UBA6 和 UBA7）、非经典 E1 酶（UBA4、UBA5 和 ATG7）。经典 E1 酶具有伪对称性腺苷酰化结构域（adenylation domain，AD）、泛素折叠结构（the ubiquitin-fold domain，UFD）和催化半胱氨酸结构域（catalytic cysteine domain，CCD）。AD 结构域又可分为 AAD 结构域和 IAD 结构域，AAD 结构域参与识别腺苷酰化 UBLs 同 C 端，而 IAD 结构域则负责 E1 结构稳定性。同样，CCD 结构域又分为 FCCH 结构域和 SCCH 结构域，CCD 结构域主要负责 E1 酶与 UBLs 硫脂键的形成。UFD 结构域则主要参与了 E1 酶对 E2 酶的识别过程，并通过转硫代反应将 UBLs 转移至 E2 酶催化半光氨酸活性位点上。在这三类结构域中，AD 结构域序列保守性最高，这说明 UBLs 的腺苷酰化是所有 E1 酶最保守的功能，而其他的结构域已经发生进化，这使得 E1 可以进行更复杂的催化反应。非经典 E1 酶具有对称性 AD 结构域和其他非经典 E1 酶结构域，除此之外，非经典 E1 酶不具有典型的 CCD 结构域，其催化半胱氨酸活性位点位于 AD 结构域附近。

（2）泛素结合酶　E2 又称泛素载体蛋白，是泛素与底物蛋白结合所需要的第二个酶，在泛素化过程中发挥着重要作用。E2 较为保守，含有 140~200 个氨基酸的保守区域（即 UBC 结构域），其中硫酯形成所需要的半胱氨酸残基就包含在该区域内。在第一步 E1 激活 UBC 结构域核心的基础上，通过转硫醇作用从 E1 处获得泛素蛋白，进而在 E3 的帮助下直接将泛素蛋白转移到底物蛋白上，或先将泛素转移到 E3 的 HECT 或 RBR 结构域，再转移到底物蛋白周围。E1 可以与全部的特异性 E2 反应，但是 E2 家族成员与 E3 的相互作用具有特异性。

（3）泛素连接酶　根据 E3 酶的结构域和泛素转移机制，可以将 E3 酶分为以下 3 个家族，RING 家族、HECT 家族和 RBR 家族。RING 型 E3 酶介导泛素直接转移至靶蛋白上，而 HECT 和 RBR 型 E3 酶催化泛素转移的机制涉及 1 个中间步骤，泛素首先从 E2 酶转移至催化半胱氨酸活性位点上，然后与靶蛋白结合。RING 型 E3 酶种类最多，其核心结构为 RING 结构域或 U-box 结构域，U-box 结构域采用同样的 RING 样折叠，但是不含锌原子。RING 结构域由保守的半胱氨酸和组氨酸残基构成结构核心，通过结合锌离子来维持整体构象，其他半保守残基参与形成疏水核心以招募其他蛋白。不同于其他锌指结构，RING“手指”的锌配位点相互交错形成 1 个刚性球状平台，用于蛋白质之间的相互作用。HECT 型 E3 酶是最早研究的一种 E3 酶，其核心结构域为 HECT 结构域。HECT 结构域位于蛋白 C 端，约为 40ku，由较长的 N-lobe 和较短的 C-lobe 组成，N-lobe 和 C-lobe 通过柔性铰链连接。N-lobe 负责识别 E2 酶，C-lobe 中含有催化半胱氨酸活性位点，负责结合泛素。RBR 型 E3 酶兼有 RING 型 E3 酶和 HECT 型 E3 酶的特性，具有 3 个特征结构域，RING1 结构域、RING2 结构域以及 IBR 结构域。RBR 型 E3 酶采取一种“RING/HECT 混合”机制转移泛素。RING1 结构域结合 E2 酶，随后通过 RING2 结构域的转硫代反应，形成类似于 HECT-Ub 的中间产物，从而促进泛素向底物的转移。大部分 RBR 型 E3 酶 N 端存在多种不同的蛋白质互作基序，如 Parkin 具备一个 N 端 Ubl 结构域，一方面通过与 RBR 结构域互作抑制自身活性，弱化泛素化修饰，另一方面可以结合其他分子，包括 S5a 和 Eps15。除此之外，Parkin 还存在一个富含半胱氨酸的结构域，称之为 RING0，可以阻断 RING2 结构域的催化半胱氨酸活性位点，起到第二抑制模块的作用。

（4）去泛素化酶　去泛素化酶（DUBs）是扭转蛋白质泛素化的蛋白酶类，主要介导调控蛋白质的翻译后修饰。类似于其他翻译后修饰，泛素化修饰是一种动态可逆的反应，一方面通过 E1–E2–E3 的级联反应将泛素分子共价结合至底物上，另一方面通过去泛素化酶（DUBs）在底物蛋白上切割泛素。同时 DUB 还可以编辑泛素链和加工泛素前体。根据 DUB 的结构域及催化机制，可以将 DUB 分为 6 个家族，USPs、UCHs、MJDs、OTUs、MINDYs 和 JAMMs。

（5）蛋白酶体　26S 蛋白酶体是一个复杂的蛋白质多聚体，包括 33 种不同的亚基，相对分子质量为 2.5，由核心颗粒 20S（CP）和调节颗粒 19S（RP）组成。20S 包括两个外侧的 α 环和两个内侧的 β 环，α 环和 β 环分别由 7 个结构上相似的亚基 α1~7，β1~7 组成。其中 β1、β2 和 β5 分别具有 caspase 样、trypsin 样以及 chymotrypsin 样水解酶活性。两个相邻的 β 环构成一个通道，水解酶活性位点在通道的内表面。由于通道内具有多个活性位点，蛋白酶体可以有效地行使降解功能，实现快速和连续的底物降解。

蛋白酶体降解底物的过程受严格调控。蛋白酶体的 α 环中央形成底物的入口（gate）。当 20S 单独存在时，这个入口基本上是封闭的。只有在入口打开时，底物的转运才能发生。转运底物的通道非常狭窄。只有 1.0~1.3nm，折叠良好的底物蛋白必须先被解折叠才能进入通道。因此，蛋白酶体被称为自限制蛋白酶（self–compartmentalizing protease）。

20S 入口的打开需要 19S 的参与。19S 可以分为两个子复合体：基底（base）和盖子（lid）。基底包括 6 个 AAA+ 型 ATP 酶亚基 Rpt1–6，以及 3 个非 ATP 酶亚基 Rpn1、2、13。盖子包括 9 个非 ATP 酶亚基 Rpn3、5、6、7、8、9、11、12、15。蛋白酶体的各类亚基具有不同的功能。其中 ATP 酶亚基 Rpt1–6 形成一个环状结构，直接和 20S 结合，在结合 ATP 的情况下可以打开 20S 入口，并且利用水解 ATP 提供的能量，去折叠和转运底物蛋白质。泛素受体亚基 Rpn1、Rpn10 和 Rpn13 负责直接或间接地捕获泛素化底物。去泛素化酶亚基 Rpn11 对泛素链进行整体移除，这对于蛋白质底物的有效降解是必须的。

除 19S 之外，其他蛋白酶体调节蛋白质，如 PA28α/β（由 PSME1/2 编码）、PA28γ（PSME3）和 PA200（PSME4）也可以与 20S 结合，使入口打开并激活 20S。与 19S 不同的是，由于 PA28α/β、PA28γ 和 PA200 不结合 ATP 和泛素，它们所识别及降解的底物通常是结构松散的蛋白质或多肽。此外，在哺乳动物细胞中，β1、β2 和 β5 可以被免疫型亚基 β1i、β2i、β5i 或 β5t 替换，形成组织特异性蛋白酶体，即免疫蛋白酶体或胸腺蛋白酶体。它们能产生特异的多肽用于抗原呈递。

三、泛素－蛋白酶体系统与营养健康

蛋白质的合成与降解是细胞新陈代谢的基础，是生命活动的核心。蛋白质的降解参与调节细胞过程，包括细胞生长和分化、细胞内蛋白质质量的控制、病原生物的感染反应、细胞凋亡和DNA损伤修复等。UPS是细胞内蛋白质降解的主要途径，与机体密切相关。

1. 蛋白质的营养生理作用

①蛋白质是一切生命的物质基础，是人体细胞的重要组成部分，也是人体组织更新和修补的主要原料；②蛋白质可以维持机体正常的新陈代谢和各类物质在体内的输送，血红蛋白可以用于输送氧，载脂蛋白可以用于输送脂肪。另外，清蛋白可以维持机体内渗透压的平衡；③蛋白质可以构成人体必需的催化和调节功能的各种酶；④蛋白质可以作为激素，调节体内各个器官的生理活性，例如胰岛素、生长激素；⑤蛋白质可以作为供能物质，提供生命活动所需的能量。

2. UPS在蛋白质消化、吸收和代谢的作用

由于最初人们对UPS的认识只是一个标记和降解蛋白质的过程，在相关领域关于Ub因子和UPS的研究得以迅速发展，并且发现了许多Ub因子结合的新功能。大量研究表明，UPS的主要生物学功能包括以下几个方面。

（1）快速去除蛋白质　与大多数调节机制不同，蛋白质降解是不可逆的过程。UPS特异性降解靶蛋白，使得靶蛋白结构被破坏并促使其他相关蛋白质发生变化，因而快速、完全、持续性地终止其所参与的调节过程。特定蛋白质的快速降解也是对新的生理环境的适应，从而维持机体稳态。

（2）调控基因转录　Ub通过多种机制影响转录，许多转录因子泛素化而被蛋白酶体降解。事实上，在多种情况下，泛素与转录因子结合的转录激活结构域重叠，激活剂的泛素化和蛋白酶的水解可能通过去除已活化的激活剂并重新激活启动子来激活转录活性，实现新一轮的转录。此外，转录因子的调控可以通过改变位置实现。例如，促炎转录激活因子NF-κB能够通过与IκB相互作用而保留在细胞核外，IκB磷酸化后被β-转导重复相容蛋白（β-TCP）E3所识别，泛素化而迅速降解，游离的NF-κB转位进入核内。上述过程对于加速炎症反应是至关重要的一步。

（3）调控蛋白质质量　真核生物细胞拥有蛋白质质量调控系统，主要包括分子伴侣和UPS，以降解错误折叠或受损的蛋白质。UPS可以调节各种蛋白质的稳定性，通过参与细胞内蛋白质降解维持所有必要的细胞功能。例如在囊性纤维化（由位于第7对染色体*CF*基因突变引起的常染色体隐性遗传病）中，跨膜传导调节因子（CFTR）的突变形式会被选择性降解而无法到达细胞表面。因为Ub结合和降解过程是在细胞质中进行的，CFTR的破坏表明UPS能够降解错误折叠蛋白或分泌蛋白。在内质网相关降解过程中，内质网内许多错误折叠的蛋白质通过一系列内质网膜相关的Ub结合蛋白被反向转运到细胞质，然后靶向进入细胞质中的蛋白酶体并降解。

（4）免疫监督　除了调控细胞生长、代谢以及清除错误折叠蛋白等基本作用外，UPS在免疫系统的信息收集机制中发挥着至关重要的作用。MHC I分子的抗原呈递依赖于蛋白酶体的功能。在高等脊椎动物中，蛋白酶体连同其他蛋白质水解元件、溶菌酶等产生抗原肽，介导免疫系统。这些肽能使循环的淋巴细胞掩护细胞外和细胞内环境中的外源蛋白。通过抗原递呈、细胞内吞作用所摄取的细胞外蛋白质能够被溶菌酶所降解，诱导淋巴细胞活化并产生抗体。

（5）作为氨基酸来源　氨基酸在机体组织的代谢、生长、维护和修复过程中发挥重要作用。机体内氨基酸的来源之一是组织蛋白质的水解，在机体营养不良或功能不足时，机体利用蛋白质氧化供能。在蛋白质摄入过量或日粮氨基酸不平衡的情况下，蛋白质转化为糖类和脂肪储存于机体。机体在特定的病理生理状态下可降解利用体蛋白，尤其是肌肉组织蛋白质，将其分解成氨基酸。在饥饿或疾病状态下，上述过程的活化往往会导致肌肉萎缩。因为UPS在细胞调控和稳态中的许多重要功能，在应激或病理状态下UPS的活化必须具有高度选择性并且受到精确调控，以避免肌肉或其他器官中必需蛋白质的降解。

（6）其他功能　泛素也可以单体形式而非Ub链的形式与蛋白质结合。这种类型的标记会诱导细胞表面蛋白质的内化而进入胞吞途径，也可用于转录调控。

第四节　生命早期的表观遗传调控

人类的生长发育，婴幼儿孕育和儿童生长发育中出现的许多问题并不简单归因于染色体基因突变遗传，而与孕期母亲的营养摄入、环境影响、情绪变化等因素有关。这些因素并没有引起其突变重组。但是它们通过各种生物修饰方式引起相应基因表达改变和分子通路代谢异常，影响胚胎发育中基因组的重编程及早期胚胎的发育模式，从而使婴幼儿一出生或在成长初期就逐步显现出一系列的健康表象问题。这种表象甚至还会在成年后的疾病走向中显现出来，这也是当今儿童营养表观遗传学重点研究的内容。

不同的表观遗传机制在一定程度上解释了生命早期营养在发育早期关键期对代谢性疾病的易感性的影响。每日膳食支撑着细胞内的代谢，而细胞内众多修饰DNA和组蛋白是细胞代谢途径的中间产物，这些修饰在整体上影响了染色体的微观空间构象，时刻影响着细胞内众多基因的精确表达、关闭及命运走向。虽然取得了一些进展，但是关于生命早期营养表观遗传学的知识仍然有限。为了更好地理解生命早期营养在维持健康和通过可修改的表观遗传机制预防疾病方面的作用，需要使用最新的技术进行更深入的研究。

一、生命早期发育的相关理论

1. 生命早期 1000d 的发育过程

儿童发育大致分 5 个阶段，包括胎儿期、新生儿期、婴儿期、幼儿期和学龄前期，而在其后，可延续到学龄儿童和青少年时期。在这些阶段儿童除了反映生物学形态、结构、生理功能、代谢活动的变化，同时也伴随着依赖成人而逐渐增加的社会独立性、心理情感认知的成熟度等发育历程。2008 年，国际著名的《柳叶刀》（*The Lancet*）杂志发表了母体和儿童营养的系列文章，文章中第一次将母亲妊娠的胎儿期（280d）到胎儿出生之后直至 2 岁（720d）特别定义为"生命早期 1000d"，指出这是改善个体健康最重要的时期，并用翔实的资料诠释了在这个时期充足的营养对一个儿童的成长发育发挥着举足轻重的作用。生命早期 1000d 涵括了妊娠期、婴儿期和幼儿期 3 个重要的发育时段，生命的发育编程就是针对这个时段的发育而形成的特征表达。哺乳类动物早期的胚胎在发育过程中受多种基因和因子的作用，促进或抑制胚胎的早期生长、分化、增殖与凋亡。从着床前开始，到生命早期 1000d 的全过程都会受到严密的基因表达程序性调控。后基因组时代认为，遗传基础上受表观遗传编程为模式的动态调控对于生命早期的发育过程尤为重要。

"生命早期 1000d"强调了孕期和 0~2 岁的充足营养对改善母亲及其后代的营养状况、减少不利分娩结果的重要性，且已被证明能够以一种持久的方式改变发育模式，从而影响后代一生的健康。怀孕前后的营养对配子功能和胎盘发育至关重要。受精后 2~3 周开始，胚胎经历神经细胞增殖和迁移、突触形成、髓鞘形成、凋亡等精密的过程，形成胎儿脑。在这段快速发育的时期，大脑对环境的敏感性增强，而环境的扰动可能使胎儿更容易出现产后神经发育障碍。出生到 2 岁是婴幼儿发展的重要阶段，这一时期，神经细胞的短期突触连接的密度达到峰值，而这些连接取决于输入大脑的环境信息。婴幼儿期的早期经历为整个生命历程提供了重要基础，对躯体健康、社交、情感以及语言、认知领域都至关重要。重视生命早期 1000d 营养的关键作用，采取必要的健康保障措施，会影响到生命的发育阶段，甚至对个体器官体系的健康状况产生长期的影响。

2. 生命早期的表观遗传调控

（1）发育重编程　生命早期 1000d 的发育是密切伴随着表观遗传的动态编程与调控，越来越多的证据表明，表观遗传过程是维持早期生活经验"记忆"的重要机制（Tollefsbol，2018）。人体在受精及胚胎发育过程中，父源及母源基因组的表观遗传标记会经历重编程的过程：一次发生在原始生殖细胞到达生殖嵴的时候，另一次发生在受精后的受精卵。主要以 DNA 甲基化改变为主，大体遵循着配子高甲基化、胚胎低甲基化、合子中亲本的甲基化信息被大规模消除并重建的过程，这对激活细胞的全能性有重大意义。

①首次重编程：在胚胎发育时配子（精子或卵子）发生首次表观遗传重编程。

重编程过程精子的细胞核非常小、只有普通细胞核的1/10左右，染色体被精蛋白包装，处于高度压缩的状态；成熟卵子的细胞核处于分裂中期，染色体也处于高度压缩的状态，与多数细胞仍然具有非常大的差别。在人类胚胎合子基因组激活（ZGA）前的合子、2细胞及4细胞期均发现有大量的染色质开放区域，这种早期胚胎基因组激活前特有的染色质区域开放可能作为一种特殊的染色质“海湾”，可以暂时储存转录因子，一旦胚胎基因座激活，这些位点被关闭，转录因子可以释放至启动子区参与基因组激活。受精前，精子和卵母细胞中的DNA甲基化程度均很高，受精后，父母双方的表观遗传记忆均被大规模擦除，到植入前的囊胚阶段，胚胎的DNA甲基化水平降到最低点。但是在这个全基因组范围的DNA去甲基化过程中，标记着印记基因的DNA甲基化却得以精确保留和维持。因此，生命早期的重编程，是伴随着细胞内空间宏观层面和分子序列微观层面的同步生物学事件。

受精前的精子基因组DNA甲基化程度显著高于卵母细胞，而在受精后，来自精子的父源基因组DNA去甲基化速度快于来自卵母细胞的母源基因组。到受精卵晚期，父源基因组DNA甲基化程度已经低于母源基因组DNA甲基化程度。此后，又重新建立表观遗传标记和印记，这个过程在男性要持续到前精原细胞期（胚胎第18d），在女性要持续到成熟卵子排出前才结束；精子和卵细胞结合成受精卵之后，在人类早期胚胎大规模DNA去甲基化的同时，也存在大量高度特异的DNA从头甲基化。

这些研究表明，在人类早期胚胎第一周期的DNA甲基化重编程过程中，全局的DNA去甲基化的“净结果”实际上是高度有序的大规模DNA去甲基化和局部DNA甲基化这两种分子过程相互拮抗产生动态平衡的结果。研究还发现，这些DNA从头甲基化起主导作用的区域主要集中在DNA重复序列区域，暗示DNA从头甲基化过程对抑制潜在的转座子转录活性及维持基因组稳定具有重要的调控作用。

②二次重编程：第二周期重编程开始于受精卵植入前期。

受精后卵母细胞与精子的基因组均会在一定时间和空间范围内经历相应的重编程过程。清除各自基因组在配子形成中保留的表观遗传学修饰，调控基因表达并形成正常发育的全能性胚胎。在受精后的早期细胞周期，父母来源的基因组分别发生主动和被动去甲基化，但都不影响重新建立的印记。到了囊胚期，分化出的内细胞团（体细胞）和滋养层外胚层（胚外组织）开始了不同程度的重新甲基化，移除已有的表观遗传标记，分别建立胚胎和胎盘的DNA甲基化模式。着床后的胚胎及胚外组织中父源及母源DNA甲基化是不对称分布的，因为母源的DNA甲基化记忆要多于父源的DNA甲基化记忆，因此前者可能对早期胚胎发育的潜在影响更大。

越来越多证据表明精子中一些特定基因的DNA甲基化能够逃避重编程保留下来遗传给下一代，从而影响后代表型。精子在减数分裂时会经历染色质的重构，重构过程能否顺利进行对于精子减数分裂非常重要。精子能否正常形成可以直接影响胚胎的发育。在生成单倍体精细胞的过程中，大部分组蛋白逐渐被替换为鱼精蛋白，鱼精蛋白与DNA结合形成高度浓缩的DNA-鱼精蛋白复合体，使DNA处于稳定的非转录状态。然而，事实上在人和小鼠精子中，分别有大约10%和1%的组蛋白未转化为鱼精蛋白而保留了下来。这些保留下来的组蛋白富集于基因的调控元件，并在受精过程中将其所携带的组蛋白修饰带入受精卵，对胚胎发育造成影响。精子中含有许多小非编码RNA（small noncoding RNA，sncRNA），如微小RNA（miRNA）、内源小RNA（endo·siRNA），以及与PIWI蛋白相互作用的piRNA，参与精子发生及受精过程中的调控。近来有研究发现，一种tRNA来源的小RNA（tRNA.derived small RNAs，tsRNAs）在成熟精子中高度富集，占了精子中小非编码RNA的绝大部分。这种tsRNA在附睾形成，由附睾体输送至成熟的配子，抑制逆转录转座子MERVL的表达。

（2）生命早期的环境暴露与表观遗传　生命早期的环境暴露诱导了表观基因组的持续性改变，最终导致了肥胖及其相关疾病风险的增加。这一“环境记忆”的潜在机制可能包括组织发育轨迹的改变，干细胞发育重新编程，神经、内分泌和代谢调节回路的重新编程，而表观遗传修饰参与了这些过程的发生。表观遗传学在一定程度上比传统遗传学更能体现环境对生物体的影响。哺乳动物的基因组编码区的DNA甲基化水平个体间差异很小，但是在调控基因表达的区域，如转座子区域和顺式作用元件区，甲基化水平存在极大差异，使其调控区域的基因表达也有极大差异，从而使得基因型完全一致的不同个体甚至产生明显不同的表现型，也成为环境诱导个体表型差异的基础。*Agouti*小鼠模型是近来研究表观遗传修饰调节很好的模型。*Agouti*等位基因在早期发育过程中可因表观遗传修饰的不同而在基因型完全一致的个体上表现为不同表型。*Agouti*控制小鼠毛发的颜色。基因位点插入一个IAP，IAP的不同甲基化修饰水平导致小鼠毛发颜色的改变，根据位点甲基化水平高低分别表现为*Avy*、*Aiavy*、*Ahvy*。*Avy*小鼠表现为大个体，黄色毛发。而甲基化程度略高的*Aiavy*型毛发中的黑色斑点增多，毛发颜色偏向褐色。在*Avy*母鼠孕期标准配方的饲料中增加甲基供体后，*Avy*基因甲基化增加，促进基因调节位点的甲基化，抑制基因表达，从而抑制黄色毛发表型，仔鼠毛色分布变为褐色表型。

3. 儿童生命早期1000d发育的重要性

儿童早期发展具有明显的不确定性和可塑性，容易受到环境和其他各个方面的影响。依据国家统计局统计数字，2015年的我国人口平均预期寿命为76.34岁，即28144d，依据此数字计算，生命早期的1000d的时段似乎并不长，占生命周期时长不足4%，但它对整个生命周期的影响很大。随着科学技术的发展，表观遗传学、分子生物学、基因组学、蛋白组学、代谢组学和脑发育等生命科学领域研究的深入，为胎儿和婴幼儿期的营养状况对远期健康影响提供了越来越多的科学依据，人们对儿童生命早期营养的重要性有了进一步的认识。

生命早期1000d不仅是人体体格生长与神经发育最快的时期，极大地影响着儿童体格生长与神经发育，还将对个体今后的心血管疾病、高血压、糖代谢异常、肥胖和血异常等一系列疾病的发生发展产生重要的影响。因此，重视生命早期1000d营养的关键作用，采取必要的健康保障措施，会影响到生命的发育阶段，甚至对个体器官体系的健康状况产生长期的影响。因此该阶段的营养干预具有重要的基础性健康保障作用，即这一时期，哪怕是一些微小的营养行为改变，都对幼儿未来的健康有重大的影响，甚至改变他一生的健康曲线。

营养不仅只为满足胎儿、婴幼儿体格发育增长的单纯需求，实际上营养素已超越营养的作用，良好的营养可以降低出生缺陷的发生率。在胎儿形成出生儿童发育成熟的过程中，早期若出现营养不良，机体组织能在多个方面引起改变。

①细胞数目变化：不仅大脑神经元数目减少，而且体内许多脏器如肾单位、胰岛组织的细胞数目均减少。

②器官结构改变：如出现胰岛结构异常，导致代谢性疾病的发生。

③基因表达改变：如血管紧张素Ⅱ受体表达减少。

④基因表型变化：是指在基因DNA序列没有发生改变，但基因功能发生可遗传的遗传信息变化，最终导致可遗传的表型变化。这其中主要是DNA的甲基化和组蛋白乙酰化、染色体重塑及RNA的干扰等；因此，在此期间进行科学有效的营养干预，是婴幼儿发育近期及远期健康保障的重要措施，不仅可以减少营养不良及许多发育性、遗传性问题，降低出生缺陷的发生以及降低疾病的易感性，提高对各种感染的免疫力，保障和促进儿童体格和脑的发育，其影响还可以延续到整个生命个体的成年期，给他们一生的健康状况带来重大影响。

4. 健康与疾病的发育起源理论

（1）健康与疾病的发育起源理论发展过程　1976年，Ravelli等报道了第一个将亲代营养状况与子代代谢异常相联系的研究。对在胎儿期间曾经历荷兰冬季饥荒的300000例19岁人群进行历史性队列研究，发现在胎儿早期遭受饥荒的人群肥胖发生率明显高于胎儿期晚期遭受饥荒的人群。20世纪80年代，Barker等研究英格兰和威尔士1968—1978年冠心病死亡率的地区分布后发现，生活水平较差的西北部地区的成人心血管病患病率反而比富裕的东南部高，而且同该地区早于该段时期的新生儿死亡率成正比。鉴于心血管病的发病原因，一般认为富裕地区高糖高脂饮食更容易引发人群心脑血管疾病。那么显然西北地区成人期的饮食不是当时该地又心血管疾病发病率高的主要原因，而且调查发现此发病率与该地区1921—1925年新生儿死亡率的地区分布存在明显的正相关。这些证据提示研究人员，胎儿期的营养状况及其生长发育情况对成人后心血管病的易感性有重要的远期影响。越来越多的流行病学研究也证实此观点。1989年，Barker等分析了1911—1930年在赫特福德郡出生的男性成人的样本，发现因环境因素所造成的胎儿和婴儿时期的生长发育不良，会导致成年后的缺血性心脏病的风险增加。之后，其又研究了孕期不同阶段的营养不良及与之相关的出生后生长发育表型的改变，发现机体对营养不良产生了适应性编程改变，从而导致成年期的代谢异常。由此得出，生命早期各种不利因素诱导的胎儿代谢和内分泌过程的重新编程会永久重塑机体的结构、功能和代谢，最终导致成人期疾病的发生，妊娠期的营养不良是成人期心脏和代谢紊乱疾病发生的一个重要的早期起源，1995年提出了著名的"成人疾病的胎儿起源（fetal origins of adult disease，FOAD）学说"。

FOAD认为胎儿宫内不良反应使其自身代谢和器官的组织结构发生适应性调节。如果营养不良得不到及时纠正，这种适应性调节将导致包括血管、胰腺、肝脏和肺脏等机体组织和器官在代谢结构上发生永久性改变，进而演变为成人期疾病。在此之后，又陆续有研究报道了亲代营养状况与子代出生体重、心血管疾病和代谢性疾病的相关性。低出生体质量会引起的成人期心血管疾病和糖尿病的发生，并且出生后快速增加身体质量加重了胎儿期生长受限引起的相关疾病发生的危险性。因此对于成人期发生心血管疾病和糖尿病，不仅胎儿期营养是重要的影响因素，新生儿以及儿童期的早期营养也会影响成年慢性非传染性疾病的发生概率。目前该领域已经从单纯强调胎儿期环境因素的影响发展到关注生命发育的全过程，"成人疾病的胎儿起源"概念逐步发展成为"健康与疾病的发育起源（DOHaD）理论"：除了遗传和环境因素，如果生命在发育过程的早期（包括胎儿和婴幼儿时期）经历不利因素（子宫胎盘功能不良，营养不良等），将会增加其成年后患肥胖、糖尿病、心血管疾病等慢性疾病的风险。这种影响甚至会持续好几代人。该学说较成人疾病的胎儿起源学说更全面地强调了生命早期1000d对生命体整个发育阶段保健的重要性。这一时期是可塑性最强的阶段，是生长发育的第一个关键时期，对人的一生起到决定性作用，是预防成年慢性非传染性疾病的"机遇窗口期"，对全生命周期的健康具有深远的影响。

（2）健康与疾病的发育起源学说意义　DOHaD理论提出后，被中国、英国、荷兰、瑞典、美国等国家开展的回顾性队列研究所证实。由上海交通大学贺林院士主持的中国三年困难时期（1959—1961年）出生队列研究对母亲妊娠期饥荒暴露与子代成年期精神分裂症进行了关联分析及机制探索，结果显示在灾荒期间出生的人长大后发生精神分裂症的概率从1959年出生人口的0.84%明显上升到1960年出生人口的2.15%和1961年出生人口的1.81%，母亲妊娠期饥荒暴露可导致子代成年后海马和前额叶皮质中基因表达的重新编程，致使大量基因转录的活性下降，这一机制可能会导致精神分裂症的发生。

DOHaD学说的核心是发育编程理论，其重要意义体现在以下几方面。

①强调发育编程是结合遗传因素及环境因素的顺序化过程：使机体内全部组合形成形式上的互相联系的复杂体系，进而形成完整的生命功能和表征。而儿童期这种编程的顺序化缺陷除了引起儿童出生缺陷、各类发育性疾病外，还会增加成年后患肥胖、糖尿病和冠心病等的风险。

②强调营养和养育在儿童早期发育中的重要作用：开拓了认知科学、脑科学及表观遗传学等学科的研究和应用领域。

③将产科和儿科进行了有效连接：在当今社会，这种认识给孕产妇的保健工作赋予了新的历史任务及内涵。良好的孕期保健、孕期营养和环境，可促进胎儿的发育，从而为下一代的终身健康奠定最原始的基础。

④为儿童早期发育在生命周期中的基础作用提供了重要科学依据：强调为减少成人期疾病、慢性病应进行儿童期的有效预防，并提出了明确的理论基础。

⑤开拓了发育调控研究的新领域：该理论将发育和遗传学的现代生命研究与儿童发育保健服务紧密地联系在了一起，推动了发育儿科学的蓬勃发展，为生命科学的进一步研究、更好地理解机体发育调控机制开辟了广阔的研究空间。

DOHaD 理论最初产生于人群流行病学观察研究，但近年来，表观遗传学、代谢组学和脑发育科学的研究进展，为胎儿和婴幼儿期营养不良对后期发育的影响提供了越来越多的科学证据，丰富了这一理论，从而更有助于指导今后的医疗工作和公共卫生实践。

二、早期营养和生长的远期效应相关机制假说

生命早期营养对生命后期的糖尿病、高血压等慢性病发生具有重要的影响，如慢性营养不良等母体因素导致胎儿发育阶段的适应性表观遗传编程，以节省营养以求生存。这些适应在出生后一直持续到成年，使后代容易患代谢综合征。但是，早期营养通过什么机制影响疾病的发生，尚属有待探讨的课题。近年，一些学者试图从组织器官发育、物质代谢改变、内分泌系统、基因适应等多种途径寻求问题的答案。

1. 营养程序化和代谢编程

由于早期研究绝大部分为回顾性的观察性研究，难以证实胚胎或出生早期营养和生长的远期效应的因果关系。后续的动物实验和前瞻性人群研究证实了这些早期因素与后期健康的联系。基于相关研究，Lucas 率先提出了“程序化”学说。所谓程序化是指发生在生命早期的发育关键期或敏感时期的刺激或损伤，可对人体的某些组织和器官的结构或功能产生长期甚至永久性的影响。Lucas 等进一步指出胚胎时期和产后早期母体的营养状况对后代一生都有深远的影响，这主要是由于在胚胎细胞快速生长分化时期，营养摄入不足将会对后代机体代谢和生长状况造成永久性的影响。1998 年 Lucas 再一次提出了母体营养可通过“营养程序化”的方式影响后代的生长发育状况，即生命早期的营养环境对自身一生生长发育和健康有程序化作用。妊娠期，尤其是妊娠后期是胎儿体重增长最快的时期，母体营养供给不足将会给胎儿的生理状况造成严重影响，更有甚者会造成胎儿子宫内发育迟缓（IUGR）。IUGR 对胎儿大部分器官系统的发育都会造成不利影响，患有 IUGR 的胎儿其心脏、肝脏、脾脏、肺脏和肾脏等器官都会有不同程度的质量降低。妊娠期母体营养不良对后代胎儿的程序化影响，可能是由于母体营养不足，造成胎盘营养转运障碍，细胞因子与生长因子异常等引起的，这部分影响机制经很多研究发现与基因的表观遗传相关。有研究

显示，在狒狒婴儿期过度喂养导致肥胖的影响仅出现在青春期以后，提示可能存在某些程序化调控作用，使早期因素得以在后期表现。这些动物实验为对婴儿长期营养健康影响的前瞻性、随机研究，提供了科学基础。

美国国家健康研究所的科学家们对“成人疾病的胎儿起因”进行了系统研究之后，Sullivan 等提出了“代谢程序化”的概念，即机体在生命早期，如妊娠期和哺乳期，生命体会通过分子、细胞、生化水平的适应调节对不利营养环境做出反应，改变生命体的生理反应和代谢活动，使胰岛内分泌功能和结构改变，胰岛素靶器官敏感性下降。即使在环境刺激消失一段时间后，这种影响依然会存在，可持续至成年期，引起代谢综合征以及相关慢性病发生率的增加。代谢程序化概念的提出，主要基于营养流行病学调查资料以及实验室研究的结果，使人们可以对慢性病发生的早期原因作出一定程度的解释。但是，不同营养素如何发挥对代谢编程的调节作用，如何解释早期代谢编程与后期代谢综合征的联系机制，在不同慢性疾病发展中代谢编程的诱发机制是什么，采取什么措施可以中止代谢编程与慢性病之间的联系等问题的解决需要营养学研究人员长期的深入研究。

在程序化学说理论中，“关键窗口期”是一个重要的概念，是指程序化调控中最为关键或者灵敏的时期。这个时期的营养对动物后期的生物学表现具有重要作用。目前许多文献认为关键窗口期为妊娠至出生前，以及出生后第 1 年。但是最近的研究显示，关键窗口期对于不同的效应可能存在不同的调控时机，并产生不同的效应强度，推测婴儿早期营养对许多方面影响的关键窗口期可能在半岁以内，甚至在出生后 2 周之内。

2.“节俭基因表型”假说

“节俭基因表型”假说认为胎儿和婴儿早期发生营养不良时，营养不良个体为提高短期内存活率产生了一系列代谢适应，使其在短期内通过增加能量供应而受益，这些代谢适应改变了表观遗传过程，被永久性编程为“节俭基因”。然而当食物充足时，这些基因会诱发肥胖，导致胰岛素分泌缺陷和胰岛素抵抗。这个假设解释了生命早期营养不良时，机体所产生的维持物质代谢的机制是生命后期食物供应充足时的隐患。发展中国家的多数居民在一生中经历过由食物供应匮乏到供应充足的转变过程，这种假说对于解释社会转型阶段慢性病增加的现象具有特定的意义。

3. 发育可塑性

胚胎期，即妊娠后的前 8 周生长不快，但胎儿雏形已定。胎儿期，从妊娠后第 9 周开始胎儿迅速生长，一直持续至出生后。胎儿生长的主要特点是细胞分化，即“关键期”，此期对外界环境变化敏感，并且有适应环境变化的能力，这种能力称为“可塑性”，此期又称“可塑期”。Widdowsen 等发现，在哺乳期 3 周内没有得到充分营养供应的小鼠即便其在以后获得充分营养，其一生中体质量增加仍较对照组缓慢；然而，若小鼠在 9~12 周营养短缺，体质量增长只是短期受到限制。该实验说明在早期的生命过程中环境诱导会产生长期、无法逆转的改变。而且如果这一诱导发生在关键期，将会产生最大效应。人体许多组织和器官存在这样的可塑期，可塑期大部分发生在子宫内，并且随后逐渐失去。人体不同组织可塑期的时间不同。胎儿发育可塑性使胎儿更好地应对子宫内环境的改变，以达到生存的目的。

4. 基因环境的相互作用

传统观点认为，基因与环境之间的相互作用控制疾病的易感性，基因和环境因素共同决定相互作用的结果。关键基因的多态性能决定适应性反应的效果。现在可以扩大到表观遗传作为一个重要的决定人类疾病起源的因素。表观遗传过程是由生物体的基因与环境相互作用产生其表型，并提供一个框架以解释个体差异和细胞、组织或器官的独特性，尽管它们具有相同的遗传信息。表观遗传的主要调控包括蛋白修饰、DNA 甲基化和非编码 RNA。它们调节关键细胞的功能，如基因组稳定、X 染色体失活、基因组印迹、对非印迹基因重新编程以及运转发育可塑性。通常，DNA 甲基化与组蛋白甲基化、染色质的压缩状态、DNA 的不可接近性以及基因处于抑制与静息状态相关。而 DNA 的去甲基化、组蛋白的乙酰化和染色质压缩状态的开启，与转录的启动、基因活化和行使功能有关。这意味着，不用改变基因本身的结构，而是改变基因转录的微环境就可以左右基因的活性，令其静息或者使其激活。越来越多的研究显示，父母的饮食和其他危险因素能影响胎儿 DNA 的甲基化模式，并对以后的健康产生永久影响。此外，环境引起的 DNA 甲基化模式的变化可跨代遗传。

5. 生长加速学说

生长加速学说认为，由于过度喂养导致的生长加速，会通过下丘脑 - 垂体轴程序化调控远期的健康。按照生长加速学说的观点，并不是出生时或者任何其他年龄时的体质量对成年期健康都具有重要影响，而可能是在生长落后（初始低体质量）的情况下出现的生长加速，才是成年期疾病的危险因素。生长加速的影响持续于整个发育过程，似乎不依赖于某一狭窄的敏感窗口。胚胎生长迟缓，可能会导致出生后有害性的生长加速。生长加速学说已经得到研究证据的支持。通过营养强化膳食来增加婴儿生长速率，哪怕只有短短的几周时间，也被实验证明会产生长期的不良影响。

三、早期营养与表观遗传修饰

生命早期 1000d 的发育过程与儿童的早期膳食平衡密切相关，其体现了体内环境与遗传的交互作用。长期以来，我国儿童健康保障的专业队伍对生命早期 1000d 营养干预的机制进行了多方面的深入研究，尤其在关于儿童健康的营养和表观遗传学方面做了大量探索性工作。研究表明，多种营养素均可对基因表达实时调控而影响机体生理病理过程，还可以通过对基因的表观修饰改变机体的遗传特性，将其传递给后代。这些营养素作为蛋白质的结构成分、酶的辅助因子或甲基供体，参与基因表达、DNA 合成、DNA 氧化损伤的预防以及维持 DNA 甲基化的稳定等，诱导组蛋白修饰和 miRNA 的持续变化。

哺乳动物早期胚胎形成时期是表观基因组形成的关键时期，特别是在受精卵形成和着床时存在广泛的脱甲基作用，这个时期生物所处的环境是影响表观遗传标记模式建立的关键因素。虽然营养素对蛋白质的 DNA 序列不能改变，但是通过对 DNA 的修饰可以改变基因的表达和表型。尽管 DNA 甲基化最初被认为是一种非常稳定的修饰，一旦甲基化模式建立起来，就会在整个生命过程中很大程度上保持下去，但现在有越来越多的证据表明，许多环境因素，如营养、压力、胎盘功能不足、内分泌干扰物和污染等，可以改变表观基因组，特别是在生命早期，会导致后代的长期表型变化。饮食营养成分作用于基因的方式除了参与 DNA 损伤修复、稳定甲基化修饰，还可以对基因转录进行实时调节，必需营养素和食物营养成分如维生素、矿物质及宏量营养素均为重要的基因表达调节者，参与机体代谢、细胞增殖与分化等生理过程以及疾病的发生。

关于营养如何通过改变基因的表观遗传来调节改变表现型的生动例子之一是对蜜蜂的研究。在有蜂王浆的环境中孵化的雌性幼虫主要长成蜂王，蜂王具有繁衍后代的能力并表现体型更大、寿命更长，而饲喂花粉的幼虫则发育为不育的工蜂。虽然蜂王与工蜂拥有相同的基因组，但是早期发育过程中的营养供给不同使其表型发生了改变。然而，敲除 *DNMT3*（蜜蜂中主要的 *DNMT*），则增加了幼虫发育为蜂王的比例，这也表明了 DNA 甲基化在发育过程中的深刻影响。

有证据表明，母亲的饮食可以导致后代的长期表观遗传和表型特征的变化，在荷兰饥饿期间，在那些母亲在怀孕期间遭受饥荒的个体中，与未遭受饥荒的同胞相比，观察到印记基因类胰岛素样生长因子 2（IGF2）甲基化下降，白细胞介素 10、瘦素、ATP 结合盒转运蛋白家族 A1 和鸟嘌呤核苷酸结合蛋白甲基化上升。而且，这些甲基化变化主要出现在妊娠早期，而不是妊娠后期在子宫内暴露的个体中出现，这表明孕前时期是对营养状况极度敏感的时期。此外，这些测量是在饥荒 60 年后进行的，表明母亲的营养限制会导致后代的长期表观遗传改变，并且母亲营养对后代表观基因组的影响取决于母亲营养限制的性质和时间。同时，有研究发现大鼠母体的抚育行为改变了子代大鼠海马糖皮质激素受体基因启动子的表观基因，对子代表观遗传修饰状态产生重要影响，这种差异在出生后的第 1 周内就表现出来。这一发现为推测生命早期不良环境影响的作用奠定了生物学基础，并解释了虐待、家庭纷争、情感忽视和严厉管教是如何通过表观遗传产生影响，使其后代在神经和内分泌的应激反应中产生个体差异，并增加常见的成人疾病（抑郁、焦虑、糖尿病、心脏病、肥胖症等）以及药物滥用的易感性。

父系饮食的改变也与后代的表观遗传变化有关。胞嘧啶甲基化模式在低蛋白质或热量限制的父亲的精子中呈高度相关，且饮食差异也会引起父系精子组蛋白密码的修改和 miRNA 表达的改变。

表观基因组不仅在围产期和产前对环境因素高度敏感，表观遗传可塑性还可能延续到出生后。1944—1945年荷兰大饥荒期间出生的女性中发生围产期并发症和生育低体质量儿的发病率显著上升。而这些女性本身并非低体质量儿。表明母体的营养障碍并未引起明显的胎儿表型异常，而可能对其生殖腺中生殖细胞的表观遗传修饰产生不良影响，导致他们的后代发生表型异常，即表现为隔代遗传效应。早期营养在发育的种系中诱导的印记基因表观遗传学改变可被传递至下一代。

不同营养环境作用于早期的小鼠胚胎，可影响等位基因的甲基化水平和印记基因的表达。并且，早期胚胎营养环境的细微改变可对印记基因的表达产生深刻而持久的影响，同时在胚胎早期营养因素导致的表观遗传改变可被保持至随后的发育期甚至成人期。也有证据表明，即使在成年期，表观基因组也有一定的可塑性。

母亲营养不良可以改变后代的表型，无论是在子宫内还是在出生后。此外，母亲营养过剩和母亲营养不足都可以以类似的方式改变后代的表型，导致在出生后出现相同的身体和代谢问题。这些表型差异可能是由与“节俭”表型发展相关的基因表达的表观遗传变化造成的。胎儿和其出生后环境之间的这种不匹配可能是由于妊娠期营养不良或营养过剩致使胎儿生长异常造成的。

第五节　生命早期营养对表观遗传的调控

一、生命早期宏营养素在表观遗传修饰调控的作用

1. 生命早期蛋白质摄入与表观遗传修饰

动物模型研究表明，怀孕和/或哺乳期间营养不足和过度都会引起后代生理和结构表型的稳定变化。妊娠期母体摄入的蛋白质水平对胎儿的生长和发育具有重要的影响，母体蛋白质限制模型是研究母体营养不良最常用的模型。在妊娠和哺乳期间，母体的高蛋白饮食会对后代糖脂代谢相关基因的表达产生负面影响。大鼠孕期和哺乳期，饲喂蛋白质限制饮食导致后代血糖稳态受损，血管功能障碍，免疫功能受损，氧化应激易感性增加，脂肪沉积增加，喂养行为改变。出生前和出生后的环境之间有明显的相互作用，断乳后喂养的饲料变化，加剧了母亲营养不良对后代表型的影响。例如，在断乳后喂养含10%（质量比）脂肪的成年雄性和雌性大鼠中，与断乳后喂养含4%（质量比）脂肪的大鼠相比，妊娠期间饲喂蛋白质限制饮食引起的血脂异常和葡萄糖稳态受损会加剧。

（1）生命早期蛋白质营养与DNA甲基化变化　大量研究表明，母源饲粮中蛋白质水平对后代DNA甲基化状态具有一定的调控作用。分别用含酪蛋白对照组（18%）和低蛋白质水平组（9%）的饲粮来饲喂怀孕小鼠，结果发现，低蛋白质日粮饲喂组，其胎儿的肝脏

DNA 甲基化程度显著高于对照组。该研究是较早阐释胚胎发育过程中营养失衡对表观遗传的影响的研究之一。之后，有多项研究也证实，妊娠期间母体蛋白质摄入受限会引起特定位点的基因发生 DNA 甲基化，从而引起基因表达的改变，进而引起能量代谢异常和代谢综合征的发生。这些基因及位点包括脂肪组织中的瘦素（*leptin*）基因、肝脏组织中的 X*α* 受体（*Lxrα*）基因、过氧化物酶体增殖物激活受体 *α*（*PPARα*）基因、糖皮质激素受体基因（*GR*）等。更重要的是，这种变化在动物成年后还保留有相当的稳定性。

多项研究结果揭示，低蛋白质日粮饲喂孕鼠，其幼鼠肝脏中 *PPARα* 基因和 *GR* 基因的甲基化程度显著降低，*PPARα* 基因和 *GR* 基因两种受体表达量显著增加。PR 大鼠后代心脏中 *GR* 和 *PPARα* 启动子甲基化也降低。同样的，怀孕大鼠喂食蛋白限制性饮食（PR）降低了 *GR* 甲基化水平，诱导 *GR* 表达增加，并降低子代肝脏、肺脏、肾脏和脑中使糖皮质激素失活的酶 11*β* 羟基类固醇脱氢酶 2 型（Hsd11*β*2）的表达。也有报道称，在怀孕期间饲喂限制饮食的绵羊后代的肺脏、肝脏、肾上腺和肾脏中 *GR* 的表达发生了改变。然而，另有研究发现，在骨骼肌、脾脏和脂肪组织中对照组和 PR 后代的 *PPARa* 甲基化没有差异，表明母体饮食的影响是组织特异性的。

转录因子表达的表观遗传调控在改变由其靶基因控制的途径的活性方面的基本作用被观察到，尽管在 PR 后代的肝脏中葡萄糖激酶（GK）表达增加，这意味着增加了葡萄糖摄取能力。但葡萄糖激酶启动子甲基化状态并没有改变，由于 *GR* 活性增强胰岛素而增加葡萄糖激酶的表达，因此 PR 后代中葡萄糖激酶表达的增加可能是由于 *GR* 启动子的低甲基化导致的 *GR* 活性增加，而不是产前营养不良对葡萄糖激酶的直接影响。

Jousse 等研究整个孕期和哺乳期饲喂低蛋白质水平日粮的小鼠，其子代体重和体脂显著下降，采食量显著提高，这些变化可维持至成年期，根本原因在于低蛋白质日粮的摄入导致 *leptin* 基因启动子区 CpGs 岛发生甲基移除，这种特异性修饰进一步下调 *leptin* 基因和蛋白质的表达量。Carone 等研究雄性小鼠从断乳到性成熟期间饲喂低蛋白质（11%）饮食对子代的影响，发现父系蛋白质水平的限制增加了子代肝脏脂肪合成主要调控基因 *PPARα* 的甲基化，使得肝脏胆固醇或脂肪合成量升高，脂肪肝发生风险增加。

Straten 等研究蛋白限制性日粮饲喂孕期 C57BL/6J 小鼠，发现低蛋白质日粮组子代鼠肝 *Lxr* 启动子高度甲基化，*Lxrα* mRNA 的表达量也降低了 32%，而且 *Lxr* 的目标基因 *Abcg5*/*Abcg8* 的表达量分别降低 56% 和 51%。另外，Bog darina 等研究表明，孕期小鼠限制性蛋白日粮降低了肾上腺 AT（*1b*）基因的甲基化，最终可能诱导子代发生高血压。Tollefsbol 等报道称，在妊娠和哺乳期饲喂 PR 饲料的大鼠后代肝脏中乙酰 CoA 羧化酶和脂肪酸合酶的表达增加。

因而，在胎儿出生前期的低蛋白质日粮对不同的组织基因的 DNA 甲基化不同，可能会增加 DNA 甲基化，也可能会降低。相对于孕期的蛋白质对 DNA 甲基化、下丘脑、脂肪组织以及胰岛细胞等不同组织的影响，出生后以及青年期的影响就相对较少。也有学者将小鼠出生前和出生后相当长一段时间内的影响联系在一起进行研究，发现 PR 子代出生后 34d 蛋白质限制组肝（GR）110 启动子甲基化与高蛋白质组相比降低了 33%，*GR* 基因的表达量增加了 84%，DNA 甲基转移酶 1（Dnmt1）表达显著降低，表明孕期的蛋白质水平可能在很长一段时间内影响动物体的生长发育。

用德国长白猪妊娠期饲喂蛋白质水平偏高和偏低的日粮进行的研究发现，后代肝脏和骨骼肌中 DNA 甲基转移酶（Dnmt1，Dnmt3a，Dnmt3b）的表达会受到蛋白质水平的影响。在后代肝脏中，蛋白质限制组的 *NCAPD2*、*NCAPG* 和 *NCAPH3* 的基因表达程度与正常组相比差异显著；而在骨骼肌中 *NCAPD2* 和 *NCAPH* 基因的表达也出现显著差异。这些都表明，母体妊娠期蛋白质水平高或低都会改变后代表观遗传标记，进一步影响基因表达过程。进一步研究发现，相较于正常蛋白质组，怀孕期间过量和受限的蛋白质供应导致体细胞细胞色素 C（*CYCS*）基因启动子中的 47 个 CpG 位点的低甲基化，*CYCS* 基因表达量增加。并且对低蛋白质妊娠饮食的影响更为明显，这表明与低蛋白质供应相比，后代对母体孕期过量的蛋白质供应的适应性更强，妊娠期母体蛋白质水平限制对后代的基因表达和代谢状态影响更加明显。Jia 等 2012 年给妊娠母猪分别饲喂粗蛋白质水平为 12% 和 6% 的日粮，发现与标准蛋白质日粮雄性后代相比，低蛋白质组的新生雄性仔猪与 G-6-PC 启动子区的甲基化下降，*G6PC* 基因表达活化，从而可能导致成年期高血糖。Jia 等 2013 年研究发现母体低蛋白质饮食雄性后代肝脏 AMP 浓度显著升高，能量负荷降低，线粒体氧化磷酸化（*OXPHOS*）基因表达升高，mtDNA 启动子上的 *GR* 水平较高，同时 mtDNA 启动子上的胞嘧啶甲基化和羟甲基化水平较低。低蛋白质日粮雌性后代肝脏 AMP 浓度显著降低，能量负荷显著升高，*OXPHOS* 基因表达无变化，mtDNA 启动子上的 GR 结合减弱，胞嘧啶甲基化和羟甲基化增强。母体在妊娠期低蛋白质饮食导致 mtDNA 编码 *OXPHOS* 基因表达发生性别依赖的表观遗传改变，*GR* 可能参与了 mtDNA 转录调控。

在另一个类似的实验中，Altmann 2013 年研究发现，蛋白质限制组胎儿（妊娠后 95d）肝脏中 *HMGCR*、*PGC1α*、*INSR* 及 *NR3C1* 基因表达与正常组相比存在明显差异。此外，其研究还发现蛋白质限制组仔猪的 *INSR*、*PPARα* 和 *CYP2C34* 3 个基因的甲基化情况与基因表达存在明确相关关系，这就可以说明基因 DNA 甲基化确实能够影响后代一些与营养相关的基因的表达。

在生命早期，通过母体饮食的干扰诱导后代表型的持续变化，意味着基因转录的稳定改变，这反过来又导致代谢途径和稳态控制过程的活动改变。

（2）生命早期蛋白质营养与组蛋白修饰　目前关于组蛋白修饰调节的研究比较少。孕鼠饲喂 PR 饲料可诱导幼鼠和成年后代肝脏中 *GR* 和 *PPARα* 启动子的低甲基化，而 *GR* 启动子的低甲基化与组蛋白修饰有关，组蛋白修饰有利于组蛋白 H_3、H_4 的转录、乙酰化以及组蛋白 H_3 第 4 位赖氨酸（H_3K4）的甲基化，而抑制基因表达的则减少或不变。虽然在功能上一致，但 GR 低甲基化和相关组蛋白变化之间的机制关系尚不清楚。这些研究首次表明，与直接通过1-碳代谢来改变母亲的营养素摄入不同，通过适度改变母亲在妊娠期间的常量营养素平衡，可以诱导后代转录因子表达的表观遗传调控的稳定变化。

Vo等对怀孕小鼠进行妊娠期蛋白限制，结果表明，母体蛋白限制造成后代雄性小鼠肝脏葡萄糖异生关键基因*Lxrα*转录启动子区DNA上缠绕组蛋白H_3（K9，14）乙酰化，从而导致该基因表达量显著降低，表明母体蛋白限制介导了*Lxrα*基因表观表达沉默（Vo等，2013）。大鼠蛋白质限制模型显示，母亲低蛋白饮食导致后代对胰岛素抵抗的易感性增加，这一效应归因于细胞增殖降低，导致胰岛β细胞数量减少。同源序列转录因子（Pdx1）是胰岛β细胞功能和发育的关键转录因子，在IUGR中表达减少，促进了成年期糖尿病的发展。IUGR通过组蛋白去乙酰化导致*Pdx1*的转录抑制，进而导致主要转录因子与*Pdx1*启动子的结合缺失。在新生儿阶段，这种表观遗传过程是可逆的。出生后，组蛋白的去乙酰化进展，随后H_3K4三甲基化（H_3K9me3）显著减少，在IUGR胰岛中的二甲基化组蛋白H_3第9位赖氨酸（H_3K9）作用显著增加。H_3K9me3通常与活跃的基因转录有关，而H_3K9二甲基化通常是一种抑制染色质标记。这些组蛋白修饰的进展与*Pdx1*表达的逐渐减少是同时进行的，*Pdx1*在IUGR成人胰腺中呈沉默状态，导致糖尿病的发生。同样，Raychaudhuri等证明围产期营养限制导致IUGR导致骨骼肌组蛋白修饰，直接降低葡萄糖转运子4（*Glut4*）基因表达。这有效地使外周葡萄糖运输和胰岛素抵抗调节因子产生代谢抑制，从而导致成人2型糖尿病。

总之，这些结果表明，在怀孕期间适度的蛋白质饮食限制通过特定基因的表观遗传导致诱导表型改变。

（3）生命早期蛋白营养与子代miRNA表达　与脂质稳态相关的基因表达也被母体PR改变。妊娠期饲喂PR饲料的大鼠子代肝脏中*PPARα*表达增加，并伴有其靶基因酰基CoA氧化酶（AOX）的上调。有报道称，在妊娠和哺乳期饲喂PR饲料的大鼠后代肝脏中乙酰CoA羧化酶和脂肪酸合酶的表达增加。在一项对母体蛋白质限制的大鼠模型的研究中，后代表现出与低出生体重人类相似的表型特征，包括肌肉和脂肪组织中的胰岛素抵抗和成年后期的年龄依赖性葡萄糖耐受，这表明脂肪和骨骼肌都可以进行营养规划。在3个月时，低蛋白质喂养的母亲的后代体重下降，体脂减少，与对照组相比，由于脂肪细胞的体积较小，白色脂肪减。

脂肪组织中miR-483-3p的变化与生命早期营养和长期健康有关。miR-483-3p表达的增加限制了脂肪组织中的脂质储存，导致后代的脂肪毒性和胰岛素抵抗，以及晚年对代谢性疾病的易感性增加。miR-483-3p的表达证明了一个持续的程序事件，因为它在低蛋白质喂养母亲的后代22d和3个月时在附睾脂肪组织中表达。有趣的是，与对照组相比，低出生体重男性的脂肪活检中也观察到miR-483-3p的表达增加，这表明营养不良对miR-483-3p的调节是一种保守现象。大鼠和人类基因组均显示miR-483-3p序列位于*IGF2*基因的内含子内，对生长发育至关重要。在脂肪组织中高水平表达的生长分化因子3（GDF3）是

miR-483-3p 的靶点之一。它与肥胖和能量消耗的调节有关，而且低蛋白质母系后代脂肪组织中 GDF3 蛋白降低 40%。与对照组相比，低出生体重者的脂肪组织中也观察到类似的 GDF3 蛋白表达水平的下降。这些观察结果表明 GDF3 可调节脂肪组织的膨胀性，进而调节脂质储存，从而促进异位甘油三酯的储存和脂毒性。在低蛋白质大鼠模型中，老龄小鼠肝脏脂质积累增加。随着年龄的增长，非酒精性肝病风险增加的低出生体重男性中也可以观察到这种相似性。本研究表明，哺乳动物早期发育过程中的营养可以调控 miRNA 的变化。这些变化可永久影响成人的健康，增加 2 型糖尿病（T2DM）和冠心病的风险。

在梅山猪的一项研究中，母亲 PR 饮食对后代脂代谢的影响是由 miR-130b 和 miR-374b 介导的，它们分别针对 PPARγ 和 C/EBPβ。PPARγ 和 C/EBPβ 是参与脂肪细胞分化和脂质代谢的重要转录因子。而 PPARγ 缺陷小鼠表现出小的脂肪细胞和减少的脂肪量，C/EBP-β 缺陷小鼠脂肪细胞中脂质积累失败，导致异位脂肪沉积。这项研究的结果证明母体低蛋白质饮食可增加关键 miRNA 的表达水平，进而下调参与脂肪形成和脂质代谢的重要转录因子。

2. 生命早期脂肪营养与表观遗传修饰

作为生物体内重要的能源物质和主要的能量储备形式，脂肪在物质代谢和生命活动中起着非常重要的作用。某些脂肪酸对动物机体的大脑、免疫系统乃至生殖系统的正常运作来说十分重要。在子宫内，母亲的高脂肪饮食也可改变后代的 DNA 甲基化和基因表达。在实验啮齿动物和非人类灵长类动物模型中，母体在怀孕和哺乳期间食用 HFD 会导致子代多食、运动减少、青春期加速，易患代谢疾病，包括肝功能障碍、甲状腺失调、胰岛素抵抗、高血压和肥胖等，并一直持续到成年。

（1）早期脂肪营养与 DNA 甲基化变化　与限制性蛋白质对 DNA 甲基化的研究相比，脂肪对 DNA 的甲基化研究集中在高水平脂肪膳食的影响。同样是高水平的脂肪日粮，在孕期和断乳后对动物 DNA 甲基化的影响是不同的，同一器官不同基因的 DNA 甲基化程度有升高也有降低，相同的基因其 DNA 甲基化也不相同。

无论是孕期或者是哺乳期给予母鼠高脂饮食，都会造成子代小鼠代谢紊乱，哺乳期高脂饮食在小鼠成年后对小鼠代谢和体成分的影响较孕期影响更大。孕期高脂饮食可以导致胎鼠糖脂代谢紊乱，哺乳期高脂饮食更容易导致小鼠成年后肥胖和代谢紊乱。妊娠期和哺乳期高脂日粮饲喂组的小鼠，后代（18~24 周龄）伏隔核、前额叶皮质和下丘脑中 μ- 阿片受体（*MOR*）和前脑啡肽前体（*PENK*）等相关基因的甲基化减少，表达增加；腹侧被盖区、伏隔核和前额叶皮质的多巴胺重吸收转运体（*DAT*）基因表达量显著上调 3~10 倍，而下丘脑的 DAT 下调。多巴胺和阿片类物质回路是与奖赏相关的神经基质，可以影响动物对美味食物的偏好，这种变化可能会导致后代对蔗糖和脂肪等食物的偏好增加，增加肥胖和与肥胖相关的代谢综合征风险。而在仔鼠断乳后饲喂含高水平脂肪的日粮，仔鼠脑部 *MOR* 启动子区域甲基化程度显著升高，相应的 *MOR* mRNA 在奖赏相关回路［腹侧被盖区

（VTA）、伏隔核（NAc）和前额叶皮质（PFC）] 中的表达降低，但在下丘脑中不表达。母亲的高脂肪饮食还会加剧高脂肪喂养的雌性后代的肥胖，导致她们成年后体重增加、脂肪增多、血清瘦素水平升高，并伴随着肝脏和心脏中数十个基因表达变化和数千个 DNA 甲基化变化。

在孕期时给大鼠饲喂含高脂日粮，大鼠子代在生长发育过程中，肝脏细胞循环抑制因子 *Cdknla* 基因的甲基化减少，表达量增加，改变了肝脏细胞的分裂和增殖，造成肝脏组织增大，导致大鼠成年后易患脂肪肝。有研究表明，哺乳期给予高脂饮食的母鼠，断乳后即使给予正常膳食，其子代出生后 60d 仍表现为脂肪肝等各种代谢综合征的高风险。通过染色质免疫沉淀反应试验鉴定出一系列特异性候选基因，如 *DNAJ*（Hsp40）、*DNA-JA2*、*GPT2* 等，但这些基因在脂类的沉积和脂肪肝的发生过程中的作用目前尚不清楚。

脂肪的类型也可能很重要。当饲粮中 *n*–6/*n*–3 脂肪酸的比例不同时，胰岛素敏感性和增重取决于这些脂肪酸在母体饲粮中的相对含量。研究表明，妊娠期间摄入 LCPUFAs 不足可能导致异常的 DNA 甲基化模式，影响临床相关基因（如血管生成因子基因）的表达。这不仅会导致与异常胎盘相关的血管失调，还可能对胎儿程序化产生有害影响，从而增加心血管疾病的长期风险。大量摄入 *n*–3 LCPUFAs，如二十碳五烯酸、二十二碳六烯酸（DHA）和 A– 亚麻酸（18:3n23）与保护性代谢效应有关。在小鼠中，高饮食的 *n*–3 LCPUFAs 已被证明会给瘦素启动子带来显著的表观遗传变化，要么是由于抑制催化 DNA 甲基化和组蛋白修饰的酶，要么是由于相关底物的可用性降低。另一方面，与在动物模型中补充鱼油，持续两代的肝脏中降低基因组 DNA 甲基化、降低血脂浓度、增加胰岛素刺激的葡萄糖摄取和胰岛素敏感性有关；然而，相关的途径仍然需要完全阐明。

母体 HFD 引起的脂联素和瘦素基因表达的表观遗传修饰所导致的代谢综合征可跨代遗传。且肥胖的雌性小鼠，在不引起体重减轻的情况下，怀孕前从高脂肪饮食过渡到正常脂肪饮食的短期调整对子代是没有帮助的，甚至会加剧雌性子代肥胖（Fu 等，2016）。研究表明，孕期母体 HFD 在决定成年雌性后代的卵泡储备以及未来的生殖潜力方面也起着核心作用。

此外，父亲的饮食似乎会影响发育中胎儿的妊娠程序。例如，慢性 HFD 暴露的 Sprague–Dawley 雄鼠不仅自身出现体重和脂肪组织增加，糖耐量及胰岛素敏感性受损，其雌性子代虽然体重或体脂方面没有任何变化，但也出现了胰岛 β 细胞功能障碍，胰岛素分泌和糖耐量受损的表型。而且，雌性子代胰岛中的一个关键基因 *Ill3ra2* 发生了甲基化改变。白介素 13 受体（IL–13R）包括 3 个亚 Il13ra1、Il13ra2、Il4ra，其中 Il13ra2 是已知的与 IL–13 亲和力最高的一个。最近的研究发现细胞因子 IL–13 在控制肝脏葡萄糖产生方面具有意想不到的代谢功能，其中 IL–13 缺失小鼠表现出高血糖、肝脏胰岛素抵抗和全身代谢功能障碍。此外，与健康个体相比，2 型糖尿病患者的 IL–13 血浆水平降低，有趣的是，IL–13 的给药保护了人类胰岛 β 细胞免受细胞因子诱导的死亡，从而表明其通过保留胰岛 β

细胞质量减少糖尿病疾病的慢性组织炎症特征。小鼠的父系 HFD 会损害胚胎发育，包括碳水化合物的利用和线粒体活性，导致胎盘大小和后代减少。此外，小鼠中的父本 HFD 导致随后两代的生育能力降低，表明胚胎中高度保守的表观基因组修饰。然而，这种跨代效应尚未在人群中得到证实，未来的表观基因组关联研究有可能揭示调节这些变化的机制。

高脂组父亲精子中的脑源性神经营养因子（BDNF）*BDNF* 启动子区域甲基化升高，可遗传至子一代海马，导致子一代海马中 BDNF 表达下降，从而影响子一代的认知功能。

（2）生命早期高脂肪饮食与组蛋白修饰　Panchenko 等通过采用高脂饮食诱导 C57BL/6J 母鼠肥胖，检测胎儿肝脏中 18 个组蛋白去乙酰化酶，发现其中 13 个组蛋白乙酰化相关基因途径发生改变，表明表观遗传基因表达具有高敏感性，特别是母代肥胖所影响的子代组蛋白乙酰化途径。Suter 等通过高脂饮食饲养孕期和哺乳期 WT 和 G4+/– 母鼠，子代断乳后喂养基础饲料 2 周，发现高脂饮食喂养的 WT 和 G4+/– 的雄性子鼠，与对照组相比肝脏中 H_3K14ac 分别增加 3.6 倍和 3.0 倍，H_3K9me3 分别增加 5.7 倍和 4.6 倍，提示母代肥胖对肝脏组蛋白修饰功能有不利影响。此外，母体长期采食高脂日粮也会改变日本猕猴的表观基因组模式，母体妊娠期大量摄入高脂日粮使子代肝脏中甘油三酯的浓度增加，H_3K14 和 H_3K18 乙酰化水平增高，引起非酒精性脂肪肝疾病的发生。

哺乳期母鼠高脂饮食所致乳汁脂质成分的改变可能会导致子代肝脏中脂代谢相关基因发生表遗传修饰，从而导致基因表达持续改变，进而导致成年脂肪肝易感。新生子代通过摄入乳汁中的脂肪酸在肝脏生成脂酰 CoA 和酮体等代谢产物，这些脂肪酸代谢中间产物可抑制组蛋白乙酰化酶或去乙酰化酶，从而影响参与脂质代谢的基因表达。如果新生儿摄入母乳的脂肪含量减少，可能会引起脂质代谢相关基因的表观遗传修饰改变，最终导致脂质蓄积并持续至成年。产短链脂肪酸（SCFA）菌是最有效的组蛋白脱乙酰酶（HDAC）抑制剂，乳汁成分改变或外源物暴露所致的子代产 SCFA 菌减少可能会导致受 HDAC 调控的 PPARα 靶基因被抑制，从而减少子代脂肪酸 β– 氧化，最终导致脂肪肝的发生。

（3）生命早期脂肪营养与 miRNA　在妊娠前、妊娠期间和哺乳期喂养高脂肪饮食（HFD）的小鼠引起了成年后代肝脏中的 IGF2、脂肪代谢基因和 miRNA 的改变。妊娠期暴露于 HFD 可降低雄性后代下丘脑 IGF2BP1 的表达，并使 Ramp3 mRNA 不稳定，从而导致 amylin 抗性。成年后 POMC 神经元分化的后续损害可诱发性别特异性代谢紊乱。母亲用 HFD 喂养的后代有一小部分参与发育时期和脂肪氧化 miRNA 表达改变（约 5.7%）。这些小鼠肝脏中 *IGF2*（调节胎儿生长）、*PPARα* 和 *CPT1a*（调节脂肪代谢）的基因表达水平也发生了改变。在改变的 miRNA 中，miR–709、miR–122、miR–192、miR–194、miR–26a、let–7a、let–7b 和 let–7c、miR–494 和 miR–483* 在后代肝脏中降低近 5 倍。*Let-7c* 属于 *let-7* miRNA 基因家族，在生长调节中起重要作用。降低高脂饲料喂养的母系的 let–7c 表达，有利于后代肝脏的生长。相反，let–7c 过表达会使 *c-myc* 和 *miR-17* 降低，抑制肝细胞的生长。高脂饲喂的父亲精子中 miRNA let–7c 表达的改变会传递到子代脂肪组织，引起许多糖代谢和胰岛素通路上的靶基因表达改变，从而影响表型变化。参与胎儿生长的IGF2也在后代的肝脏中增加，且肝脏质量显著增加（增加近16%）。在大鼠的类似研究中也观察到这一结果，在妊娠期间，母亲高脂饮食增加了后代的肝脏质量，体重和体脂百分比也相应增加。虽然在IGF2敲除小鼠中，*let-7c*的表达水平显著增加（约增加31%），表明IGF2和let-7c两者的表达之间呈负相关。但let-7c与IGF2之间是否存在直接调控，尚需进一步研究。

后代在断乳期间（28 d），肝脏新生脂肪酸合成、*β*-氧化途径以及miR-122和miR-370的表达水平发生改变。这些老鼠体重更重，有更大的脂肪组织，对葡萄糖和胰岛素更不耐受。后代肝脏中miR-122表达降低，miR-370表达升高。肝脏特异性miR-122的缺失导致脂质合成相关基因的上调，如酰基甘油磷酸酰基转移酶，磷脂酸磷酸酶类型2A、单酰甘油转移酶以及肝细胞中甘油三酯的积累。此外，miR-122缺陷小鼠肝脏的炎性细胞数量增加，表明miR-122表达降低会促进炎症发生。有趣的是，母亲高脂喂养的后代表现出miR-122的降低，肝脏中TAG沉积增加，肝脏炎症增加。另外，与对照组小鼠相比，高脂饲料喂养的母鼠肝脏中miR-370的表达量更高。miR-370通过miR-122间接激活脂质基因，控制miR-122的表达，通过cpt1α下调降低*β*-氧化，影响脂质代谢。因此，产妇HFD导致后代的肝脂堆积、氧化途径改变和肝脏炎症增加。这些研究表明，母亲肥胖可能导致后代肝脏中已知的调节肝脏胰岛素信号通路和脂肪代谢的miRNA发生变化。

除了miRNA调控外，母体HFD也可以通过miRNA实现调控后代的DNA甲基化。由于多种miRNA可以共同作用，而且一小组miRNA可以解释大部分差异，研究发现，在调控miRNA子集中有5种miRNA靶向MECP2。MECP2对维持基因组DNA的CpG状态至关重要。而且let-7c的一些预测靶点是参与甲基化的蛋白质，如cancer 2、染色体结构域解螺旋酶4和DOT 1-like组蛋白H3甲基转移酶。因此，母亲在怀孕前、怀孕期间和哺乳期间的HFD可能会引起表观基因组的一致变化，这可能会对后代的健康产生持久的影响。

3. 生命早期能量摄入与表观遗传

动物模型中的热量限制是通过胎盘动脉结扎或整体热量限制来完成的。大鼠双侧胎盘动脉结扎已被广泛用作胎儿营养和氧气可用性降低的模型。这个手术过程不仅会诱发全基因组胎儿肝脏的DNA低甲基化，并且会影响后代特定位点的组蛋白编码。Nüsken等在大鼠身上比较了引起低出生体重和IUGR的两种常见的原因包括手术子宫动脉结扎和蛋白质限制以及对胎儿基因表达的影响，结果发现两者产生的表型存在显著差异。说明IUGR对胎儿和胎盘基因表达的影响取决于低出生体重的原因，而不是低出生体重本身。虽然这些急性和严重的外科干预不能与任何饮食方案完全比较，但是，对理解因胎盘功能障碍/胎盘功能不足而导致的胎儿的营养和氧气供应减少对后代发育程序的影响，提供了一个有价值的研究模型。

（1）生命早期能量限制与DNA甲基化变化　能量摄入不足也常用于母体营养不良的研

究，其中运用胎盘动脉结扎技术居多。Lueder 等将小鼠胎盘两侧动脉结扎以模拟母体养分供应不足，结果表明胎儿肝脏中基因组存在广泛的甲基化变化。在大鼠中，妊娠最后 1 周 50% 的能量限饲可降低胎儿骨骼肌中 *Glut4* 基因的表达量。Glut4 蛋白能够刺激胰岛素分泌，促进外周组织吸收葡萄糖。因此，*Glut4* 基因表达的改变导致胰岛素耐受并引发糖尿病。在狒狒妊娠早期，30% 的能量限饲降低了胎儿肾脏 DNA 的甲基化，而在妊娠末期，则增加了肾脏和额前叶全基因组 DNA 的甲基化程度。后续研究发现，胎儿肝脏中糖原酶 PCK1 启动子的甲基化降低，*PCK1* 基因表达增加。母体中度的营养限饲能够引起特定器官以及特定妊娠阶段 DNA 甲基化的改变，这些变化可能会对胎儿器官发育产生长期影响，并可能导致日后生活中的代谢功能障碍。

Park 等研究发现，大鼠子宫内营养不良会导致胰岛细胞内 *Pdx1* 表达量降低（Park 等，2008）。另外陆续报道的有肝脏中特异性双磷酸酶（*Dusp5*）和 7α– 胆固醇羟化酶（Cyp7α1）、海马体中 *Dusp5* 和 *GR* 基因、2 型肾脏中 *Hsd11β2*、肺脏中 *PPARγ* 等基因的表达量由于动物胚胎时期能量受限导致子代的表观修饰变化而降低。

与低蛋白质饮食相似，这些先前所描述的基因可能导致代谢综合征的不同方面。例如，*Pdx1* 是调节胰岛 β 细胞分化的关键转录因子。因此，改变 *Pdx1* 表达可能导致胰岛 β 细胞功能障碍和糖尿病。另一方面，Dusp5 是 MAPK 信号通路中的一种蛋白质，可以调节胰岛素信号。因此，Dusp5 表达的改变可能会诱导组织特异性胰岛素抵抗，最终导致全身胰岛素抵抗和糖尿病。总之，所有这些数据清楚地证明，在啮齿类动物模型中，妊娠营养的改变可能通过改变组蛋白标记诱发代谢相关位点的染色质重塑。

（2）生命早期能量摄入不足与组蛋白调控　在大鼠中，妊娠中后期和哺乳期 50% 的采食量限饲可引起成年大鼠骨骼肌 H_3K14 去乙酰化和 H_3K9 甲基化，降低 *Glut4* 基因的表达量。在母鼠孕期实行 50% 的采食限制，会导致胎儿肝脏中 *IGF1* 基因位点上 H_3K4me2 的丰度降低，提高了成年肥胖小鼠 *IGF1* 基因位点上 H_3K4me3 的丰度，上调了 *IGF1-A*、*GF1-B*、IGF1 外显子 1 和外显子 2 mRNA 的表达量，使新生小鼠补偿生长加快，增加了患糖尿病的风险。

（3）母亲营养过剩对后代 miRNA 调控的影响　母亲营养过剩会极大地影响胎儿 miRNA，这些 miRNA 可以靶向关键的发育蛋白，导致以后的生活中出现肥胖和糖尿病等疾病。在许多母亲营养过剩的动物模型中，miRNA 已被证明在后代的肝脏、心脏和骨骼肌等多种组织中受到不同的调控。

最近一项针对肥胖母羊的研究表明，孕产期高热量饮食增加了胎儿肝脏 miR–29b、miR–103 和 miR–107 的表达水平，从而降低了 IR、Akt2（仅在雌性后代中）、Ser473 磷酸化 Akt 和 Thr24 磷酸化 FoxO1 的表达，以及降低了 11βHSD1、PEPCK–C、PEPCK–M 在 4 月龄子代中的表达。此前有报道称，在糖尿病啮齿动物模型和人类的不同组织中（肝脏、胰岛 β 细胞、肾、骨骼肌和脂肪组织）miR–29b 表达水平升高，在被诊断为 T1DM 的儿童患者的血清中也观察到 miR-29a 水平的升高。3T3-L1 细胞中 miR-29b 的增加通过抑制 Akt 活化来抑制胰岛素刺激的葡萄糖摄取，提示胰岛素抵抗。对肥胖母羊的研究表明，妊娠期高热量饮食可能对后代肝脏葡萄糖摄取产生负面影响。母体肥胖也降低了肝脏中组成型表达的 PEPCK-M，表明这些羊羔的基础糖异生能力降低。miR-103/107 在调节胰岛素敏感性中起关键作用，羊羔肝脏中 miR-103/107 的增加表明肥胖母羊出生的羔羊可能存在胰岛素信号通路受损。

营养过剩的母羊，胎儿肌肉的肌肉生成受损，脂肪生成增加，并伴有慢性炎症。对妊娠中期胎儿背最长肌的 miRNA 芯片分析显示，与对照组相比，肥胖胎儿有 155 个 miRNA 的表达差异。在这些 miRNA 中，Let-7g 在肥胖母羊的胎儿肌肉中显著降低，这与其靶基因肿瘤坏死因子受体超家族成员 4 和卵泡抑素（FST）表达增加有关。Let-7g 在干细胞增殖和分化中，特别是在脂肪形成中，发挥重要作用。FST 是一种肌生成抑制素结合蛋白，抑制肌生成抑制素的活性，诱导附属物增殖，进而导致肌肉肥大。与对照组相比，肥胖母羊胎儿肌肉中 Let-7g 表达下调，从而促进 FST 表达，导致胎儿肌肉重量较高。Let-7g 也影响脂肪形成，在体外间充质干细胞中过表达 Let-7g 可降低成脂标志物的表达。这项研究的结果也涉及 Let-7g 在炎症中的作用。肥胖母羊胎儿肌肉中 TNF-α 和 IL-6 mRNA 表达上调，表明 Let-7g 在炎症反应中的作用。因此，Let-7g 可能是连接肥胖、炎症和脂肪组织发育的关键介质。

炎症信号最近被认为是一种表观遗传介质。最近的一项小鼠研究表明，断乳期，母亲高热量饮食通过调节肝脏 miRNA 表达和增加后代肝脏炎症标志物而损害子代谢健康。高热量喂养小鼠后代肝脏的 miR-615-5p、miR-3079-5p、miR-124* 和 miR-101b* 表达下调，而 miR-143* 表达上调。高热量喂养的母亲的后代肝脏中 TNF-α 和丝裂原活化蛋白激酶 1（MAPK1）等促炎因子的 mRNA 和蛋白质水平增加。此外，miR-101b* 也靶向 TNF-α 和 MAPK1，其可能在肝脏炎症的发生发展中起中介作用。综上所述，这些结果表明，母亲高热量饮食诱导了断乳期后代的炎症状态，同时因为低级别炎症与 T2DM 相关，母亲的高热量饮食也间接损害了后代的代谢健康。

（4）新生儿过度喂养　营养对表观基因组的影响不仅局限于子宫内，而且延伸到新生儿早期。哺乳期也是代谢疾病发育诱导的关键时期。过度喂养会通过改变机体表观遗传模式来影响相关基因的表达，特别是在动物或人初生时期，早期采食过度是成年后产生肥胖症的重要因素之一。在下丘脑，瘦素触发特定的神经元亚群，如阿片－促黑素细胞皮质素原（proopiomelancortin，POMC）和 NPY，并激活一些细胞内信号事件，导致食物摄入减少和/或能量消耗增加。POMC 在食物摄入和能量平衡中的重要作用可以通过导致肥胖表型的 *POMC* 基因突变表现出来。在小鼠模型中，靶向阻断 *POMC* 基因可导致嗜食和低氧消耗，导致脂肪量增加和肥胖。

在啮齿类动物中，出生前暴露于糖尿病环境或出生后早期暴露于糖尿病环境会导致下丘脑结构的显著变化，下丘脑中枢神经肽对营养增加信号的敏感性降低，中枢对周围饱腹感信号的抵抗。对新生小鼠进行强饲发现，其下丘脑 *Pomc* 基因启动子区域甲基化作用明显增强，*Pomc* 基因表达持久性地受到抑制，促进动物采食和脂类沉积，这也是部分代谢综合征的患病机制之一。新生动物营养过剩会提高其下丘脑中胰岛素受体基因启动子的甲基化作用，这种变化往往会诱导下丘脑胰岛素抵抗，从而促进代谢疾病的发生。新生小鼠的过度喂养也会引起成年个体肝脏 DNA 甲基化的永久性改变。营养过剩对下丘脑功能的影响不仅在啮齿动物中观察到，在绵羊中也观察到。

综上所述，发育早期的营养可以通过表观遗传修饰引起体细胞基因表达的永久性改变：①母亲营养不良影响胎儿的表观基因组；②一些在早期发育过程中形成的表观遗传标记在成年前保持稳定；③围产期营养不良可引起整体和位点特异性的表观遗传修饰。

二、生命早期微营养素对表观遗传修饰的影响

1. 孕期一碳代谢物对生命早期表观遗传的影响

一碳代谢是主要的代谢网络之一，叶酸通过其生物作用来调节 DNA 甲基化。参与一碳代谢的物质包括叶酸、维生素 B_{12}、维生素 B_6、核黄素（维生素 B_2）、胆碱、甜菜碱等。叶酸、胆碱和甜菜碱作为一碳单位，能够直接或间接地提供甲基，从而影响 DNA 和组蛋白的甲基化，改变基因的表达。而维生素 B_{12}，作为一碳单位进入一碳循环的关键酶，也能对基因的表达产生影响。给孕期小鼠补充叶酸、胆碱、维生素 B_{12} 等甲基供体可以增加子代 agouti 基因甲基化水平，使 agouti 蛋白表达减少，引起子代小鼠的皮毛颜色改变，同时预防成年期肥胖的发生。母亲摄入与 1- 碳代谢有关的营养物质可诱导后代 DNA 甲基化和基因表达的分级变化，并具有累积效应，持续到成年。由于一碳循环在体内营养物质代谢中的重要性，许多学者研究了饲粮中提供甲基供体对 DNA 甲基化的影响。

（1）叶酸对生命早期表观遗传的影响　叶酸是一种 B 族维生素，在体内经叶酸还原酶的作用，还原成具有生理活性的四氢叶酸，作为一碳单位的载体参与嘌呤和胸腺嘧啶的合成，促进细胞的增殖、组织生长和机体发育，其中 5,10- 亚甲基四氢叶酸可转化一碳单位给脱氧尿苷一磷酸从而生成 dTMP，而这一过程对于 DNA 序列的精准十分重要。dTMF 合成受阻会导致尿嘧啶核苷过量掺入 DNA，产生碱基错配、DNA 断裂等 DNA 损伤等。叶酸在体内代谢所涉及的酶主要有二氢叶酸还原酶（DHFR）亚甲基四氢叶酸还原酶（MTH-FR）、甲硫氨酸合成酶（MS）等。这些酶的编码基因通过改变酶活性而影响叶酸及一碳单位在体内的代谢，从而影响发育过程。在孕鼠中这些酶的编码基因部分缺失可导致胎鼠脊柱裂的发生。

叶酸缺乏能够引起 *mESC* 基因组染色质开放性结构变化，涉及器官形成、细胞周期调控等重要发育基因及生理代谢通路相关基因，可能引起后续基因表达调控改变。

小鼠孕期和哺乳期叶酸缺乏会造成子代小鼠小肠组织全基因组 DNA 甲基化水平显著下

降，并降低出生体重，而且这种改变将会一直持续到成年期。而在断乳后，即使将日粮中的叶酸水平提高，由于前期叶酸的缺乏造成的低 DHA 甲基化现象也不会得到缓解。另一方面，叶酸缺乏与炎症介质如白细胞介素 IL-β、IL-6、肿瘤坏死因子 -α（TNF-α）和单核细胞趋化蛋白 -1 在小鼠单核细胞 RAW264.7 中的表达增加有关。这与叶酸在预防炎症反应中的有益作用是一致的。

妊娠期母亲叶酸水平达标可降低未来儿童肥胖风险，尤其是出生时母亲肥胖的儿童，且母亲叶酸水平和儿童肥胖呈“L”型关系。叶酸水平最低时，儿童肥胖风险最高。当叶酸水平达到约 20nmol/L，即成人的正常叶酸水平时，叶酸水平的进一步升高不会带来更多的获益。

在孕产期母亲每天服用 400μg 叶酸的儿童与母亲未服用叶酸的儿童的外周血细胞中，也检测到 *IGF2* 基因中 5 个 CpG 位点的甲基化改变。对高同型半胱氨酸血症患者的研究也支持叶酸治疗可以改变特定基因甲基化状态的观点。对正常和患病者白细胞甲基化水平的比较显示，高同型半胱氨酸血症患者总 DNA 低甲基化水平升高；然而，使用叶酸治疗患者发现，除了纠正基因表达模式外，还可以将甲基化恢复到正常水平。同样的，给予断乳后小鼠叶酸补充饮食（约正常饮食叶酸含量的 2.5 倍），结果显示在其肝脏位点特异性 CpG DNA 甲基化水平显著降低。这可能是，叶酸补充抑制了亚甲基四氢叶酸还原酶的活性，因此减少了 5- 甲基四氢叶酸的形成，导致了 DNA 的低甲基化。另外一个可能机制是，FA 补充通过下调 DNMTs 的表达而诱导了 HFD 小鼠脂肪组织的 DNA 低甲基化。

但是也有研究显示，早期的叶酸缺乏在断乳后期补饲叶酸时，不能弥补由早期叶酸缺乏造成的低 DHA 甲基化，如肝脏的 *PPARα* 和 *GR* 甲基化增加，而肝脏和脂肪组织的胰岛素受体启动子基因甲基化会减弱。分别在孕期及断乳后对动物进行饮食干预发现，在孕期补充高水平叶酸（5mg/kg）显著地降低了乳腺基因组 DHA 的甲基化，在断乳后补充叶酸显著降低 DHA 甲基转移酶的活性，这些变化均会显著增加子代患乳腺腺癌的风险，但需要注意的是，这种促进作用表现为增加后代对化学诱导的乳腺癌致癌作用的敏感性。因为在使用相同高剂量的叶酸后，子代自发性乳腺癌发生率出现下降。另一项研究也表明孕期补充叶酸（相当于北美地区叶酸强化后的平均总摄入量以及推荐给育龄妇女的叶酸摄入量）可增加整体 DNA 甲基化、减少结肠上皮细胞增殖和 DNA 损伤，降低子代结直肠腺癌的发生风险。

通过以上研究发现，叶酸的缺失或补充对组织器官基因引起的效应并不是简单的降低或升高 DHA 甲基化，在不同组织中缺失或补充引起的效应并不确定，具有一定的基因特异性，而断乳前叶酸缺失造成的影响，在后期的生长发育过程中再补充叶酸对 DHA 甲基化造成的影响，不同的研究结果还存在差异。

叶酸还可以通过表观遗传机制影响后代出生后的神经发育和长期的认知表现等。近年来，人们越来越关注母体叶酸状况、DNA 甲基化对后代神经发育的影响。动物研究显示，叶酸摄入不足引起DNA甲基化的改变从而导致胎儿大脑发育受损。Chang等在分析了神经管畸形胚胎与正常对照胚胎的组织甲基化水平与母体叶酸水平的关系后发现，神经管畸形胚胎脑的整体甲基化水平较正常对照组要低，且母亲的叶酸水平与胚胎的甲基化水平呈现相关关系。但其他组织的甲基化状态和模式却与脑组织表现截然不同。此结果表明选取的研究对象不同，不同组织的DNA甲基化水平表现也存在差异。目前有关母体叶酸暴露与后代神经发育的关联尚不一致，这可能是由于已发表研究之间的方法学差异，包括引起表观遗传变化所需的叶酸剂量、补充时间、叶酸形式以及基因型和受影响的基因组区域的差异等。此外，在不同生命阶段或健康状况等条件下，叶酸对DNA甲基化的调节机制不同。因此，需要更多关于叶酸对DNA甲基化影响的研究，以进一步探讨叶酸对婴幼儿发育产生影响的作用机制。

人群研究中，基于叶酸在预防神经管畸形方面的作用，许多国家，如加拿大和美国已经实施了叶酸强化谷物产品，以减少出生缺陷的发生率。目前我国尚未实施叶酸强化政策，且中国传统烹饪方式使食物中的天然叶酸损失较多。加之我国人群常见的叶酸代谢基因多态性，如亚甲基四氢叶酸还原酶（MTHFR）C677T位点突变，使得MTHFR酶稳定性下降，从而降低了叶酸利用率。因此，在我国孕期叶酸补充显得尤为重要，国家卫生健康委员会建议育龄女性应从怀孕前三个月（备孕期）到怀孕后三个月（孕早期）补充叶酸400μg/d。

（2）胆碱对生命早期表观遗传的影响　胆碱的缺乏与记忆功能的衰退有关，母体日粮中胆碱水平对后代脑部组织发育十分重要，母源胆碱通过DNA甲基化状态调节神经系统的生长发育。Niculescu等在妊娠12~17d分别用胆碱含量正常或不足的饲料饲喂C57BL/6小鼠，在胚胎17d采集胎脑，发现小鼠胚胎期母体日粮中胆碱含量偏低会导致胎儿海马神经上皮层基因组DNA甲基化程度显著降低，蛋白激酶抑制因子3（*Cdkn3*）基因组DNA甲基化水平也显著降低，激酶相关磷酸酶（Kap）和p15INK4b（两种细胞周期抑制剂）的蛋白水平升高，表明胆碱缺乏诱导的基因甲基化变化可能介导细胞周期调节剂的表达，从而改变大脑发育。胆碱缺乏对神经元细胞的表观遗传状态和脑部血管内皮细胞及血管的发生产生深远影响。孕期母体日粮中缺乏胆碱，会造成调节血管生成因子–血管内皮生长因子以及血管生成素基因启动子附近出现甲基化程度降低的现象，血管内皮细胞的增殖降低32%，海马血管数量减少25%。

越来越多的证据表明，胆碱的最佳膳食摄入有助于胎儿发育。孕妇在怀孕期间补充胆碱可以改变胎儿肝脏和大脑中的组蛋白和DNA甲基化，显示出有助于长期发育的表观遗传机制。对胎盘功能受损的小鼠（Dlx3+/–）在交配前5d开始补充不同剂量（1、2、4倍）的胆碱，其中4倍胆碱剂量可以增加妊娠早期和中期的胎鼠和胎盘的质量，尤其在中期更为显著，这为胆碱作为治疗IUGR、胎盘功能不全的潜在应用前景提供了依据。在美国，胆碱摄入量为最低摄入人群的1/4的孕妇与胆碱摄入量为最高摄入人群的1/4的孕妇相比，生下有先天缺陷的婴儿的风险增加了4倍。考虑到胆碱对胎儿大脑血管生成的影响，人类对胆碱的饮食需求增加，饮食中胆碱摄入不足成为一个潜在的公共卫生问题。

（3）维生素 B_{12} 对生命早期表观遗传的影响　维生素 B_{12} 主要通过以钴胺素传递蛋白为载体在血液中运输，并且直接或间接参与一碳循环过程影响表观遗传过程。

怀孕期间孕妇血清维生素 B_{12} 水平升高与机体健康状态相关，新生儿血清中维生素 B_{12} 水平高与胰岛素样生长因子结合蛋白 3 甲基化降低有关，胰岛素样生长因子结合蛋白 3 在胎盘及胎儿生长发育过程中起重要作用。另一方面，缺乏维生素 B_{12} 会导致整体的低甲基化，维生素 B_{12} 与叶酸一起参与了甲硫氨酸和 *S*– 腺苷甲硫氨酸的合成，这是维持 DNA 甲基化模式通常需要的供体。

母羊饲喂维生素 B_{12}，其后代体重更重和体型更大，对照组 90d 胎儿肝脏 88% 的基因位点表现出甲基化程度降低，说明维生素 B_{12} 的缺乏不仅会造成 F_1 代的表型发生改变，甚至出现 DNA 甲基化水平的变化。限制母羊妊娠期日粮中的维生素 B_{12}，其后代 1400 个 CGI（CpG 岛）中 4% 位点的甲基化状态发生了改变。

然而，在动物模型中，在子宫中暴露于添加了甲基供体的母体饮食也显示出了意想不到的影响，如增加了过敏性气道疾病的易感性。特别是，补充叶酸、维生素 B_{12} 和胆碱的母亲所生的小鼠出现过敏性气道炎症的概率明显更高，这是由于成骨特异性转录因子 3（Runx3）基因过度甲基化引起的。Runx3 是诱发哮喘样疾病的 T 淋巴细胞分化的中介物。因此，甲基化可能是一把双刃剑，这一发现与人类流行病学证据相一致，即围产期补充叶酸和 18 个月时哮喘风险增加之间存在显著关联。

2. 其他维生素对生命早期表观遗传的影响

维生素 A 的作用主要通过其体内活性代谢产物视黄酸（RA）介导两大类视黄酸核受体 RARs 和 RXRs 调控靶基因表达。极化活性带（ZPA）是胚胎发生过程中肢芽后部间充质的一个特定区域，能确定前后（A–P）轴极性。ZPA 中含有丰富的 RA，因此 RA 极可能是控制肢芽发育前后轴极性的信号分子。底板细胞内视黄醇结合蛋白（CRBP）的表达水平比神经管其他区域高得多，推测 RA 可能直接影响发育中的中枢神经系统细胞的分化模式。RA 使神经嵴细胞来源的胚胎交感神经元表现出活性增强和轴突外生；使神经嵴细胞的衍化物背根神经节细胞出现轴突生长。胚胎形成过程中需要 RA 参与尾部的菱脑及其相关结构的发育。过多维生素 A 可能通过过度激活正常部位的维甲酸受体或者激活异位的维甲酸受体来干扰视黄酸信号系统从而产生畸形，也可能通过作用于其他基因表达调控因子而影响靶基因的表达而产生畸形。而近年来越来越多的研究结果表明，维生素 A 的体内中间代谢产物，可通过诱导一系列基因的甲基化过程，从而以表观遗传的方式参与基因的调控。

维生素 C 也可通过表观遗传修饰途径影响胚胎干细胞。Blaschke 等发现维生素 C 可提高小鼠胚胎干细胞中 TET 蛋白的活性，提高小鼠胚胎干细胞基因组整体的 5– 羟甲基胞嘧啶水平，以及一些生殖系相关的基因启动子的羟甲基胞嘧啶水平，并促进这些基因的表达，使胚胎干细胞表现出囊胚样的状态。另有研究报道，维生素 C 还可通过促进 JAK/STAT2 信号通路中STAT2的磷酸化程度，促进Nanog表达，维持胚胎干细胞的多能性网络。

维生素D代谢的变化与胎盘组织中甲基化模式的改变有关，可能会影响妊娠结局和严重的产科综合征的发展。口服后，维生素D_3经历肝脏和肾脏羟基化，从而转化为其生物活性形式［$1,25-(OH)_2-D_3$］，它进入细胞并与类维生素A受体结合，形成异源二聚体，与维生素D反应基因结合并调节其转录和翻译（Orlov等，2012）。胎盘有一个功能性的维生素D内分泌系统，表达维生素D受体并允许维生素D以其活性形式在局部转化。具有生物活性的维生素D可因维生素D羟化酶启动子区发生甲基化而活性受抑，从而导致胎盘功能不全，诱发先兆子痫等。维生素D缺乏和子痫前期风险增加之间有潜在联系。

3. 矿物质元素对生命早期表观遗传的影响

研究表明DNA甲基化水平与矿物质元素有密切的关系，矿物质元素产生大量氧自由基，使DNA氧化损伤，然后干扰DNMTs与DNA交互作用，导致DNA甲基化状态改变。研究发现在孕期高脂日粮的基础上添加硒，会造成后代小鼠肝脏全基因组DNA甲基化水平显著降低。大鼠妊娠期间镁的缺乏会造成后代小鼠肝脏*Hsd11β2*基因表达水平显著降低，并伴随着*Hsd11b2*基因启动子区超甲基化。锌也可能参与甲基化的生成与调节，即通过参与Dnmt和HDAC等表观修饰酶的构成而影响表观遗传修饰调控过程。*N*–氨甲酰谷氨酸、精氨酸则可能通过影响miRNA（包括miR–15b/16、miR–221/222）的表达而影响胎盘血管的生成与形成。由于其在DNA甲基化中的作用，锌的状态可以对表观基因组产生根本性的影响。特别是在宫内生活和儿童时期，缺乏它可能会改变启动子甲基化，导致免疫失调，从而导致慢性炎症的发展和增加心血管风险。相反，动物研究的证据表明，孕期补充锌与肠道细胞中较低的DNA甲基化程度有关，而这反过来又能对肠道黏膜产生抗炎作用。

锰是胎儿生长发育的必需元素之一，其过度摄入或缺乏均可导致疾病产生。通过检测锰暴露胎儿的指甲和胎盘，分析CpG岛甲基化改变与锰剂量之间的关系后，发现713个等位基因的CpG岛DNA甲基化程度与锰的剂量呈依赖关系，其中包括胎盘血管生成相关的VEGF、滋养层细胞分化及胎盘发育相关的PARP1和NEUROD1、先兆子痫相关的CYR61。说明锰在胎盘的富集可能通过表观遗传机制改变胎盘的功能。

总之，这些发现表明，在胎儿发育的关键时间点进行特定的饮食干预，可能会对健康和疾病产生不同的、意想不到的长期后果。

三、环境因素对生命早期表观遗传的影响

1. 重金属

重金属镉在环境中普遍存在。孕期镉暴露可致母血全基因组DNA高甲基化和胎儿血全基因组DNA低甲基化；另一研究报道发现，镉暴露可致母血81个基因高甲基化、11个基因低甲基化，胎儿血90个基因高甲基化、1个基因低甲基化。在一项对鸡胚镉处理的研究

中发现，参与胚胎从头甲基化的 DNMTs（包括 DNMT3A、DNMT3B）均出现表达降低，这种降低会影响哺乳动物胎盘形成。

越来越多的证据表明，镉在生命的胚胎时期也会产生毒性，会导致胎儿生长受限，DNA 甲基化改变可能是重要的机制之一。孕妇高镉暴露水平会增加 SGA 或头围降低的婴儿分娩概率，这种关联在胎盘 PCDHAC1 启动子 DNA 甲基化水平较低的人群中更为显著，而原钙黏蛋白（PCDH）是构成钙黏蛋白细胞黏附分子的最大亚家族，*PCDH* 基因主要以其在神经元中的功能而闻名，并进一步提示，孕妇高镉暴露，可能导致 PCDHAC1 启动子低甲基化，影响胎儿生长和神经发育，并且母体镉和 CpG 甲基化之间的关系会随锌和铁浓度的变化而变化。因为锌和铁是许多表观遗传修饰必不可少的辅助因子，而镉可能与这些必需金属竞争结合转运蛋白分子，因此锌可以通过改变 DNA 的表观遗传修饰减轻镉的不利影响。

妊娠母体接触不足以引起母体任何症状剂量的氯化甲基汞（MMC），其出生后的幼儿出现智能低下，精细行为和运动障碍，神经发育迟缓等症状，而且这种损害是广泛而长期的。研究认为，造成认知功能障碍的主要原因是不可逆的脑海马受损。母鼠妊娠期长期接触甲基汞，其后代小鼠的反应迟钝，且后代海马区的脑衍生神经营养因子 BDNF 启动子Ⅳ区的甲基化水平高于对照组。另外，重金属三价铬暴露可使父系基因组表观遗传修饰改变，父本精子 *45S rRNA* 基因显著低甲基化，血清甲状腺激素增加，并通过生殖细胞发生跨代遗传效应，增加子代各组织肿瘤的发生风险。

2. 化学污染物暴露对生命早期表观遗传的影响

产前暴露于化学食品污染物（如邻苯二甲酸盐和双酚 A）的表观遗传影响尚处于早期阐明阶段。邻苯二甲酸酯是普遍存在的增塑剂，主要用于制造聚氯乙烯产品，食品包装和接触材料是食品污染的主要来源。邻苯二甲酸盐已被证明是内分泌干扰化合物，并被认为干扰表观遗传程序。在大鼠模型中，分别通过母体和食物来源暴露，发现胎儿和出生后的污染会降低成年雄性后代的睾酮和醛固酮水平以及雌性后代的雌二醇水平。动物实验研究结果显示出母体暴露邻苯二甲酸盐的子代 $CD4^+$ T 细胞中整体 DNA 高甲基化显著增加，增加后代过敏性气道炎症的风险，这有助于阐明在产前和产后早期接触邻苯二甲酸酯后观察到的过敏性气道疾病风险增加的表观遗传机制。双酚 A（BPA）是一种广泛使用的有机化工原料，是苯酚和丙酮的重要衍生物，主要用来合成环氧树脂。BPA 的污染模式与邻苯二甲酸盐类似。根据来自动物模型的证据，产前和围产期 BPA 暴露已被发现会导致特定的表观遗传变化，导致应激反应受损和更高的乳腺癌发病率。

3. 其他

尼古丁在孕妇吸烟或被动吸烟过程中极易被摄入，直接扰乱胎盘功能，例如影响绒毛膜滋养层细胞的迁移与侵袭等。并且尼古丁可致胎盘相关基因 DNA 甲基化的显著改变，还可以引起全基因组甲基化修饰的改变，改变胎盘正常表观遗传修饰，增加胎儿出生后对心血管疾病、糖尿病等的易感性。

饮酒也是一个重要的影响因素，妊娠期间饮酒可致母胎乙醇暴露。在乙醇暴露的小鼠模型中，胎盘 *H19* 印记基因控制区的 DNA 甲基化因乙醇暴露而出现缺失，*H19* 印记基因控制区的紊乱可能与胎儿生长发育迟缓机制有关。在针对孕期暴露于乙醇的人胎盘组织甲基化水平的检测中即发现，LINE-1 与 AluYb8 的甲基化水平表现异常。上述研究均说明乙醇暴露可致胎盘功能基因的表达改变，从而引起胎盘功能异常。

四、生命早期营养和微生物菌群、表观遗传的关系

新生儿期和婴儿期是肠道菌群建立的重要时期。婴儿的肠道微生物一直处于动态的、非随机的变化过程。随着时间延续，不同个体间的多样性逐渐降低，个体内菌群组成则逐渐复杂。平均在 2.5~3 岁时，会发展成为稳定的成人菌群结构。肠道微生物群在建立和维持健康的免疫反应中起着关键作用。共生细菌在婴儿肠道的延迟定殖或微生物群谱的改变被认为是免疫介导的慢性疾病（如过敏和自身免疫性疾病）发展的强烈危险因素。生命早期是影响生长发育及免疫系统建立的关键时间窗，这一时期菌肠道微生物群的早期环境可能会改变其组成，使其更具有致病性，进而持续到成年，对健康和疾病产生长期影响。

在肠道细菌影响人类健康的可能机制中，表观遗传修饰占上风。孕产妇营养状况可能影响表观遗传重编程过程以及早期肠道微生物组建立，从而影响脂肪形成和脂肪代谢相关基因表达导致成年后肥胖以及肥胖相关的代谢性疾病的易感性差异。

早期母体饮食、微生物组和表观基因组可能相互作用，并建立一种复杂的串扰机制，有助于启动对环境因素响应的发育可塑性。母亲不同的饮食可能导致建立不同的微生物学和表观基因组概况，从而导致不同的健康结果，如预防效果或随后对疾病或失调（包括晚年肥胖）的易感性。个体间饮食习惯的差异直接影响了孕妇及新生儿肠道微生物的组成。有研究发现，母亲孕期高脂饮食，其后代的胎粪拟杆菌属含量较少，并且这种菌群结构的差异一直持续到新生儿 6 周之后。而拟杆菌属的缺乏可能对新生儿免疫系统的发育产生重要影响。孕期增加水果的摄入可能增加阴道分娩婴儿体内链球菌与梭菌的比例，孕期乳制品的摄入则与剖宫产婴儿体内梭菌属的增加有关。另外一项针对超重和肥胖孕妇的研究发现，孕期内膳食纤维的低摄入会促进柯林斯菌的增长，而增加膳食纤维的摄入则能促进产短链脂肪酸的有益菌的生长。孕期母亲的体重不仅和自身肠道菌群结构相关，还可能影响新生儿的菌群组成和体重变化。不同体重的孕妇肠道内的微生物组成也不相同。相比厚壁菌门占优势的女性，肠道菌群中拟杆菌门占优势的女性孕期体重增长更多。

微生物从饮食中产生的生物活性代谢物如叶酸、丁酸、多酚、乙酸和乙酰 CoA 也可能参与表观遗传过程的调控。例如丁酸，它是一种可以影响组蛋白修饰过程的组蛋白去乙酰化酶，研究表明丁酸盐的产生可以通过表观遗传学调控肥胖相关基因 *PPARγ* 和干扰素 -γ 的表达来影响代谢。此外，丁酸盐可以通过调节叶酸的产生来调节甲基供体的可用性，从

而影响 DNA 甲基化过程。因此，肠道菌群失衡导致丁酸产量下降可能导致后代表观遗传谱失调。这表明饮食，特别是产前、产妇、产后早期等关键时期的饮食与早期生物群落的建立、表观遗传概况和进一步的健康结果之间存在关键联系。

随着生命早期菌群建立研究的深入，如何通过干预影响生命早期菌群建立的相关因素，促进生命早期健康菌群建立，减少相关疾病发生，以实现对全生命周期健康的促进，对母胎医学研究者提出了新的挑战。

本章小结

越来越多的证据表明，生命早期营养可以通过改变基因的表观遗传调节，诱导后代持续的代谢和生理变化，导致后代对疾病的易感性。环境影响表观基因组的能力可能使生物体通过调节其基因的表达及其所控制的过程来适应其环境。当甲基化标记被建立时，表观基因组似乎在生命早期最容易受到环境因素的影响。然而，同样清楚的是，即使在成年期，环境也可以改变 DNA 甲基化，这表明这些表观遗传过程是终身适应机制的一部分。初步研究还表明，有可能在生命早期甚至在外周组织中检测这些改变的表观遗传标记，并使用这些标记作为潜在的预测性生物标志物来识别那些疾病风险增加的个体。然而，我们仍然需要了解许多因素和机制，以完全理解发育诱导表观遗传标记对后期表型和疾病风险的确切贡献。例如，母亲的营养状况是如何引起后代的表观遗传变化的？什么是关键的发展时期？是什么使一个 CpG 稳定，另一个 CpG 易受环境影响，这在生命过程中会改变吗，它是依赖于组织的吗？干预能针对特定的表观遗传标记吗？了解表观遗传学、环境和疾病易感性之间的关系，就有可能在慢性疾病的预防和治疗方面取得真正的进展，并阻止目前在世界各地可见的非传染性疾病的迅速增长。

思考题

1. DNA 甲基化对营养素代谢有哪些影响？
2. miRNA 和 lncRNA 对机体营养素代谢有什么影响？作用机制是什么？
3. 生命早期发育相关理论有哪些？
4. 食品营养及卫生因素对生命早期发育有哪些影响？

第十章
营养素与基因交互作用在代谢性疾病防治中的作用

学习目标

1. 掌握营养素与基因交互作用的关系。
2. 了解生命早期营养对成年后相关疾病的影响。
3. 掌握营养素与基因交互作用对常见代谢疾病的关系。

第一节 营养素与基因的交互作用关系

一、营养素与基因交互作用

10–1 思维导图

营养与基因的交互作用非常复杂，动物采食后，营养物质进人体内，会进行不计其数的新陈代谢反应，其中也包括多种方式的基因反应，从而影响着基因的变异和基因表达水平的改变。同时，由于动物基因本身的不同以及基因激活和调控上存在的差异，导致对营养也有不同的要求。营养素虽然在短时间内不能改变这种遗传学命运，但可通过营养素修饰这些基因的表达，从而改变这些遗传学命运出现的时间进程。

在过去相当长的一段时间内，对营养素功能的认识一直停留在生物化学、酶学、内分泌学、生理学和细胞学水平上。虽然已认识到营养素可调控细胞的功能，但一直认为主要是通过调节激素的分泌和激素信号的传递而实现的。直到20世纪80年代，才认识到营养素可直接和独立地调节基因表达，从而对营养素功能的认识深入到了基因水平。因此，深入研究营养素对基因表达的调控不仅对预防疾病、促进健康和长寿有十分重要的意义，而且将重新、全面、深入地认识营养素的功能。营养素与基因的交互作用关系的研究内容主要体现在两个方面，①营养素影响某种特定基因或蛋白质的表达（表10-1）；②与营养相关的基因表达谱的研究（表10-2）。

二、营养素与基因交互作用在疾病发生中的作用

远在古代时期，国内外的哲学家和医学家就认识到遗传因素和环境相互作用，共同影响着人类的健康和疾病的发生，其中营养素作为环境中的重要因素之一，它与遗传因素——基因相互作用导致疾病的证据，可从整个人类社会进化过程中，遗传因素进化落后于营养因素变化的矛盾中找到一些蛛丝马迹，还可从现代分子遗传学、分子流行病学和分子营养学中找到一些线索。

表10-1 介导营养素与基因交互作用的转录因子途径

	营养素	化合物	转录因子
宏观营养素	蛋白质	氨基酸	C/EBP
	碳水化合物	葡萄糖	USF，SREBP，ChREBP
	脂肪	脂肪酸	PPAR，SREBP，LXR，HNF4，ChREBP
微量营养素	维生素	胆固醇	SREBP，LXR
		维生素D	VDR
		维生素E	PXR
	矿物质	Ca	神经钙蛋白（Calcineurin）/NF-AT
		Fe	IRP1，IRP2
		Zn	MTF1
其他食物成分		异黄酮	ER，NF-κB，AP1
		外源性化学物质	PXR

表 10-2　与营养相关的基因表达谱的研究

研究的科学问题	关键词	来源	器官
衰老与能量限制	能量限制对衰老相关基因表达的逆转	小鼠	骨骼肌和脑
		小鼠	肝脏
		小鼠	心脏
		小鼠	脑
代谢综合征	胰岛素抵抗	人	骨骼肌
糖尿病	DNA 甲基化	人	多种
	TGF	人	胰腺
某种转录因子的作用	HNF1	小鼠	肝脏
	HNF4α	小鼠	肝脏
	LXRα	小鼠	脂肪组织
	PPARα	小鼠	肝脏
	MTF1	小鼠	胎肝
营养素对基因表达的调控	锌	大鼠	肠
	脂肪酸	大鼠	胰腺
	蛋白质	大鼠	肝脏
	短链脂肪酸	人	结肠

1. 营养因素变化与遗传因素进化之间的矛盾

在原始社会，人类主要靠采集、打猎、捕鱼为生，经常是饥一顿、饱一顿，在当时这种营养条件作用下，人类的遗传因素做了适应性变化，即产生所谓“节约基因型”，即在食物或能量供应充足的情况下，能最大限度地储存能量，供缺少食物时使用，以便维持生存。应当说，遗传因素的改变是为了适应当时的营养条件，从而使人类适应当时的环境。随着人类社会的进步，食物逐渐丰富起来，这些“节约基因型”显然不再有用了，在充足能量和营养作用下，这些基因应该逐渐灭活、变异或“关闭”。大多数人适应了营养这种变化，这些基因不再起作用了；而仍有一部分这些基因并没有“关闭”，仍在起作用，暴露于食物充足的情况下，这些“节约基因”仍在大量储存能量，从而导致人类肥胖、糖尿病、心脑血管疾病和高血压。这部分现在仍携带有“节约基因型”的人群对高脂肪、高能量特别易感，是易感人群。

大约在旧石器时代晚期（即 4 万年以前），人类的基因型就已确定下来，而且这种基因型的确定是适应了当时的营养状况的。当时的营养状况与现代社会（尤其是西方社会）相比，摄入了较高的蛋白质、钙、钾和抗坏血酸，而钠摄入量较低。而现代社会的膳食结构发生了几个重要变化，能量摄入增加而消耗减少；饱和脂肪、*n*–6 脂肪酸和反式脂肪酸摄入增加，而 *n*–3 脂肪酸摄入减少；复杂碳水化合物（主要是寡糖）和膳食纤维摄入减少。现代社会膳食中 *n*–6 脂肪酸与 *n*–3 脂肪酸的比例是 20∶1~14∶1，而不是对人体健康有益的 1∶1。在过去的 1 万年里，即从农业革命开始以来，人类的膳食结构发生了巨大变化，而人类的基因却没有变化或变化甚微。人类基因组自发突变的频率为 0.5%/ 百万年，因此在过去的 1 万年里，人类的基因只发生了很小的变化，大约为 0.005%。事实上，我们今天所携带的基因与 4 万年前旧石器时代晚期我们祖先所携带的基因几乎一样。营养因素变化快，而遗传因素变化慢，因此从遗传学角度讲，人类目前的基因型已不能适应目前的营养条件，膳食结构的快速变化（尤其是在过去的 150 年里）必然会导致一些慢性疾病，如动脉粥样硬化、高血压、肥胖、糖尿病和一些癌症（乳腺癌、结肠癌、前列腺癌）的发病率升高。

2. 营养素与基因相互作用的模式及在疾病发生中的作用

虽然许多疾病，包括先天性代谢缺陷和慢性疾病的发生是由营养素（当然还包括其他环境因素）与基因相互作用的结果，但二者相互作用的方式不同，在疾病发生中所起的作用也不相同。有人将营养素、基因和疾病三者的关系用 5 种模式进行了描述，如图 10–1 所示。

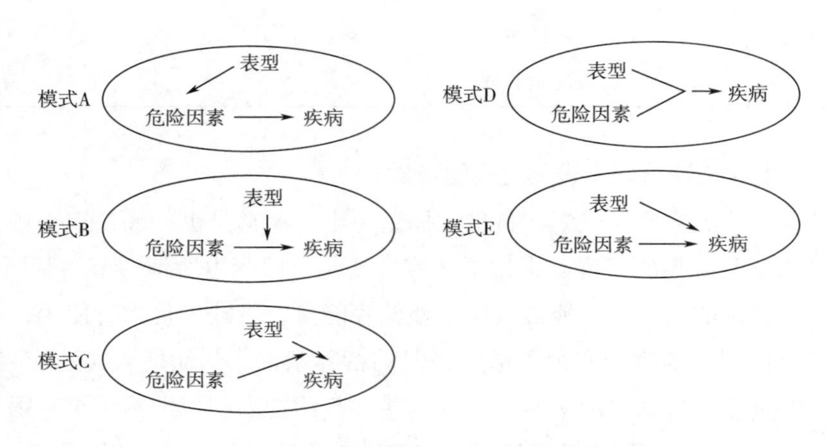

图 10–1 环境因素与基因相互作用的五种模式

模式 A 描述的情况是，基因型决定了某种营养素是危险因素，然后该种营养素才导致疾病；在模式 B 中，营养素可直接导致疾病，基因型不直接导致疾病，但可在营养素导致疾病过程中起促进或加重作用；在模式 C 中，基因型可直接导致疾病，营养素不直接导致疾病，但可在基因型导致疾病过程中起促进或加重作用；在模式 D 中，营养素与基因型相互作用，共同导致疾病，而且二者均是导致疾病危险性升高所必需的；而模式 E 中，营养素和基因型均可单独影响疾病的危险性，若二者同时存在，可明显增加疾病危险性（与单一因素存在相比）。

在单基因突变所导致的先天性代谢缺陷（又称单基因疾病）过程中，营养素与基因相互作用的方式及分子机制已经非常清楚，并且是营养素与基因相互作用导致疾病的最典型例子。而在许多多基因疾病如肥胖、糖尿病、高血压、骨质疏松、冠心病等发病过程中，虽然已发现是营养素与基因相互作用的结果，但由于还没有真正发现与这些疾病有关的主要基因，因此营养素与基因相互作用的机制还不十分清楚。以肥胖为例，许多研究已经证实，高脂肪膳食是引起肥胖的主要营养因素；但高脂膳食引起的肥胖有家族倾向；另外，在高脂膳食诱导肥胖的过程中，总有易于发生肥胖或发生肥胖抵抗的现象存在，这说明在高脂肪膳食引起肥胖的过程当中，有遗传因素的存在，遗传因素决定了这种差异。

第二节　生命早期营养对成年后相关疾病的影响

20世纪末，英国学者Barker教授提出了“成人疾病的胎儿起源”假说，假说认为生命早期经历营养不良时，为了适应当前环境其自身组织结构会进行调节，短期内这种适应性调节有利于机体抵抗外界环境的不良刺激；如果外界恶劣环境长期得不到改善，将导致机体的组织和器官在结构上和功能上发生改变并形成永久性记忆，一旦发生结构和功能上的改变就会对人体产生长远影响。“预期适应反应（predictive adaptive responses）”学说认为在生命早期发育过程中不断调整自身结构与功能以适应所处的环境，这种适应性反应在当时所处的环境下可能显示不出优越性，但能更好地适应后期的生活环境。如果后期的生活环境发生变化，与早期的预期适应不匹配，机体就会发生紊乱进而发展为慢性疾病。研究生命早期的营养分配与成年后疾病的关系，追溯疾病的根源，有望为生命早期的合理营养提供依据，达到早期防治疾病的目的。

一、心血管疾病

心血管疾病是造成世界范围内人们致残和过早死亡的主要病因之一，是全身性血管病变或系统性血管病变在心脏和脑部的表现。其病因主要有4个方面。①动脉粥样硬化、高血压性小动脉硬化、动脉炎等血管性因素；②高血压等血流动力学因素；③高脂血症、糖尿病等血液流变学异常；④白血病、贫血、血小板增多等血液成分因素。

已在不同人群的流行病学调查和相关动物实验研究中发现，生命早期环境刺激和生长模式会影响到成年后心血管疾病、2型糖尿病和代谢综合征等慢性疾病的发生发展。低出生体重儿会影响到成年早期内皮依赖血流介导的舒张功能，内皮功能损伤可能会导致成年期动脉粥样硬化。将极早产和足月产的小于胎龄儿分别与相对应的适于胎龄儿比较，发现足月产的小于胎龄儿经皮给予乙酰胆碱刺激后的皮肤最大血流灌注量明显低于适于胎龄儿，但在极早产的小于胎龄儿和适于胎龄儿中并没有发现这个现象。这个结果说明了上述血管内皮功能受损可能与怀孕后期胎儿环境的密切相关。整个孕期限制，给予孕期母鼠 50% 蛋白质（于对照组），发现其后代出生体重明显低于对照组，在 4~8 周时通过尾动脉测压发现收缩压升高，并在 6 个月时发现左心室缺血再灌注功能受损。

2 型糖尿病（diabetes mellitus type 2，T2DM）是一种慢性代谢疾病，多在 35 岁之后发病，占糖尿病患者 90% 以上。患者特征为高血糖、相对缺乏胰岛素、胰岛素抵抗等。常见症状有烦渴、频尿、不明原因的体重减轻，可能还包括多食、疲倦或酸痛。高血糖带来的长期并发症包括心脏病、脑卒中、糖尿病视网膜病变，这可能导致失明、肾脏衰竭，甚至因四肢血流不畅而截肢，少见并发症包括糖尿病酮症酸中毒。其发病机制很复杂，与遗传和环境因素都有关。此外，饥荒以及长期连续的食物缺乏也是导致 T2DM 患病的影响因素。其常见的病因有以下几个方面。

（1）遗传因素　大多数糖尿病个案涉及多种基因，而这些不同的基因都可能会使患上 2 型糖尿病的概率上升。如果同卵双胞胎的其中一人有糖尿病，另一人患上糖尿病的机会高于 90%，然而非同卵的兄弟姐妹的概率只有 25%~50%。到 2011 年为止，共发现了超过 36 个基因都可能增加罹患 2 型糖尿病的风险。然而，即使全部这些基因加在一起，也只占诱发糖尿病的整体遗传因素中的 10%。可使发病风险增加 1.5 倍的等位基因 *TCF7L2* 为常见基因变异中拥有最高风险的基因。多数与糖尿病有关的基因都与 β 细胞功能有关。

在一部分罕见的糖尿病个案中，发病原因是因单个基因出现异常而引起的（称为单基因型糖尿病或“特殊类型糖尿病”）。其中包括年轻人成人型糖尿病（maturity onset diabetes of the young，MODY）、矮妖精貌样综合征、Rabson-Mendenhall 综合征等。其中年轻人成人型糖尿病占年轻糖尿病患者个案总和的 1%~5%。

（2）生活方式　目前认为有不少生活方式都是引致 2 型糖尿病的重要因素，其中包括肥胖症和超重（BMI 高于 25）、身体活动量不足、不健康的饮食、压力过大以及城市化的生活等。饮食也是影响 2 型糖尿病发病风险的重要因素。饮用过量的含糖饮料可增加患病风险。饮食里摄取的脂肪也是很重要的因素，饱和脂肪与反式脂肪均会增加患病风险，而多不饱和脂肪与单不饱和脂肪则有助于降低风险。摄取大量白米似乎也会使致病风险增加。有学者认为，7% 的病例可能是缺乏运动所致。持久性有机污染物可能也和糖尿病相关。

（3）健康状况　许多健康问题及药物都可能使人患糖尿病的风险增加。相关药物包括糖皮质激素、噻嗪类利尿剂、β 受体阻滞剂、非典型抗精神病药物及他汀类药物。曾患妊娠期糖尿病的女性患上 2 型糖尿病的风险较高，而其他和 2 型糖尿病相关的健康问题还包括肢端肥大症、皮质醇增多症、甲状腺功能亢进症、嗜铬细胞瘤及某些癌症如胰高血糖素瘤。另外，睾酮缺乏与 2 型糖尿病也有很密切的关联。可能诱发糖尿病的药物包括：糖皮质激素、噻嗪类利尿剂、β 受体阻滞剂、非典型抗精神病药物及他汀类药物。

生命早期的营养不良可能导致新陈代谢和身体的结构变化，这些变化有利于个体在短期内生存，但有可能增加其在成年期患 T2DM 等慢性疾病的风险。有研究认为，在孕中期，母亲暴露于饥饿可能会改变胎儿参与葡萄糖和胰岛素代谢基因的基因多态性，并且可能导致后代成人后出现更高的葡萄糖耐量异常风险和 T2DM 患病率。一项动物实验已经证明出生后持续的营养不良可以损坏胰岛 β 细胞的生长发育。此外，饥荒暴露对 T2DM 的患病风险的影响有明显的性别差异：与未暴露者相比，胎儿期暴露的男性和童年期暴露的女性患 T2DM 的风险分别为 1.64（OR=1.64）和 2.81 倍（OR=2.81），暴露于饥荒的女性成年后患 T2DM 的风险显著增加。

二、高尿酸血症

高尿酸血症（hyperuricemia，简称 HUA）是由多种病因导致的体内嘌呤代谢障碍，从而引起血尿酸升高或者排泄减少，早期无症状，常起病隐匿。在正常情况下，体内合成的尿酸量和肾脏等器官的排泄量处于动态平衡状态，体内尿酸始终维持在正常值（男性 238~357μmol/L，女性 178~297μmol/L）。

高尿酸血症与生命早期食物缺乏存在一定关系。对青岛地区人口进行单因素 Logistic 回归分析，结果发现男性青少年期食物缺乏与成年后高尿酸血症的患病相关（$P < 0.05$），而多因素 Logistic 结果显示，调整混杂因素后，男性胚胎期暴露、儿童期暴露、青少年期暴露与成年后高尿酸血症的患病不相关（$P > 0.05$）。尽管男性高尿酸血症的患病率高于女性，但是食物缺乏对男性高尿酸血症患病的影响可能存在边缘性相关。女性成年后高尿酸血症患病风险上升与儿童期和青少年期食物缺乏相关，但是胚胎期暴露与高尿酸血症的发病风险无统计学关联。可能由于样本数量尚不够大，生命早期食物缺乏与成年后患高尿酸血症的关系，有待进一步探讨。

三、非酒精性脂肪肝

生命早期营养过剩（CPO）与机体发生肥胖和成年后胰岛素抵抗（IR）密切相关，而 IR 是非酒精性脂肪肝（NAFLD）始发的中心环节。NAFLD 并非一种独立疾病，它是单纯脂肪变性、非酒精性脂肪性肝炎（NASH）、肝硬化和肝癌一系列进展性疾病的总称。

非酒精性脂肪性肝病除可直接导致失代偿期肝硬化、肝细胞癌和移植肝复发外，还可影响其他慢性肝病的进展，并参与 2 型糖尿病和动脉粥样硬化的发病。代谢综合征相关恶性肿瘤、动脉硬化性心脑血管疾病以及肝硬化为影响非酒精性脂肪性肝病患者生活质量和预期寿命的重要因素。为此，非酒精性脂肪性肝病是当代医学领域的新挑战，近期内非酒精性脂肪性肝病对人类健康的危害仍将不断增加。有研究通过调整母鼠喂养子鼠的数量建立早期营养过剩模型，通过与对照组对比，研究发现CPO诱导肥胖从而增加肝脂肪沉积、炎症和肝损伤，最终促进NAFLD进展。目前支持CPO与NAFLD之间关系的直接证据尚不充分，生命早期营养过剩与NAFLD的发生进展的关系仍需进行创新性探索。

第三节 营养素与基因交互作用对高脂血症和肥胖的影响

血脂是血浆中脂类的总称，主要包括甘油三酯（TG）、磷脂（PL）、游离脂肪酸（FFA）和胆固醇等。血脂系指血浆（或血清）中所含脂类物质，血浆中脂类物质含量增高称高脂血症。由于受生活水平提高等因素影响，近几十年来，我国高脂血症发病率呈逐年上升的趋势。它是当前影响人民群众身体健康的高发疾病，是动脉粥样硬化、冠心病、脑卒中、高血压等疾病发生、发展的重要危险因素，及早采取措施具有良好的一级及二级预防效果。高脂血症的发生发展是遗传因素和环境因素综合作用的结果，在遗传方面，载脂蛋白、脂蛋白受体、脂蛋白代谢酶基因的多态性是遗传的物质基础，父、母亲的生活及饮食习惯等后天因素对子女高脂血症的发生也具有较大影响。

高脂血症可分为原发性和继发性两类。原发性与先天性和遗传有关，是由于单基因缺陷或多基因缺陷，使参与脂蛋白转运和代谢的受体、酶或载脂蛋白异常所致，或由于环境因素和通过未知的机制而致。继发性多发生于代谢性紊乱疾病（糖尿病、高血压、黏液性水肿、甲状腺功能低下、肥胖、肝肾疾病、肾上腺皮质功能亢进），或与其他因素如年龄、性别、季节、饮酒、吸烟、饮食、体力活动、精神紧张、情绪活动等有关。

高脂血症的临床表现主要是脂质在真皮内沉积所引起的黄色瘤和脂质在血管内皮沉积所引起的动脉硬化。尽管高脂血症可引起黄色瘤，但其发生率并不很高，而动脉粥样硬化的发生和发展又是一种缓慢渐进的过程。因此在通常情况下，多数患者并无明显症状和异常体征。不少人是由于其他原因进行血液生化检验时才发现有血浆脂蛋白水平升高。

一、营养素与高脂血症

1. 胆固醇

饮食中胆固醇含量高是临界高胆固醇血症的常见病因。临床试验观察到每天饮食中胆固醇摄入量增加100mg，在健康男性青年人，可使血浆胆固醇水平增加1.47mg/dL，而在健康女性中，则可使胆固醇水平上升2.81mg/dL。膳食胆固醇诱发高胆固醇血症的敏感性，在不同种族人类间，或人群中的个体之间也有差异。膳食胆固醇对个体血清总胆固醇水平的作用强度受两方面因素影响：削弱的因素有食物中胆固醇吸收率低，通常仅有30%；胆酸盐分泌减少或排泄障碍可影响胆固醇吸收；饮食胆固醇能抑制肝脏内胆固醇的合成，从而减少血清总胆固醇（TC）总量；食物纤维素可与胆汁酸结合，促使其从粪便中排出，间接减少胆固醇吸收等。增强的因素主要是脂肪，特别是动物脂肪的摄入，其原因为脂肪促进胆汁分泌，增加胆固醇吸收率；加速胆固醇及游离脂肪酸的转换，提高胆固醇合成速率；过剩的脂肪刺激肝脏合成更多的胆固醇；通过增加胆固醇合成的限速酶的数量而增加胆固醇的合成等。因此，膳食胆固醇对血清TC水平的影响是多重因素同时参加的结果，不能简单用限制膳食胆固醇摄入的方法使所有高胆固醇血症患者的血清TC水平达到理想水平。

2. 饱和脂肪酸（SFA）

SFA多存在于动物性食品，如肉、蛋、乳等食品中。SFA摄入量多是一些心脑血管疾病的危险因素，其机制可能与下列因素有关：抑制胆固醇酯在肝脏内合成；促进无活性的非酯化胆固醇转入活性池；促进调节性氧化类固醇的形成；降低细胞表面低密度脂蛋白（LDL）受体活性，降低LDL与LDL受体的亲和性。膳食中不同碳链饱和脂肪酸对TC的作用强度也是有差异的。一般认为，碳原子少于12，大于或等于18的饱和脂肪酸对血清TC无影响。有研究认为含12~16个碳原子的饱和脂肪酸，如月桂酸（C12：0）、软脂酸（C16：0）等，可明显提高男女两性血清TC、低密度脂蛋白胆固醇（LDL-C）水平；含18个碳原子的硬脂酸不升高血清TC、LDL-C水平，也无性别差异。硬脂酸对高密度脂蛋白胆固醇（HDL-C）的作用有性别差异，对男性无影响，但明显降低女性HDL-C水平。

3. 单不饱和脂肪酸和多不饱和脂肪酸

单不饱和脂肪酸可明显降低血清LDL-L和TC水平，升高HDL-C水平，但其降低TC水平的作用不及多不饱和脂肪酸明显。MUFA和PUFA降低血清TC的作用可能与下列因素有关：增加胆固醇从血浆转移到组织库；增加胆固醇的中性或酸性代谢产物的排出；通过改变胆固醇结构使体内胆固醇再分布等。虽然不饱和脂肪酸具有上述保护性作用，但不饱和脂肪酸都是高能量营养素，摄入过多可导致超重和肥胖，人体不能产生足够的脂肪酶促其水解吸收。不饱和脂肪酸，如*n*-3系列多不饱和脂肪酸，非常容易氧化，有产生脂质过氧化的危险。因此，不主张在膳食中过多地增加不饱和脂肪酸。

4. 碳水化合物

碳水化合物是人类膳食中能量的主要来源，进食大量糖类，特别是蔗糖、葡萄糖、果糖等精制糖，糖代谢加强，细胞内ATP增加，通过抑制异柠檬酸等一系列生化反应和激活乙酰辅酶A羧化酶，终使脂肪合成增加。同时，又能增强与合成脂肪有关的各种酶的活性，从而使脂肪合成增加，导致血清极低密度脂蛋白胆固醇（VLDL-C）、TG、LDL-C等水平升高。高碳水化合物也可使血清HDL-C下降，碳水化合物能量百分比与血清HDL-C水平负相关。碳水化合物对血脂水平的影响与其本身的种类和饮食中的脂肪等其他营养素的水平有关。在试验中以蔗糖代替淀粉，则只有当膳食脂肪以饱和脂肪酸为主时，蔗糖的增加才使血清 TG 升高。铜元素缺乏导致的高脂血症的实验结果显示，摄食低铜高脂肪且膳食中碳水化合物为淀粉的实验鼠，血脂水平无明显变化，而摄食高铜低脂肪且碳水化合物为淀粉时，血浆中甘油三酯水平明显提高。另外，低脂肪和低能量膳食通过降低胆固醇合成调节 LDL–C 水平，而单独食用低能量饮食也可通过提高 HDL–C 水平，降低甘油三酯水平和 LDL–C 与 HDL–C 比值，使血脂达到理想水平。因此，如饮食中的碳水化合物主要来自谷类，又不摄入高能量的脂肪，对高脂血症患者是适宜的。

5. 纤维素、果胶

膳食中的植物纤维素多为无法利用的碳水化合物，对机体供能极少，但动物实验和临床膳食代谢研究均已证明，食用植物纤维有调节血脂的作用，可溶性的纤维素又比不可溶性的纤维素作用强。临床膳食试验证明，在原低脂肪、低胆固醇饮食的基础上添加可溶性纤维素和大豆蛋白可提高机体的 HDL–C 水平及 HDL–C 与 TC 比值，降低 TC、LDL–C、apoB 水平及 LDL–C 与 HDL–C 比值。食用植物纤维素降低血脂的机制可能是可溶性纤维遇水膨胀，增加粪便体积和肠蠕动，促进胆固醇从粪便中排出；与胆酸或其他脂质结合，减少胆固醇的吸收；减少脂蛋白的合成；加速 LDL–C 的清除等。

果胶具有与纤维素类似的调节血脂水平的作用，用含胆固醇 1%，豆油 15% 的高脂饲料喂饲健康雄性大鼠，诱发高脂血症的同时添加 10% 果胶，结果发现添加果胶能明显减轻 TC 和 TG 在主动脉壁内的蓄积，主动脉内丙二醛含量较对照组明显降低，超氧化物歧化酶升高。

6. 蛋白质

蛋白质是膳食中能量的主要来源，高量摄入会在体内转化为胆固醇。研究认为在传统的低脂肪低纤维素高脂血症治疗食品中添加植物蛋白和可溶性纤维素，可进一步降低血脂水平，达到更好的膳食治疗效果。

二、高脂血症遗传的物质基础

高脂血症是多基因遗传性疾病，脂蛋白的代谢主要受载脂蛋白、脂蛋白受体及脂蛋白代谢酶的影响，该三者的基因多态性构成了高脂血症遗传的物质基础。

1. 载脂蛋白基因多态性与高脂血症

载脂蛋白（apolipoprotein，apo）是一类能与血浆脂质结合的蛋白质，为构成血浆脂蛋白的主要成分。载脂蛋白不仅对血浆脂蛋白的代谢起着决定性的作用，而且对动脉粥样硬化的发生发展也有很大的影响。

（1）载脂蛋白 B 基因多态性　载脂蛋白 B（apoB）主要包括 apoB 100 和 apoB 48。apoB 100 主要分布与血浆 VLDL、IDL 和 LDL 中，占这三类脂蛋白中蛋白含量 25%、60%、

95%。apoB 的水平直接反映了 LDL 的水平，也在较大程度上反映出了 TC 水平。*apoB* 基因 3′ 端下游有一个可变数目串联重复序列（VNTR），被称为高变区。1989 年 Boerwinkle 等研究发现 VNTR 在进化中相对保守，不同种族之间基因顿率存在明显差异。瑞典人 VNTR–B（大于或等于 38 个拷贝）的基因频率为 0.21，南亚人为 0.12，而中国汉族人、蒙古族人仅为 0.09，非洲黑种人中则高达 0.49。汉族人群（北京和河北）前三位的等位基因分别为 *HVE36*、*HVE34* 和 *HVE38*，蒙古族人群前三位的等位基因分别为 *HVE34*、*HVE36* 和 *HVE32*。

（2）载脂蛋白 E 基因多态性　apoE 是血浆中乳糜微粒（CM）、VLDL、1DL、HDL–C 的重要组成部分，是一个富含精氨酸的蛋白质。其基因由 299 个氨基酸残基组成，其分子质量为 34ku，全长 3597 个碱基对，包括 4 个外显子，3 个内含子，定位于第 19 号染色体上。人群中 *apoE* 基因型及其表现型呈现多态性，他们是由同一位点的三个等位基因（ε2、ε3、ε4）决定，编码 6 种基因型及遗传表型（基因型 ε2/ε2、ε3/ε3、ε4/ε4、ε2/ε3、ε2/ε4、ε3/ε4，遗传表型 E2/E2、E3/E3、E4/E4、E2/E3、E2/E4、E3/E4），三个等位基因的差别是 112 位和 158 位上氨基酸残基 cys/arg 相互取代的结果。apoE 通过直接或间接地作用于相关受体、脂肪代谢及肝脏 VLDL 的产生，从而影响所有脂蛋白的水平。研究显示，其 E2/E2 基因表型易发生Ⅲ型高脂血症，E4 等位基因与低密度脂蛋白呈正相关，E4 等位基因是冠心病的易患因素。

2. 脂蛋白受体基因多态性与高脂血症

脂蛋白受体是一类位于细胞膜上的糖蛋白，这些蛋白质能以高亲和性方式与其相应的脂蛋白配体相互作用，从而介导细胞对脂蛋白的摄取和代谢，并因此进一步调节细胞外脂蛋白的水平。LDL 受体基因位于第 19 号染色体短臂末端（P13.1–P13.3），全长 45kb，分为 18 个外显子和 17 个内含子。*LDL* 基因突变引起的基因功能障碍，可以导致血浆胆固醇水平明显增高，在人类最明显的例子是家属性高胆固醇血症（FH）。迄今为止已发现 200 多种 *LDL* 基因突变，包括不表达等位基因、转运缺陷型等位基因、结合缺陷型等位基因、内移缺陷型等位基因和再循环缺陷型等位基因。

3. 脂蛋白代谢酶基因多态性与高脂血症

脂蛋白代谢酶主要调节血浆脂蛋白中的脂质代谢，包括脂蛋白脂酶（LPL）、肝脂酶（HL）和卵磷脂胆固醇酰基转移酶（LCAT）。LPL 是清除血浆脂蛋白中所含甘油三酯的限速酶，属于丝氨酸活性酶类。在肝外组织的血管内皮细胞表面，LPL 主要水解血浆乳糜微粒和 VLDL 的甘油三酯。人的 *LPL* 基因位于第 8 染色体 P22 区，长约 30kb，含 10 个外显子和 9 个内含子，共编码 475 个氨基酸。*LPL* 缺陷可引起家属性高乳糜微粒血症，患者 *LPL* 基因突变存在多种类型，包括无义突变、各种误义突变和片段的插入，另外还有能影响 mRNA 拼接的内含子点突变。LPL 的异常主要引起Ⅰ型高脂血症。*LPL* 基因在第 6 外显子中一碱基发生错义突变，即 6G979 → A（Glu242 → Lys），可能是导致患者 LPL 活性显著降低和血清甘油三酯增高的原因。

三、营养素与基因交互作用对肥胖发生的影响

肥胖（obesity）是指体内脂肪量过多的状态，是由多因素引起的慢性代谢疾病。在世界范围内，不同的种族、民族有各自的特点，他们之间有很大的差别，很难有统一的肥胖评价标准。中国肥胖工作组汇总了1990年以来我国13项大规模肥胖及其相关疾病的研究数据，涉及研究对象达24万余人，于2002年发布了适合中国成人的BMI界值，用于中国人群肥胖的评价标准。

肥胖发生的危险因素，包括遗传因素与环境因素。目前认为，遗传因素是肥胖发生的内在基础，环境因素是肥胖发生的外部条件。单纯性肥胖发生的环境因素中，最主要是生活方式，包括膳食因素、体力活动、行为习惯以及社会与家庭等因素的影响。

一般来说，肥胖是能量稳态失衡的结果，但全基因组关联研究已经在脂肪量和肥胖相关（*FTO*）基因、黑素皮质激素-4受体（*MC4R*）基因和其他与肥胖风险相关的基因中发现了许多单核苷酸多态性（SNPs）。在这些基因中，*FTO*被报道为与肥胖相关性最强的基因。*FTO*基因在下丘脑区深度表达，参与食欲调节。随着2003年人类基因组计划的完成，单核苷酸多态性（SNPs）成为基因组中最常见的DNA序列变异。作为人类遗传变异的主要形式，SNPs是单个核苷酸——A（腺嘌呤）、T（胸腺嘧啶）、C（胞嘧啶）或G（鸟嘌呤），在种群内部和种群之间的DNA序列差异。例如，来自不同个体的两个测序DNA片段，CCTAC到CTTAC为正向，GGATG到GAATG为反向，在单个核苷酸中包含一个差异，这些C和T称为等位基因。几乎所有常见的单核苷酸多态性只有两个等位基因（双等位基因），22条常染色体中，每条染色体都有一条来自他或她的父母。SNPs与“突变（在人类人口中<1%）”不同，在人类人口中存在的频率为1%或更高。遗传因素和遗传变异（SNPs）很可能决定一个人对肥胖的易感性，这是通过在不同水平上调控途径和调节系统的全套潜在机制，包括能量的摄入和消耗，以及脂肪和营养物质的控制和分配。

许多研究已经证实，高脂肪膳食是引起肥胖的主要营养因素，但高脂膳食引起的肥胖有家族倾向；另外，在高脂膳食诱导肥胖的过程中，总有易于发生肥胖或发生肥胖抵抗的现象存在，这说明在高脂肪膳食引起肥胖的过程当中有遗传因素的存在，遗传因素决定了这种差异。但营养素与基因之间如何相互作用导致肥胖的分子机制尚不十分清楚。虽然已发现了与肥胖有关的基因或染色体区域已超过600多个，其中与肥胖密切相关的基因达60个，如瘦素基因、解偶联蛋白基因、神经肽Y基因、葡萄糖转运子基因和β-、β2-、β3-肾上腺素受体基因等，但它们与营养素相互作用导致肥胖的证据不足，这些基因的多态性与肥胖的关系还不十分清楚。但发现了这些与肥胖有关的基因毕竟是令人鼓舞的，因为，它标志着对包括肥胖在内的慢性疾病的研究已进入到分子生物学时代。随着人类基因组、食物基因组计划完成之后，必将加快对这些慢性病的发病分子机制的研究步伐，并为最终利用分子营养学理论预防和控制慢性疾病的发生提供重要科学依据。

第四节　营养素与基因交互作用对高血压的影响

高血压（hypertension）是一种以动脉压升高为主要特征，可并发心、脑、肾、视网膜等靶器官损伤及代谢改变的临床综合征，可分为原发性和继发性两类。原发性高血压一般称为高血压病，是指病因尚未十分明确的以血压升高为主要表现的一种独立疾病，约占高血压中的 90%。而继发于肾脏、内分泌和神经系统疾病引起的高血压，多为暂时的，在原发病治愈后，高血压会随之消失，则称之为继发性或症状性高血压。

高血压是心肌梗死、心力衰竭以及脑卒中等心脑血管疾病发生的首要危险因素。国家卫生健康委员会 2019 年 8 月发布的《中国高血压防治现状蓝皮书（2018）》显示，2012 年我国 18 岁及以上人口的高血压患病率为 25.20%，2015 年上升至 27.90%，我国高血压患病率逐年升高，而高血压是遗传和环境因素共同作用的结果，不仅与缺乏运动、超重或过量饮酒等生活方式有关，也与基因密切相关。如今，随着精准医学技术的不断发展，基因检测在高血压的诊断及治疗中扮演着重要角色。

一、基因－钠交互作用与高血压的关系

饮食中高钠摄入是增加高血压发生风险的最重要因素之一。《中国高血压防治指南（2024 年修订版）》建议，所有高血压患者均应采取各种措施，限制钠盐摄入量，钠的摄入量首先减少 30%，并进一步降至 2g/d（Nacl 5g/d）。

一项病例对照研究评估 G- 蛋白 β3 亚基（GNB3）多态性与膳食钠摄入对高血压的影响，结果发现携带 TT 基因型和高钠饮食（＞ 4800mg/d）的受试者与携带 TC 或 CC 基因型和低钠饮食（＜ 2400mg/d）的受试者相比，更易患高血压。有研究表明，GNB3–C825T 多态性可能通过肾素－血管紧张素－醛固酮系统对高钠饮食产生影响，这提示 GNB3 可以作为一种简单、廉价的遗传标志物，用于检测早期血压的盐敏感性。为进一步研究调节钠对血压影响的遗传因素，对 8768 例日本受试者进行全基因组关联研究分析发现一个 *3'-BCL11B* 基因位点多态性和钠相互作用与血压有关。进一步统计分析 *3'-BCL11B* 基因位点的突变 rs8022678 基因型，将携带 rs8022678 基因型受试者分为钠敏感（rs8022678 A 携带者）和钠不敏感（非 rs8022678 A 携带者）亚组，进行线性回归分析发现，日钠摄入量与非 rs8022678 A 携带者的收缩压和舒张压呈正相关，与 rs8022678 A 携带者的收缩压和舒张压无显著相关性。因此与非 rs8022678 A 携带者相比，rs8022678 A 携带者减少钠盐摄入对血压的影响更大，获益更多，rs8022678 A 可能是调节钠对血压影响的遗传因子。PARK

等进行的一项研究发现24h尿钠和24h尿钠/钾比值与血压和高血压呈显著正相关，24h尿钾与血压、高血压无明显关系。这为低盐饮食可降低血压和高血压发生风险提供了证据支持，通过对高血压与尿钠钾因素、遗传因素的关系分析表明，C-Src酪氨酸激酶（CSK）与尿钠/钾比值相互作用对高血压发生风险有影响。CSK-MIR4513-rs3784789、LOC101929750（LOC101929750）-rs7554672与高血压呈负相关。Muskelin1蛋白（MKLN1）-rs1643270和跨膜蛋白4（TENM4）-rs10466739与高血压呈正相关。而在日本，盐摄入量与钠尿肽前体蛋白A（NPPA）-rs5063（Vα132Met）之间的相互作用与收缩压有显著的相关性。

综上所述，有*GNB3TT*、*3'-BCL11B*-rs8022678A、*MKLN1*-rs1643270、*TENM4*-rs10466739和*NPPA*rs5063基因型个体膳食高钠更易患高血压。因此，建议具有这些基因型的高风险个体在日常生活中需限盐以减少高血压的发生。未来应进一步研究盐易感基因对血压的调控作用以深入探讨盐敏感性高血压的发病机制，识别高血压高危人群，从而为其提供合理的干预措施。

二、基因-酒精交互作用与高血压的关系

适度的饮酒对于改善心血管功能，降低心血管疾病的发病率可能有益，但是大量饮酒会加重血压波动，早期会因利尿作用而出现血压偏低，后期会使血压偏高。指南建议，每日酒精摄入量男性≤25g，女性≤15g；每周酒精摄入量男性≤140g，女性≤80g。基因变异和饮酒之间的相互作用会影响血压。

研究者在亚洲人群中发现了一种与血压调节相关的遗传变异位点，rs1297184是富含亮氨酸重复序列的G蛋白偶联受体5（LGR5）的内含子变异体，rs1297184-酒精相互作用仅对舒张压有显著影响，而对收缩压无显著影响。目前没有明确的证据表明LGR5-酒精相互作用的机制与血压有关。LGR5对醛固酮调控的作用和慢性酒精作用降低LGR5的表达可能是一种潜在的机制。醛固酮作为肾素-血管紧张素-醛固酮系统的一部分，吸收钠离子进入肾脏，导致血管内容积增加，随后血压升高。转染LGR5的细胞抑制醛固酮的产生，降低细胞增殖并通过非典型Wnt信号通路增加细胞凋亡。因此，LGR5的遗传变异可能影响醛固酮功能，从而抑制血压升高，且随饮酒量的增加，LGR5的小等位基因（CC）比其主要等位基因（TT）对血压的影响更大。一项在欧洲祖先和多祖先中的Meta分析中发现了基因-酒精在血压上的相互作用并鉴定了54个血压位点。总之，LGR5通过对醛固酮调控和慢性酒精作用降低其表达进而影响血压变化。此外，有研究发现，Bcl-2-associated athano gene 3（BAG3）（位于rs201383951下游183Kb）有助于酒精引起的神经变性。同时，BAG3通过激活PI3K/Akt/eNOS信通路发挥血管舒张作用，从而参与血压调节。这些发现为血压调节机制提供了新的见解。未来还需进一步研究更多与酒精-高血压有相关性的基因，为揭示酒精调节血压的机制提供新的方向。

三、基因－饮食相互作用与高血压的关系

饮食因素与高血压发病有关。长期喝浓咖啡、饮食中饱和脂肪酸过多、不饱和脂肪酸与饱和脂肪酸比值降低等饮食习惯均可使血压升高。指南建议，高血压患者饮食以水果、蔬菜、低脂乳制品、富含食用纤维的全谷物、植物来源的蛋白质为主，减少饱和脂肪和胆固醇摄入。

大量研究调查了单一食物或营养素在高血压致病原因中的影响，有研究建议采用一种控制高血压的饮食方法（DASH）可显著降低血压。将已知的29种遗传变异纳入遗传风险评分，根据问卷调查获取的食物摄入数据计算DASH评分表示对DASH饮食的依从性，结果提示DASH评分的每10个单位增量与收缩压降低0.7mmHg（1mmHg=0.133kPa）相关，与舒张压无关，DASH评分与高血压发生呈负相关；遗传风险评分≥29分（相较于<29分，此时是高遗传风险）与舒张压增加0.7mmHg显著相关。由此表明，5~7岁儿童坚持DASH和遗传倾向均与血压有关。对DASH有更高依从性与5~7岁儿童的收缩压和高血压发病率较低有关，而较高的遗传风险与较高的舒张压有关。欧洲南部的研究中发现一氧化氮合酶3（*NOS3*）–rs1799983TT基因型受试者比*NOS3*–rs1799983GG基因型受试者高血压易感性高2.30倍。此外，还观察到对于超重个体，*NOS3*–rs1799983T等位基因携带者的舒张压高于*NOS3*–rs1799983GG基因型。研究证明*NOS3*–rs1799983多态性可能与南欧人群高血压发生有关，并受膳食脂肪和体质指数（BMI）的影响。韩国的一项基因组和流行病学研究表明，在细胞色素P4F2（*CYP4F2*）*–433VV*基因型的受试者中，虽然*n*–6与*n*–3多不饱和脂肪酸摄入量之间以及*n*–6/*n*–3与血压之间无关联，但较高的*n*–3多不饱和脂肪酸摄入量与血压明显降低相关。

综上所述，建议*NOS3*–rs1799983T等位基因个体应注意控制体重，避免超重从而增加高血压的易感性。同时*CYP4F2*–433VV基因型的个体应在平时摄入较多的ω–3多不饱和脂肪酸可促使血压降低。至今有关饮食－基因与高血压的关系研究仍较少，未来希望在此领域可以做更多的研究，以发现更多有关饮食与高血压易感性相关的遗传基因，为携带相关位点的高血压敏感者制定个体化的饮食治疗方案，这对高血压的有效防治具有重要意义。

第五节 营养素与基因交互作用对糖尿病发生的影响

糖尿病（diabetes）是一组以高血糖为特征的代谢性疾病。通常认为遗传因素和环境因

素以及它们之间的相互作用是发生糖尿病的主要原因。糖尿病主要分为四种类型。1型糖尿病：主要是由于遗传因素、自身免疫因素，导致分泌胰岛素的胰岛β细胞功能被破坏而引起的。这类患者胰岛素缺乏，从发病起终身需要注射胰岛素治疗；2型糖尿病（T2DM）：是糖尿病最为常见的类型，主要是由于遗传、环境等多种因素，导致胰岛素调节血糖的能力下降，并伴随胰岛β细胞功能缺陷，引发糖尿病；妊娠糖尿病：是在妊娠期间由于激素水平发生变化导致的血糖升高。这类患者的血糖在分娩后可以恢复正常；其他特殊类型糖尿病：是由其他特殊原因导致的糖尿病，不太常见，占糖尿病总数的1%，如青年人中的成年发病型糖尿病、线粒体基因突变糖尿病等。

一、膳食性脂肪酸－基因相互作用与糖尿病的关系

饮食中脂肪摄入过多或脂肪过量储存，均与胰岛素抵抗及糖尿病的发生有关。而且脂肪酸的类型和饱和程度对胰岛素敏感性的影响比脂肪酸的量更为重要。大量的流行病学研究证实，总脂肪及饱和脂肪酸的摄入量与患糖尿病的危险性呈正相关，多不饱和脂肪酸与血浆胰岛素水平呈负相关。膳食性脂肪酸可通过多种机制影响葡萄糖－胰岛素系统。

1. 影响脂肪酸氧化酶和脂肪酸合成酶基因的表达

有研究表明，*n*–3和*n*–6脂肪酸可促进与脂代谢有关的关键酶如脂蛋白脂酶和某些脂肪酸氧化酶基因的表达，抑制基因编码有关脂质合成酶，如脂肪酸合成酶，增强脂质代谢，减少体脂储存，减少组织中FFA及甘油三酯水平，促进糖代谢，减轻胰岛素抵抗（IR）。

2. 影响葡萄糖运载体4（*GLUT4*）基因的表达

用鱼油喂养自发性糖尿病OLETE大鼠，结果显示，鱼油可通过显著增加大鼠骨骼肌*GLUT4* mRNA基因的表达，改善胰岛素抵抗。

3. 影响胰岛素信号的传导

不同类型的脂肪酸还可通过改变胰岛素信号传导蛋白的表达和功能状态影响胰岛素在组织内的信号传导，导致或减轻胰岛素抵抗。

二、微量元素－基因交互作用与糖尿病的关系

糖尿病患者体内微量元素状况发生了显著的变化，如患者铬、锌、硒含量显著降低，某些无机元素特别是微量元素的缺乏可造成机体内糖、脂肪、蛋白质的代谢紊乱，往往是患糖尿病的根本原因。锌、钒、硒、铬作为机体的必需微量元素，具有重要的生理生化功能，它们可调解与糖代谢和脂代谢相关基因的表达，以各自的机制参与体内的糖代谢和脂代谢，影响糖尿病的发生。

1. 锌－基因交互作用与糖尿病的关系

近年来随着糖尿病发生率的逐渐增多，人们逐渐认识到锌在胰岛素的代谢、功能以及糖尿病的发生中的作用。许多研究表明2型糖尿病患者或实验动物体内处于锌缺乏或临界性锌缺乏状态。目前有关锌与2型糖尿病关系的研究已从整体水平深入到细胞、分子水平。锌缺乏与糖尿病的发生主要与下列机制有关。

（1）锌在胰岛素的合成、储存和释放过程中起重要作用　胰岛素原在胰岛β细胞内的转运、六聚化，胰岛素原水解酶的激活，胰岛素的浓缩和β颗粒核心的形成等过程均对锌敏感。当锌缺乏时，胰岛素转录后或翻译后水平的合成下降，胰腺释放胰岛素减少。此外，根据靶细胞类型和胰岛素浓度，部分或全部内化的胰岛素在离开靶细胞之前都要降解，锌还可以增强胰岛素降解酶的活性，参与胰岛素降解。

（2）锌可促进胰岛素与受体结合　锌可促进胰岛素与受体结合，促进受体聚集和磷酸化，增强胰岛素－受体的亲和力，降低胰岛素分解和受体再循环，并在受体或受体后水平调节胰岛素作用。缺锌可导致脂肪细胞受体合成下降，与胰岛素的结合力下降，受体转位能力下降。

（3）胰岛素受体或其内源性底物的磷酸化对胰岛素信号传导是必不可少的　锌在维持受体磷酸化/去磷酸化水平及胰岛素信号传导过程中发挥重要作用，从而调节靶组织对胰岛素的响应。

2. 钒－基因相互作用与糖尿病的关系

钒是人体必需微量元素之一，糖尿病患者钒含量异常降低，提示钒与糖代谢和糖尿病有关。在离体及整体大量动物实验研究中已证实钒酸盐具有胰岛素样作用，尤其是钒不影响胰岛素分泌，而是通过提高胰岛素的水平使血糖正常化，增强组织对胰岛素的敏感性。目前认为，钒对糖尿病基因的表达主要涉及以下方面。

（1）钒可以增加*GLUT4*基因的表达水平，促进葡萄糖向细胞内转运　GLUT4在组织摄取和利用葡萄糖、调节糖代谢中起重要作用。有研究表明，糖尿病大鼠骨骼肌*GLUT4* mRNA水平较正常组大鼠降低63%，经钒酸钠治疗*GLUT4* mRNA升高达正常对照组水平阈，钒酸钠通过增加糖尿病大鼠骨骼肌*GLUT4*基因表达，使周围组织葡萄糖摄取利用增加，可部分解释其降血糖机制。

（2）促进糖原合成、抑制糖异生　增加肝糖原产生是1型和2型糖尿病产生空腹高血糖的主要途径。内源性葡萄糖产生与两个关键酶——磷酸烯酮式丙酮酸激酶和6-磷酸葡萄糖激酶水平增加有关，因此认为这两个酶的增加可导致糖尿病的发生。钒化合物能够抑制磷酸烯酮式丙酮酸激酶及6-磷酸葡萄糖mRNA及蛋白质的表达，使糖尿病血浆葡萄糖水平恢复正常，从而发挥抗糖尿病的作用。

（3）钒对体内胰岛素信号途径的影响　钒在体内发挥胰岛素样作用与胰岛素分泌无关，而与胰岛素受体有一定关系。钒酸盐能增加胰岛素受体的磷含量和酪氨酸激酶活性，从而发挥抗糖尿病作用。

3. 硒 – 基因相互作用与糖尿病的关系

一些学者提出了自由基在实验性糖尿病发病机制中的作用。有资料表明，2 型糖尿病病人体内存在自由基的升高，各种抗氧化因素如谷胱甘肽过氧化物酶（GSH–Px）、超氧化物歧化酶（SOD）、过氧化氢酶（CAT）等的作用减弱，使病人组织细胞遭受氧化性损伤，尤其是胰岛是过氧化损害的敏感组织。因此，抗氧化酶活性降低在 2 型糖尿病的发生、发展中起了重要作用。

已知硒是体内多种酶尤其是抗氧化酶谷胱甘肽过氧化物酶的活性成分，体内硒水平变化是影响该酶活性的因素之一。2 型糖尿病患者血清硒均值明显低于健康人，而补硒后血糖明显下降，表明硒与糖尿病之间有着某种相关性。

（1）硒对 *GSH-Px* 基因表达的影响　硒是 *GSH-Px* 的活性中心。硒缺乏时，不仅 *GSH-Px* 活性降低，而且 *GSH-Px* 的 mRNA 及蛋白水平均降低，说明硒状态对 *GSH-Px* 的影响发生在基因的翻译和转录水平上。由于 *GSH-Px* 能减少自由基的产生，故能够保护胰岛素 A、B 肽链间二硫键免受氧化破坏，保证胰岛素分子的完整结构和功能，而且适当剂量的非酶硒直接发挥清除自由基作用。因此，硒可能是通过抗氧化作用，保护胰岛素功能的正常发挥而发挥降血糖作用。

（2）硒对胰岛素信号传导的影响　硒除了通过谷胱甘肽过氧化物酶发挥其抗氧化作用外，还通过其他途径参与糖尿病的代谢。当硒存在时，参与胰岛素信号传导的两种蛋白成分 InsR 的 β 亚单位和 IRS–1 的酪氨酸磷酸化反应加强，而且硒还通过许多复杂的环节最后影响了整个细胞的磷酸化状态。补充硒的糖尿病大鼠可恢复胰岛素水平，降低血糖、血脂，从而改善糖、脂代谢紊乱。

4. 铬 – 基因相互作用与糖尿病的关系

三价铬是葡萄糖耐量因子的组成成分，具有胰岛素样作用，可促进细胞对葡萄糖的利用，促进葡萄糖的氧化磷酸化，促进糖原合成，提高胰岛素的稳定性，从而降低血糖。有研究证明，糖尿病病人的血铬含量降低，缺铬可引起周围组织对内、外源性胰岛素的敏感性下降，胰腺分泌胰岛素的能力衰竭，胰岛素依赖功能将严重受损或发生糖尿病。葡萄糖氧化分解释放出能量也需胰岛素和铬的参加，一旦人体铬缺乏，葡萄糖就不能被充分利用，不能分解或转化为脂肪储存起来，因而导致机体血糖升高。而补充铬可改善糖耐量和胰岛素敏感性。

铬的作用机制似乎是增加胰岛素作用，该作用是由于铬可增加胰岛素受体的数量，增加胰岛素受体基因的表达，促进胰岛素与胰岛素受体的结合，使胰岛素受体底物 –1 磷酸化，增强胰岛素受体底物 –1 的活性，促进细胞摄入胰岛素介导的葡萄糖，并改变磷酸酯酶和磷酸激酶的磷酸化。因此，铬对胰岛素信号有肯定作用。另外，铬在增加葡萄糖的利用方面可能是通过激活三羧酸循环中的琥珀酸脱氢酶起作用，加速琥珀酸氧化。

三、多酚与基因相互作用与糖尿病的关系

富含多酚的食物在降低2型糖尿病患者患T2DM的风险、改善炎症和血糖标志物方面具有有益作用。膳食多酚化合物可通过多种方式发挥降糖作用，如减少碳水化合物消化和葡萄糖吸收，抑制葡萄糖释放，刺激胰岛素分泌，保护胰岛β细胞免受糖毒性，通过调节细胞内信号、抗氧化活性和抑制晚期糖基化终产物的形成，增加外周组织葡萄糖摄取。

槲皮素是膳食中最重要的黄酮醇之一，存在于红酒、许多水果、蔬菜和坚果中。槲皮素对STZ诱导的糖尿病大鼠的保护作用可能是通过降低脂质过氧化、一氧化氮的产生和增加抗氧化酶活性来降低氧化应激，从而保持胰岛β细胞的完整性。此外，槲皮素似乎有助于治疗糖尿病神经病变，因为已有研究表明，槲皮素通过激活Nrf-2/HO-1和抑制NF-κB来保护培养的大鼠背根神经节神经元免受高糖诱导的凋亡。

花青素在体外通过刺激胰岛素基因转录的重要因子，降低活性氧（ROS）介导的细胞凋亡和坏死，从而刺激胰岛素分泌，对胰岛β细胞具有保护作用。在T2DM小鼠模型中，摄入花青素可抑制血糖水平升高，改善胰岛素敏感性。花青素的抗糖尿病作用可能是通过上调溶质载体家族2成员4（Slc2a4），当T2DM小鼠摄入富含花青素的月橘提取物时，也获得了类似的结果。这些小鼠在白色脂肪组织中显示AMPK激活和slc2a4上调，肝脏中糖的产生和脂质含量被抑制。花青素喂养的TD2M小鼠肝脏中也观察到乙酰辅酶A羧化酶失活，PPARα、酰基CoA氧化酶和肉碱棕榈酰转移酶1A上调。食用富含花青素的食物，特别是蓝莓、苹果、梨，与T2DM风险降低有关。

阿魏酸在不同的T2DM小鼠模型中有重要的抗氧化活性和降糖作用。在高脂肪和果糖诱导的2型糖尿病大鼠中，阿魏酸可恢复正常的葡萄糖稳态，改善胰岛素敏感性和肝糖生成，抑制糖异生和胰岛素信号抑制剂的表达，如糖异生酶基因*PEPCK*和*G6Pase*。除了将血糖、血清胰岛素、糖耐量和胰岛素耐量恢复到正常范围外，它还通过破坏SREBP1c、HNF1α和HNF3β转录因子与*Slc2a2*启动子的结合，降低了肝溶质载体家族2（葡萄糖转运体）、*Slc2a2*（葡萄糖转运体GLUT 2的编码基因）的过度表达。

四、维生素与基因相互作用与糖尿病的关系

1. 维生素A对糖尿病相关基因的影响

维生素A（全反式视黄醇）对胰腺发育、胰岛形成和功能至关重要。然而，维生素A、视黄醇及其载体蛋白、视黄醇结合蛋白（RBP）和转甲状腺素治疗糖尿病的有效性存在争议，其对胰岛素分泌的影响似乎取决于其代谢产物。维生素A是维持成年小鼠胰岛β细胞和胰岛α细胞质量以及葡萄糖刺激的胰岛素分泌所必需的。尽管关于在T2DM人群中使用维生素A补充剂的研究显示出不确定的结果。而RBP可能通过GLUT的活性影响葡萄糖稳

态，即血清 RBP4 水平的提高似乎是动物模型和人类系统性 IR 发展的触发器。此外，类胡萝卜素（原维生素 A 化合物）的抗氧化特性也可以预防 T2DM，尽管之前的研究发现，饮食中摄入番茄红素（一种强抗氧化类胡萝卜素化合物）与女性患 T2DM 风险之间的联系很少。

2. B 族维生素对糖尿病相关基因的影响

尽管 B 族维生素具有抗氧化特性，并在糖尿病小鼠模型中具有减少糖尿病并发症的作用，但一般而言，补充 B 族维生素尚未被提出作为 T2DM 的一级预防。长期暴露于高水平的 B 族维生素，如烟酸、硫胺素和核黄素可能与肥胖和糖尿病的流行有关。烟酸可引起葡萄糖耐受不良、IR 和肝损伤。此外，已经观察到，无毒剂量的核黄素可防止细胞因子诱导的 p38 磷酸化和 IL-6 上调胰岛素瘤 NIT-1 细胞和分离的啮齿动物胰岛。烟酰胺可促进小鼠胚胎干细胞分化为产生胰岛素的细胞，也可通过增加 *v-maf* 禽肌肉筋膜纤维肉瘤癌基因同源物 A（MafA）在 INS-1β 细胞中的表达来诱导胰岛素基因表达。

生物素在关键碳水化合物代谢基因的正常表达和葡萄糖稳态中也是必需的，如叉头盒 A2（Foxa2）、胰腺和十二指肠同源盒因子转录因子（Pdx1）、肝细胞核因子 4α（Hnf4α）、胰岛素（Ins）、葡萄糖激酶（Gck）、钙电压门控通道亚基 α1 D（Cacna1d）和乙酰辅酶 A 羧化酶等。在高剂量和低剂量 STZ 诱导的 2 型糖尿病大鼠模型中，补充生物素具有抗氧化、抗高脂血症、抗炎和抗高血糖作用，可能通过调节 PPARγ、IRS-1 和 NF-κB 蛋白而提高胰岛素水平。

3. 维生素 C 对糖尿病相关基因的影响

维生素 C（抗坏血酸）在糖尿病治疗中的作用尚不清楚，因为在某些体外条件下，它也可以是一种促氧化剂，尽管它具有有益的预防抗氧化特性，但它可以使蛋白质糖化。体外研究表明，适当浓度的维生素 C 在胰岛 β 细胞中可能有有益的作用，因为补充维生素 C 后胰岛 α 和 β 细胞的数量增加了。不同的研究发现，糖尿病患者和实验性糖尿病动物模型血浆中维生素 C 水平较低，血浆维生素 C 水平与 T2DM 风险之间存在很强的负相关。大剂量维生素 C 以剂量依赖的方式抑制大鼠胰岛胰岛素分泌。在糖尿病人群中补充维生素 C 的临床试验结果存在争议。在一些 2 型糖尿病患者的研究中，给予维生素 C 可提高血浆维生素 C 水平和全身葡萄糖代谢，从而改善空腹血糖和 Hb A1c 水平。然而，在其他情况下，口服维生素 C 并不能完全补充血浆维生素 C 水平，也不能改善内皮功能障碍或 IR，甚至补充维生素 C 可能增加心血管疾病死亡的风险。

4. 维生素 D 对糖尿病相关基因的影响

维生素 D 缺乏会影响胰岛素分泌、胰岛素抵抗和胰岛 β 细胞功能障碍，因为维生素 D 改变了许多参与免疫反应、趋化、细胞死亡和胰岛 β 细胞功能或表型基因的表达。维生素 D 可通过调节细胞因子的产生和作用改善维生素 D 缺乏大鼠的糖耐量受损和胰岛素分泌。此外，维生素 D 通过刺激胰岛素受体的表达和促进 PPARα 的表达，提高胰岛素敏感性。此外，维生素 D 可通过直接调节 T2DM 患者单核细胞中影响 IR 的细胞因子如 IL-1、IL-6 和 TNF-α 的表达和活性，降低 T2DM 患者全身炎症的影响，并保护胰岛 β 细胞因子诱导的凋亡。一些研究还支持维生素 D 通过调节细胞外钙和钙内流的作用对胰岛 β 细胞功能的间接影响。

对人类而言，维生素 D 水平低是 T2DM 发病的危险因素，而低维生素 D 水平伴甲状旁腺素（PTH）水平升高似乎是胰岛 β 细胞功能障碍、IR 和血糖的独立预测因素。2 型糖尿病合并维生素缺乏症患者通过补充维生素 D 改善血糖和胰岛素分泌，不仅直接作用于胰岛 β 细胞功能，还通过调节血浆钙水平调节胰岛素的合成和分泌。一些临床试验表明，维生素 D 和钙的联合作用可以改善维生素 D 不足的糖尿病患者的血糖状况。然而，一项研究选择试验比较了补充维生素 D_3 与非维生素 D 补充剂在糖耐量正常、糖尿病前期或 2 型糖尿病成人中的作用，结果显示补充维生素 D_3 对血糖稳态或糖尿病预防没有影响。研究对象之间的中度异质性和本试验的短期随访时间可能使补充维生素 D_3 对糖尿病患者的潜在影响不确定。

5. 维生素 E 对糖尿病相关基因的影响

动物研究结果表明维生素 E 摄入与降低 T2DM 风险有关，但是一些随机的介入临床试验不仅未能证实在预防或治疗 2 型糖尿病方面有有益的效果，还提示会有一些糖尿病的病情加重。

五、氨基酸与基因相互作用与糖尿病的关系

膳食蛋白质和氨基酸可通过影响胰岛的基因和蛋白表达，激活 PI3K/PKB/mTOR 通路，从而促进胰岛素释放。发芽糙米膳食成分通过下调 2 型糖尿病大鼠的糖异生基因 *Fbp1* 和 *Pck1* 来改善血糖控制。氨基酸对葡萄糖稳态和血糖控制的作用机制包括直接促进胰岛 β 细胞分泌胰岛素、影响肝脏葡萄糖合成以及对胰岛素信号的潜在影响。补充酪蛋白水解物可以减弱 NLRP3-ASC 炎症小体的活性，NLRP3-ASC 是介导 IL-1β 在感染和应激条件下处理的一个分子平台，改善体外和高脂饮食小鼠的胰岛素敏感性和葡萄糖耐受性。

在 T2DM 患者中，摄入蛋白质可增强餐后胰岛素释放，导致餐后循环葡萄糖浓度升高的减弱。关于动物蛋白摄入对 T2DM 风险的影响，研究发现动物蛋白摄入与 T2DM 风险之间的关联高度依赖于动物蛋白的来源和类型以及其他食物成分的存在。这需要更多的流行病学证据来阐明蛋白质补充剂摄入与 T2DM 风险之间的真正关联。氨基酸是葡萄糖诱导的胰岛素释放的增强剂，促进小鼠胰岛细胞内缓慢的胞质钙振荡。精氨酸、亮氨酸、异亮氨酸和缬氨酸这四种氨基酸，对 T2DM 具有可观的治疗作用。支链氨基酸（BCAA）异亮氨酸、亮氨酸和缬氨酸是重要的营养信号和代谢调节剂。流行病学研究表明，BCAA 血浆浓度和代谢发生改变。在肥胖和 T2DM 动物模型中，低循环水平的脂联素抑制 BCAA 分解代谢，从而通过 AMPK 信号通路介导的线粒体磷酸酶 2C 表达下调，导致这些氨基酸的积累。血浆 BCAA 升高与 IR 和 HbA1c 水平有关。BCAA 的积累被认为可促进线粒体功能障碍，与应激激酶刺激和胰岛 β 细胞凋亡有关，而这些通常与 IR 和 T2DM 有关。此外，循环 BCAA

水平升高被发现是预测T2DM的可靠指标，尤其是在白种人和西班牙人中，不仅在症状前的个体中，而且在糖尿病前期或诊断为2型糖尿病的人群中。尽管有大量的研究，但目前尚不清楚BCAA水平的升高是否仅是IR的标志，还是IR作用丧失的直接原因。

在BCAA中，L–亮氨酸具有独特的抑制内皮细胞中L–精氨酸合成NO的作用，激活谷氨酰胺–果糖–6–磷酸氨基转移酶（GFAT），可能在IR中调节心血管稳态，激活雷帕霉素（丝氨酸/苏氨酸激酶）复合物（mTOR）的机制靶点，这是细胞生长和增殖的关键调节剂。亮氨酸还可以通过变位活化谷氨酸脱氢酶来增强胰岛β细胞胰岛素的分泌，也有报道称谷氨酸脱氢酶对其他氨基酸如苯丙氨酸起作用。尽管大量研究表明，高水平的BCAA在损害胰岛素信号或IR中具有因果作用，但其他观察表明，BCAA激活哺乳动物雷帕霉素复合物1（mTORC1）的靶点，在胰岛素受体底物蛋白上产生抑制反馈回路，不是触发IR的必要条件或充分条件。在T2DM大鼠模型中使用非靶向代谢组学的研究一致发现，BCAA水平直到糖尿病发病6个月后才会升高，这支持了以下观点：在该模型中，BCAA水平的升高不足以诱发IR和T2DM。循环中芳香族氨基酸苯丙氨酸和酪氨酸水平升高也与T2DM的发展有关，不仅在T2DM患者中，而且在症状前个体中，这是胰岛素敏感性的间接标志物。另一方面，甘氨酸减少，可能是由于氧化应激增加导致糖异生或谷胱甘肽消耗增加。精氨酸在葡萄糖存在下的促胰岛素作用可以通过直接去极化胰岛β细胞的质膜来解释，激活Ca^{2+}通道导致Ca^{2+}内流，从而触发胰岛素的胞外分泌。精氨酸果糖广泛存在于红参中，通过抑制胃肠道对碳水化合物的吸收而具有抗糖尿病作用。精氨酸果糖具有潜在的控制血糖的药理作用，因为它能显著降低啮齿动物和人类餐后血糖水平。

DNA携带着生物体全部的遗传信息，基因的选择性表达决定了生物体个体的发育、生长、健康状况等各方面，而营养素是生物进行新陈代谢的物质基础，只有获得平衡充足的营养物质，生物才能正常生长发育，并繁衍后代。营养素与基因之间的相互作用是持续的，而且非常复杂。只有合理利用基因与营养之间的相互作用，才能使其更好地为人类服务。

六、营养素与糖尿病的防治

随着糖尿病患病率日益提高，已成为威胁人类健康的主要疾病。因此，糖尿病的防治已成为国内外研究的热点。从糖尿病的发病因素、临床特征和并发症病变可以看出，糖尿病的预防和治疗与营养素密切相关。因此，营养治疗仍然是防治糖尿病及其并发症的重要手段。

1. 碳水化合物

众所周知，碳水化合物是人体主要的供能物质，对于糖尿病人也不例外，但是大多糖尿病患者谈“糖”色变，认为糖尿病人就不应该摄入糖类，其实不然，糖类也有好有坏，但是控制碳水化合物的摄入总量是糖尿病患者饮食疗法的关键。通常情况下，并不建议糖尿病患者摄入单糖和双糖，因为它们在肠道内不需要消化酶，可被直接吸收入血液，使血糖迅速升高。美国纽约医院康奈尔医学中心教授伊沙多尔·罗生富医学博士研究认为，不同种类的碳水化合物进入血液的速度虽然不太一样，但差别并不如我们以前想象的那么大，简单糖类并不比淀粉类消化得快多少，真正的问题在于食物中碳水化合物总量的多少，而非主要在于种类的差别。因此，对于一些单糖如葡萄糖不必一点也不敢用。

但是，过多地摄入单糖和双糖类食物，可使体内甘油三酯的合成增多，并使血脂升高，还可能导致周围组织对胰岛素作用的不敏感，从而加重糖尿病的病情，因此，对单糖和双糖类食物，糖尿病患者只可浅尝。由于降血糖药物的开发和创新，糖尿病患者饮食中碳水化合物的摄入量可占总热量的50%~65%，原则上应该根据患者身体状况、病情、活动耗能等因素制定碳水化合物的摄入量，但不能过低，在合理控制总热量的基础上，适当提高碳水化合物的进食量，有助于提高胰岛素的敏感性，减少肝脏葡萄糖的产生和改善葡萄糖耐量。碳水化合物摄入过多会使血糖升高，增加胰腺负担。碳水化合物摄入过少，体内需分解脂肪和蛋白质来供能，易引起酮血症。

防止低血糖对于糖尿病患者来说也尤为重要，因为糖类是大脑的唯一供能物质，而且大脑耗能高，没有糖储备，低血糖对于糖尿病患者大脑的损害尤为严重，因此不能一味地降血糖。马铃薯淀粉在体内被吸收的速度缓慢，不会导致血糖升高过快，是糖尿病患者的食疗佳品。另外，血糖指数也是一个关键的指标，糖尿病患者应多选择血糖指数低的食物，可有效控制餐后胰岛素和血糖异常，有利血糖的稳定。总而言之，控制好碳水化合物的总摄入量，是糖尿病患者饮食疗法成功的第一步。

2. 蛋白质

糖尿病饮食中应提供充足蛋白质，摄入量一般要比正常人稍高。糖尿病患者多因代谢紊乱，使体内蛋白质分解过速，丢失过多，易出现负氮平衡，膳食中应富含蛋白质，蛋白质的摄入总量应占总能量的12%~20%。由于糖尿病患者体内糖原异生旺盛，蛋白质消耗量大，当糖尿病合并肾病时，从尿中排出的蛋白质较多，需要摄入更多的蛋白质。但当肾功能衰竭时，需要低蛋白膳食。

一些研究表明，许多氨基酸都有刺激胰岛素分泌的作用，其中以精氨酸和赖氨酸的作用最强。据美国《糖尿病护理杂志》的研究报告，在同时摄入游离氨基酸和蛋白质的情况下，2 型糖尿病患者体内胰岛素对碳水化合物的反应能力会大大增强。研究人员选择了 10 名 2 型糖尿病患者（病史平均 8.9 年）和 10 名健康对照者，检测受试者在摄入亮氨酸、苯丙氨酸和蛋白质水解物混合物后胰岛素分泌的反应性，一是单纯摄入碳水化合物的情况下，二是同时摄入碳水化合物和游离氨基酸、蛋白质混合物。研究结果显示，与单纯摄入碳水化合物相比，同时摄入氨基酸和蛋白质后，受试者的胰岛素分泌反应性明显增加。

人们所熟知的牛磺酸也是一种含硫的非蛋白氨基酸，它可以加速葡萄糖进入细胞，促进细胞内糖代谢和糖原合成，降低动物血糖合成。另外牛磺酸还可以作用于胰岛素受体，发挥胰岛素样效应，协同胰岛素对糖代谢的调控效应，参与维持机体葡萄糖自稳态，对糖尿病及其并发症有明显的细胞保护作用。此外加拿大研究人员自实验鼠身上发现，一种精氨酸有助于防止糖尿病发生。由此可见，氨基酸类保健品在将来防治糖尿病方面也有无限潜力。

3. 脂类

糖尿病患者常伴有脂肪代谢紊乱，未经治疗或控制不良的患者有低密度脂蛋白（LDL）、极低密度脂蛋白（VLDL）和甘油三酯（TG）增高，而高密度脂蛋白（HDL）降低，由于糖尿病患者个体差异显著，若脂肪摄入种类及数量不当，往往使血脂升得更高，容易发生心血管并发症，因此必须限制脂肪摄入量，尤其是饱和脂肪酸不宜过多。

一般认为，脂肪的摄入量一般占总热能的20%~25%为宜，饱和脂肪酸的比例应小于10%。目前研究表明，单不饱和脂肪酸可降低胰岛素抵抗，降低血清总胆固醇、甘油三酯和低密度脂蛋白，升高对人体健康有益的高密度脂蛋白，降低患大血管病的危险，这对糖尿病患者而言无疑是很有意义的。另外，必需脂肪酸具有促使胆固醇转变和排泄的功能，能够降低血中胆固醇的浓度，对糖尿病患者也十分有利。共轭亚油酸（CLA）是存在于反刍动物肉类食物中的一种天然不饱和脂肪酸的衍生物，能帮助调节和降低血液内葡萄糖的水平，预防糖尿病的发生。此外，荷兰国立公共卫生与环境研究所的专家发现，*n*–3脂肪酸可增强人体对糖的分解，维持糖代谢的正常状态，因此，糖尿病患者可以多食用富含*n*–3脂肪酸的海鱼。

除了脂肪酸之外，大豆磷脂（包括磷脂酰胆碱）对于糖尿病患者来说也是十分有益的。磷脂酰胆碱不足会使胰脏机能下降，无法分泌充足的胰岛素，不能有效地将血液中的葡萄糖运送到细胞中，如果每天食用20g以上的大豆磷脂，则糖尿病的恢复十分显著，对糖尿病坏疽及动脉硬化等并发症患者更为有效。

4. 维生素

（1）维生素A　现代研究表明，每天摄入500 IU的维生素A，能缓解糖尿病症状。胡萝卜素在体内转换成视黄醇，可保护视力，预防糖尿病并发的眼部病变。

（2）B族维生素　糖尿病症状控制不良者，糖原异生作用旺盛，B族维生素消耗增多，应及时补充B族维生素。现代研究表明，每天摄入50mg维生素B_1，可缓解糖尿病并发的神经性疾病，维生素B_{12}也可改善和缓解糖尿病并发的神经系统症状，另外肌醇作为细胞信号传递过程中的第二信使，在细胞内对激素和神经的传导效应起调节作用，对调节糖代谢有正效应。维生素B_3即烟酸可预防与糖尿病并发的肾脏疾病。

（3）维生素C　现代研究表明，每天补充100mg维生素C，可增加微血管的强度，并预防心脏血管疾病，且帮助非胰岛素依赖型糖尿病患者调节血糖。《美国营养学会》报道，糖尿病患者适当补充维生素C，可降低血液中的C反应蛋白的水平。C反应蛋白是人体出现慢性疾病的一种生物标志，与心脏病、糖尿病密切相关。与胆固醇水平相比，C反应蛋白水平可能是更好的心脏疾病“报警器”。维生素C还有增强抗体的作用，能有效地防止糖尿病患者皮肤感染。

（4）维生素D　一项发表在《欧洲内分泌学杂志》上的研究表明，高剂量补充维生素D可以改善机体葡萄糖代谢功能，或能帮助延缓糖尿病的进展。研究针对新诊断为2型糖尿病或被确诊为糖尿病高危人群，测量他们在6个月高剂量维生素D（5000 IU）补充前后的胰岛素功能和葡萄糖代谢指标。结果发现，虽然只有46%的研究参与者在开始时被确定维生素D缺乏，但经补充高剂量维生素D显著改善了参与者肌肉组织中胰岛素的作用。

（5）维生素E　现代研究表明，每天两次，每次500IU的维生素E摄入，可降低胰岛素用量，改善心脏机能，预防慢性并发症。

5. 植物活性成分

植物性食物中还含有许多有生理活性能够对人体的生理功能产生有益影响的营养物质，因种类繁多，统称为植物活性成分。许多研究表明，植物活性成分在糖尿病防治中也能起到重要作用。

许多食物中因含有类似胰岛素成分，而具有降血糖的作用，如空心菜、洋葱、新鲜的柚子肉中含有类似胰岛素的成分，能降低血糖；苦瓜中含有类似胰岛素物质“多肽P”，有明显的降糖作用，它能使糖分分解，具有使过剩的糖分转化为热量的作用；菠菜中也含有一种类似胰岛素的物质，可使血液中的血糖保持稳定。也有部分营养素直接具有降血糖的作用，如辣椒素能提高胰岛素的分泌量；鳝鱼素能调节血糖和降低血糖；萝卜中含有糖化酶，可分解食物中的淀粉和脂肪，对控制餐后血糖升高有一定作用；番石榴多酚，能抑制肠道对葡萄糖的吸收，从而使血糖降低；美国科学家研究，马齿苋中所含高浓度的去甲肾上腺素能促进胰岛β细胞分泌胰岛素，从而降低血糖水平；芦笋含有一种香豆素的化学成分，有降低血糖的药理作用；大蒜中含有的挥发性物质有降低血糖的作用；豆豉中的氨基酸衍生物可以阻止小肠内的一部分酶发挥作用，抑制人体吸收糖分，从而降低血糖。

本章小结

DNA携带着生物体全部的遗传信息，基因的选择性表达决定了生物体个体的发育、生长、健康状况等各方面，而营养素是生物进行新陈代谢的物质基础，只有获得平衡充足的营养物质，生物才能正常生长发育，并繁衍后代。

营养素与基因之间的相互作用是持续的，而且非常复杂。只有合理利用营养与基因之间的相互作用，才能使其更好地为人类服务。

思考题

1. 如何利用营养与基因的交互作用关系，实现个性化营养？
2. 在研究营养素与基因交互作用关系的实验中，所涉及的技术有哪些？

第十一章
精准营养与营养大数据

学习目标

1. 了解常见慢性病与食品营养的关系。
2. 理解疾病状态下特殊的营养需要及营养干预方案。
3. 理解常见营养素代谢异常疾病的精准营养需求和干预方案。

第一节 慢性代谢性疾病与营养

一、中国慢性病的发病概况

11–1 思维导图

居民营养与慢性病状况是反映国家经济社会发展、卫生保健水平和人口健康素质的重要指标。慢性病全称是慢性非传染性疾病，不是特指某种疾病，而是对一类起病隐匿病程长、病因复杂，且有些尚未完全被确认的疾病的概括性总称。常见的慢性病主要有心脑血管疾病、癌症、糖尿病、慢性呼吸系统疾病等。国际糖尿病联合会调查数据显示，2021 年全球约 5.37 亿成人（20~79 岁）患有糖尿病（10 个人中就有 1 人为糖尿病患者）；预计到 2030 年，该数字将上升到 6.43 亿；到 2045 年将上升到 7.83 亿。在中国糖尿病患病率的增长形势也异常严峻。2019 年，我国居民因心脑血管疾病、癌症、慢性呼吸系统疾病和糖尿病四类重大慢性病导致的过早死亡率为16.5%。目前中国慢性病的发病率和死亡率相对较高，给中国居民带来了沉重的经济和健康负担。总之，随着我国经济社会发展和卫生健康服务水平的不断提高，居民人均预期寿命不断增长，慢性病患者的生存期不断延长，加之人口老龄化、城镇化、工业化进程加快和行为危险因素流行对慢性病发病的影响，我国慢性病的疾病谱发生了巨大变化，主要危险因素的暴露水平也在不断提高，慢性病患者基数将不断扩大。

二、慢性病与营养的相关性

慢性病的患病和死亡与众多因素密切相关，比如环境、饮食结构、经济水平和生活习惯等。《中国居民营养与慢性病状况报告（2020年）》显示，我国居民膳食结构不合理，脂肪供能食物比例持续增加，高油高糖等高能量密度、低营养素密度的食物摄入较多，蔬菜、水果、豆及豆制品摄入不足。家庭人均每日烹调用盐和用油量仍远高于推荐值。儿童青少年经常饮用含糖饮料问题已经凸显，15岁以上人群吸烟率、成人30d内饮酒率超过1/4，与此同时，中国居民身体活动不足的问题日益突出，自主锻炼意识薄弱，每周参加1次以上体育锻炼的比例不足1/4，并且30~49岁的中年人最缺乏锻炼。缺乏运动导致过剩的能量无法消耗，转化为脂肪囤积在身体内部和脏器中，长此以往，会导致一系列如肥胖、脂肪肝、糖尿病和高血脂等慢性病。

1. 心血管疾病与营养的相关性

心血管疾病的风险性评估表明，社会经济状态对发病率具有明显的导向性，参考因素包括收入、工作类型和教育水平等，这些因素将人群划分为不同层次的社会经济地位，而这些决定社会经济地位的因素不可避免地涉及饮食的质量和选择。社会经济水平较低的群体往往具有较高的冠心病和心血管病病死率，而这类群体在饮食上更偏好于含碳水化合物较高、升血糖较快的细粮和高油脂的油炸食品、罐装食品。相反，处于高经济水平的人群则偏好食用低血糖指数和高膳食纤维的全麦面包或全麦产品，并且相较于低经济水平的人群，他们能摄入大量的水果、新鲜蔬菜、优质瘦肉和海产品，并有饮红酒的习惯。导致高血压发病率差异的社会经济因素主要是由于饮食习惯的差异，尤其体现在盐的摄入量上。在一系列实验、流行病学、对照临床和人群试验中，盐的过量摄入都证明是诱发高血压的主要元凶。慎重选择食源性物质对预防心血管疾病的发生和降低心血管疾病的风险极为重要。例如，豆科植物被认为是一种具有保护心血管作用的食物。这主要是因为豆科植物可以有效地调节体重和血糖，并且能降低血压和血脂。黄豆含有大量的优质蛋白质、不饱和脂肪酸和膳食纤维，以及黄酮类植物化合物，因而具有降低胆固醇和体重的作用，并且可以改善血管内皮功能，对肾功能也具有一定的保护作用。

2. 糖尿病与营养的相关性

糖尿病与营养摄入密切相关，两者之间的关系在糖尿病前期和发病过程中都有体现。在发病早期大多数糖尿病患者呈现体型偏胖、营养过剩的状态，造成的原因主要包括①长期高脂肪膳食模式：横断面和前瞻性的流行病学调查都表明肥胖尤其是向心性（内脏性）肥胖是糖尿病的重要危险因素。饲以高脂膳食的大鼠易发生胰岛素抵抗，摄入高脂膳食的人可能也会发生类似情况；②体力活动不足：利用生物电阻抗的方法对糖尿病患者进行体成分分析发现，糖尿病患者大多存在下肢肌肉含量减低，缺乏锻炼可能间接促使糖尿病的发生，也可能独立发挥作用。伴随着疾病的发展，糖尿病患者开始出现三多一少，即多尿、多饮、多食、消瘦乏力的典型症状。出现以上症状的机制为胰岛素分泌不足或胰岛素抵抗引起血糖浓度升高，超过肾糖阈时，大量葡萄糖由肾脏排出，出现尿糖阳性。渗透性利尿引起多尿。大量水分由尿排出使机体失水口渴，继而多饮。大量能源物质（葡萄糖）自体内排出，造成体内可使用能量缺乏，患者常感到饥饿、思食。加上高血糖刺激胰岛素分泌也可引起食欲亢进，患者表现为多食。糖尿病患者体内葡萄糖利用不良，只得动员肌肉和脂肪分解，机体呈负氮平衡，患者渐见消瘦，疲乏无力，体重减轻，儿童则因营养不良，导致生长发育受限。相反，摄入富含营养元素、膳食纤维和抗氧化剂的蔬菜和水果则可以有效预防 2 型糖尿病的发生。在地中海国家，人们发现橄榄油具有降低 2 型糖尿病患者视网膜病变的效果，并且可以改善葡萄糖代谢，降低糖尿病、肥胖和心血管疾病的风险。对以蔬菜为主的饮食方式进行研究后发现，这种饮食习惯可以显著改善糖尿病的状况，并降低肥胖、高血压、高血脂、心血管疾病导致的死亡率，甚至降低癌症的发生率，这种饮食方式注重多摄入豆科植物、全麦食品、蔬菜、水果、坚果等，同时降低动物来源性食品的摄入。饮食是影响肠道菌群的主要因素之一，肠道菌群约占体重的 2%，种类丰富，以放线菌、杆菌、厚壁菌等为主，具有调控宿主代谢的功能，肠道菌群通过分解利用肠道中的营养成分来进行生长。个体不同的饮食习惯导致了肠道菌群组成的差异，高油、高脂、高糖的饮食习惯与肠道菌群紊乱和肥胖、糖尿病等慢性疾病高度相关，通过饮食调控肠道菌群组成也可以达到调节糖尿病的目的。

3. 肥胖和非酒精性脂肪肝与营养的相关性

饮食中脂肪的过度摄入增加了肝脏中的游离脂肪酸，诱导肝脏细胞内脂质积累并影响肝脏代谢，随后引起炎症反应，最终导致氧化应激和胰岛素抵抗诱导的肝功能障碍。调整生活方式对非酒精性脂肪肝的治疗具有显著作用，包括健康均衡的饮食可降低肥胖发生的概率，坚持有氧运动、控制脂肪和能量摄入等，单一使用一种方式的效果不如将两者配合使用更明显。食物与肥胖的关联不仅体现在摄入量上，更取决于食物的品质、成分和摄入方式。一些实验性研究发现，*n*–3 多不饱和脂肪酸能够提高胰岛素的敏感性，降低肝脏中甘油三酯的含量并缓解脂肪肝病情。在流行病学调查显示，非酒精性脂肪肝患者更偏好饱和脂肪酸和胆固醇含量高而多不饱和脂肪酸含量低的食物。地中海风格的饮食富含蔬菜、水果、豆类和鱼（富含多不饱和脂肪酸）、几乎不含碳水化合物和脂肪，能够明显改善糖尿病和心血管疾病，这类饮食习惯对非酒精性脂肪肝也具有类似的改善作用。

4. 肿瘤与营养的相关性

膳食脂肪主要由脂肪酸与甘油和其他醇类酯化构成。脂肪摄入过高会增加患肺癌、乳腺癌、前列腺癌、结直肠癌的危险性，而动物性脂肪或饱和脂肪摄入高的饮食还可增加患直肠癌、子宫内膜癌等的危险性。原因可能在于脂肪对不同类型肿瘤的作用机制不同，如高脂肪可利用影响体内雌激素和催乳激素间的平衡，而影响乳腺肿瘤和子宫内膜病的生长；高脂肪通过调节肝脏胆汁酸分泌，进而增加患结肠直肠癌的危险性；高脂肪通过对雌激素的调节而增加患前列腺癌的危险性。脂肪促进或抑制肿瘤的作用机制是多方面的，主要有影响细胞基因表达和细胞膜的脂肪酸组成并因此改变细胞的生理功能，影响激素代谢，影响脂质过氧化及自由基形成，影响免疫系统的反应性等。膳食纤维是一类不能被人体小肠消化吸收的碳水化合物聚合物，主要来源于蔬菜、水果、谷物以及大豆等。膳食纤维具有吸收并保存水分的特点，可与肠道内有害及致癌物质结合促进其排出，促进致癌物质的分解，食物中膳食纤维的缺乏与多种肿瘤的发病密切相关。同时，膳食纤维可以促进益生菌的生长，抑制致病菌群的生长，从而抑制致癌物质的生成，并促进肠内分解。

三、膳食中的有毒物质对慢性病发病的影响

1. 双酚 A（BPA）

双酚 A，即 2,2- 二 (4- 羟基苯基) 丙烷，又称二酚基丙烷，是一类在工业和日常塑料中常用的添加材料，包括奶瓶、口杯、食品和饮料罐中的涂层以及塑料玩具等。BPA 可通过结合激素受体如雌激素受体、雄激素受体、甲状腺激素受体、糖皮质激素受体等来扰乱激素水平，破坏神经内分泌系统，对生殖、神经、免疫和代谢系统造成损害。BPA 可以通过以下途径触发多种作用机制，干扰内源性激素的动态平衡，进而引发一些系列代谢紊乱和慢性病。BPA 暴露还与儿童和青少年肥胖显著相关。

2. 黄曲霉毒素

黄曲霉和寄生黄曲霉菌通过聚酮途径产生的一类剧毒物质即黄曲霉毒素（AFT），常存在于存放不当或超过保质期的食品。在自然条件下，AFT 的稳定性很强，且具有强烈的致癌性，可以诱发肝癌、胃癌、肾癌、直肠癌以及其他部位的肿瘤，1988 年国际癌症研究机构将其归为 A 类致癌物质。AFT 主要通过致癌、致畸、致突变和免疫抑制等过程产生致癌活性，其主要靶器官是肝脏，可引起肝脏出血、脂肪变性和胆管增生等，导致肝癌产生。AFT 具有多种异构体和类似物，其中毒性最强为 B_1 型结构（AFB_1）。AFB_1 及其代谢产物可导致细胞中部分关键抑癌基因和癌基因的突变，造成基因功能的丧失或者活化，同时 AFB_1 能够调控凋亡蛋白抑制因子（IAP）的表达，抑制细胞凋亡及细胞恶性转化等途径。因此，在

粮食和食物储存过程中防止其霉变并避免摄入霉变食物，对于减少AFT的摄入至关重要。

3. 多环芳烃类化合物

多环芳烃类化合物（PAH）存在于受污染的大气和食物中。工业生产过程中煤炭、石油和天然气等燃料不完全燃烧产生的PAH会对水源、大气和土壤形成污染；食物在熏制、烘烤和煎炸过程中，脂肪、胆固醇、蛋白质和碳水化合物等在高温条件下发生热裂解反应，再经过环化和聚合反应形成多环芳烃类物质。食物中最具代表性的是苯并芘，除了烘烤或熏制食物时受热分解形成，在烟草燃烧过程中也会产生并通过肺组织进入器官。苯并芘类物质本身不具有致癌活性，当其进入人体后在细胞色素酶等的代谢下活化下形成致癌物二氢二醇环氧化物（BPDE）类物质。BPDE具有较强的亲电子活性，可以与DNA的亲核位点鸟嘌呤的外环氨基端共价结合，形成BPDE-DNA加合物，引起DNA碱基的变化，造成基因变异导致肿瘤的发生。苯并芘的暴露还可导致结肠癌、乳腺癌、皮肤癌等。

4. 亚硝酸盐

不合理的食物加工方式和保存条件可导致食物中产生含有亚硝酸根阴离子的亚硝酸盐。亚硝酸盐是一类重要的致癌物质，人体摄入过量的亚硝酸盐会使血液中正常携带氧的血红蛋白转化为高铁血红蛋白，从而使其失去携带氧的能力而引起组织缺氧。此外，食物中暴露的低浓度亚硝酸盐可以在胃酸条件下与胺类物质结合形成亚硝胺；在酶的作用下，亚硝胺先在烷基的碳原子上进行羟基化，形成羟基亚硝胺，再经脱醛作用，生成单烷基亚硝胺，再经过脱氮作用，形成亲电子的烷基自由基，后者在细胞内使核酸烷基化，生成烷基鸟嘌呤，引起细胞遗传变异，从而显示出致癌性。

第二节　特殊人群精准营养的基本需求

处于特殊生理状况的人群，如婴幼儿、儿童、孕妇、老年人等，机体对能量的需要以及营养素的消化吸收和代谢均不同，并受到心理和行为习惯的影响，是营养失衡的高发人群。传统的食品营养学主要参考中国营养学会制定的《中国居民膳食指南（2022）》和《中国居民膳食营养素参考摄入量（2023版）》，阐述特定人群的营养需要和膳食推荐。传统营养学只实现了对特定人群的精准营养指导，并未实现个体的精准营养干预。

一、特殊人群的精准营养需求

1. 婴幼儿

婴幼儿是婴儿和幼儿的统称，一般0~1岁为婴儿，1~3岁为幼儿。此年龄阶段是一生中生长发育的关键时期，合理膳食、均衡营养不但为其体力与智力的发育打下良好的基础，还能预防或减少某些成年或老年阶段慢性病的发生。

（1）婴幼儿的生长发育特点 婴幼儿的生长发育是机体各组织器官体积增加和功能成熟的过程，此过程受遗传与环境因素的共同作用，其中营养因素是十分重要的环境因素。婴儿期是人类生长发育的第一高峰期，尤其是出生后的前6个月，表现为体重、身长、头围与胸围的快速增长。6个月内婴儿的体重平均每月增加0.6kg，6个月至1岁婴儿的体重平均每月增加0.5kg。身长是反映骨骼系统的生长，婴儿期身长平均增长25cm，在出生时约为50cm，一般每月增长3~3.5cm，到4个月时增长10~12cm，1周岁时可达出生时的1.5倍左右（约为75cm）。头围反映脑及颅骨的发育状态，在出生时约为34cm，前半年增加8~10cm，后半年增加2~4cm，平均每月增加1cm，至1周岁时可达46cm。婴儿大脑在出生后一段时间内仍处于大脑的迅速发育期，前6个月脑细胞数目持续增加，至6月龄时脑质量增至出生时的2倍；后6个月脑部的发育以细胞体积增大及树突增多和延长为主，神经髓鞘形成并进一步发育，至1周岁时，脑质量达到0.9~1kg，接近成人脑质量的2/3。因此需要充足、均衡、合理的营养（特别是优质蛋白质）的支持，对热量、蛋白质及其他营养素的需求特别旺盛。牙齿的发育可以反映骨骼的发育情况。1岁时婴儿应出6~8颗乳牙；2岁半时20颗乳牙应全部出齐。颅囟的变化反映了颅骨发育情况。一般1岁半的幼儿颅囟都应闭合。

（2）婴幼儿的消化特点 婴幼儿的消化系统处于发育阶段，胃容量小，消化器官稚嫩，各种消化酶活性有限，限制了食物的消化、吸收与利用。若喂养不当，易出现功能性紊乱、腹泻而导致营养素丢失，造成营养不良。新生儿的口腔黏膜娇嫩、血管丰富，容易受伤；出生后唾液腺分泌量有限；舌短而宽、齿槽发育较差，有利于压迫乳头并吞咽乳汁。与成人相比，婴幼儿的胃分泌功能明显不全，但完全可消化母乳。胃的排空时间因食物种类与性质的不同而异，母乳为2~3h，水为1~2h。肠消化液内有胰蛋白酶、脂肪酶和淀粉酶。从婴儿期开始，肠液即含有肽酶、乳糖酶、麦芽糖酶、蔗糖酶、脂肪酶等，加之胆汁的消化作用，使各种食物消化得更为完全。此外，婴儿的牙齿尚未出齐，消化与代谢功能尚不成熟，需要提供易消化的食品来满足其特殊的营养需要。

（3）婴幼儿的营养需要

①能量：婴幼儿的生长发育迅猛，代谢旺盛，0~1岁是儿童生长发育特别是大脑发育的关键时期。能量则是保证婴幼儿生长发育最基本的物质基础。若长期能量摄入不足，可导致婴幼儿生长发育延缓或停滞；相反，摄入过多，则可导致婴幼儿体重超重或肥胖，可致成年代谢性疾病发生与发展。一般情况下，可通过婴幼儿的健康状况、是否出现饥饿及体重增长的情况来判断能量是否适宜。1岁以内的婴儿活动较少，故此部分能量消耗也较低，每日平均为62.8~82.7kJ/（kg·bw）。

②蛋白质：婴幼儿是处于生长发育的高峰时期，保证足量优质蛋白质则是维持机体蛋

白质合成与更新所必需。当婴幼儿膳食蛋白质供给不足时，可表现出消化吸收障碍、生长发育迟缓或停滞、肝功能障碍、抵抗力下降、消瘦、腹泻、水肿与贫血等蛋白质营养不良。相反，高蛋白质膳食同样对其生长发育不利，由于婴幼儿的消化器官和排泄器官发育尚未成熟，功能不健全，对食物的消化吸收能力及代谢废物的排泄能力仍较低，母乳被认为是理想的婴儿食品。在0~6月龄的纯母乳喂养阶段，母乳中蛋白质的含量为1.3g/100g，以平均每日摄入780g母乳计算，可以得到0~6月龄的婴儿蛋白质的日推荐摄入量为9g/d，结合0~6月龄内婴儿体重，其婴儿蛋白质的日推荐摄入量为1.5g/（kg·bw），即可满足婴儿蛋白质的需要。

③脂类：脂类是机体能量和必需脂肪酸的重要来源，也是机体的构成成分和能量储存形式。其中，*n*–3、*n*–6系列的多不饱和脂肪酸对婴幼儿神经髓悄的形成、大脑及视网膜照光感受器的发育与成熟具有重要的作用。二十二碳六烯酸（DHA）是大脑和视网膜中一种具有重要结构功能的长链多不饱和脂肪酸，在婴儿视觉和神经发育中发挥重要作用。如果婴儿膳食中缺乏DHA可影响神经纤维和神经连接处突触的发育，导致注意力受损、认知障碍与视力异常，特别是早产儿和人工喂养儿。这是因为早产儿生长较快，对DHA需要量相对大，但早产儿脑中的DHA含量低，且体内促使α–亚麻酸转变成DHA的去饱和酶活力也较低，致使生理需要量明显大于补给量；人工喂养儿的食物来源主要是牛乳及其他代乳品，牛乳中的DHA含量较低，也不能满足婴儿需要。

④矿物质：矿物质是婴幼儿生长发育必需的微量营养素，在机体构成和生理功能方面发挥着重要的作用。婴儿出生时体内钙的含量约占体重的0.8%，至成年阶段增至1.5%~2.0%，说明在生长过程中需要储留大量的钙才能满足生长发育的需要。人乳中含钙量约为30mg/100g，纯母乳喂养的婴儿一般不易出现钙的缺乏。正常新生儿有足够的铁储存，可满足出生后4~6个月的需要。锌对机体的免疫功能、激素调节、细胞分化、味觉的形成及酶的活性均有重要的影响。婴幼儿缺锌可表现为食欲不振、生长停滞、味觉异常或异食癖、认知行为改变等。

⑤维生素：维生素是人体必不可缺的物质，除个别维生素人体可合成外，大部分需从食物中获得。大量的研究证明：营养不良如维生素A、维生素E、维生素C、B族维生素的缺乏可降低免疫力，易患呼吸道、消化道感染等感染性疾病。特别是维生素A对小儿体格发育尤其是体重的增长呈正相关。B族维生素中的硫胺素、核黄素与烟酸可促进婴幼儿的生长发育，且需要量随能量的增加而增高。新生儿维生素D水平主要取决于母亲孕期的储备，如储备不足新生儿会有骨矿化不良、维生素D缺乏性佝偻病、生长发育迟缓的风险。人工喂养的婴幼儿还应注意维生素E和维生素C的补充，尤其是早产儿，更应注意补充维生素E。

2. 孕妇

妊娠期是生命早期的起始阶段，该期间的膳食模式是影响孕妇及妊娠结局的重要因素，膳食结构不平衡或营养不良会引发孕妇自身疾病，如摄入能量过多造成超重或肥胖、妊娠糖尿病、高血压等代谢性疾病，而一些微量元素的缺乏如铁的缺乏引起妊娠期贫血等；还会造成不良妊娠结局，如孕妇流产、胎儿功能障碍、巨大儿或由于叶酸缺乏导致新生儿先天性神经管畸形等。其次，行为因素及其习惯也是影响孕妇健康的重要因素。如没有活动或久坐行为因素可导致肥胖及深静脉血栓。因此，基于中国现阶段孕妇营养的现状，需要综合考虑个体、遗传因素及行为因素等，对孕妇进行全方位的合理营养平衡膳食指导及行为方式的干预，以确保孕妇和胎儿的健康。

（1）孕妇的生理特点　妊娠期间，为适应和满足胎体在宫内生长发育的需求，母体自身会发生一系列的生理性变化，主要表现在以下几个方面。

①内分泌系统：受精卵着床后人绒毛膜促性腺激素（HCG）水平开始逐渐升高；在妊娠第8~9周时分泌达到顶峰，第10周后开始下降。HCG的主要生理作用主要表现在两个方面：一是刺激母体的黄体酮分泌；二是防止母体对胎体的排斥反应。人绒毛膜生长素（HCS）是胎盘产生的一种糖蛋白，在降低母体对葡萄糖的利用、促进脂肪分解、促进蛋白质和DNA的合成方面具有重要的生理作用。胎盘分泌的雌激素主要包括雌酮、雌二醇和雌三醇。雌二醇刺激母体垂体生长激素分泌，将细胞转化为催乳素细胞，有助于促进乳汁的分泌做准备。雌三醇可通过促进前列腺素产生促进子宫和胎盘之间的血流量增加，进而促进母体乳房发育。孕酮能松弛胃肠道平滑肌细胞，改变孕期胃肠功能，也可促进子宫平滑肌的细胞松弛，利于胚胎在子宫内的着床，并可促进乳腺发育并在妊娠期阻止乳汁的分泌。

②循环系统：血容量的改变。血容量从妊娠6周开始增加，至妊娠32~34周时达到高峰，相比妊娠前平均增加约1.5L，血容量增加35%~40%。其中，红细胞数量增加15%~20%，血浆容积增加45%~50%，且血浆容积的增加大于红细胞数量的增加，致使血液相对稀释，容易出现妊娠性生理性贫血。其次，由于血液稀释，血浆总蛋白从妊娠早期至妊娠晚期分别下降至70g/L和60g/L左右。相比妊娠前，肾血浆流量及肾小球滤过滤分别约增加75%和50%。由于肾小球滤过率的增加，而肾小管的吸收能力又不能相应增高，可导致部分妊娠期妇女尿中的葡萄糖、氨基酸、水溶性维生素的排出量增加，如尿中叶酸的排出量可增加一倍，葡萄糖排出量可增加十倍以上，所以易在餐后15min出现尿糖值增高。

③消化系统：妊娠早期（6周左右），孕酮分泌的增加可引起胃肠平滑肌张力下降，贲门括约肌松弛，消化液分泌量减少，胃排空时间延长，肠蠕动减弱等，易出现恶心、呕吐、食欲减退、便秘等妊娠反应。孕中晚期，孕妇可有胃肠胀气及便秘。妊娠期妇女受高水平雌激素的影响，牙龈肥厚，易患牙龈炎和牙龈出血。此外，由于胆囊排空时间延长，胆道平滑肌松弛，胆汁变黏稠、淤积，易诱发胆结石。

（2）孕妇的营养需要　妊娠期妇女的膳食应遵循食物组成的多样化和营养均衡，即每餐或每份饮食中，各种营养素之间的比例要合适，既要热量适宜，又要种类齐全。根据胎儿生长发育情况，各种营养素及热能需要均相应增加，特别要重视妊娠末期的营养补充。

除保证孕妇和胎儿的营养外，还潜移默化地影响胎儿出生后对辅食的接受和膳食模式的建立。

①能量：因孕妇早期的基础代谢率与正常成年女性相似，其所需要的能量基本与正常成年女性相同（正常轻体力活动的女性为 2100kcal/d，1kcal=4.1855J）。但在妊娠中、末期的妇女，由于母体中胎儿的生长、母体组织的增长、脂肪及蛋白质的蓄积等明显增加，相应也对各种营养素和热能需要量急剧增加，其基础代谢率也比正常人增加 15%~20%。为了满足孕妇对能量的需要，即每日需要增加 300~450 kcal 的热能。世界卫生组织建议在妊娠的早期每日增加 150kcal，中期以后每日增加 350kcal。

②蛋白质：孕妇必需摄入足够的蛋白质以满足自身及胎儿生长发育的需要。足月胎儿体内含蛋白质 400~800g，妊娠全过程中，额外需要蛋白质约 2500g，这些蛋白质均需孕妇在妊娠期间不断从食物中获取，因此孕期注意补充蛋白质极为重要。世界卫生组织建议妊娠后半期每日增加 9g 优质蛋白质。

③脂肪：脂肪酸对人体的营养学意义已被肯定，其中亚油酸和 *α*– 亚麻酸列为必需脂肪酸，它是人体内不能合成，但又必不可少的必需脂肪酸之一。亚油酸主要来自一些植物油，在体内可转化为花生四烯酸，后者参与细胞膜系统的脂蛋白的合成，并在神经细胞和神经系统的髓鞘磷酸酯的形成中起着重要的作用。因此，胎儿神经系统等发育需要提供一定量的亚油酸。妊娠期胎儿所需要的亚油酸完全靠母体膳食提供，出生后由母乳或新生儿食品供给。*α*–ALA 是合成 EPA 和 DHA 等脂肪酸的母体，具有促进胎儿的大脑发育的作用。由此可见，妊娠期孕妇增加含脂肪酸的膳食有利于胎儿的发育，尤其是神经系统的发育，也为优质的哺乳做好准备。

④碳水化合物：碳水化合物是热能的主要来源。《中国居民膳食营养素参考摄入量（2023 版）》建议孕期妇女膳食碳水化合物的 EAR 为 130~155g/d、膳食碳水化合物的 AMDR 为总能量摄入（E）的 50%~65%、糖的 AMDR 为总能量摄入（E）的 <10% 或 AMDR<50g/d。

⑤维生素：母体中的维生素可经胎盘进入胎儿体内。脂溶性维生素储存于母体的肝脏，再从肝脏中释放，供给胎儿生长发育需要。如孕妇大量摄入维生素 A、维生素 D 及叶酸等，可使胎儿中毒。孕妇血中脂溶性维生素含量高于孕前，而胎儿中含量则低于母体血中浓度。水溶性维生素不能储存，必须及时供给。

⑥矿物质：钙、铁、锌等矿物质是母体和胎儿发育必不可少的成分，胚胎在孕育过程中缺乏此类营养因素会导致其生长发育受限，甚至会导致流产、早产及死胎等严重后果。对母体而言，妊娠期是母体负荷急剧增加的阶段，微量元素的缺乏可导致母体出现贫血、高血压、糖尿病及产后出血等不良妊娠并发症，危及孕妇及胎儿健康甚至生命。

3. 老年人

进入老年期，人体的组织、器官的功能出现不同程度的衰退，如牙齿脱落、咀嚼吞咽功能下降、消化吸收能力减弱和瘦体组织量减少。慢性病、多种疾病的共同存在及多重用药的影响，加上生活及活动能力降低，使老年人容易出现早饱和食物摄入不足，从而发生营养不良、贫血、骨质疏松、体重异常和肌肉功能衰退等问题，也极大地增加了慢性病发生的风险，特别是随着年龄增加，劳动强度和活动量降低，老年人容易超重和肥胖。肥胖常伴发高脂血症、动脉粥样硬化、冠心病、糖尿病、胆结石及痛风等疾病，平衡膳食、合理营养有助于延缓衰老、预防疾病。

（1）老年人群的生理特点

①生理指标变化：随着年龄增长，人体许多生理指标，如基础代谢率、心功能指数、标准肾小球滤过率、肺活量和每分钟最大换气量均逐渐降低，许多生理系统对于应激的适应能力，在衰老的过程中也显著下降。特别是老年人的基础代谢大约降低20%，且合成和分解代谢失去平衡（合成代谢小于分解代谢），导致的细胞功能下降。

②人体组成成分变化：人体组成成分随着衰老而缓慢地改变，包括体脂显著增加和细胞群以及骨盐的减少。一般认为，老年人体内会逐步丢失蛋白质，一部分细胞死亡，而代之以结缔组织。有些细胞可以再生，有些如神经、肌肉组织的细胞将不再分裂。部分组织细胞缺氧，如动脉粥样硬化的发生以及由于辐射、污染物及病毒的作用等可导致细胞死亡。细胞衰老的一个重要理论是自由基对细胞染色体的作用，故有人建议多摄入抗氧化剂，如胡萝卜素、维生素E及维生素C等抗衰老。也有人认为限食可预防细胞衰老。

③消化系统功能减退：老年人味觉功能减退、味蕾减少，胃液分泌与消化酶活力降低，这些现象使老年人经常发生消化不良的症状。老年人患胃酸缺乏者占24%~65%，且随老化加重胃酸分泌减少，可能与胃黏膜细胞破坏或释放的胃泌素分泌减少有关。研究结果表明，肠道黏膜的表面积及绒毛的高度也随衰老而减少减低，从而导致各种营养素吸收率减低。

④运动功能变化：老年人因生理的关系活动量逐渐减少，再加上从工作岗位上退休以后接触人逐渐减少及多数老年人有心血管、关节炎等慢性病限制了活动量。因此，老年人因热能消耗减少及内分泌改变而使体重增加是普遍现象，而超重是公认的多种疾病的危险因素。适当增加老年人的活动，这样尽管增加总的摄入量，但不致增加体脂含量，因此比静态生活方式更容易达到能量平衡。

⑤脏器功能的减退：老年人的脑功能、心功能、肾功能、肺功能、肝功能和肠胃功能都随年龄增高而有不同程度的下降。老年人的脑细胞和肾细胞的数目都比青年人大大减少。估计从性成熟期起每日脑细胞减少几万个到十万个，从30岁起肾脏细胞每10年大约下降10%，肾单位再生力下降，肾小球过滤率降低，糖耐量下降；肺细胞弹性下降，胃肠的消化液分泌下降，蠕动减少；眼、耳功能及整个机体的免疫能力也都随增龄而下降。60岁以后，周围血液中的T细胞明显减少，70岁以后未成熟的T细胞几乎绝迹。

（2）老年人群的营养需要

①能量：老年人随着体力的渐衰和活动量减少，热量消耗也随之降低，因此老年人的

热量供给量也应适当减少，一般60~75岁的老年人热量需求比成人减少10%；75~80岁老年人热量需求比成人需求减少20%左右，以控制在1700~2400kcal为宜。老年人热量摄入过多容易发胖，肥胖不仅是高血压、心血管疾病和糖尿病的诱因，而且病死率也高。因此膳食应注意供给适当的热能，保持体重。

②蛋白质：老年人蛋白质的摄入量一定要适量，既不能少，也不宜过多。过多的蛋白质，则会加重老年人消化和肾脏的负担，对健康不利。因此，老年人的蛋白质要求优质蛋白质的摄入量比例应占总蛋白质摄入量的50%左右。动物蛋白质如牛肉和乳清蛋白增加机体肌肉蛋白质合成以及瘦体重的作用比酪蛋白或优质植物蛋白质（大豆分离蛋白）更强。乳清蛋白富含亮氨酸和谷氨酰胺，亮氨酸促进骨骼肌蛋白合成最强；而谷氨酰胺可增加肌肉细胞体积，抑制蛋白质分解。摄入亮氨酸比例较高的蛋白质，协同其他营养物质可逆转老年人肌肉质量和功能的下降。故应选食牛乳、蛋类、豆及豆制品、瘦肉、鱼、虾等。老年人摄入的蛋白质应按每日1g/（kg・bw）计，如体重60kg的人，约摄入60 g蛋白质。老年人蛋白质摄入不足，则可导致肌肉质量和力量明显下降，四肢肌肉组织甚至内脏组织消耗使机体多系统功能衰退。欧洲肠外肠内营养学会推荐：健康老年人每日蛋白质适宜摄入量为1.0~1.2g/kg，急慢性病老年患者1.2~1.5g/kg，其中优质蛋白质比例最好占一半。中国营养学会老年营养分会、中国营养学会临床营养分会、中华医学会肠外肠内营养学分会老年营养支持学组专家共识推荐：a. 食物蛋白质能促进肌肉蛋白质的合成，有助于预防肌肉衰减综合征；b. 老年人蛋白质的推荐摄入量应维持在1.0~1.5g/（kg・d），优质蛋白质比例最好能达到50%，并均衡分配到一日三餐中；c. 富含亮氨酸等支链氨基酸的优质蛋白质，如乳清蛋白及其他动物蛋白质，更有益于预防肌肉衰减综合征。

③碳水化合物：碳水化合物是老年人热能的主要来源。一般情况下，碳水化合物在总热量中占的比例约为60%是适宜的，每日膳食中应供给300~350 g（供给量可根据个体特点而做适当调整）。同时，老年人的膳食中应注意供给一定量的富含膳食纤维的食物，增加全谷物、蔬菜、菌藻类，可有效起到预防老年性便秘的作用。近年的研究还表明，膳食纤维尤其是可溶性纤维对血糖、血脂代谢及肠道的微生态都起着一定的调节作用，有利于非传染性疾病的预防。

④脂肪：老年人胆汁分泌量减少和脂酶活性降低，从而影响其脂肪的代谢减慢，消化脂肪的能力下降。一方面适量的脂肪摄入可促进脂溶性维生素A和胡萝卜素的吸收；另一方面，过多的脂肪的摄入会增加慢性病的发生危险。长链多不饱和脂肪酸通过增加抗阻运动及与其他营养物质联合使用可延缓肌肉衰减综合征的发生。研究结果表明在力量训练中补充鱼油能使老年人肌力和肌肉蛋白的合成能力显著提高，但单纯补充鱼油没有效果。故要尽量选用含不饱和脂肪酸较多的脂肪，而减少膳食中饱和脂肪酸和胆固醇的含量。我国推荐的老年人膳食脂肪的宏量营养素可接受范围与成人相同，为总能量摄入（E）的20%~30%；老年人*n*-3多不饱和脂肪酸的适宜摄入量（AI）为0.60%E；EPA+DHA的

ADMR 定为 0.25~2.00g/d。

⑤维生素：维生素的摄入应在老年人的膳食中占有极为重要的地位。大多数老年性疾病的发生与维生素摄入不足有关，特别是水溶性 B 族维生素和维生素 C，脂溶性维生素 D、维生素 E。其中维生素 E 是抗氧化维生素，在人体抗氧化功能中起着重要的作用。老年人抗氧化能力下降，使非传染性慢性病的危险增加，故从膳食中摄入足够量抗氧化营养素十分必要。应多选食新鲜绿叶蔬菜和各种水果，以及粗粮、鱼、豆类及牛乳。队列研究结果显示，65 岁的老年人血清基线维生素 D 水平低，与其活动能力降低、握力和腿部力量下降、平衡能力降低等密切相关。中国营养学会在《中国居民膳食营养素参考摄入量（2023 版）》建议老年人膳食维生素 D 参考摄入量 EAR：65 岁以上 8g/d。RNI：65 岁以上 15g/d。UL：65 岁以上 50g/d。

⑥矿物质：矿物质在人体内参与着重要的生理和生化功能。合理供给老年人身体需要的矿物质，对其健康长寿有着重要价值。老年人对钙的利用和储存能力降低，易发生钙的负平衡，长期持续性负钙平衡则是老年人骨质疏松发生的重要原因，女性则更为明显。除坚持适当的运动之外，多接受日光照射，经常保证食物钙的摄入量（600mg/d），对预防骨质疏松甚为有益。牛乳含钙量丰富且易吸收，是老年人提供钙盐的较好食品。对于盐，老年人应适当限制，通常每日食盐摄入量以 5~6g 为宜，不得超过 8g。钾主要存在于细胞内液，老年人分解代谢常大于合成代谢，细胞内液减少，体钾含量常减少。所以应保证膳食中钾的供给量，每日供给 3~5g 即可满足需要。瘦肉、豆类和蔬菜富含钾。血浆中硒浓度降低是老年人骨骼肌质量和强度下降的独立相关因素，膳食硒摄入量与老年人握力呈正相关。另外某些微量元素，如锌、铬对维持正常糖代谢有重要作用。中国营养学会在《中国居民膳食营养素参考摄入量（2023 版）》建议老年人膳食硒参考摄入量 EAR：50~80 岁 50μg/d。RNI：50~80 岁 60μg/d。UL：50~80 岁 400μg/d。

二、疾病人群的精准营养需求

1. 糖尿病患者

糖尿病是一组由多病因引起的以慢性高血糖为特征的代谢性疾病，是由于胰岛素分泌和（或）作用缺陷所引起。当人体血糖值介于正常与糖尿病血糖值之间时称为糖耐量受损（IGT）和空腹血糖受损（IFG）。糖尿病可分为 1 型糖尿病（免疫介导性糖尿病）、2 型糖尿病、妊娠糖尿病和其他特殊类型糖尿病。糖尿病患者长期碳水化合物、脂肪、蛋白质代谢紊乱可引起多系统损害，导致眼、肾、神经、心脏、血管等组织器官慢性进行性病变、功能减退及衰竭；病情严重或应激时可发生急性严重代谢紊乱，如糖尿病酮症酸中毒、高渗高血糖综合征。糖尿病及其急、慢性并发症的致残、致死率高，严重影响患者的身心健康，是当前威胁全球人类健康最重要的慢性病之一。

（1）糖尿病的主要代谢改变

①糖尿病的糖代谢变化：糖代谢异常是糖尿病的主要病理因素之一。糖尿病患者由于胰岛素分泌不足或胰岛素抵抗，肝脏中糖原分解增加，合成减少。脂肪组织和肌肉中葡萄糖利用减少，肌肉中磷酸果糖激酶和肝组织中 L- 型丙酮酸激酶合成减少，糖酵解减弱，肌糖原合成减少而分解增加，以上原因导致糖代谢异常。而相关糖代谢酶如 α- 葡萄糖苷酶、G-6-Pase、糖原磷酸化酶（GP）和糖原合成酶激酶 -3（GSK-3）参与并调控了糖代谢过程，因此调节糖代谢酶活性对糖尿病的治疗有重要意义。

②糖尿病的蛋白质代谢变化：胰岛素的主要生理功能是促进合成代谢，抑制分解代谢，它是体内唯一促进能源储备和降低血糖的激素。糖尿病患者由于胰岛素分泌不足，可导致蛋白质合成代谢受阻、蛋白质分解加速，所以幼年型糖尿病患者生长迟缓或停滞。长期的代谢紊乱可导致糖尿病并发症，出现酮症酸中毒，甚至昏迷和死亡。糖尿病患者蛋白质代谢变化具体有三点，一是由于胰岛素不足，肝脏和肌肉中蛋白质合成减慢，分解代谢亢进，易发生负氮平衡。由于蛋白质代谢呈负氮平衡，使儿童生长发育受阻，患者消瘦，抵抗力降低，易感染，伤口不易愈合。严重者血中含氮代谢废物增多，尿中尿素氮和有机酸浓度增高，干扰水和酸碱平衡，加重脱水和酸中毒。二是糖尿病患者由于糖代谢异常，能量供应不足均可动员蛋白质分解供能。糖原分解增加，糖异生作用增强，肝脏摄取血中成糖氨基酸（包括丙氨酸、甘氨酸、苏氨酸、丝氨酸和谷氨酸）转化成糖，使血糖进一步升高；成酮氨基酸（如亮氨酸、异亮氨酸、缬氨酸）脱氨生酮，使血酮升高。三是糖尿病患者的多尿引发锌、镁、钠、钾等从尿中丢失增加，可出现低血锌和低血镁。锌是体内许多酶的辅基，可参与体内蛋白质合成和细胞的代谢过程、分裂、增殖，协助葡萄糖在细胞膜上的转运，并与胰岛素的合成与分泌有关。缺锌会引起胰岛素分泌减少，组织对胰岛素作用的抵抗性增强，从而对蛋白质代谢产生影响。

③糖尿病的脂代谢变化：目前普遍认为，胰岛素抵抗是 2 型糖尿病的主要病因之一，而脂代谢异常所导致的脂肪异常分布、过度堆积则是胰岛素抵抗的主要因素。研究显示，血清中脂类代谢产物可用于早期诊断糖尿病，并且具有较好的敏感性和特异性。

（2）糖尿病患者的营养治疗　糖尿病目前虽无法根治，但是合理的医学营养治疗（medical nutrition therapy，MNT）对糖尿病患者、糖尿病前期和高危人群的血糖控制、并发症的出现和生活质量可产生有益的影响。因此，MNT 是所有类型糖尿病治疗的基础，是糖尿病自然病程中任何阶段预防和控制所必不可少的措施。2010 年，由国内糖尿病和临床营养领域的权威专家根据糖尿病医学营养治疗的循证医学证据以及科学研究进展，结合中国糖尿病的流行病学特点和营养现状，共同起草了首个糖尿病医学营养治疗指南。由于《制定循证指南的方法学》更新，2013 年中华医学会糖尿病学分会和中国医师协会营养医师专业委员会修订完成了《中国糖尿病医学营养治疗指南（2013）》，涉及糖尿病营养预防、治疗及并发症防治、肠外肠内营养支持技术等诸多领域，对于大部分人群直接按照糖尿病医学营养治疗指南进行营养干预是可以达到控制血糖的目的。但是，因为个体差异的存在，还有一部分人群无法从中获益，这也就提出了精准营养的需求。可以通过对血糖的监测来了解特定食物对于特定个体血糖的影响，完整收集信息后综合分析并给出个体化的饮食方案；或者利用营养遗传学和营养基因组学，更深入地研究探讨膳食与基因的相互作用。通过精准营养，将血糖、血脂、血压控制和保持在理想范围，防治各种糖尿病急、慢性并发症的发生，从而改善整体的健康状况。

①能量：能量控制对于糖尿病乃至预防糖尿病风险均至关重要。要求在满足营养需求的条件下，相应的控制能量摄入，以期达到良好的体重以及代谢控制，防止营养不良的发生。关于2型糖尿病预防的荟萃分析发现，对于超重和肥胖人群利用轻断食的方法可有效减重及预防2型糖尿病，但是为了防止低血糖的发生，除了需要监控血糖，还需要在断食日停用降糖药。另外，需要重申的是轻断食的方法仅适用于超重和肥胖的人群，对于本身体重正常的患者，以期利用轻断食的方法达到控制血糖的目的，有可能适得其反。对于不同的人群，能量摄入的标准也有所不同，对于成人能量的消耗主要包括基础能量代谢和日常工作消耗，所以只要在满足上述能量消耗的基础上，能够达到或维持理想体重即为达到标准；对于儿童青少年而言，此时期处于生长发育的特殊时期，能量消耗要高于成人，所以能量的摄入以保持正常生长发育为标准；对于妊娠期糖尿病而言，此时期的女性由于孕育着新生命，能量摄入需要同时保证胎儿与母体的营养需求，所以能量摄入也应有所增加，不应为了控制血糖水平而过分控制能量的摄入，可适当选择一些低血糖指数的食物。

②蛋白质：糖尿病患者摄入的蛋白质量（占摄入总能量的15%~20%）对于血糖反应、血脂和激素分泌很少有急性的影响，不会对胰岛素的需要量产生长期影响，它也仍和碳水化合物一样，作为胰岛素快速释放的刺激物质。此外，蛋白质并不能减缓碳水化合物的吸收，为治疗低血糖而增加蛋白质的摄入并不能减缓碳水化合物的吸收和防止后续的低血糖。因此蛋白质摄入量并不需要改变，除非是摄入过量蛋白质并包含大量饱和脂肪酸食物的人群，或蛋白质摄入低于日推荐量的人群，以及患有糖尿病肾病的人。不同人群糖尿病患者蛋白质应用原则具体如下：妊娠糖尿病推荐饮食蛋白质占总能量的10%~20%或按照1.0~1.2g/（kg·d）摄入。儿童及青少年糖尿病推荐饮食蛋白质占总能量10%~20%。应适量选用动物性蛋白质，保证优质蛋白质占总量的2/3。对婴幼儿来说，可以高达1.5~2.0g/（kg·d）。对于合并肾病者0.6~0.8g/（kg·d）或来源于蛋白质能量占总能量的10%。老年糖尿病推荐饮食蛋白质占总能量的10%~15%。糖尿病肾病患者每日蛋白质摄入量0.6~0.8g/（kg·d）为宜，其中优质蛋白质占60%~70%。

③脂肪：目前的证据不足以建议糖尿病患者理想的脂肪总摄入量，所以目标应该个体化，每日摄入的脂肪总量占总能量比不超过30%，对于超重或肥胖的患者，脂肪摄入占总能量比还可进一步降低。糖尿病患者饮食中饱和脂肪、胆固醇和反式脂肪酸的建议摄入量与普通人群相同，饱和脂肪酸不超过总能量的10%，尽量少食用或不食用反式脂肪酸。每

日膳食胆固醇不超过 300mg，对于高胆固醇血症的患者应进一步减低至 200mg 以下。对于糖尿病患者而言，脂肪的质量比脂肪的数量更重要，因此富含单不饱和脂肪酸的饮食方式或许更有利于控制血糖。研究显示，补充 *n*–3 多不饱和脂肪酸可以有效改善糖尿病患者的炎症反应。

④碳水化合物：2023 年 ADA 的糖尿病诊疗指南提到，对于所有糖尿病患者并没有一个理想的碳水化合物、蛋白质和脂肪的热量来源比例。低碳水化合物饮食有助于降低血糖，但可能对血脂代谢有不利影响。因此，建议糖尿病患者三大营养物质的比例基本与普通人群一致，纤维和全谷食物摄入量应该不少于一般人群，主要以控制总能量为主。但大多数糖尿病患者都伴有体重超标、饮食过多的问题，控制总能量会引起不适，因此，在进餐时优先食用大量蔬菜，然后食用主食增加饱腹感。为保持身体健康，应建议患者优先从蔬菜、水果、全谷物、大豆和乳制品中摄入碳水化合物，而非其他碳水化合物来源，尤其是那些含有添加脂肪、糖类或钠的食品。食物的选择方面用低血糖负荷食物替代高血糖负荷食物。糖尿病患者和具有糖尿病风险的个体应限制或避免含糖饮料的摄入（任何甜味剂，包括高果糖玉米糖浆和蔗糖），以减少体重增加和心脏代谢风险谱的恶化。

⑤膳食纤维：膳食纤维有助于维持肠道健康，预防疾病发生。高膳食纤维食物具有能量密度低、脂肪含量低、体积较大的特点。进食膳食纤维含量丰富的食物有助于预防和治疗 2 型糖尿病。在一项横断面调查研究中，研究者发现高膳食纤维摄入与高密度脂蛋白水平呈正相关，与糖化血红蛋白、体重和腰围呈负相关。富含膳食纤维的饮食可改善空腹血糖、低密度脂蛋白水平和胰岛素抵抗指数。

⑥无机盐：无机盐包括微量元素广泛存在于食品中，动物性食物中的含量更为丰富。但是对于大部分糖尿病患者而言，为了控制血脂的水平，往往极力控制脂肪的摄入，再加上糖尿病患者的代谢障碍，患者容易缺乏 B 族维生素、维生素 C、维生素 D 以及铬、锌、硒、镁、铁、锰等多种微量营养素。研究显示对 1 型和 2 型糖尿病患者补锌治疗后发现，脂质过氧化物减少，GSHPx 活性水平提高；镁缺乏可能加重胰岛素抵抗、糖耐量异常及高血压，但目前仅主张诊断明确的低镁血症患者须补充镁；钙缺乏可能对血糖产生不良影响，联合补充钙与维生素 D 可有助于改善糖代谢，提高胰岛素的敏感性；而铁和铜过量可能引发和加剧糖尿病及其并发症。因此，患者应根据营养评估结果适量补充，不应过分补充，以免产生不良影响。

2. 肿瘤患者

肿瘤是指在各种致瘤因子影响下，机体局部组织细胞增生所形成的，多是占位性块状突起的新生物。肿瘤可分为良性肿瘤和恶性肿瘤两大类。其中恶性肿瘤生长速度较快，会与人体正常细胞争夺营养物质，产生有害代谢产物，破坏人体正常器官组织结构，不及时进行有效治疗将会危及生命。恶性肿瘤带来的经济影响正在不断加剧。恶性肿瘤防治已成为我国的重要公共卫生问题。目前的研究显示，高体重指数、水果和蔬菜摄入量低、缺乏运动、使用烟草以及饮酒是恶性肿瘤发生的五种主要行为和饮食危险因素。肿瘤患者的基础能量消耗往往高于非肿瘤患者，其蛋白质分解速度加快，脂肪消耗较多，葡萄糖酵解使得患者对糖代谢需求增加，同时伴有多种膳食营养素吸收和代谢调控紊乱过程，营养不良及恶病质都极易发生。中国抗癌协会肿瘤营养与支持治疗专业委员会《常见恶性肿瘤营养状况与临床结局相关性研究》发现：中国67%住院肿瘤患者存在中、重度营养不良。营养不良直接导致的死亡甚至高达20%，已成为是恶性肿瘤患者死亡的主要原因。另外，“肿瘤患者”常包括不同治疗阶段的患者，包括新辅助治疗、根治性治疗、辅助治疗以及对不可治愈性疾病进行姑息治疗。因此，如何针对不同阶段的肿瘤患者实现精准的营养干预对于增加治疗效果、维持器官功能、减少副作用和并发症具有重要的临床意义。

（1）肿瘤的主要代谢改变　肿瘤发生过程中，在原癌基因、抑癌基因主导下，整个代谢网络发生重编程，营养物质在代谢网络中的流向和流量重新调整。这些代谢改变可便于肿瘤恶性增殖、侵袭转移和适应不利生存环境。

①糖代谢：1924年德国生化学家Otto Warburg首次提出了癌细胞和正常成熟组织之间的新陈代谢差异，与正常组织相比，癌细胞能够以较快的速度吸收葡萄糖，但是只利用少部分的葡萄糖进行氧化磷酸化作用。这一过程称为有氧糖酵解或Warburg效应。早期认为，Warburg效应产生的主要原因是肿瘤细胞的线粒体功能减弱导致的氧化磷酸化抑制，但后续的研究结果表明，这是为满足肿瘤细胞快速增值需求而主动发生的过程，即在这样的代谢模式下，线粒体的功能更趋向于脂肪酸和谷氨酰胺的氧化代谢，并且不再进行糖的有氧氧化。葡萄糖转运蛋白1（GLUT-1）是一种组织细胞进行跨膜转运葡萄糖的重要载体。GLUT-1能够调控肿瘤细胞对葡萄糖的摄取，为糖酵解提供原料，促进ATP的生成，而糖酵解过程中的中间产物可以合成脂肪酸、核酸，并调节细胞代谢及生物合成，从而促进肿瘤的生长和转移等过程维持葡萄糖的基础代谢；同时GLUT-1还在多种肿瘤中异常表达，因而可满足肿瘤细胞快速生长对能量的需求，对维持肿瘤细胞的生长、分化、转移及预后也发挥关键的调控作用。

②脂肪代谢：脂肪在营养代谢中发挥着极其重要的作用。脂肪和油类都是由脂肪酸构成，为身体提供能量来源。机体分解脂肪，并将其用于储存能源，阻断身体内部组织的热量流失和通过血液输送某些类型的维生素。脂类的重要作用除了与能量供应和储存密切相关外，还因它是膜的主要成分及信号分子。肿瘤细胞的脂代谢异常主要表现为脂代谢紊乱和循环中存在脂解活性因子，在肿瘤患者体内脂肪组织不断分解和释放脂肪，表现为血脂升高，而在肿瘤细胞内则表现出脂肪酸从头合成增强。

③蛋白质和氨基酸代谢：随着肿瘤进展，蛋白质代谢紊乱主要表现为体内蛋白质周转加快，同时引起肝脏蛋白质合成增加和肌肉蛋白质分解加快，由氨基酸异生的葡萄糖增加。肿瘤细胞的糖酵解反应增加，导致糖酵解的中间产物大量用于合成代谢，而减少了其转变为乙酰CoA和三羧酸循环的发生。为了补偿这种代谢改变，保证正常的三羧酸循环和能量供给，很多肿瘤细胞中出现谷氨酰胺消耗和谷氨酰胺分解代谢增强，肿瘤细胞通过激活糖

酵解、谷氨酰胺代谢、逆向Warburg效应和截断的三羧酸循环等方式重组能量代谢，促进肿瘤细胞的生物合成。

（2）肿瘤患者的营养治疗　医学营养治疗是肿瘤综合治疗措施之一。临床营养师作为多学科小组的成员，可通过给予患者及家属规范的营养教育和干预指导，对患者的预后产生积极的影响，从而减少再入院和住院天数，提高生活质量等。整个营养干预过程包括客观地评估营养、准确地诊断营养、科学地干预营养、全面地监测营养。因此，在其他治疗开始前，就应进行营养干预，并在整个治疗期间都持续进行完整的营养干预，以便提高疗效。

①营养风险筛查：为进行合理的营养治疗，首先需要正确评定肿瘤患者的营养状况，以确定患者具备营养治疗适应证；同时为了客观评价营养治疗的疗效，还需要在治疗过程中不断进行评价，以便及时调整治疗方案。评定恶性肿瘤患者的营养状况，首先需要进行初步筛查，然后进行综合评定。营养筛查的最终目标是发现已发生营养不良（营养不足）或存在营养风险的患者，尤其是发现存在营养风险但尚未出现营养不良的患者，建议在患者就诊或入院时完成。营养筛查方法应简便、快捷，具有良好的特异性和高灵敏度，适用于不同医疗机构及不同专业人员如护士、医生、营养师、社会工作者和学生等使用。比较简单的方法包括评价患者营养摄入量、体重丢失情况、BMI。也可以采用目前常用的营养筛查工具，如营养风险筛查量表、营养不良通用筛查工具、营养不良筛查工具等。一些前瞻性队列研究结果显示，及早发现患者的营养问题并进行干预，不但可以提高患者的治疗效果，还可以减少经济投入。

②营养评定：营养评定是通过对患者营养状态的多种指标进行综合评定，以期发现营养不良的情况。许多调控因素也可通过影响肿瘤细胞代谢的多个通路而发挥效应，肿瘤坏死因子 α、干扰素 -γ、白介素 1 均被界定为介导厌食、脂肪消耗、去脂体重降低的细胞因子；脂肪动员因子通过提高腺苷环化酶活性使脂肪释放游离脂肪酸和甘油，快速消耗脂肪；蛋白质动员因子直接降解肌肉蛋白，选择性消耗去脂体重；白介素 6 可提高蛋白质降解，其水平升高与体重下降和脂肪消耗相关。

（3）营养干预　蛋白质摄入增加可促进肿瘤患者肌肉蛋白质的合成，因此认为肿瘤患者需提高蛋白质的摄入，推荐肿瘤患者蛋白质目标摄入量为1.2~2.0g/（kg・d）。蛋白质的优质来源是鱼、家禽、瘦红肉、鸡蛋、低脂乳制品、坚果、坚果酱、干豆、豌豆、扁豆和大豆食品。此外在补充蛋白质的同时，也需补充支链氨基酸。

①能量：肿瘤本身是一种消耗性疾病，大部分的患者因为长期的能量摄入不足导致慢性的营养不良，所以肿瘤患者应给予充足的能量。精准的能量评估应包括静息能量消耗（REE）、体力活动、食物特殊动力效应。如无法进行精准评估，可以按照正常人的标准给予，一般为25~30kcal/（kg・d）。非胰岛素抵抗状态下三大营养素的供能比例与健康人群类似，为碳水化合物50%~65%、脂肪20%~30%、蛋白质10%~15%；胰岛素抵抗患者应该减少碳水化合物在总能量中的供能比例，提高脂肪的供能比例。营养治疗的能量应满足患者

需要量的 70% 以上。

②水和电解质：人体所有细胞的功能都需要水来维持。如果摄入水分不足或者因呕吐、腹泻等原因导致水分丢失过多，就会发生脱水、电解质紊乱，甚至危及生命。建议摄入的水量（包括饮水和食物所含的水）为 30~40mL/（kg・d），丢失的水分须额外补充，尿量维持在 1000~2000mL/d。对于心脏、肺脏、肾脏等脏器功能障碍的患者需注意防止摄入过多。电解质是维持人体水、电解质和酸碱平衡，保持人体内环境的稳定，维护各种酶的活性和神经、肌肉的应激性以及营养代谢正常的一类重要物质，应维持在正常范围。

③碳水化合物：《中国居民膳食指南（2022）》建议居民膳食碳水化合物供能占总能量的 50%~65%。肿瘤患者饮食中碳水化合物和脂肪的最佳比例尚未确定。食物碳水化合物应来源于全谷类食物、蔬菜、水果和豆类等，有利于降低肿瘤复发风险及心脑血管疾病风险、降低超重或肥胖患者体重。应关注食物的血糖指数（GI）和血糖负荷（GL）。GI 指含 50g 碳水化合物的食物与等量的葡萄糖在一定时间（一般为 2h）引起体内血糖反应水平的百分比值。通常把葡萄糖的 GI 定为 100。《中国食物成分表》标准版第 6 版第一册提出，GI<55 为低 GI 食物，55 ≤ GI ≤ 70 为中等 GI 食物，GI>70 为高 GI 食物。GL 指特定食物所含碳水化合物的质量（g）与其 GI 的乘积（一般以 g 为计量单位），GL=GI× 摄入该食物的实际碳水化合物含量 /100。一般认为，GL ≥ 20 为高负荷饮食，10 ≤ GL<20 为中负荷饮食，GL<10 为低负荷饮食。GL 与 GI 结合使用，可以帮助患者科学地选择饮食。

④蛋白质：《中国居民膳食指南（2022）》建议居民蛋白质摄入量为男 65g/d，女 55g/d。对于肿瘤患者最佳的氮供给量目前尚无定论。骨骼肌蛋白质消耗增加是肿瘤患者蛋白质代谢特征之一，也是恶病质的主要原因。蛋白质摄入增加可促进肿瘤患者肌肉蛋白质合成代谢，有利于维持氮平衡，因此，肿瘤患者的蛋白质需要量要高于正常人，肿瘤患者营养指南建议，肿瘤患者蛋白质摄入量应在最低供给量 1g/（kg・d）到目标供给量 1.2~2g/（kg・d），老年慢性病患者蛋白质供给量推荐在 1.2~1.5g/（kg・d）。充足的非蛋白热量（NPC）对蛋白质的有效利用十分重要。研究表明，中到重度营养不良或应激患者，热氮比（120~150）∶ 1 才能促进合成代谢。考虑到氨基酸净利用率低于 100%，建议营养混合物能量 / 氮的比值应接近 100kcal/g 氮。疾病稳定的患者热氮比可以 150 ∶ 1。蛋白质补充应满足 100% 需要量。食物蛋白质的最好来源是鸡蛋、低脂乳制品、鱼、家禽、瘦红肉等，尽量少食用加工肉。

⑤脂肪：《中国居民膳食指南（2022）》建议居民膳食脂肪供能占总能量的 20%~30%。在胰岛素抵抗的肿瘤患者中，肌细胞对葡萄糖的摄取和氧化受损，对脂肪的利用是正常或增加的，而肿瘤细胞主要通过葡萄糖来满足能量需求，对脂肪酸和酮体的利用率很低。提示提高脂肪的供能比可能有益。基于这样的原理，为适应肿瘤患者的代谢改变，对于存在胰岛素抵抗伴体重减轻肿瘤患者，推荐增加脂肪供能比例。2017 年我国卫生行业标准建议恶性肿瘤患者脂肪供能占总能量的 35%~50%。鉴于脂肪对心脏和胆固醇水平的影响，宜选择单不饱和脂肪酸和多不饱和脂肪酸，减少饱和脂肪酸和反式脂肪酸的摄入。研究显示，

n–3 多不饱和脂肪酸可以改善患者的食欲、食量、去脂体重、体重、干扰炎性细胞因子的合成，可能治疗癌性厌食。2017 年我国卫生行业标准建议恶性肿瘤患者应适当增加富含 *n*–3 及 *n*–9 脂肪酸食物。

⑥微量营养素：维生素和微量元素是机体有效利用能量底物和氨基酸的基础，是重要的微量营养素。维生素分为脂溶性（维生素 A、维生素 D、维生素 E、维生素 K）和水溶性（B 族维生素、维生素 C）两大类。微量元素具有重要的和特殊的生理功能，对临床有实际意义的微量元素包括锌、铜、铁、硒、铬、锰等，这些元素均参与酶的组成．三大营养物质的代谢、上皮生长、创伤愈合等生理过程。

第三节 营养大数据健康领域的应用

大数据是推动人类进步的又一次新的信息技术革命，作为公共卫生的分支营养学科也进入了大数据时代。大数据在营养健康领域的应用主要包括食物成分电子数据库的建立和管理、营养健康服务平台的建立、开展与营养调查相关的工作、进行与营养相关的疾病的监测四个方面的应用。大数据在膳食营养健康领域的研究热点可归纳为：一是利用现代信息技术（大数据、云计算、物联网、机器学习等）进行膳食营养健康领域的数据挖掘，聚集相关的数据信息，从而提供科学的健康管理服务；二是利用大数据技术进行与营养相关的疾病管理，提供个性化的营养服务；三是利用大数据开展与营养相关的研究。

一、食物成分数据库的管理及运用

数据库是按照数据结构来组织、储存和管理数据的仓库。食物成分数据库是各种食物成分含量所组成的一个数据集，是食物和营养素相互转化所必备的工具，也是一个国家制定相关法规标准、实施有关营养政策、开展食品贸易和进行营养健康教育的基础，具有学术、经济、社会等多种价值，是一个国家和地区重要的资源。目前我国食物成分数据库主要包含安全性指标及新食品原料、食品抽检信息、化学污染、微生物、营养数据等查询系统，数据量巨大，但这些数据仅作为数据进行分类储存和管理，用于相关的参考标准或是规范标准，食品数据资源未能被充分地利用。数据经过有目的的加工可以形成信息，将食品数据变为有价值的信息就需要对这些数据进行数据分析。数据分析指用适当的统计、分析方法对收集来的大量数据进行分析，将它们加以汇总和理解并消化，以求最大化地开发数据的功能，发挥数据的作用。数据分析是为了提取有用信息和形成结论而对数据加以详细研究和概括总结的过程，大数据技术的利用能够更好地挖掘食品数据的信息。

我国不同地区、不同民族，饮食习惯存在差异，食物的摄入量也有所差异，可根据不同地区、不同民族、不同人群等建立相应的数据库，促进膳食个性化、营养精准化的发展。随着生活水平的提高，个性化的饮食越来越受到消费者的关注，特别是对于孕妇、乳母、慢性病等特殊人群的膳食。各国食品贸易的交流与合作日渐频繁，世界各国的食物成分共享是一种趋势，建立食物成分电子数据库将有利于快速搜索到高效和准确的信息、有利于不同国家和地区之间的信息共享。现在中国食物成分数据库主要是用作中国居民摄入量的依据，用于营养知识的传播，距离实现精准化、个性化膳食营养还较远。

二、营养健康服务平台或模型

现在人们对食品具有更高的要求，对食品成分的数据进行管理，以更加公开性透明化的方式呈现给大众，让人们能够充分了解食物营养成分，能进行合理的膳食，大数据技术的运用能够让大众更加清晰、透彻地了解食物成分。目前中国营养师较少，每个人不能拥有专门的营养师为自己制定科学合理的膳食食谱，大数据技术的运用可以让其成为可能，让人们拥有更加专业、科学的膳食指导。为了能够利用食品领域所产生的大量数据，相关的学者研究建立了相关的平台、模型对该领域的数据进行挖掘。

除了平台和系统的运用外，大数据技术在膳食营养领域应用还有个性化膳食推荐，推荐系统通过科学的计算后根据用户的个性化需求推荐其科学、合理的膳食指导方案。近年来个性化膳食推荐系统被越来越多的学者进行研究，精准医学和精准营养也逐渐被人们所认识。未来的研究中个性化营养、精准营养的服务平台将会被越来越多的相关领域的研究者所重视。我国定期会进行全国居民营养与健康调查，不仅可以为修订相关标准提供依据，而且可以掌握全国居民的营养状况，某些营养素是缺乏还是过量，这对于慢性病的防控有很大的意义。然而，目前我国的全国居民营养与健康调查仍存在一些不足，加快我国营养监测数据库的建立，将信息及时共享，可以为制定营养素参考摄入量提供最新依据，能及时挖掘到营养素与慢性病之间的关系，及早预防慢性病。

三、营养调查

营养调查是对人民群众的营养状况进行调查，是营养健康工作重要的组成部分，是国家制定相关政策的依据，是修订居民膳食指南的重要依据，它反映了居民的营养健康情况。中国传统的营养调查，调查内容多、耗时长、工作量大；调查技术采用纸质问卷、电脑平板等相关设备，这些设备仅是简单替代了传统的纸笔的录入方式，却未能真正发挥其信息化作用；信息利用程度低，难以为新形势下个性化的健康服务所利用，不能提供个体化的营养健康指导和干预。

目前中国的营养调查还在不断的完善中，利用新型膳食调查方法与大数据技术融合，建立共享的大数据营养与健康平台，促进营养调查数据的共享；通过物联网设备、计算机图像处理等设备，收集和监测居民的特定营养健康数据，并通过互联网上传至基层监测节点；再通过可移动监测中心、实验室管理等系统获取可溯源的人体和生物样本检测结果，完成基本情况、膳食调查、体格检测和生物样本检测，及时由被调查人员收集自身数据，加快数据处理的速度及时对居民进行营养干预、膳食指导。现在大数据技术逐渐发展成熟，将其运用于营养调查能够将历届全国性、专项及地方性的营养和健康状况调查的数据得以汇总，并进行深度系统的挖掘，可以全面描述中国城乡居民、重点人群、重点地区的膳食结构和营养水平及其相关慢性疾病的流行病学特点及变化规律、找出中国居民不同时期存在的营养健康问题，发现营养缺乏和营养过剩的高危人群，为政府部门制定营养与健康相关政策和疾病防控措施提供了基础数据。因此要加强大数据在营养调查方面的研究，充分利用大数据技术。

四、进行与营养相关的疾病检测

大数据的使用可以推动营养相关慢性疾病的管理，通过数据挖掘，对大量的健康数据进行综合分析，从而及时对健康危险信号做出预警。例如，高血压、肥胖、糖尿病的发生通常会伴随相应并发症的出现，相关研究较为成熟，数据来源丰富；同时与高血压、肥胖、糖尿病相关的因素众多，涉及各种数据类型，可以参考相关的数据处理便于用于其他慢性疾病的监测。本节主要以高血压、肥胖、糖尿病为例，分析大数据技术在高血压、肥胖、糖尿病三种疾病中的运用，如表 11-1 所示。

表 11-1　三种疾病监测系统信息

名称	框架	用途
高血压早期预警和健康管理平台	数据采集和存储模块、健康风险分析模块、健康指导模块、健康管理效果评价模块	利用机器学习的数学模型进行健康风险评估，采用大数据的 Hadoop 平台。对与影响高血压的有关因素（摄盐量、摄油量等）进行监测后，由专家给出健康指导意见，提高患者的知晓率、治疗率
智能体重管控系统	摄入量模块、输出量模块、个人体重数据、群体体重数据、预警模块	依托大数据提供专业、实时、高效的智能系统。对个人数据进行长期收集，将个人数据与群体数据进行比对，对用户在使用过程中的营养素摄入量、热量、运动量等直接与健康情况相关的各项指标进行监测，实时发出预警

续表

名称	框架	用途
糖尿病患者膳食管理系统	用户层、应用层、数据层和支持层4层	能有效辅助和优化糖尿病患者临床饮食治疗工作；利用食物互换法编制饮食方案，能科学有效地满足患者膳食的个性化需求；为患者、医护人员及管理者之间交流互动提供良好的环境；为糖尿病的智能预防、控制和治疗提供一个有效的方法

慢性病的管理系统主要包含数据的采集、储存、共享几个模块，结合患者身体状况，给予个性化的管理服务。除了管理系统外卫生部门还可通过患者电子病历数据库，对营养相关疾病及其他疾病患者的数据进行综合分析，将分析结果及指导通过移动网络等反馈给医生、社区卫生服务人员以及患者。这样能够让医务人员全面掌握病人的情况，给出有针对性的治疗和指导的同时还可以给患者适时的提醒，两方面相结合，更有助于疾病的管理和控制。

本章小结

随着经济水平的增长、生活方式的改变和老龄化人口的增加等，中国慢性病的疾病谱发生了巨大变化，主要危险因素的暴露水平不断提高，导致慢性病的发病率和死亡率相对较高，给中国居民带来了沉重的经济负担和健康负担。处于特殊生理状况的人群，如婴幼儿、儿童、孕妇、老年人等，机体对能量的需要以及营养素的消化吸收和代谢均有显著的不同，而传统营养学只实现了对特定人群的营养指导，并未实现个体的精准营养干预。精准营养（个性化营养）是根据遗传特征、生活方式、健康状况、代谢特点、微生物组成等因素来定制针对特定群体的饮食建议和营养计划。营养大数据是推动精准营养干预新的信息技术革命，大数据在营养健康领域的应用主要包括食物成分电子数据库的建立和管理、营养健康服务平台的建立、开展与营养调查相关的工作、进行与营养相关的疾病的监测四个方面的应用。可以利用大数据、云计算、物联网、机器学习等现代信息技术进行膳食营养健康领域的数据挖掘，聚集相关的数据信息，从而提供科学的健康管理服务；也可以利用大数据技术进行与营养相关的疾病管理，提供个性化的营养服务。

思考题

1. 精准营养的范畴和重点是什么？
2. 不同的生命阶段的营养需求有何独特性？
3. 精准营养在慢性病的预防和管理中如何发挥作用？
4. 精准营养面临哪些机遇和挑战？

第十二章 肠道微生物与精准营养干预

学习目标

1. 通过肠道微生物与基因表达调控、肠道微生物组与营养素代谢、微生物组与精准营养、肠道微生物的精准检测与干预四个方面展开对肠道微生物与精准营养干预相关内容的介绍。

2. 阐述肠道菌群通过基因表达调控营养素代谢过程，明确肠道菌群在机体精准营养调控过程中的媒介作用，基于肠道菌群的分析技术间接实现机体营养的精准干预。

3. 学习肠道菌群干预精准营养的相关理论知识，拓宽对肠道菌群作用研究的理解。

第一节 肠道微生物与基因表达调控

一、肠道微生物

12-1 思维导图

1. 肠道微生物的基本理念

微生物构成了机体内最复杂的“微生物生态系统”，这些微生物广泛分布在机体各组织系统中，例如呼吸道、口腔、泌尿系统以及肠道系统等，其中以肠道系统中微生物数量最为庞大，为 10 万亿 ~100 万亿个，占机体中微生物总量的 95%，是机体细胞总数的 10 倍，所编码的基因组大小是机体基因组的 100 倍。随着对微生物研究的逐渐深入，诺贝尔奖得主 Joshua Lederberg 提出了一个新的观念，即人体是由人体自身细胞和共生微生物共同组成的“超级生物体”。将机体的肠道系统比作一台“发酵罐”，那么人体摄入的各种各样的食物将不停地为肠道微生物的生长和繁殖提供营养物质，肠道系统每年所培养的肠道微生物数量近乎甚至超过人体自身体重。有学者将数量庞大、种类多样的肠道微生物称为人体“被遗忘的器官”，这强调了肠道微生物对机体健康的重要作用，暗示了肠道微生物相关科学研究的重要性和急迫性。

肠道菌群是机体肠道微生物的总称，健康人体的肠道菌群结构是相似的，主要包括厚壁菌门（Phylum Firmicutes）、拟杆菌门（Bacteroides）、变形菌门（Proteobacteria）、放线菌门（Actinobacteria）、梭杆菌门（Fusobacteria）和疣微菌门（Verrucomicrobia）这 6 大类细菌以及少量古细菌和真菌。一般情况下，健康人体中肠道菌群以厚壁菌门含量最多，约占肠道菌群总量的 64%，其次是拟杆菌门（23%）、变形菌门（8%）和放线菌门（3%）。在正常情况下，不同结构的肠道微生物发挥相互促进或者互相拮抗的作用，促使肠道菌群维持结构、丰度的动态平衡，调节着机体的肠道微生态稳定，对肠道健康具有重要作用。

然而，构成肠道菌群的微生物物种组成具有个体差异性特点。宿主的遗传因素会影响后代个体肠道菌群结构，例如，一项针对 1812 名个体的研究指出，遗传因素能导致个体肠道菌群产生约 10% 的变异，并指出编码维生素 D 受体的基因发生变异后，会显著影响机体的代谢功能且干扰肠脑轴的正常功能。此外，大量研究指出，非遗传因素对机体肠道菌群的影响强于遗传因素。针对 2252 名双胞胎的队列研究指出，宿主的遗传因素对双胞胎肠道菌群结构的影响较小，双胞胎肠道菌群约 20% 的变异来源于非遗传因素，例如饮食因素、生活方式和环境因素。

肠道菌群在同一个体肠道系统中的分布不同。一方面，肠道菌群沿肠道消化系统纵轴分布不同。人体肠道系统由小肠（十二指肠、空肠和回肠）和大肠（盲肠、结肠和直肠）两部分组成，小肠和大肠肠腔中营养物质种类及浓度不同，由此诱导的免疫反应等存在差异，这是影响机体肠道系统中不同位点肠道菌群结构多元化的重要因素。由于小肠肠腔 pH 偏酸性、氧气含量较高，且存在较多抗菌物质（例如小分子多酚类物质和胆盐），因此在小肠肠腔中定殖的菌群具有兼性厌氧、耐受抗菌物质和能与宿主竞争小分子营养物质的特点。虽然小肠中的肠道菌群具有与宿主竞争营养物质的能力，但是宿主通过分泌内源性抑菌物质调控小肠菌群的数量，从而避免小肠中肠道菌群的过度生长。此外，小肠中内容物的肠迁移速率较高，约是大肠的 10 倍，这使得小肠中肠道菌群具有更强的表面黏附能力以确保在肠道黏膜表面的定殖作用。随着肠道系统的纵向深入，肠道菌群的数量逐渐增加，从十二指肠的 10^3~10^4CFU/mL、空肠的 10^3~10^5CFU/mL、回肠的 10^7~10^8CFU/mL 到结肠的 10^{11}~10^{12}CFU/mL，因此大肠中的肠道菌群组成了宿主体内最密集的共生体系。未被小肠消化吸收的大分子物质（如花青素、多糖）在大肠中经肠道菌群的代谢作用转变为菌群代谢产物，这些物质一部分经过肝肠循环到达肝脏，参与肝脏的Ⅱ相代谢过程，大部分仍留在大肠中与肠道菌群发生相互作用，调节菌群组成结构及丰度。相比小肠而言，大肠中能被菌群直接利用的小分子营养物质较少、抗菌物质浓度较低且肠迁移速率较低，因此大肠中的肠道菌群以严格厌氧菌为主。一项基于小鼠肠道菌群组成的研究指出，小肠中的优势菌群为肠杆菌科（Enterobacteriaceae）和乳杆菌科（Lactobacillaceae），而大肠中的优势菌群则为瘤胃球菌科（Ruminococcaceae）、毛螺菌科（Lachnospiraceae）、拟杆菌科（Bacteroidaceae）、普雷沃菌科（Prevotellaceae）以及理研菌科（Rikenellaceae）。这也说明了沿着消化道纵轴的肠道菌群分布具有一定的富集趋势。另一方面，肠道菌群在肠腔中径向分布不同。肠壁在肠腔内以褶皱的形式向中央堆叠，故相邻的褶皱在肠腔中形成了凹陷的空间。在肠道内壁表面存在着黏液层，这主要由肠道杯状细胞分泌的黏蛋白组成，相比肠道管腔而言，在肠道表面的凹陷空间部分，则含有更多的黏液。这为肠道菌群提供了特殊的生长环境，从而使得凹陷空间中的肠道菌群组成与管腔中央的菌群不同。肠道的黏液层能够将肠腔中内容物与肠道上皮组织分隔开，保护肠道组织不受肠腔有害物质的损害。肠道不同区段的黏液层结构不同：小肠的黏液层与肠道上皮组织结合较为松散，是单层的黏液层，厚度为150~400μm；大肠的黏液层则具有内外两层结构，内层具有致密结构且不溶于水，与肠道上皮组织紧密连接，形成的凝胶保护屏障只能选择性透过小分子物质，而外层黏液层则相对较为疏松，具有水溶性，能够隔离大部分的有害物质，内外层黏液层厚度大于小肠的单层黏液层，为800~900μm。肠道菌群能够存在于疏松的黏液层中，即在小肠黏液层和大肠的外层黏液层均有定殖，但是无法透过大肠的内层致密黏液层，大肠内层黏液层中几乎无菌。这与黏液层本身的结构相关，黏液层自身具有对菌群的机械阻隔作用，而靠近肠道上皮组织的黏液层中所含的抗菌物质和氧气分子高度聚集，从而极大地限制了肠道菌群的活动。以结肠黏液层为例，大量研究均指出黏液层中定殖的菌群与管腔中浮游的菌群存在显著的区别：人黏液层中优势菌群主要为放线菌门和变形菌门的细菌以及阿克曼菌属（*Akkermansia*）；猪黏液层中优势菌群为普雷沃菌属（*Prevotella*）、螺杆菌属（*Helicobacter*）和弯曲杆菌属（*Campylobacter*）；小鼠黏液层中优势菌群为产酸拟杆菌（*Bacteroides acidifaciens*）和阿克曼菌属；恒河猴黏液层中优势菌群为脆弱拟杆菌（*Bacteroides fragilis*）。

2. 肠道微生物的研究模型

研究肠道菌群变化的模型主要有体外模型、动物模型和临床试验。

体外模型主要包含静态发酵、单级连续发酵和全自动肠道菌群体外模拟模型。静态发酵法是指通过采集新鲜粪便，对粪便残渣进行过滤获得肠道菌群，采用适合厌氧菌群生长的培养基对粪便中菌群进行富集，在混合体系中添加受试物后，于37℃条件下静置培养一系列时间（由于培养基中营养物质的持续消耗，故培养时间一般不超过48h）。培养结束后，对体系中菌群 DNA 进行提取，采用分子生物学方法对菌群组成进行测定和分析。这种方法是最早用于体外研究肠道菌群变化的方法，具有应用广泛、可操作性强的优点，但是对真实菌群组成的还原性较差。

单级连续发酵法是参照食物在肠道中的流动特性而设计的，与静态发酵法不同的是，单级连续发酵法通过向体系中持续不断的补充培养基，并且能通过控制培养基添加的速度来模拟食物在肠道中的蠕动速率。在模拟过程中，根据所需情况调节胃、小肠和大肠消化液或消化酶的添加量。通过选择不同肠断的流出物，对流出物中肠道菌群的总 DNA 进行提取，并参照分子生物学方法测定菌群组成。这种方法克服了静态发酵法中培养基持续性消耗的缺点，通过及时补充培养基促进肠道菌群更好的生长，并及时调节发酵罐的温度和 pH 变化，一定程度上还原了菌群的自然生长状态。

全自动肠道菌群体外模拟模型的组成主要包括四个部分，即发酵罐、培养基加入系统、废液流出系统以及气路系统。发酵罐体积常采用 330 mL 以更全面模拟成人的肠道系统，其具有内外两层结构，外层的循环水用于均匀的水浴加热从而保障内层温度的恒定，内层是接种肠道菌群后菌群的生长场所。通过气路系统持续性地向内层发酵罐中输入氮气，这不仅是为了维持内层发酵罐中的正压，更是保障了菌群生长所需的厌氧环境。内层发酵罐底部有转子以恒定的速率搅拌，以模拟胃肠蠕动。此外内层发酵罐中还安装有温度探头和 pH 计以实时监测发酵罐中的内环境。培养基加入系统通过设定速率将新鲜的无菌培养基持续加入至发酵罐中，保障菌群生长所需的营养物质。废液流出系统保障了发酵罐中多余培养基、pH 调节剂等物质的及时流出。

上述体外模型不仅提供了体外研究肠道菌群的有效方法，还排除了宿主对肠道菌群的影响，从某种程度上来说，体外模型获得的研究结果更为客观。但是，对于肠道菌群与宿主相互作用的研究而言，体外模型则无法实现。通常来说，体外模型常用于肠道菌群的培养、生产特定功能的微生态制剂、受试物对肠道菌群组成和丰度的影响以及肠道菌群对受试物的代谢产物分析。

在机体内研究肠道菌群变化的研究多借助于动物实验。常见的动物模型包括秀丽隐杆线虫、果蝇、斑马鱼、啮齿动物（小鼠和大鼠）以及仔猪。

秀丽隐杆线虫具有实验室条件下易培养、基因组相对较小、有复杂的发育过程、可规模化繁育等特点。秀丽隐杆线虫作为肠道菌群研究模型所具有的最大的优点为其生命周期短，能够在短时间内模拟受试物在全生命周期内对肠道菌群的影响。肠道是秀丽隐杆线虫最大的器官，也是其吸收影响物质、菌群与宿主相互作用的最主要场所。目前在肠道菌群研究领域，常将秀丽隐杆线虫作为筛选益生菌的重要模型，这主要利用了秀丽隐杆线虫的防御系统，将衰老作为筛选功能性益生菌的指标。此外，还有研究者将菌群移植的概念引入秀丽隐杆线虫，通过将完整的菌群结构移植入秀丽隐杆线虫中，探究不同受试物对肠道菌群组成及丰度的影响。总体而言，秀丽隐杆线虫模型这极大地缩短了研究周期，适用于大规模地快速筛选功能物质。

果蝇具有饲养简单、成本低、生命周期短、具有清晰地遗传背景等特点。果蝇中含有多种人类疾病的同源基因，因此常被广泛应用于探究相关疾病的发病机制。这为应用果蝇作为研究模型探究膳食成分对肠道菌群影响的研究提供了基础，是快速探究膳食因素调节肠道菌群并改善机体健康研究的重要途径。但是与秀丽隐杆线虫类似，果蝇的肠道菌群结构较为单一，缺乏严格厌氧菌群，是应用果蝇研究肠道菌群变化的最大局限。

斑马鱼是一种模式脊椎动物，具有个体小、生长发育快、遗传背景清晰的特点。与上述两种模式动物相比，其肠道菌群具有与哺乳动物相同的优势菌门，更好地反映了哺乳动物的肠道菌群。此外，斑马鱼具有相对复杂的代谢系统，在研究肠道菌群对膳食营养素代谢方面也具有突出的优点。与秀丽隐杆线虫类似，斑马鱼也可用于体内成像观测，通过荧光标记技术，能够直观检测目标基因在受试物作用下的表达变化。

小鼠和大鼠是最常用的动物模型，具有与人类类似的生理结构，菌群结构与人类相似，更全面地代表了人类肠道菌群组成。近年来，随着肠道菌群的深入研究，无菌小鼠/大鼠模型逐渐成熟，通过将无菌小鼠/大鼠作为对照组，有利于解释肠道菌群在机体功能变化中的重要媒介作用。在此基础上，通过菌群移植技术，获得菌群移植小鼠/大鼠，通过比较无菌小鼠/大鼠与菌群移植小鼠/大鼠生理功能变化，进一步明确肠道菌群的功能。基因敲除小鼠/大鼠常用于分析特定功能性基因在维持机体正常生理功能方面的重要作用，在这一过程中，肠道菌群通常是生理功能正常发挥的不可或缺的途径，结合无菌小鼠/大鼠模型，可精确解析肠道菌群-功能性基因-机体生理功能之间的关系。

仔猪具有与人类类似的解剖结构和生理结构，并且仔猪的生长发育阶段与人类婴儿极为相似，与小鼠和大鼠相比，是更为接近人类的动物模型。仔猪的菌群结构与人类类似，是研究肠道菌群相关研究的可用模型。但是相比前面几种动物模型而言，仔猪具有成本高、生命周期长的特点，这一定程度上限制了仔猪在肠道菌群研究领域的应用。

此外，灵长类动物也可用于肠道菌群的研究且是优秀的动物模型，但是出于成本考虑，目前基于动物模型的肠道菌群研究仍然主要以小鼠和大鼠为主。

临床研究中，常采用临床-实验-临床的方式进行肠道菌群的研究，用以分析肠道菌群在人类健康或疾病中的重要作用，主要包含以下4个方面。第一，干预性及纵向队列研究，通过对干预诱导的人类健康变化进行持续时间的序列追踪，对不同样本进行分析，其中粪便样本是分析肠道菌群变化的重要材料；第二，全微生物组关联分析，主要通过结合分析队列的综合数据库，进一步对菌群基因组与人类疾病或代谢表型等相关的数据进行关联分析，明确关键作用微生物；第三，鉴定关键功能性菌株，对功能性菌株进行分离，结合无菌动物模型，分析分离的功能性菌株在无菌动物中的重现代谢表型，进一步阐明功能性菌株-代谢表型的分子机制；第四，对临床应用进行安全性及有效性评估，结合动物模型进行安全性评估，随后以筛选出的功能性菌株为干预物，对干预者进行追踪，进行时间序列评估，分析功能性菌株的有效性。

二、肠道微生物与基因表达调控

随着对肠道菌群研究的逐渐深入，越来越多研究表明肠道菌群的组成结构和丰度与宿主健康密切相关，肠道菌群能通过调节宿主功能性基因的表达量进而调节宿主健康。例如，肠道菌群通过分泌特定的酶类以代谢肠道内容物中未被机体消化吸收的营养物质，为宿主提供能量供给；上文所述的具有调节肠道黏液层结构的阿克曼菌属丰度的增加，能促进调控黏蛋白结构的基因表达，从而进一步增强肠道黏液层的致密性。下文将从肠道屏障功能、代谢相关疾病和神经系统障碍疾病这 3 个角度，详细阐述肠道菌群对宿主基因表达的调控作用。

1. 肠道微生物调节肠道屏障功能基因表达

（1）机械屏障　机械屏障主要由肠道上皮细胞、肠道上皮细胞之间的紧密连接蛋白和黏附连接蛋白组成。紧密连接蛋白所构成的骨架结构位于肠道上皮细胞外侧膜的顶端，黏附连接蛋白位于紧密连接蛋白骨架下方，这两类蛋白共同构成了肠道细胞表面的顶部连接复合体。肠道顶部连接复合体结构的稳定性与细胞间信号的传递以及相邻细胞间的黏附能力密切相关，肠道菌群变化能通过影响相关功能性蛋白的表达量，调节复合体的组成结构，这表明了肠道机械屏障功能受肠道菌群组成的影响。

拓展阅读

紧密连接蛋白主要包括闭合蛋白、连接蛋白、连接黏附分子、闭锁小带蛋白和肌动蛋白等。闭合蛋白（occludin）是一种跨膜蛋白，当其胞外环的结构域被破坏后，其与相邻细胞之间的相互作用力变弱，这便破坏了紧密连接蛋白的骨架结构。连接蛋白（claudins）也属于跨膜蛋白，包含多个蛋白成员，且不同蛋白成员对肠道机械屏障功能的贡献不同，例如 Claudin–1、3、4、5、8、9、11 和 14 蛋白的表达量与肠道机械屏障功能呈正相关，然而 Claudin–2、7、12 和 15 蛋白表达量的升高却导致肠道机械屏障功能损伤，使得肠道渗透性增加，连接蛋白家族所呈现出的不同功能取决于其结构，即蛋白胞外环含有的带电氨基酸的位置和数量。连接黏附分子在肠道上皮细胞和肠道免疫细胞中都有表达，主要与免疫球蛋白分泌相关，有研究指出，连接黏附分子基因敲除小鼠与野生型小鼠相比，其结肠渗透性显著增加。闭锁小带蛋白含有多个结构域，这为其他跨膜蛋白提供了充分的结合位点，不同跨膜蛋白与闭锁小带蛋白的连接构成了紧密连接蛋白最基本的骨架结构。

黏附连接蛋白主要包括 E– 钙黏蛋白组成，主要介导钙离子依赖性同型细胞之间的黏附作用，其能与膜内侧的 p120– 连环蛋白、α– 连环蛋白和 β– 连环蛋白结合，以形成固定在皮质肌动蛋白微丝上的复合物，从而构成跨膜的网状结构。研究表明，敲除 E– 钙黏蛋白的小鼠与野生型小鼠相比，其肠道上皮细胞组织更为疏松且易脱落，并最终发展呈肠道炎症。

当机体受到外界有害刺激后，肠道菌群发生改变，有害菌群丰度逐渐增加，导致肠道黏膜层中与有害菌群接触的位点增多。有害菌群所分泌的有代谢产物，如脂多糖和促炎性细胞因子，在肠道中发生位移，并易破坏紧密连接蛋白的骨架结构，损害肠道机械屏障功能。反之，有益菌群则能提高紧密连接蛋白和黏附连接蛋白的表达量，例如双歧杆菌属（*Bifidobacterium*）促进小鼠肠道中闭合蛋白（occludin）和闭锁小带蛋白 -1（zonula occluden-1）的表达量、乳酪杆菌属（*Lactobacillus*）促进肠道细胞中闭锁小带蛋白 -1（zonula occluden-1）和连接蛋白 -1（claudin-1）的表达量。

除了影响肠道紧密连接蛋白和黏附连接蛋白的表达量，肠道菌群还能通过改善肠道上皮细胞的功能，增强肠道机械屏障功能。研究发现，对无菌小鼠灌胃鼠李糖乳酪杆菌后，观察到小鼠肠道上皮细胞更新速率得到了提高，从而促进了肠道上皮细胞的增殖分化、增强了肠道上皮细胞的活性。另外嗜黏蛋白阿克曼菌丰度的增加暗示着肠道上皮细胞完整性的增强，有助于构建更加稳定健康的肠道内环境。

（2）化学屏障　上文中提到的黏附在肠道上皮细胞表面的黏液层是肠道化学屏障的重要组成部分，此外还包括菌群所分泌的化学物质等。黏蛋白是黏液层的主要组成蛋白，其蛋白质部分由丝氨酸、苏氨酸和脯氨酸组成的中央糖基化结构域、糖基化程度相对较低的球状结构的 N 端和 C 端结构域以及参与二硫键介导的二聚和聚合作用的半胱氨酸结构域 3 部分组成，其高度糖基化的结构（约占细胞质量的 80%）使得黏蛋白具有粘连性和凝胶特性，这对形成紧密的黏液层十分重要。

宿主中的黏蛋白主要分为分泌型黏蛋白和膜黏液蛋白两类，其中黏蛋白 -2（mucin-2）是由杯状细胞分泌的、在黏液层中含量最高的黏蛋白，能通过化学键介导聚合作用以形成网状聚合物，促使黏液层紧密结构的形成。有研究指出，患结肠癌的小鼠结肠组织中黏蛋白 -2（mucin-2）的表达量显著降低；敲除黏蛋白 -2（mucin-2）的小鼠相比野生型小鼠而言，其肠道抗致病菌侵染的能力变差，并最终自发地发展为肠道炎症。

肠道菌群能够通过改善肠道黏液层的结构增强肠道化学屏障功能。阿克曼菌属和瘤胃球菌属是肠道中常见的与黏蛋白分泌相关的两类肠道菌群，其丰度的增加有助于促进肠道中黏蛋白分泌量的增加，增强肠道黏液层的致密结构。多形拟杆菌 *Bacteroides thetaiotaomicron* 具有代谢肠道内容物中碳水化合物产生乙酸的功能，肠腔中乙酸含量的升高，有助于肠道杯状细胞的分化，并促进黏蛋白产生相关基因的表达，并且多形拟杆菌与代表肠道健康的标志菌——普氏栖粪杆菌（*Faecalibacterium prausnitzii*）具有协同作用，共同调节杯状细胞分化和黏蛋白的糖基化，从而刺激肠道黏液的分泌，形成致密的肠道黏液层。多形拟杆菌还能与活泼瘤胃球菌（*Ruminococcus gnavus*）和干酪乳酪杆菌（*Lactobacillus casei*）协同增强糖基转移酶的活性以实现对黏蛋白糖基化的改性，最终促进稳定肠道黏液层的形成，增强肠道化学屏障功能。

（3）免疫屏障　肠道免疫屏障的重要组成部分是肠道相关淋巴组织及其分泌的免疫球

蛋白。肠道相关淋巴组织主要分为组织样淋巴组织和弥散性淋巴细胞两种类型，其中组织样淋巴组织激活肠道免疫反应，而弥散性淋巴细胞则作为肠道免疫反应的效应位点。在肠道免疫反应过程中，肠道菌群常作为抗原性物质，在免疫细胞及诱导因子的作用下，将刺激信号传递至肠道组织样淋巴组织，释放免疫因子。能够调节肠道免疫反应的菌群称为免疫调节共生菌，其激活的免疫反应并非炎症反应，主要通过诱导调节性T细胞而参与免疫应答过程，具有增强肠道免疫功能的作用。梭杆菌属（*Clostridium*）是近年来研究较为广泛的免疫调节共生菌，不仅直接对患结肠炎小鼠的结肠黏膜组织中调节性T细胞的累积具有促进作用，而且其代谢产生的短链脂肪酸含量也与机体肠道免疫球蛋白的分泌量呈正相关。脆弱拟杆菌（*Bacteroides fragilis*）能够通过Toll样受体2信号途径增强调节性T细胞的标志性分子Foxp3^{+}的表达量，促进初始T细胞分化为调节性T细胞，提高白介素-10的分泌。分节丝状菌（*Segmented filamentous bacteria*）能够促进T细胞分化为辅助性T细胞-17而诱导白介素-17的分泌、催化淋巴细胞的成熟过程而诱导白介素-22的分泌以及诱导肠道免疫细胞分泌免疫球蛋白A。

在正常情况下，人体肠道系统中是存在着大量的毒素和细菌的，但这些毒素和细菌并未对人体产生破坏，这便与肠道菌群（特别是免疫调节共生菌）对机体免疫系统的调节作用有关。新生儿肠道中菌群的丰度较低、种类较少，随着食物的摄入以及外界环境的影响，其肠道菌群逐渐趋于多样化，这增强了其肠道免疫功能。类似的研究指出，无菌动物相比野生型动物而言，其肠道免疫细胞数量少、体内免疫球蛋白含量低，而通过菌群移植技术将菌群定殖于无菌动物肠道中后，菌群移植动物肠道淋巴细胞数目显著增加，免疫球蛋白的分泌量也显著提升。这些研究都说明了肠道菌群在维持机体肠道免疫屏障功能方面具有不可忽略的重要作用。

稳定的肠道屏障功能是机体维持内环境稳定的基础，受损的肠道屏障功能导致肠道渗透性增加，成为多种肠源性疾病的直接诱因，因此近年来探究肠道屏障功能变化分子机制的研究逐渐增多。接下来从NF-κB蛋白信号通路以及蛋白激酶途径简单介绍与肠道屏障功能相关的信号分子。

第一，对NF-κB信号通路的抑制有助于增强肠道屏障功能。

促炎性细胞因子，如肿瘤坏死因子-α（TNF-α），能通过激活NF-κB信号通路而损害肠道屏障功能。但是具有抗氧化、抗炎特性的功能性物质则能通过抑制NF-κB信号通路而增强肠道屏障功能。例如，多酚类化合物能够减弱TNF-α导致的连接蛋白-1（claudin-1）降解，并且上调结肠细胞中连接蛋白-2（claudin-2）的表达量；吡咯烷二硫基甲酸盐作为NF-κB的抑制剂，能够上调闭锁小带蛋白-1（zonula occluden-1）和闭合蛋白（occludin）的表达量。

第二，肠道屏障功能的发挥涉及多种蛋白激酶。

丝裂原活化蛋白激酶（MAPK）是丝氨酸/苏氨酸专一性的蛋白激酶家族，在细胞进程中发挥着重要作用，哺乳动物体内丝裂原活化蛋白激酶（MAPK）主要包括4种：胞外信号调节激酶（ERKs 1/2）、p38MAPKs（α、β、δ和γ）、c-Jun氨基末端激酶（JNKs-1/2/3）以及胞外信号调节激酶-5（ERK5）。通常来说，胞外信号调节激酶（ERKs 1/2）是由分裂素以及生长因子激活的，不会直接影响炎症反应进程，但是c-Jun氨基末端激酶（JNKs-1/2/3）通常会受外界压力以及炎症而被激发。p38MAPKs（α、β、δ和γ）在细胞进程中主动激活，从而发挥应对外界压力以及炎症的过程，并且p38MAPKs（α、β、δ和γ）能够直接结合在转录因子上并使之发生磷酸化，进而激发炎症因子的转录。抗炎因子能够通过丝裂原活化蛋白激酶（MAPK）途径抑制硫酸葡聚糖钠诱导的结肠屏障损害。

磷酸肌醇-3激酶（PI3K/Akt）参与许多生物进程，包括免疫细胞生长、分化、存活、扩增、迁移以及代谢。在免疫系统中，受损的磷酸肌醇-3激酶（PI3K/Akt）信号通路会导致免疫缺陷。通过在磷脂酰肌醇-4,5-二磷酸的作用下发生磷酸化作用，磷酸肌醇-3激酶（PI3K/Akt）产生磷脂酰肌醇-3,4,5-三磷酸，然后激活一系列下游反应，包括丝氨酸/苏氨酸特定蛋白激酶。磷酸肌醇-3激酶（PI3K/Akt）信号通路通过调节紧密连接蛋白表达从而调节肠道屏障功能。磷酸肌醇-3激酶（PI3K/Akt）能够受氧化应激水平的作用激活，从而抑制氧化应激导致的肠道屏障渗透性；能够抑制谷氨酰胺导致的肠道细胞跨膜电位的下降，从而降低肠道组织的渗透性；能够通过降低TNF-α以及IL-6的表达上调连接蛋白-2的表达。

蛋白激酶C（PKC）属于丝氨酸/苏氨酸激酶家族，参与调节生物进程以及肠道上皮细胞稳定性的过程。参与肠道细胞功能的是蛋白激酶C（PKC）的几种亚型，如通用的同工酶（cPKC）、新型同工酶（nPKC）和非典型同工酶（aPKC）。这三种亚型发挥调节肠道屏障作用的方式及结果不同。添加蛋白激酶C（PKC）选择性抑制剂能够降低Toll样受体-2导致的一系列下游信号表达，从而增加肠道细胞的跨膜电阻，促进闭锁小带蛋白-1表达。

酪氨酸激酶是通过酪氨酸激酶受体发挥对信号通路的调节作用，调控细胞扩增或生长。酪氨酸激酶的激活是许多信号通路的初始作用位点，是丝裂原活化蛋白激酶（MAPK）和磷酸肌醇-3激酶（PI3K/Akt）信号通路的上游作用信号。过氧化氢会诱导酪氨酸几个位点的磷酸化，乙醛会通过闭锁小带蛋白-1和E-钙黏蛋白上酪氨酸残基的磷酸化损坏肠道机械屏障功能，从而增加肠道细胞渗透性。

肌球蛋白轻链激酶（MLCK）是一类可溶性蛋白激酶家族，主要通过肌球蛋白轻链-2（MLC-2）的磷酸化程度发挥作用。MLCK的活性增强会降低肠道上皮的屏障作用。体外实验表明，抑制MLCK活性能够增强肠道细胞闭锁小带蛋白-1表达，进而增强机械屏障功能。在小鼠体内，脂多糖导致的肠道渗透性增加的现象会因抗炎物质的摄入抑制MLCK活性而缓解。

ATP 活化蛋白激酶（AMPK）是丝氨酸 / 苏氨酸蛋白激酶，在维持细胞能量方面具有重要作用，其受许多膳食因素诱导，如丁酸能通过此途径维护肠道黏膜稳定性。在白介素 -10（IL-10）基因缺失的小鼠体内，ATP 活化蛋白激酶（AMPK）活性增高，肠道屏障渗透性增加，最终发展成肠道炎症。

2. 肠道微生物调节代谢相关疾病基因表达

正常情况下，机体内肠道有益菌与肠道有害菌是相互制约的，肠道有益菌通过与有害病原菌竞争肠道上皮细胞处的吸附位点、与有害病原菌竞争营养物质以及产生抑菌物质和免疫因子等途径，形成机体内动态的菌群平衡，以维持着机体肠道健康。但是机体持续受到外界有害刺激后，稳定的菌群平衡便受到破坏，首当其冲的便是肠道屏障功能损伤，这是一系列肠源性疾病的重要诱因。在理解上文介绍的肠道菌群调节肠道屏障功能的基础上，下面将介绍肠道菌群对肠道炎症性肠病、肥胖、2 型糖尿病和神经系统障碍疾病发生的影响，以及菌群对相关基因表达的调控作用。

（1）肠道微生物与炎症性肠病相关基因表达　炎症性肠疾病是一类慢性肠道炎症性疾病，临床表现以腹痛、腹泻、便血为主，病程长且发病机制尚不明确。炎症性肠病可广泛发生在回肠、盲肠和结肠等肠道组织中，目前临床上常见的溃疡性结肠炎以及克罗恩病均属于炎症性肠疾病的范畴。炎症性肠病在世界范围内均具有较高的发病率，截至 2017 年，我国炎症性肠病患者超过 150 万人，而截至 2018 年，美国和欧洲国家炎症性肠病患者人数分别超过 160 万和 200 万人。随着人类饮食方式、生活方式以及工作压力的变化，患炎症性肠病的人越来越多，患病人群也逐渐年轻化。目前普遍认为炎症性肠病的发生发展与遗传因素、自身免疫因素以及环境因素有关，随着肠道菌群研究领域有了突破性进展，肠道菌群在炎症性肠病发展中的关键作用逐渐受到科研工作者的关注。受外界诱导而导致的肠道菌群失衡通过破坏肠道屏障功能、促使有害抗原物质侵入机体、诱发肠道炎症等一系列连锁反应而最终导致炎症性肠病的发生。

探究炎症性肠病患者肠道菌群组成能够帮助理解肠道菌群与炎症性肠病之间的关系。在炎症性肠病患者体内，肠道菌群多样性被破坏，厚壁菌门丰度降低、变形菌门丰度增高、肠杆菌属（*Enterobacter*）和梭菌属（*Clostridium*）丰度增加，这些菌群变化可视为炎症性肠病的诱因。而随着炎症性肠病的发展，肠道菌群组成进一步发生变化，例如拟杆菌门、厚壁菌门和梭菌属（*Clostridium*）的丰度进一步降低，这视为受炎症性肠病影响的结果。因此，临床上常把肠道菌群变化作为预测机体是否患炎症性肠病的重要依据之一。在健康机体肠道中，具有抗炎作用的菌群，如乳酪杆菌属、梭菌属Ⅳ（*Clostridium clusters* Ⅳ）、梭菌属XⅣ α（*Clostridium clusters* XⅣ α）和双歧杆菌属（*Bifidobacterium*）。

肠道菌群的代谢产物 – 短链脂肪酸也能参与调节炎症性肠病的进程。正常情况下，短链脂肪酸能促进肠道细胞中蛋白质的合成，这有助于促进肠道上皮细胞的自我修复过程，从而保障肠道上皮细胞正常的生理功能。当机体处于炎症状态下，短链脂肪酸诱导肠道上皮细胞凋亡，使得肠道上皮细胞功能受损，加剧肠道炎症的发生。

拓展知识

（2）肠道微生物与肥胖相关基因表达　在影响肠道菌群组成的众多因素中，饮食因素是对菌群影响最大的，也是最易调节的因素，因此探索饮食与肠道健康的研究逐渐增多，而最常见的膳食模型便是高脂膳食模型。高脂膳食模型主要指膳食中脂肪含量高、膳食纤维含量少的膳食。近年来人们的生活水平、消费水平以及生活方式发生了改变，人们对膳食的选择逐渐出现趋于高脂膳食、高糖膳食变化的趋势，并且此变化具有全球性特点。随着脂肪摄入的增加，最直接的结果便是导致机体体重逐渐增加，长此以往便诱发肥胖的发生。近 40 年来，全球的肥胖人数已经增长了 3 倍左右，并且以往肥胖人群的年龄分布以成人为主，但是近 5 年来逐渐向青少年和儿童靠拢。肥胖患者的年轻化趋势提示着调控肥胖发生的重要性，因此越来越多的科研人员试图通过探究肥胖的发病机制分析影响肥胖发展的原因，从而改善肥胖现状。肥胖患者机体内脂肪消耗远低于脂肪的摄入量，这导致摄入的脂肪堆积在机体的组织器官周围，除皮下组织之外，肠道组织则是最易造成脂肪堆积的器官。脂肪在肠道组织中的过度堆积，会导致肠道组织中氧化应激水平失衡，炎症因子释放增多，诱发机体肠道炎症，从而破坏肠道稳态。这也是炎症性肠病等疾病的重要诱因。同样有研究指出，肥胖还会引发机体代谢系统功能异常，这进一步提高机体患代谢综合征的风险。

肠道菌群与宿主生理功能间的关系是相辅相成、互为因果的。一方面，肠道菌群调节肥胖的发展过程，另一方面，肥胖对宿主肠道菌群的组成和多样性的改变也具有很大的影响。2004 年，Jeffrey Gordon 课题组首次提出了“肠道菌群作为一种环境因素调节脂肪储存”的观点，通过对无菌小鼠和定殖正常菌群的普通小鼠进行比较（提供相同的高碳水化合物饲料），发现定殖正常菌群的普通小鼠比无菌小鼠的食物消耗减少了 29%，机体的脂肪总量却增加了 42%。若将普通小鼠肠道内的正常菌群接种入无菌小鼠的体内，致使无菌小鼠的进食量减少 27%，体脂成分却增加 57%。随后，研究者通过给普通小鼠供给高脂高糖饮食，发现其能够通过上调禁食诱导脂肪细胞因子诱导与棕色脂肪细胞分化有关的辅助转录激活因子及增加 AMP 活化蛋白激酶活性，转录激活因子和 AMP 活化蛋白激酶是两个相互独立又互相辅助的脂肪酸代谢途径，能共同调节机体抵抗肥胖的发生。这为肠道菌群调控宿主脂肪储存、在肥胖的发生发展中发挥重要作用的观点提供了理论和数据支撑。对摄取相同膳食结构的遗传型肥胖小鼠肠道菌群进行分析，发现与较胖的小鼠相比，较瘦的小鼠肠道中厚壁菌门丰度高而拟杆菌门的丰度低。若将较胖和较瘦小鼠肠道菌群分别移植到无菌小鼠体内，会发现移植较胖小鼠菌群的无菌小鼠体内脂肪指数显著高于移植较瘦小鼠肠道菌群的无菌小鼠，这进一步验证了机体肥胖能影响肠道菌群组成，反之发生变化的肠道菌群在肥胖发展过程中呈现出重要作用。

肥胖机体肠道菌群的变化主要原因是持续高脂膳食的摄入。大量研究指出，高脂膳食能显著提高机体肠道中有害菌群的含量且降低有益菌群的比例。例如，对小鼠持续 4 周提供 72% 能量来源于脂肪的高脂膳食后，小鼠肠道中乳酪杆菌属、双歧杆菌属、拟杆菌属和普雷沃菌属的丰度下降，并伴随着肠道组织中紧密连接蛋白表达量的降低；对小鼠持续 12 周提供 60% 的能量来源于脂肪的高脂膳食后，小鼠肠道中大肠杆菌（*Escherichia coli*）含量显著增加，并且大肠杆菌对结肠上皮细胞的黏附性提高，大肠杆菌的黏附作用刺激了加长上皮细胞分泌促炎性细胞因子（如肿瘤坏死因子、白介素 1β 以及白介素 12p70），并且降低了结肠中黏蛋白的表达量，最终导致了小鼠发展为肥胖的同时伴随有结肠屏障功能损伤、结肠炎症加剧；对大鼠持续 12 周提供 45% 的能量来源于脂肪的高脂膳食后，大鼠的结肠内容物中肠杆菌目（Enterobacteriales）丰度显著下降，肠道组织中紧密连接和黏附连接蛋白的表达量显著降低，上文提到的 Toll 样受体表达量也显著下降，这导致了肠道稳态失衡。除此之外，相关的临床研究也指出，高脂膳食诱导的肥胖患者的肠道功能障碍也与肠道菌群的变化息息相关，失衡的肠道菌群结构会加剧肥胖的发展进程。

肥胖的发展进程在一定程度上由失衡的肠道菌群在机体内过度积累的有害代谢产物决定。肠道中的拟杆菌属、梭菌属、双歧杆菌属和优杆菌属（*Eubacterium*）与肠道中的胆汁酸代谢途径相关，肠道中适量的胆汁酸积累能促进肠道抑菌作用的发挥，这对肠道黏液层具有保护作用，但是当持续的高脂膳食摄入后，肠道菌群丰度发生改变，对应的胆汁酸产生增多，过量的胆汁酸在肠道中累积会破坏肠道屏障功能、损害肠道稳态功能。与胆汁酸类似，肠道中适量的支链氨基酸含量具有提高肠道黏液层致密性的功能，但是过量的支链氨基酸累积则导致肠道屏障功能紊乱、诱导肠道失衡。有研究指出，肥胖患者体内支链氨基酸含量显著高于正常人群，这与肥胖患者肠道菌群变化有关。此外，大肠杆菌和脱硫弧菌属（*Desulfovibrio*）这两种有害菌属能释放脂多糖，肠道中的脂多糖通过与肠道免疫细胞表面的 Toll 样受体结合，激活肠道免疫应答反应，进而刺激白介素 1 和白介素 6 等促炎性细胞因子的分泌，肥胖患者肠道组织中能检测出过量的促炎性细胞因子，可能的原因便是因高脂膳食的持续摄入导致释放脂多糖使肠道有害菌丰度的持续增加。并且，在临床研究中，血清中脂多糖的含量高低已经被视为是评估患者肠道通透性的重要指征，是预测肠道大肠杆菌和脱硫弧菌属等有害菌属丰度变化的标志物。

总的来说，肠道菌群对肥胖的调节过程主要与脂质化合物的代谢相关，在下一节将详细介绍肠道菌群与脂质代谢间的具体作用途径。

（3）肠道微生物与 2 型糖尿病相关基因表达　与肥胖类似，2 型糖尿病也与低度的慢性炎症有关，同属于“代谢性炎症”的范畴。近 40 年内，全球 2 型糖尿病患者人数增加了 3 倍，年龄范围主要集中在 20~79 岁的成年人，全球成人患 2 型糖尿病的比例高达 9%，这意味着每 11 个成人里面便有 1 名 2 型糖尿病患者。在所有 2 型糖尿病患者中，大多数来自发展中国家，而我国 2 型糖尿病患者比例则高达 11.6%，远超世界平均水平。

拓展阅读

与遗传性糖尿病不同的是，2 型糖尿病的发病因素与膳食模式有着密切的关系，健康的膳食模式能降低2型糖尿病发生的风险。有研究指出，植物性饮食对恢复2型糖尿病患者生理指征具有重要的贡献，例如能改善患者糖化血红蛋白的水平、降低患者体重、缓解胰岛素抗性。植物性膳食发挥上述有效作用的原因主要取决于其含有的功能活性成分，例如多酚类化合物和多糖等。一方面，这些功能活性物质自身具有抗氧化、抗炎、调节机体免疫等多种生理功能，对改善2型糖尿病生理指标具有促进作用。例如，多酚化合物能调节NF-κB、丝裂原活化蛋白激酶等炎症相关信号通路的基因表达；多糖能改善胰岛β细胞的功能、增强胰岛素的作用等途径改善糖代谢途径；膳食纤维具有降低血糖潜能等。另一方面，功能活性成分对肠道菌群的调节作用也是植物性膳食改善2型糖尿病发展进程的重要因素。

目前，有大量研究指出，2型糖尿病患者与正常人群的肠道菌群组成不同。例如，研究发现2型糖尿病患者肠道中丁酸产生菌丰度显著降低，条件致病菌的数量则明显高于正常人群；与非糖尿病患者相比，2型糖尿病患者肠道中乳酪杆菌属含量很高，乳杆菌属与人体空腹血糖含量和甘油三脂含量呈负相关，与胆固醇和高密度脂蛋白含量呈正相关；β-变形菌纲（Betaproteobacteria）在2型糖尿病患者肠道中被富集，且与血糖含量呈正相关；阿克曼菌属能促进机体体重的减轻、缓解葡萄糖耐量并降低炎症水平，与2型糖尿病的发生发展呈负相关。

拓展阅读

3. 肠道微生物调节神经系统障碍疾病相关基因表达

上面介绍了肠道菌群在肠道中的定殖与肠源性疾病的发展的关系，实际上肠道菌群对人体健康的调节是复杂的网状结构关系，针对“肠道微生物－肠道－脑”轴的研究逐渐清晰地解释了肠道菌群于中枢神经系统的关系，为分析自闭症、抑郁症等疾病发生原因提供了新的思路，并为治疗神经系统疾病提供了新的辅助解决方案。

中枢神经系统、肠道微生物以及肠道微生物对应的生理功能之间存在着复杂的交互影响关系，因此研究中枢神经系统疾病不得不考虑肠道菌群的影响。机体的“肠道微生物－肠道－脑”轴包含免疫系统、神经系统以及内分泌系统的共同作用，调节机体多组织器官的生理功能，对机体的内环境稳态、营养物质代谢、生长发育以及行为方式具有重要的调控作用。“肠道微生物－肠道－脑”轴具有双向调控的作用特点，一方面，中枢神经系统的信号能够通过“肠道微生物－肠道－脑”轴向下传递，调控肠道中炎症相关的细胞因子以及免疫分子等物质的分泌，例如中枢神经系统释放的信号传递至胶质细胞，随后上皮轴和内脏的神经接收信号调节肠道平滑肌的蠕动频率，并影响肠道黏液分泌，接下来刺激肠道免疫细胞释放免疫因子从而改变肠道内环境，最终影响肠道菌群的组成；另一方面，“肠道微生物－肠道－脑”轴能够向上将信号传递至大脑，例如饮食结构或环境的突然变化影响了肠道菌群的组成，菌群的变化通过“肠道微生物－肠道－脑”轴将信号通过神经递质和神经调质传递至大脑，进而促使机体产生意识或情绪变化，从而对机体行为造成影响甚至影响大脑发育及其功能。乳酪杆菌属和双歧杆菌属菌株具有产生γ-氨基丁酸的能力；大肠杆菌和肠球菌属（*Enterococcus*）菌株具有产生 5- 羟色胺的能力；此外部分乳酪杆菌属细菌还能够释放乙酰胆碱。γ- 氨基丁酸、5- 羟色胺和乙酰胆碱这些神经递质的分泌，能够诱导肠道细胞释放信号传递分子，进而调节肠道的神经系统，通过信号流传递至大脑。

拓展阅读

第二节 肠道微生物组与营养素代谢

一、膳食营养素

膳食营养素是指膳食中能为机体生长、发育、繁殖等一切生命活动提供需求的营养物质，最常见的三大营养素指碳水化合物、脂肪和蛋白质，此外还包括维生素和矿物质等。近年来，随着对机体健康的关注度逐渐增高，人们对膳食营养素的功能需求逐渐增加，功能性饮食模式逐渐成为研究热点。

抗炎饮食最早在 1995 年提出，指的是为保障机体适宜的宏量营养素的摄入、维持机体内较低水平的促炎性激素含量，采用以低血糖负荷的碳水化合物提供 40% 的膳食能量、以低脂类蛋白提供 30% 的膳食能量、以低饱和脂肪酸和不饱和脂肪酸提供 30% 的膳食能量，对应为低血糖负荷的碳水化合物、低脂类蛋白质和脂肪的摄入比例分别为 3g、2g 和 1g。抗炎饮食的一般要求为在日常膳食中适当选择多的果蔬、植物蛋白质和膳食纤维等，并且适当提高全谷物的摄入量，减少精制的碳水化合物摄入，从而保障机体摄食足够的富含抗炎功能的活性成分，有利于机体维持较低的炎性状态，保持氧化还原状态平衡。与抗炎饮食类似的是，地中海饮食也因其富含活性物质、营养价值高而逐渐受到关注。地中海饮食主要是指对豆类、谷物、果蔬和坚果等食物的摄入量较高，对禽、鱼肉类摄入适中，对加工制品、红肉的摄入降低。这样的膳食构成富含单不饱和脂肪酸、多不饱和脂肪酸以及膳食纤维等物质，此外具有抗氧化、抗炎活性的多酚类化合物种类也多种多样，因此地中海饮食对炎症反应、氧化应激反应等具有抑制作用，故降低了肥胖、2 型糖尿病、心血管疾病的发生风险。

无麸质饮食是指在日常膳食对麦麸蛋白的摄入为零，由于麦麸蛋白是致使机体乳糜泻的因素，因此麦麸蛋白的摄入会诱导对麦麸蛋白敏感的机体患肠易激综合征概率的增加。从这一角度而言，无麸质饮食能够保护肠道黏膜稳定性，降低因麦麸蛋白敏感造成的腹痛、腹泻等。最早用于乳糜泻治疗的是研发特定碳水化合物的饮食，即严格限定所摄入的碳水化合物种类，除单糖外不摄入其他种类碳水化合物。这种膳食模式能够降低肠道菌群的发酵活动，从一定程度上限制了肠道菌群的繁殖，使其数量维持在较低水平，以降低肠道菌群在黏膜处的黏附，降低了肠道黏膜损伤的风险，有助于促使失衡的肠道菌群快速恢复正常化，完善受损的肠道屏障功能。与之类似的是无乳糖饮食，亚洲人对乳糖不耐受的概率高达90%，无乳糖饮食是避免乳糖不耐受的最直接方法。此外，对于患肠道疾病的患者而言，例如肠易激综合征和克罗恩患者，其患乳糖不耐症的概率高于健康人群，这也暗示了无乳糖饮食的重要作用。

针对肠道健康的研究逐渐深入，膳食成分与肠道菌群的相互作用对健康肠道的维持十分重要，膳食纤维作为多聚体形式的碳水化合物，因其在胃和小肠中的难消化吸收特性，随着肠道蠕动被转移至大肠中，在大肠中充当肠道菌群的代谢底物，主要被代谢成短链脂肪酸。高膳食纤维饮食对机体肠道健康的作用不仅体现在其对肠道菌群的直接调节方面，还能通过提高有益代谢产物的含量改善肠道内环境。例如，一项随访26年的针对1.7万名健康女性的研究指出，高膳食纤维的摄入者其患结肠癌的风险显著降低。然而，由于膳食纤维的不易消化吸收特性，针对炎症性肠疾病手术患者而言，高膳食饮食却不适用，主要原因是手术患者肠道受损，肠腔变窄，而高膳食饮食会增加患者的肠道负担。这种情况下推荐手术患者摄食少渣饮食，减少患者对消化吸收性能差的食物的摄入，从而减少粪便的产生，降低了肠梗阻的风险，有助于患者肠道功能的尽快修复。

二、膳食营养素与肠道微生物

前面介绍了不同营养素组成及含量的膳食模式，不同膳食模式被机体摄入后，对肠道健康的调节作用不同，而最明显的区别便是肠道菌群的变化。早在20世纪70年代，膳食组成与肠道菌群的研究便受到了关注，研究人员比较了坚持传统日式饮食和采用西方饮食的日裔美国人的菌群组成，发现这两组人即使拥有较为类似的遗传背景，但是两组肠道菌群结构存在明显的差异。摄食传统日式饮食的人群体内优杆菌属和消化链球菌属（*Peptostreptococcus*）含量显著较高，而婴儿双歧杆菌（*Bifidobacterium infantis*）含量较低。膳食成分对肠道菌群调节的作用最终体现在其代谢产物对肠道组织、机体器官的作用，因此接下来重点介绍肠道菌群对膳食营养素的代谢作用。

三、肠道微生物与膳食营养素

胃肠道系统为肠道菌群生长提供了有利的环境和营养物质，从而促使菌群的繁殖并进一步代谢肠腔中的营养物质，将大分子物质转化为小分子代谢产物，这些代谢产物能促进机体肠道系统的稳定。人体代谢受机体自身基因组和肠道菌群的基因组共同调节，因此肠道菌群对肠腔物质的代谢过程是人体整体代谢的必不可少的环节。由于人体自身不能分泌代谢所有物质的酶类，因此肠道菌群所分泌的代谢酶便能将不被机体自身代谢的物质转化为可被机体利用的化合物。通常，将肠道菌群和机体参与的代谢过程称之为“菌群－宿主共代谢”过程，这种共代谢过程最终调节着机体的整体代谢过程。

肠道菌群代谢物质的途径包括发酵、甲烷化和硫还原，其中发酵指电子在有机碳内部之间的循环、甲烷化指电子从有机碳转向无机碳、硫还原指电子从有机碳转向硫酸盐。肠道菌群最常见的代谢底物便是碳水化合物和蛋白质，这两种营养素的代谢为人的正常生理活动提供了大部分能量来源和物质基础。下面详细讲述碳水化合物、脂肪、蛋白质和氨基酸、维生素在肠道菌群作用下的代谢作用。

1. 碳水化合物代谢

食物中的膳食纤维和抗性淀粉等碳水化合物成分，经胃肠道的消化作用后，不能被胃肠道中分泌的酶类物质分解为小分子物质，而是被转移至结肠中与肠道菌群发生相互作用，被菌群所分泌的酶代谢为小分子物质。碳水化合物类化合物首先在糖苷酶的作用下水解为单糖，单糖经过无氧酵解途径转化为丙酮酸，随后通过丙酮酸途径、乙酰 CoA 途径等将丙酮酸转变为 1~6 个碳原子的短链脂肪酸。人肠道中的短链脂肪酸主要包括乙酸、丙酸和丁酸，其中以乙酸含量最多。大多数的肠道菌群都能通过代谢碳水化合物产生乙酸，肠球菌属（*Enterococcus*）、乳酪杆菌属（*Lactobacillus*）、双歧杆菌属（*Bifidobacterium*）、瘤胃球菌属（*Ruminococcus*）和丁酸弧菌属（*Butyrivibrio*）是代谢底物产生乙酸的主要菌群，这类乙酸产生菌群的主要代谢底物为碳水化合物类化合物，此外还有少量蛋白质和氨基酸类化合物。拟杆菌属、梭菌属和丙酸杆菌属（*Propionibacterium*）是肠道中产丙酸的主要菌群，代谢产生的丙酸主要为肝脏代谢提供能量。此外，丙酸还能作为糖异生的底物，通过调节肠－脑神经回路上调糖异生相关代谢通路基因的表达来维持机体的能量平衡和葡萄糖耐受性。*Clostridium cluster* ⅩⅣ *a* 和 *Clostridium cluster* Ⅳ 是肠道中最主要的丁酸产生菌，虽然能够代谢底物或利用乙酸而产生丁酸的菌群种类和丰度较少、丁酸浓度在总短链脂肪酸中含量也较低，但是丁酸却是结肠上皮细胞能量的最主要来源，是肠道重要的供能化合物，肠道中的丁酸绝大部分（约 95%）均被机体肠道细胞吸收利用，只有少部分随粪便被排出体外。从肠道细胞功能角度而言，肠道中短链脂肪酸（尤其是丁酸）含量的高低与肠道细胞完整性及肠道细胞构成的屏障功能正相关。

碳水化合物作为短链脂肪酸最广泛的底物来源，其与机体健康的关系可通过短链脂肪酸含量及种类来判断，这主要取决于短链脂肪酸能够为宿主提供能量这一特性。一方面，短链脂肪酸经机体吸收后能够直接为宿主提供能量，因此大多数肥胖人群肠道中短链脂肪酸的含量较消瘦个体中含量高，肥胖患者摄入的能量远大于机体消耗的能量，这进一步导致肥胖的发展，因此摄入含碳水化合物过多的饮食，会增加机体发展为肥胖的风险。另一方面，除作为能量物质外，短链脂肪酸还能作为信号分子调节宿主的能量代谢途径。肠道中乙酸含量较高时，过量的乙酸不能被机体消耗完全，而透过机体血脑屏障进入机体大脑系统，通过激活大脑的副交感神经系统以刺激机体分泌胃饥饿素和胰岛素，通过调节机体激素水平增加机体摄食量和能量的储存，如此持续便会诱导机体发展为肥胖或发展成代谢系统疾病。

低聚糖、多糖、膳食纤维等功能性碳水化合物的适量摄入对机体健康具有促进作用，这与功能性碳水化合物直接调节肠道菌群组成有关，还取决于其短链脂肪酸的产生量，通过短链脂肪酸调控炎性细胞因子的基因表达，间接改善机体内环境。下面以菊粉为例具体阐述功能性碳水化合物对肠道健康直接和间接的调节作用。具有特殊结构的菊粉经人体摄入后，在上消化道不易被消化，只能被运输至结肠后在肠道菌群的作用下酵解。在结肠中的菊粉能促进肠道有益菌的生长，如乳酪杆菌属、双歧杆菌属、阿克曼菌属，这些有益菌属相对丰度的增加有利于机体构建相对稳定的肠道内环境。菊粉在肠道菌群的代谢作用下最终转化为短链脂肪酸，在盲肠、横结肠和升结肠中被吸收的短链脂肪酸进入肠系膜的上静脉，在乙状结肠和降结肠中吸收的短链脂肪酸进入肠系膜的下静脉，汇总后经下静脉转移至门静脉以及肝脏，从而实现了从肠道转移至机体体循环的过程。短链脂肪酸参与机体体循环的阶段，其抑制促炎性细胞因子、促进抗炎性细胞因子表达的特性是促使其发挥改善机体内炎症水平的重要途径。丙酸和丁酸能够作为组蛋白去乙酰化酶的抑制剂，通过抑制白细胞介素-6和一氧化氮等促炎性细胞因子的表达量发挥降低炎症水平的作用；短链脂肪酸能与肠道细胞和免疫细胞表面的G蛋白偶联受体结合，并且作为组蛋白去乙酰化酶的抑制剂，在两方面特性的协同作用下，共同诱导T细胞增殖分化为调节性T细胞，随后促进白细胞介素-10和转化生长因子-β等抗炎性细胞因子的表达量。

2. 脂类代谢

机体内的脂类物质代谢可以被划分为外源性脂类代谢和内源性脂类代谢两类。外源性脂类代谢是指机体摄入食物后通过对食物的消化和吸收过程将食物中外源性脂类物质转化为机体自身的物质，并且参与机体新陈代谢的过程。外源性脂类在机体内被水解为游离的脂肪酸、甘油一酯、游离胆固醇和溶血性卵磷脂，这些相对小分子物质能经小肠上皮细胞被机体吸收。被吸收后的游离脂肪酸和胆固醇能够在小肠上皮细胞中被机体重新合成甘油三酯以及胆固醇酯，这两种物质形成乳糜微粒，随后乳糜微粒的外层被装配上不同种类的磷脂成分以及游离的胆固醇等物质。装配apoC Ⅱ外层的乳糜微粒能够激活肌肉以及脂肪组织中的蛋白酯酶，蛋白酯酶会水解甘油三酯，促使甘油和脂肪酸的生成进而被组织吸收利用。包裹在乳糜微粒外层的磷脂和游离脂肪酸等成分在相应酶的作用下水解然后转移至高密度脂蛋白中，而剩余的乳糜微粒残渣则被肝脏中的低密度脂蛋白受体和其他的乳糜受体分解。内源性脂类代谢主要发生在肝脏中，主要涉及脂类物质在机体内水解和再度合成的循环过程。

机体内脂类物质的代谢与机体健康密切相关，而常见的高脂血症则是由脂类代谢异常或者脂类物质转运异常造成的甘油三酯、总胆固醇含量过高引发的，是多种代谢性疾病的重要诱因。高脂膳食是诱导高脂血症的重要因素，有研究指出，向普通饲料（92.8%）中添加大豆油（7%）和胆固醇（0.2%）构成高脂饲料，以高脂饲料对仓鼠饲喂6周后，发现高脂膳食仓鼠的血清及肝脏中总胆固醇和甘油三酯含量显著增加，继而诱发仓鼠患高脂血症。世界卫生组织指出，高脂血症已经成为诱发心血管疾病的最主要风险因素，而心血管疾病是世界范围内导致死亡发生的主要因素，据预测到2030年，全球将有2330万人死于心血管疾病。因此针对性开展脂类代谢的作用途径和探究影响脂类代谢异常因素的研究十分急迫，且具有全球性重要意义。

胆汁酸代谢途径是脂类代谢的重要环节，作为胆汁的重要组成部分，胆汁酸主要由胆固醇转变而来，其在肝脏中的形成途径主要包括经典途径和替代途径两种。在经典途径中，胆固醇能通过一系列酶促反应后转变为7α-胆固醇，随后转变为胆酸和鹅脱氧胆酸。在这个过程中分泌的7α-胆固醇羟化酶作为限速酶，调控胆汁酸合成的第一步反应阶段。初级胆汁酸、甘氨酸以及牛磺酸结合后形成结合型胆汁酸，结合型胆汁酸在胆小管侧膜处经胆盐输出泵被排出，随后进入胆囊中储存和浓缩。胆汁酸在脂类物质的吸收和转运过程中发挥着重要作用。当食物进入肠道后，胆汁随着胆囊的收缩作用被排入肠腔中，胆汁酸能将食物中的脂类物质乳化成乳糜微粒或者脂滴，从而促进脂类物质在肠道中的吸收。此外，胆汁酸能作为信号分子参与调节机体的脂类物质代谢过程和能量平衡过程。部分肠道菌群中能够分泌胆盐水解酶，例如拟杆菌属、梭菌属、乳酪杆菌属和双歧杆菌属，胆盐水解酶能够将结合型胆汁转变成游离型胆汁酸，游离型胆汁酸在7α-胆固醇羟化酶的作用下发生脱羟基作用，转变成次级胆汁酸。胆汁酸能够激活法尼酯X受体从而诱导成纤维细胞生长因子19的表达，对胆汁酸的合成具有负反馈调节作用，从而形成胆汁酸形成的动态调节机制，对调控机体健康具有重要作用。胆汁酸作为信号分子，与G蛋白偶联胆汁酸受体5结合后对机体脂类代谢具有调节作用，能够显著提高环磷酸腺苷的水平，促进释放Ⅱ型脱碘酶，提高机体内甲状腺激素的含量，进一步促进脂肪的代谢以及能量的消耗，从而对脂类物质代谢具有有益的调节作用，并对脂肪肝的形成和发展进程具有抑制作用。此外，胆汁酸作为一种抑菌物质能够调节肠道内环境，进而影响肠道菌群的组成和多样性。

膳食中的胆碱能在肠道菌群的作用下，经三甲胺裂解酶的作用生成三甲胺。在肠道菌群的作用下产生的三甲胺能通过门静脉被运输至肝脏，在肝脏中被黄素单加氧酶的催化作用下发生氧化转化为氧化三甲胺。机体中氧化三甲胺的累积与心血管疾病和肠道癌症的发生具有密切关系。有研究指出，相对于杂食群体而言，素食者血浆中氧化三甲胺的含量更低，并指出这与素食者具有更健康的肠道菌群有关。机体摄入过多的膳食脂肪后，其肠道菌群组成发生改变，菌群分泌的三甲胺裂解酶含量发生变化，进一步导致机体中积累的氧化三甲胺水平增加，这是膳食中脂类物质诱导疾病发生的另一重要途径。

肠道菌群与脂类物质是相互作用的关系。梭菌属细菌能够通过细菌的代谢产物以及机体内生物活性因子的作用促进机体对脂类物质的摄取，从而提高二酯酰甘油酰基转移酶2

的表达量，最终促进甘油三酯的合成，所以从这一角度而言，部分肠道菌群对脂类代谢具有促进作用。然而，高脂膳食的持续摄入会提高拟杆菌属、双歧杆菌属等有益菌群的丰度，并显著提高厚壁菌门、变形菌门中潜在致病菌的比例，这使得肠道菌群的动态平衡遭到破坏，由肠道有害菌分泌的内毒素以及肠源性毒素的水平也随之增加，导致肠道通透性增加并诱发多种疾病的发生。

脂类物质的乳化特性优良，是食品加工中重要的结构性食品原料，在食品加工领域中具有重要的作用，但是其过度摄入所诱发的多种健康隐患问题，是限制其应用的关键因素。近年来，随着脂类物质研究的发展，一种具备脂类物质的结构特性的改良型脂肪产品应运而生，称之为结构脂质。结构脂质含有大量的多不饱和脂肪酸，能够通过化学方法和酶法改变脂肪酸的结构，因此兼具了营养和结构功能的特性。有研究指出，对小鼠提供富含 *n*–3 多不饱和脂肪酸的鱼油，小鼠肠道中螺杆菌属（*Helicobacter*）等有害菌群丰度显著下降，有益菌丰度显著增加，并且在一定程度上减少了肠胃疾病和肥胖的发生。类似地，在膳食中添加 *n*–3 和 *n*–6 多不饱和脂肪酸能够显著增加双歧杆菌属和乳杆菌属的含量，并且提高肠道免疫细胞功能。

3. 蛋白质及氨基酸代谢

蛋白质是机体生长发育的物质基础，主要由碳、氢、氧、氮等元素组成。蛋白质在机体各组织器官中含量丰富，是机体的重要构成成分，在大脑、肝脏等组织中含量高达 85%。蛋白质对维持机体正常生理需求具有重要作用，例如，作为酶的组成成分能参与调节机体代谢、作为抗体的组成原料能介导机体免疫反应并调节免疫细胞和免疫器官的功能。此外，当机体碳水化合物、脂肪等供应不足时，机体内储存的蛋白质能够分解产热、释放能量以供机体需求。日常膳食中的蛋白质主要包括植物性蛋白质和动物性蛋白质，还包含少量的微生物蛋白质，不同来源的蛋白质对机体的营养价值不同。

膳食中的蛋白质被机体摄入后，首先在胃和小肠的作用下被分解为氨基酸和小分子的肽，氨基酸和小分子肽能被血液吸收并经过血液循环到达肝脏，在肝脏中进一步发生代谢反应，最后随血液循环被运输至全身组织中发挥功能。然而并不是所有的蛋白质都能被胃和小肠中酶类代谢，部分蛋白质能够耐受胃和小肠的环境，被运输至大肠中，肠道菌群能对未消化的蛋白质进行发酵，而未被小肠吸收的部分蛋白质和氨基酸也在肠道菌群的代谢作用下转化为小分子代谢产物，这些代谢产物主要包括硫化氢、氨气、短链脂肪酸、吲哚、酚类化合物以及多胺类化合物等。

作为机体的三大主要营养素之一，在动物摄取蛋白质相关研究领域，低蛋白质日粮的概念逐渐成为研究热点，主要指通过摄食适量的合成氨基酸以满足机体对氨基酸的需求，随后根据美国国家研究委员会关于“理想”蛋白的推荐标准，将膳食中粗蛋白质的摄入水平降低 2%~4%。这种模式主要应用于动物饲养方面，主要目的是降低了蛋白饲料的应用、降低成本、避免氮排放过高导致的环境污染。此外，从过敏角度而言，以合成氨基酸替代粗蛋白质的摄入能够降低大豆抗原引起的肠道过敏反应、减弱蛋清蛋白的致敏性等，这能够避免由过敏引起的腹泻，对机体肠道健康具有重要作用。有研究指出，当膳食中的粗蛋白质含量下降时，小肠的隐窝深度显著降低，绒毛高度增加，绒毛高度和隐窝深度的比值显著增加，这表明减少粗蛋白质的摄入量能够提高机体小肠对肠内营养物质的吸收能力。但是当膳食中粗蛋白质水平持续下降，则不利于肠道形态的维持，绒毛长度降低，上皮细胞逐渐脱落，不利于小肠对营养物质的吸收。针对仔猪的研究发现，低蛋白质日粮膳食能够调节肠道菌群的组成，乳酪杆菌属丰度下降，粪球菌属（*Coprococcus*）和普雷沃菌属丰度增加。

氨基酸是蛋白质的基本组成单位，肠道中氨基酸在肠道菌群的代谢作用研究时探究蛋白质在机体内代谢途径的基础。芽孢杆菌（*Bacillus*）和大肠杆菌等肠道细菌含有酪氨酸酶，能够将酪氨酸转化为左旋多巴，乳酪杆菌属中含有酪氨酸脱羧酶，能够将酪氨酸转化为酪胺。一般情况下，酪氨酸和苯丙氨酸在肠道菌群的作用下主要的代谢产物是苯酚、对甲酚、苯乙酸、苯丙酸和胺类物质。色氨酸在肠道菌群的作用下主要转化为胺类、吲哚及其衍生物，这些化合物能够进一步参与机体多种神经递质的代谢过程。大肠杆菌以及链球菌（*Streptococcus*）能够通过色氨酸羟化酶的作用以及芳香族氨基酸脱羧酶作用将相应的氨基酸转化为血清素，而血清素是肠－脑轴中关键的信号调节化合物，对肠道免疫功能以及肠道稳定性具有重要作用。另有研究指出，肠道菌群不通过对氨基酸的代谢作用也能直接转化为血清素。色氨酸在梭菌属分泌的色氨酸脱羧酶作用下分解为色胺，作为机体内神经递质，色胺能够诱导机体内分泌细胞释放血清素，并进一步改善肠道内环境。而在拟杆菌属和梭菌属的作用下，色氨酸则被转化为吲哚乙酸等吲哚衍生物。在正常的生理浓度下，吲哚和吲哚衍生物对机体不会体现出破坏作用，但是随着机体内吲哚的逐渐积累，过量的吲哚会导致肠道上皮细胞损伤，进而破坏肠道屏障。色氨酸在拟杆菌属和梭菌属的作用下还会转化为粪臭素，过量的粪臭素累积会进入血液循环，提高肺气肿等呼吸道疾病的发生风险。大肠杆菌、沙门菌（*Salmonella*）和梭菌属细菌，能够代谢含硫氨基酸，例如甲硫氨酸、胱氨酸和半胱氨酸，产生硫化物。机体中正常范围内的硫化物含量有助于肠道细胞分化、能够为肠道正常生理功能提供能量，但是当机体内过量的硫化物累积时，具有亲脂性的硫化物能穿过细胞膜进入细胞内，从而抑制线粒体内膜上细胞色素C氧化酶的活性，进而妨碍肠道细胞的代谢过程。氨基酸在肠道菌群作用下的另一代谢产物是氨气，主要是通过肠道菌群对氨基酸的脱氨基作用产生。机体内过量的氨气累积会引发中枢性氨中毒，会干扰大脑的功能系统，进一步影响肠道细胞的正常代谢过程，进而增加结肠癌的发病风险。腐胺、尸胺、精胺和亚精胺等多胺类化合物是脂肪族氨基酸（精氨酸、鸟氨酸、甲硫氨酸、赖氨酸）在肠道菌群下的代谢产物，一定量的组胺会降低机体淋巴细胞中促炎性细胞因子的基因表达，从而体现出抗炎的作用，然而过量的组胺则诱导机体产生组胺样毒素，组胺样毒素的累积会诱发机体产生食物中毒。总体而言，氨基酸在肠道菌群作用下的代谢产物在一定程度上对肠道健康具有促进作用，但是过度累积却对机体产生有害影响。

短链脂肪酸不仅是碳水化合物类化合物的代谢产物，还是氨基酸的合成产物。肠道菌群能够发酵甘氨酸、丙氨酸、苏氨酸、谷氨酸、赖氨酸和天冬氨酸等产生乙酸，能够发酵丙氨酸和苏氨酸产生丙酸，能够发酵丙氨酸产生丁酸。而亮氨酸、异亮氨酸和缬氨酸等支链氨基酸则能在肠道菌群的代谢作用下产生支链脂肪酸（异丁酸和异戊酸）。

4. 维生素代谢

机体所需的维生素类化合物大部分不能由机体直接合成，需要从膳食中进行摄取，以避免因机体自身的维生素缺乏而导致的健康受损。有研究指出，机体的肠道菌群能够分泌合成维生素的酶类物质，因此通过利用机体内的基质物质在维生素合成酶的作用下合成人体所需的维生素，这为机体摄入种类完全的维生素提供了重要途径。例如，双歧杆菌属和乳酪杆菌属细菌能够分泌合成叶酸所需要的多种酶。能够以 6– 羟甲基 –7,8– 蝶呤焦磷酸和对氨基苯甲酸为基础合成叶酸，并且两个菌属中不同的菌种合成叶酸的能力不同。B 族维生素能够通过多种肠道菌群被合成，例如维生素 B_2 能通过枯草芽孢杆菌（*Bacillus subtilis*）、大肠杆菌和沙门菌由鸟苷三磷酸和 5– 磷酸 –D 核酮糖转化而成；维生素 B_1 和维生素 B_6 的合成与唾液链球菌嗜热亚种（*Streptococcus salivarius subsp. thermophilus*）和瑞士乳杆菌（*Lactobacillus helveticus*）的相对丰度呈正相关；维生素 K_2 的合成与拟杆菌属细菌分泌的酶密切相关。

在营养素代谢过程中，最主要的代谢调节信号途径为 ATP 活化蛋白激酶（AMPK）信号通路，参与了碳水化合物代谢和蛋白质的代谢过程，对 2 型糖尿病、肥胖具有调节作用，此外也调控了肠道菌群的代谢产物 – 短链脂肪酸的功能发挥途径。

ATP 活化蛋白激酶（AMPK）在细胞能量稳态调节中起到关键作用，其被激活后引起相应的应激因素反应，导致细胞中 ATP 的耗尽，从而导致低血糖、缺血和热休克等反应的发生。ATP 活化蛋白激酶（AMPK）参与调控机体营养素代谢过程与其结构有关，作为异源三聚体的复合体，结构中包含催化性的 α 亚单位以及调节性的 β 和 γ 亚单位。当 AMP 与 γ 亚单位结合后，三聚复合体能够发生变构反应转变成苏氨酸，随后被上游的 AMPK 激酶作用发生磷酸化。同样，AMPK 对消耗 ATP 的生物合成过程起负反馈作用，例如糖异生、脂类物质合成以及蛋白质合成。AMPK 促使相关的酶发生磷酸化从而调控营养素的代谢过程，实现负反馈调节。

第三节 肠道微生物组与精准营养

肠道菌群对机体疾病的发生以及健康的维持具有重要的调节作用。平衡的肠道菌群不仅能够保障机体肠道屏障功能完整，还能够参与机体的生理机能调节过程，例如膳食营养素的代谢。精准营养是指基于机体自身的遗传背景、代谢功能、生理机能和肠道菌群等特征，针对自身特定的营养需求，结合膳食指南从而提出针对自身的个性化营养干预手段。肠道微生物组是精准营养设定的重要依据。

一、肠道微生物与机体健康

机体肠道中数量庞大的肠道菌群和机体内、外环境之间存在着动态的平衡关系，这种动态平衡过程称为微生态平衡。当机体的内环境状态发生变化时，肠道的微生态平衡遭到破坏，肠道菌群的多样性降低，有益菌群的丰度下降、有害菌群丰度增加。越来越多的研究指出，肠道微生态的失衡与多种疾病的发生具有直接关系，是疾病发生的关键诱导因素。

肠道菌群失衡能够诱发肠道系统疾病和肠外系统疾病，前者主要包括肠易激综合征、炎症性肠疾病等，后者主要包括肥胖、2 型糖尿病和心血管疾病等。炎症性肠疾病患者主要表现为拟杆菌属、卟啉菌属（*Porphyromonas*）和普雷沃菌属等菌群数量显著下降，肠球菌属数量显著上升，并且增长为健康人体中肠球菌属的 10 倍。此外，厚壁菌门中菌属的多样性显著下降，双歧杆菌属丰度降低，弯曲杆菌属（*Campylobacter*）丰度显著提高。肠外系统疾病主要指代谢系统疾病，例如肥胖和 2 型糖尿病都是由菌群紊乱所导致的代谢功能紊乱。有研究指出，肠道菌群的失衡会导致菌群的多样性和丰富度降低，菌群的变化影响了机体对脂肪和能量的代谢过程和储存能力。针对无菌小鼠的研究指出，同样的脂类物质在无菌小鼠体内的代谢速度显著低于正常小鼠，在对无菌小鼠移植了正常小鼠的菌群后，其体内异常的脂代谢过程得到了缓解，逐渐恢复至正常水平，使得无菌小鼠的体脂含量增加了近 60%。肥胖机体和健康机体内肠道菌群的组成存在显著区别，高脂膳食的摄入会使得机体肠道中革兰阴性菌的丰度显著增加，相应的菌群代谢产物积累增多，例如脂多糖等。过量的脂多糖在机体内的累积会引发机体患内毒素血症，诱发代谢系统疾病。相反，有益的肠道菌群丰度的增加则能缓解菌群失衡带来的不利影响。阿克曼菌属具有改善机体代谢水平的潜能，能够降低脂肪组织过度积累所诱发的炎症反应以及内毒素血症。在长期摄入高能量膳食的机体内，阿克曼菌属会降低体内的脂多糖循环、抑制脂肪组织中促炎性细胞因子的分泌，对肥胖的发展具有抑制作用，此外，机体肠道中阿克曼菌属的丰度与 2 型糖尿病的发生概率具有显著负相关，机体内阿克曼菌属和普氏栖粪杆菌的丰度提高后，机体对葡萄糖的耐受性显著增加，并且机体内条件性致病菌的比例减少，丁酸产生菌的丰度显著增加。除了直接与代谢系统疾病的发生发展有关，肠道菌群紊乱还与代谢综合征的并发症发生密切相关，最常见的便是非酒精性脂肪肝的发生。高脂膳食的摄入会提高机体内源性乙醇的产生量，这会增加肠道上皮细胞的通透性、降低胆碱和胆汁酸在机体内的生物利用度，诱发肝脏的炎症反应，进一步导致脂肪肝的发展。在非酒精性脂肪肝患者体内，肠杆菌属细菌过度繁殖，这会加剧乙醇在机体内的循环过程，而胆碱则经肠道菌群的代谢作用转化为二甲胺和三甲胺，三甲胺在肝脏中的代谢产物为三甲胺 -*N*- 氧化物，这种化合物主要通过抑制胆汁酸的合成过程降低机体对胆固醇的清除率，进而加剧动脉粥样硬化的过程，促进心血管疾病的发展。与此呈负相关的肠道菌群还包括拟杆菌属、真细菌、罗氏菌属和螺旋菌属。

随着对肠道菌群研究的逐渐深入，关于肠道菌群与癌症发展进程的关系受到关注。肠道菌群通过不同的代谢通路对免疫细胞和细菌毒素进行调节，从而参与机体的氧化应激反应过程，机体的氧化应激水平与癌症的发展有密切的关系。例如，机体肠道中拟杆菌属和副拟杆菌属（*Parabacteroides*）丰度的下降会诱导机体血清中肿瘤坏死因子 -α、白介素 -8、白介素 -1β 和 C 反应蛋白等促炎性细胞因子水平的增高，机体促炎性细胞因子水平过高激活机体炎症反应，为癌症的发展创造机会。反之，机体失衡的氧化应激状态进一步诱导机体肠道菌群紊乱，降低双歧杆菌属、乳酪杆菌属、链球菌属等有益菌群的丰度。

二、基于机体健康的精准营养

精准营养是基于机体的遗传背景、代谢型、生理指征、肠道菌群组成和具体的临床指征等具体的参数，以调节机体的营养健康为目的的科学理念。近年来，随着人们对营养需求的增高以及临床医学的发展，基因组学、代谢组学、转录组学等分子生物学手段逐渐应用于精准营养的设定过程。结合多组学技术以及大数据时代下的数据对比，最终为机体提供个性化、针对性的营养膳食指南提供理论依据，此外在医学领域，精准营养的加入也能为精准治疗提供基础和行之有效的解决方案。精准营养为机体健康提供了强有力的科学保障。

在对机体进行精准的营养干预之前，首先应该对机体的营养需求进行科学的评估。膳食指南提供了膳食中营养素的推荐摄入量和人群对营养素的具体需求，主要包含营养素的需求量、推荐摄入量、适宜摄入量以及可耐受的最高摄入量。被机体摄入的营养素不仅应满足机体自身的基本生理需求，还应该对机体的慢性疾病、营养素缺乏症具有一定的预防作用。尽管如此，膳食指南仍然是对群体水平的营养摄入提供指导，缺乏对个体差异的考虑，因此需要在个体水平进行膳食指导，精准营养也就应运而生。

精准营养与机体健康关系密切，精准营养是一条为个体量身定制的饮食建议之路，其最终目标便是为机体设计量身定制的营养建议，以治疗或者预防机体的代谢紊乱，更具体地说，由于人一生所处的外界环境和机体内环境是不断变化的，因此精准营养追求更全面和动态的营养建议。目前针对精准营养已经有相应的进展，例如低乳酸血症的诊断、乳糜泻的排除和苯丙酮尿症的筛查，根据对群体基因组成的筛查，避免将乳糖、麸质和含有苯丙氨酸的产品给有风险的人。另外，许多公司已经提供基因测试项目，即根据个人对特定情况的反应来定制饮食和营养素。

肥胖和代谢综合征的相关研究越来越侧重基因与环境的相互作用，并揭示有关常量营养素的影响，例如营养素的摄入与代谢健康、脂肪堆积或者机体相关遗传标记的作用及相关分子机制。在宏量营养素摄入方面，精准营养为根据个体遗传有效地定制饮食提供了重要的突破口。研究人员通过分析遗传风险因素对肥胖的影响，通过此项研究发现宏量营养素的摄入能够影响肥胖的发展进程。在该项研究中，受试者的体重指数、体脂肪含量、腰围与营养素的摄入具有相关性。例如在高风险遗传风险因素组中，较高的动物蛋白质与较高的体脂肪含量显著正相关，而较高的植物蛋白质摄入则对受试者具有保护作用，其体脂肪含量也比较低。另有研究指出了基因和宏量营养素之间的相互作用，摄入大量含糖饮料、油炸食品或者饱和脂肪酸的人群，其患肥胖的风险也会增加；膳食中总蛋白质的摄入与女性肥胖有关联。

科学界普遍认为，精确营养的未来将不仅基于营养遗传学（图 12–1）。显然，在设计个性化或量身定制的饮食时，还需要考虑遗传因素以外的因素，如营养素种类和含量、生活方式、饮食偏好、机体的肠道菌群组成和菌群代谢产物等。

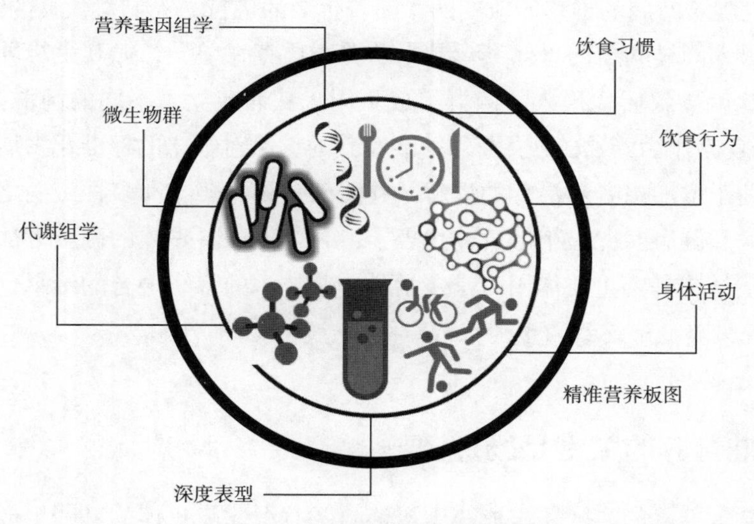

图 12–1　与精准营养有关的因素

（来源：Juan et al，2017）

根据国际营养遗传学 / 营养基因组学学会对精准营养的界定，应该将精准营养分为三个研究层面，第一，常规营养层面，主要受年龄、性别以及其他社会因素影响；第二，个性营养层面，主要与机体生活习惯、饮食偏好等主观因素有关；第三，基因营养层面，基于机体对特定反应的影响、罕见的遗传变异等。这种精准营养的分类概念应该深入到日常饮食和科学研究中，例如，目前肥胖等代谢紊乱疾病的发病率逐年增多，这主要是人们对饮食的不科学摄入导致的，即未遵循科学的精准营养理念而偏好性地摄取易导致肥胖的膳食，并且越来越难以坚持健康的饮食模式。因此关于精准营养的探索不仅要应用在临床研究中，还要在人群日常膳食中普及，从而最大可能地提高精准营养的科学价值。

针对精准营养研究，美国国立卫生研究院制订了《2020—2030年营养研究战略计划》，对精准营养相关问题进行探索。该研究计划主要关注膳食对健康的营养、健康膳食模式、营养与生命健康以及营养与疾病的相关关系，通过多维度合作和创新，以期在未来提出精准营养相关建议。该计划主要围绕着四个问题展开：第一，“我们吃什么，它如何影响我们”，呼吁开展基础和方法研究营养科学通过与其他研究领域，如生物信息学、神经生物学和基因组学等领域进行整合和创新。应用可穿戴设备等即时护理设备、营养监测器和移动技术来测量饮食、基因组和微生物组信息，这有助于更准确地评估饮食与健康之间的关系，从膳食摄入量、基因组学和微生物对健康和疾病的影响等角度，为加强制定综合饮食指南和策略提供基础；第二，“我们应该吃什么和什么时候吃”，评估饮食和营养状况，并对评估方法进行创新。应用人工智能/机器，可以通过检测大量现有数据和即将出现的数据，以集中的模式来理解与健康相关的个体差异、饮食摄入量、动态饮食行为和先天性的生理过程；第三，“我们的饮食如何在我们的整个生命中促进健康”，需要明确营养需求和饮食行为是如何随着时间的推移而改变的，随着生命的进行，人们对饮食的需求逐渐变化。以母乳为例，摄入同样膳食的母体其母乳中营养物质存在差异，尤其是母乳中微生物的组成差异很大，这就导致后代摄入的菌群组成不同，从而建立了不同的菌群内环境；第四，“我们如何改善食品作为药物的使用”，精准营养的提出对临床的标准化发展具有重要的指导意义，将有助于增加患者对治疗的理解，并明确食物、药物和多种疾病之间的关系以及患者自身的疾病和健康状况。精准营养代表了一种全面的、整体的调查方法，对了解营养和健康这一复杂系统具有重要作用，是多学科、跨技术的多维融合的结果，应用专业的知识和创新的研究策略，最终致力于确保营养科学成果的公平分配。

三、实现精准营养的关键是肠道菌群

机体对膳食营养素的实际需求取决于机体自身状况，受机体的基因组成、所处的外界环境、机体肠道菌群组成以及机体的代谢水平和能力，其中，肠道菌群在机体代谢膳食营养素以及机体自身代谢途径中均具有重要的作用，是调节机体营养与健康的关键。因此，在研究膳食成分、肠道菌群和机体健康这三方面间的关系时，合理的区分和理解肠道菌群在膳食干预过程中的作用是当前研究的热点。一方面，膳食成分能够直接作为肠道菌群的代谢底物，通过直接影响肠道菌群的组成调节机体的肠道功能，影响机体内环境、调节机体生理功能；另一方面，肠道菌群组成和丰度的变化，会诱导菌群功能发生偏移，调节机体代谢水平，进而对机体的生理功能发挥调节作用。对机体开展精准营养干预，需要在详细了解、掌握机体功能发挥、代谢功能等基础上开展，以实现精准营养研究关于预防和控制疾病的目的。

目前关于肠道菌群与精准营养干预的研究主要集中在通过调节机体摄入膳食的种类，改善肠道菌群的组成，最终实现调节机体对营养利用的目的。在精准营养研究中，最常见的膳食研究种类是包含膳食纤维、多酚化合物、益生菌、益生元、微量元素等功能性膳食成分的功能膳食，以及高脂膳食、高糖膳食等模式膳食，研究不同膳食模式对机体生理功能的影响，并探究肠道菌群在这一功能调节过程中的作用机制。通过对不同模式膳食作用下的肠道菌群组成进行研究，发现拟杆菌属、双歧杆菌属和普雷沃菌属的丰度均与膳食纤维的摄入密切相关，有研究指出，对受试者连续 3d 提供富含谷物的面包，受试者肠道中的普雷沃菌属丰度显著增加。通过菌群移植实验发现，无菌小鼠在移植正常人的菌群之后，小鼠肠道中的普雷沃菌属丰度增加，并且小鼠对葡萄糖的代谢能力以及小鼠体内调控糖原储存的基因的表达量显著增加。膳食中摄入功能性低聚糖能够提高机体有益菌群丰度和短链脂肪酸的含量，尤其是双歧杆菌属的相对丰度和丁酸的浓度。相反，长期的高脂、高糖摄入则导致机体肠道有益菌群丰度的减少，例如拟杆菌属、双歧杆菌属、阿克曼菌属和乳酪杆菌属，并且对肠道有益的短链脂肪酸的浓度也低于正常饮食的机体。长期的高脂膳食会诱导机体肥胖的发生，关于肥胖机体菌群的研究也指出，肥胖机体内阿克曼菌属丰度显著低于正常人群，这与上述研究结果相似。总的来说，在研究膳食对机体功能的影响研究中，研究人员主要通过膳食摄入后，机体的肠道菌群组成和丰度变化、机体肠道中短链脂肪酸浓度的变化、膳食营养素的代谢过程、机体内氧化应激水平的变化和炎症因子分泌的变化。

目前形成了较为系统的精准营养研究模式，即首先对机体肠道菌群、膳食成分和机体代谢三者之间的关系进行相关性分析，明确三者之间的相互作用关系，随后根据不同膳食模型下的肠道菌群组成结合膳食营养素的比例建立分析预测模型，在人群中对所建立的预测模型进行验证并对模型进行优化，最后通过模型预测人群在接受相应的膳食模型后，其机体的变化趋势以及预期的健康改善作用。在这个过程中，分析肠道菌群与膳食干预两者之间关系的方法因比较的对象数量不同而存在差异，当对摄入不同膳食后两个个体的菌群组成进行比较时，采用 t 检验的方法，但是当涉及摄入不同膳食后群体中菌群的组成差异时，则应该采用单因素方差分析进行比较。在建立精准营养干预的研究模型时，一般采用不同的预测方法（回归分析、聚类分析、贝叶斯网络分析等）将模型前期获得的肠道菌群随膳食成分变化的结果统一起来，即对肠道菌群变化和膳食成分组成的相关性进行综合比较，以实现较为全面的预测不同机体对膳食成分的菌群及营养的响应。不同的预测方法决定了膳食成分对应的机体功能的角度，例如，通过贝叶斯网络分析研究膳食成分与肠道菌群变化之间的相关性，能够获得不同膳食成分通过调节特定肠道菌群的组成进而影响机体特定的代谢通路之间的关系，从而预测人群中摄入相应的膳食成分后，其相应的发生变化的代谢通路组成。在模型的验证阶段，一般通过内部交叉验证法来评估模型的准确性，从原样本中获得数据在模型中进行验证，在群体或新数据库中对模型进行测试，以确保模型的准确性和模型在群体中的广泛适用性。

在精准营养发展过程中，除了数据模拟对预测模型进行构建，有效地实现精准营养的关键是肠道菌群的分析，肠道菌群的研究促进了精准营养的发展。肠道菌群与疾病发生发展之间的作用关系受到越来越多的研究，尽管研究指出肠道菌群变化与特定疾病发生的可能的作用途径，但是由于个体差异性的存在，在不同机体中，产生类似的疾病特征的人群对应的菌群变化存在差异，并且基于全基因组的研究发现，与肠道菌群相关的宿主基因也不能重复。通过对高通量测序技术的挖掘，研究人员对肠道菌群变化已有了较为全面的了解，针对饮食、环境等因素所造成的菌群变化能够做出快速的判断并实时更新数据模型，这为精准营养方案的得出提供了便利的基础。此外，前瞻性的队列研究和人工智能方法为推动精准营养发展提供了保障。前瞻性营养、流行病学研究与肠道菌群组成的结合为精准营养的发展提供了基础，与传统的前瞻性队列研究不同的是，目前的研究将队列研究中收集到的完整的营养、疾病信息以及群体的生活方式与肠道菌群变化相结合，从而获得关于营养和疾病的大数据，通过网络构建，得到营养、疾病与肠道菌群变化之间的相关性，从而为临床研究提供直接的数据资料，这是精准营养深入发展的基础。精准营养研究的精髓在于人体对相同的膳食营养素摄入的差异化反应。在对机体摄入膳食营养素后，应用代谢组学、基因组学、蛋白质组学等多组学方法，全面分析机体的生理指征，结合计算机学习等人工智能方法，根据全面的个体信息进行模拟、评估和预测。目前，根据肠道菌群信息，构建菌群的大数据库，结合人工智能技术进行深入的分析是精准营养研究的发展方向。

拓展阅读

四、肠道菌群对精准营养干预结果的影响

近年来，人类被认为是人和肠道菌群共同组成的超级生物体，并且肠道菌群被认为是机体个体差异的重要来源，肠道菌群的组成和菌群的功能决定了个体特有的功能性质。许多研究指出了肠道菌群受宿主遗传因素、表观遗传和生活方式等因素影响而发生变化的过程，然而关于这些因素对机体内肠道菌群的改变进而对机体健康和代谢作用影响的研究较少。肠道菌群在机体内的代谢产物种类多样，这些代谢产物对机体的代谢和免疫等功能具有调节作用，其中最重要的代谢产物则是短链脂肪酸，对葡萄糖的稳态和脂肪组织的炎症水平具有调节作用。由于肠道菌群的代谢产物对机体健康具有重要作用，因此认为肠道菌群的组成、功能和多样性与宿主的疾病状态有关。在此基础上，我们可以假设肠道菌群在宿主中的个体差异性可能通过影响其对膳食成分的代谢作用从而影响疾病发展。因此，肠道菌群的个体差异性以及其如何受环境和宿主因素影响而改变是需要进一步研究的方向。

如果个体的肠道菌群长期保持稳定，并且这一稳定状态在个体饮食变化时仍然能保持，那么个体当前的饮食模式便被认为是对其自身“最佳”的饮食模式，这一“最佳”饮食模式推荐持续保持下去。然而，如果个体的肠道菌群随着饮食模式发生变化，那么“最佳”的饮食模式也会随着时间变化发生改变，并需要重新评估所适用的“最佳”饮食模式。尽管有研究指出，肠道菌群在一定的时间范围内是处于波动的状态，但是从长期看，个体的肠道菌群仍然是处于相对稳定的状态，但是随之而出的问题也困扰着研究人员，即对稳定的肠道菌群的定义具体是什么。肠道菌群的稳定性可以指特定类型的菌群的稳定性、肠型或者菌群的整体功能。明确影响肠道菌群稳定性的因素对科学的指导膳食具有重要作用。肠道菌群在不同机体中体现出的个体差异远大于肠道菌群自身的变异导致的差异性。目前所指的肠道菌群的稳定性一般考虑在一定时间内的变化趋势，例如一项研究表明，两个个体中的80%左右的菌群在连续几个月都保持相对稳定，这些保持相对稳定的菌群包括梭菌属、瘤胃球菌属、普氏粪杆菌属和双歧杆菌属等，但是这些菌群的丰度却随着每天膳食的不同在一定范围内发生着变化。

除了肠道菌群的稳定性问题，宿主代谢的灵活性问题也对精准营养的展开具有影响。多项研究表明机体的代谢表型和对饮食的反应具有相对稳定性，并且同一个体随时间的推移而发生的变化远远小于不同个体间的差异，摄入重复饮食的机体在短时间（天）内表现出较强的可变性，但是在长时间（月、年）内则体现出相对稳定性。与微生物的稳定性类似，代谢的稳定性变化则更微妙，一些个体具有较强的代谢稳定性，而另一些个体则因饮食的摄入不同而表现出较强的改变代谢表型的能力。一些研究直接对肠道菌群组成进行分析，指出肠道菌群的变化直接影响了机体健康，而另一些研究指出了肠道菌群通过在机体中代谢为代谢产物而通过其代谢产物间接发挥作用。因此，关于肠道菌群及代谢表型稳定性的问题，必须在精准营养干预过程中加以考虑。

精准营养的研究在很大程度上是肠道菌群的相关研究，例如，在肠道菌群作用下的能量限制和能量过剩反应以及对生物活性物质、发酵产品和其他膳食成分的影响。

1. 在肠道菌群作用下的能量限制和能量过剩反应

在摄入能量限制的饮食后，机体的体重出现下降的趋势，机体肠道菌群的丰富度和多样性发生改变，厚壁菌门和拟杆菌门的比值显著增加，拟杆菌属、梭菌属、乳酪杆菌属和双歧杆菌属等菌属的丰度也显著增加。相反，当机体持续摄入高脂肪或高糖等膳食时，机体体重显著增加，机体呈现的代谢特征与阿克曼菌属、拟杆菌科（Bacteroidaceae）以及厚壁菌门的丰度变化有关。当膳食中加入膳食纤维时，发生变化的菌群主要是普雷沃菌属和拟杆菌属。菌群的多样性对菌群稳定性有着很大的影响，菌群的多样性和稳定性共同调节着机体的代谢反应，一个具有高丰富度和多样性肠道菌群的机体内氧化应激水平、炎症水平和对胰岛素的敏感性均有改善。

2. 在肠道菌群作用下，生物活性物质、发酵产品和其他膳食成分的影响

肠型、肠道优势菌门间相对丰度的比值、特定菌群的丰度、菌群的功能、有益菌群的相对丰度和菌群整体的多样性都影响着膳食成分对菌群组成的影响。例如有研究指出了人造甜味剂对肠道菌群的作用，并指出了有的菌群在人造甜味剂的作用下具有聚集的趋势，然而研究并没有指出菌群变化的原因。以拟杆菌属为主要肠型的受试者对膳食中的辣椒素更敏感，主要表现为肠道菌群组成发生变化、胰高血糖素样肽 -1 和抑胃肽的分泌增加以及丁酸盐的浓度增加，并且较低剂量的辣椒素便体现出较好的促进作用，然而对于以普雷沃菌属为主的肠型而言，辣椒素的有利作用却没有体现。并且以拟杆菌属为主要肠型的受试者对抗糖尿病药物（阿卡波糖）较为敏感，相比以普雷沃菌属为主的肠型受试者而言，拟杆菌属肠型受试者对 C 肽、空腹血糖和胰岛素更敏感。拟杆菌属肠型的 2 型糖尿病受试者在摄入阿卡波糖后，其肠道中拟杆菌属含量下降、双歧杆菌属含量显著增加，由此提出假设：拟杆菌属肠型的 2 型糖尿病受试者在经受治疗后其体内的双歧杆菌属相对丰度也会得到改善。另有研究人员指出，普雷沃菌属为主的肠型受试者对膳食纤维的敏感性高于拟杆菌属肠型的受试者，因此研究精准营养的前提是对受试者肠道菌群组成及优势菌群进行全面且深入的剖析。

肠道菌群参与了将膳食中多酚类化合物转化为小分子的生物活性化合物的代谢过程。有研究指出了与植物雌激素产生的相关菌群，但是不同研究所指出的相关菌群组成（例如产甲烷菌和硫酸盐还原菌）却很少有重叠。另有研究指出，与尿石素代谢相关的肠道菌群涵盖了不同的代谢型，即分别有尿石素 -A 型、尿石素 -B 型和尿石素 -0 型三种类型。其中尿石素 -A 型个体产生尿石素 -A，尿石素 -B 型个体产生异尿石素 -A 和尿石素 -B，尿石素 -0 型个体最终不产生尿石素。该研究小组指出，这三个类型的机体中与尿石素代谢有关的肠道菌群组成几乎没有重叠。此外，尽管肠道菌群在硫代葡萄糖苷代谢中具有重要作用，但是机体排泄物中异硫氰酸酯含量高或低的不同个体的肠道菌群组成却没有显著差异，并且发现，继续对两类人群提供富含硫代葡萄糖苷的西蓝花，一段时间后两类人群排泄物中异硫氰酸酯含量不再存在差异。类似的现象也存在于益生菌研究领域，在摄入发酵乳或者益生菌产品后，机体表现出乳酪杆菌属和双歧杆菌属含量的提高，但是针对不同益生菌菌株的摄入所体现出的对菌群的改善作用结果存在差异，并且不同机体对同一益生菌菌株摄入后的反应不同，这可能与机体的肠道环境和黏膜功能有关。目前单独以肠道菌群作为效应调节剂的方法仍然有待完善，需要结合机体自身基因因素和表观遗传学等因素实现对效应的精准调控。

遗传学和表观遗传学影响着膳食对肠道菌群组成的作用。这里值得强调的是，遗传学和表观遗传学与肠道菌群之间的关系并不是相对独立的，而是相互作用、互相影响的。个体的基因能够决定肠道菌群的基因组成，这与宿主基因调控机体免疫和代谢的基因表达有关，最常见的是，机体乳糖酶区域基因变异会影响肠道中双歧杆菌属丰度。一项关于膳食、心脏代谢、肠道菌群和遗传学的研究指出，上述因素可能与机体动脉粥样硬化的发生发展有关，但是具体作用方式尚不完全清晰。加强宿主基因－肠道菌群－膳食之间相互作用的研究对明确作用途径具有重要作用，并且对完善精准营养研究具有重要指导。

综上所述，精准营养的实施不是由单一因素决定的，而是取决于宿主基因、肠道菌群、生活环境、生活方式等因素的共同作用（图 12-2）。尽管如此，肠道菌群仍然是调控、指导精准营养的重要突破口。在大数据时代，需要对人群的基本信息进行全方位的整合，通过模型构建、评价模型准确性等方式，结合基因组学、转录组学、代谢组学等分子生物学方法保障模型的准确性，最终为人群精准营养提供基础，以期为临床提供指导。

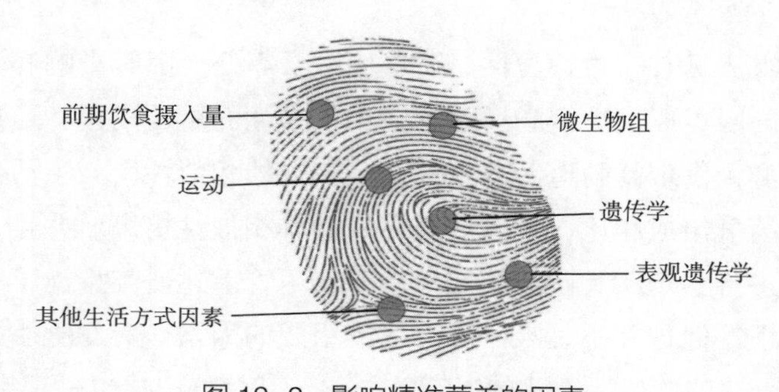

图 12-2　影响精准营养的因素

（来源：Hughes et al，2019.）

第四节　肠道微生物的精准检测与干预

一、肠道菌群及其对精准检测的重要性

在介绍肠道菌群精准检测重要性之前，先对胃肠道器官的生理结构进行了解。机体的消化道从口腔开始，随后是连接口腔和胃部的食道，接下来是由十二指肠、空肠和回肠组成的小肠部分，然后是盲肠，最后是结肠和直肠。健康机体内构成消化道的每个器官都为维持机体内环境稳态发挥着重要作用，并且各器官之间相互协同，保障了机体有序运作。分泌消化酶的腺体，例如肝脏、胰腺和唾液腺，能够通过分泌不同的酶类物质，促进机体对所摄入物质的消化和吸收。其中，胃和小肠是机体消化吸收营养物质的主要场所，包括对碳水化合物、脂类物质和蛋白质等宏量营养素的分解作用。未被胃和小肠吸收的物质被转移至大肠中。机体的大肠由盲肠、结肠和直肠共同组成，其中结肠最长，包括近端结肠（升结肠）、横结肠和远端结肠（降结肠）三部分。经小肠中流出的物质先进入近端结肠并

在此停留6~12h，随后流入横结肠后转移入远端结肠，进入直肠后最终被排出体外。健康成人小肠5~7m，大肠约1.5m，消化道表面积30~40m^2，而只有约0.1m^{2}为口腔、胃部和食道，其余全部由小肠和大肠组成，因此小肠和大肠是机体内与外界环境接触面积最大的组织器官。完整的肠道组织能够隔离肠腔中的物质，防止致病菌和内毒素等抗原侵入机体，在维持机体内环境稳态方面具有重要作用。肠道中含有数量庞大的肠道菌群，被称为人体的“第二基因组”，而相比人体自身基因组而言，菌群的基因组更易受机体自身或外界因素的影响而发生改变，菌群的变化对机体肠道健康甚至是机体健康具有重要作用，故研究肠道菌群的组成及变化对分析机体健康具有重要意义。

拓展阅读

机体肠道菌群组成具有宿主特异性、受环境因素等外界因素影响和受宿主生理因素影响的特点。宿主的基因组成是决定肠道菌群宿主特异性的重要因素。通过比较生活环境差异较大的双胞胎菌群，发现其肠道菌群组成存在较大的相似性，与生活在相同环境中的无遗传关系的人肠道菌群组成相比，上述双胞胎的菌群相似性更高。并且，对长期生活在一起的夫妻菌群组成进行鉴定，其菌群相似性较低。尽管上述研究指出了宿主的基因型决定了肠道菌群的特异性，但这并不是唯一影响菌群组成的因素。对双胞胎肠道菌群组成进行连续追踪，发现随着双胞胎生活方式的逐渐差异化，其菌群组成也呈现出不同的组成结构，表明外界生活环境同样是影响菌群组成的重要因素。

二、肠道菌群的分析方法

肠道菌群检测的方法可以分为细菌培养法和分子生物学方法。

1. 细菌培养法

细菌培养法研究肠道菌群组成主要依赖于通过制造厌氧环境实现对厌氧菌的培养。为了实现对细菌的分离培养，可以通过选择特定的选择性培养基以满足特定细菌的营养需求。细菌培养法最大的局限性是并不是所有的细菌都能够在实验室培养条件下实现，只有40%的肠道细菌能够被分离和鉴定。因此，应用细菌培养法对肠道菌群进行研究只适用于初步的实验分析，对肠道菌群的精准分析仍然需要采用分子生物学方法。

2. 分子生物学方法

分子生物学手段为肠道菌群的分析提供了新的突破口，突破了细菌培养法的限制，使得科研工作者能够从基因水平预测菌群的丰度，是肠道菌群研究领域最重要的技术手段。随着分子生物学的发展，针对肠道菌群的分析方法也逐渐发生变化并不断进步。

在目前的肠道菌群研究过程中，常采用的检测方法是宏基因组测序法和荧光定量PCR法，前者实现对样品中所有菌群的变化及相应的生理功能进行分析，后者实现对样品中目标菌属、菌种或菌株的表达量进行绝对或相对定量的分析。在实际操作中，应针对具体的实验目的而选择合适的实验方法。

拓展阅读

三、肠道菌群的干预方式

了解肠道菌群的干预方式的前提是充分理解调节肠道菌群组成的影响因素。肠道菌群作为复杂的动态系统受多种因素共同影响，因此在不同机体肠道中组成的差异性很大。上文中也简要叙述了影响肠道菌群的几个主要因素，例如基因和膳食因素，总体而言，研究人员将影响肠道菌群的因素划分为三种，即宿主的外在因素、宿主的内在因素和环境因素。

1. 宿主的外在因素

饮食是最主要的外在因素。大量研究表明了通过对机体提供不同的膳食成分，能够观察到宿主肠道菌群的变化，接受不同膳食机体也表现出不同的生理指征变化。例如，对纯素食主义者和杂食主义者肠道菌群进行研究，发现两种膳食模式的人群具有不同的肠道菌群组成，其中纯素食主义者肠道中肠杆菌科（Enterobacteriaceae）、拟杆菌属、双歧杆菌属及大肠杆菌的含量显著低于杂食主义者肠道菌群，但是不同膳食模式的人群肠道中的肠球菌属和乳酪杆菌属的含量却基本相似。

药物的使用也是影响肠道菌群组成的另一重要因素。抗生素等广谱抗菌药物的使用能够降低机体内乳酪杆菌属和双歧杆菌属的相对丰度，导致潜在致病菌的含量相对提升，容易使机体诱发肠道菌群紊乱。有研究指出在服用抗生素后，人体肠道菌群在7d内便会发生变化，核心菌群由29种迅速降为12种，肠道菌群的多样性遭到显著破坏。

机体的生活方式，例如吸烟、喝酒以及体育锻炼也能够影响宿主的肠道菌群组成。通过对戒烟者的肠道菌群进行追踪，发现宿主体内厚壁菌门的丰度逐渐降低，拟杆菌门（Bacteroides）丰度逐渐升高。对红酒摄入的人群肠道菌群进行追踪分析，发现红酒摄入的频率和肠道菌群的多样性正相关，即红酒的摄入对菌群具有促进作用，但是针对酗酒人群肠道菌群的追踪分析显示，肠道菌群的多样性与酗酒的强度负相关，即酗酒人群肠道微生态平衡性更容易受破坏。

2. 宿主的内在因素

机体的性别、年龄、BMI指数等因素是影响肠道菌群组成的内在因素。这在上文中已经进行了阐述，这部分不再赘述。

3. 环境因素

机体所处的外界温度、海拔因素等是影响肠道菌群变化的环境因素。通过分析寒冷条件下小鼠肠道菌群的变化，发现小鼠的肠道菌群发生了改变，这可能与寒冷刺激了小鼠体内的胆固醇代谢，使之转化为胆汁酸的速率加快，而相应的具有分泌胆固醇代谢酶能力的菌群丰度显著增加。饲养在不同海拔条件下的猪肠道中的菌群组成也存在差异，饲养在高于3000m海拔地区的藏猪体内肠道菌群多样性显著降低。更有趣的是，不同地区人群肠道菌群组成存在差异，并且在欧洲和北美洲人群中被鉴定为对其机体有益的肠道菌群，在拉丁美洲体内却被指出不利于拉丁美洲人肠道健康。

本章小结

本章节对肠道微生物及其与精准营养干预之间的关系进行了阐述，指明了肠道微菌群是机体内被遗忘的重要“器官”，对肠道屏障功能的维持具有重要作用，此外还与代谢系统疾病和神经系统障碍疾病的发生、发展息息相关。随后对肠道微生物与膳食营养素之间的相互作用关系进行的分析，这为解析肠道微生物与精准营养之间复杂的作用关系提供了基础，最后从精准检测的角度，对以肠道微生物为切入点，讨论机体内肠道微生物的精准检测和干预方式。

思考题

基于精准营养的理念，思考研究功能性食品对肠道微生物调节作用的意义。

第十三章
食品分子营养学的研究技术

学习目标

1. 通过本章内容的学习，了解分子生物学在营养学中的应用。

2. 掌握基因组学、蛋白质组学、表观遗传学和基因多态性等分子营养学的研究方法原理及其适用范围。

3. 了解适用于食品科学研究领域的分子营养学方法的选择。

13–1 思维导图

拓展阅读

随着研究的逐渐深入，膳食营养素与机体功能基因的相互作用关系逐渐得到了体内外研究的证实，除了一些营养素对遗传物质具有保护作用以及基因表达需要营养素作为物质基础外，许多营养素对基因表达具有多水平、多层次的调控作用，包括转录前、转录、转录后、翻译及翻译后。目前的研究主要认为膳食营养素对机体基因表达调控的影响主要体现在转录层面。在不同细胞中，膳食营养素及其相关的代谢产物对基因表达调控的方式不同。在原核细胞中，主要通过调节操纵子来发挥调节基因表达的作用，在真核细胞中，主要通过直接作用于特异性的蛋白受体，通过与受体蛋白结合后形成转录因子，将转录因子作用于信号通路中其他下游信号分子，例如基因组中的顺式作用调控元件，从而发挥调节基因表达的作用。

第一节 基因组学

一、基因组学研究方法

随着科技的发展，从单一的方向对生命特征进行研究已经不足以解释其中的作用机制，因此需要以整体角度为视角对生物现象的本质进行合理的解释，便逐渐有科研人员从基因、蛋白质水平对机制进行揭示。通过研究基因或蛋白质的作用规律，及其相互作用的关系，通过整体的研究分析所运用的分子方法对机体组织、器官的表型和功能的评价作用，并对机体的各方面表征进行总结后提出综合反映，最终提出组学的概念。组学的研究是从整体对构成细胞、组织或有机体的分子进行研究，其研究对象主要指生物样本中的核酸（DNA和RNA）、蛋白质和相关代谢产物等，而以基因为研究对象的组学研究则称之为基因组学。

广义的基因组学指的是与基因和基因组信息相关的信息分析。最早应用基因组学的是医学领域，利用基因组学研究肿瘤及其发病机制，并制定治疗方案。在研究过程中，首先对细胞从正常状态转换为肿瘤细胞的变化过程进行全面认识，其次通过基因敲除等分子生物学方法对这一过程中表达量发生变化的基因组成进行分析，并明确在这一过程中发挥作用的关键基因，最后分析得出肿瘤发生过程中基因变化的相关机制，并根据研究机制针对性地提出解决方案。因此，基因组学的研究和发展对区分、鉴定健康和/或疾病个体具有重要指导作用，并对明确疾病个体发病机制具有关键作用。DNA双螺旋结构的确定和遗传信息的解析，对基因组的发展具有重要指导作用，以DNA双螺旋结构为基础，基因的遗传数据和基因组数据的发展逐渐加快，生物的基因组信息也从单个个体的单个基因信息研究逐渐转变为对单个个体的全部基因组进行研究，最后也使得对整个种群的基因组研究成为可能。生物个体所处的环境中分布着无处不在的微生物，构成了微生态系统，研究微生态系统的组成和变化，是详细分析生物个体表型、功能变化的基础，基于此，基因组学应运而生。

聚合酶链式反应（PCR）、定量PCR反应、DNA微阵列技术和高通量测序技术等都是基于基因组学技术分析个体或系统基因表达量变化的分子生物学方法。

PCR反应和定量PCR反应是检测目的基因表达量变化最常用的方法，主要通过对目的基因的靶序列进行特定的扩增，以实现比较表达量变化的目的。PCR反应的基本原理为：以微量的DNA作为反应的模板，通过DNA链的热变性将双链DNA转变为两条单链DNA，以单链DNA作为模板，在特异性引物和DNA聚合酶的作用下逐渐合成新的DNA链，以此为一个周期进行循环，最终达到目的基因扩增的目的。总的来说，PCR反应的一个扩增周期由热变性、引物退火和延伸反应3个步骤，通过30~45个循环次数，最终达到目的基因扩增的目的。在获得扩增产物后，将扩增体系进行琼脂糖凝胶电泳反应，通过目的条带的亮度判断目的基因的表达量高低。定量PCR反应是在普通PCR反应的基础上发展起来的一种更为准确的、对目的基因进行定量的方法。与普通PCR反应相比，定量PCR反应体系中所用的DNA聚合酶是掺杂荧光标记物的，随着DNA扩增的进行，DNA聚合酶上的荧光标记逐渐增强，仪器通过检测系统将荧光信号转化为能够输出的信号，最后扩增曲线达到平台期后，根据荧光信号的强弱比对目的基因的表达量。

DNA微阵列技术的特点是主要用于分析处于不同生长条件下的细胞（体内或体外）中的基因表达变化，检测细胞中DNA序列的特异性突变、表征环境样品中存在的微生物的特性，主要关注基因的个性变化。能够高密度固定化核酸的有序二维矩阵是DNA微阵列技术的关键，在操作过程中通过核酸杂交的方法对单个样品中的数百个基因进行同时的检测，以达到快速分析差异基因表达的目的。高密度固定化核酸的有序二维矩阵表面涂有通过化学合成的特定的寡核苷酸探针短序列，这是DNA微阵列技术同时检测多个生物体中多个基因的关键，也是区别于PCR反应的突出优点。但是DNA微阵列技术也有相应的缺点，如其成本相对较高，如果存在非特异性杂交的情况，会导致特异性降低，敏感性下降。将DNA微阵列技术和目的基因的PCR扩增技术相结合使用，能够提高目的基因检测的灵敏度，具体方法如下：首先，分别通过不同的目的基因引物将目标基因进行特定的PCR扩增，随后，将这些扩增产物杂交到一个低密度的DNA芯片上进行检测，通过这些步骤，基因的信号灵敏度增加了约10^6倍，极大地提高了检测准确性。然而，当样本量有限时，对于需要将样本分成几个PCR反应分别进行扩增而言，需要消耗大量的样品，此时会造成样本损失。

高通量测序技术的开发与应用，大大促进了宏基因组学的发展。目前，随着第一代测序技术的逐渐淘汰，第二代测序技术是主流的应用，而第三和第四代测序技术也初露锋芒。高通量测序技术能对环境样品DNA进行数十亿reads的读取，从而全面解读复杂的微生物群落信息。目前适用于高通量测序技术的技术平台主要有454（Roche公司）、Ion Torrent（ABI公司）、Miseq和Hiseq（Illumina公司）测序技术平台。在测序过程中，通过标记特定的目的基因来实现鉴别目标菌群的目的，例如，应用三种基因来鉴定致病菌的组成：特异性标记基因、毒力因子和16SrRNA基因来鉴别致病菌的组成。这三种标记致病菌的方式对应的研究手段和结果可能存在差异。①在高通量测序的数据分析阶段，数据库的完整性是保障菌群分析准确定的关键，其中，代表性的特异性标记基因的工具是MetaPhlAn2，超过17000个参考基因组包括在内，涵盖13500个细菌和古细菌，3500个病毒以及110种真核生物，多达100万类群特异的标记基因被整理在内，能够实现快速、精准的分析，是分析环境中微生物，尤其是致病微生物的研究中最常用的工具；②基于特定毒力因子的鉴别方法应用也较为广泛，例如通过VFDB数据库中毒力因子来确定致病菌种类，然而VFDB

数据库中致病种类少，且大多数毒力因子在致病菌中不作为特异性基因存在，因此这种方法获得的结果仍有待商榷；③基于16SrRNA基因鉴定致病菌是使用最为广泛的方式，16SrRNA是细菌基因组中与编码rRNA相对应的DNA序列，共含有约50个功能域，在所有原核微生物的基因组中都存在的、有高度保守性和特异性的序列。应用细菌的16SrRNA序列测序获得的结果，与各种类数据库进行比对，能够获得微生物在门、纲、目、科、属、种不同水平的分类信息，从而实现快速、准确的判断致病菌的存在和分布信息。相比于前面两种方法而言，应用16SrRNA序列测序技术对目标菌群进行测定和分类，是全面且准确的研究方式，在高通量测序技术中，具有重要的地位。

高通量测序技术在生物、食品、医学等领域具有广泛的应用，随着科技的发展，测序技术逐渐完善，通过详细了解测序技术的发展趋势及原理，有助于科研工作人员有针对性地选择对应的方法实现目的。下面对高通量测序技术在不同时期的发展阶段和应用特点进行详细的阐述。

（1）第一代测序技术　第一代测序技术中具有代表性的测序方法是Sanger法，也称链终止法。Sanger测序法包括了四个聚合酶链式反应，整个反应系统中含有DNA聚合酶、脱氧核苷酸、荧光标记的四种脱氧核苷酸、单端引物以及缓冲液。在添加了目的DNA片段后，DNA聚合酶将脱氧核苷酸合成到引物序列的3′-OH末端，当合成了荧光标记脱氧核苷酸后，反应终止，最终合成了一系列带有荧光标记的、不同长度的DNA片段。这主要是因为引物的3′-OH末端缺少羟基，导致后续的磷酸二酯键不能形成，从而致使后续的脱氧核苷酸不能继续完成聚合反应。通过Sanger测序法获得的DNA片段，根据其分子质量大小的不同，其在毛细管凝胶电泳中的迁移速率和最终位置存在差异，通过检测荧光峰谱图，判断所获得的DNA片段信息。这种方法操作简便，成本低，但是只能用于400~900bp碱基序列的检测，DNA片段过大或过小时获得的信息准确性较差。

（2）第二代测序技术　目前应用较为广泛的是第二代测序技术，主要有3种类型。

①焦磷酸测序：将基因组序列全部打断成500bp左右的小片段，随即将不同的接头加在片段两端，通过变性处理，将加有接头的片段转变成单链DNA，再将单链DNA固定在微球上，将体系置于水乳状液中，在特定温度下扩增。在扩增过程中，加入扩增模板、特定的引物序列以及高保真的DNA聚合酶，逐步、循环地加入4种脱氧核苷酸，在混合体系中，随着扩增反应的进行，每新形成一个磷酸二酯键就会释放一个磷酸基团，被释放的磷酸基团在ATP硫酸化酶催化作用下转化为ATP，并伴随有荧光产生，而未被利用的脱氧核苷酸和剩余的ATP会在双磷酸酶的作用下发生降解反应，这就保证了只有与模板形成正确配对的核苷酸才会产生荧光，即通过扩增形成的片段数量与荧光强度是相对应的关系。

② Solexa测序：Solexa测序的原理也是基于边合成边测序，但与焦磷酸测序不同的是，将四种荧光标记的脱氧核苷酸同时加入反应体系后，体系中的脱氧核苷酸自身带有能够被去除的3′封闭基团，因此能够确保在一次循环中只添加一个核苷酸。其过程为首先通过前

处理把基因组 DNA 随机进行片段化处理，将片段末端补平后添加接头，将处理后的片段放入反应池中。在反应体系中加入四种有荧光基团标记的脱氧核苷酸以及适量的 DNA 聚合酶，由于不同种类碱基标记的荧光基团存在差异，所以随着扩增反应的进行，DNA 聚合酶每合成一个磷酸二酯键则产生不同荧光，记录此时的荧光颜色。随着反应的进行，记录不同的荧光颜色，不断重复，直至所有链的碱基序列被检测出，与此同时，Flow Cell 上所有 DNA 簇测序同步进行，直至反应结束。通过 Solexa 测序最终产生约 1500Mb 的序列数据，用于后续分析。

③ SOLiD 测序：在样品处理阶段，SOLiD 测序和焦磷酸测序类似。序列的 3′ 端是两个特异核苷酸，而 5′ 端是含有 6 个兼并核苷酸的寡苷酸序列，将探针连接至引物的 5′ 端，记录被连接的探针所带的荧光标记，切除探针 5′ 端的 3 个核苷酸，这个连接、记录、切除的过程是一个循环过程。随后连接上第二个探针，记录荧光变化，切除 5′ 端的 3 个核苷酸，并重复 5 次。在完成 7 次循环之后，替换体系中的引物，向序列末端移动一个核苷酸，如此重复操作，共更换 4 次引物，共覆盖 35bp。最后经过 35 个（$7 \times 5=35$）循环后，每个核苷酸能被经过两次测序，从而实现高准确度的测序过程。SOLiD 测序方法能产生 6000 Mb 序列数据，用于后续分析。

（3）第三代测序技术　首先出现的第三代测序技术为 Helicos BioScience 公司的 tSMS，其原理类似于 Solexa 测序，需要借助高分辨率的相机进行，不需要依赖桥接生成的 cluster 序列。下面对两种使用较多的第三代测序技术进行介绍。

①单分子荧光测序：在上述的二代测序中，需要每添加一个核苷酸后，对序列进行清洗，去除周围游离的荧光标记核苷酸背景后，才能进行拍照记录，因此从这点考虑，二代测序不能称之为真正意义的边合成边测序。单分子的实时荧光测序的测序载体是单分子实时荧光测序芯片，其表面带有零模式波导纳米小孔，且零模式波导底部固定了一个 DNA 聚合酶，在聚合酶下面即为检测区。将待测序列于不同荧光标记的脱氧核苷酸一起放入零模式的波导孔中，激光通过波导孔进入孔内，并在孔内迅速衰减，最后只有底部的极小空间被照亮，因此只有在底部被照亮区域范围内能够停留时间较长的核苷酸才能被成功检测出，即只有被 DNA 聚合酶正确识别后并参与反应的核苷酸可以被检测。在完成这个程序后，所添加的另一个脱氧核苷酸也进入检测区，重复这个过程，最终完成所有的检测。总体而言，单分子实时荧光测序技术通过将荧光标记在核苷酸的磷酸基上，这样保证了在新序列合成时能被自然切掉，因此不需要每扩增一个循环便要对背景进行清洗，也不需要使用封闭基团结束每一轮的扩增循环，所以是实现了真正意义的边合成边测序。

②纳米孔测序：最具代表性的应用纳米孔测序的公司是牛津纳米孔公司。纳米孔测序的基本原理是 DNA 自身带负电荷，在电场的作用下会向正极泳动，在双层脂膜上嵌入具有纳米孔结构的蛋白质，随后在电场两侧施加电压，此时电场中离子会穿过孔道，在穿过孔道的过程中产生电流，此时，单链的 DNA 在泳动时会占据孔道从而引发电流的阻遏效

应，由于四种核苷酸所产生的阻遏效应存在差异，因此通过记录电场中的电流变化便能获取 DNA 序列。在纳米孔测序过程中，能通过控制 DNA 聚合酶的加入调节泳动速度，此方法单条读序长度可达 500kb。

③ 16S rRNA 基因：核糖体是蛋白质合成的主要场所，几乎所有的生物细胞中都含有核糖体，并且由于核糖体核糖核酸序列不同，碱基在不同位置的突变率存在差异，这是用来衡量生物之间进化距离的关键依据。因此，核糖体核糖核酸在生物进化关系中的研究中具有良好的实用性。蛋白质（40%）和 RNA（60%）为核糖体的主要组成部分，根据不同的沉降系数，可以将核糖体划分为 70S 核糖体核糖核酸和 80S 核糖体核糖核酸两大类，其中 70S 核糖体核糖核酸主要存在于原核生物细胞中，80S 核糖体核糖核酸则主要存在于真核生物细胞中。但是，细菌和古细菌等原核生物则具有 5S、16S 和 23S 共 3 种核糖体核糖核酸。由于 16S 核糖体核糖核酸的序列长度适中，信息量足够，并且在细菌的 16S 核糖体核糖核酸中包含多个保守性片段，根据这些保守区可以设计出针对不同细菌具有特异性的通用引物，这个通用引物用来扩增出所有细菌的 16S rRNA 片段。此外，16S 核糖体核糖核酸中还含有多个可变性片段，根据细菌的可变区能够设计针对不同细菌的特异性引物，这些特异性引物不会与其余细菌的 DNA 形成互补配对，只对特定的细菌进行扩增，因此能够根据特定的引物进行扩增以区分不同的细菌。所以，16S rRNA 常被用作细菌群落结构分析中的系统进化标记分子。然而，一般情况下基于 16S rRNA 方法获得的基因序列能精确到属水平，在种水平的分类精确度较低，因此所获得的物种分类精度不足，不能满足对物种分类有较高要求的科学研究。

④宏基因组学方法：与 16S rRNA 法相比，宏基因组法进行物种鉴定时，可以实现在菌株水平的鉴定，能够提供环境中存在的所有微生物的 DNA 信息，因此能够满足绝大部分物种鉴定科学研究的需求。另外，除微生物组成以及物种鉴定外，宏基因组的方法还能够对微生物的代谢产物和功能活性进行预测，通过生物信息学分析还能进一步获得微生物群落、机体功能与环境因子之间的相关性关系。从 1985 年基因组学的概念在环境研究领域被首次提出，到现在宏基因组学方法在环境、医学等领域的广泛应用，宏基因组学方法使得对不可培养微生物的研究成为可能，并进一步在微生物新物种的发现和药物研发中发挥了重要作用。宏基因组学将研究材料中所有的微生物群落作为研究对象，对样品进行采集后，提取所有微生物群落的总 DNA，将 DNA 添加于测序系统中，对其序列进行测序分析，构建基因组文库，通过比对文库中基因组信息，对功能基因进行筛选、注释，并应用分子生物学和生物信息学方法系统地对微生物的组成和功能进行解析，包括微生物的多样性、群落结构、物种进化关系、微生物功能特性、微生物组成变化与环境因子之间的关系、微生物组成变化与机体功能之间的相关性等。此外，宏基因组学的方法对于鉴定新型微生物具有重要指导作用，同时为探究具有生理活性的功能性新物质性质和获得新物种提供有效方法。在宏基因组方法的实施过程中，根据测序方法的不同，将宏基因组分为三类，第一类为以

质粒、黏粒和细菌人造染色体为基础的研究；第二类为以鸟枪法测序为基础的研究；第三类为以第二代测序技术为基础的研究。作为一门新兴学科，宏基因组学发展迅猛，对研发新产品、人类疾病治疗、发现新物种和生物生态学的研究过程具有关键的作用，此外，不仅在微生物研究领域，在病毒等领域的研究中，宏基因组学也逐渐体现出其重要性。随着科研人员对基因研究的不断深入，测序技术的应用范围不断扩大，除了用来研究人类全基因组序列组成、探讨人类疾病发生、分析疾病的治疗方法；还能用于研究环境中微生物的组成、分析菌群的结构特征、了解菌株的基因组成及调控机制、发现新物种、新基因、新蛋白、新的代谢通路等，最终加快科研人员对生命体的了解进程。

二、基因组学研究应用案例

由于肠道微生物是连接饮食和机体健康的关键物质，因此近年来对肠道微生物组成和其在饮食作用下的变化的研究逐渐增多，而基因组学法是研究肠道菌群变化最为有效的方法。

对细菌的全基因组进行测序研究的局限为：需要首先把目标细菌进行分离、扩大培养，从而获得足够含量的细菌基因组 DNA，其次才能将 DNA 用于测序研究，通过建库、上机后，通过测序技术分析基因组信息。基因组学将环境中所有微生物的全部遗传物质作为研究对象统一进行分析，能够解析环境中所有微生物的特征。2006 年，Gill 等首次应用基因组学技术对人类肠道菌群的组成和变化进行研究，通过构建克隆文库后，对粪便中菌群基因组 DNA 组成进行测序分析，共获得 7800 万条 DNA 序列，对序列进行分析，指出了人类肠道菌群与机体多糖代谢、氨基酸代谢、甲烷合成和维生素合成等功能具有相关性，菌群组成的不同，对应机体功能不同。以基因组学为研究手段在分析肠道菌群组成方面的研究逐渐增多，研究发现，基因组学的研究不仅能详细分析菌群的组成信息，还能对菌群所对应的功能进行分析，这对研究膳食改善机体功能的研究提供了重要基础，指出菌群变化是膳食调节机体功能改变的媒介。2011 年，Minot 等以基因组学为手段，分析了人类肠道中的病毒组成，并通过追踪病毒在机体中的变化，指出病毒的变化与膳食成分变化密切相关，意味着肠道菌群在通过饮食调节病毒变化之间的重要调节作用。这些研究掀起了肠道菌群研究、分析的热潮。

目前对肠道菌群或微生物群落的研究主要集中在分析菌群的组成，并对特定的菌群组成进行定量分析，例如，明确在分类学层面上，样本中的微生物组成和微生物的相对丰度。在明确样本中微生物的相对丰度后，以此为基础，进一步比较两个或多个样本中菌群的相似性，以为群落的生物学功能分析提供依据。例如，两个样本中都含有 *Cyanobacteria* 时，*Cyanobacteria* 含量高的样本具有更强的光合作用能力。

以基因组学获得的测序数据为分析基础对菌群组成进行分析时，有三种分析方式。①根据能够提供分类学信息的标记基因进行分析；②将 reads 进行分类、归并为有分类学信息的集合后，进行分析；③将 reads 组装为基因组。这三种分析方式进行组合后，共同进行分析，能够提高分析效率。把 reads 与特定基因家族序列（基因自身具有分类学信息）进行比较，从而在基因组序列中将目的基因的同源序列识别出来，随后依据同源性，实现对目的基因的注释和解析。在解析目的基因的过程中，最常用的注释方法包括细菌的 16S r RNA 基因和细菌的单拷贝蛋白编码基因，在这个过程中，应用细菌的单拷贝基因对细菌的同源性进行追溯，避免了由于拷贝数不同使得不同样本中基因数量存在差异对结果准确性的影响。在进行序列比对时，参考使用的数据库时以特定的标记基因为基础，并不是基因组中所有的基因序列，这降低了参考数据库的规模，节约了比对成本并加快了比对的效率。

根据获得的测序数据和标记基因序列之间的相似性，能够对标记基因进行注释。Liu Bo 等开发了 Meta Phyler 工具，主要是利用测序获得的 reads 数据，与标记的基因序列进行两两比对，根据 reads 的自身特征和基因组的测序数据片段进行分类学注释，最终获得结果。类似地，Segata 等开发的 Meta Phl An 工具依然依据获得的 reads 的序列和基因组中同源序列进行比对，根据比对片段的相似性来对序列进行分类和注释。由以下两个步骤组成，①以数据库中的 3000 个细菌基因组序列为比对依据，构建用于参考的数据信息库；②参照数据信息库对序列进行注释比对，将序列划分到相应的分类学分支上，实现对测序结果的注释。随着对数据库的更新，将更多的参考基因组的序列加入 Meta Phl An2 工具中，此时标记基因的数量增加到 100 万个，覆盖了 7500 个以上的微生物物种，因此能更全面地实现对目的基因的注释。系统发生信息法是除上述方式外实现对标记基因和基因组序列之间进行比对的另一有效方法，能够通过详细的计算获得全面的注释信息，但不足的是，系统发生信息法对计算要求较高，需要烦琐的计算过程，耗时较长。Martin Wu 等开发的 AMPHORA 工具能通过利用隐马尔科夫模型来识别整个基因组数据中与细菌或古细菌同源的基因序列，将获得的同源序列和参考数据库中的已知序列进行比对，构建系统发生树，通过目标基因在系统发生树中的位置实现对序列的分类学注释。Darling 等提出的 Phylo Sift 工具采用了相似的原理，与之不同的是，Phylo Sift 对应的标记基因库信息更多，除微生物基因序列外，还含有病毒的基因序列，为基因鉴定提供了更全面的信息。其不仅能通过比较目标基因在系统发生树中的位置实现对序列的分类学注释，还能通过比较序列在系统发生树上的位置进一步指出目标基因之间的差异。

在应用标记基因对基因组数据进行分类学注释时，需要注意以两几点。①标记基因自身的序列片段较小，因此与基因组数据中相对应上的序列较短，即只有小部分序列能实现比对成功并被作为同源片段。这个过程中，能够成功比对并作为同源序列的目标基因序列的准确性则决定了整个基因注释过程的准确性；②由于在开发序列比对工具过程中应用到的基因组和抽提的基因信息大小有限，因此，目前应用的比对工具仍然无法完全满足研究需求，无法覆盖基因组上所有的遗传信息。比对工具自身的覆盖性、比对工具是否及时进行更新、参考数据库的完整性和有效性等问题都影响了目标基因注释的准确性。与上述研究中只将标记基因考虑在内不同的是，为了尽可能全面的还原基因组的信息，科研人员采用了将基因序列中所有 reads 都划分到特定的分类学单元中的方法，即对于每条 reads 而言，可以通过序列自身的信息特征，通过序列的相似性被划分进与 reads 自身序列具有相似特征的单元中，还能通过与参考序列进行比对，通过比对的信息，将 reads 划分为不同的分类学单元。通过对不同分类操作单元的数据进行聚类分析，实现对样品基因组信息识别、比较和差异性分析的目的，而聚类分析是基因组学方法中对于解析注释序列和区分组间差异性具有重要作用的分类学方法。通过聚类方法，能够通过微生物的基因组信息实现鉴定样品中新的微生物群落的目的；能区分微生物在菌株水平的差异；能降低测序序列的复杂度，在特定情况下，不必对整个菌群的数据进行分析，只用依托分类操作单元来分析序列的差异性。依据序列的组成特征对 reads 进行聚类分析时，省略了与参考基因组进行比对的阶段，从而有利于实现快速、大规模分析基因组序列的目的。但实现这一比对目的的前提，是需要在比对之前对参考基因组进行计算和分析，通过基因组的组成特征来构建分类器和相应的库文件。由 Wood 等开发的 Kraken 工具，通过利用含有 k 个碱基长度的序列（kmer）与基因组序列之间的精准匹配，能够实现对序列的快速比对，如应用 Kraken 工具每分钟能比对 400 多万条 reads，是 Meagblast 工具比对速度的 900 多倍，并且与 Meagblast 工具具有类似的准确性。Kraken 工具的工作核心是首先构建 31 个碱基序列长度的 kmer，然后记录包含这些 kmer 的基因组的最近公共祖先，并记录基因组最近公共祖先的库文件。在基因组最近公共祖先的库文件中检索 reads 中的每个 kmer，检索完成后，利用最近公共祖先的库文件中信息确定 reads 在分类学的位置。类似地，复旦大学开发的 Meta CV 工具也是基于序列的组成对获得的 reads 进行聚类分析并注释，与之不同的是 Meta CV 工具会将核酸序列用 6 种不同的阅读框共同翻译成蛋白序列，再把翻译好的蛋白序列分解成许多固定长度的 kmer，给 kmer 加上不同的权重，根据事先构建好的蛋白组成和分类学信息对序列进行注释。Meta CV 工具对序列的注释准确性与 Blast X 工具类似，并且 Meta CV 工具在属水平对微生物的注释更优于 Blast X 工具，计算的速率也比 Blast X 工具更快，节约了近 300 倍的计算时间。由于对 reads 进行聚类分析时，需要将 reads 与大量的参考微生物的基因组进行两两比对，所以针对聚类分析实现 reads 的比对时则需要更大的计算资源，这就要求比对信息时所应用的数据库资源要比较全面。在应用聚类分析研究 reads 相似性的研究中，德国图宾根大学研发的 MEGAN 工具在研究中应用较为广泛。通过利用 Blast X 工具将 reads 和参考序列（含有 NCBI 分类学的注释信息）进行比对，根据分类学的注释信息把每个 reads 一一分配到 NCBI 分类树相对应的节点上，根据节点的同源序列实现对 reads 的分类注释。MEGAN 工具在应用聚类分析获得分类注释信息时，具有速率快、准确性高的优点，但是在处理样本量多或样本测序深度深的情况下，Blast X 工具自身的比对速度却制约了 MEGAN 工具在序列注释时的应用，因此研究人员对 MEGAN 工具进行了更新，即开发了 DIAMOND 比对工具。DIAMOND 工具同样具有速率快、准确性高的优点，在处理结果时，能达到 Blast X 工具比对结果的 80%~90%，且比对速率却比 Blast X 工具提高了 2 万倍。相比 MEGAN 工具，DIAMOND 工具增加了主坐标分析、主成分分析和网络构建等功能分析的内容，能够更有效地对样品中的基因组序列进行比较分析。芝加哥大学开发了在线分析工具 MG-RAST，能够对基因组的整套数据分析过程实现全面的分析，并且 MG-RAST 工具具有数据库的功能，这有助于其数据信息的比对。在数据信息比对阶段，MG-RAST 工具能将获得的 reads 序列和文库中序列进行比对，将库中与 read 同源的序列进行系统发生关系比对，以此推测得到 reads 的分类学信息。

由此可见，以 reads 作为分类依据是研究样本中微生物组成并对样本微生物的丰度进行定量分析的关键且有效的步骤，在根据 reads 进行分类研究过程中，需要注意：①基于序列组成和序列比对的研究，对前期建立的基因组构建分类器或基因库文件的要求较高，由于基因组的数据量大，所以用于 reads 进行分类研究的分类器或基因库文件的信息要及时进行更新，不仅要保证分析工具的时效性，还要保证其准确性和速率，因此对分析工具的选择十分严格，要选择能够兼具以上几点要求的分析工具；②遗传基因的变化可能会降低这种比对方法的准确性；③如果是要识别群落中多个新物种，将几种比对工具结合使用效果更好，并要保证这几种比对工具的计算方法和分析原则是一致的。

对样品基因序列进行比对后，将获得的微生物信息进行识别和对微生物丰度进行定量分析是研究样品中微生物组成的另一重要阶段。将样品基因组中的序列进行功能注释，能够获得样品中微生物的功能信息，结合微生物的相对丰度，从而明确微生物的种类及丰度和微生物的功能之间的关系，对于通过微生物种类和丰度信息来预测样品微生物对人类生理功能的作用潜能具有重要的指导作用。基于样品的微生物信息，包括微生物种类及微生物的相对丰度信息，还能够帮助科研人员比对微生物在代谢功能方面的差异性。以人类基因组计划为例，通过研究人类机体不同部位微生物组成，分析发现，在不同部位的微生物中含有共同的功能通路，这些通路包括了糖酵解、蛋白质翻译等相关的功能，当然，并不是所有的信号通路都具有相似性，不同部位的微生物功能也具有特异性，这从某种程度上决定了机体不同部位的特定生理功能。对微生物基因组的生理功能进行研究，不仅能够帮助科研工作者详细了解微生物自身的组成和生理功能，还能够帮助科研人员找到与特定环境或者特定宿主表型相关的微生物，后期通过特定微生物的相对丰度变化，来预测机体在特定环境下生理功能的改变，并进一步为开发新型功能性食品或药物提供依据，也能够作为预判机体发生特定生理变化的标志性预判物。除此之外，通过详细了解微生物的组成和生理功能，能够为详细解读微生物基因组成提供依据，根据基因组成的信息，为研发新的微生物代谢物或者构建新的功能菌提供重要依据。

对微生物进行功能研究的两个主要研究内容包括基因的预测和基因的功能注释，其中基因的预测主要指通过基因组的研究来预判样品微生物中所包含的编码信息，后者主要指对所比对出的编码信息进行功能学方面的预测，即通过对微生物进行功能研究，获得微生物自身及其功能特性的相关信息。在基因组序列信息中，实现基因预测的方式有通过基因片段预测、对蛋白加家族进行分类后预测和从头预测三种预测方式。然而，自然界中的基因组多样性远高于科学研究中所采用的数据库的信息，因此目标基因不一定都能在数据库中都能找到对应的同源序列，所以对于目标基因预测的准确性仍需进一步确认。对于比对有误的序列需要将序列片段进行召回。序列片段召回是指将基因组 reads 进行组装后，将其组装后的数据和参考数据库中的序列进行数据的比对，获得比对后的数据信息，这是在基因组研究中获得编码序列的最简单、最直接的方法。目标基因中，和数据库中的参考序列相一致或大致一致的序列被确定为编码基因序列，表示该基因序列得到比对完成。当数据库中的参考序列自身带有功能注释信息时，那么应用序列片段召回的方法不仅能实现序列信息的比对完成，还能对序列的功能信息进行注释。在针对肠道菌群的多样性的研究中，序列片段召回法在分析肠道菌群的组成和菌群的相对丰度方面的应用逐渐增多。除用于分析微生物丰度和功能的研究外，还可用于识别基因组数据中的特定的基因序列，例如识别基因组中对抗生素具有特定抗性的抗性基因。应用 reads 进行序列比对的方法能够快速判断样本中的测定序列片段和参考片段序列是否一致，因此序列片段召回的方法在实现基因的高通量测序过程中，具有快速比对的优点。然而，当样本序列片段和参考数据库中的已知基因的序列片段存在高度差异的同源序列时，序列片段召回的方法则无法完成识别过程，这是序列片段召回的方法在基因序列比对过程中的缺陷。

另外一种和序列片段召回的方法相关的处理方法时通过将 reads 以 6 种可能的翻译框翻译为相应的氨基酸序列后，再将获得的氨基酸序列和参考库中的蛋白序列进行比对，完成两部分序列的比对后，识别出比对后获得的氨基酸序列和参考库中相应的蛋白序列同源的 reads 片段。在计算过程中，可以先将 reads 序列根据参考库比对内容翻译为氨基酸序列，再采用 BLAST、USEARCH 等工具对获得的氨基酸序列与参考库中相应的蛋白序列进行蛋白与蛋白序列之间的比对；还能够直接利用 DIAMOND 工具直接将 reads 序列和参考库中相应的蛋白序列进行比对，实现 reads 序列的翻译过程。无论以哪种方式对 reads 序列翻译的过程，都是对 reads 序列进行功能注释的阶段，在翻译过程中与被翻译的 reads 具有同源性的蛋白序列上携带的注释信息，是分析、预测 reads 序列功能性的关键。然而，因为 reads 序列的翻译过程是基于参考库中已知的蛋白序列进行的，因此在预测 reads 序列功能性时，只能根据已知的蛋白功能进行预测，不涉及新鉴定的蛋白质，也无法鉴定出新蛋白质。

采用从头开始来预测基因的方法能够解决新基因序列识别的问题。从头开始预测基因的方法是以细菌的基因序列特征为依据的，例如序列的 GC 偏好、序列翻译过程中密码子使用特点等，通过构建基因预测模型，并对模型进行检验，实现对基因组数据需要编码基因序列的识别作用，在这个过程中，比对基因序列和参考序列之间同源性的阶段不依赖通过计算的方法计算两者之间的相似度，直接以基因特征为筛选标准进行序列和参考库中序列同源性的比对。通过从头开始预测基因的方法能够筛选出样品微生物群落中的新基因。有多种数据分析工具能够实现对基因组的从头开始预测，例如 Meta Gene Mark、Glimmer-

MG 和 Prodigal 工具，当基因序列正常时，各个工具对于基因预测具有类似的准确性，但当基因组序列有误时，各个工具基因预测的分析结果存在差异。对于从头开始预测基因而言，需要结合基因序列的实际特征，选择合适的分析工具，必要时采用多种分析方式共同结合的手段来保证序列分析的质量。

对基因组进行功能注释的最常用的方法是将基因组数据中获得的编码序列划分到相应的蛋白家族，以实现对编码序列的功能注释。蛋白家族往往是有类似功能性质的一组相似的蛋白质的集合体，在进化关系上也具有相似性，蛋白家族的结构特性常通过对蛋白质的全长序列进行比较而获得。同一蛋白家族内的蛋白质具有一个共同的祖先，各个蛋白质的结构类似，具有类似的三维结构、序列和结构域，因此一个蛋白家族中蛋白质的功能类似。如果通过比对发现，样品基因组序列能够与某一蛋白家族具有相似的同源序列，则可以推测该基因组序列具有编码这个蛋白家族的潜能，具有与这一蛋白家族类似的功能。将基因组序列与蛋白家族的编码序列进行详细的一一比对，是确保基因组序列的编码能力的前提，通过比对序列的相似性以决定基因组序列是否具有该蛋白家族的功能特性。在完成基因组序列与蛋白家族的所有的蛋白序列的比对工作后，根据比对的相似性结果，将基因组序列划分到特定的一个蛋白家族或多个类似的蛋白家族，其中前者出现在获得最优比对的结果时，后者出现在比对结果高于某一个阈值的所有蛋白家族时。如果比对结果显示与参考库中所有的蛋白序列都不同的情况，那么基因组序列不会被划分进任何一个蛋白家族，这也暗示了该基因组序列可能参考库中不存在的新蛋白家族同源，或者基因组序列自身出现错误，需对基因组序列重新进行获得后比对，以确认是不是新蛋白的出现。

关于基因组的初期研究中，大多是以优势基因为核心进行研究的，即早期的研究更关注在基因组中具有优势地位的基因的信息，初期的研究可以归纳为是以基因为中心的基因组学研究。因为其关注的核心是优势基因，因此具有两个缺陷。①在完成对基因组序列的注释后，仅能提供样品整体的功能信息；②对于研究系统中单一的样品所可能具有的功能信息描述不全面，样品成员之间的联系描述不清晰，无法解释微生物的代谢产物与机体相互作用关系等信息。随着基因组研究的逐渐发展，对于群落中多样本的多方面信息的归纳和注释整理工作逐步在更新，因此通过基因组学的研究能获得越来越多的研究信息，为现代科学研究提供了扎实的理论基础。

拓展阅读

第二节 蛋白质组学

在 21 世纪初，科学家完成了对人类基因组序列的测序工作，对人类基因组的结构组成逐渐形成了清晰和全面的认知。人类的基因组信息能够通过信息的注释而翻译成蛋白质，但是基因与蛋白表达产物并不是一对一的关系，部分基因可以在机体内表达 2 种或 2 种以上的蛋白质。此外，基因的含量与其编码的蛋白质的含量也并不是永远呈正相关，有的基因对应的 mRNA 的表达水平不能准确反映出机体中相应蛋白的含量。由于以上两类原因发现，仅对基因组的核苷酸序列进行研究并不能充分的掌握基因所对应的蛋白质的结构、功能和经过翻译后加工修饰的状态等信息。而蛋白质是直接参与机体生理功能的物质，其结构、功能及表达调控的规律变化对于机体生理功能的维持和变化十分重要，因此需要在蛋白质水平对机体生理功能研究进行深入的探索。作为组成机体细胞的重要成分，蛋白质的结构和功能性质受许多内在因素和外在因素共同的影响。常见的内在因素有氨基酸的序列、蛋白质的空间结构和蛋白质在翻译后的加工修饰；常见的外界因素有机体温度、pH 的变化等。

蛋白质组学的概念最早于 1994 年被提出，在后续研究中逐渐加以完善。最初指出的相对狭义的蛋白质组学的概念是：在某一特定时间和空间条件下，单个细胞的基因组参与表达的所有蛋白质数目之和。随着研究的发展，科学家后续提出了广义蛋白质组学的含义是：单个细胞、组织、器官或生命体中，处于不同生长条件下基因表达的所有蛋白质之和。这指出蛋白质组学中所涉及的所有蛋白质的数量是随着细胞或生命体的进化而发生变化的。目前的研究中，通常把研究蛋白质的组成成分、表达量变化、结构组成、功能性质、蛋白质间的交互作用和蛋白质活动规律的科学统称为蛋白质组学。

一、蛋白质组学研究方法

蛋白质组学的研究对象是蛋白质组，与普通的蛋白质结构或功能研究不同的是，蛋白质组学的研究是指高通量并系统性地分析蛋白质组中的蛋白质的结构性质、蛋白质表达量的变化和蛋白质生理功能的变化等，对其中的组成单位、定性定量研究、蛋白质翻译、在机体内的分布和蛋白质之间的交互作用等信息进行及时的记录并分析变化的原因，通过解析蛋白质组的变化分析其与机体生理功能变化之间的关系。

根据蛋白质组的研究内容，将蛋白质组学划分为差异蛋白质组学、结构蛋白质组学和功能蛋白质组学三大类。在目前的蛋白质组学研究中，研究最为广泛的是差异蛋白质组学，也称表达蛋白质组学，主要是研究在不同外界或内在条件下，蛋白质组发生的变化，发生变化前后的蛋白质组进行比较分析的科学研究。针对差异蛋白质组学的研究主要由以下几部分组成。①对目标蛋白质进行分离，这主要是通过能够最大程度体现所有蛋白表达水平的双向凝胶电泳图谱来实现的，在参考凝胶图谱中，每一个条带就代表着一个蛋白质斑点，通过对特性分子质量的蛋白质条带进行剪切后分析，得到相应的目标蛋白质；②比较在不同机体条件下，目标蛋白质的表达量的变化，并对发生变化的机体条件和蛋白质的变化值进行记录、分析；③对分离的蛋白质片段进行质谱分析，将其分析结果与蛋白质的变化相结合，得出构成蛋白质的核酸、氨基酸及多肽等信息和蛋白质差异性变化之间的关系，从而确定发生变化的蛋白质种类以及蛋白质的变化量。结构蛋白质组学主要关注蛋白质的结构变化，包括机体组织、体细胞、游离细胞、细胞器等活性细胞中的蛋白质的结构组成变化，所涉及的结构变化主要包括氨基酸的组成方式、氨基酸序列、蛋白质的空间结构和蛋白质的加工修饰等几方面。功能蛋白质组学主要研究与蛋白质功能变化相关的内容，包括了蛋白质在机体内的分布、蛋白质的结构变化所对应的功能性质改变等内容。几种蛋白质组学不是相互独立存在的，而是相互作用共同发挥作用的，最终调节机体的生理功能变化。目前针对蛋白质组学的研究，是继基因组学研究之后的，又一解析生命体生理功能变化的前沿科学，是后基因组时代的研究热点。

在蛋白质组学的研究中，无论是差异蛋白质组学还是结构蛋白质组学和功能蛋白质组学，研究开展的第一步便是要对机体的蛋白质组进行分离、纯化后，对蛋白质组进行定性分析，对目标蛋白质进行定量控制。获得基本的蛋白质信息后，进一步根据需求对蛋白质组进行相应的分析研究，因此关于蛋白质的分离纯化和定性定量分析等实验环节则十分重要。这个过程所涉及的技术手段、实验方法、操作平台和信息平台主要包括双向聚丙烯酰胺凝胶电泳技术、质谱法、酵母双杂交系统和蛋白芯片技术。

（1）双向聚丙烯酰胺凝胶电泳技术　双向聚丙烯酰胺凝胶电泳是用来比较体系中蛋白质的表达量的变化和分析蛋白质组成种类的技术，能够实现对体系中多种蛋白质的分离的目的。传统的双向聚丙烯酰胺凝胶电泳最早建立于 1975 年，随着科学研究的发展，通过不断地改善后发展至今。双向聚丙烯酰胺凝胶电泳能够同时对体系中几千种蛋白质同时进行分离，并且能同时比较不同蛋白质之间的差异。主要是通过①通过蛋白质的等电点区别和分子质量差异对蛋白质进行分离，根据蛋白质理化性质的差异来区分蛋白质的性质，粗略地对分离后的蛋白质进行定性、定量分析；②根据蛋白质自身磷酸化性质的不同，将蛋白质组中蛋白质划分为磷酸化蛋白质和非磷酸化蛋白质两大类；③根据蛋白质表面修饰基团的不同，将蛋白质组中蛋白质区分为普通蛋白质和特殊基团修饰的蛋白质。双向聚丙烯酰胺凝胶电泳的操作过程主要包括两个步骤，首先是创造不同的 pH 梯度，根据等电点沉降的原则，随着电泳的进行，体系蛋白质组中蛋白质以等电点聚焦的方式在不同 pH 梯度下进行分离；随后采用变性梯度凝胶电泳技术，使得蛋白质根据自身分子质量的不同而在电泳过程中逐步进行分离。通过双向聚丙烯酰胺凝胶电泳技术能够很大程度地解决体系中蛋白质混合的现状，能够实现对蛋白质的初步分离和定性、定量的研究，是蛋白质组学研究中最常用，也是成本最低、最容易实施的技术。但是双向聚丙烯酰胺凝胶电泳仍存在较多的缺陷。①整个操作依赖于电泳技术，因此使得其对于手工操作有过多的依赖性，自动化程度低，且耗时、耗力、准确性差；②电泳操作对样品的上样量有严格的限制，因此导致蛋白样品的上样量受限制，对蛋白质浓度较低的样本而言，限制了其蛋白质的分离和定性、定量分析的准确性；③电泳的过程较适用于亲水性蛋白质的分离过程，对于疏水性较高的蛋白质而言，电泳的分离效果差，例如通过双向聚丙烯酰胺凝胶电泳不能实现对细胞膜蛋白的分离过程；④由于电泳技术自身的准确性和精密性较差，因此对于样本中表达量较低、酸性、碱性等蛋白质的检测效果并不理想；⑤对于蛋白质分子质量较为接近的情况，双向聚丙烯酰胺凝胶电泳技术不能实现对分子质量相近的蛋白质的分离过程，所获得的目标蛋白可能实际包含多个类似分子质量的蛋白质，这便给后续的蛋白质功能分析造成了困难；⑥对于极端分子质量的蛋白质而言，分子质量太大或太小的蛋白质条带容易在凝胶中丢失，即出现在凝胶分离过程中蛋白质丢失的现象，这样会导致后续的蛋白质功能分析出现失误。

虽然双向聚丙烯酰胺凝胶电泳技术存在许多缺陷，但由于其操作简便和成本低的优点，这种方法仍然是科研工作者对蛋白质进行分析研究时首先选用的方法，因此对双向聚丙烯酰胺凝胶电泳进行优化，使其具有普适性和更高的精密性和准确性则十分重要。有科研人员指出，在对蛋白组样品进行电泳分离之前，先分离纯化样品中亚细胞器，对蛋白质样品进行富集，并对非蛋白样品进行降解处理，这样便提高了样品中蛋白质的含量和纯度，能够提高电泳过程中蛋白质的识别度，且有利于分析蛋白质在细胞中的分布位置。对于研究对象是相对丰度较低的蛋白质的样品而言，可以采用免疫学方法将样品中的高丰度蛋白进行去除，从而提高样品中低丰度蛋白的相对丰度，因此提高低丰度蛋白在电泳过程中的检出率。采用具有荧光标记的染料对样品中蛋白质进行染色标记，进行双向荧光差异凝胶电泳，电泳结束后，结合荧光强度对目标片段进行切割和分离，用于后续的蛋白质的分析阶段，能够帮助识别分子质量接近的蛋白质。尽管对双向聚丙烯酰胺凝胶电泳技术进行优化后能提高检测的准确性和灵敏度，但是由于优化的方法依赖于特定的仪器和分析软件，对特定的荧光试剂也有严格的限制，因此会一定程度上加大操作的难度和成本，所以需要根据具体的实验要求来选择蛋白质分离的方式。

（2）质谱法　1906 年的诺贝尔物理学奖得主 Thomson 的研究为质谱技术的发展奠定了基础。早期的质谱技术只能针对易挥发的小分子物质进行鉴定，随着质谱技术的发展和离子化技术的出现，一些难挥发的、分子质量大的化学物质也能通过质谱法来鉴别，这便为分子蛋白质组成提供了基础。因此近年来，质谱法已经成为分析蛋白质组成的常用方法。

质谱法分析样品的原理指的是通过比较样品在质谱仪的离子化装置中形成的气态离子的质荷比不同，来确定不同质荷比离子的分子质量，从而推测出受检测样品的分子质量大小，以实现对分析样品的定性、定量研究。质谱法分析蛋白质组成时，并不是直接对完整的、未经裂解的蛋白质分子进行分析，而是以经过水解反应或其他技术处理后的蛋白质肽段为分析对象，通过对蛋白质肽段进行气化处理后，通过质谱分离技术对气化的样品进行分离，随后检测样品组成成分，并对样品组分进行定性和定量分析。样品中的蛋白质具有不同的分子质量大小，且不同或相同分子质量大小的蛋白质的结构、氨基酸序列和蛋白质的修饰方式不同，且这些结构特性能够通过蛋白质经离子化后的质荷比信息反映出来，因此通过质谱法对蛋白质分子进行分离、定性和定量分析的实质便是对组成蛋白质的肽段进行质荷比的测定。目前质谱法由于其高效、灵敏性高、重复性好和自动化程度高的优点，在蛋白质组学的研究中应用逐渐广泛。

质谱法分析样品中目标物质组成的核心仪器是质谱仪，由离子化源、质量分析装置和检测装置几部分组成。根据组成质谱仪的装置不同，可将质谱仪划分成几种不同的种类，如基质辅助激光解析电离飞行时间质谱、电喷雾电离质谱等。这两种质谱技术的共同点是都采用了“软电离技术”，这样便能控制样品中目标分子在离子化过程中转变成离子碎片，因此能够保障样品中目标分子能够保持原有的自身化学结构，这对于准确分析样品中目标分子的结构十分重要，是这两种质谱技术共同的优点。在分析样品中的蛋白质成分时，基质辅助激光解析电离飞行时间质谱不需要对样品中蛋白质成分进行预先的纯化处理，直接将蛋白样品添加到系统中便能进行分离和分析，并且能够对样品中高达几千种的蛋白质肽段同时进行指纹图谱的鉴定，在蛋白质组学的研究中应用广泛。电喷雾电离质谱则主要用于液态样品的分析，能够直接将样品中蛋白质分解为肽段。在蛋白质组学的研究过程中，为了保证分析的准确性以及对不同蛋白质的覆盖率，由于样品状态或样品中目标蛋白含量、形态、结构等的特殊性，常将几种质谱技术进行串联使用。

使用串联质谱对样品中蛋白质分子进行分析时，首先根据蛋白质自身的性质，采用特定的水解酶类进行预处理，将蛋白质分散成不同的肽段，或直接将蛋白质样品加入分析仪器中；其次对肽段或蛋白分子进行离子化处理；最后根据离子化后产生的质荷比信息反推出肽段或蛋白质的分子组成信息。在分析过程中，将获得的肽段或蛋白质信息与参考库中的蛋白质家族信息进行比对，从而确定所测定的样品中蛋白质的同源信息，并根据蛋白质家族的功能性，对样品蛋白质的潜在功能进行预测。另外，串联质谱还能够用来识别并鉴定样品中蛋白质在翻译后的修饰位点组成，例如磷酸化、糖基化、甲基化及乙酰化等修饰基团在蛋白质的结构中的修饰位置等信息。在应用串联质谱分析样品中蛋白质的结构组成和定量信息时，结合其他技术使用能够提高鉴定的效率和准确性，例如同位素标记技术等。

目前的质谱技术对于气态的分子或是经离子化处理后的分子的分离效果较好，对于蛋白质分子消化不完全获得的肽段，或是肽段离子化不完全的情况下，经质谱分析后，容易出现假阴性的分析结果。此外，对于两个分子质量相差很小、分子质量相同，或是组成蛋白质的氨基酸的序列类似的情况，质谱法的分离效果也不佳，准确性较差。对于水溶性较差的蛋白质，由于其通过酶解作用后产生的疏水性肽段不易被分散，因此在质谱技术分离鉴定后，只能实现对部分高疏水性蛋白质的鉴定，所产生的结果具有片面性。对于样品中的蛋白质丰度差异性较大的情况，在质谱检测中，也容易出现高丰度的蛋白易检出、低丰度的蛋白不易检出的现象。对于复杂组织中的蛋白质的检测，如果不经预处理而直接进行检测，则存在检测精度低的缺陷。因此，质谱技术在蛋白质组学的应用仍有很大的提高空间。

（3）酵母双杂交系统　酵母双杂交的原理基于酵母分子基因上的启动子序列能够被转

录激活因子识别，从而诱导启动子下游结构中报告基因的表达过程。参与识别过程的转录激活因子由 DNA 结合区和转录激活区两部分组成，前者用于与启动子序列的结合过程，后者用于激活结合后的启动子序列。如若转录激活因子中缺少上述任何一个功能区域，会导致启动子无法被正常激活，其下游的报告基因的表达则为阴性。酵母双杂交系统主要用于研究样品中蛋白质之间的相互作用。这一技术具有高通量和自动化程度高的优点，但存在易出现假阳性或假阴性的缺点。

（4）蛋白芯片技术　蛋白芯片技术也作蛋白微阵列技术，是应用芯片或微阵列技术来研究蛋白质的表达、结构和功能的方法，具有高通量、自动化程度高和微型化的特点，适用于蛋白质的指纹图谱的构建、蛋白质分子间的相互作用关系研究等。其通过将蛋白质等目标分子结合在固相的载体表面，从而对结合的分子进行检测，并捕获参与分子互作的蛋白质分子。根据其用途，可将蛋白芯片技术分为功能芯片法和定量芯片法两种，前者主要用于研究目标蛋白质的功能特性，后者则用于对样品中目标蛋白质的定量分析。定量芯片法包含正向蛋白芯片法和反向蛋白芯片法两种。前者在将目标分子结合在固相载体表面后，通过加入裂解液来分散蛋白样品，再加入荧光标记物对样品分子进行标记，最后根据荧光的强度推测被测样品中蛋白质的含量；后者将裂解液加在固相载体表面，加入对特定蛋白具有标记作用的荧光抗体，最后根据荧光的强度推测被测样品中蛋白质的含量。与正向蛋白芯片法相比，反向蛋白芯片法能根据特异性抗体的种类同时检测多种蛋白质。目前针对蛋白芯片技术在蛋白质组学的应用仍存在缺陷，例如，在将样品蛋白质分子与固相载体表面结合后，如何保障结合后的蛋白质分子仍然保留有高活性的生物性质则成了研究的关键。

二、蛋白质组学的应用

蛋白质组学在与生命科学有关的研究领域中的应用十分广泛，例如医学领域和基础研究领域。下面对蛋白质组学的应用和发展前景进行简要的介绍。

1. 蛋白质组学与基因组学相结合的应用

由于蛋白质分子是直接参与生命活动的活性分子，并且是 DNA 的编码产物，因此从基因的领域研究生命体的遗传物质组成及其对应的功能性质易存在遗漏。此外，目前的生物信息技术不能对人类基因组信息中所有的信息结构进行准确的预判，并且尽管针对少数物种的全基因组测序已经完成，但是目前的生物信息技术仍不能仅通过基因工程技术预测真核细胞基因编码的所有蛋白质开放阅读框架。因此，将蛋白质组学与基因组学进行结合应用，能够完善基因编码信息。通过基因组确定蛋白质的编码信息后，采用蛋白质组学进行验证，有助于证明新蛋白质的存在；反之对感兴趣的目标蛋白质进行检测后，通过基因组学技术对编码该目标蛋白质的基因进行编辑，来确认经过基因修饰后的生命体是否还表现出原有的蛋白质性状，以为疾病的治疗提供可能的参考方向。

2. 蛋白质组学在疾病检测方面的应用

对疾病患者和正常人群的蛋白质组学进行研究，通过比较两者的差异性蛋白质组成，能够获得预测某种疾病发生的标志性蛋白质组成，通过研究标志性蛋白质的含量，来预测疾病的发展进程。因此，蛋白质组学在疾病的早期筛查、诊断和治疗方面具有广泛的应用前景。另外，蛋白质组学能够辅助对患者体内与肿瘤发生相关抗原的表达量进行监测，应用抗原抗体的特异性识别作用能够帮助检测患者的免疫系统疾病。

3. 蛋白质组学促进药物研发

由于药物在机体内的作用受体大部分是蛋白质分子，通过蛋白质组学能够实现研究蛋白质分子间的相互作用这一特性，可将蛋白质组学研究应用于药物的研发过程。通过对机体摄入药物后，检测特定目标蛋白质表达量的变化，来评价受试药物的作用效果。

第三节 表观遗传学

经典遗传学是基于遗传物质来判断其对遗传性状的影响，研究遗传物质发生变化后，例如 DNA 碱基序列改变，生命体性状随之发生遗传性变化的过程。经典遗传学的研究基础是孟德尔遗传定律，指出基因是成对存在的，随着生殖发育的进行，遗传物质一分为二，后代从两个亲本中各自获得一半的遗传物质，后代的遗传性状有两个亲本的遗传物质共同决定。但是当遗传物质不发生变化时，子代的遗传性状也会出现发生变化的情况，将这种情况称为表观遗传学，即不改变遗传物质的情况下所出现的遗传性状改变的情况。在表观遗传学理论中，以基因作为遗传物质的自身结构和数量没有发生变化，但是基因的表达模式能够遗传给后代，从而使后代的表型发生变化，然而这种变化并没有直接涉及基因序列信息的改变。最早在 1939 年，科学家在《现代遗传学导论》中提出了表观遗传学的概念，发展到 1942 年，将表观遗传学界定为从基因型到行为表型的连接点。随着科学的逐渐发展，表观遗传学被界定为一门新兴学科，主要涉及的研究方向是在遗传物质不发生变化时，基因及其相关的蛋白质分子发生能够遗传的修饰性变化，而这些修饰性改变能被机体细胞记忆下来，并在后续的细胞分裂过程中将修饰性变化保留下来。

尽管表观遗传学的研究不涉及遗传物质的变化，但异常的表观遗传调控会引起生物表型、结构和功能的变化，这与疾病的发生密切相关。表观遗传学有以下几种类型：DNA 甲基化和去甲基化、组蛋白修饰、染色质重塑、非编码 RNA、X 染色体失活以及基因组印记。

（1）DNA 甲基化和去甲基化　DNA 甲基化是指 *S*– 腺苷甲硫氨酸上的甲基基团在 DNA 甲基转移酶的作用下，被转移到 DNA 分子的碱基部位上。DNA 甲基化是最为主要的对其进行共价修饰的一种方法，在动植物等真核细胞和细菌等原核细胞中都普遍存在，因此DNA甲基化是表观遗传学重要的研究方向之一。细胞在发生DNA甲基化后，细胞中转录因子复合体和DNA结合作用受到抑制，使得DNA的表达量发生变化。一般认为，DNA的甲基化作用和基因沉默密切相关，这一变化在常染色体结构的维持、X染色体活性的丧失和肿瘤的发生等过程中发挥着重要作用。真核生物基因组中的甲基化修饰主要为化学性修饰，主要在胞嘧啶位置上发生甲基化，其次在腺嘌呤和鸟嘌呤的不同位点发生甲基化。而胞嘧啶上的甲基化常发生在CpG岛区域，即位于细胞基因序列启动子区域的一段富含GC的序列，由于CpG岛区域含有人类遗传基因组50%以上的基因序列，因此胞嘧啶的甲基化作用对遗传性状的改变具有重要作用。

在哺乳动物中，DNA甲基转移酶共有3种类型，即DNMT1、DNMT2和DNMT3。DNMT1是DNA复制过程中的重要组分，也是调节DNA复制过程中甲基化作用的关键酶，在DNA复制时催化DNA在其半甲基化位点发生甲基化作用，此外，还在遗传性状的传递过程中具有调节作用。DNMT2主要是催化tRNA发生甲基化的作用酶，其对DNA的甲基转移作用不强，催化DNA甲基化的能力较弱。DNMT3是催化序列中CpG岛区域发生从头甲基化作用的关键酶，包括从头甲基转移酶DNMT3a和DNMT3b，在缺乏DNA分子的甲基化模板链的情况下，仍能不依赖模板链从头合成甲基化DNA序列，最常见的是从头合成5-甲基胞嘧啶。由于发生甲基化的组织细胞的类型和机体发育的阶段不同，从头甲基转移酶DNMT3a和DNMT3b的作用效果有异。一般而言，细胞的甲基化过程由DNMT1和DNMT3a、DNMT3b共同发挥作用，以提高甲基化水平和遗传性状的稳定性。

随着细胞增殖分化的进行，基因的甲基化作用会将表观遗传性状传递给后代，对于甲基化的发生与否和甲基化的状态确定，可以对机体的甲基化程度进行检测，以详细了解甲基化情况，一般从新甲基化位点、特异性基因位点以及基因组整体水平这三方面进行检测，目前检测甲基化的方法仍以传统的重亚硫酸盐测序方法为主。重亚硫酸盐测序的原理是DNA序列中没有被甲基化的胞嘧啶基团，使其在重亚硫酸盐的作用下通过脱氨基反应从而转变成尿嘧啶，但经甲基化作用的胞嘧啶却不受重亚硫酸盐作用的影响，仍然保留甲基化状态，在这种情况下，以经过重亚硫酸盐处理后的DNA作为聚合酶链式反应的模板，在反应过程中，体系中的尿嘧啶在碱基互补配对的作用下转化为胸腺嘧啶，再对反应的终产物进行测序，将重亚硫酸盐处理前后的序列结果进行比较，以判断甲基化状态。

由于DNA的甲基化状态与疾病的发生密切相关，尤其是胞嘧啶在5号位的甲基化，在遗传性状的传递过程比较稳定，因此与疾病的发展密切相关。由于甲基化是处于一个相对稳定的状态，并且在基因的化学结构中能通过碳-碳键的保护作用对甲基化结构形成保障，因此基因的甲基化作用在表观遗传学的性状传递过程十分重要。由于甲基化作用对疾病的诱发作用，目前关于基因去甲基化的研究逐渐增多，DNA的去甲基化作用则能抑制因甲基化而引发的疾病。关于DNA去甲基化作用方式有两类。

①被动去甲基化：是指 DNA 甲基化的维持阶段受到抑制，DNA 甲基转移酶活性丧失，随着 DNA 复制的进行，含有甲基化的 DNA 母链在所有子代 DNA 单链中的比例逐渐降低，这种甲基化被弱化的过程称为被动去甲基化。

②主动去甲基化：是指在反应过程中，对甲基化的碱基基团进行化学修饰，通过氨基和羟甲基的修饰作用实现对甲基化结构的转换，从而使基因实现去甲基化。

（2）组蛋白修饰　由组蛋白组成的核小体是真核生物染色质结构的基本组成单位。真核生物体中组蛋白主要包括 H1、H2A、H2B、H3 和 H4，组蛋白聚合体表面缠绕着 DNA 分子，这就促使了每个核小体之间能以 DNA 分子进行连接，形成了整体的结构。组蛋白在完成翻译和修饰后会发生变化，这为研究基因功能提供了依据和标志特征。组蛋白的修饰性变化能为其余蛋白和 DNA 的结合作用产生协同或拮抗作用，并且组蛋白结构中氨基酸的末端上面的残基基团能被进行共价修饰，从而改变组蛋白的结构，影响组蛋白的表达。常见的组蛋白修饰种类有乙酰化、去乙酰化、甲基化、磷酸化和泛素化修饰等，被修饰后的组蛋白能够被机体中特定的蛋白质识别，将共价修饰的组蛋白转换成特定的染色质，进而对机体进行调节。

组蛋白的乙酰化修饰和去乙酰化修饰是最典型的共价修饰方式。调节组蛋白乙酰化修饰过程的酶主要是乙酰化酶，能在组蛋白的 H3 和 H4 部位尾部的赖氨酸基团加上乙酰基，乙酰化的组蛋白对 DNA 的复制过程具有调节作用。调节组蛋白去乙酰化修饰过程的酶主要是去乙酰化酶，其作用与基因组活性的失活有关。在机体组织中，不同组织部位的化学变化需要用不同的功能性酶来修饰，例如，在人类和啮齿动物机体内存在的 18 种去乙酰化酶，能被划分为四大类。①去乙酰化酶 -1、2、3、8；②去乙酰化酶 -4、5、6、7、9、10；③去乙酰化酶 -1- 去乙酰化酶 -7；④去乙酰化酶 -11。在不同组织和不同生理状态下，不同去乙酰化酶发挥的功能有异，关键作用的与乙酰化酶种类也不同。

对于组蛋白的甲基化而言，这个过程常发生在组蛋白的赖氨酸、精氨酸和组氨酸的残基上，并且由于作用位点的不同，发生甲基化的数目也存在差异。在同一组蛋白结构中，可能发挥一个位点的单甲基化或 2~3 个位点的二甲基化和三甲基化。单甲基化对应的作用位点常为赖氨酸在 4、9、27、36 和 79 号位发生单甲基化过程。二甲基化和三甲基化对应的作用位点常为赖氨酸的 20 号位点，精氨酸的 2、3、8、17、26、128、129、131、134 号位，通过发生二甲基化和三甲基化调节组蛋白的结构和活性。甲基化作用对组蛋白的影响主要体现在影响特定基因的表达量，针对甲基化的类型、甲基化的位点和数量，对基因表达量的影响有促进和抑制两种类型，因此不同甲基化类型对机体生理功能的调节作用有异。

（3）非编码 RNA 调控　非编码 RNA 主要对机体关键调节基因的表达量产生影响，非编码 RNA 的调控作用能诱导 mRNA 发生降解作用，而对自身基因组形成保护作用。根据非编码 RNA 的片段大小将其划分为长链非编码 RNA 和短链非编码 RNA 两种，其中长链非编码 RNA 在染色质水平发挥顺式调节作用，短链非编码 RNA 在基因组水平发挥调节作用。

（4）基因组印记　根据经典遗传学的理论知识，后代的遗传性状是取决于亲本的基因组成，但是后代的表型经常不能够同时具备父本和母本的性状，这种理论和实际表型的差异即为基因组印记，是指不同来源的亲本基因组构成的等位基因发生偏向性表达的现象。在整个生命体基因组中，参与基因组印记的基因占基因组的 1%~2%，尽管能够发生基因组印记的基因总量小，但是这些基因能够参与许多生命体生长发育过程中的关键环节，例如分娩前胎盘的发育和神经系统的发育完善。亲本等位基因的偏向性表达有母源印记和父源印记两类，母源印记是指父源基因性状得以表达而母源基因未表达，父源印记是指母源基因性状得以表达而父源基因未表达。最直观的因为基因偏好性表达而展现出的基因组印记现象是指马和驴杂交产生马骡和驴骡两种后代表现型。雌马和雄驴杂交后代为马骡，其耳朵与马的耳朵类似，雌驴和雄马杂交后代为驴骡，其耳朵与驴的耳朵类似。

在自然界中，基因组印记常发生于哺乳动物中，也存在于啮齿动物中，在人和小鼠体内的能够发生基因组印记的基因超过 150 个，对后代生命体性状有着重要影响。在哺乳动物的基因组中，基因组印记发生在受精卵形成前称为原始印记，而在受精卵形成后对发生原始印记的基因再次产生印记作用的现象称为再次印记。两种类型的印记基因都是以基因簇的形式存在的，印记基因簇的中心称为印记中心。在生命体生长发育过程中，印记基因的来源，即父源印记基因和母源印记基因都具有重要作用，其中父源印记基因主要对胚胎的外层组织发育起作用，而母源印记基因则在胚胎的生长调节过程中发挥作用。

（5）X 染色体失活　X 染色体失活是指位于雌性哺乳动物的两条 X 染色体中有一条 X 染色体失活的现象，这一失活过程是随机发生的。在雌性动物体内，X 染色体含有两条，因此在基因上具有一定的重复性，所以为了维持自身的平稳性，雌性动物体内的一条 X 染色体会转变为巴氏小体，最终使得体内保留有一条活性较强的 X 染色体和一个巴氏小体，这为通过分析复制过程的时间差异来研究染色体失活的机制提供了思路。除 X 染色体会发生失活外，常染色体上与 X 染色体相对应的等位基因也存在失活的概率，并且常染色体等位基因失活对机体表型影响较大，一般在女性体内，X 染色体和常染色体上基因失活现象与女性患癌症和自身免疫疾病息息相关。

（6）染色质重塑　在真核生物体中，染色质是包含 DNA 以及核小体的，具有储存并保护遗传物质的作用。在染色质中，DNA 采用螺旋的形式缠绕在核小体周围，从而形成聚合体的结构。每个聚合体单元上，含有约 146 个碱基的 DNA 约缠绕 1.75 圈，其中带正电的组蛋白残基单元（约 10bp）与构成 DNA 的磷酸主链连接，这为组蛋白与 DNA 的结合提供了相对较弱的结合位点，当多个结合位点共同发挥作用时，结合能力增强，这为核小体提供了稳定的结合位点，有利于核小体稳定性的保持。两个核小体间的连接主要由 DNA 连接线进行连接，连接关系较为稳定，最终形成的一连串稳定的组蛋白聚合体，与 DNA 结合便共同组成了染色质结构。在机体中，根据染色质的状态可将其分为常染色质和异染色质，两者共同调控了机体的转录和激活过程，但两者的作用存在区别，前者结构松散，生物活性高，而后者结构紧密，生物活性低，但是在结构紧密的异染色质中，其遗传信息经过高度的压缩过程，所以其遗传信息较为稳定。

随着染色质调控作用的进行，染色质中组蛋白的位点是动态变化的。当存在 ATP 依赖性染色质复合物时，其具有剔除和重组核小体的能力，能动态调节染色质活跃区域的功能。对染色质进行重塑指的是将体系的染色质状态进行转换，进而调节基因转录、染色体分离、DNA 复制修复等关键阶段，影响细胞的发育过程向不同方向转变，例如细胞分裂或细胞癌变。目前影响染色体重塑的 ATP 依赖性染色质复合物有 SWI/SNF、类开关复合物、染色体 – 解旋酶 –DNA 结合复合物以及肌醇依赖性 80 复合物，尽管这几种 ATP 依赖性染色质复合物具有相同的 ATP 酶结构域类似物催化位点，但是具有不同的辅助结构域，因此其对染色体重塑的调节作用不同。其中，SWI/SNF 主要是使启动子内的 DNA 片段裸露出来，从而激活启动子；类开关复合物对染色体重塑作用的调节作用依赖于氨基酸残基中的酸性模块，当缺少酸性模块时，类开关复合物的重塑活性大大降低；染色体 – 解旋酶 –DNA 结合复合物的重塑作用会导致常染色体显性遗传病，诱导一系列疾病的发生；肌醇依赖性 80 复合物是从酿酒酵母中分离并纯化获得的，其在调节染色体的转录激活过程中具有关键作用，并且对基因组 DNA 分析结构的修复过程具有促进作用。

第四节 基因多态性

基因多态性是指生物群体中基因含有两个或两个以上的基因型，又称遗传多态性，其在生命体的生长发育过程中十分普遍，目前关于基因多态性的研究已经深入到人类基因组的结构、基因表达和潜在功能等方面。人类的基因多态性的影响因素包括基因重复拷贝数变化、单拷贝序列变化和双等位基因转换。目前根据对基因多态性的研究进展，将其划分为单核苷酸多态性、DNA 重复序列多态性和 DNA 片段长度多态性，其中单核苷酸多态性的研究最为广泛。

单核苷酸多态性是指单个核苷酸在基因水平上发生的变异，如果变异的频率超过 1%，则将这种基因水平变异的现象称之为单核苷酸多态性，如果变异的频率小于 1%，则把这种单核苷酸变异称为遗传突变。通常情况下，单核苷酸多态性具有高稳定性、数量多、分布范围广的特点，在遗传学和临床研究中应用广泛。例如，在精准医学领域，单核苷酸多态性能够适用于比较基因差异性、与疾病相关的基因诊断和治疗并开发对应的药物等方面。但是，单核苷酸多态性在临床广泛应用的前提是选择并建立适合水平应用的、针对单核苷酸多态性的分类方法。传统对单核苷酸多态性进行分类的方法主要为测序方法或针对限制性片段长度多态性进行分类分析，随着研究的进步，针对等位基因具有特异性的聚合酶链式反应、分子信标等分子生物学技术快速推动了单核苷酸多态性的发展和应用。在未来的研究中，由于纳米技术、基因芯片技术等的发展，开发自动化、高通量的单核苷酸多态性研究方法将具有更重要的开发价值。由于分类方法具有针对性，因此不同的单核苷酸多态性分型方法具有不同的特性，需要针对研究的目的选择合适的研究方法。单核苷酸多态性可以发生在基因的编码区和非编码区，并且大部分的单核苷酸多态性发生位点处于C和T两种碱基之间，这对基因的遗传多样性具有重要的调节作用。

针对单核苷酸多态性的检测方法大致分类两类：①传统的单链构象多态性、变性梯度凝胶电泳等；②以分子生物学为基础的测序、基因芯片、质谱等。下面对常用的单核苷酸多态性检测方法进行阐述。

（1）基于实时荧光定量的单核苷酸多态性检测技术　正反引物和两条等位基因的特异性荧光探针是组成TaqMan体系的关键，模板DNA5′端分别与两种不同的荧光染料进行连接，3′端则与通用的荧光淬灭基团进行连接。在正常情况下，由荧光基团发射出的荧光会被荧光淬灭基团吸收，从而检测不出荧光信号。然而当基因扩增时，荧光基团和荧光猝灭基团随着模板的双链DNA变成单链DNA，两种基团的空间距离增加，因此由荧光基团发射出的荧光信号不能被对应的荧光猝灭基团吸收，所以随着基因扩增的进行，荧光强度逐渐增强。根据这个原理，如果出现荧光探针和目标序列配对不成对的现象，那么荧光探针则不能够和模板DNA进行紧密的结合，最终降低荧光释放量，由此通过分析软件对荧光信号的捕捉来分析单核苷酸多态性的类型。高分辨率熔解曲线是通过对聚合酶链式反应的扩增产物和荧光染料结合的具体情况来筛查单核苷酸多态性。具体通过DNA双链的溶解曲线来反映不同核苷酸之间的差异。

（2）基于酶对特殊结构的识别作用检测单核苷酸多态性　通过限制性内切酶对目的基因片段进行酶切的方法，即酶切扩增多态性序列分析，较为常用的检验单核苷酸多态性的方法，是以聚合酶链式反应和限制性内切酶对序列的特异性识别作用为基础的。一般情况下限制性内切酶能特异性识别并切割DNA双链，但是由于限制性内切酶的特异性极强，任何位点的碱基序列改变都会导致酶切作用不能正常进行。在检测单核苷酸多态性的类型时，首先对单核苷酸多态性进行初步检验，筛选出适宜的限制性内切酶的种类，并对扩增所需的引物进行设计，最后在适宜的温度条件下进行识别、切割和扩增反应。这种方法的优点是准确性高以及较高的自动性，缺点是所涉及的步骤烦琐，成本高且难以实现高通量检测的目的。

核酸入侵技术是应用等温探针进行扩增的技术，是以酶的特异性识别作用为基础的，只针对正确的序列才会产生特定的信号，并将信号进行分级扩大。具体方法为利用含有荧光标记物的等位基因构成的特异性探针和通用探针来对单核苷酸多态性进行检测，当特异性探针与靶序列形成互补序列后，单核苷酸多态性位点形成立体的DNA螺旋结构。随后核酸入侵技术将对DNA螺旋结构进行剪切，此时荧光探针的荧光基团和荧光淬灭基团形成空间上的分离，此时荧光基团发射的荧光信号不能被荧光猝灭基团识别，因此荧光信号释放出来，被相应的仪器捕捉进而通过软件分析得出结果。在整个过程中，特异性探针不能与靶序列形成互补序列，则不会形成DNA螺旋结构，导致最终没有荧光信号释放。因此能够通过荧光信号的有无和信号的强弱来区分单核苷酸多态性的类别。

（3）基于测序技术对单核苷酸多态性进行检测　在测序过程中，最常用的是双脱氧核糖核酸末端终止序列的测定方法，通过这种方法可以获得整个环境中所有基因组的信息。但是这种方法对仪器有较高的依赖性，对实验的环境要求也较高，操作准确性要求也较高，一般不适用大规模推广。

焦磷酸测序技术的开展依赖于DNA聚合酶、三磷酸腺苷硫酸化酶、萤光素酶和三磷酸腺苷双磷酸酶共同的作用，对短片段DNA的碱基序列进行测定，检测的灵敏度高、检测速率快且能实现高通量自动化检验，但是不能对长片段的DNA序列进行测定。

微测序法即单碱基延伸法或单核苷酸引物延伸法。在检测过程中，首先将目标序列进行扩增，对测序所需的引物进行修饰，在3′端加入荧光标记的双脱氧核糖核苷酸，也正是因为标记物的加入使得扩增反应在进行1个核苷酸后便停止，通过后续的电泳技术对不同的信号进行区分，判断单核苷酸多态性的类型。

本章小结

本章节对目前食品领域所涉及的分子营养学研究方法进行了阐述，涉及了基因组学、蛋白质组学、表观遗传学和基因多态性这四部分内容，在食品中营养成分或功能性食品对人类健康的调节作用或对人类疾病的预防和治疗的相关研究中，需要根据研究目的选择适合的分子营养学研究方法，或综合几种研究方法来探索作用的相关机制。

思考题

从蛋白质是基因的终产物角度出发，基因工程的研究结果能够对蛋白质功能作用提供参考依据，思考为什么还需要在蛋白质水平对目标蛋白质的功能性质进行深入研究？

参考文献

［1］陈晔光，张传茂，陈佺 . 分子细胞生物学［M］. 北京：清华大学出版社，2011.

［2］德伟，张一鸣 . 生物化学与分子生物学［M］. 南京：东南大学出版社，2007.

［3］丁明孝，王喜忠，张传茂，等 . 细胞生物学［M］. 5 版 . 北京：高等教育出版社，2020.

［4］郭蔼光 . 基础生物化学［M］. 2 版 . 北京：高等教育出版社，2009.

［5］胡维新 . 医学分子生物学［M］. 北京：科学出版社，2007.

［6］霍军生 . 营养学［M］. 北京：中国林业出版社，2008.

［7］唐兴萍，周兵，杨文庆，等 . 国内大数据与膳食营养健康的研究及应用进展［J］. 食品工业科技，2023，44（2）：19–28.

［8］曾普尔尼，丹尼尔 . 分子营养学［M］. 北京：科学出版社，2008.

［9］马霞，魏述众 . 生物化学［M］. 2 版 . 北京：中国轻工业出版社，2020.

［10］倪银星 . 硒蛋白、硒与内分泌激素的关系研究进展［J］. 国外医学（卫生学分册），2002，29（1）：38–41.

［11］孙远明，柳春红 . 食品营养学［M］. 3 版 . 北京：中国农业大学出版社，2019.

［12］孙长颢 . 分子营养学［M］. 北京：人民卫生出版社，2006.

［13］孙长颢 . 分子营养学（上）［J］. 国外医学（卫生学分册），2004，31（1）:1–5.

［14］孙长颢 . 分子营养学（中）［J］. 国外医学（卫生学分册），2004，31（2）：65–72.

［15］孙长颢 . 分子营养学（下）［J］. 国外医学（卫生学分册），2004，31（3）：129–134.

［16］孙长颢 . 营养与食品卫生学［M］. 7 版 . 北京：人民卫生出版社，2012.

［17］孙长颢 . 分子营养学［M］. 北京：人民卫生出版社，2006.

［18］孙长颢 . 营养与食品卫生学［M］. 北京：人民卫生出版社，2017.

［19］汪以真 . 动物分子营养学［M］. 杭州：浙江大学出版社，2020.

［20］王红梅 . 营养与食品卫生学（修订版）［M］.2 版 . 上海：上海交通大学出版社，2002.

［21］王镜岩，朱圣庚，徐长法 . 生物化学（上下）［M］. 4 版 . 北京：人民卫生出版社，2021.

［22］王淼，吕晓玲 . 食品生物化学［M］. 北京：中国轻工业出版社，2017.

[23] 吴坤 . 营养与食品卫生学 [M] . 北京：人民卫生出版社，2003.

[24] 伍国耀 . 动物营养学原理 [M] . 北京：科学出版社，2019.

[25] 修志龙 . 生物化学 [M] . 2 版 . 北京：化学工业出版社，2017.

[26] 姚文兵，杨红 . 生物化学 [M] . 7 版 . 北京：人民卫生出版社，2012.

[27] 张立实，吕晓华 . 基础营养学 [M] . 北京：科学出版社，2018.

[28] 张霆，吴建新，李廷玉 . 儿童营养表观遗传学 [M] . 北京：科学出版社，2019.

[29] 张英杰 . 动物分子营养学 [M] . 北京：中国农业大学出版社，2012.

[30] 赵新华 . 维生素 K 与骨代谢 [J] . 国外医学，1998，25（6）：363-367.

[31] 中国营养学会 . 中国居民膳食指南 [M] . 北京：人民卫生出版社，2022.

[32] 中国营养学会 . 中国居民营养素参考摄入量（2023 版）[M] . 北京：科学出版社，2023.

[33] Altelaar A F，Munoz J，Heck A J. Next-generation proteomics：towards an integrative view of proteome dynamics [J] . Nature reviews. Genetics，2013，14（1）：35-48.

[34] Arrighi N，Moratal C，Clément N，et al. Characterization of adipocytes derived from fibro/adipogenic progenitors resident in human skeletal muscle [J] . Cell Death Dis，2015，6（4）：e1733.

[35] Azain MJ. Conjugated linoleic acid and its effects on animal products and health in single-stomached animals [J] . Proc Nutr Soc，2003，62（2）：319-328.

[36] Barker DJ，Gluckman PD，Godfrey KM，et al.Fetal nutrition and cardiovascular disease in adult life [J] . Lancet，1993，341：938-941.

[37] Bensinger SJ，Tontonoz P. Integration of metabolism and inflammation by lipid-activated nuclear receptors [J] . Nature，2008，454（7203）：470-477.

[38] Berger SL. The complex language of chromatin regulation during transcription [J] . Nature，2007，447（7143）：407-412.

[39] Bhattacharya N，Stubblefield PG. Human Fetal Growth and Development：First and Second Trimesters [M] . Switzerland：Springer international publishing，2016.

[40] Bird A. Perceptions of epigenetics [J] . Nature，2007，447（7143）：396-398.

[41] Blaschke K，Ebata KT，Karimi MM，et al. Vitamin C induces Tet-dependent DNA demethylation and a blastocyst-like state in ES cells [J] . Nature，2013，500（7461）：222-226.

[42] Brauer-Nikonow A，Zimmermann M. How the gut microbiota helps keep us vitaminized [J] . Cell Host & Microbe，2022，30（8）：1063-1066.

[43] Buchfink B，Xie C，Huson D H. Fast and sensitive protein alignment using DIAMOND [J] . Nature methods，2015，12（1）：59-60.

[44] Calder PC，Fetal nutrition and Adult Disease [M] . New York：Oxford Univisity Press，2004.

[45] Carone BR，Fauquier L，Habib N，et al. Paternally induced transgenerational environmental reprogramming of metabolic gene expression in mammals[J]. Cell，2010，143(7)：1084-1096.

[46] Claesson MJ，Jeffery IB，Conde S，et al. Gut microbiota composition correlates with diet and health in the elderly [J] . Nature，2012，488 (7410)：178-184.

[47] Corn HJM，Bishop DL. Handbook of Pediatric Neuropsychology：Intrauterine development of the central nervous system [M] . New York：Springer Publishing Company，2010.

[48] Eckburg PB，Bik EM，Bernstein CN，et al. Diversity of the human intestinal microbial flora [J] . Science，2005，308 (5728)：1635-1638.

[49] Elinav E，Strowig T，Kau A L，et al. NLRP6 inflammasome regulates colonic microbial ecology and risk for colitis [J] . Cell，2011，145 (5)：745-757.

[50] Engreitz JM，Haines JE，Perez EM，et al. Local regulation of gene expression by lncRNA promoters，transcription and splicing [J] . Nature，2016，539 (7629)：452-455.

[51] Felsenfeld G，Groudine M. Controlling the double helix [J] . Nature，2003，421 (6921)：448-453.

[52] Forslund K，Hildebrand F，Nielsen T，et al. Corrigendum：Disentangling type 2 diabetes and metformin treatment signatures in the human gut microbiota [J] . Nature，2017，545 (7652)：116.

[53] Fung ICH，Tse ZTH，Fu KW. Converting Big Data into public health [J/OL] . Science，2015，347 (6222)：620-620.

[54] Fung T. C. The microbiota-immune axis as a central mediator of gut-brain communication [J] . Neurobiology of disease，2020，136：104714.

[55] Gerald F，Combs Jr. 维生素：营养与健康基础 [M]. 张丹参，杜冠华，译 . 3 版 . 北京：科学出版社，2009.

[56] Gill SR，Pop M，Deboy RT，et al. Metagenomic analysis of the human distal gut microbiome [J] . Science，2006，312 (5778)：1355-1359.

[57] Graf A，Schlereth A，Stitt M，et al. Circadian control of carbohydrate availability for growth in *Arabidopsis* plants at night [J] .Proc Natl Acad Sci USA，2010，107：9458-9463.

[58] Gu Y，Wang X，Li J，et al. Analyses of gut microbiota and plasma bile acids enable stratification of patients for antidiabetic treatment [J] . Nature communications，2017，8 (1)：1785.

[59] Hall JE，do Carmo JM，da Silva，et al. Obesity，kidney dysfunction and hypertension：

mechanistic links [J]. Nature reviews, Nephrology, 2019, 15 (6): 367-385.

[60] Hammond CM, Strømme CB, Huang H, et al. Histone chaperone networks shaping chromatin function [J]. Nature reviews. Molecular cell biology, 2017, 18 (3): 141-158.

[61] Henao-mejia J, Elinav E, Jin C, et al. Inflammasome-mediated dysbiosis regulates progression of NAFLD and obesity [J]. Nature, 2012, 482 (7384): 179-185.

[62] Human Microbiome Project Consortium. Structure, function and diversity of the healthy human microbiome [J]. Nature, 2012, 486 (7402): 207-214.

[63] IDF Diabetes Atlas | Tenth Edition [EB/OL]. [2023-09-03]. https://diabetesatlas.org/.

[64] Kang X, Yang MY, Shi YX, et al. Interleukin-15 facilitates muscle regeneration through modulation of fibro/adipogenic progenitors [J]. Cell Commun Signal, 2018, 16 (1): 42.

[65] Leulier F, MacNeil LT, Lee WJ, et al. Integrative Physiology: At the Crossroads of Nutrition, Microbiota, Animal Physiology, and Human Health [J]. Cell Metabolism, 2017, 25 (3): 522-534.

[66] Ley RE, Turnbaugh PJ, Klein S, et al. Microbial ecology: human gut microbes associated with obesity [J]. Nature, 2006, 444 (7122): 1022-1023.

[67] Li B, Carey M, Workman JL. The role of chromatin during transcription [J]. Cell, 2007, 128 (4): 707-719.

[68] Louis P, Hold GL, Flint HJ. The gut microbiota, bacterial metabolites and colorectal cancer [J]. Nature reviews, Microbiology, 2014, 12 (10): 661-672.

[69] MacBeath G, Schreiber SL. Printing proteins as microarrays for high-throughput function determination [J]. Science, 2000, 289 (5485): 1760-1763.

[70] Maslowski KM, Vieira AT, Ng A, et al. Regulation of inflammatory responses by gut microbiota and chemoattractant receptor GPR43 [J]. Nature, 2009, 461 (7268): 1282-1286.

[71] Mills EL, Pierce KA, Jedrychowski MP, et al. Accumulation of succinate controls activation of adipose tissue thermogenesis [J]. Nature, 2018, 560 (7716): 102-106.

[72] Ng SC, Shi HY, Hamidi N, et al. Worldwide incidence and prevalence of inflammatory bowel disease in the 21st century: a systematic review of population-based studies [J]. Lancet, 2017, 390 (10114): 2769-2778.

[73] Perry RJ, Peng L, Barry NA, et al. Acetate mediates a microbiome-brain-β-cell axis to promote metabolic syndrome [J]. Nature, 2016, 534 (7606): 213-217.

[74] Qin J, Li R, Raes J, et al. A human gut microbial gene catalogue established by metagenomic sequencing [J]. Nature, 2010, 464 (7285): 59-65.

[75] Qin J, Li Y, Cai Z, et al. A metagenome-wide association study of gut microbiota in type 2 diabetes [J] . Nature, 2012, 490 (7418): 55-60.

[76] Hakravarthy MV, Lodhi IJ, Yin L, et al. Identification of a physiologically relevant endogenous ligand for PPAR in liver [J] . Cell, 2009, 138 (3): 476-488.

[77] Rhee I, Bachman K E, Park B H, et al. DNMT1 and DNMT3b cooperate to silence genes in human cancer cells [J] . Nature, 2002, 416 (6880): 552-556.

[78] Round JL, Lee SM, Li J, et al. The Toll-like receptor 2 pathway establishes colonization by a commensal of the human microbiota [J] . Science, 2011, 332 (6032): 974-977.

[79] Schmidt TSB, Raes J, Bork P. The Human Gut Microbiome: From Association to Modulation [J] . Cell, 2018, 172 (6): 1198-1215.

[80] Schones DE, Cui K, Cuddapah S, et al. Dynamic regulation of nucleosome positioning in the human genome [J] . Cell, 2008, 132 (5): 887-898.

[81] Schutte J, Vialler J, Nau M, et al. Jun B inhibits and c-fos stimulates the transforming and trans-activating activities of c-jun [J] . Cell, 1989, 59 (6): 987-997.

[82] Segata N, Waldron L, Ballarini A, et al. Metagenomic microbial community profiling using unique clade-specific marker genes [J] . Nature methods, 2012, 9 (8): 811-814.

[83] Simonet WS, Lacey DL, Dunstan C R, et al. Osteoprotegerin: a novel secreted protein in the regulation of bone density [J] . Cell, 1997, 89 (2): 309-319.

[84] Singhal A, Cole TJ, Lucas A. Early nutrition in preterm infants and later blood pressure: two cohorts after randomised trials [J] . Lancet, 2001, 357 (9254): 413-419.

[85] Singhal A, Lucas A. Early origins of cardiovascular disease: is there a unifying hypothesis? [J] . The Lancet, 2004, 363: 1642-1645.

[86] Smith PM, Howitt MR, Panikov N, et al. The microbial metabolites, short-chain fatty acids, regulate colonic Treg cell homeostasis [J] . Science, 2013, 341 (6145): 569-573.

[87] Snider J, Kittanakom S, Damjanovic D, et al. Detecting interactions with membrane proteins using a membrane two-hybrid assay in yeast [J] . Nature protocols, 2010, 5 (7): 1281-1293.

[88] Suez J, Korem T, Zeevi D, et al. Artificial sweeteners induce glucose intolerance by altering the gut microbiota [J] . Nature, 2014, 514 (7521): 181-186.

[89] Torti F M, Dieckmann B, Beutler B, et al. A macrophage factor inhibits adipocyte gene expression: an in vitro model of cachexia[J] . Science, 1985, 229 (4716): 867-869.

[90] Truong DT, Franzosa EA, Tickle TL, et al. MetaPhlAn2 for enhanced metagenomic taxonomic profiling [J] . Nature methods, 2015, 12 (10): 902-903.

[91] Turnbaugh PJ, Ley RE, Mahowald MA, et al. An obesity–associated gut microbiome with increased capacity for energy harvest [J] . Nature, 2006, 444 (7122): 1027–1031.

[92] Uetz P, Giot L, Cagney G, et al. A comprehensive analysis of protein–protein interactions in *Saccharomyces cerevisiae* [J] . Nature, 2000, 403 (6770): 623–627.

[93] Wang J, Thingholm LB, Skieceviciene J, et al. Genome–wide association analysis identifies variation in vitamin D receptor and other host factors influencing the gut microbiota [J] . Nat Genet, 2016, 48 (11): 1396–1406.

[94] White PJ, Newgard CB. Branched–chain amino acids in disease [J] . Science, 2019, 363 (6427): 582–583.

[95] Worthmann A, John C, Rühlemann MC, et al. Cold–induced conversion of cholesterol to bile acids in mice shapes the gut microbiome and promotes adaptive thermogenesis [J] . Nature medicine, 2017, 23 (7): 839–849.

[96] Wu GD, Compher C, Chen EZ, et al. Comparative metabolomics in vegans and omnivores reveal constraints on diet–dependent gut microbiota metabolite production [J] . Gut, 2016, 65 (1): 63–72.

[97] Yang G, Bibi S, Du M, et al. Regulation of the intestinal tight junction by natural polyphenols: A mechanistic perspective [J] . Critical reviews in food science and nutrition, 2017, 57 (18): 3830–3839.

[98] Yano JM, Yu K, Donaldson GP, et al. Indigenous bacteria from the gut microbiota regulate host serotonin biosynthesis [J] . Cell, 2015, 161 (2): 264–276.

[99] Zeevi D, Korem T, Zmora N, et al. Personalized Nutrition by Prediction of Glycemic Responses [J] . Cell, 2015, 163 (5): 1079–1094.

[100] Zhang CS, Hawley SA, Zong Y, et al. Fructose–1, 6–bisphosphate and aldolase mediate glucose sensing by AMPK [J] . Nature, 2017, 548: 112–116.

[101] Zhang Q, Zhang X, Zhu Y, et al. Recognition of cyclic dinucleotides and folates by human SLC19A1 [J] . Nature, 2022, 612: 170–176.

[102] Zhang Y, Guo K, Leblanc RE, et al. Increasing dietary leucine intake reduces diet–induced obesity and improves glucose and cholesterol metabolism in mice via multimechanisms. Diabetes, 2007, 56 (60): 1647–1654.

[103] Zmora N, Zilberman–Schapira G, Suez J, et al. Personalized Gut Mucosal Colonization Resistance to Empiric Probiotics Is Associated with Unique Host and Microbiome Features [J] . Cell, 2018, 174 (6): 1388–1405.